| 大学数学基础丛书 |

线性代数学习指导

（理工类）

袁学刚 牛大田 王书臣 张 友 主编

清华大学出版社
北 京

内 容 简 介

本书是与高等学校各专业的大学生学习“线性代数”课程同步的学习指导书。内容包括行列式、矩阵及其运算、矩阵的初等变换、向量及其运算、矩阵的特征值与特征向量、相似矩阵与对角化、二次型。每节基本包括知识要点、疑难解析、经典题型详解和课后习题选解四个模块。每章的开始列出了本章的基本要求和知识网络图，最后部分是复习题解答和考研试题选编。编写本书的主要目的是为了帮助学生更好地理解“线性代数”课程的内容，掌握课程的基本理论、解题方法及技巧。

本书可以作为高等学校理科、工科和技术学科等非数学专业的线性代数的学习指导书，也可作为青年教师的教学参考书和考研学生的复习用书。

图书在版编目(CIP)数据

线性代数学习指导：理工类/袁学刚等主编. —北京：清华大学出版社，2019(2025.1重印)
(大学数学基础丛书)
ISBN 978-7-302-52511-0

Ⅰ. ①线…　Ⅱ. ①袁…　Ⅲ. ①线性代数—高等学校—教学参考资料　Ⅳ. ①O151.2

中国版本图书馆 CIP 数据核字(2019)第 040844 号

责任编辑：刘　颖
封面设计：傅瑞学
责任校对：王淑云
责任印制：丛怀宇

出版发行：清华大学出版社
网　　址：https://www.tup.com.cn，https://www.wqxuetang.com
地　　址：北京清华大学学研大厦 A 座　　**邮　　编**：100084
社 总 机：010-83470000　　**邮　　购**：010-62786544
投稿与读者服务：010-62776969，c-service@tup.tsinghua.edu.cn
质量反馈：010-62772015，zhiliang@tup.tsinghua.edu.cn
印 装 者：三河市龙大印装有限公司
经　　销：全国新华书店
开　　本：185mm×260mm　　**印　　张**：17.75　　**字　　数**：427 千字
版　　次：2019 年 3 月第 1 版　　**印　　次**：2025 年 1 月第 5 次印刷
定　　价：49.80 元

产品编号：083178-02

前言 PREFACE

在中学，初等数学处理的是数量关系，与其不同的是，线性代数需要从矩阵、向量的视角来看待并处理问题，二者在研究内容、解题方法及技巧上存在许多本质上的差异。线性代数作为高等学校一门重要的基础课程，对培养学生的理性思维能力、逻辑推理能力以及综合判断能力起着不可或缺的作用。编者认为，要想学好线性代数课程，首先要学习并用好"规则"，这里所指的"规则"包括教材内容涵盖的定义、性质、定理、推论及一些重要的结论等。学习并用好"规则"需要分为三个阶段：初级阶段是规范并合理使用"规则"，即能够使用基本概念和基本结论解决一些较为直观的问题；中级阶段是掌握并灵活运用"规则"，随着学习的深入，"规则"越来越多，需要解决的问题亦是如此，此阶段要求学生能够解决具有一定难度的问题；高级阶段是熟知并综合利用"规则"，通过规范的培养训练，使学生能够解决一些启发性和综合性较强的问题。

编写此学习指导书源于以下两方面的考虑：

一是加强教材内容的认知。目前已出版并正在使用的"线性代数"教材都有各自的特点和优势，但限于篇幅，不可能完全覆盖并诠释每个知识点的内涵和适用范围。想要达到"以人为本、因材施教、夯实基础、创新应用"的指导思想，任重道远。

二是弥补课堂教学的不足。学生在学习线性代数时，课堂教学只是其中的一部分。由于教学时数的限制，导致课堂教学密度大、速度快，多数大一新生不能适应线性代数教学方式和方法，并且许多解题方法与技巧不可能在课堂上得到完整的讲解与演练，当然更谈不上让学生系统掌握这些方法与技巧。

为此，本书对教材的各个知识要点进行了必要的提炼、释疑、分析、串联，目的是帮助初学者理解、熟悉并规范使用"规则"，掌握必要的解题方法与技巧，使其能够对各知识要点有更好的理解和参悟，达到融会贯通的效果，进而提升综合解题能力和自主学习能力。

此学习指导书的章节与我们编写的《线性代数》(清华大学出版社，袁学刚、牛大田、张友和王书臣主编)教材同步，与其他版本《线性代数》教材的内容并行，可以作为大一学生的学习指导书，与课堂教学同步使用，也可作为备考硕士研究生的考生进行总结性复习或专题性研究的学习资料。本书各章节的基本框架如下：

知识要点：列出本节必须掌握的知识点，包括定义、性质、定理、推论、一些重要的结论，并配以必要的说明。

疑难解析：根据多年教学的经验，选择一些容易出现理解不到位和混淆的知识点进行解答，帮助读者正确理解并合理使用这些“规则”。

经典题型详解：每节精选了一些基础类、提高类和综合类的经典题型，给出有针对性的分析、归纳和总结，引领读者分析问题的内涵、定位所用的知识点、指出使用的方法和技巧，进而提高读者对相关“规则”的认知能力和综合应用能力。

课后习题选解及复习题解答：针对配套教材的课后习题和复习题中具有一定难度的题目给出了部分解答，更重要的是体现解题的标准步骤和解题的方法及技巧。

考研试题选编：在经典题型和课后习题基础上，精选了近年来的考研试题，并给出了必要的提示和解答。

本书由大连民族大学理学院组织编写。袁学刚、牛大田、王书臣和张友任主编，负责全书的统稿及定稿。参与编写本书的教师有：张文正（第1、2章）、张誉铎（第3、4章）、牛大田（第5、6章）。

感谢大连民族大学各级领导在编写本书时给予的关心和支持。感谢清华大学出版社的刘颖编审在编写本书时给予的具体指导及宝贵建议。本书在编写过程中，参阅了一些同行专家编写的辅导书，在此一并表示感谢。

由于编者水平有限，成书仓促，书中一定存在某些不足或错误，恳请广大同行和读者批评指正。

编　者

2018年12月

目录 CONTENTS

第1章

行列式

一、基本要求

1. 理解行列式的定义。
2. 掌握行列式的性质和行列式按行(列)展开的方法。
3. 会计算一些特殊形式的 n 阶行列式。
4. 了解克莱姆法则。

二、知识网络图

- 行列式
  - 定义
    - 二阶行列式(定义 1.1)
    - 三阶行列式(定义 1.2)
    - (代数)余子式(定义 1.3)
    - n 阶行列式(定义 1.4)
    - 转置行列式(定义 1.5)
  - 性质
    - 1. 转置性
    - 2. 反号性及推论
    - 3. 倍乘性及推论 1、推论 2、推论 3
    - 4. 可加性
    - 5. 倍加性
  - 计算方法
    - 降阶法：按行(列)展开定理(定理 1.1)及推论
    - 化三角法：利用行列式的性质及推论化简并计算
    - 加边法：将行列式的阶数升高一阶，便于计算
    - 递推法：利用降阶法或化三角法得到行列式的递推公式
    - 数学归纳法：证明与 n 阶行列式相关的等式
  - 重要结论
    - 定理 1.2 $\sum_{k=1}^{n} a_{ik}A_{jk} = \begin{cases} D_n, & i=j, \\ 0, & i\neq j; \end{cases}$ $\sum_{k=1}^{n} a_{ki}A_{kj} = \begin{cases} D_n, & i=j, \\ 0, & i\neq j \end{cases}$
    - 范德蒙德行列式
  - 克莱姆法则及相关结论(定理 1.3、定理 1.4 及推论)

1.1 行列式的概念

一、知识要点

1. 二阶、三阶行列式

定义 1.1 以数 $a_{11},a_{12},a_{21},a_{22}$ 为元素的二阶行列式定义为

$$D_2=\begin{vmatrix}a_{11}&a_{12}\\a_{21}&a_{22}\end{vmatrix}=a_{11}a_{22}-a_{12}a_{21}。\tag{1.1}$$

对于如下的二元线性方程组

$$\begin{cases}a_{11}x_1+a_{12}x_2=b_1,\\a_{21}x_1+a_{22}x_2=b_2,\end{cases}\tag{1.2}$$

其中 x_1,x_2 为未知量，$a_{ij}(i,j=1,2)$ 为未知量的系数，b_1,b_2 为常数项。若令

$$D_2=\begin{vmatrix}a_{11}&a_{12}\\a_{21}&a_{22}\end{vmatrix},\quad D_2^1=\begin{vmatrix}b_1&a_{12}\\b_2&a_{22}\end{vmatrix},\quad D_2^2=\begin{vmatrix}a_{11}&b_1\\a_{21}&b_2\end{vmatrix},$$

则当系数行列式满足 $D_2\neq0$ 时，线性方程组(1.2)的解便可用二阶行列式表示为

$$x_1=\frac{D_2^1}{D_2},\qquad x_2=\frac{D_2^2}{D_2}。\tag{1.3}$$

式(1.3)即为二元线性方程组的求解公式($D_2\neq0$)。其中，二阶行列式 D_2^1 是系数行列式 D_2 的第 1 列的元素被依次替换为常数项；D_2^2 是系数行列式 D_2 的第 2 列的元素被依次替换为常数项。

为了便于记忆，二阶行列式的**对角线法则**，如图 1.1 所示。

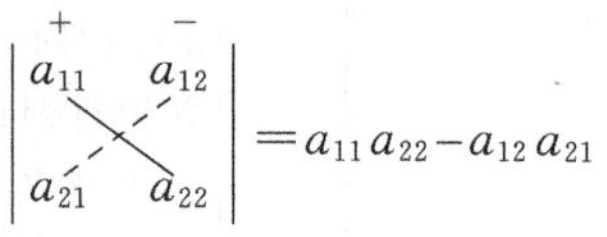

图 1.1

在图 1.1 中，实线称为**主对角线**，虚线称为**次对角线**。于是，二阶行列式等于主对角线上两个元素乘积与次对角线上两个元素乘积之差。

定义 1.2 以数 $a_{ij}(i,j=1,2,3)$ 为元素的三阶行列式定义为

$$D_3=\begin{vmatrix}a_{11}&a_{12}&a_{13}\\a_{21}&a_{22}&a_{23}\\a_{31}&a_{32}&a_{33}\end{vmatrix}=a_{11}a_{22}a_{33}+a_{12}a_{23}a_{31}+a_{13}a_{21}a_{32}-a_{13}a_{22}a_{31}-a_{12}a_{21}a_{33}-a_{11}a_{23}a_{32}。\tag{1.4}$$

对于如下三元线性方程组

$$\begin{cases}a_{11}x_1+a_{12}x_2+a_{13}x_3=b_1,\\a_{21}x_1+a_{22}x_2+a_{23}x_3=b_2,\\a_{31}x_1+a_{32}x_2+a_{33}x_3=b_3,\end{cases}\tag{1.5}$$

其中 $x_i,a_{ij},b_i(i,j=1,2,3)$ 分别为未知量，未知量的系数以及常数项。若令

$$D_3=\begin{vmatrix}a_{11}&a_{12}&a_{13}\\a_{21}&a_{22}&a_{23}\\a_{31}&a_{32}&a_{33}\end{vmatrix},D_3^1=\begin{vmatrix}b_1&a_{12}&a_{13}\\b_2&a_{22}&a_{23}\\b_3&a_{32}&a_{33}\end{vmatrix},D_3^2=\begin{vmatrix}a_{11}&b_1&a_{13}\\a_{21}&b_2&a_{23}\\a_{31}&b_3&a_{33}\end{vmatrix},D_3^3=\begin{vmatrix}a_{11}&a_{12}&b_1\\a_{21}&a_{22}&b_2\\a_{31}&a_{32}&b_3\end{vmatrix},$$

当系数行列式满足 $D_3\neq0$ 时，线性方程组(1.5)有唯一解，并且解的形式为

$$x_1=\frac{D_3^1}{D_3},\qquad x_2=\frac{D_3^2}{D_3},\qquad x_3=\frac{D_3^3}{D_3}。\tag{1.6}$$

式(1.6)即为三元线性方程组的求解公式($D_3\neq0$)。式(1.6)中,三阶行列式 D_3^1、D_3^2 和 D_3^3 是系数行列式 D_3 的第 1 列、第 2 列和第 3 列的元素分别被替换为常数项。

三阶行列式的**对角线法则**,如图 1.2 所示。

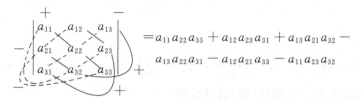

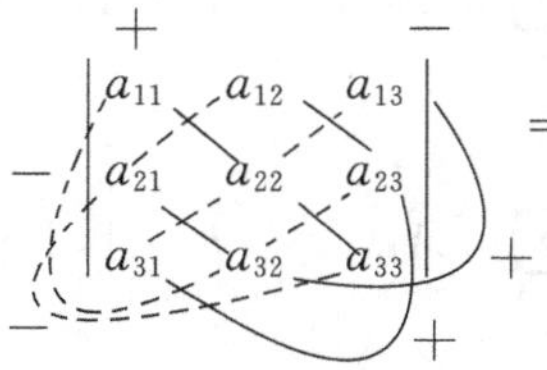

$$=a_{11}a_{22}a_{33}+a_{12}a_{23}a_{31}+a_{13}a_{21}a_{32}-a_{13}a_{22}a_{31}-a_{12}a_{21}a_{33}-a_{11}a_{23}a_{32}$$

图 1.2

在图 1.2 中,元素 a_{11},a_{22},a_{33} 所连接的实线称为**主对角线**;元素 a_{13},a_{22},a_{31} 所连接的虚线称为**次对角线**。由图 1.2 可见,3 条实线(主对角线方向)上 3 个元素的乘积均取正号,3 条虚线(次对角线方向)上 3 个元素的乘积均取负号。

需要指出的是,对角线法则是为了便于理解并记忆二阶、三阶行列式的表达式,这个法则只对二阶、三阶行列式适用,对 4 阶及以上的行列式不再适用。

2. *n* 阶行列式

定义 1.3 基于已定义的二阶、三阶行列式,对于由 n 行 n 列共 n^2 个元素组成的数表

$$\begin{matrix} a_{11} & a_{12} & \cdots & a_{1n}\\ a_{21} & a_{22} & \cdots & a_{2n}\\ \vdots & \vdots & & \vdots\\ a_{n1} & a_{n2} & \cdots & a_{nn}\end{matrix}$$

划去元素 $a_{ij}(i,j=1,2,\cdots,n)$所在的第 i 行和第 j 列后,剩下的元素按原来的相对顺序排列所构成的数表所定义的数表所定义的 $n-1$ 阶行列式,称为元素 a_{ij} 的**余子式**,记作 M_{ij},即

$$M_{ij}=\begin{vmatrix} a_{11} & \cdots & a_{1,j-1} & a_{1,j+1} & \cdots & a_{1n}\\ \vdots & & \vdots & \vdots & & \vdots\\ a_{i-1,1} & \cdots & a_{i-1,j-1} & a_{i-1,j+1} & \cdots & a_{i-1,n}\\ a_{i+1,1} & \cdots & a_{i+1,j-1} & a_{i+1,j+1} & \cdots & a_{i+1,n}\\ \vdots & & \vdots & \vdots & & \vdots\\ a_{n1} & \cdots & a_{n,j-1} & a_{n,j+1} & \cdots & a_{nn}\end{vmatrix},\tag{1.7}$$

并且称

$$A_{ij}=(-1)^{i+j}M_{ij}\tag{1.8}$$

为元素 a_{ij} 的**代数余子式**。

定义 1.4 由 n 行 n 列共 n^2 个元素 $a_{ij}(i,j=1,2,\cdots,n)$构成的 n 阶行列式 D_n 定义为

$$D_n=\begin{vmatrix} a_{11} & a_{12} & \cdots & a_{1n}\\ a_{21} & a_{22} & \cdots & a_{2n}\\ \vdots & \vdots & & \vdots\\ a_{n1} & a_{n2} & \cdots & a_{nn}\end{vmatrix}=a_{11}A_{11}+a_{12}A_{12}+\cdots+a_{1n}A_{1n}=\sum_{k=1}^{n}a_{1k}A_{1k},\tag{1.9}$$

其中 $A_{11},A_{12},\cdots,A_{1n}$是分别与第1行的元素 $a_{11},a_{12},\cdots,a_{1n}$对应的代数余子式。通常,式(1.9)也称为 n 阶行列式 D_n 按第1行的展开式。

定理 1.1 对于给定的 n 阶行列式,它可以表示为它的任意一行(列)的各元素与其对应代数余子式的乘积之和,即

$$D_n = a_{i1}A_{i1} + a_{i2}A_{i2} + \cdots + a_{in}A_{in} = \sum_{k=1}^{n} a_{ik}A_{ik}, \qquad i = 1,2,\cdots,n \tag{1.10}$$

或

$$D_n = a_{1j}A_{1j} + a_{2j}A_{2j} + \cdots + a_{nj}A_{nj} = \sum_{k=1}^{n} a_{kj}A_{kj}, \qquad j = 1,2,\cdots,n。 \tag{1.11}$$

该定理又称为行列式的**按行(列)展开定理**。

推论 如果 n 阶行列式中第 i 行的元素除 a_{ik} 外都为零,那么行列式等于 a_{ik} 与其对应的代数余子式的乘积,即

$$D_n = \begin{vmatrix} a_{11} & \cdots & a_{1k} & \cdots & a_{1n} \\ \vdots & & \vdots & & \vdots \\ 0 & \cdots & a_{ik} & \cdots & 0 \\ \vdots & & \vdots & & \vdots \\ a_{n1} & \cdots & a_{nk} & \cdots & a_{nn} \end{vmatrix} = a_{ik}A_{ik}。$$

此时,n 阶行列式被约化为一个 $n-1$ 阶行列式。

一些特殊行列式:

(1) $$D_n = \begin{vmatrix} a_{11} & 0 & \cdots & 0 \\ a_{21} & a_{22} & \cdots & 0 \\ \vdots & \vdots & \ddots & \vdots \\ a_{n1} & a_{n2} & \cdots & a_{nn} \end{vmatrix} = a_{11}a_{22}\cdots a_{nn}。$$

该行列式称为**下三角形行列式**,特点是:当 $i<j$ 时,$a_{ij}=0(i,j=1,2,\cdots,n)$。

(2) $$D_n = \begin{vmatrix} a_{11} & a_{12} & \cdots & a_{1n} \\ 0 & a_{22} & \cdots & a_{2n} \\ \vdots & \vdots & \ddots & \vdots \\ 0 & 0 & \cdots & a_{nn} \end{vmatrix} = a_{11}a_{22}\cdots a_{nn}。$$

该行列式称为**上三角形行列式**,特点是:当 $i>j$ 时,$a_{ij}=0(i,j=1,2,\cdots,n)$。

(3) $$D_n = \begin{vmatrix} \lambda_1 & 0 & \cdots & 0 \\ 0 & \lambda_2 & \cdots & 0 \\ \vdots & \vdots & \ddots & \vdots \\ 0 & 0 & \cdots & \lambda_n \end{vmatrix} = \lambda_1\lambda_2\cdots\lambda_n。$$

该行列式称为**主对角行列式**,特点是:当 $i\neq j$ 时,$a_{ij}=0(i,j=1,2,\cdots,n)$。

(4) $$D_n = \begin{vmatrix} 0 & \cdots & 0 & a_{1n} \\ 0 & \cdots & a_{2,n-1} & a_{2n} \\ \vdots & \iddots & \vdots & \vdots \\ a_{n1} & \cdots & a_{n,n-1} & a_{nn} \end{vmatrix} = (-1)^{\frac{n(n-1)}{2}} a_{1n}a_{2,n-1}\cdots a_{n1}。$$

(5) $D_n=\begin{vmatrix} a_{11} & \cdots & \cdots & a_{1n} \\ a_{21} & \cdots & a_{2,n-1} & \\ \vdots & \iddots & & \\ a_{n1} & & & \end{vmatrix}=(-1)^{\frac{n(n-1)}{2}}a_{1n}a_{2,n-1}\cdots a_{n1}$。

(6) $D_n=\begin{vmatrix} 0 & \cdots & 0 & \lambda_1 \\ 0 & \cdots & \lambda_2 & 0 \\ \vdots & \iddots & \vdots & \vdots \\ \lambda_n & \cdots & 0 & 0 \end{vmatrix}=(-1)^{\frac{n(n-1)}{2}}\lambda_1\lambda_2\cdots\lambda_n$。

二、疑难解析

1. 余子式 M_{ij} 和元素 a_{ij} 有什么关系？余子式 M_{ij} 和代数余子式 A_{ij} 之间有什么关系？

答 根据定义 1.3，余子式 M_{ij} 和元素 a_{ij} 是隶属关系，即 M_{ij} 是元素 a_{ij} 的**余子式**，是一个由 n 行 n 列共 n^2 个数组成的数表，划去元素 a_{ij} 所在的第 i 行和第 j 列后，剩下的元素按原来的相对顺序排列所构成的数表所定义的 $n-1$ 阶行列式。余子式 M_{ij} 和代数余子式 A_{ij} 的关系是 $A_{ij}=(-1)^{i+j}M_{ij}$，即当 $i+j$ 为偶数时，$A_{ij}=M_{ij}$；当 $i+j$ 为奇数时，$A_{ij}=-M_{ij}$。

2. 如何理解 n 阶行列式的定义？

答 根据数学递归的思想。由二阶、三阶行列式的表达式不难发现它们之间有如下关系：

$$\begin{aligned}\begin{vmatrix} a_{11} & a_{12} & a_{13} \\ a_{21} & a_{22} & a_{23} \\ a_{31} & a_{32} & a_{33} \end{vmatrix} &= a_{11}a_{22}a_{33}+a_{12}a_{23}a_{31}+a_{13}a_{21}a_{32}-a_{13}a_{22}a_{31}-a_{12}a_{21}a_{33}-a_{11}a_{23}a_{32} \\ &= a_{11}(a_{22}a_{33}-a_{23}a_{32})-a_{12}(a_{21}a_{33}-a_{23}a_{31})+a_{13}(a_{21}a_{32}-a_{22}a_{31}) \\ &= a_{11}\begin{vmatrix} a_{22} & a_{23} \\ a_{32} & a_{33} \end{vmatrix}-a_{12}\begin{vmatrix} a_{21} & a_{23} \\ a_{31} & a_{33} \end{vmatrix}+a_{13}\begin{vmatrix} a_{21} & a_{22} \\ a_{31} & a_{32} \end{vmatrix}\text{。}\end{aligned}$$

由上式可见，三阶行列式可由二阶行列式计算。通过观察，可以发现等式右端的表达式存在一定的规律：

(1) 每一项都是三阶行列式中的第 1 行的某个元素与一个二阶行列式的乘积；

(2) 每个二阶行列式恰好是在划掉前面相乘的元素所在行和所在列的元素之后，由剩余的元素按照原来的相对顺序组成的；

(3) 每一项前面取正号还是取负号，恰好与元素的下标之和相对应，即每一项前面的符号恰好为 $(-1)^{1+j}$。

进一步地，利用代数余子式的定义，第 1 行元素 a_{11},a_{12},a_{13} 的代数余子式分别为

$$A_{11}=(-1)^{1+1}M_{11}=\begin{vmatrix} a_{22} & a_{23} \\ a_{32} & a_{33} \end{vmatrix},\quad A_{12}=(-1)^{1+2}M_{12}=-\begin{vmatrix} a_{21} & a_{23} \\ a_{31} & a_{33} \end{vmatrix},$$

$$A_{13}=(-1)^{1+3}M_{13}=\begin{vmatrix} a_{21} & a_{22} \\ a_{31} & a_{32} \end{vmatrix}\text{。}$$

利用以上结果，可将三阶行列式的表达式重新记为

$$\begin{vmatrix} a_{11} & a_{12} & a_{13} \\ a_{21} & a_{22} & a_{23} \\ a_{31} & a_{32} & a_{33} \end{vmatrix} = a_{11}A_{11} + a_{12}A_{12} + a_{13}A_{13} = \sum_{k=1}^{3} a_{1k}A_{1k}。$$

这表明，一个三阶行列式等于它的第1行元素 a_{11}，a_{12}，a_{13} 与所对应的代数余子式 A_{11}，A_{12}，A_{13} 的乘积之和。

由此可见，三阶行列式可以表示为它的第1行元素与所对应的代数余子式（二阶行列式）的乘积之和。事实上，这种表示方法具有一般性。按照这样的思想方法，仿照三阶行列式的情形，4阶行列式可以表示为它的第1行元素与所对应的代数余子式（三阶行列式）的乘积之和，以此类推，n 阶行列式可以表示为它的第1行元素与所对应的代数余子式（$n-1$ 阶行列式）的乘积之和，即定义1.4。

特别地，当 $n=1$ 时，$|a_{11}|=a_{11}$，它不能与数的绝对值相混淆，如一阶行列式，$|-1|=-1$。

3. n 阶行列式的定义与定理1.1有什么联系？如何理解定理1.1的结论？

答 定理1.1又称为行列式的按行（列）展开定理，n 阶行列式的定义是定理1.1的一种特殊情形。仍然以三阶行列式为研究对象，根据定义1.2，将行列式的表达式经过移项并且合并同类项，还可以整理得到如下的一些有用的表达式：

$$\begin{aligned} \begin{vmatrix} a_{11} & a_{12} & a_{13} \\ a_{21} & a_{22} & a_{23} \\ a_{31} & a_{32} & a_{33} \end{vmatrix} &= a_{21}A_{21} + a_{22}A_{22} + a_{23}A_{23}\text{（按第 2 行展开）} \\ &= a_{31}A_{31} + a_{32}A_{32} + a_{33}A_{33}\text{（按第 3 行展开）} \\ &= a_{11}A_{11} + a_{21}A_{21} + a_{31}A_{31}\text{（按第 1 列展开）} \\ &= a_{12}A_{12} + a_{22}A_{22} + a_{32}A_{32}\text{（按第 2 列展开）} \\ &= a_{13}A_{13} + a_{23}A_{23} + a_{33}A_{33}\text{。（按第 3 列展开）。} \end{aligned}$$

由此可见，三阶行列式可以表示为它的任意一行（列）的各元素与其对应代数余子式的乘积之和。以此类推，这种展开式对 n 阶行列式也成立。

4. 对于任意给定的常数 k，判断如下两个等式

$$\begin{vmatrix} a_{11} & a_{12} & a_{13} \\ a_{21} & a_{22} & a_{23} \\ a_{31} & a_{32} & a_{33} \end{vmatrix} = \begin{vmatrix} a_{12} & a_{11} & a_{13} \\ a_{22} & a_{21} & a_{23} \\ a_{32} & a_{31} & a_{33} \end{vmatrix},$$

和

$$\begin{vmatrix} a_{11} & a_{12} & a_{13} \\ a_{21} & a_{22} & a_{23} \\ a_{31} & a_{32} & a_{33} \end{vmatrix} = \begin{vmatrix} a_{11} & a_{12} & a_{13} \\ a_{21} & a_{22} & a_{23} \\ a_{31}+ka_{21} & a_{32}+ka_{22} & a_{33}+ka_{23} \end{vmatrix}$$

是否成立？

答 利用对角线法则，对上面的行列式展开可得

$$\begin{vmatrix} a_{11} & a_{12} & a_{13} \\ a_{21} & a_{22} & a_{23} \\ a_{31} & a_{32} & a_{33} \end{vmatrix} = a_{11}a_{22}a_{33} + a_{12}a_{23}a_{31} + a_{13}a_{21}a_{32} - a_{13}a_{22}a_{31} - a_{12}a_{21}a_{33} - a_{11}a_{23}a_{32},$$

$$\begin{vmatrix} a_{12} & a_{11} & a_{13} \\ a_{22} & a_{21} & a_{23} \\ a_{32} & a_{31} & a_{33} \end{vmatrix} = a_{12}a_{21}a_{33} + a_{11}a_{23}a_{32} + a_{13}a_{22}a_{31} - a_{11}a_{22}a_{33} - a_{12}a_{23}a_{31} - a_{13}a_{21}a_{32}$$

$$= -(a_{11}a_{22}a_{33} + a_{12}a_{23}a_{31} + a_{13}a_{21}a_{32} - a_{13}a_{22}a_{31} - a_{12}a_{21}a_{33} - a_{11}a_{23}a_{32}),$$

$$\begin{vmatrix} a_{11} & a_{12} & a_{13} \\ a_{21} & a_{22} & a_{23} \\ a_{31}+ka_{21} & a_{32}+ka_{22} & a_{33}+ka_{23} \end{vmatrix}$$

$$= a_{11}a_{22}(a_{33}+ka_{23}) + a_{12}a_{23}(a_{31}+ka_{21}) + a_{13}a_{21}(a_{32}+ka_{22}) - a_{13}a_{22}(a_{31}+ka_{21}) - a_{12}a_{21}(a_{33}+ka_{23}) - a_{11}a_{23}(a_{32}+ka_{22})$$

$$= a_{11}a_{22}a_{33} + a_{12}a_{23}a_{31} + a_{13}a_{21}a_{32} - a_{13}a_{22}a_{31} - a_{12}a_{21}a_{33} - a_{11}a_{23}a_{32}。$$

因此，第一个等式不成立；第二个等式成立。

通过观察不难发现，$\begin{vmatrix} a_{11} & a_{12} & a_{13} \\ a_{21} & a_{22} & a_{23} \\ a_{31} & a_{32} & a_{33} \end{vmatrix}$是标准形式的三阶行列式，$\begin{vmatrix} a_{12} & a_{11} & a_{13} \\ a_{22} & a_{21} & a_{23} \\ a_{32} & a_{31} & a_{33} \end{vmatrix}$是将标准形式的行列式的第 1 列和第 2 列的元素进行了互换，$\begin{vmatrix} a_{11} & a_{12} & a_{13} \\ a_{21} & a_{22} & a_{23} \\ a_{31}+ka_{21} & a_{32}+ka_{22} & a_{33}+ka_{23} \end{vmatrix}$是将标准形式的行列式的第 2 行元素乘以数 k 之后对位加到第 3 行。为什么会出现第一个等式不成立；而第二个等式成立的情况呢？这不是偶然出现的，事实上，用 1.2 节中行列式的性质可以直接验证这两个等式是否成立。

三、课后习题选解

A类题

1. 计算下列行列式：

(1) $D_2 = \begin{vmatrix} \cos x & \sin x \\ \sin x & \cos x \end{vmatrix}$；　　(2) $D_3 = \begin{vmatrix} 0 & a & 0 \\ b & 0 & c \\ 0 & d & 0 \end{vmatrix}$；

(3) $D_5 = \begin{vmatrix} 3 & 0 & 0 & 0 & 4 \\ 0 & 0 & 0 & 2 & 3 \\ 0 & 0 & 5 & 0 & 2 \\ 0 & 0 & 0 & 0 & 1 \\ 0 & 4 & 0 & 0 & 1 \end{vmatrix}$；　　(4) $D_n = \begin{vmatrix} 0 & 1 & 0 & \cdots & 0 \\ 0 & 0 & 2 & \cdots & 0 \\ \vdots & \vdots & \vdots & \ddots & \vdots \\ 0 & 0 & 0 & \cdots & n-1 \\ n & 0 & 0 & \cdots & 0 \end{vmatrix}$。

分析　二阶行列式利用对角线法则求解；三阶行列式利用对角线法则或行列式的展开定理求解；高阶行列式观察特点然后利用行列式的定义或展开定理求解。

解　(1) 利用对角线法则，有

$$D_2 = \begin{vmatrix} \cos x & \sin x \\ \sin x & \cos x \end{vmatrix} = \cos x\cos x - \sin x\sin x = \cos 2x。$$

(2) 根据行列式的结构特点，可以直接利用对角线法则求解。于是

$$D_3=\begin{vmatrix}0&a&0\\b&0&c\\0&d&0\end{vmatrix}=0\times0\times0+a\times c\times0+0\times b\times d-0\times c\times d-a\times b\times0-0\times0\times0=0。$$

(3) 根据行列式的结构特点，依次按照第1列，(原行列式的)第2列，(原行列式的)第3列展开，可得

$$D_5=\begin{vmatrix}3&0&0&0&4\\0&0&0&2&3\\0&0&5&0&2\\0&0&0&0&1\\0&4&0&0&1\end{vmatrix}=3\times(-1)^{1+1}\begin{vmatrix}0&0&2&3\\0&5&0&2\\0&0&0&1\\4&0&0&1\end{vmatrix}=3\times4\times(-1)^{4+1}\begin{vmatrix}0&2&3\\5&0&2\\0&0&1\end{vmatrix}$$

$$=-3\times4\times5\times(-1)^{2+1}\begin{vmatrix}2&3\\0&1\end{vmatrix}=120。$$

(4) 根据行列式的结构特点，按照第1列展开，可得

$$D_n=\begin{vmatrix}0&1&0&\cdots&0\\0&0&2&\cdots&0\\\vdots&\vdots&\vdots&\ddots&\vdots\\0&0&0&\cdots&n-1\\n&0&0&\cdots&0\end{vmatrix}=n(-1)^{n+1}\begin{vmatrix}1&0&\cdots&0&0\\0&2&\cdots&0&0\\\vdots&\vdots&\ddots&\vdots&\vdots\\0&0&\cdots&n-2&0\\0&0&\cdots&0&n-1\end{vmatrix},$$

注意到，展开后的 $n-1$ 阶行列式为对角行列式，因此

$$D_n=(-1)^{n+1}1\times2\times3\times\cdots\times n=(-1)^{n+1}n!。$$

2. 利用行列式求解下列线性方程组：

(1) $\begin{cases}4x_1+\ x_2=6,\\2x_1-3x_2=-4;\end{cases}$　　(2) $\begin{cases}x_1-2x_2+3x_3=5,\\2x_1+x_2-3x_3=-3,\\2x_1+2x_2-x_3=2。\end{cases}$

分析　利用二元、三元线性方程组的求解公式求解，计算三阶行列式时可利用对角线法则或行列式的展开定理。

解　(1) 利用二阶行列式的对角线法则，不难求得

$$D_2=\begin{vmatrix}4&1\\2&-3\end{vmatrix}=4\times(-3)-1\times2=-14,\quad D_2^1=\begin{vmatrix}6&1\\-4&-3\end{vmatrix}=6\times(-3)-1\times(-4)=-14,$$

$$D_2^2=\begin{vmatrix}4&6\\2&-4\end{vmatrix}=4\times(-4)-6\times2=-28。$$

因为 $D_2=-14\neq0$，所以线性方程组的解为

$$x_1=\frac{D_2^1}{D_2}=\frac{-14}{-14}=1,\qquad x_2=\frac{D_2^2}{D_2}=\frac{-28}{-14}=2。$$

(2) 利用三阶行列式的对角线法则，不难求得

$$D_3=\begin{vmatrix}1&-2&3\\2&1&-3\\2&2&-1\end{vmatrix}=19,\qquad D_3^1=\begin{vmatrix}5&-2&3\\-3&1&-3\\2&2&-1\end{vmatrix}=19,$$

$$D_3^2=\begin{vmatrix}1&5&3\\2&-3&-3\\2&2&-1\end{vmatrix}=19,\qquad D_3^3=\begin{vmatrix}1&-2&5\\2&1&-3\\2&2&2\end{vmatrix}=38。$$

因为 $D_3=19\neq0$，由求解公式(1.6)，线性方程组有唯一解，即

$$x_1=\frac{D_3^1}{D_3}=1,\qquad x_2=\frac{D_3^2}{D_3}=1,\qquad x_3=\frac{D_3^3}{D_3}=2。$$

B类题

1. 计算下列行列式：

(1) $D_4=\begin{vmatrix}\lambda & 1 & 0 & 0\\ 1 & \lambda & 0 & 0\\ 0 & 0 & \lambda & 1\\ 0 & 0 & 1 & \lambda\end{vmatrix}$；　　(2) $D_n=\begin{vmatrix}0 & \cdots & 0 & 1 & 0\\ 0 & \cdots & 2 & 0 & 0\\ \vdots & & \vdots & \vdots & \vdots\\ n-1 & \cdots & 0 & 0 & 0\\ 0 & \cdots & 0 & 0 & n\end{vmatrix}$ $(n\geqslant 2)$。

分析 先观察行列式的特点，然后利用行列式的定义或展开定理求解。

解 (1) 按照第 1 行展开，可得

$$D_4=\begin{vmatrix}\lambda & 1 & 0 & 0\\ 1 & \lambda & 0 & 0\\ 0 & 0 & \lambda & 1\\ 0 & 0 & 1 & \lambda\end{vmatrix}=\lambda(-1)^{1+1}\begin{vmatrix}\lambda & 0 & 0\\ 0 & \lambda & 1\\ 0 & 1 & \lambda\end{vmatrix}+1\times(-1)^{1+2}\begin{vmatrix}1 & 0 & 0\\ 0 & \lambda & 1\\ 0 & 1 & \lambda\end{vmatrix}。$$

再将上述两个三阶行列式分别按照第 1 行展开可求得结果，因此

$$D_4=\lambda\lambda(\lambda^2-1)-(\lambda^2-1)=(\lambda^2-1)^2。$$

(2) 对行列式始终按最后 1 行展开得 $D_n=(-1)^{\frac{(n-1)(n-2)}{2}}n!$。

2. 求解下列行列式方程：

(1) $D_3=\begin{vmatrix}x-6 & 5 & 3\\ -3 & x+2 & 2\\ -2 & 2 & x\end{vmatrix}=0$；　　(2) $D_3=\begin{vmatrix}x-1 & 1 & 1\\ 0 & x-2 & 0\\ 8 & 3 & x-3\end{vmatrix}=0$。

分析 利用对角线法则或按行展开给出关于 x 的方程，进而将问题转化为求解代数方程。

解 (1) 利用对角线法则，不难求得

$$D_3=\begin{vmatrix}x-6 & 5 & 3\\ -3 & x+2 & 2\\ -2 & 2 & x\end{vmatrix}=(x-1)^2(x-2),$$

因此，$x_{1,2}=1, x_3=2$。

(2) 将行列式按照第 2 行展开，可得

$$D_3=\begin{vmatrix}x-1 & 1 & 1\\ 0 & x-2 & 0\\ 8 & 3 & x-3\end{vmatrix}=(x+1)(x-2)(x-5),$$

因此 $x_1=-1, x_2=2, x_3=5$。

1.2 n 阶行列式的性质及应用

一、知识要点

1. 行列式的基本性质

定义 1.5 对于如下给定的 n 阶行列式

$$D_n=\begin{vmatrix}a_{11} & a_{12} & \cdots & a_{1n}\\ a_{21} & a_{22} & \cdots & a_{2n}\\ \vdots & \vdots & & \vdots\\ a_{n1} & a_{n2} & \cdots & a_{nn}\end{vmatrix},$$

将 D_n 中行与列互换，得到新的 n 阶行列式

$$D_n^{\mathrm{T}}=\begin{vmatrix} a_{11} & a_{21} & \cdots & a_{n1} \\ a_{12} & a_{22} & \cdots & a_{n2} \\ \vdots & \vdots & & \vdots \\ a_{1n} & a_{2n} & \cdots & a_{nn} \end{vmatrix},$$

称 D_n^{T}（或记为 D'_n）为 D_n 的**转置行列式**。

性质1（转置性） 行列式与它的转置行列式相等，即 $D_n=D_n^{\mathrm{T}}$。

性质2（反号性） 互换行列式任意两行（列），行列式改变符号。

推论 行列式中有两行（列）完全相同，行列式等于零。

性质3（倍乘性） 行列式中某一行（列）的所有元素都乘以数 k，等于用数 k 乘此行列式，即

$$\begin{vmatrix} a_{11} & a_{12} & \cdots & a_{1n} \\ \vdots & \vdots & & \vdots \\ ka_{i1} & ka_{i2} & \cdots & ka_{in} \\ \vdots & \vdots & & \vdots \\ a_{n1} & a_{n2} & \cdots & a_{nn} \end{vmatrix}=k\begin{vmatrix} a_{11} & a_{12} & \cdots & a_{1n} \\ \vdots & \vdots & & \vdots \\ a_{i1} & a_{i2} & \cdots & a_{in} \\ \vdots & \vdots & & \vdots \\ a_{n1} & a_{n2} & \cdots & a_{nn} \end{vmatrix}。$$

推论1 行列式中某一行（列）的所有元素的公因子可以提到行列式的外面。

推论2 若行列式中某一行（列）的元素全为零，则行列式等于零。

推论3 若行列式中有两行（列）对应元素成比例，则行列式等于零。

性质4（可加性） 若行列式中某一行（列）的各元素 a_{ij} 都是两个元素 b_{ij} 与 c_{ij} 之和，即 $a_{ij}=b_{ij}+c_{ij}\ (j=1,2,\cdots,n,1\leqslant i\leqslant n)$，则该行列式可分解为两个相应的行列式之和，即

$$D_n=\begin{vmatrix} a_{11} & a_{12} & \cdots & a_{1n} \\ \vdots & \vdots & & \vdots \\ b_{i1}+c_{i1} & b_{i2}+c_{i2} & \cdots & b_{in}+c_{in} \\ \vdots & \vdots & & \vdots \\ a_{n1} & a_{n2} & \cdots & a_{nn} \end{vmatrix}=\begin{vmatrix} a_{11} & a_{12} & \cdots & a_{1n} \\ \vdots & \vdots & & \vdots \\ b_{i1} & b_{i2} & \cdots & b_{in} \\ \vdots & \vdots & & \vdots \\ a_{n1} & a_{n2} & \cdots & a_{nn} \end{vmatrix}+\begin{vmatrix} a_{11} & a_{12} & \cdots & a_{1n} \\ \vdots & \vdots & & \vdots \\ c_{i1} & c_{i2} & \cdots & c_{in} \\ \vdots & \vdots & & \vdots \\ a_{n1} & a_{n2} & \cdots & a_{nn} \end{vmatrix}。$$

性质5（倍加性） 行列式中任一行（列）的各元素乘以一个非零常数 k 后加到另一行（列）的对应元素上，行列式不变，即

$$D_n=\begin{vmatrix} a_{11} & a_{12} & \cdots & a_{1n} \\ \vdots & \vdots & & \vdots \\ a_{i1} & a_{i2} & \cdots & a_{in} \\ \vdots & \vdots & & \vdots \\ a_{j1} & a_{j2} & \cdots & a_{jn} \\ \vdots & \vdots & & \vdots \\ a_{n1} & a_{n2} & \cdots & a_{nn} \end{vmatrix}=\begin{vmatrix} a_{11} & a_{12} & \cdots & a_{1n} \\ \vdots & \vdots & & \vdots \\ a_{i1}+ka_{j1} & a_{i2}+ka_{j2} & \cdots & a_{in}+ka_{jn} \\ \vdots & \vdots & & \vdots \\ a_{j1} & a_{j2} & \cdots & a_{jn} \\ \vdots & \vdots & & \vdots \\ a_{n1} & a_{n2} & \cdots & a_{nn} \end{vmatrix}。$$

注 在计算行列式时，通常以 r_i 表示行列式的第 i 行，以 c_i 表示第 i 列，计算过程有如下记号：

(1) 交换 i,j 两行（列），记作 $r_i\leftrightarrow r_j\ (c_i\leftrightarrow c_j)$；

(2) 行列式的第 i 行(列)乘以 k,记作 $kr_i(kc_i)$;

(3) 若用数 k 乘以行列式的第 j 行(列)加到第 i 行(列)上,简记为 $r_i+kr_j(c_i+kc_j)$。

定理 1.2 行列式中某一行(列)的元素与另一行(列)的对应元素的代数余子式的乘积之和等于零,即

$$a_{i1}A_{j1}+a_{i2}A_{j2}+\cdots+a_{in}A_{jn}=0,\qquad i\neq j$$

或

$$a_{1i}A_{1j}+a_{2i}A_{2j}+\cdots+a_{ni}A_{nj}=0,\qquad i\neq j。$$

综合定理 1.1 和定理 1.2,有如下重要结论:

$$\sum_{k=1}^{n}a_{ik}A_{jk}=\begin{cases}D_n, & i=j,\\ 0, & i\neq j,\end{cases}\qquad i=1,2,\cdots,n \tag{1.12}$$

和

$$\sum_{k=1}^{n}a_{ki}A_{kj}=\begin{cases}D_n, & i=j,\\ 0, & i\neq j,\end{cases}\qquad i=1,2,\cdots,n。\tag{1.13}$$

一类典型的行列式:

$$D_n=\begin{vmatrix} a_{11} & \cdots & a_{1k} & 0 & \cdots & 0\\ \vdots & & \vdots & \vdots & & \vdots\\ a_{k1} & \cdots & a_{kk} & 0 & \cdots & 0\\ c_{11} & \cdots & c_{1k} & b_{11} & \cdots & b_{1n}\\ \vdots & & \vdots & \vdots & & \vdots\\ c_{n1} & \cdots & c_{nk} & b_{n1} & \cdots & b_{nn}\end{vmatrix}=\begin{vmatrix} a_{11} & \cdots & a_{1k}\\ \vdots & & \vdots\\ a_{k1} & \cdots & a_{kk}\end{vmatrix}\cdot\begin{vmatrix} b_{11} & \cdots & b_{1n}\\ \vdots & & \vdots\\ b_{n1} & \cdots & b_{nn}\end{vmatrix}。$$

二、疑难解析

1. 下列等式是否成立?

$$\begin{vmatrix} a_{11}+b_{11} & a_{12}+b_{12}\\ a_{21}+b_{21} & a_{22}+b_{22}\end{vmatrix}=\begin{vmatrix} a_{11} & a_{12}\\ a_{21} & a_{22}\end{vmatrix}+\begin{vmatrix} b_{11} & b_{12}\\ b_{21} & b_{22}\end{vmatrix}。$$

答 不成立。根据行列式的性质 4,有

$$\begin{vmatrix} a_{11}+b_{11} & a_{12}+b_{12}\\ a_{21}+b_{21} & a_{22}+b_{22}\end{vmatrix}=\begin{vmatrix} a_{11} & a_{12}\\ a_{21} & a_{22}\end{vmatrix}+\begin{vmatrix} a_{11} & b_{12}\\ a_{21} & b_{22}\end{vmatrix}+\begin{vmatrix} b_{11} & a_{12}\\ b_{21} & a_{22}\end{vmatrix}+\begin{vmatrix} b_{11} & b_{12}\\ b_{21} & b_{22}\end{vmatrix}。$$

给定的等式中少写了两个行列式。

2. 如何证明性质 3 的推论 3,即:若行列式中有两行(列)对应元素成比例,则行列式等于零。

答 以 4 阶行列式为例进行例证。不失一般性,假设行列式的第 2、3 行的元素对应成比例,即$\frac{a_{21}}{a_{31}}=\frac{a_{22}}{a_{32}}=\frac{a_{23}}{a_{33}}=\frac{a_{24}}{a_{34}}=\lambda$。易见,$a_{21}=\lambda a_{31}$,$a_{22}=\lambda a_{32}$,$a_{23}=\lambda a_{33}$,$a_{24}=\lambda a_{34}$。

将上述关系代入 4 阶行列式,然后根据性质 3 的推论 1,将第 2 行的公因子提出。此时,行列式的第 2、3 行的元素相同,根据性质 2 的推论可知,行列式的值为零。具体过程如下:

$$\begin{vmatrix} a_{11} & a_{12} & a_{13} & a_{14} \\ a_{21} & a_{22} & a_{23} & a_{24} \\ a_{31} & a_{32} & a_{33} & a_{34} \\ a_{41} & a_{42} & a_{43} & a_{44} \end{vmatrix} = \begin{vmatrix} a_{11} & a_{12} & a_{13} & a_{14} \\ \lambda a_{31} & \lambda a_{32} & \lambda a_{33} & \lambda a_{34} \\ a_{31} & a_{32} & a_{33} & a_{34} \\ a_{41} & a_{42} & a_{43} & a_{44} \end{vmatrix} = \lambda \begin{vmatrix} a_{11} & a_{12} & a_{13} & a_{14} \\ a_{31} & a_{32} & a_{33} & a_{34} \\ a_{31} & a_{32} & a_{33} & a_{34} \\ a_{41} & a_{42} & a_{43} & a_{44} \end{vmatrix} = 0。$$

于是，对于任意阶行列式，若行列式中有两行(列)对应元素成比例，则行列式等于零。

3. 如何理解定理1.1和定理1.2的结论?

答 对于给定的n阶行列式，用$a_{ik}(k=1,2,\cdots,n)$表示行列式中的第i行的元素，$A_{jk}(k=1,2,\cdots,n)$表示对应于第j行元素a_{jk}的代数余子式。表达式

$$\sum_{k=1}^{n} a_{ik}A_{jk} = \begin{cases} D_n, & i = j, \\ 0, & i \neq j \end{cases}$$

可以理解为：元素a_{ik}和代数余子式A_{jk}对位$(i=j)$相乘再求和，结果等于行列式；错位$(i\neq j)$相乘再求和，结果为零。

三、经典题型详解

对于一些形式较为简单、阶数较低的行列式，可利用行列式的性质、推论及按行(列)展开定理计算行列式。通常的计算方法有两种：一个是**化三角法**；另一个是**降阶法**。在使用这两种方法时，通常要对行列式实施以下3种行(列)运算：

(1) 交换行列式的两行(列)，即$r_i \leftrightarrow r_j(c_i \leftrightarrow c_j)$，行列式变号；

(2) 将行列式某一行(列)的公因子提到行列式的外面，即$kr_i(kc_i)$，行列式的值不变；

(3) 将行列式的某一行(列)加上另一行(列)的非零倍数，即$r_i+kr_j(c_i+kc_j)$，行列式的值不变。

下面结合一些简单例题来初步说明这两种方法的使用策略。这两种方法的更多应用及其他一些经典的方法将在下一节中给出。

题型1 利用行列式的性质计算行列式或证明等式

例1.1 计算下列行列式：

(1) $D_3 = \begin{vmatrix} x & y & x+y \\ y & x+y & x \\ x+y & x & y \end{vmatrix}$； (2) $D_4 = \begin{vmatrix} 0 & 0 & 2 & 3 \\ 1 & 2 & 1 & -1 \\ 3 & 1 & 2 & 2 \\ 4 & 5 & 1 & 2 \end{vmatrix}$；

(3) $D_4 = \begin{vmatrix} 1 & a & b & c+d \\ 1 & b & c & a+d \\ 1 & c & d & a+b \\ 1 & d & a & b+c \end{vmatrix}$。

分析 合理利用行列式的性质、推论。

解 (1) 注意到，行列式的行元素之和或列元素之和都相同，将第2行和第3行的元素对应加到第1行(即$r_1+r_2+r_3$)，并提取公因子，然后再利用行列式的性质5，逐渐将行列式化为上三角形行列式，计算过程如下：

$$D_3=\begin{vmatrix}2(x+y)&2(x+y)&2(x+y)\\y&x+y&x\\x+y&x&y\end{vmatrix}$$

$$=2(x+y)\begin{vmatrix}1&1&1\\y&x+y&x\\x+y&x&y\end{vmatrix}\xlongequal[r_3-(x+y)r_1]{r_2-yr_1}2(x+y)\begin{vmatrix}1&1&1\\0&x&x-y\\0&-y&-x\end{vmatrix}$$

$$=-2(x^3+y^3)。$$

(2) 利用行列式的性质,逐渐将行列式化为上三角形行列式,计算过程如下:

$$D_4\xlongequal{r_1\leftrightarrow r_2}-\begin{vmatrix}1&2&1&-1\\0&0&2&3\\3&1&2&2\\4&5&1&2\end{vmatrix}\xlongequal[r_4-4r_1]{r_3-3r_1}-\begin{vmatrix}1&2&1&-1\\0&0&2&3\\0&-5&-1&5\\0&-3&-3&6\end{vmatrix}$$

$$\xlongequal{r_2\leftrightarrow r_4}\begin{vmatrix}1&2&1&-1\\0&-3&-3&6\\0&-5&-1&5\\0&0&2&3\end{vmatrix}=(-3)\begin{vmatrix}1&2&1&-1\\0&1&1&-2\\0&-5&-1&5\\0&0&2&3\end{vmatrix}$$

$$\xlongequal{r_3+5r_2}(-3)\begin{vmatrix}1&2&1&-1\\0&1&1&-2\\0&0&4&-5\\0&0&2&3\end{vmatrix}\xlongequal{r_3\leftrightarrow r_4}3\begin{vmatrix}1&2&1&-1\\0&1&1&-2\\0&0&2&3\\0&0&4&-5\end{vmatrix}$$

$$\xlongequal{r_4-2r_3}3\begin{vmatrix}1&2&1&-1\\0&1&1&-2\\0&0&2&3\\0&0&0&-11\end{vmatrix}=3\times1\times1\times2\times(-11)=-66。$$

(3) 注意到,利用行列式的性质 5 将行列式的第 3、4 列加到第 2 列,即进行列运算 $c_2+c_3+c_4$,可得

$$D_4=\begin{vmatrix}1&a&b&c+d\\1&b&c&a+d\\1&c&d&a+b\\1&d&a&b+c\end{vmatrix}=\begin{vmatrix}1&a+b+c+d&b&c+d\\1&a+b+c+d&c&a+d\\1&a+b+c+d&d&a+b\\1&a+b+c+d&a&b+c\end{vmatrix}$$

$$=(a+b+c+d)\begin{vmatrix}1&1&b&c+d\\1&1&c&a+d\\1&1&d&a+b\\1&1&a&b+c\end{vmatrix}=0。$$

类似地,可以计算如下的行列式:

(1) $D_4=\begin{vmatrix}1&2&3&4\\2&3&4&1\\3&4&1&2\\4&1&2&3\end{vmatrix}$;(2) $D_4=\begin{vmatrix}\lambda&1&1&1\\1&\lambda&1&1\\1&1&\lambda&1\\1&1&1&\lambda\end{vmatrix}$;(3) $D_4=\begin{vmatrix}0&1&-1&2\\-1&-1&2&1\\-1&0&-1&1\\2&2&0&0\end{vmatrix}$。

例 1.2 证明下列等式：

(1) $D_3=\begin{vmatrix} a_1+b_1x & a_1x+b_1 & c_1 \\ a_2+b_2x & a_2x+b_2 & c_2 \\ a_3+b_3x & a_3x+b_3 & c_3 \end{vmatrix}=(1-x^2)\begin{vmatrix} a_1 & b_1 & c_1 \\ a_2 & b_2 & c_2 \\ a_3 & b_3 & c_3 \end{vmatrix}$；

(2) $D_4=\begin{vmatrix} a & b & c & d \\ a & a+b & a+b+c & a+b+c+d \\ a & 2a+b & 3a+2b+c & 4a+3b+2c+d \\ a & 3a+b & 6a+3b+c & 10a+6b+3c+d \end{vmatrix}=a^4$。

分析 利用行列式的性质进行约化证明。

证 (1) 利用行列式的性质4将行列式按列进行拆分，并进行化简，可得

$$D_3=\begin{vmatrix} a_1 & a_1x+b_1 & c_1 \\ a_2 & a_2x+b_2 & c_2 \\ a_3 & a_3x+b_3 & c_3 \end{vmatrix}+\begin{vmatrix} b_1x & a_1x+b_1 & c_1 \\ b_2x & a_2x+b_2 & c_2 \\ b_3x & a_3x+b_3 & c_3 \end{vmatrix}$$

$$=\begin{vmatrix} a_1 & a_1x & c_1 \\ a_2 & a_2x & c_2 \\ a_3 & a_3x & c_3 \end{vmatrix}+\begin{vmatrix} a_1 & b_1 & c_1 \\ a_2 & b_2 & c_2 \\ a_3 & b_3 & c_3 \end{vmatrix}+\begin{vmatrix} b_1x & a_1x & c_1 \\ b_2x & a_2x & c_2 \\ b_3x & a_3x & c_3 \end{vmatrix}+\begin{vmatrix} b_1x & b_1 & c_1 \\ b_2x & b_2 & c_2 \\ b_3x & b_3 & c_3 \end{vmatrix}$$

$$=\begin{vmatrix} a_1 & b_1 & c_1 \\ a_2 & b_2 & c_2 \\ a_3 & b_3 & c_3 \end{vmatrix}+\begin{vmatrix} b_1x & a_1x & c_1 \\ b_2x & a_2x & c_2 \\ b_3x & a_3x & c_3 \end{vmatrix}=\begin{vmatrix} a_1 & b_1 & c_1 \\ a_2 & b_2 & c_2 \\ a_3 & b_3 & c_3 \end{vmatrix}+x^2\begin{vmatrix} b_1 & a_1 & c_1 \\ b_2 & a_2 & c_2 \\ b_3 & a_3 & c_3 \end{vmatrix}$$

$$=(1-x^2)\begin{vmatrix} a_1 & b_1 & c_1 \\ a_2 & b_2 & c_2 \\ a_3 & b_3 & c_3 \end{vmatrix}。$$

(2) 将第1行乘以(−1)依次加到第2、3、4行，然后再根据情况化简，于是

$$D_4=\begin{vmatrix} a & b & c & d \\ 0 & a & a+b & a+b+c \\ 0 & 2a & 3a+2b & 4a+3b+2c \\ 0 & 3a & 6a+3b & 10a+6b+3c \end{vmatrix}=\begin{vmatrix} a & b & c & d \\ 0 & a & a+b & a+b+c \\ 0 & 0 & a & 2a+b \\ 0 & 0 & 3a & 7a+3b \end{vmatrix}$$

$$=\begin{vmatrix} a & b & c & d \\ 0 & a & a+b & a+b+c \\ 0 & 0 & a & 2a+b \\ 0 & 0 & 0 & a \end{vmatrix}=a^4。$$

证毕

类似地，可以证明：

(1) $D_3=\begin{vmatrix} a^2 & ab & b^2 \\ 2a & a+b & 2b \\ 1 & 1 & 1 \end{vmatrix}=(a-b)^3$；

(2) $D_3=\begin{vmatrix} b+c & c+a & a+b \\ b_1+c_1 & c_1+a_1 & a_1+b_1 \\ b_2+c_2 & c_2+a_2 & a_2+b_2 \end{vmatrix}=2\begin{vmatrix} a & b & c \\ a_1 & b_1 & c_1 \\ a_2 & b_2 & c_2 \end{vmatrix}$。

例 1.3 已知 204,527,255 都是 17 的倍数,利用行列式的性质证明:$D_3=\begin{vmatrix}2&0&4\\5&2&7\\2&5&5\end{vmatrix}$ 必也是 17 的倍数。

分析 利用行列式的性质,使得某一行(列)是 17 的倍数。

证 将第 1 列的 100 倍、第 2 列的 10 倍都加到第 3 列,第 3 列提出 17 可得

$$D_3=\begin{vmatrix}2&0&4\\5&2&7\\2&5&5\end{vmatrix}=\begin{vmatrix}2&0&204\\5&2&527\\2&5&255\end{vmatrix}=17\begin{vmatrix}2&0&12\\5&2&31\\2&5&15\end{vmatrix}。$$

由定义 1.2 知,元素全是整数的行列式,其值必是整数,故证得原行列式必是 17 的倍数。

题型 2 利用行列式按行(列)展开定理计算行列式或证明等式

例 1.4 计算下列行列式:

(1) $D_4=\begin{vmatrix}2&0&5&1\\0&0&-2&0\\3&3&4&2\\0&0&-1&4\end{vmatrix}$; (2) $D_5=\begin{vmatrix}a_{11}&a_{12}&0&0&0\\a_{21}&a_{22}&0&0&0\\a_{31}&a_{32}&1&0&0\\a_{41}&a_{42}&0&1&0\\a_{51}&a_{52}&0&0&1\end{vmatrix}$。

分析 注意到,这两个行列式中的零元素较多,可以利用定理 1.1(行列式按行(列)展开定理),并结合行列式的性质及推论计算。

解 (1) 易见,行列式的第 2 列只有一个元素不为零,第 2 行也同样只有一个元素不为零,可以先按照第 2 行展开,然后再根据行列式的特点计算,过程如下:

$$D_4=\begin{vmatrix}2&0&5&1\\0&0&-2&0\\3&3&4&2\\0&0&-1&4\end{vmatrix}\xlongequal{\text{按第 2 行展开}}(-2)\times(-1)^{2+3}\begin{vmatrix}2&0&1\\3&3&2\\0&0&4\end{vmatrix}$$

$$\xlongequal{\text{按第 2 列展开}}2\times3\times(-1)^{2+2}\begin{vmatrix}2&1\\0&4\end{vmatrix}=6\times8=48。$$

(2) 因为行列式中并未给出 $a_{ij}(i,j=1,2)$ 是否为零的条件,不能将其约化为下三角形行列式,所以将行列式依次按照最后一列展开可得

$$D_5=1\times(-1)^{5+5}\times1\times(-1)^{4+4}\times1\times(-1)^{3+3}\times\begin{vmatrix}a_{11}&a_{12}\\a_{21}&a_{22}\end{vmatrix}=a_{11}a_{22}-a_{12}a_{21}。$$

评注 本题也可以直接用第 11 页给出的"典型的行列式"的结论进行计算。

类似地,可以计算下列行列式:

(1) $D_4=\begin{vmatrix}2&0&0&3\\0&2&0&-4\\5&3&4&1\\0&0&0&-4\end{vmatrix}$;(2) $D_4=\begin{vmatrix}3&1&0&-2\\0&3&0&1\\0&1&4&2\\-1&2&1&0\end{vmatrix}$;(3) $D=\begin{vmatrix}a&0&1&-1\\2&a&a&0\\0&0&b&-1\\0&0&1&b\end{vmatrix}$。

题型3 综合应用题

例1.5 计算下列行列式：

(1) $D_5=\begin{vmatrix}7 & -11 & 3 & 5 & 15\\ 1 & 3 & -1 & 3 & -7\\ 3 & -4 & 1 & 2 & 7\\ 5 & -6 & 2 & 4 & 9\\ 10 & -8 & 3 & 4 & 19\end{vmatrix}$；(2) $D_5=\begin{vmatrix}a+1 & 0 & 0 & 0 & a+2\\ 0 & a+5 & 0 & a+6 & 0\\ 0 & 0 & a+9 & 0 & 0\\ 0 & a+7 & 0 & a+8 & 0\\ a+3 & 0 & 0 & 0 & a+4\end{vmatrix}$。

分析 此题可用前面的方法化成三角形，但工作量比较大。若按一行或一列展开，需要计算几个4阶行列式，也很烦琐。为此，可以先利用行列式的性质将某一行(列)的元素尽量化成多个零元素，然后再按这一行或列展开。

解 (1) 目标定位在第3列，实施的行运算为 r_1-3r_3，r_2+r_3，r_4-2r_3，r_5-3r_3，然后按照第3列展开，则有

$$D_5=\begin{vmatrix}-2 & 1 & 0 & -1 & -6\\ 4 & -1 & 0 & 5 & 0\\ 3 & -4 & 1 & 2 & 7\\ -1 & 2 & 0 & 0 & -5\\ 1 & 4 & 0 & -2 & -2\end{vmatrix}=(-1)^{3+3}\begin{vmatrix}-2 & 1 & -1 & -6\\ 4 & -1 & 5 & 0\\ -1 & 2 & 0 & -5\\ 1 & 4 & -2 & -2\end{vmatrix}$$

$$\xlongequal[r_4-4r_1]{\substack{r_2+r_1\\ r_3-2r_1}}\begin{vmatrix}-2 & 1 & -1 & -6\\ 2 & 0 & 4 & -6\\ 3 & 0 & 2 & 7\\ 9 & 0 & 2 & 22\end{vmatrix}=(-1)^{1+2}\begin{vmatrix}2 & 4 & -6\\ 3 & 2 & 7\\ 9 & 2 & 22\end{vmatrix}$$

$$\xlongequal[r_3-r_2]{r_1-2r_2}-\begin{vmatrix}-4 & 0 & -20\\ 3 & 2 & 7\\ 6 & 0 & 15\end{vmatrix}=-2\begin{vmatrix}-4 & -20\\ 6 & 15\end{vmatrix}=-120。$$

(2) 先将行列式按第3行展开，然后再根据情况化简，于是

$$D_5=(a+9)(-1)^{3+3}\begin{vmatrix}a+1 & 0 & 0 & a+2\\ 0 & a+5 & a+6 & 0\\ 0 & a+7 & a+8 & 0\\ a+3 & 0 & 0 & a+4\end{vmatrix}$$

$$\xlongequal{c_4-c_1,c_3-c_2}(a+9)\begin{vmatrix}a+1 & 0 & 0 & 1\\ 0 & a+5 & 1 & 0\\ 0 & a+7 & 1 & 0\\ a+3 & 0 & 0 & 1\end{vmatrix}$$

$$\xlongequal[r_2-r_3]{r_1-r_4}(a+9)\begin{vmatrix}-2 & 0 & 0 & 0\\ 0 & -2 & 0 & 0\\ 0 & a+7 & 1 & 0\\ a+3 & 0 & 0 & 1\end{vmatrix}=4(a+9)。$$

例 1.6 给定如下的行列式

$$D_4=\begin{vmatrix}1&-1&2&3\\2&2&0&2\\4&1&-1&-1\\1&2&3&0\end{vmatrix}。$$

求：(1) $A_{31}-A_{32}+2A_{33}+3A_{34}$；(2) $2A_{31}-2A_{32}+4A_{33}-2A_{34}$；

(3) $M_{11}+M_{21}+M_{31}+M_{41}$。

分析 注意到，A_{31}，A_{32}，A_{33}，A_{34}是行列式D_4的第3行元素对应的代数余子式，计算$A_{31}-A_{32}+2A_{33}+3A_{34}$和$2A_{31}-2A_{32}+4A_{33}-2A_{34}$时需要将其还原为一个新的4阶行列式，然后合理利用性质1～性质5及其推论计算；M_{11}，M_{21}，M_{31}，M_{41}是行列式D_4的第1列元素对应的余子式，计算$M_{11}+M_{21}+M_{31}+M_{41}$时首先需要将其还原为与其对应的代数余子式的形式，进而构造一个新的4阶行列式，再进行计算。

解 (1) 注意到，$A_{31}-A_{32}+2A_{33}+3A_{34}$等于用$1,-1,2,3$替换$D_4$的第3行对应元素所得到的新行列式，于是

$$A_{31}-A_{32}+2A_{33}+3A_{34}=\begin{vmatrix}1&-1&2&3\\2&2&0&2\\1&-1&2&3\\1&2&3&0\end{vmatrix}=0。$$

(2) 注意到，$2A_{31}-2A_{32}+4A_{33}-2A_{34}$可以先提出公因子2，然后等于用$1,-1,2,-1$替换$D_4$的第3行对应元素所得到的行列式，则

$$2A_{31}-2A_{32}+4A_{33}-2A_{34}=2(A_{31}-A_{32}+2A_{33}-A_{34})=2\begin{vmatrix}1&-1&2&3\\2&2&0&2\\1&-1&2&-1\\1&2&3&0\end{vmatrix}=128。$$

(3) 根据余子式和代数余子式的关系有

$$M_{11}+M_{21}+M_{31}+M_{41}=A_{11}-A_{21}+A_{31}-A_{41},$$

而$A_{11}-A_{21}+A_{31}-A_{41}$等于用$1,-1,1,-1$替换$D_4$的第1列对应元素所得到的行列式，因此

$$原式=A_{11}-A_{21}+A_{31}-A_{41}=\begin{vmatrix}1&-1&2&3\\-1&2&0&2\\1&1&-1&-1\\-1&2&3&0\end{vmatrix}$$

$$=\begin{vmatrix}1&-1&2&3\\0&1&2&5\\0&2&-3&-4\\0&1&5&3\end{vmatrix}=\begin{vmatrix}1&-1&2&3\\0&1&2&5\\0&0&-7&-14\\0&0&3&-2\end{vmatrix}=56。$$

类似地，用该方法可以解决如下问题：

(1) 设 $D_4=\begin{vmatrix}3&1&-1&2\\-5&1&3&-4\\2&0&1&-1\\1&-5&3&-3\end{vmatrix}$,求:$A_{11}+A_{12}+A_{13}+A_{14}$,$M_{11}+M_{21}+M_{31}+M_{41}$,$A_{31}+3A_{32}-2A_{33}+2A_{34}$。

(2) 已知4阶行列式中第3行上的元素分别为$-1,2,0,1$,它们对应的余子式分别为$5,3,-7,4$,求行列式的值。

四、课后习题选解

A类题

1. 计算下列行列式:

(1) $D_3=\begin{vmatrix}246&427&327\\1014&543&443\\-342&721&621\end{vmatrix}$;　　(2) $D_4=\begin{vmatrix}1&1&-1&2\\-1&-1&-4&1\\2&4&-6&1\\1&2&4&2\end{vmatrix}$;

(3) $D_4=\begin{vmatrix}a&b&c&d\\a&a+b&a+b+c&a+b+c+d\\0&a&a+b&a+b+c\\0&0&a&a+b\end{vmatrix}$。

分析 根据各自行列式的特点,利用行列式的性质、推论及按行(列)展开定理求解。

解 (1) 注意到,将行列式的三列的元素对应相加(即 $c_1+c_2+c_3$)可以提取公因子,第2列的元素对应减去第3列的元素(即 c_2-c_3)也可以提取公因子,然后再进行计算,于是

$$D_3=\begin{vmatrix}246&427&327\\1014&543&443\\-342&721&621\end{vmatrix}=\begin{vmatrix}1000&100&327\\2000&100&443\\1000&100&621\end{vmatrix}=10^5\begin{vmatrix}1&1&327\\2&1&443\\1&1&621\end{vmatrix}=10^5\begin{vmatrix}0&1&327\\1&1&443\\0&1&621\end{vmatrix}$$

$$=(-1)^{2+1}10^5\begin{vmatrix}1&327\\1&621\end{vmatrix}=-294\times10^5。$$

(2) 利用行列式的性质将行列式进行约化,并降阶计算,于是

$$D_4=\begin{vmatrix}1&1&-1&2\\-1&-1&-4&1\\2&4&-6&1\\1&2&4&2\end{vmatrix}=\begin{vmatrix}1&1&-1&2\\0&0&-5&3\\0&2&-4&-3\\0&1&5&0\end{vmatrix}=\begin{vmatrix}0&-5&3\\2&-4&-3\\1&5&0\end{vmatrix}$$

$$=\begin{vmatrix}0&-5&3\\0&-14&-3\\1&5&0\end{vmatrix}=\begin{vmatrix}-5&3\\-14&-3\end{vmatrix}=57。$$

(3) 注意到,若对行列式实施行运算 r_2-r_3,则有

$$D_4=\begin{vmatrix}a&b&c&d\\a&a+b&a+b+c&a+b+c+d\\0&a&a+b&a+b+c\\0&0&a&a+b\end{vmatrix}\xlongequal{r_2-r_3}\begin{vmatrix}a&b&c&d\\a&b&c&d\\0&a&a+b&a+b+c\\0&0&a&a+b\end{vmatrix}=0。$$

2. 已知$\begin{vmatrix} a_{11} & a_{12} & a_{13} \\ a_{21} & a_{22} & a_{23} \\ a_{31} & a_{32} & a_{33} \end{vmatrix}=1$，求

$$D_3=\begin{vmatrix} 4a_{11} & 2a_{11}-3a_{12} & a_{13} \\ 4a_{21} & 2a_{21}-3a_{22} & a_{23} \\ 4a_{31} & 2a_{31}-3a_{32} & a_{33} \end{vmatrix}。$$

分析 利用行列式的性质、推论对行列式进行整理计算。

解 注意到，利用行列式的性质 4 对行列式进行拆分，并利用性质 2 的推论 1 提取公因子，可得

$$D_3=\begin{vmatrix} 4a_{11} & 2a_{11}-3a_{12} & a_{13} \\ 4a_{21} & 2a_{21}-3a_{22} & a_{23} \\ 4a_{31} & 2a_{31}-3a_{32} & a_{33} \end{vmatrix}=\begin{vmatrix} 4a_{11} & 2a_{11} & a_{13} \\ 4a_{21} & 2a_{21} & a_{23} \\ 4a_{31} & 2a_{31} & a_{33} \end{vmatrix}+\begin{vmatrix} 4a_{11} & -3a_{12} & a_{13} \\ 4a_{21} & -3a_{22} & a_{23} \\ 4a_{31} & -3a_{32} & a_{33} \end{vmatrix}$$

$$=4\times(-3)\begin{vmatrix} a_{11} & a_{12} & a_{13} \\ a_{21} & a_{22} & a_{23} \\ a_{31} & a_{32} & a_{33} \end{vmatrix}=-12\begin{vmatrix} a_{11} & a_{12} & a_{13} \\ a_{21} & a_{22} & a_{23} \\ a_{31} & a_{32} & a_{33} \end{vmatrix}=-12。$$

3. 给定如下的行列式：

$$D_4=\begin{vmatrix} 3 & 6 & 9 & 12 \\ 2 & 4 & 6 & 8 \\ 1 & 2 & 0 & 3 \\ 5 & 6 & 4 & 3 \end{vmatrix},$$

求 $A_{41}+2A_{42}+3A_{44}$。

分析 参见经典题型详解中的例 1.6。

解 由于 $A_{41}+2A_{42}+3A_{44}$ 等于用 1,2,0,3 替换 D_4 的第 4 行对应元素所得到的新行列式，因此

$$A_{41}+2A_{42}+3A_{44}=\begin{vmatrix} 3 & 6 & 9 & 12 \\ 2 & 4 & 6 & 8 \\ 1 & 2 & 0 & 3 \\ 1 & 2 & 0 & 3 \end{vmatrix}=0。$$

4. 求方程 $f(x)=0$ 的根，其中

$$f(x)=\begin{vmatrix} x-1 & x-2 & x-1 & x \\ x-2 & x-4 & x-2 & x \\ x-3 & x-6 & x-4 & x-1 \\ x-4 & x-8 & 2x-5 & x-2 \end{vmatrix}。$$

分析 利用行列式的性质对行列式进行化简，然后根据最终表达式求解。

解 利用行列式的性质 5，用第 1 列乘以 −1 分别加到第 2、3、4 列，再根据情况进行化简，于是

$$f(x)=\begin{vmatrix} x-1 & x-2 & x-1 & x \\ x-2 & x-4 & x-2 & x \\ x-3 & x-6 & x-4 & x-1 \\ x-4 & x-8 & 2x-5 & x-2 \end{vmatrix}=\begin{vmatrix} x-1 & -1 & 0 & 1 \\ x-2 & -2 & 0 & 2 \\ x-3 & -3 & -1 & 2 \\ x-4 & -4 & x-1 & 2 \end{vmatrix}$$

$$=\begin{vmatrix} x-1 & -1 & 0 & 0 \\ x-2 & -2 & 0 & 0 \\ x-3 & -3 & -1 & -1 \\ x-4 & -4 & x-1 & -2 \end{vmatrix}=\begin{vmatrix} x/2 & 0 & 0 & 0 \\ x-2 & -2 & 0 & 0 \\ x-3 & -3 & -1 & 0 \\ x-4 & -4 & x-1 & -x-1 \end{vmatrix}=-x(x+1)。$$

因此，$f(x)=0$ 的根为 −1,0。

5. 计算下列 n 阶行列式：

(1) $D_n=\begin{vmatrix}2&1&0&\cdots&0&0\\0&2&1&\cdots&0&0\\0&0&2&\cdots&0&0\\\vdots&\vdots&\vdots&&\vdots&\vdots\\0&0&0&\cdots&2&1\\1&0&0&\cdots&0&2\end{vmatrix}$； (2) $D_n=\begin{vmatrix}3&2&2&\cdots&2&2\\2&3&2&\cdots&2&2\\2&2&3&\cdots&2&2\\\vdots&\vdots&\vdots&\ddots&\vdots&\vdots\\2&2&2&\cdots&3&2\\2&2&2&\cdots&2&3\end{vmatrix}$。

分析 根据行列式的特点，利用行列式的性质、推论及按行(列)展开定理求解。

解 (1) 注意到，行列式可以按第 1 列展开，于是

$$D_n=2\times(-1)^{1+1}\begin{vmatrix}2&1&0&\cdots&0&0\\0&2&1&\cdots&0&0\\0&0&2&\cdots&0&0\\\vdots&\vdots&\vdots&&\vdots&\vdots\\0&0&0&\cdots&2&1\\0&0&0&\cdots&0&2\end{vmatrix}_{(n-1)}+1\times(-1)^{n+1}\begin{vmatrix}1&0&0&\cdots&0&0\\2&1&0&\cdots&0&0\\0&2&1&\cdots&0&0\\\vdots&\vdots&\vdots&&\vdots&\vdots\\0&0&0&\cdots&1&0\\0&0&0&\cdots&2&1\end{vmatrix}_{(n-1)}$$

$$=2^n+(-1)^{n+1}。$$

(2) 注意到，行列式的行元素之和或列元素之和都相等，可将所有列的元素都加到第 1 列，并提取公因式，然后再根据情况进行化简，于是

$$D_n=\begin{vmatrix}3&2&2&\cdots&2&2\\2&3&2&\cdots&2&2\\2&2&3&\cdots&2&2\\\vdots&\vdots&\vdots&\ddots&\vdots&\vdots\\2&2&2&\cdots&3&2\\2&2&2&\cdots&2&3\end{vmatrix}=\begin{vmatrix}3+2(n-1)&2&2&\cdots&2&2\\3+2(n-1)&3&2&\cdots&2&2\\3+2(n-1)&2&3&\cdots&2&2\\\vdots&\vdots&\vdots&\ddots&\vdots&\vdots\\3+2(n-1)&2&2&\cdots&3&2\\3+2(n-1)&2&2&\cdots&2&3\end{vmatrix}$$

$$=(2n+1)\begin{vmatrix}1&2&2&\cdots&2&2\\1&3&2&\cdots&2&2\\1&2&3&\cdots&2&2\\\vdots&\vdots&\vdots&\ddots&\vdots&\vdots\\1&2&2&\cdots&3&2\\1&2&2&\cdots&2&3\end{vmatrix}=(2n+1)\begin{vmatrix}1&2&2&\cdots&2&2\\0&1&0&\cdots&0&0\\0&0&1&\cdots&0&0\\\vdots&\vdots&\vdots&\ddots&\vdots&\vdots\\0&0&0&\cdots&1&0\\0&0&0&\cdots&0&1\end{vmatrix}=2n+1。$$

B 类题

1. 计算下列行列式：

(1) $D_3=\begin{vmatrix}x^2+1&yx&zx\\xy&y^2+1&zy\\xz&yz&z^2+1\end{vmatrix}$； (2) $D_4=\begin{vmatrix}a^2&(a+1)^2&(a+2)^2&(a+3)^2\\b^2&(b+1)^2&(b+2)^2&(b+3)^2\\c^2&(c+1)^2&(c+2)^2&(c+3)^2\\d^2&(d+1)^2&(d+2)^2&(d+3)^2\end{vmatrix}$。

分析 根据行列式的特点，利用行列式的性质、推论及按行(列)展开定理求解。

解 (1) 利用行列式的性质 4，有

$$D_3=\begin{vmatrix}x^2&yx&zx\\xy&y^2+1&zy\\xz&yz&z^2+1\end{vmatrix}+\begin{vmatrix}1&yx&zx\\0&y^2+1&zy\\0&yz&z^2+1\end{vmatrix}$$

$$=\begin{vmatrix} x^2 & yx & zx \\ xy & y^2 & zy \\ xz & yz & z^2+1 \end{vmatrix}+\begin{vmatrix} x^2 & 0 & zx \\ xy & 1 & zy \\ xz & 0 & z^2+1 \end{vmatrix}+\begin{vmatrix} 1 & yx & zx \\ 0 & y^2 & zy \\ 0 & yz & z^2+1 \end{vmatrix}+\begin{vmatrix} 1 & 0 & zx \\ 0 & 1 & zy \\ 0 & 0 & z^2+1 \end{vmatrix}$$

$$=xy\begin{vmatrix} x & x & zx \\ y & y & zy \\ z & z & z^2+1 \end{vmatrix}+\begin{vmatrix} x^2 & zx \\ xz & z^2+1 \end{vmatrix}+\begin{vmatrix} y^2 & zy \\ yz & z^2+1 \end{vmatrix}+z^2+1$$

$$=x^2+y^2+z^2+1。$$

(2) 将第 1 列乘以 -1 依次加到第 2、3、4 列，然后再根据情况化简，于是

$$D_4=\begin{vmatrix} a^2 & 2a+1 & 4a+4 & 6a+9 \\ b^2 & 2b+1 & 4b+4 & 6b+9 \\ c^2 & 2c+1 & 4c+4 & 6c+9 \\ d^2 & 2d+1 & 4d+4 & 6d+9 \end{vmatrix}=\begin{vmatrix} a^2 & 2a+1 & 2 & 6 \\ b^2 & 2b+1 & 2 & 6 \\ c^2 & 2c+1 & 2 & 6 \\ d^2 & 2d+1 & 2 & 6 \end{vmatrix}=0。$$

2. 证明等式：

$$D_4=\begin{vmatrix} bcd & a & a^2 & a^3 \\ acd & b & b^2 & b^3 \\ abd & c & c^2 & c^3 \\ abc & d & d^2 & d^3 \end{vmatrix}=\begin{vmatrix} 1 & 1 & 1 & 1 \\ a^2 & b^2 & c^2 & d^2 \\ a^3 & b^3 & c^3 & d^3 \\ a^4 & b^4 & c^4 & d^4 \end{vmatrix}(abcd\neq 0)。$$

分析　利用行列式的性质、推论证明。

证　将第 1、2、3、4 行分别乘以 a,b,c,d，并提取公因子，然后将行列式转置，于是

$$D_4=\frac{1}{abcd}\begin{vmatrix} abcd & a^2 & a^3 & a^4 \\ abcd & b^2 & b^3 & b^4 \\ abcd & c^2 & c^3 & c^4 \\ abcd & d^2 & d^3 & d^4 \end{vmatrix}=\begin{vmatrix} 1 & a^2 & a^3 & a^4 \\ 1 & b^2 & b^3 & b^4 \\ 1 & c^2 & c^3 & c^4 \\ 1 & d^2 & d^3 & d^4 \end{vmatrix}=\begin{vmatrix} 1 & 1 & 1 & 1 \\ a^2 & b^2 & c^2 & d^2 \\ a^3 & b^3 & c^3 & d^3 \\ a^4 & b^4 & c^4 & d^4 \end{vmatrix}。$$

证毕

3. 已知 4 阶行列式中第 2 行上的元素分别为 $-1,0,2,4$，第 4 行上的元素的余子式分别为 $5,10,a,4$，求 a 的值。

分析　注意到，4 阶行列式的第 2 行元素及第 4 行的元素的余子式分别已知，利用余子式和代数余子式的关系及行列式的按行展开定理 1.2 可求得结果。

解　依题意，由定理 1.2 可知

$$-1\times(-1)^{4+1}\times 5+0\times(-1)^{4+2}\times 10+2\times(-1)^{4+3}\times a+4\times(-1)^{4+4}\times 4=0,$$

于是，$a=\dfrac{21}{2}$。

1.3　行列式的一些典型算例

一、经典题型详解

计算行列式或关于行列式的证明是本章的重点和难点。本节中，我们列举了一些典型算例，常用的方法总结如下：

(1) 降阶法，即利用行列式的定义及定理 1.1 和定理 1.2 进行化简并计算；

(2) 化三角法，即用行列式性质及推论进行化简并计算；

(3) 加边法，即与降阶法相反，当行列式较难计算时，先将行列式升阶为高一阶的行列式，然后再综合运用行列式的性质计算；

(3) 递推法,即先利用降阶法或化三角法得到行列式的递推公式,然后再计算;

(4) 数学归纳法,即在证明与 n 阶行列式相关的等式时,直接计算非常烦琐或无法直接计算时,可以考虑使用数学归纳法。

本章的主要任务是如何利用行列式的定义、性质、推论及按行(列)展开定理计算行列式。本节通过介绍一些典型算例总结计算行列式几种常用的方法。

计算行列式时,一定要贯彻"先观察、再定位、后计算"的指导思想,即:首先要观察行列式的结构有什么特点;然后根据经验定位哪些方法更适用;最后才是对行列式进行化简、计算或证明。

题型1 降阶法

例1.7 计算下列行列式:

$$(1)\ D_n=\begin{vmatrix} 0 & 0 & \cdots & 0 & y & x \\ 0 & 0 & \cdots & y & x & 0 \\ 0 & 0 & \cdots & x & 0 & 0 \\ \vdots & \vdots & \iddots & & \vdots & \vdots \\ y & x & 0 & \cdots & 0 & 0 \\ x & 0 & 0 & \cdots & 0 & y \end{vmatrix};\quad (2)\ D_n=\begin{vmatrix} 1 & 2 & 2 & \cdots & 2 & 2 \\ 2 & 2 & 2 & \cdots & 2 & 2 \\ 2 & 2 & 3 & \cdots & 2 & 2 \\ \vdots & \vdots & \vdots & \ddots & \vdots & \vdots \\ 2 & 2 & 2 & \cdots & n-1 & 2 \\ 2 & 2 & 2 & \cdots & 2 & n \end{vmatrix}。$$

分析 (1) 注意到,该行列式的特点是每行(列)只有两个元素不为零,并且非零元素的分布较为规范,可尝试利用定理1.1和一些已知结果计算;(2) 根据行列式的特点,先利用行列式的性质化简,然后利用定理1.1对行列式降阶。

解 (1) 将行列式按照第 n 列展开,可得

$$D_n=x(-1)^{n+1}\begin{vmatrix} 0 & 0 & \cdots & y & x \\ 0 & 0 & \cdots & x & 0 \\ \vdots & \vdots & \iddots & \vdots & \vdots \\ y & x & \cdots & 0 & 0 \\ x & 0 & \cdots & 0 & 0 \end{vmatrix}+y(-1)^{n+n}\begin{vmatrix} 0 & 0 & \cdots & 0 & y \\ 0 & 0 & \cdots & y & x \\ \vdots & \vdots & \iddots & \vdots & \vdots \\ 0 & y & \cdots & 0 & 0 \\ y & x & \cdots & 0 & 0 \end{vmatrix}。$$

根据1.1节中给出的一些特殊行列式的(4)和(5),有

$$D_n=x(-1)^{n+1}(-1)^{\frac{(n-1)(n-2)}{2}}x^{n-1}+y(-1)^{\frac{(n-1)(n-2)}{2}}y^{n-1}=(-1)^{\frac{n(n-1)}{2}}x^n+(-1)^{\frac{(n-1)(n-2)}{2}}y^n。$$

(2) 将第2行乘以 -1 加到其余各行后,再按第2列展开,得

$$D_n=\begin{vmatrix} -1 & 0 & 0 & \cdots & 0 & 0 \\ 2 & 2 & 2 & \cdots & 2 & 2 \\ 0 & 0 & 1 & \cdots & 0 & 0 \\ \vdots & \vdots & \vdots & \ddots & \vdots & \vdots \\ 0 & 0 & 0 & \cdots & n-3 & 0 \\ 0 & 0 & 0 & \cdots & 0 & n-2 \end{vmatrix}=2(-1)^{2+2}\begin{vmatrix} -1 & 0 & 0 & \cdots & 0 \\ 0 & 1 & 0 & \cdots & 0 \\ 0 & 0 & 2 & \cdots & 0 \\ \vdots & \vdots & \vdots & \ddots & \vdots \\ 0 & 0 & 0 & \cdots & n-2 \end{vmatrix}$$

$$=-2(n-2)!。$$

类似地,还可以计算下列行列式:

(1) $D_n=\begin{vmatrix} a & 0 & 0 & \cdots & 0 & b \\ b & a & 0 & \cdots & 0 & 0 \\ 0 & b & a & \cdots & 0 & 0 \\ \vdots & \vdots & \vdots & \ddots & \vdots & \vdots \\ 0 & 0 & 0 & \cdots & a & 0 \\ 0 & 0 & 0 & \cdots & b & a \end{vmatrix}$; (2) $D_n=\begin{vmatrix} 1 & n & n & \cdots & n & n \\ n & 2 & n & \cdots & n & n \\ n & n & 3 & \cdots & n & n \\ \vdots & \vdots & \vdots & \ddots & \vdots & \vdots \\ n & n & n & \cdots & n-1 & n \\ n & n & n & \cdots & n & n \end{vmatrix}$。

题型 2 化三角法

例 1.8 计算下列行列式：

(1) $D_n=\begin{vmatrix} x+a_1 & a_2 & \cdots & a_n \\ a_1 & x+a_2 & \cdots & a_n \\ \vdots & \vdots & & \vdots \\ a_1 & a_2 & \cdots & x+a_n \end{vmatrix}$;

(2) $D_{n+1}=\begin{vmatrix} -a_1 & a_1 & 0 & \cdots & 0 & 0 \\ 0 & -a_2 & a_2 & \cdots & 0 & 0 \\ 0 & 0 & -a_3 & \cdots & 0 & 0 \\ \vdots & \vdots & \vdots & & \vdots & \vdots \\ 0 & 0 & 0 & \cdots & -a_n & a_n \\ 2 & 2 & 2 & \cdots & 2 & 2 \end{vmatrix}$。

分析 根据行列式的特点，综合利用行列式的性质对行列式进行化简计算。

解 (1) 注意到，该行列式的每一行的和相等，所以将第 2 列至第 n 列的元素均加到第 1 列，然后提出公因子，进而再利用行列式的性质将其约化为三角行列式计算。具体过程如下：

$$D_n=\begin{vmatrix} x+a_1 & a_2 & \cdots & a_n \\ a_1 & x+a_2 & \cdots & a_n \\ \vdots & \vdots & & \vdots \\ a_1 & a_2 & \cdots & x+a_n \end{vmatrix}=\begin{vmatrix} x+\sum\limits_{i=1}^{n}a_i & a_2 & \cdots & a_n \\ x+\sum\limits_{i=1}^{n}a_i & x+a_2 & \cdots & a_n \\ \vdots & \vdots & & \vdots \\ x+\sum\limits_{i=1}^{n}a_i & a_2 & \cdots & x+a_n \end{vmatrix}$$

$$=\left(x+\sum_{i=1}^{n}a_i\right)\begin{vmatrix} 1 & a_2 & \cdots & a_n \\ 1 & x+a_2 & \cdots & a_n \\ \vdots & \vdots & & \vdots \\ 1 & a_2 & \cdots & x+a_n \end{vmatrix}=\left(x+\sum_{i=1}^{n}a_i\right)\begin{vmatrix} 1 & a_2 & \cdots & a_n \\ 0 & x & \cdots & 0 \\ \vdots & \vdots & & \vdots \\ 0 & 0 & \cdots & x \end{vmatrix}$$

$$=x^{n-1}\left(x+\sum_{i=1}^{n}a_i\right)。$$

(2) 令 $i=1,2,\cdots,n-1,n$，依次将第 i 列加到 $i+1$ 列，可得

$$D_{n+1}=\begin{vmatrix} -a_1 & 0 & 0 & \cdots & 0 & 0 \\ 0 & -a_2 & a_2 & \cdots & 0 & 0 \\ 0 & 0 & -a_3 & \cdots & 0 & 0 \\ \vdots & \vdots & \vdots & & \vdots & \vdots \\ 0 & 0 & 0 & \cdots & -a_n & a_n \\ 2 & 2+2 & 2 & \cdots & 2 & 2 \end{vmatrix}$$

$$=\begin{vmatrix} -a_1 & 0 & 0 & \cdots & 0 & 0 \\ 0 & -a_2 & 0 & \cdots & 0 & 0 \\ 0 & 0 & -a_3 & \cdots & 0 & 0 \\ \vdots & \vdots & \vdots & & \vdots & \vdots \\ 0 & 0 & 0 & \cdots & -a_n & a_n \\ 2 & 2+2 & 2+2+2 & \cdots & 2 & 2 \end{vmatrix}=\cdots$$

$$=\begin{vmatrix} -a_1 & 0 & 0 & \cdots & 0 & 0 \\ 0 & -a_2 & 0 & \cdots & 0 & 0 \\ 0 & 0 & -a_3 & \cdots & 0 & 0 \\ \vdots & \vdots & \vdots & & \vdots & \vdots \\ 0 & 0 & 0 & \cdots & -a_n & 0 \\ 2 & 2\times 2 & 2\times 3 & \cdots & 2n & 2(n+1) \end{vmatrix}$$

$$=(-1)^n 2(n+1)a_1a_2\cdots a_n。$$

例 1.9 证明：

$$D_n=\begin{vmatrix} 1+a_1 & 1 & 1 & \cdots & 1 \\ 1 & a_2 & 0 & \cdots & 0 \\ 1 & 0 & a_3 & \cdots & 0 \\ \vdots & \vdots & \vdots & & \vdots \\ 1 & 0 & 0 & \cdots & a_n \end{vmatrix}=\left(1+a_1-\frac{1}{a_2}-\cdots-\frac{1}{a_n}\right)a_2\cdots a_n(a_1a_2\cdots a_n\neq 0)。$$

该行列式称为**爪形行列式**。

分析 根据行列式的特点，利用行列式的性质5，将行列式化为上三角形行列式，即将第1列中第2行至第 n 行的元素化为零。

证 从第2列开始，每列乘以 $-\frac{1}{a_i}(i=2,3,\cdots,n)$ 加到第1列，可得

$$D_n=\begin{vmatrix} 1+a_1-\frac{1}{a_2}-\cdots-\frac{1}{a_n} & 1 & 1 & \cdots & 1 \\ 0 & a_2 & 0 & \cdots & 0 \\ 0 & 0 & a_3 & \cdots & 0 \\ \vdots & \vdots & \vdots & & \vdots \\ 0 & 0 & 0 & \cdots & a_n \end{vmatrix}=\left(1+a_1-\frac{1}{a_2}-\cdots-\frac{1}{a_n}\right)a_2\cdots a_n。$$

证毕

类似地,可以计算下列行列式:

(1) $D_n=\begin{vmatrix} x & y & y & \cdots & y \\ y & x & y & \cdots & y \\ y & y & x & \cdots & y \\ \vdots & \vdots & \vdots & & \vdots \\ y & y & y & \cdots & x \end{vmatrix}$; (2) $D_n=\begin{vmatrix} x_1-m & x_2 & \cdots & x_n \\ x_1 & x_2-m & \cdots & x_n \\ \vdots & \vdots & & \vdots \\ x_1 & x_2 & \cdots & x_n-m \end{vmatrix}$;

(3) $D_{n+1}=\begin{vmatrix} a_0 & b_1 & b_2 & \cdots & b_n \\ c_1 & a_1 & 0 & \cdots & 0 \\ c_2 & 0 & a_2 & \cdots & 0 \\ \vdots & \vdots & \vdots & & \vdots \\ c_n & 0 & 0 & \cdots & a_n \end{vmatrix}$; (4) $D_n=\begin{vmatrix} 1 & 2 & 3 & \cdots & n-1 & n \\ 2 & 3 & 4 & \cdots & n & n \\ 3 & 4 & 5 & \cdots & n & n \\ \vdots & \vdots & \vdots & & \vdots & \vdots \\ n-1 & n & n & \cdots & n & n \\ n & n & n & \cdots & n & n \end{vmatrix}$。

题型 3 加边法

例 1.10 计算 n 阶行列式:

$$D_n=\begin{vmatrix} x_1^2+1 & x_1x_2 & x_1x_3 & \cdots & x_1x_n \\ x_2x_1 & x_2^2+1 & x_2x_3 & \cdots & x_2x_n \\ x_3x_1 & x_3x_2 & x_3^2+1 & \cdots & x_3x_n \\ \vdots & \vdots & \vdots & & \vdots \\ x_nx_1 & x_nx_2 & x_nx_3 & \cdots & x_n^2+1 \end{vmatrix}。$$

解 将行列式 D_n 增加 1 行 1 列后,得到如下行列式:

$$D_{n+1}=\begin{vmatrix} 1 & x_1 & x_2 & x_3 & \cdots & x_n \\ 0 & x_1^2+1 & x_1x_2 & x_1x_3 & \cdots & x_1x_n \\ 0 & x_2x_1 & x_2^2+1 & x_2x_3 & \cdots & x_2x_n \\ 0 & x_3x_1 & x_3x_2 & x_3^2+1 & \cdots & x_3x_n \\ \vdots & \vdots & \vdots & \vdots & & \vdots \\ 0 & x_nx_1 & x_nx_2 & x_nx_3 & \cdots & x_n^2+1 \end{vmatrix}。$$

将第 1 行分别乘以 $-x_1,-x_2,\cdots,-x_n$ 对应加到第 $2,3,\cdots,n+1$ 行,再将第 $2,3,\cdots,n+1$ 列分别乘上 $x_1,x_2,\cdots,x_n$ 全加到第 1 列,得

$$D_{n+1}=\begin{vmatrix} 1 & x_1 & x_2 & & x_n \\ -x_1 & 1 & & & \\ -x_2 & & 1 & & \\ \vdots & & & \ddots & \\ -x_n & & & & 1 \end{vmatrix}=\begin{vmatrix} 1+x_1^2+x_2^2+\cdots+x_n^2 & x_1 & x_2 & \cdots & x_n \\ & 1 & & & \\ & & 1 & & \\ & & & \ddots & \\ & & & & 1 \end{vmatrix}$$

$$=1+\sum_{i=1}^{n}x_i^2。$$

类似地,可以计算下列行列式:

(1) $D_n=\begin{vmatrix} x_1 & a_2 & a_3 & \cdots & a_n \\ a_1 & x_2 & a_3 & \cdots & a_n \\ a_1 & a_2 & x_3 & \cdots & a_n \\ \vdots & \vdots & \vdots & & \vdots \\ a_1 & a_2 & a_3 & \cdots & x_n \end{vmatrix}$；　(2) $D_n=\begin{vmatrix} a+x_1 & a & a & \cdots & a \\ a & a+x_2 & a & \cdots & a \\ a & a & a+x_3 & \cdots & a \\ \vdots & \vdots & \vdots & & \vdots \\ a & a & a & \cdots & a+x_n \end{vmatrix}$

$(x_1x_2\cdots x_n\neq 0)$。

题型4　递推法

例1.11　计算下列行列式：

(1) $D_n=\begin{vmatrix} 2 & -1 & 0 & \cdots & 0 & 0 \\ -1 & 2 & -1 & \cdots & 0 & 0 \\ 0 & -1 & 2 & \cdots & 0 & 0 \\ \vdots & \vdots & \vdots & \ddots & \vdots & \vdots \\ 0 & 0 & 0 & \cdots & 2 & -1 \\ 0 & 0 & 0 & \cdots & -1 & 2 \end{vmatrix}$；　(2) $D_n=\begin{vmatrix} 4 & 3 & 0 & \cdots & 0 & 0 \\ 1 & 4 & 3 & \cdots & 0 & 0 \\ 0 & 1 & 4 & \cdots & 0 & 0 \\ \vdots & \vdots & \vdots & \ddots & \vdots & \vdots \\ 0 & 0 & 0 & \cdots & 4 & 3 \\ 0 & 0 & 0 & \cdots & 1 & 4 \end{vmatrix}$。

分析　从结构上看，此类行列式称为**三对角行列式**，即除主对角线上及两侧元素外均为零。易见，零元素虽然多，但若使用化三角法，会很麻烦，结果也很难预测。因此，采用递推法计算。

解　(1) 对于 D_n，将各列加到第1列，再按第1列展开，得

$$D_n=\begin{vmatrix} 1 & -1 & 0 & \cdots & 0 & 0 \\ 0 & 2 & -1 & \cdots & 0 & 0 \\ 0 & -1 & 2 & \cdots & 0 & 0 \\ \vdots & \vdots & \vdots & \ddots & \vdots & \vdots \\ 0 & 0 & 0 & \cdots & 2 & -1 \\ 1 & 0 & 0 & \cdots & -1 & 2 \end{vmatrix}=D_{n-1}+(-1)^{n+1}\begin{vmatrix} -1 & 0 & 0 & \cdots & 0 & 0 \\ 2 & -1 & 0 & \cdots & 0 & 0 \\ -1 & 2 & -1 & \cdots & 0 & 0 \\ \vdots & \vdots & \vdots & \ddots & \vdots & \vdots \\ 0 & 0 & 0 & \cdots & -1 & 0 \\ 0 & 0 & 0 & \cdots & 2 & -1 \end{vmatrix}$$

$$=D_{n-1}+(-1)^{n+1}(-1)^{n-1}=D_{n-1}+1,$$

即 $D_n-D_{n-1}=1(n\geqslant 2)$。易见，$D_{n-1}-D_{n-2}=1,\cdots,D_3-D_2=1$，于是有

$$D_n-D_2=n-2。$$

当 $n=2$ 时，$D_2=\begin{vmatrix} 2 & -1 \\ -1 & 2 \end{vmatrix}=3$，将其代入上式可得 $D_n=n+1$。

(2) 将行列式按第1行展开，有

$$D_n=\begin{vmatrix} 4 & 3 & 0 & \cdots & 0 & 0 \\ 1 & 4 & 3 & \cdots & 0 & 0 \\ 0 & 1 & 4 & \cdots & 0 & 0 \\ \vdots & \vdots & \vdots & & \vdots & \vdots \\ 0 & 0 & 0 & \cdots & 4 & 3 \\ 0 & 0 & 0 & \cdots & 1 & 4 \end{vmatrix}=4\begin{vmatrix} 4 & 3 & 0 & \cdots & 0 \\ 1 & 4 & 3 & \cdots & 0 \\ 0 & 1 & 4 & \cdots & 0 \\ \vdots & \vdots & \vdots & & \vdots \\ 0 & 0 & 0 & \cdots & 4 \end{vmatrix}+$$

$$3\times(-1)^{1+2}\begin{vmatrix}1&3&0&\cdots&0\\0&4&3&\cdots&0\\0&1&4&\cdots&0\\\vdots&\vdots&\vdots&&\vdots\\0&0&0&\cdots&4\end{vmatrix}。$$

上式右端的第一个行列式恰为 D_{n-1}，第二个再按第1列展开即为 D_{n-2}，于是有

$$D_n=4D_{n-1}-3D_{n-2}。$$

为了求得 D_n，下面采用两种方法计算。

法一 不难看到，等式 $D_n=4D_{n-1}-3D_{n-2}$ 可以变形为 $D_n-D_{n-1}=3(D_{n-1}-D_{n-2})$。进一步地，有

$$D_n-D_{n-1}=3(D_{n-1}-D_{n-2})=\cdots=3^{n-2}(D_2-D_1)=3^n,$$

其中 $D_1=4,D_2=13$。由于

$$D_n-D_{n-1}=3^n,D_{n-1}-D_{n-2}=3^{n-1},D_{n-2}-D_{n-3}=3^{n-2},\cdots,D_2-D_1=3^2,$$

将这些等式相加，可得

$$D_n-D_1=3^n+3^{n-1}+\cdots+3^2。$$

于是

$$D_n=3^n+3^{n-1}+\cdots+3^2+4=\frac{1-3^{n+1}}{1-3}=\frac{1}{2}(3^{n+1}-1)。$$

法二 设

$$D_n-xD_{n-1}=y(D_{n-1}-xD_{n-2})。$$

通过与等式 $D_n=4D_{n-1}-3D_{n-2}$ 比较系数，得

$$\begin{cases}x+y=4,\\xy=3。\end{cases}$$

所以有

$$\begin{cases}x_1=1,\\y_1=3\end{cases}\text{或}\begin{cases}x_2=3,\\y_2=1。\end{cases}$$

当取 $x_1=1,y_1=3$ 时，有

$$D_n-D_{n-1}=3(D_{n-1}-D_{n-2})=3^{n-2}(D_2-D_1)=3^n,$$

利用法一便可得到 $D_n=\frac{1}{2}(3^{n+1}-1)$。

当取 $x_2=3,y_2=1$ 时，有

$$D_n-3D_{n-1}=(D_{n-1}-3D_{n-2})=(D_2-3D_1)=1,$$

利用类似于法一的解法，仍可得到 $D_n=\frac{1}{2}(3^{n+1}-1)$。

评注 此例中，行列式的展开式较为简单，法一直接对其进行了分解，进而求得了最后的表达式，但是这种直接分解的方法对于较为复杂的表达式就行不通了。法二的求解思想是：先假设出待求的递推公式的形式，然后利用待定系数法求出递推公式的表达式，最后求出行列式的表达式。这种方法在寻找递推公式时较为常用。

类似地，还可以计算以下行列式：

$$(1)\ D_n=\begin{vmatrix}3&4&0&\cdots&0&0\\4&3&4&\cdots&0&0\\0&4&3&\cdots&0&0\\\vdots&\vdots&\vdots&\ddots&\vdots&\vdots\\0&0&0&\cdots&3&4\\0&0&0&\cdots&4&3\end{vmatrix};\quad (2)\ D_n=\begin{vmatrix}2a&1&0&\cdots&0&0\\a^2&2a&1&\cdots&0&0\\0&a^2&2a&\cdots&0&0\\\vdots&\vdots&\vdots&\ddots&\vdots&\vdots\\0&0&0&\cdots&2a&1\\0&0&0&\cdots&a^2&2a\end{vmatrix}。$$

题型5 数学归纳法

例1.12 证明：

$$D_n=\begin{vmatrix}1&1&1&\cdots&1\\x_1&x_2&x_3&\cdots&x_n\\x_1^2&x_2^2&x_3^2&\cdots&x_n^2\\\vdots&\vdots&\vdots&&\vdots\\x_1^{n-1}&x_2^{n-1}&x_3^{n-1}&\cdots&x_n^{n-1}\end{vmatrix}=\prod_{1\leqslant j<i\leqslant n}(x_i-x_j),$$

其中 $n\geqslant 2$，“$\prod$”是连乘记号，它表示全体同类因子的乘积。该行列式称为**范德蒙德(Vandermonde)行列式**。

分析 这是一个经典的行列式，证明较为烦琐，需要综合利用行列式的性质和按行(列)展开定理及数学归纳法进行证明。

证 用数学归纳法证明。

易见，当 $n=2$ 时，

$$D_2=\begin{vmatrix}1&1\\x_1&x_2\end{vmatrix}=x_2-x_1。$$

结论成立。

假设对 $n-1$ 阶范德蒙德行列式结论成立，下面证明对 n 阶范德蒙德行列式结论也成立。

为了将 D_n 降阶，将第1列的第2行至第 n 行的元素化为零，具体过程为：将 D_n 的第 $n-1$ 行乘以 $-x_1$ 加到第 n 行，然后再将 D_n 的第 $n-2$ 行乘以 $-x_1$ 加到第 $n-1$ 行，以此类推，即各行依次加上前一行的 $-x_1$ 倍，得

$$D_n=\begin{vmatrix}1&1&1&\cdots&1\\0&x_2-x_1&x_3-x_1&\cdots&x_n-x_1\\0&x_2(x_2-x_1)&x_3(x_3-x_1)&\cdots&x_n(x_n-x_1)\\\vdots&\vdots&\vdots&&\vdots\\0&x_2^{n-2}(x_2-x_1)&x_3^{n-2}(x_3-x_1)&\cdots&x_n^{n-2}(x_n-x_1)\end{vmatrix}。$$

将得到的行列式按第1列展开(只剩下一个 $n-1$ 阶行列式)，并提取 $n-1$ 阶行列式每一列的公因子，即 $x_2-x_1, x_3-x_1, \cdots, x_n-x_1$，得到

$$D_n=\begin{vmatrix}x_2-x_1&x_3-x_1&\cdots&x_n-x_1\\x_2(x_2-x_1)&x_3(x_3-x_1)&\cdots&x_n(x_n-x_1)\\\vdots&\vdots&&\vdots\\x_2^{n-2}(x_2-x_1)&x_3^{n-2}(x_3-x_1)&\cdots&x_n^{n-2}(x_n-x_1)\end{vmatrix}$$

$$= (x_2 - x_1)(x_3 - x_1)\cdots(x_n - x_1)\begin{vmatrix} 1 & 1 & \cdots & 1 \\ x_2 & x_3 & \cdots & x_n \\ \vdots & \vdots & & \vdots \\ x_2^{n-2} & x_3^{n-2} & \cdots & x_n^{n-2} \end{vmatrix}。$$

注意到，最后一个表达式中的行列式为 $n-1$ 阶范德蒙德行列式。于是，由归纳假设得

$$D_n = (x_2 - x_1)(x_3 - x_1)\cdots(x_n - x_1)\prod_{2\leqslant j<i\leqslant n}(x_i - x_j) = \prod_{1\leqslant j<i\leqslant n}(x_i - x_j)。$$ 证毕

利用范德蒙德行列式的结论可以计算下列行列式：

(1) $D_n = \begin{vmatrix} 1 & 1 & 1 & \cdots & 1 \\ 1 & 2 & 3 & \cdots & n \\ 1 & 2^2 & 3^2 & \cdots & n^2 \\ \vdots & \vdots & \vdots & & \vdots \\ 1 & 2^{n-1} & 3^{n-1} & \cdots & n^{n-1} \end{vmatrix}$；

(2) $D_5 = \begin{vmatrix} 1 & 1 & 1 & 1 & 1 \\ x_1+1 & x_2+1 & x_3+1 & x_4+1 & x_5+1 \\ x_1^2+x_1 & x_2^2+x_2 & x_3^2+x_3 & x_4^2+x_4 & x_5^2+x_5 \\ x_1^3+x_1^2 & x_2^3+x_2^2 & x_3^3+x_3^2 & x_4^3+x_4^2 & x_5^3+x_5^2 \\ x_1^4+x_1^3 & x_2^4+x_2^3 & x_3^4+x_3^3 & x_4^4+x_4^3 & x_5^4+x_5^3 \end{vmatrix}$。

二、课后习题选解

A类题

1. 计算下列行列式：

(1) $D_n = \begin{vmatrix} 1 & 3 & \cdots & 3 & 3 \\ 3 & 2 & \cdots & 3 & 3 \\ \vdots & \vdots & & \vdots & \vdots \\ 3 & 3 & \cdots & n-1 & 3 \\ 3 & 3 & \cdots & 3 & n \end{vmatrix}$；　(2) $D_{n+1} = \begin{vmatrix} 1 & a_1 & a_2 & \cdots & a_n \\ 1 & a_1+b_1 & a_2 & \cdots & a_n \\ 1 & a_1 & a_2+b_2 & \cdots & a_n \\ \vdots & \vdots & \vdots & & \vdots \\ 1 & a_1 & a_2 & \cdots & a_n+b_n \end{vmatrix}$；

(3) $D_n = \begin{vmatrix} 1+x & 2 & \cdots & n-1 & n \\ 1 & 2+x & \cdots & n-1 & n \\ \vdots & \vdots & & \vdots & \vdots \\ 1 & 2 & \cdots & n-1+x & n \\ 1 & 2 & \cdots & n-1 & n+x \end{vmatrix}$；(4) $D_{n+1} = \begin{vmatrix} a & -1 & \cdots & 0 & 0 \\ ax & a & \cdots & 0 & 0 \\ \vdots & \vdots & & \vdots & \vdots \\ ax^{n-1} & ax^{n-2} & \cdots & a & -1 \\ ax^n & ax^{n-1} & \cdots & ax & a \end{vmatrix}$。

分析 根据各行列式的特点，利用恰当的方法求解行列式。

解 (1) 将第 1 行乘以 -1 依次加到第 2 行到第 n 行，然后按照第 3 行展开，可得

$$D_n = \begin{vmatrix} 1 & 3 & \cdots & 3 & 3 \\ 2 & -1 & \cdots & 0 & 0 \\ \vdots & \vdots & & \vdots & \vdots \\ 2 & 0 & \cdots & n-4 & 0 \\ 2 & 0 & \cdots & 0 & n-3 \end{vmatrix} = 2\times(-1)^{3+1}\begin{vmatrix} 3 & 3 & 3 & \cdots & 3 & 3 \\ -1 & 0 & 0 & \cdots & 0 & 0 \\ 0 & 0 & 1 & \cdots & 0 & 0 \\ \vdots & \vdots & \vdots & & \vdots & \vdots \\ 0 & 0 & 0 & \cdots & n-4 & 0 \\ 0 & 0 & 0 & \cdots & 0 & n-3 \end{vmatrix}$$

$$=2\times(-1)\times(-1)^{2+1}\begin{vmatrix}3&3&3&\cdots&3&3\\0&1&0&\cdots&0&0\\0&0&2&\cdots&0&0\\\vdots&\vdots&\vdots&&\vdots&\vdots\\0&0&0&\cdots&n-4&0\\0&0&0&\cdots&0&n-3\end{vmatrix}=6(n-3)!。$$

(2) 将第1行乘以−1依次加到第2行到第 n 行,可得

$$D_{n+1}=\begin{vmatrix}1&a_1&a_2&\cdots&a_n\\0&b_1&0&\cdots&0\\0&0&b_2&\cdots&0\\\vdots&\vdots&\vdots&&\vdots\\0&0&0&\cdots&b_n\end{vmatrix}=b_1b_2\cdots b_n。$$

(3) 将第1行乘以−1加到后面各行,然后从第2列开始加到第1列,以此类推,可得

$$D_n=\begin{vmatrix}1+x&2&\cdots&n-1&n\\-x&x&\cdots&0&0\\\vdots&\vdots&&\vdots&\vdots\\-x&0&\cdots&x&0\\-x&0&\cdots&0&x\end{vmatrix}=\begin{vmatrix}1+2+\cdots+n+x&2&\cdots&n-1&n\\0&x&\cdots&0&0\\\vdots&\vdots&&\vdots&\vdots\\0&0&\cdots&x&0\\0&0&\cdots&0&x\end{vmatrix}$$

$$=\left(\frac{n(n+1)}{2}+x\right)x^{n-1}。$$

(4) 将第1列的公因子 a 提出,然后将第1列加到第2列,再根据新行列式的情况递推计算,于是

$$D_{n+1}=a\begin{vmatrix}1&-1&\cdots&0&0\\x&a&\cdots&0&0\\\vdots&\vdots&&\vdots&\vdots\\x^{n-1}&ax^{n-2}&\cdots&a&-1\\x^n&ax^{n-1}&\cdots&ax&a\end{vmatrix}=a\begin{vmatrix}1&0&\cdots&0&0\\x&a+x&\cdots&0&0\\\vdots&\vdots&&\vdots&\vdots\\x^{n-1}&ax^{n-2}+x^{n-1}&&a&-1\\x^n&ax^{n-1}+x^n&\cdots&ax&a\end{vmatrix}$$

$$=a(x+a)\begin{vmatrix}1&0&\cdots&0&0\\x&1&\cdots&0&0\\\vdots&\vdots&&\vdots&\vdots\\x^{n-2}&x^{n-3}&\cdots&a&-1\\x^{n-1}&x^{n-2}&\cdots&ax&a\end{vmatrix}=a(x+a)\begin{vmatrix}1&-1&\cdots&0&0\\x&a&\cdots&0&0\\\vdots&\vdots&&\vdots&\vdots\\x^{n-3}&ax^{n-4}&\cdots&a&-1\\x^{n-2}&ax^{n-3}&\cdots&ax&a\end{vmatrix}$$

$$=a\,(x+a)^2\begin{vmatrix}1&0&\cdots&0&0\\x&1&\cdots&0&0\\\vdots&\vdots&&\vdots&\vdots\\x^{n-3}&x^{n-4}&&a&-1\\x^{n-2}&x^{n-3}&\cdots&ax&a\end{vmatrix}=\cdots=a\,(x+a)^n。$$

2. 解行列式方程:

$$D_{n+1}=\begin{vmatrix}1&1&1&\cdots&1\\1&1-x&1&\cdots&1\\1&1&2-x&\cdots&1\\\vdots&\vdots&\vdots&&\vdots\\1&1&1&\cdots&n-x\end{vmatrix}=0。$$

分析 首先利用行列式的性质进行化简,然后求出行列式的表达式再求解。

解 利用行列式的性质5,将第1行乘以-1依次加到第2行至第n行,可得

$$D_{n+1}=\begin{vmatrix}1&1&1&\cdots&1\\0&-x&0&\cdots&0\\0&0&1-x&\cdots&0\\\vdots&\vdots&\vdots&&\vdots\\0&0&0&\cdots&n-1-x\end{vmatrix}=1\cdot(-x)(1-x)\cdots(n-1-x)=0,$$

因此,该行列式方程有n个根,即

$$x_1=0,x_2=1,x_3=2,\cdots,x_n=n-1。$$

3. 证明下列等式:

(1) $D_4=\begin{vmatrix}1+x&1&1&1\\1&1-x&1&1\\1&1&1+y&1\\1&1&1&1-y\end{vmatrix}=x^2y^2$;

(2) $D_n=\begin{vmatrix}x&0&0&\cdots&0&a_0\\-1&x&0&\cdots&0&a_1\\0&-1&x&\cdots&0&a_2\\\vdots&\vdots&\vdots&&\vdots&\vdots\\0&0&0&\cdots&x&a_{n-2}\\0&0&0&\cdots&-1&x+a_{n-1}\end{vmatrix}=x^n+a_{n-1}x^{n-1}+\cdots+a_1x+a_0$;

(3) $D_{2n}=\begin{vmatrix}a_n&0&\cdots&0&0&\cdots&0&b_n\\0&a_{n-1}&\cdots&0&0&\cdots&b_{n-1}&0\\\vdots&\vdots&&\vdots&\vdots&&\vdots&\vdots\\0&0&\cdots&a_1&b_1&\cdots&0&0\\0&0&\cdots&c_1&d_1&\cdots&0&0\\\vdots&\vdots&&\vdots&\vdots&&\vdots&\vdots\\0&c_{n-1}&\cdots&0&0&\cdots&d_{n-1}&0\\c_n&0&\cdots&0&0&\cdots&0&d_n\end{vmatrix}=\prod_{i=1}^{n}(a_id_i-b_ic_i)$。

分析 利用行列式的性质、推论及按行(列)展开定理求解行列式证明。

证 (1) 首先将第1列乘以-1加到第2、3列和第4列,进而利用行列式的性质(可加性)可得

$$D_4=\begin{vmatrix}1+x&-x&-x&-x\\1&-x&0&0\\1&0&y&0\\1&0&0&-y\end{vmatrix}=\begin{vmatrix}1&-x&-x&-x\\1&-x&0&0\\1&0&y&0\\1&0&0&-y\end{vmatrix}+\begin{vmatrix}x&-x&-x&-x\\0&-x&0&0\\0&0&y&0\\0&0&0&-y\end{vmatrix}=x^2y^2,$$

其中

$$\begin{vmatrix}1&-x&-x&-x\\1&-x&0&0\\1&0&y&0\\1&0&0&-y\end{vmatrix}=(-x)\begin{vmatrix}1&1&-x&-x\\1&1&0&0\\1&0&y&0\\1&0&0&-y\end{vmatrix}=(-x)\begin{vmatrix}0&1&-x&-x\\0&1&0&0\\1&0&y&0\\1&0&0&-y\end{vmatrix}$$

$$=(-x)\begin{vmatrix}0&-x&-x\\1&y&0\\1&0&-y\end{vmatrix}=(-x)(xy-xy)=0。$$

(2) 当$x=0$时,容易验证结论成立;当$x\neq0$时,依次将第$i(i=1,2,\cdots,n-1)$行乘以$\frac{1}{x}$加到第$i+1$行,

则有

$$D_n=\begin{vmatrix} x & 0 & 0 & \cdots & 0 & a_0 \\ 0 & x & 0 & \cdots & 0 & a_1+\dfrac{a_0}{x} \\ 0 & 0 & x & \cdots & 0 & a_2+\dfrac{1}{x}\left(a_1+\dfrac{a_0}{x}\right) \\ \vdots & \vdots & \vdots & & \vdots & \vdots \\ 0 & 0 & 0 & \cdots & x & a_{n-2}+\dfrac{1}{x}\left(a_{n-3}+\dfrac{1}{x}\left(\cdots+\dfrac{1}{x}\left(a_1+\dfrac{a_0}{x}\right)\right)\right) \\ 0 & 0 & 0 & \cdots & 0 & x+a_{n-1}+\dfrac{1}{x}\left(a_{n-2}+\dfrac{1}{x}\left(\cdots+\dfrac{1}{x}\left(a_1+\dfrac{a_0}{x}\right)\right)\right) \end{vmatrix}$$

$$=x^{n-1}\left[x+a_{n-1}+\frac{1}{x}\left(a_{n-2}+\frac{1}{x}\left(\cdots+\frac{1}{x}\left(a_1+\frac{a_0}{x}\right)\right)\right)\right]$$

$$=x^n+a_{n-1}x^{n-1}+\cdots+a_1x+a_0。$$

(3) 这里假设 $a_i\neq 0$，将第 $1,2,\cdots,n$ 行分别乘以 $-\dfrac{c_{n-i+1}}{a_{n-i+1}}(i=1,\cdots,n-1,n)$，依次对位加到第 $2n,2n-1,\cdots,n+1$ 行$\left(用行运算的符号可表示为 r_{2n-i+1}-\dfrac{c_{n-i+1}}{a_{n-i+1}}r_i(i=1,\cdots,n-1,n)\right)$，得到

$$D_{2n}=\begin{vmatrix} a_n & 0 & \cdots & 0 & 0 & \cdots & 0 & b_n \\ 0 & a_{n-1} & \cdots & 0 & 0 & \cdots & b_{n-1} & 0 \\ \vdots & \vdots & & \vdots & \vdots & & \vdots & \vdots \\ 0 & 0 & \cdots & a_1 & b_1 & \cdots & 0 & 0 \\ 0 & 0 & \cdots & 0 & d_1-b_1\dfrac{c_1}{a_1} & \cdots & 0 & 0 \\ \vdots & \vdots & & \vdots & \vdots & & \vdots & \vdots \\ 0 & 0 & \cdots & 0 & 0 & \cdots & d_{n-1}-b_{n-1}\dfrac{c_{n-1}}{a_{n-1}} & 0 \\ 0 & 0 & \cdots & 0 & 0 & \cdots & 0 & d_n-b_n\dfrac{c_n}{a_n} \end{vmatrix}$$

$$=a_na_{n-1}\cdots a_1\left(d_1-b_1\frac{c_1}{a_1}\right)\left(d_2-b_2\frac{c_2}{a_2}\right)\cdots\left(d_n-b_n\frac{c_n}{a_n}\right)=\prod_{i=1}^{n}(a_id_i-b_ic_i)。$$

B类题

1. 计算下列行列式：

(1) $D_n=\begin{vmatrix} n & n-1 & n-2 & \cdots & 2 & 1 \\ -1 & x & 0 & \cdots & 0 & 0 \\ 0 & -1 & x & \cdots & 0 & 0 \\ \vdots & \vdots & \vdots & & \vdots & \vdots \\ 0 & 0 & 0 & \cdots & x & 0 \\ 0 & 0 & 0 & \cdots & -1 & x \end{vmatrix}$；　(2) $D_n=\begin{vmatrix} 2 & 1 & 1 & \cdots & 1 & 1 \\ 1 & 3 & 1 & \cdots & 1 & 1 \\ 1 & 1 & 4 & \cdots & 1 & 1 \\ \vdots & \vdots & \vdots & & \vdots & \vdots \\ 1 & 1 & 1 & \cdots & n & 1 \\ 1 & 1 & 1 & \cdots & 1 & n+1 \end{vmatrix}$；

(3) $D_n=\begin{vmatrix} 1 & 2 & \cdots & n-1 & n \\ 2 & 3 & \cdots & n & n+1 \\ \vdots & \vdots & & \vdots & \vdots \\ n-1 & n & \cdots & 2n-3 & 2n-2 \\ n & n+1 & \cdots & 2n-2 & 2n-1 \end{vmatrix}$。

分析 根据各行列式的特点,利用恰当的方法计算行列式。

解 (1) 从第1列开始,每列乘以 x 加到后一列,然后按最后一列展开,可得

$$D_n=\begin{vmatrix} n & nx+n-1 & nx^2+(n-1)x+n-2 & \cdots & nx^{n-2}+\cdots+2 & nx^{n-1}+\cdots+1 \\ -1 & 0 & 0 & \cdots & 0 & 0 \\ 0 & -1 & 0 & \cdots & 0 & 0 \\ \vdots & \vdots & \vdots & & \vdots & \vdots \\ 0 & 0 & 0 & \cdots & 0 & 0 \\ 0 & 0 & 0 & \cdots & -1 & 0 \end{vmatrix}$$

$$=(-1)^{n+1}(-1)^{n-1}[nx^{n-1}+(n-1)x^{n-2}+\cdots+2x+1]$$

$$=nx^{n-1}+(n-1)x^{n-2}+\cdots+2x+1。$$

(2) 将第1行乘以 -1 依次加到后面各行,然后从第2列开始依次乘以 $\frac{1}{i}(i=2,3,\cdots,n)$ 加到第1列可得

$$D_n=\begin{vmatrix} 2 & 1 & 1 & \cdots & 1 & 1 \\ -1 & 2 & 0 & \cdots & 0 & 0 \\ -1 & 0 & 3 & \cdots & 0 & 0 \\ \vdots & \vdots & \vdots & & \vdots & \vdots \\ -1 & 0 & 0 & \cdots & n-1 & 0 \\ -1 & 0 & 0 & \cdots & 0 & n \end{vmatrix}=\begin{vmatrix} 2+\frac{1}{2}+\cdots+\frac{1}{n} & 1 & 1 & \cdots & 1 & 1 \\ 0 & 2 & 0 & \cdots & 0 & 0 \\ 0 & 0 & 3 & \cdots & 0 & 0 \\ \vdots & \vdots & \vdots & & \vdots & \vdots \\ 0 & 0 & 0 & \cdots & n-1 & 0 \\ 0 & 0 & 0 & \cdots & 0 & n \end{vmatrix}$$

$$=\left(2+\frac{1}{2}+\cdots+\frac{1}{n}\right)n!。$$

(3) 易见,将倒数第2行乘以 -1 加到最后一行,将第1行乘以 -1 加到第2行。由于第2行和最后一行的元素全都是1,因此有

$$D_n=\begin{vmatrix} 1 & 2 & \cdots & n-1 & n \\ 1 & 1 & \cdots & 1 & 1 \\ \vdots & \vdots & & \vdots & \vdots \\ n-1 & n & \cdots & 2n-3 & 2n-2 \\ 1 & 1 & \cdots & 1 & 1 \end{vmatrix}=0。$$

2. 证明:当 n 为奇数时,有

$$D_n=\begin{vmatrix} 0 & a_{12} & \cdots & a_{1n} \\ -a_{12} & 0 & \cdots & a_{2n} \\ \vdots & \vdots & & \vdots \\ -a_{1n} & -a_{2n} & \cdots & 0 \end{vmatrix}=0。$$

分析 利用行列式的性质1和性质3证明。

证明 将行列式的每一行提出公因子 -1,并利用性质1将行列式进行转置,可得

$$D_n=\begin{vmatrix} 0 & a_{12} & \cdots & a_{1n} \\ -a_{12} & 0 & \cdots & a_{2n} \\ \vdots & \vdots & & \vdots \\ -a_{1n} & -a_{2n} & \cdots & 0 \end{vmatrix}=(-1)^n\begin{vmatrix} 0 & -a_{12} & \cdots & -a_{1n} \\ a_{12} & 0 & \cdots & -a_{2n} \\ \vdots & \vdots & & \vdots \\ a_{1n} & a_{2n} & \cdots & 0 \end{vmatrix}=(-1)^nD_n,$$

当 n 为奇数时,有 $2D_n=0$,即 $D_n=0$。

3. 证明下列等式：

(1) $D_n=\begin{vmatrix} a_1 & -a_2 & 0 & \cdots & 0 & 0 \\ 0 & a_2 & -a_3 & \cdots & 0 & 0 \\ 0 & 0 & a_3 & \cdots & 0 & 0 \\ \vdots & \vdots & \vdots & & \vdots & \vdots \\ 0 & 0 & 0 & \cdots & a_{n-1} & -a_n \\ 1 & 1 & 1 & \cdots & 1 & 1+a_n \end{vmatrix}$

$=a_1a_2\cdots a_n\left(1+\sum_{i=1}^{n}\frac{1}{a_i}\right)\quad (a_1a_2\cdots a_n\neq 0)$；

(2) $D_n=\begin{vmatrix} \cos x & 1 & 0 & \cdots & 0 & 0 \\ 1 & 2\cos x & 1 & \cdots & 0 & 0 \\ 0 & 1 & 2\cos x & \cdots & 0 & 0 \\ \vdots & \vdots & \vdots & & \vdots & \vdots \\ 0 & 0 & 0 & \cdots & 2\cos x & 1 \\ 0 & 0 & 0 & \cdots & 1 & 2\cos x \end{vmatrix}=\cos nx$；

(3) $D_{n+1}=\begin{vmatrix} a^n & (a+1)^n & \cdots & (a+n-1)^n & (a+n)^n \\ a^{n-1} & (a+1)^{n-1} & \cdots & (a+n-1)^{n-1} & (a+n)^{n-1} \\ \vdots & \vdots & & & \vdots \\ a & a+1 & \cdots & a+n-1 & a+n \\ 1 & 1 & \cdots & 1 & 1 \end{vmatrix}=(-1)^{\frac{n(n+1)}{2}}2!\ 3!\ \cdots n!$。

分析 根据各行列式的特点，利用行列式的性质证明结论。

证 (1) 对行列式每列提公因子 $a_i(i=1,2,\cdots,n)$，从第1列开始依次加到后一列可得

$$D_n=a_1a_2a_3\cdots a_{n-1}a_n\begin{vmatrix} 1 & -1 & 0 & \cdots & 0 & 0 \\ 0 & 1 & -1 & \cdots & 0 & 0 \\ 0 & 0 & 1 & \cdots & 0 & 0 \\ \vdots & \vdots & \vdots & & \vdots & \vdots \\ 0 & 0 & 0 & \cdots & 1 & -1 \\ \frac{1}{a_1} & \frac{1}{a_2} & \frac{1}{a_3} & \cdots & \frac{1}{a_{n-1}} & \frac{1+a_n}{a_n} \end{vmatrix}$$

$$=a_1a_2a_3\cdots a_{n-1}a_n\begin{vmatrix} 1 & 0 & 0 & \cdots & 0 & 0 \\ 0 & 1 & 0 & \cdots & 0 & 0 \\ 0 & 0 & 1 & \cdots & 0 & 0 \\ \vdots & \vdots & \vdots & & \vdots & \vdots \\ 0 & 0 & 0 & \cdots & 1 & 0 \\ \frac{1}{a_1} & \frac{1}{a_2}+\frac{1}{a_1} & \frac{1}{a_3}+\frac{1}{a_2}+\frac{1}{a_1} & \cdots & \sum_{i=1}^{n-1}\frac{1}{a_i} & \left(1+\sum_{i=1}^{n}\frac{1}{a_i}\right) \end{vmatrix}$$

$=a_1a_2\cdots a_n\left(1+\sum_{i=1}^{n}\frac{1}{a_i}\right)$。

(2) 利用数学归纳法证明。当 $n=1$ 时，$|\cos x|=\cos x$，结论成立。

假设结论对 $n-1$ 阶行列式成立，则有 $D_{n-1}=\cos(n-1)x$。

下面证明结论对 n 阶行列式有 $D_n=\cos nx$。对于 D_n，按最后一行展开可得

$$D_n=\begin{vmatrix} \cos x & 1 & 0 & \cdots & 0 & 0 \\ 1 & 2\cos x & 1 & \cdots & 0 & 0 \\ 0 & 1 & 2\cos x & \cdots & 0 & 0 \\ \vdots & \vdots & \vdots & & \vdots & \vdots \\ 0 & 0 & 0 & \cdots & 2\cos x & 1 \\ 0 & 0 & 0 & \cdots & 1 & 2\cos x \end{vmatrix}$$

$$=2\cos xD_{n-1}+(-1)^{n+(n-1)}\begin{vmatrix} \cos x & 1 & 0 & \cdots & 0 & 0 \\ 1 & 2\cos x & 1 & \cdots & 0 & 0 \\ 0 & 1 & 2\cos x & \cdots & 0 & 0 \\ \vdots & \vdots & \vdots & & \vdots & \vdots \\ 0 & 0 & 0 & \cdots & 2\cos x & 0 \\ 0 & 0 & 0 & \cdots & 1 & 1 \end{vmatrix}$$

$$=2\cos x\cos (n-1)x-\cos (n-2)x=\cos nx,$$

因此结论成立。

(3) 对行列式进行换行运算，整理成范德蒙德行列式，即可证明结果。注意到，该行列式为 $n+1$ 阶行列式。将行列式的最后一行经过 n 次相邻对换，将其换到第 1 行，然后再将新行列式的最后一行经过 $n-1$ 次相邻对换到第 2 行，依次进行，可得

$$D_{n+1}=(-1)^n\begin{vmatrix} 1 & 1 & \cdots & 1 & 1 \\ a^n & (a+1)^n & \cdots & (a+n-1)^n & (a+n)^n \\ \vdots & \vdots & & & \vdots \\ a^2 & (a+1)^2 & \cdots & (a+n-1)^2 & (a+n)^2 \\ a & a+1 & \cdots & a+n-1 & a+n \end{vmatrix}$$

$$=(-1)^n(-1)^{n-1}\begin{vmatrix} 1 & 1 & \cdots & 1 & 1 \\ a & a+1 & \cdots & a+n-1 & a+n \\ \vdots & \vdots & & & \vdots \\ a^3 & (a+1)^3 & \cdots & (a+n-1)^3 & (a+n)^3 \\ a^2 & (a+1)^2 & \cdots & (a+n-1)^2 & (a+n)^2 \end{vmatrix}=\cdots$$

$$=(-1)^n(-1)^{n-1}\cdots(-1)\begin{vmatrix} 1 & 1 & \cdots & 1 & 1 \\ a & a+1 & \cdots & a+n-1 & a+n \\ \vdots & \vdots & & & \vdots \\ a^{n-1} & (a+1)^{n-1} & \cdots & (a+n-1)^{n-1} & (a+n)^{n-1} \\ a^n & (a+1)^n & \cdots & (a+n-1)^n & (a+n)^n \end{vmatrix}$$

$$=(-1)^{\frac{n(n+1)}{2}}\prod_{n\geqslant i>j\geqslant 0}[(a+i)-(a+j)]=(-1)^{\frac{n(n+1)}{2}}2!3!\cdots n!。$$

1.4 克莱姆法则

一、知识要点

对于含有 n 个未知数的 n 个线性方程所构成的 n 元线性方程组

$$\begin{cases} a_{11}x_1+a_{12}x_2+\cdots+a_{1n}x_n=b_1, \\ a_{21}x_1+a_{22}x_2+\cdots+a_{2n}x_n=b_2, \\ \qquad\vdots \\ a_{n1}x_1+a_{n2}x_2+\cdots+a_{nn}x_n=b_n, \end{cases}\tag{1.14}$$

当线性方程组(1.14)的常数项 $b_1,b_2,\cdots,b_n$ 不全为零时,称为**非齐次线性方程组**;当 $b_1,b_2,\cdots,b_n$ 全为零时,即

$$\begin{cases} a_{11}x_1+a_{12}x_2+\cdots+a_{1n}x_n=0,\\ a_{21}x_1+a_{22}x_2+\cdots+a_{2n}x_n=0,\\ \quad\vdots \\ a_{n1}x_1+a_{n2}x_2+\cdots+a_{nn}x_n=0, \end{cases} \tag{1.15}$$

称为对应于非齐次线性方程组(1.14)的**齐次线性方程组**。

特别地,以线性方程组(1.14)的未知量的系数构成的行列式记为

$$D=\begin{vmatrix} a_{11} & a_{12} & \cdots & a_{1n}\\ a_{21} & a_{22} & \cdots & a_{2n}\\ \vdots & \vdots & & \vdots\\ a_{n1} & a_{n2} & \cdots & a_{nn} \end{vmatrix},$$

称为线性方程组(1.14)的**系数行列式**。

定理 1.3(克莱姆法则) 如果线性方程组(1.14)的系数行列式不为零($D_n\neq0$),则该线性方程组有唯一解,其解可表示为

$$x_1=\frac{D_n^1}{D_n},\quad x_2=\frac{D_n^2}{D_n},\quad \cdots,\quad x_n=\frac{D_n^n}{D_n}, \tag{1.16}$$

其中 D_n^j 是将系数行列式 D_n 中第 j 列的各行元素分别替换为常数项 $b_1,b_2,\cdots,b_n$ 所得到的 n 阶行列式,即

$$D_n^j=\begin{vmatrix} a_{11} & \cdots & a_{1,j-1} & b_1 & a_{1,j+1} & \cdots & a_{1n}\\ a_{21} & \cdots & a_{2,j-1} & b_2 & a_{2,j+1} & \cdots & a_{2n}\\ \vdots & & \vdots & \vdots & \vdots & & \vdots\\ a_{n1} & \cdots & a_{n,j-1} & b_n & a_{n,j+1} & \cdots & a_{nn} \end{vmatrix},\qquad j=1,2,\cdots,n。$$

推论 线性方程组(1.14)无解或有至少两个不同的解,则它的系数行列式必等于零,即 $D_n=0$。

特别地,对于齐次线性方程组(1.15),$x_1=x_2=\cdots=x_n=0$ 显然是此线性方程组的解,这个解称为齐次线性方程组(1.15)的**零解**。

定理 1.4 如果齐次线性方程组(1.15)的系数行列式不为零($D_n\neq0$),则此线性方程组有唯一零解。

推论 如果齐次线性方程组(1.15)有非零解,则其系数行列式必为零,即 $D_n=0$。

二、经典题型详解

题型 1 用克莱姆法则求解线性方程组

例 1.13 解线性方程组

$$\begin{cases} x_1+x_2+x_3=5,\\ 2x_1+x_2-x_3-x_4=1,\\ x_1+2x_2-x_3+x_4=2,\\ x_1+2x_3+3x_4=2。 \end{cases}$$

分析 根据克莱姆法则进行求解。

解 由于

$$D_4=\begin{vmatrix}1&1&1&0\\2&1&-1&-1\\1&2&-1&1\\1&0&2&3\end{vmatrix}=20,D_4^1=\begin{vmatrix}5&1&1&0\\1&1&-1&-1\\2&2&-1&1\\2&0&2&3\end{vmatrix}=-2,$$

$$D_4^2=\begin{vmatrix}1&5&1&0\\2&1&-1&-1\\1&2&-1&1\\1&2&2&3\end{vmatrix}=54,D_4^3=\begin{vmatrix}1&1&5&0\\2&1&1&-1\\1&2&2&1\\1&0&2&3\end{vmatrix}=48,D_4^4=\begin{vmatrix}1&1&1&5\\2&1&-1&1\\1&2&-1&2\\1&0&2&2\end{vmatrix}=-18,$$

因此，此线性方程组的解为

$$x_1=-\frac{1}{10},\quad x_2=\frac{27}{10},\quad x_3=\frac{12}{5},\quad x_4=-\frac{9}{10}。$$

题型2 综合应用题

例1.14 a,b取何值时，使得齐次线性方程组

$$\begin{cases}ax_1+x_2+x_3=0,\\x_1+bx_2+x_3=0,\\x_1+2bx_2+x_3=0\end{cases}$$

只有零解？

分析 根据定理1.4求解。

解 由于

$$D_3=\begin{vmatrix}a&1&1\\1&b&1\\1&2b&1\end{vmatrix}=b-ab=b(1-a),$$

根据定理1.4，当$D_3\neq0$，即$a\neq1$，且$b\neq0$时，此线性方程组只有零解。

类似地，可以求：当λ取何值时，齐次线性方程组

$$\begin{cases}(\lambda-1)x_1+2x_2-x_3=0,\\2x_1+(\lambda-3)x_2-x_3=0,\\-x_1-x_2+(\lambda-1)x_3=0\end{cases}$$

有非零解？

例1.15 设$f(x)=c_0+c_1x+c_2x^2+\cdots+c_nx^n$，用克莱姆法则证明：若$f(x)$有$n+1$个不同的根，则$f(x)$是一个零多项式。

分析 利用定理1.4以及范德蒙德行列式证明。

证 由于$f(x)$有$n+1$个不同的根，不妨设为$x_0,x_1,x_2,\cdots,x_n$，且$x_i\neq x_j(i\neq j)$，则有

$$\begin{cases}c_0+c_1x_0+c_2x_0^2+\cdots+c_nx_0^n=0,\\c_0+c_1x_1+c_2x_1^2+\cdots+c_nx_1^n=0,\\\qquad\vdots\\c_0+c_1x_n+c_2x_n^2+\cdots+c_nx_n^n=0。\end{cases}$$

上述方程可以视为以$c_0,c_1,\cdots,c_n$为未知量的$n+1$元线性方程组，其系数行列式为

$$D_{n+1}=\begin{vmatrix}1 & x_0 & x_0^2 & \cdots & x_0^n\\1 & x_1 & x_1^2 & \cdots & x_1^n\\1 & x_2 & x_2^2 & \cdots & x_n^2\\\vdots & \vdots & \vdots & & \vdots\\1 & x_n & x_n^2 & \cdots & x_n^n\end{vmatrix}。$$

不难看出，该行列式为范德蒙德行列式的转置，且满足 $x_i\neq x_j(i\neq j)$，因此 $D_{n+1}\neq 0$，由定理1.4知，此线性方程组只有零解，即 $c_i=0(i=0,1,2,\cdots,n)$，因此 $f(x)$ 是一个零多项式。

证毕

例 1.16 求使一平面上三个点 (x_1,y_1)，(x_2,y_2)，(x_3,y_3) 位于同一直线上的充分必要条件。

分析 依题意，设出直线方程的一般形式，代入三个点建立线性方程组，然后根据定理1.4的推论给出解的存在条件。

解 设平面上的直线方程为

$$ax+by+c=0,\qquad a,b\text{ 不同时为 }0。$$

依题意，有

$$\begin{cases}ax_1+by_1+c=0,\\ax_2+by_2+c=0,\\ax_3+by_3+c=0。\end{cases}$$

以 a,b,c 为未知数的三元齐次线性方程组有非零解的充分必要条件为

$$D_3=\begin{vmatrix}x_1 & y_1 & 1\\x_2 & y_2 & 1\\x_3 & y_3 & 1\end{vmatrix}=0。$$

上式即为三点 (x_1,y_1)，(x_2,y_2)，(x_3,y_3) 位于同一直线上的充分必要条件。

三、课后习题选解

A类题

1. 用克莱姆法则求解下列线性方程组：

(1) $\begin{cases}x_1+x_2+x_3=0,\\2x_1-5x_2-3x_3=10,\\4x_1+8x_2+2x_3=4;\end{cases}$ (2) $\begin{cases}2x_1-x_2-x_3=4,\\3x_1+4x_2-2x_3=11,\\3x_1-2x_2+4x_3=11。\end{cases}$

分析 根据克莱姆法则(定理1.3)求解，并利用行列式的性质计算行列式。

解 (1) 因为

$$D_3=\begin{vmatrix}1 & 1 & 1\\2 & -5 & -3\\4 & 8 & 2\end{vmatrix}=34,\quad D_3^1=\begin{vmatrix}0 & 1 & 1\\10 & -5 & -3\\4 & 8 & 2\end{vmatrix}=68,$$

$$D_3^2=\begin{vmatrix}1 & 0 & 1\\2 & 10 & -3\\4 & 4 & 2\end{vmatrix}=0,\quad D_3^3=\begin{vmatrix}1 & 1 & 0\\2 & -5 & 10\\4 & 8 & 4\end{vmatrix}=-68,$$

由克莱姆法则可得 $x_1=2,x_2=0,x_3=-2$。

(2) 因为

$$D_3=\begin{vmatrix}2&-1&-1\\3&4&-2\\3&-2&4\end{vmatrix}=60,\quad D_3^1=\begin{vmatrix}4&-1&-1\\11&4&-2\\11&-2&4\end{vmatrix}=180,$$

$$D_3^2=\begin{vmatrix}2&4&-1\\3&11&-2\\3&11&4\end{vmatrix}=60,\quad D_3^3=\begin{vmatrix}2&-1&4\\3&4&11\\3&-2&11\end{vmatrix}=60,$$

由克莱姆法则可得 $x_1=3,x_2=1,x_3=1$。

2. 判断下列齐次线性方程组是否只有零解:

(1) $\begin{cases}x_1+x_2+x_3=0,\\x_1+2x_2+3x_3=0,\\3x_1+3x_2+x_3=0;\end{cases}$　　(2) $\begin{cases}x_1+x_2+x_3=0,\\2x_1+x_2+x_3=0,\\x_2+x_3=0。\end{cases}$

分析　根据定理1.4判断并求解,并利用行列式的性质计算行列式。

解　(1) 因为

$$D_3=\begin{vmatrix}1&1&1\\1&2&3\\3&3&1\end{vmatrix}=-2\neq 0,$$

由定理1.4可知,此线性方程组只有零解。

(2) 因为

$$D_3=\begin{vmatrix}1&1&1\\2&1&1\\0&1&1\end{vmatrix}=0,$$

由定理1.4的推论可知,此线性方程组有非零解。不难求得

$$x_1=0,\quad x_2=k,\quad x_3=-k,\qquad k \text{为任意常数。}$$

3. λ 取何值时,下列齐次线性方程组

(1) $\begin{cases}x_1+x_2+\lambda x_3=0,\\-x_1+\lambda x_2+x_3=0,\\x_1-x_2+2x_3=0;\end{cases}$　　(2) $\begin{cases}\lambda x_1+x_2+x_3=0,\\x_1+\lambda x_2+x_3=0,\\3x_1-x_2+x_3=0\end{cases}$

有非零解?

分析　根据定理1.4的推论进行判断并求解,利用行列式的性质计算行列式。

解　(1) 由于

$$D_3=\begin{vmatrix}1&1&\lambda\\-1&\lambda&1\\1&-1&2\end{vmatrix}=-(\lambda-4)(\lambda+1),$$

根据定理1.4的推论,当 $D_3=0$,即 $\lambda=4$ 或 $\lambda=-1$ 时,此线性方程组有非零解;

(2) 由于

$$D_3=\begin{vmatrix}\lambda&1&1\\1&\lambda&1\\3&-1&1\end{vmatrix}=(\lambda-1)^2,$$

根据定理1.4的推论,当 $D_3=0$,即 $\lambda=1$ 时,此线性方程组有非零解。

4. 求三次多项式 $f(x)=a_0+a_1x+a_2x^2+a_3x^3$,使得 $f(-1)=0,f(1)=4,f(2)=-1,f(3)=16$。

分析　利用已知条件将所求问题转化为线性方程组,进而利用克莱姆法则求解。

解　依题意,将 $f(-1)=0,f(1)=4,f(2)=-1,f(3)=16$ 代入多项式 $f(x)=a_0+a_1x+a_2x^2+a_3x^3$,

可得

$$\begin{cases} a_0 - a_1 + a_2 - a_3 = 0, \\ a_0 + a_1 + a_2 + a_3 = 4, \\ a_0 + 2a_1 + 4a_2 + 8a_3 = -1, \\ a_0 + 3a_1 + 9a_2 + 27a_3 = 16。 \end{cases}$$

上述方程组可视为以 a_0, a_1, a_2, a_3 为未知量的4元线性方程组，其系数行列式恰为范德蒙德行列式的转置，故是非零的。利用克莱姆法则可得，此线性方程组的唯一解为 $a_0=11, a_1=-\frac{4}{3}, a_2=-9, a_3=\frac{10}{3}$。因此三次多项式为 $f(x)=11-\frac{4}{3}x-9x^2+\frac{10}{3}x^3$。

B类题

1. 用克莱姆法则求解线性方程组：

$$\begin{cases} 2x_1 + x_2 - 5x_3 + x_4 = 8, \\ x_1 - 3x_2 \qquad - 6x_4 = 9, \\ \qquad 2x_2 - x_3 + 2x_4 = -5, \\ x_1 + 4x_2 - 7x_3 + 6x_4 = 0。 \end{cases}$$

分析 利用行列式的性质计算行列式，并根据克莱姆法则(定理1.3)求解。

解 经过计算可以求得

$$D_4 = \begin{vmatrix} 2 & 1 & -5 & 1 \\ 1 & -3 & 0 & -6 \\ 0 & 2 & -1 & 2 \\ 1 & 4 & -7 & 6 \end{vmatrix} = 27, \quad D_4^1 = \begin{vmatrix} 8 & 1 & -5 & 1 \\ 9 & -3 & 0 & -6 \\ -5 & 2 & -1 & 2 \\ 0 & 4 & -7 & 6 \end{vmatrix} = 81,$$

$$D_4^2 = \begin{vmatrix} 2 & 8 & -5 & 1 \\ 1 & 9 & 0 & -6 \\ 0 & -5 & -1 & 2 \\ 1 & 0 & -7 & 6 \end{vmatrix} = -108, \quad D_4^3 = \begin{vmatrix} 2 & 1 & 8 & 1 \\ 1 & -3 & 9 & -6 \\ 0 & 2 & -5 & 2 \\ 1 & 4 & 0 & 6 \end{vmatrix} = -27,$$

$$D_4^4 = \begin{vmatrix} 2 & 1 & -5 & 8 \\ 1 & -3 & 0 & 9 \\ 0 & 2 & -1 & -5 \\ 1 & 4 & -7 & 0 \end{vmatrix} = 27,$$

因此，此线性方程组的解为

$$x_1 = 3, x_2 = -4, x_3 = -1, x_4 = 1。$$

2. 对于线性方程组

$$\begin{cases} (5-\lambda)x_1 + 2x_2 + 2x_3 = 0, \\ 2x_1 + (6-\lambda)x_2 = 0, \\ 2x_1 + (4-\lambda)x_3 = 0, \end{cases}$$

λ 取何值时，此线性方程组：(1) 只有零解；(2)有无穷多解？

分析 利用行列式的性质计算系数行列式，并根据定理1.4及其推论判断。

解 不难求得，此线性方程组的系数行列式为

$$D_3 = \begin{vmatrix} 5-\lambda & 2 & 2 \\ 2 & 6-\lambda & 0 \\ 2 & 0 & 4-\lambda \end{vmatrix} = -(\lambda-5)(\lambda-2)(\lambda-8)。$$

(1) 由定理 1.4 可知，要使此线性方程组只有零解，要求 $D_3\neq 0$，即 $\lambda\neq 5,2,8$；

(2) 由定理 1.4 的推论可知，要使此线性方程组有无穷多解，要求 $D_3=0$，即 $\lambda=5$，或 $\lambda=2$ 或 $\lambda=8$。

复习题 1 解答

1. 填空题

(1) 设 $\begin{vmatrix} a & 3 & 1 \\ b & 0 & 1 \\ c & 2 & 1 \end{vmatrix}=1$，则 $D_3=\begin{vmatrix} a-3 & b-3 & c-3 \\ 5 & 2 & 4 \\ 1 & 1 & 1 \end{vmatrix}=$________。

(2) $D_4=\begin{vmatrix} 2 & x & 0 & 0 \\ 1 & 3 & 0 & 0 \\ -3 & 4 & 5 & x \\ -1 & 2 & 3 & 2 \end{vmatrix}$ 中 x^2 的系数为________。

(3) $D_4=\begin{vmatrix} ka_{11} & ka_{12} & ka_{13} & ka_{14} \\ ka_{21} & ka_{22} & ka_{23} & ka_{24} \\ ka_{31} & ka_{32} & ka_{33} & ka_{34} \\ ka_{41} & ka_{42} & ka_{43} & ka_{44} \end{vmatrix}=$________$\begin{vmatrix} a_{11} & a_{12} & a_{13} & a_{14} \\ a_{21} & a_{22} & a_{23} & a_{24} \\ a_{31} & a_{32} & a_{33} & a_{34} \\ a_{41} & a_{42} & a_{43} & a_{44} \end{vmatrix}$。

(4) $D_4=\begin{vmatrix} 1 & 1 & 1 & 1 \\ 1 & 2 & 3 & a \\ 1 & 2^2 & 3^2 & a^2 \\ 1 & 2^3 & 3^3 & a^3 \end{vmatrix}=$________________________。

(5) $D_3=\begin{vmatrix} 1 & 0 & 2 \\ x & 3 & 1 \\ 4 & x & 5 \end{vmatrix}$ 的元素 a_{12} 的代数余子式 $A_{12}=-1$，则元素 a_{21} 的代数余子式 $A_{21}=$________。

解 (1) 利用行列式的可加性、转置性、倍加性将目标行列式化简为已知行列式的形式，即

$$D_3=\begin{vmatrix} a-3 & b-3 & c-3 \\ 5 & 2 & 4 \\ 1 & 1 & 1 \end{vmatrix}=\begin{vmatrix} a & b & c \\ 5 & 2 & 4 \\ 1 & 1 & 1 \end{vmatrix}+\begin{vmatrix} -3 & -3 & -3 \\ 5 & 2 & 4 \\ 1 & 1 & 1 \end{vmatrix}=\begin{vmatrix} a & 5 & 1 \\ b & 2 & 1 \\ c & 4 & 1 \end{vmatrix}=\begin{vmatrix} a & 3 & 1 \\ b & 0 & 1 \\ c & 2 & 1 \end{vmatrix}=1。$$

(2) 不难求得

$$D_4=\begin{vmatrix} 2 & x \\ 1 & 3 \end{vmatrix}\cdot\begin{vmatrix} 5 & x \\ 3 & 2 \end{vmatrix}=(6-x)(10-3x),$$

所以 x^2 的系数为 3。

(3) 利用行列式的性质 3 的推论 1 可知，应填的空为 k^4。

(4) 显然，该行列式为范德蒙德行列式，因此 $D_4=2(a-1)(a-2)(a-3)$。

(5) 依题意，$A_{12}=(-1)^{1+2}\begin{vmatrix} x & 1 \\ 4 & 5 \end{vmatrix}=-1$，解得 $x=1$，于是 a_{21} 的代数余子式为

$$A_{21}=(-1)^{2+1}\begin{vmatrix} 0 & 2 \\ 1 & 5 \end{vmatrix}=2。$$

2. 选择题

(1) 设有如下行列式

$$D_n=\begin{vmatrix} 0 & 0 & \cdots & 0 & a_{1n} \\ 0 & 0 & \cdots & a_{2,n-1} & a_{2n} \\ \vdots & \vdots & \iddots & \vdots & \vdots \\ 0 & a_{n-1,2} & \cdots & a_{n-1,n-1} & a_{n-1,n} \\ a_{n1} & a_{n2} & \cdots & a_{n,n-1} & a_{nn} \end{vmatrix},$$

乘积 $a_{1n}a_{2,n-1}\cdots a_{n1}$ 前面的符号为(　　)。

A. $(-1)^n$　　B. $(-1)^{n-1}$　　C. $(-1)^{\frac{n^2}{2}}$　　D. $(-1)^{\frac{n(n-1)}{2}}$

(2) 4 阶行列式中包含因子 a_{23} 的项的个数为(　　)。

A. 2　　B. 4　　C. 6　　D. 8

(3) $D_4=\begin{vmatrix} a_1 & 0 & 0 & b_1 \\ 0 & a_2 & b_2 & 0 \\ 0 & a_3 & b_3 & 0 \\ a_4 & 0 & 0 & b_4 \end{vmatrix}$ 的值为(　　)。

A. $a_1a_2a_3a_4-b_1b_2b_3b_4$　　B. $a_1a_2a_3a_4+b_1b_2b_3b_4$;

C. $(a_1a_2-b_1b_2)(a_3a_4-b_3b_4)$;　　D. $(a_1b_4-b_1a_4)(a_2b_3-b_2a_3)$

(4) 已知 $D_3=\begin{vmatrix} a & b & 0 \\ -b & a & 0 \\ -1 & 0 & -1 \end{vmatrix}=0$,则(　　)。

A. $a=0,b=-1$　　B. $a=0,b=0$　　C. $a=1,b=0$　　D. $a=1,b=-1$

(5) 若齐次线性方程组 $\begin{cases} 3x_1+kx_2-x_3=0, \\ 4x_2+x_3=0, \\ kx_1-5x_2-x_3=0 \end{cases}$ 有非零解,则 $k=$(　　)。

A. 0　　B. 1　　C. -1 或 -3　　D. 3

解 (1) 利用行列式按行(列)展开定理求解,选 D。

(2) 利用定理 1.1(行列式按行(列)展开定理),将行列式按第 2 行第 3 列展开,得到一个三阶行列式,该行列式共包含 6 项,于是 4 阶行列式中含有 a_{23} 的项数共有 6 项,因此选 C。

(3) 利用行列式的性质 5,将其化为上三角形行列式可得 $D_4=(a_1b_4-b_1a_4)(a_2b_3-b_2a_3)$,因此选 D。

(4) 将三阶行列式按第 3 列展开,可得 $D_3=a^2+b^2=0$,于是有 a,b 同时为 0,因此选 B。

(5) 不难求得齐次线性方程组的系数行列式为

$$D_3=\begin{vmatrix} 3 & k & -1 \\ 0 & 4 & 1 \\ k & -5 & -1 \end{vmatrix}=\begin{vmatrix} 3 & k+4 & 0 \\ 0 & 4 & 1 \\ k & -1 & 0 \end{vmatrix}=-\begin{vmatrix} 3 & k+4 \\ k & -1 \end{vmatrix}=(k+1)(k+3),$$

依题意,根据定理 1.4 的推论可知,当 $k=-1$ 或 $k=-3$ 时,此齐次线性方程组有非零解,因此选 C。

3. 计算下列行列式:

(1) $D_5=\begin{vmatrix} 0 & 2 & 3 & 4 & 5 \\ 1 & 0 & 3 & 4 & 5 \\ 1 & 2 & 0 & 4 & 5 \\ 1 & 2 & 3 & 0 & 5 \\ 1 & 2 & 3 & 4 & 0 \end{vmatrix}$;　　(2) $D_n=\begin{vmatrix} 1 & 2 & \cdots & n-1 & n \\ 2 & 3 & \cdots & n & 1 \\ \vdots & \vdots & & \vdots & \vdots \\ n-1 & n & \cdots & n-3 & n-2 \\ n & 1 & \cdots & n-2 & n-1 \end{vmatrix}$;

(3) $D_n=\begin{vmatrix} a & a+h & a+2h & \cdots & a+(n-2)h & a+(n-1)h \\ -a & a & 0 & \cdots & 0 & 0 \\ 0 & -a & a & \cdots & 0 & 0 \\ \vdots & \vdots & \vdots & & \vdots & \vdots \\ 0 & 0 & 0 & \cdots & a & 0 \\ 0 & 0 & 0 & \cdots & -a & a \end{vmatrix}$;

(4) $D_n=\begin{vmatrix} a_1 & -1 & 0 & \cdots & 0 & 0 \\ a_2 & x & -1 & \cdots & 0 & 0 \\ a_3 & 0 & x & \cdots & 0 & 0 \\ \vdots & \vdots & \vdots & & \vdots & \vdots \\ a_{n-1} & 0 & 0 & \cdots & x & -1 \\ a_n & 0 & 0 & \cdots & 0 & x \end{vmatrix}$。

分析 根据各自行列式的特点,利用计算行列式的方法进行计算。

解 (1) 将第1行乘以-1依次加到后面各行,再将第2,3,4,5行分别加到第1行,可得

$$D_5=\begin{vmatrix} 0 & 2 & 3 & 4 & 5 \\ 1 & -2 & 0 & 0 & 0 \\ 1 & 0 & -3 & 0 & 0 \\ 1 & 0 & 0 & -4 & 0 \\ 1 & 0 & 0 & 0 & -5 \end{vmatrix}=\begin{vmatrix} 4 & 0 & 0 & 0 & 0 \\ 1 & -2 & 0 & 0 & 0 \\ 1 & 0 & -3 & 0 & 0 \\ 1 & 0 & 0 & -4 & 0 \\ 1 & 0 & 0 & 0 & -5 \end{vmatrix}=480。$$

(2) 依次将第$i(i=n-1,n-2,\cdots,1)$行的-1倍加到第$i+1$行,然后将第$2,3,\cdots,n$列全加到第1列,再根据行列式的情况进行计算,于是

$$D_n=\begin{vmatrix} 1 & 2 & 3 & \cdots & n \\ 1 & 1 & 1 & \cdots & 1-n \\ \vdots & \vdots & \vdots & & \vdots \\ 1 & 1 & 1-n & \cdots & 1 \\ 1 & 1-n & 1 & \cdots & 1 \end{vmatrix}=\begin{vmatrix} \frac{n(n+1)}{2} & 2 & 3 & \cdots & n \\ 0 & 1 & 1 & \cdots & 1-n \\ \vdots & \vdots & \vdots & & \vdots \\ 0 & 1 & 1-n & \cdots & 1 \\ 0 & 1-n & 1 & \cdots & 1 \end{vmatrix}$$

$$=\frac{n(n+1)}{2}\begin{vmatrix} 1 & 1 & \cdots & 1-n \\ \vdots & \vdots & & \vdots \\ 1 & 1-n & \cdots & 1 \\ 1-n & 1 & \cdots & 1 \end{vmatrix}。$$

再将$n-1$阶行列式的第1行乘以-1加到其余各行后,将第$1,2,\cdots,n-2$列全加到第$n-1$列,得

$$D_n=\frac{n(n+1)}{2}\begin{vmatrix} 1 & 1 & 1 & \cdots & 1-n \\ 0 & 0 & 0 & \cdots & n \\ \vdots & \vdots & \vdots & & \vdots \\ 0 & -n & 0 & \cdots & n \\ -n & 0 & 0 & \cdots & n \end{vmatrix}=\frac{n(n+1)}{2}\begin{vmatrix} 1 & 1 & 1 & \cdots & -1 \\ 0 & 0 & 0 & \cdots & 0 \\ \vdots & \vdots & \vdots & & \vdots \\ 0 & -n & 0 & \cdots & 0 \\ -n & 0 & 0 & \cdots & 0 \end{vmatrix}$$

$$=\frac{n(n+1)}{2}(-1)^{\frac{(n-1)(n-2)}{2}}(-n)^{n-2}(-1)=(-1)^{\frac{n(n-1)}{2}}\frac{1}{2}n^{n-1}(n+1)。$$

(3) 从第n列开始依次加到前一列,可得

$$D_n=\begin{vmatrix} na+(1+2+\cdots+n-1)h & \cdots & 2a+(n-2+n-1)h & a+(n-1)h \\ 0 & \cdots & 0 & 0 \\ \vdots & & \vdots & \vdots \\ 0 & \cdots & a & 0 \\ 0 & \cdots & 0 & a \end{vmatrix}$$

$$=\left(\frac{n(n-1)h}{2}+na\right)a^{n-1};$$

(4) 当$x=0$时,不难求得,$D_n=a_n$。

当$x\neq 0$时,从最后一行开始,每行均乘以$\frac{1}{x}$加到前一行,可得

$$D_n=\begin{vmatrix} a_1+\frac{a_2}{x}+\cdots+\frac{a_n}{x^{n-1}} & 0 & 0 & \cdots & 0 & 0 \\ a_2+\frac{a_3}{x}+\cdots+\frac{a_n}{x^{n-2}} & x & 0 & \cdots & 0 & 0 \\ a_3+\frac{a_4}{x}+\cdots+\frac{a_n}{x^{n-3}} & 0 & x & \cdots & 0 & 0 \\ \vdots & \vdots & \vdots & & \vdots & \vdots \\ a_{n-1}+\frac{a_n}{x} & 0 & 0 & \cdots & x & 0 \\ a_n & 0 & 0 & \cdots & 0 & x \end{vmatrix}$$

$$=\left(a_1+\frac{a_2}{x}+\cdots+\frac{a_n}{x^{n-1}}\right)x^{n-1}=a_1x^{n-1}+a_2x^{n-2}+\cdots+a_n。$$

4. 已知

$$D_5=\begin{vmatrix} 1 & 2 & 3 & 4 & 5 \\ 5 & 5 & 5 & 3 & 3 \\ 3 & 2 & 5 & 4 & 2 \\ 2 & 2 & 2 & 1 & 1 \\ 4 & 6 & 5 & 2 & 3 \end{vmatrix},$$

求：(1) $A_{51}+2A_{52}+3A_{53}+4A_{54}+5A_{55}$；(2) $A_{31}+A_{32}+A_{33}$及$A_{34}+A_{35}$。

分析 注意所求表达式中对应元素所在的行和代数余子式所在的行，然后合理利用行列式的性质及其推论求解。

解 (1) 注意到，$A_{51}+2A_{52}+3A_{53}+4A_{54}+5A_{55}$等于用 1,2,3,4,5 分别替换$D_5$的第 5 行对应元素所得到的行列式，则

$$A_{51}+2A_{52}+3A_{53}+4A_{54}+5A_{55}=\begin{vmatrix} 1 & 2 & 3 & 4 & 5 \\ 5 & 5 & 5 & 3 & 3 \\ 3 & 2 & 5 & 4 & 2 \\ 2 & 2 & 2 & 1 & 1 \\ 1 & 2 & 3 & 4 & 5 \end{vmatrix}=0。$$

(2) 利用与(1)相同的方法可知

$$5A_{31}+5A_{32}+5A_{33}+3A_{34}+3A_{35}=\begin{vmatrix} 1 & 2 & 3 & 4 & 5 \\ 5 & 5 & 5 & 3 & 3 \\ 5 & 5 & 5 & 3 & 3 \\ 2 & 2 & 2 & 1 & 1 \\ 4 & 6 & 5 & 2 & 3 \end{vmatrix}=0,$$

$$2A_{31}+2A_{32}+2A_{33}+1A_{34}+1A_{35}=\begin{vmatrix} 1 & 2 & 3 & 4 & 5 \\ 5 & 5 & 5 & 3 & 3 \\ 2 & 2 & 2 & 1 & 1 \\ 2 & 2 & 2 & 1 & 1 \\ 4 & 6 & 5 & 2 & 3 \end{vmatrix}=0,$$

不难发现，

$$A_{31}+A_{32}+A_{33}=0,A_{34}+A_{35}=0。$$

5. λ取何值时，线性方程组

$$\begin{cases} x_1+x_2+x_3=5, \\ x_1+\lambda x_2-x_3=3, \\ 2x_1-x_2+\lambda x_3=7 \end{cases}$$

有唯一解?

分析 利用克莱姆法则判断,行列式可利用行列式的性质进行计算。

解 不难求得,非齐次线性方程组的系数行列式为

$$D_3=\begin{vmatrix}1&1&1\\1&\lambda&-1\\2&-1&\lambda\end{vmatrix}=\begin{vmatrix}1&1&1\\0&\lambda-1&-2\\0&-3&\lambda-2\end{vmatrix}=(\lambda-1)(\lambda-2)-6=(\lambda+1)(\lambda-4)。$$

根据克莱姆法则可知,当 $D_3\neq0$ 时,即 $\lambda\neq-1$ 和 4 时,此线性方程组有唯一解。

6. 已知齐次线性方程组

$$\begin{cases}(\lambda-1)x_1+2x_2-ax_3=0,\\3x_1+(\lambda-a)x_2+3x_3=0,\\-ax_1+2x_2+(\lambda-1)x_3=0\end{cases}$$

有非零解,其中 a 为常数,求 λ 的值。

分析 根据定理 1.4 的推论判断,利用行列式的性质计算行列式。

解 不难求得,齐次线性方程组的系数行列式为

$$D_3=\begin{vmatrix}\lambda-1&2&-a\\3&\lambda-a&3\\-a&2&\lambda-1\end{vmatrix}=\begin{vmatrix}\lambda-1&2&-a\\3&\lambda-a&3\\-a-\lambda+1&0&\lambda-1+a\end{vmatrix}$$

$$=(-a-\lambda+1)\begin{vmatrix}\lambda-1&2&\lambda-1-a\\3&\lambda-a&6\\1&0&0\end{vmatrix}=-(-a-\lambda+1)(\lambda-a-4)(\lambda-a+3),$$

根据定理 1.4 的推论,当 $D_3=0$,即 $\lambda=1-a$ 或 $\lambda=a-3$ 或 $\lambda=a+4$ 时,此齐次线性方程组有非零解。

7. 证明下列等式:

(1) $D_4=\begin{vmatrix}a^2+\frac{1}{a^2}&a&\frac{1}{a}&1\\b^2+\frac{1}{b^2}&b&\frac{1}{b}&1\\c^2+\frac{1}{c^2}&c&\frac{1}{c}&1\\d^2+\frac{1}{d^2}&d&\frac{1}{d}&1\end{vmatrix}=0(abcd=1)$;

(2) $D_4=\begin{vmatrix}1&-1&1&x-1\\1&-1&x+1&-1\\1&x-1&1&-1\\x+1&-1&1&-1\end{vmatrix}=x^4$;

(3) $D_n=\begin{vmatrix}a+b&ab&0&\cdots&0&0\\1&a+b&ab&\cdots&0&0\\0&1&a+b&\cdots&0&0\\\vdots&\vdots&\vdots&&\vdots&\vdots\\0&0&0&\cdots&a+b&ab\\0&0&0&\cdots&1&a+b\end{vmatrix}=\frac{a^{n+1}-b^{n+1}}{a-b}\ (a\neq b)$。

分析 根据行列式的各自特点,利用行列式的性质和推论证明。

证 (1) 利用行列式的性质 3,将行列式进行拆分,可得

$$D_4=\begin{vmatrix} a^2 & a & \frac{1}{a} & 1 \\ b^2 & b & \frac{1}{b} & 1 \\ c^2 & c & \frac{1}{c} & 1 \\ d^2 & d & \frac{1}{d} & 1 \end{vmatrix}+\begin{vmatrix} \frac{1}{a^2} & a & \frac{1}{a} & 1 \\ \frac{1}{b^2} & b & \frac{1}{b} & 1 \\ \frac{1}{c^2} & c & \frac{1}{c} & 1 \\ \frac{1}{d^2} & d & \frac{1}{d} & 1 \end{vmatrix}。$$

对于上式中的第2个行列式，在第1、2、3、4行分别提取因子$\frac{1}{a},\frac{1}{b},\frac{1}{c},\frac{1}{d}$，并利用条件$abcd=1$，然后进行三次列交换，可得

$$\begin{vmatrix} \frac{1}{a^2} & a & \frac{1}{a} & 1 \\ \frac{1}{b^2} & b & \frac{1}{b} & 1 \\ \frac{1}{c^2} & c & \frac{1}{c} & 1 \\ \frac{1}{d^2} & d & \frac{1}{d} & 1 \end{vmatrix}=\frac{1}{abcd}\begin{vmatrix} \frac{1}{a} & a^2 & 1 & a \\ \frac{1}{b} & b^2 & 1 & b \\ \frac{1}{c} & c^2 & 1 & c \\ \frac{1}{d} & d^2 & 1 & d \end{vmatrix}=-\begin{vmatrix} a^2 & a & \frac{1}{a} & 1 \\ b^2 & b & \frac{1}{b} & 1 \\ c^2 & c & \frac{1}{c} & 1 \\ d^2 & d & \frac{1}{d} & 1 \end{vmatrix}。$$

于是，$D_4=0$。

(2) 将行列式的第1行乘以-1加到第2、3、4行；然后将新行列式的第1、2、3列加到第4列，再进行两次行交换，可得

$$D_4=\begin{vmatrix} 1 & -1 & 1 & x-1 \\ 0 & 0 & x & -x \\ 0 & x & 0 & -x \\ x & 0 & 0 & -x \end{vmatrix}=\begin{vmatrix} 1 & -1 & 1 & x \\ 0 & 0 & x & 0 \\ 0 & x & 0 & 0 \\ x & 0 & 0 & 0 \end{vmatrix}=\begin{vmatrix} x & 0 & 0 & 0 \\ 0 & x & 0 & 0 \\ 0 & 0 & x & 0 \\ 1 & -1 & 1 & x \end{vmatrix}=x^4。$$

(3) **法一** 利用数学归纳法证明。

当$n=1$时，$|a+b|=a+b=\frac{a^2-b^2}{a-b}$，结论成立；

假设结论对$n-1$阶行列式成立，则有$D_{n-1}=\frac{a^n-b^n}{a-b}$；

下面证明结论对n阶行列式有$D_n=\frac{a^{n+1}-b^{n+1}}{a-b}$。对于$D_n$，按最后一行展开可得

$$D_n=\begin{vmatrix} a+b & ab & 0 & \cdots & 0 & 0 \\ 1 & a+b & ab & \cdots & 0 & 0 \\ 0 & 1 & a+b & \cdots & 0 & 0 \\ \vdots & \vdots & \vdots & & \vdots & \vdots \\ 0 & 0 & 0 & \cdots & a+b & ab \\ 0 & 0 & 0 & \cdots & 1 & a+b \end{vmatrix}$$

$$=(a+b)D_{n-1}+(-1)^{n+(n-1)}\begin{vmatrix} a+b & ab & 0 & \cdots & 0 & 0 \\ 1 & a+b & ab & \cdots & 0 & 0 \\ 0 & 1 & a+b & \cdots & 0 & 0 \\ \vdots & \vdots & \vdots & & \vdots & \vdots \\ 0 & 0 & 0 & \cdots & a+b & 0 \\ 0 & 0 & 0 & \cdots & 1 & ab \end{vmatrix}$$

$$=(a+b)D_{n-1}-abD_{n-2}=(a+b)\frac{a^n-b^n}{a-b}-ab\frac{a^{n-1}-b^{n-1}}{a-b}=\frac{a^{n+1}-b^{n+1}}{a-b}。$$

因此结论成立。

法二 利用递推公式证明。易见，$D_1=a+b$，$D_2=a^2+ab+b^2$。将行列式 D_n 按最后一行展开，可得

$$D_n=(a+b)D_{n-1}+(-1)^{n+(n-1)}\begin{vmatrix} a+b & ab & 0 & \cdots & 0 & 0 \\ 1 & a+b & ab & \cdots & 0 & 0 \\ 0 & 1 & a+b & \cdots & 0 & 0 \\ \vdots & \vdots & \vdots & & \vdots & \vdots \\ 0 & 0 & 0 & \cdots & a+b & 0 \\ 0 & 0 & 0 & \cdots & 1 & ab \end{vmatrix}$$

$$=(a+b)D_{n-1}-abD_{n-2}。$$

上述等式可转换为 $D_n-aD_{n-1}=b(D_{n-1}-aD_{n-2})$，即

$$\frac{D_n-aD_{n-1}}{D_{n-1}-aD_{n-2}}=b。$$

不难求得

$$D_n-aD_{n-1}=b^{n-2}(D_2-aD_1)=b^n。$$

容易看到

$$D_n-aD_{n-1}=b^n, aD_{n-1}-a^2D_{n-2}=ab^{n-1}, a^2D_{n-2}-a^3D_{n-3}=a^2b^{n-2},$$
$$\cdots, a^{n-3}D_3-a^{n-2}D_2=a^{n-2}b^2, a^{n-2}D_2-a^{n-1}D_1=a^{n-2}b^2。$$

将这些等式相加，然后合并同类项，可得

$$D_n-a^{n-1}D_1=b^n+ab^{n-1}+\cdots+a^{n-2}b^2,$$

于是

$$D_n=b^n+ab^{n-1}+\cdots+a^{n-1}b+a^n=\frac{a^{n+1}-b^{n+1}}{a-b}。$$ 证毕

考研试题选编 1

(1) $D_4=\begin{vmatrix} 0 & a & b & 0 \\ a & 0 & 0 & b \\ 0 & c & d & 0 \\ c & 0 & 0 & d \end{vmatrix}=($　　$)$。(2014 年)

A. $(ad-bc)^2$　　B. $-(ad-bc)^2$　　C. $a^2d^2-b^2c^2$　　D. $b^2c^2-a^2d^2$

提示：利用行列式的性质 2，将行列式分别进行一次换行和一次换列，可得 $D_4=\begin{vmatrix} c & d & 0 & 0 \\ a & b & 0 & 0 \\ 0 & 0 & d & c \\ 0 & 0 & b & a \end{vmatrix}$，选 B。

(2) $D_4=\begin{vmatrix} a_1 & 0 & 0 & b_1 \\ 0 & a_2 & b_2 & 0 \\ 0 & b_3 & a_3 & 0 \\ b_4 & 0 & 0 & a_4 \end{vmatrix}$ 的值等于(　　)。(1996 年)

A. $a_1a_2a_3a_4-b_1b_2b_3b_4$　　B. $a_1a_2a_3a_4+b_1b_2b_3b_4$

C. $(a_1a_2-b_1b_2)(a_3a_4-b_3b_4)$　　D. $(a_2a_3-b_2b_3)(a_1a_4-b_1b_4)$

提示：参见复习题 1 中的 2(3)，选 D。

(3) 记行列式 $\begin{vmatrix} x-2 & x-1 & x-2 & x-3 \\ 2x-2 & 2x-1 & 2x-2 & 2x-3 \\ 3x-3 & 3x-2 & 4x-5 & 3x-5 \\ 4x & 4x-3 & 5x-7 & 4x-3 \end{vmatrix}$ 为 $f(x)$，则方程 $f(x)=0$ 的根的个数为(　　)。(1999年)

A. 1　　B. 2　　C. 3　　D. 4

提示：利用行列式的性质5对其化简，选B。

(4) 计算 n 阶行列式：

(i) $\begin{vmatrix} 2 & 0 & \cdots & 0 & 2 \\ -1 & 2 & \cdots & 0 & 2 \\ \vdots & \vdots & & \vdots & \vdots \\ 0 & 0 & \cdots & 2 & 2 \\ 0 & 0 & \cdots & -1 & 2 \end{vmatrix}$；(2015年)　　(ii) $\begin{bmatrix} 0 & 1 & 1 & \cdots & 1 & 1 \\ 1 & 0 & 1 & \cdots & 1 & 1 \\ 1 & 1 & 0 & \cdots & 1 & 1 \\ \vdots & \vdots & \vdots & & \vdots & \vdots \\ 1 & 1 & 1 & \cdots & 0 & 1 \\ 1 & 1 & 1 & \cdots & 1 & 0 \end{bmatrix}$。(1997年)

提示：(1)参见习题1.3中3(2)的解答，$2(2^n-1)$；(2)参见经典题型详解中例1.8，$(-1)^{n-1}(n-1)$。

(5) 证明：

$$\begin{vmatrix} 2a & 1 & & & & \\ a^2 & 2a & 1 & & & \\ & a^2 & 2a & 1 & & \\ & & \ddots & \ddots & \ddots & \\ & & & a^2 & 2a & 1 \\ & & & & a^2 & 2a \end{vmatrix} = (n+1)a^n。(2008年)$$

提示：用数学归纳法或递推法证明，可参见经典题型详解中例1.11。

第 2 章

矩阵

一、基本要求

1. 理解矩阵的概念。

2. 了解单位矩阵、数量矩阵、对角矩阵、三角矩阵、对称矩阵以及它们的基本性质。

3. 掌握矩阵的线性运算、乘法、转置及其运算规则；掌握方阵的幂、方阵的行列式及其性质。

4. 理解逆矩阵的概念；掌握矩阵可逆的充分必要条件、可逆矩阵的性质和伴随矩阵的定义、性质及其求法。

5. 理解矩阵秩的概念并掌握其求法。

二、知识网络图

- 矩阵
  - 定义
    - 矩阵的定义(定义 2.1)
    - 一些重要矩阵(零矩阵、行矩阵、列矩阵、上三角矩阵、下三角矩阵、对角矩阵、数量矩阵、单位矩阵)
  - 运算
    - 线性运算
      - 加法(定义 2.2)及运算规律
      - 数乘(定义 2.3)及运算规律
    - 乘法(定义 2.4)及运算规律、可交换的条件(定义 2.5)
    - 矩阵的方幂、矩阵多项式(定义 2.6)
    - 矩阵的转置(定义 2.7)及运算规律
    - 对称矩阵与反对称矩阵(定义 2.8)
    - 方阵的行列式(定义 2.9)及运算规律
  - 逆矩阵
    - 逆矩阵的定义(定义 2.10)、奇异矩阵与非奇异矩阵
    - 逆矩阵的唯一性(定理 2.1)
    - 逆矩阵的性质 1～性质 5
  - 伴随矩阵(定义 2.11)
  - 矩阵可逆的充分必要条件(定理 2.2)及推论
  - 线性方程组($\boldsymbol{A}_{n\times n}\boldsymbol{x}=\boldsymbol{b}$)有唯一解的必要条件(定理 2.3)及推论
  - 线性方程组($\boldsymbol{A}_{n\times n}\boldsymbol{x}=\boldsymbol{0}$)有唯一解的必要条件(定理 2.4)及推论
  - 矩阵方程
  - 分块矩阵
    - 分块矩阵的定义(定义 2.12)
    - 分块矩阵的运算(线性运算、乘法、转置)
    - 分块对角矩阵及性质 1、性质 2

2.1 矩阵及其运算

一、知识要点

1. 矩阵的概念

定义 2.1 由 $m\times n$ 个数 $a_{ij}(i=1,2,\cdots,m;j=1,2,\cdots,n)$ 排成 m 行 n 列的数表

$$\begin{pmatrix} a_{11} & a_{12} & \cdots & a_{1n} \\ a_{21} & a_{22} & \cdots & a_{2n} \\ \vdots & \vdots & & \vdots \\ a_{m1} & a_{m2} & \cdots & a_{mn} \end{pmatrix}$$

称为 m 行 n 列**矩阵**，或称为 $m\times n$ 矩阵，通常记作 $\boldsymbol{A}$。数 a_{ij} 称为矩阵 $\boldsymbol{A}$ 的第 i 行、第 j 列的**元素**。矩阵有时也记作 $\boldsymbol{A}=(a_{ij})_{m\times n}$ 或 $\boldsymbol{A}_{m\times n}$。元素是实数的矩阵称为**实矩阵**；元素是复数的矩阵称为**复矩阵**。本书中的矩阵，除特别说明外均指的是实矩阵。

当一个矩阵的行数和列数相等时，称为**方阵**。特别地，当行数和列数都等于 n 时，称为 n 阶**方阵**，有时也称为 n **阶矩阵**。

同型矩阵：对于给定的矩阵，当它们的行数、列数分别相等时，称为**同型矩阵**。

如果两个同型矩阵 $\boldsymbol{A}=(a_{ij})_{m\times n}$ 与 $\boldsymbol{B}=(b_{ij})_{m\times n}$ 中对应的元素相等，即

$$a_{ij}=b_{ij},\qquad i=1,2,\cdots,m;j=1,2,\cdots,n,$$

则称矩阵 $\boldsymbol{A}$ 与 $\boldsymbol{B}$ **相等**，记作 $\boldsymbol{A}=\boldsymbol{B}$。

几类非常重要的矩阵：

(1) **零矩阵**：元素全为零的矩阵称为**零矩阵**，通常记作 $\boldsymbol{0}_{m\times n}$。需要特别注意的是，不同型的零矩阵不相等。当阶数明确时，零矩阵简记为 $\boldsymbol{0}$。

(2) **行矩阵**：当一个矩阵的行数为 1 时，称为**行矩阵**，也称为**行向量**。

(3) **列矩阵**：当一个矩阵的列数为 1 时，称为**列矩阵**，也称为**列向量**。

(4) **上三角形矩阵**：若一个方阵满足条件 $a_{ij}=0$(当 $i>j$ 时)，则称该矩阵为**上三角形矩阵**，例如

$$\begin{pmatrix} a_{11} & a_{12} & \cdots & a_{1n} \\ 0 & a_{22} & \cdots & a_{2n} \\ \vdots & \vdots & \ddots & \vdots \\ 0 & 0 & \cdots & a_{nn} \end{pmatrix}。$$

(5) **下三角形矩阵**：若一个方阵满足条件 $a_{ij}=0$(当 $i<j$ 时)，则称该矩阵为**下三角形矩阵**，例如

$$\begin{pmatrix} a_{11} & 0 & \cdots & 0 \\ a_{21} & a_{22} & \cdots & 0 \\ \vdots & \vdots & \ddots & \vdots \\ a_{n1} & a_{n2} & \cdots & a_{nn} \end{pmatrix}。$$

上三角形矩阵和下三角形矩阵统称为**三角形矩阵**。

(6) **对角矩阵**：若一个方阵满足条件 $a_{ij}=0$(当 $i\neq j$ 时)，则称该矩阵为**对角矩阵**，例如

$$\begin{pmatrix} \lambda_1 & 0 & \cdots & 0 \\ 0 & \lambda_2 & \cdots & 0 \\ \vdots & \vdots & \ddots & \vdots \\ 0 & 0 & \cdots & \lambda_n \end{pmatrix},$$

简记作

$$\boldsymbol{\Lambda} = \mathrm{diag}(\lambda_1,\lambda_2,\cdots,\lambda_n)。$$

进一步地，若对角矩阵的主对角线上元素均相等，则称为**数量矩阵**，例如

$$\begin{pmatrix} \lambda & 0 & \cdots & 0 \\ 0 & \lambda & \cdots & 0 \\ \vdots & \vdots & \ddots & \vdots \\ 0 & 0 & \cdots & \lambda \end{pmatrix}。$$

(7) **单位矩阵**：若一个对角矩阵的主对角线上元素均为 1，则称为**单位矩阵**。例如

$$\boldsymbol{E}_{n\times n} = \begin{pmatrix} 1 & 0 & \cdots & 0 \\ 0 & 1 & \cdots & 0 \\ \vdots & \vdots & \ddots & \vdots \\ 0 & 0 & \cdots & 1 \end{pmatrix}_{n\times n}。$$

也可记作 $\boldsymbol{E}_n$，当阶数明确时，简记为 $\boldsymbol{E}$。

2. 矩阵的运算

(1) 矩阵的加法

定义 2.2 令 $\boldsymbol{A}=(a_{ij})_{m\times n}$，$\boldsymbol{B}=(b_{ij})_{m\times n}$，称矩阵 $\boldsymbol{C}=(a_{ij}+b_{ij})_{m\times n}$ 为 $\boldsymbol{A}$ 与 $\boldsymbol{B}$ **的和**，记作 $\boldsymbol{C}=\boldsymbol{A}+\boldsymbol{B}$，即

$$\boldsymbol{A}+\boldsymbol{B}=(a_{ij})_{m\times n}+(b_{ij})_{m\times n}=(a_{ij}+b_{ij})_{m\times n}=\begin{pmatrix} a_{11}+b_{11} & a_{12}+b_{12} & \cdots & a_{1n}+b_{1n} \\ a_{21}+b_{21} & a_{22}+b_{22} & \cdots & a_{2n}+b_{2n} \\ \vdots & \vdots & & \vdots \\ a_{m1}+b_{m1} & a_{m2}+b_{m2} & \cdots & a_{mn}+b_{mn} \end{pmatrix}_{m\times n}。$$

注意，只有两个矩阵是同型矩阵时才能进行加法运算。

设 $\boldsymbol{A},\boldsymbol{B},\boldsymbol{C},\boldsymbol{0}$ 均为 $m\times n$ 矩阵，不难验证矩阵的加法满足如下运算规律：

(1) $\boldsymbol{A}+\boldsymbol{B}=\boldsymbol{B}+\boldsymbol{A}$(**交换律**)；

(2) $(\boldsymbol{A}+\boldsymbol{B})+\boldsymbol{C}=\boldsymbol{A}+(\boldsymbol{B}+\boldsymbol{C})$(**结合律**)；

(3) $\boldsymbol{A}+\boldsymbol{0}=\boldsymbol{A}$(**零矩阵**)；

(4) 称矩阵$(-a_{ij})_{m\times n}$为 $\boldsymbol{A}$ 的**负矩阵**，记作$-\boldsymbol{A}$，即

$$-\boldsymbol{A}=(-a_{ij})_{m\times n}=\begin{pmatrix} -a_{11} & -a_{12} & \cdots & -a_{1n} \\ -a_{21} & -a_{22} & \cdots & -a_{2n} \\ \vdots & \vdots & & \vdots \\ -a_{m1} & -a_{m2} & \cdots & -a_{mn} \end{pmatrix}_{m\times n}。$$

显然，由矩阵的加法可得，$\boldsymbol{A}+(-\boldsymbol{A})=\boldsymbol{0}$。于是，矩阵的减法可定义为

$$\boldsymbol{A}-\boldsymbol{B}=\boldsymbol{A}+(-\boldsymbol{B})=(a_{ij}-b_{ij})_{m\times n}。$$

事实上,$\boldsymbol{A}$ 加(减)$\boldsymbol{B}$ 的运算就是 $\boldsymbol{A}$ 与 $\boldsymbol{B}$ 的对应元素相加(减)。

(2) 矩阵的数乘

定义 2.3 矩阵$(\lambda a_{ij})_{m\times n}$称为数 λ 与矩阵 $\boldsymbol{A}=(a_{ij})_{m\times n}$ 的乘积(简称矩阵的**数乘**),记作 $\lambda\boldsymbol{A}$ 或 $\boldsymbol{A}\lambda$,即

$$\lambda\boldsymbol{A}=(\lambda a_{ij})_{m\times n}=\begin{pmatrix}\lambda a_{11} & \lambda a_{12} & \cdots & \lambda a_{1n}\\ \lambda a_{21} & \lambda a_{22} & \cdots & \lambda a_{2n}\\ \vdots & \vdots & & \vdots\\ \lambda a_{m1} & \lambda a_{m2} & \cdots & \lambda a_{mn}\end{pmatrix}_{m\times n}。$$

矩阵的加法和数乘运算统称为矩阵的**线性运算**。

设 $\boldsymbol{A}$ 和 $\boldsymbol{B}$ 为 $m\times n$ 矩阵,λ 和 μ 为常数。根据数乘运算的定义,容易验证它满足下列运算规律:

(1) $\lambda(\mu\boldsymbol{A})=(\lambda\mu)\boldsymbol{A}$;(2) $(\lambda+\mu)\boldsymbol{A}=\lambda\boldsymbol{A}+\mu\boldsymbol{A}$;(3) $\lambda(\boldsymbol{A}+\boldsymbol{B})=\lambda\boldsymbol{A}+\lambda\boldsymbol{B}$。

(3) 矩阵的乘法

定义 2.4 令 $\boldsymbol{A}=(a_{ij})_{m\times s}$,$\boldsymbol{B}=(b_{ij})_{s\times n}$,称矩阵 $\boldsymbol{C}=(c_{ij})_{m\times n}$为 $\boldsymbol{A}$ 与 $\boldsymbol{B}$ 的**乘积**,其中

$$c_{ij}=a_{i1}b_{1j}+a_{i2}b_{2j}+\cdots+a_{is}b_{sj}=\sum_{k=1}^{s}a_{ik}b_{kj},\qquad i=1,2,\cdots,m;j=1,2,\cdots,n,$$

记作 $\boldsymbol{C}=\boldsymbol{AB}$,读作“$\boldsymbol{A}$ **左乘** $\boldsymbol{B}$”或“$\boldsymbol{B}$ **右乘** $\boldsymbol{A}$”,即

$$\boldsymbol{C}=\boldsymbol{AB}=\begin{pmatrix}a_{11}b_{11}+\cdots+a_{1s}b_{s1} & \cdots & a_{11}b_{1n}+\cdots+a_{1s}b_{sn}\\ \vdots & & \vdots\\ a_{m1}b_{11}+\cdots+a_{ms}b_{s1} & \cdots & a_{m1}b_{1n}+\cdots+a_{ms}b_{sn}\end{pmatrix}_{m\times n}。$$

注意,只有当左边矩阵 $\boldsymbol{A}$ 的列数等于右边矩阵 $\boldsymbol{B}$ 的行数时,乘积 $\boldsymbol{AB}$ 才有意义,并且乘积 $\boldsymbol{AB}$ 的行数等于 $\boldsymbol{A}$ 的行数,$\boldsymbol{AB}$ 的列数等于 $\boldsymbol{B}$ 的列数;矩阵 $\boldsymbol{C}=(c_{ij})_{m\times n}$中的元素 c_{ij} 等于第一个矩阵 $\boldsymbol{A}=(a_{ij})_{m\times s}$ 中的第 i 行与第二个矩阵 $\boldsymbol{B}=(b_{ij})_{s\times n}$ 中的第 j 列对应元素的乘积之和。

定义 2.5 对于如下的线性方程组

$$\begin{cases}a_{11}x_1+a_{12}x_2+\cdots+a_{1n}x_n=b_1,\\ a_{21}x_1+a_{22}x_2+\cdots+a_{2n}x_n=b_2,\\ \qquad\vdots\\ a_{n1}x_1+a_{n2}x_2+\cdots+a_{nn}x_n=b_n,\end{cases}\tag{2.1}$$

若令

$$\boldsymbol{A}=\begin{pmatrix}a_{11} & a_{12} & \cdots & a_{1n}\\ a_{21} & a_{22} & \cdots & a_{2n}\\ \vdots & \vdots & & \vdots\\ a_{n1} & a_{n2} & \cdots & a_{nn}\end{pmatrix},\bar{\boldsymbol{A}}=\begin{pmatrix}a_{11} & a_{12} & \cdots & a_{1n} & b_1\\ a_{21} & a_{22} & \cdots & a_{2n} & b_2\\ \vdots & \vdots & & \vdots & \vdots\\ a_{n1} & a_{n2} & \cdots & a_{nn} & b_n\end{pmatrix},\boldsymbol{x}=\begin{pmatrix}x_1\\ x_2\\ \vdots\\ x_n\end{pmatrix},\boldsymbol{b}=\begin{pmatrix}b_1\\ b_2\\ \vdots\\ b_n\end{pmatrix},$$

则称矩阵 $\boldsymbol{A}$ 称为线性方程组(2.1)的**系数矩阵**,称矩阵 $\bar{\boldsymbol{A}}$ 为对应的**增广矩阵**,称 $\boldsymbol{b}$ 为常数向量,称 $\boldsymbol{x}$ 为**未知向量**。

根据矩阵的乘法法则,线性方程组(2.1)的**矩阵形式**为

$$\boldsymbol{Ax}=\boldsymbol{b}。\tag{2.2}$$

可以例证,矩阵乘法不满足交换律和消去律,但其满足下列运算规律(假设这些运算都

是可行的)：

(1) $(\boldsymbol{AB})\boldsymbol{C}=\boldsymbol{A}(\boldsymbol{BC})$(结合律)；

(2) $\boldsymbol{A}(\boldsymbol{B}+\boldsymbol{C})=\boldsymbol{AB}+\boldsymbol{AC},(\boldsymbol{B}+\boldsymbol{C})\boldsymbol{A}=\boldsymbol{BA}+\boldsymbol{CA}$(左、右分配律)；

(3) $\lambda(\boldsymbol{AB})=(\lambda\boldsymbol{A})\boldsymbol{B}=\boldsymbol{A}(\lambda\boldsymbol{B})$($\lambda$ 为常数)；

(4) $\boldsymbol{E}_{m\times m}\boldsymbol{A}_{m\times n}=\boldsymbol{A}_{m\times n},\boldsymbol{A}_{m\times n}\boldsymbol{E}_{n\times n}=\boldsymbol{A}_{m\times n}$或简写成$\boldsymbol{EA}=\boldsymbol{A},\boldsymbol{AE}=\boldsymbol{A}$。

由(4)可见，若矩阵乘法可行，单位矩阵 $\boldsymbol{E}$ 在矩阵乘法中的作用与数“1”在数的乘法中的作用类似。

定义 2.6 令 $\boldsymbol{A}$ 和 $\boldsymbol{B}$ 为 n 阶方阵。如果 $\boldsymbol{AB}=\boldsymbol{BA}$，则称矩阵 $\boldsymbol{A}$ 与矩阵 $\boldsymbol{B}$ **可交换**。

由于矩阵的乘法满足结合律，对于 n 阶方阵 $\boldsymbol{A}$ 和正整数 k，以 $\boldsymbol{A}^k$ 表示 k 个方阵 $\boldsymbol{A}$ 的乘积，即

$$\boldsymbol{A}^k=\underbrace{\boldsymbol{A}\cdot\boldsymbol{A}\cdot\cdots\cdot\boldsymbol{A}}_{k\text{个}},$$

称 $\boldsymbol{A}^k$ 为 $\boldsymbol{A}$ 的 k 次**方幂**。对于给定的正整数 k,l，有 $\boldsymbol{A}^k\boldsymbol{A}^l=\boldsymbol{A}^{k+l},(\boldsymbol{A}^k)^l=\boldsymbol{A}^{kl}$。

定义 2.7 设 $f(x)$为 x 的 m 次多项式，即 $f(x)=a_0+a_1x+\cdots+a_mx^m$，$\boldsymbol{A}$ 为 n 阶方阵。称

$$f(\boldsymbol{A})=a_0\boldsymbol{E}+a_1\boldsymbol{A}+\cdots+a_m\boldsymbol{A}^m$$

为矩阵 $\boldsymbol{A}$ **的** m **次多项式**。

因为矩阵 $\boldsymbol{A}^k,\boldsymbol{A}^l$ 和 $\boldsymbol{E}$ 都是可交换的，所以矩阵 $\boldsymbol{A}$ 的两个多项式 $g(\boldsymbol{A})$和 $f(\boldsymbol{A})$总是可交换的，即

$$g(\boldsymbol{A})f(\boldsymbol{A})=f(\boldsymbol{A})g(\boldsymbol{A})。$$

(4) 矩阵的转置

定义 2.8 将 $m\times n$ 矩阵 $\boldsymbol{A}$ 的行换成同序数的列，得到的 $n\times m$ 矩阵称为 $\boldsymbol{A}$ 的**转置矩阵**，记作 $\boldsymbol{A}^{\mathrm{T}}$(或 $\boldsymbol{A}'$)。

矩阵的转置也是一种运算，满足下列运算规律(假设运算都是可行的)：

(1) $(\boldsymbol{A}^{\mathrm{T}})^{\mathrm{T}}=\boldsymbol{A}$；(2) $(\boldsymbol{A}+\boldsymbol{B})^{\mathrm{T}}=\boldsymbol{A}^{\mathrm{T}}+\boldsymbol{B}^{\mathrm{T}}$；(3) $(\lambda\boldsymbol{A})^{\mathrm{T}}=\lambda\boldsymbol{A}^{\mathrm{T}}$；(4) $(\boldsymbol{AB})^{\mathrm{T}}=\boldsymbol{B}^{\mathrm{T}}\boldsymbol{A}^{\mathrm{T}}$。

注 (2)和(4)可推广到多个矩阵的情形。注意，一般情况下，$(\boldsymbol{AB})^{\mathrm{T}}\neq\boldsymbol{A}^{\mathrm{T}}\boldsymbol{B}^{\mathrm{T}}$。

定义 2.9 设 $\boldsymbol{A}$ 为 n 阶矩阵，如果满足 $\boldsymbol{A}^{\mathrm{T}}=\boldsymbol{A}$，即 $a_{ij}=a_{ji}(i,j=1,2,\cdots,n)$，则称 $\boldsymbol{A}$ 为**对称矩阵**；如果满足 $\boldsymbol{A}^{\mathrm{T}}=-\boldsymbol{A}$，即 $a_{ij}=-a_{ji}(i,j=1,2,\cdots,n)$，则称 $\boldsymbol{A}$ 为**反对称矩阵**。

二、疑难解析

1. 举例说明：矩阵的乘法不满足交换律、消去律？

答 设 $\boldsymbol{A}=\begin{pmatrix}1&1\\-1&-1\end{pmatrix},\boldsymbol{B}=\begin{pmatrix}-2&1\\2&-1\end{pmatrix},\boldsymbol{C}=\begin{pmatrix}2&3\\1&-3\end{pmatrix},\boldsymbol{D}=\begin{pmatrix}1&-1\\2&1\end{pmatrix}$。根据矩阵乘法，不难求得

$$\boldsymbol{AB}=\begin{pmatrix}1&1\\-1&-1\end{pmatrix}\begin{pmatrix}-2&1\\2&-1\end{pmatrix}=\begin{pmatrix}0&0\\0&0\end{pmatrix},\boldsymbol{BA}=\begin{pmatrix}-2&1\\2&-1\end{pmatrix}\begin{pmatrix}1&1\\-1&-1\end{pmatrix}=\begin{pmatrix}-3&-3\\3&3\end{pmatrix},$$

$$\boldsymbol{AC}=\begin{pmatrix}1&1\\-1&-1\end{pmatrix}\begin{pmatrix}2&3\\1&-3\end{pmatrix}=\begin{pmatrix}3&0\\-3&0\end{pmatrix},\boldsymbol{AD}=\begin{pmatrix}1&1\\-1&-1\end{pmatrix}\begin{pmatrix}1&-1\\2&1\end{pmatrix}=\begin{pmatrix}3&0\\-3&0\end{pmatrix}。$$

注意到，矩阵 $\boldsymbol{AB},\boldsymbol{BA}$ 虽然都有意义且同型，但 $\boldsymbol{AB}\neq\boldsymbol{BA}$，因此，矩阵的乘法不满足交换

律。虽然有等式 $\boldsymbol{AC}=\boldsymbol{AD}$ 成立，但是 $\boldsymbol{C}\neq\boldsymbol{D}$，即矩阵乘法不满足消去律。此外，即使两个非零矩阵的乘积为零矩阵，也不能推出 $\boldsymbol{A}=\boldsymbol{0}$ 或 $\boldsymbol{B}=\boldsymbol{0}$。

因此，通常情况下，$(\boldsymbol{AB})^k\neq\boldsymbol{A}^k\boldsymbol{B}^k$；此外，由 $\boldsymbol{A}^2=\boldsymbol{A}$ 不能推出 $\boldsymbol{A}=\boldsymbol{E}$ 或 $\boldsymbol{A}=\boldsymbol{0}$。

2. 对称矩阵和反对称矩阵各有什么特点？

答 **对称矩阵的特点**是：以主对角线为对称轴的对应元素相等，即 $a_{ij}=a_{ji}(i,j=1,2,\cdots,n)$。例如，$\begin{pmatrix}1&2&-1\\2&3&5\\-1&5&0\end{pmatrix}$是一个对称矩阵。**反对称矩阵的特点**是：以主对角线为对称轴的对应元素互为相反数，即 $a_{ij}=-a_{ji}(i,j=1,2,\cdots,n)$。特别地，其主对角线上各元素均为 0。事实上，根据反对称矩阵的定义，由 $\boldsymbol{A}^{\mathrm{T}}=-\boldsymbol{A}$ 可知，$a_{ii}=-a_{ii}(i=1,2,\cdots,n)$，所以有 $a_{ii}=0$。例如，$\begin{pmatrix}0&-2&1\\2&0&-5\\-1&5&0\end{pmatrix}$是一个反对称矩阵。

三、经典题型详解

题型1 矩阵的线性运算、乘法运算

例 2.1 设 $\boldsymbol{A}=\begin{pmatrix}1&-4&-3\\1&-5&-3\\-1&6&4\end{pmatrix}$，$\boldsymbol{B}=\begin{pmatrix}4&2&3\\1&1&0\\-1&2&3\end{pmatrix}$，求 $3\boldsymbol{A}-2\boldsymbol{B}$，$\boldsymbol{AB}$，$\boldsymbol{BA}$，$\boldsymbol{A}^{\mathrm{T}}\boldsymbol{B}^{\mathrm{T}}$，$\boldsymbol{B}^{\mathrm{T}}\boldsymbol{A}^{\mathrm{T}}$。

分析 根据矩阵的线性运算、矩阵的乘法、矩阵的转置等运算求解。

解 不难求得

$$3\boldsymbol{A}-2\boldsymbol{B}=3\begin{pmatrix}1&-4&-3\\1&-5&-3\\-1&6&4\end{pmatrix}-2\begin{pmatrix}4&2&3\\1&1&0\\-1&2&3\end{pmatrix}=\begin{pmatrix}-5&-16&-15\\1&-17&-9\\-1&14&6\end{pmatrix};$$

$$\boldsymbol{AB}=\begin{pmatrix}1&-4&-3\\1&-5&-3\\-1&6&4\end{pmatrix}\begin{pmatrix}4&2&3\\1&1&0\\-1&2&3\end{pmatrix}=\begin{pmatrix}3&-8&-6\\2&-9&-6\\-2&12&9\end{pmatrix};$$

$$\boldsymbol{BA}=\begin{pmatrix}4&2&3\\1&1&0\\-1&2&3\end{pmatrix}\begin{pmatrix}1&-4&-3\\1&-5&-3\\-1&6&4\end{pmatrix}=\begin{pmatrix}3&-8&-6\\2&-9&-6\\-2&12&9\end{pmatrix};$$

$$\boldsymbol{A}^{\mathrm{T}}\boldsymbol{B}^{\mathrm{T}}=\begin{pmatrix}1&1&-1\\-4&-5&6\\-3&-3&4\end{pmatrix}\begin{pmatrix}4&1&-1\\2&1&2\\3&0&3\end{pmatrix}=\begin{pmatrix}3&2&-2\\-8&-9&12\\-6&-6&9\end{pmatrix};$$

$$\boldsymbol{B}^{\mathrm{T}}\boldsymbol{A}^{\mathrm{T}}=\begin{pmatrix}4&1&-1\\2&1&2\\3&0&3\end{pmatrix}\begin{pmatrix}1&1&-1\\-4&-5&6\\-3&-3&4\end{pmatrix}=\begin{pmatrix}3&2&-2\\-8&-9&12\\-6&-6&9\end{pmatrix}。$$

评注 由本例的计算结果不难发现，$\boldsymbol{AB}\neq\boldsymbol{BA}$，$(\boldsymbol{BA})^{\mathrm{T}}=\boldsymbol{A}^{\mathrm{T}}\boldsymbol{B}^{\mathrm{T}}$，$(\boldsymbol{AB})^{\mathrm{T}}=\boldsymbol{B}^{\mathrm{T}}\boldsymbol{A}^{\mathrm{T}}$。

类似地，还可以计算下列问题：

(1) 设

$$A=\begin{pmatrix}1 & 2 & -1\\ 0 & 3 & -5\\ 2 & 0 & 4\end{pmatrix},B=\begin{pmatrix}2 & 3 & 1\\ 0 & -1 & 2\\ -1 & 1 & 2\end{pmatrix},$$

求 $2A+3B,AB,BA,B^{T}A^{T},A^{T}B$。

(2) 设

$$A=\begin{pmatrix}2 & 0 & -1\\ 1 & -3 & 2\end{pmatrix},B=\begin{pmatrix}1 & -1\\ 2 & 1\\ 0 & -3\end{pmatrix},$$

求 $2A-B^{T},AB,BA,A^{T}B^{T}$。

例 2.2 设有列矩阵 $A=\begin{pmatrix}3\\2\\1\end{pmatrix}$,行矩阵 $B=(4\quad -1\quad 2)$,求 AB 和 BA。

解 不难求得

$$AB=\begin{pmatrix}3\\2\\1\end{pmatrix}(4\quad -1\quad 2)=\begin{pmatrix}12 & -3 & 6\\ 8 & -2 & 4\\ 4 & -1 & 2\end{pmatrix};$$

$$BA=(4\quad -1\quad 2)\begin{pmatrix}3\\2\\1\end{pmatrix}=(12-2+2)_{1\times 1}=12。$$

评注 本例看似非常简单,但是它为后面的一些问题提供了解决方案。注意到,列矩阵 A 与行矩阵 B 的乘积 AB 的结果是一个矩阵。在列矩阵 A 与行矩阵 B 的分量均不为零的情况下,矩阵 AB 的各行之间成比例,各列之间也同样成比例。因此,以后再遇到这种矩阵时,就可以将该矩阵分解为一个列向量和一个行向量的乘积。

例 2.3 设

$$A=\begin{pmatrix}a_1b_1 & a_1b_2 & \cdots & a_1b_n\\ a_2b_1 & a_2b_2 & \cdots & a_2b_n\\ \vdots & \vdots & & \vdots\\ a_nb_1 & a_nb_2 & \cdots & a_nb_n\end{pmatrix}$$

求 A^n。

分析 若要计算 A^n,势必要有一定的规律可循。注意到,矩阵的各行均成比例,各列也均成比例,A 可以表示成一个列向量和一个行向量的乘积,分解后再计算。

解 (1) 由矩阵乘法法则及其结合律知

$$A=\begin{pmatrix}a_1b_1 & a_1b_2 & \cdots & a_1b_n\\ a_2b_1 & a_2b_2 & \cdots & a_2b_n\\ \vdots & \vdots & & \vdots\\ a_nb_1 & a_nb_2 & \cdots & a_nb_n\end{pmatrix}=\begin{pmatrix}a_1\\ a_2\\ \vdots\\ a_n\end{pmatrix}(b_1\quad b_2\quad \cdots\quad b_n),$$

所以

$$A^2=\begin{pmatrix}a_1\\a_2\\\vdots\\a_n\end{pmatrix}(b_1\quad b_2\quad\cdots\quad b_n)\begin{pmatrix}a_1\\a_2\\\vdots\\a_n\end{pmatrix}(b_1\quad b_2\quad\cdots\quad b_n)=(a_1b_1+a_2b_2+\cdots+a_nb_n)A,$$

$$\vdots$$

$$A^n=\begin{pmatrix}a_1\\a_2\\\vdots\\a_n\end{pmatrix}\underbrace{(b_1\quad b_2\quad\cdots\quad b_n)\begin{pmatrix}a_1\\a_2\\\vdots\\a_n\end{pmatrix}(b_1\quad b_2\quad\cdots\quad b_n)\cdots\begin{pmatrix}a_1\\a_2\\\vdots\\a_n\end{pmatrix}}_{n-1\text{对}}(b_1\quad b_2\quad\cdots\quad b_n)$$

$$=(a_1b_1+a_2b_2+\cdots+a_nb_n)^{n-1}A。$$

类似地，可以计算下列问题：

(1) 已知 $A=\begin{pmatrix}2&2&1\\4&4&2\\-2&-2&-1\end{pmatrix}$，求 A^n。

(2) 已知 $A=\begin{pmatrix}-2&1\\\frac{3}{2}&-\frac{1}{2}\end{pmatrix}$，$B=\begin{pmatrix}1&1\\0&0\end{pmatrix}$，$C=\begin{pmatrix}1&2\\3&4\end{pmatrix}$，且 $D=ABC$。求 B^n，CA，D^n。

例 2.4 设 $f(x)=1+3x-x^2+2x^3$，$A=\begin{pmatrix}-1&0\\0&2\end{pmatrix}$，求 $f(A)$。

分析 根据矩阵多项式的定义 2.7 计算。

解 根据定义 2.7，可得

$$f(A)=E+3A-A^2+2A^3=\begin{pmatrix}1&0\\0&1\end{pmatrix}+3\begin{pmatrix}-1&0\\0&2\end{pmatrix}-\begin{pmatrix}-1&0\\0&2\end{pmatrix}^2+2\begin{pmatrix}-1&0\\0&2\end{pmatrix}^3$$

$$=\begin{pmatrix}1&0\\0&1\end{pmatrix}+\begin{pmatrix}-3&0\\0&6\end{pmatrix}-\begin{pmatrix}1&0\\0&4\end{pmatrix}+\begin{pmatrix}-2&0\\0&16\end{pmatrix}=\begin{pmatrix}-5&0\\0&19\end{pmatrix}。$$

例 2.5 设 $A=\frac{1}{2}(B+E)$，证明：$A^2=A$ 的充要条件是 $B^2=E$。

分析 利用矩阵乘法的定义和运算规律证明。

证 **必要性** 由于

$$A^2=\frac{1}{2}(B+E)\cdot\frac{1}{2}(B+E)=\frac{1}{4}(B^2+2B+E)=A=\frac{1}{2}(B+E),$$

容易求得 $B^2=E$；

充分性 由于

$$A^2=\frac{1}{2}(B+E)\cdot\frac{1}{2}(B+E)=\frac{1}{4}(B^2+2B+E),$$

而 $B^2=E$，因此

$$A^2=\frac{1}{4}(B^2+2B+E)=\frac{1}{4}(2B+2E)=\frac{1}{2}(B+E)=A。$$

证毕

例 2.6 设 A 和 B 是两个 n 阶方阵，且 A 为对称矩阵。证明：B^TAB 为对称矩阵。

分析 利用对称矩阵的定义和矩阵的转置的运算规律证明。

证 因为 $\boldsymbol{A}$ 为对称矩阵，所以 $\boldsymbol{A}^{\mathrm{T}}=\boldsymbol{A}$，则

$$(\boldsymbol{B}^{\mathrm{T}}\boldsymbol{A}\boldsymbol{B})^{\mathrm{T}}=\boldsymbol{B}^{\mathrm{T}}\boldsymbol{A}^{\mathrm{T}}\boldsymbol{B}=\boldsymbol{B}^{\mathrm{T}}\boldsymbol{A}\boldsymbol{B},$$

即 $\boldsymbol{B}^{\mathrm{T}}\boldsymbol{A}\boldsymbol{B}$ 为对称矩阵。 证毕

类似地，可以证明下列问题：

(1) 设 $\boldsymbol{A}$ 和 $\boldsymbol{B}$ 都是 n 阶对称矩阵。证明：$\boldsymbol{AB}$ 是对称的充要条件是 $\boldsymbol{AB}=\boldsymbol{BA}$。

提示：利用对称矩阵的定义验证。

(2) 证明：任意 n 阶矩阵 $\boldsymbol{A}$ 可表示为一个对称矩阵与一个反对称矩阵之和。

提示：假设存在对称矩阵 $\boldsymbol{B}$ 和反对称矩阵 $\boldsymbol{C}$ 满足条件，依题意建立方程组并求解。

四、课后习题选解

A类题

1. 计算下列各题：

(1) $\begin{pmatrix}1&2&3\\3&6&9\\2&4&6\end{pmatrix}\begin{pmatrix}1&2&-3\\-1&-2&3\\1&2&-3\end{pmatrix}$； (2) $\begin{pmatrix}1\\-1\\2\end{pmatrix}(1\quad -2)\begin{pmatrix}2&3\\-1&1\end{pmatrix}$。

分析 参见经典题型详解中例 2.1。

解 不难求得

(1) $\begin{pmatrix}1&2&3\\3&6&9\\2&4&6\end{pmatrix}\begin{pmatrix}1&2&-3\\-1&-2&3\\1&2&-3\end{pmatrix}=\begin{pmatrix}2&4&-6\\6&12&-18\\4&8&-12\end{pmatrix}$。

(2) $\begin{pmatrix}1\\-1\\2\end{pmatrix}(1\quad -2)\begin{pmatrix}2&3\\-1&1\end{pmatrix}=\begin{pmatrix}1\\-1\\2\end{pmatrix}(4\quad 1)=\begin{pmatrix}4&1\\-4&-1\\8&2\end{pmatrix}$。

2. 设 $\boldsymbol{A}=\begin{pmatrix}1&1&1\\1&1&-1\\1&-1&1\end{pmatrix}$，$\boldsymbol{B}=\begin{pmatrix}1&2&3\\-1&-2&4\\0&5&1\end{pmatrix}$，求 (1)$3\boldsymbol{AB}-2\boldsymbol{A}$；(2)$\boldsymbol{AB}^{\mathrm{T}}$。

分析 参见经典题型详解中例 2.1。

解 (1) 根据矩阵乘法及矩阵的线性运算，可得

$$\begin{aligned}3\boldsymbol{AB}-2\boldsymbol{A}&=3\begin{pmatrix}1&1&1\\1&1&-1\\1&-1&1\end{pmatrix}\begin{pmatrix}1&2&3\\-1&-2&4\\0&5&1\end{pmatrix}-2\begin{pmatrix}1&1&1\\1&1&-1\\1&-1&1\end{pmatrix}\\&=3\begin{pmatrix}0&5&8\\0&-5&6\\2&9&0\end{pmatrix}-2\begin{pmatrix}1&1&1\\1&1&-1\\1&-1&1\end{pmatrix}=\begin{pmatrix}-2&13&22\\-2&-17&20\\4&29&-2\end{pmatrix};\end{aligned}$$

(2) 利用矩阵乘法、转置的定义，可得

$$\boldsymbol{AB}^{\mathrm{T}}=\begin{pmatrix}1&1&1\\1&1&-1\\1&-1&1\end{pmatrix}\begin{pmatrix}1&-1&0\\2&-2&5\\3&4&1\end{pmatrix}=\begin{pmatrix}6&1&6\\0&-7&4\\2&5&-4\end{pmatrix}。$$

3. 设 $\boldsymbol{A}=\begin{pmatrix}2&4&6\\1&2&3\\1&2&3\end{pmatrix}$，求 $\boldsymbol{A}^n$。

分析 参见经典题型详解中例2.3。

解 因为$\boldsymbol{A}=\begin{pmatrix}2&4&6\\1&2&3\\1&2&3\end{pmatrix}=\begin{pmatrix}2\\1\\1\end{pmatrix}(1\quad 2\quad 3)$，所以

$$\boldsymbol{A}^n=\begin{pmatrix}2\\1\\1\end{pmatrix}(1\quad 2\quad 3)\begin{pmatrix}2\\1\\1\end{pmatrix}(1\quad 2\quad 3)\cdots\begin{pmatrix}2\\1\\1\end{pmatrix}(1\quad 2\quad 3)$$

$$=\begin{pmatrix}2\\1\\1\end{pmatrix}\cdot 7\times 7\times\cdots\times 7\cdot(1\quad 2\quad 3)=7^{n-1}\begin{pmatrix}2&4&6\\1&2&3\\1&2&3\end{pmatrix}。$$

4. 设$\boldsymbol{A}=\begin{pmatrix}1&2\\1&3\end{pmatrix}$，$\boldsymbol{B}=\begin{pmatrix}1&0\\1&2\end{pmatrix}$，判断下列等式是否成立：

(1) $\boldsymbol{AB}=\boldsymbol{BA}$； (2) $(\boldsymbol{A}+\boldsymbol{B})^2=\boldsymbol{A}^2+2\boldsymbol{AB}+\boldsymbol{B}^2$； (3) $(\boldsymbol{A}+\boldsymbol{B})(\boldsymbol{A}-\boldsymbol{B})=\boldsymbol{A}^2-\boldsymbol{B}^2$。

分析 按要求利用矩阵乘法计算，然后判断。

解 (1) 易见，$\boldsymbol{AB}=\begin{pmatrix}3&4\\4&6\end{pmatrix}$，而 $\boldsymbol{BA}=\begin{pmatrix}1&2\\3&8\end{pmatrix}$，所以 $\boldsymbol{AB}\neq\boldsymbol{BA}$。

(2) 由(1)知，$\boldsymbol{AB}\neq\boldsymbol{BA}$，所以有

$$(\boldsymbol{A}+\boldsymbol{B})^2=\boldsymbol{A}^2+\boldsymbol{AB}+\boldsymbol{BA}+\boldsymbol{B}^2\neq\boldsymbol{A}^2+2\boldsymbol{AB}+\boldsymbol{B}^2。$$

或通过计算可得

$$(\boldsymbol{A}+\boldsymbol{B})^2=\begin{pmatrix}2&2\\2&5\end{pmatrix}\begin{pmatrix}2&2\\2&5\end{pmatrix}=\begin{pmatrix}8&14\\14&29\end{pmatrix},$$

而

$$\boldsymbol{A}^2+2\boldsymbol{AB}+\boldsymbol{B}^2=\begin{pmatrix}3&8\\4&11\end{pmatrix}+\begin{pmatrix}6&8\\8&12\end{pmatrix}+\begin{pmatrix}1&0\\3&4\end{pmatrix}=\begin{pmatrix}10&16\\15&27\end{pmatrix},$$

所以，$(\boldsymbol{A}+\boldsymbol{B})^2\neq\boldsymbol{A}^2+2\boldsymbol{AB}+\boldsymbol{B}^2$。

(3) 由(1)知，$\boldsymbol{AB}\neq\boldsymbol{BA}$，所以有

$$(\boldsymbol{A}+\boldsymbol{B})(\boldsymbol{A}-\boldsymbol{B})=\boldsymbol{A}^2-\boldsymbol{AB}+\boldsymbol{BA}-\boldsymbol{B}^2\neq\boldsymbol{A}^2-\boldsymbol{B}^2。$$

或通过计算可得

$$(\boldsymbol{A}+\boldsymbol{B})(\boldsymbol{A}-\boldsymbol{B})=\begin{pmatrix}2&2\\2&5\end{pmatrix}\begin{pmatrix}0&2\\0&1\end{pmatrix}=\begin{pmatrix}0&6\\0&9\end{pmatrix},$$

而

$$\boldsymbol{A}^2-\boldsymbol{B}^2=\begin{pmatrix}3&8\\4&11\end{pmatrix}-\begin{pmatrix}1&0\\3&4\end{pmatrix}=\begin{pmatrix}2&8\\1&7\end{pmatrix},$$

所以，$(\boldsymbol{A}+\boldsymbol{B})(\boldsymbol{A}-\boldsymbol{B})\neq\boldsymbol{A}^2-\boldsymbol{B}^2$。

5. 证明下列等式：

(1) $(\boldsymbol{A}+\boldsymbol{E})^2=\boldsymbol{A}^2+2\boldsymbol{A}+\boldsymbol{E}$； (2) $(\boldsymbol{A}+\boldsymbol{E})(\boldsymbol{A}-\boldsymbol{E})=(\boldsymbol{A}-\boldsymbol{E})(\boldsymbol{A}+\boldsymbol{E})$。

分析 参见经典题型详解中例2.5。

证 (1) 容易求得

$$(\boldsymbol{A}+\boldsymbol{E})^2=(\boldsymbol{A}+\boldsymbol{E})(\boldsymbol{A}+\boldsymbol{E})=\boldsymbol{AA}+\boldsymbol{AE}+\boldsymbol{EA}+\boldsymbol{EE}=\boldsymbol{A}^2+2\boldsymbol{A}+\boldsymbol{E}。$$

(2) 由于

$$(\boldsymbol{A}+\boldsymbol{E})(\boldsymbol{A}-\boldsymbol{E})=\boldsymbol{AA}-\boldsymbol{AE}+\boldsymbol{EA}-\boldsymbol{EE}=\boldsymbol{A}^2-\boldsymbol{E}^2,$$

$$(\boldsymbol{A}-\boldsymbol{E})(\boldsymbol{A}+\boldsymbol{E})=\boldsymbol{AA}+\boldsymbol{AE}-\boldsymbol{EA}-\boldsymbol{EE}=\boldsymbol{A}^2-\boldsymbol{E}^2,$$

所以，$(\boldsymbol{A}+\boldsymbol{E})(\boldsymbol{A}-\boldsymbol{E})=(\boldsymbol{A}-\boldsymbol{E})(\boldsymbol{A}+\boldsymbol{E})$。 证毕

6. 设 $\boldsymbol{A}$ 是 n 阶反对称矩阵，$\boldsymbol{B}$ 是 n 阶对称矩阵，证明：

(1) $\boldsymbol{AB}-\boldsymbol{BA}$ 为对称矩阵； (2) $\boldsymbol{AB}+\boldsymbol{BA}$ 是 n 阶反对称矩阵；

(3) $\boldsymbol{AB}$ 是反对称矩阵的充要条件是 $\boldsymbol{AB}=\boldsymbol{BA}$。

分析 参见经典题型详解中例 2.6。

证 (1) 易见

$$(\boldsymbol{AB}-\boldsymbol{BA})^{\mathrm{T}}=(\boldsymbol{AB})^{\mathrm{T}}-(\boldsymbol{BA})^{\mathrm{T}}=\boldsymbol{B}^{\mathrm{T}}\boldsymbol{A}^{\mathrm{T}}-\boldsymbol{A}^{\mathrm{T}}\boldsymbol{B}^{\mathrm{T}}。$$

由于 $\boldsymbol{A}$ 是 n 阶反对称矩阵，$\boldsymbol{B}$ 是 n 阶对称矩阵，即 $\boldsymbol{A}^{\mathrm{T}}=-\boldsymbol{A},\boldsymbol{B}^{\mathrm{T}}=\boldsymbol{B}$，所以有

$$(\boldsymbol{AB}-\boldsymbol{BA})^{\mathrm{T}}=\boldsymbol{B}^{\mathrm{T}}\boldsymbol{A}^{\mathrm{T}}-\boldsymbol{A}^{\mathrm{T}}\boldsymbol{B}^{\mathrm{T}}=\boldsymbol{AB}-\boldsymbol{BA},$$

即 $\boldsymbol{AB}-\boldsymbol{BA}$ 为对称矩阵。

(2) 利用与(1)相同的方法容易验证

$$(\boldsymbol{AB}+\boldsymbol{BA})^{\mathrm{T}}=\boldsymbol{B}^{\mathrm{T}}\boldsymbol{A}^{\mathrm{T}}+\boldsymbol{A}^{\mathrm{T}}\boldsymbol{B}^{\mathrm{T}}=-(\boldsymbol{AB}+\boldsymbol{BA}),$$

因此 $\boldsymbol{AB}+\boldsymbol{BA}$ 是 n 阶反对称矩阵。

(3) **必要性** 已知 $\boldsymbol{AB}$ 是反对称矩阵，则有 $(\boldsymbol{AB})^{\mathrm{T}}=-\boldsymbol{AB}$。另一方面，由于 $\boldsymbol{A}^{\mathrm{T}}=-\boldsymbol{A},\boldsymbol{B}^{\mathrm{T}}=\boldsymbol{B}$，因此 $(\boldsymbol{AB})^{\mathrm{T}}=\boldsymbol{B}^{\mathrm{T}}\boldsymbol{A}^{\mathrm{T}}=-\boldsymbol{BA}$，即 $\boldsymbol{AB}=\boldsymbol{BA}$。

充分性 因为 $\boldsymbol{A}$ 是 n 阶反对称矩阵，$\boldsymbol{B}$ 是 n 阶对称矩阵，且 $\boldsymbol{AB}=\boldsymbol{BA}$，所以

$$-\boldsymbol{AB}=-\boldsymbol{BA}=\boldsymbol{B}^{\mathrm{T}}\boldsymbol{A}^{\mathrm{T}}=(\boldsymbol{AB})^{\mathrm{T}},$$

即 $\boldsymbol{AB}$ 是反对称矩阵。 证毕

B类题

1. 计算下列各题：

(1) $\begin{pmatrix}1 & \lambda\\ 0 & 1\end{pmatrix}^n$； (2) $(x_1,x_2,x_3)\begin{pmatrix}a_{11} & a_{12} & a_{13}\\ a_{12} & a_{22} & a_{23}\\ a_{13} & a_{23} & a_{33}\end{pmatrix}\begin{pmatrix}x_1\\ x_2\\ x_3\end{pmatrix}$。

分析 参见经典题型详解中例 2.1。

解 利用矩阵乘法不难求得

(1) $\boldsymbol{A}^2=\begin{pmatrix}1 & 2\lambda\\ 0 & 1\end{pmatrix},\boldsymbol{A}^3=\begin{pmatrix}1 & 3\lambda\\ 0 & 1\end{pmatrix},\cdots,\boldsymbol{A}^n=\begin{pmatrix}1 & n\lambda\\ 0 & 1\end{pmatrix}$。

$$\begin{aligned}(2)\ &(x_1,x_2,x_3)\begin{pmatrix}a_{11} & a_{12} & a_{13}\\ a_{12} & a_{22} & a_{23}\\ a_{13} & a_{23} & a_{33}\end{pmatrix}\begin{pmatrix}x_1\\ x_2\\ x_3\end{pmatrix}\\ &=(a_{11}x_1+a_{12}x_2+a_{13}x_3\quad a_{12}x_1+a_{22}x_2+a_{23}x_3\quad a_{13}x_1+a_{23}x_2+a_{33}x_3)\begin{pmatrix}x_1\\ x_2\\ x_3\end{pmatrix}\\ &=a_{11}x_1^2+a_{22}x_2^2+a_{33}x_3^2+2a_{12}x_1x_2+2a_{13}x_1x_3+2a_{23}x_2x_3。\end{aligned}$$

2. 举反例说明下列命题是错误的：

(1) 若 $\boldsymbol{A}^2=\boldsymbol{0}$，则 $\boldsymbol{A}=\boldsymbol{0}$； (2) 若 $\boldsymbol{AX}=\boldsymbol{AY}$ 且 $\boldsymbol{A}\neq\boldsymbol{0}$，则 $\boldsymbol{X}=\boldsymbol{Y}$。

分析 利用矩阵乘法不满足交换律和消去律，两个非零矩阵的乘积可能为零矩阵举反例。

解 (1) 取 $\boldsymbol{A}=\begin{pmatrix}0 & 1\\ 0 & 0\end{pmatrix}$，满足 $\boldsymbol{A}^2=\boldsymbol{0}$，但 $\boldsymbol{A}\neq\boldsymbol{0}$；

(2) 取 $\boldsymbol{A}=\begin{pmatrix}1 & 0\\ 0 & 0\end{pmatrix},\boldsymbol{X}=\begin{pmatrix}1 & 1\\ -1 & 1\end{pmatrix},\boldsymbol{Y}=\begin{pmatrix}1 & 1\\ 0 & 1\end{pmatrix}$，满足 $\boldsymbol{AX}=\boldsymbol{AY}$，且 $\boldsymbol{A}\neq\boldsymbol{0}$，但 $\boldsymbol{X}\neq\boldsymbol{Y}$。

3. 设 $\boldsymbol{\alpha}$ 为 3×1 列矩阵，且 $\boldsymbol{\alpha}\boldsymbol{\alpha}^{\mathrm{T}}=\begin{pmatrix}1&-1&1\\-1&1&-1\\1&-1&1\end{pmatrix}$，求 $\boldsymbol{\alpha}^{\mathrm{T}}\boldsymbol{\alpha}$。

分析 参见经典题型详解中例 2.3。

解 设 $\boldsymbol{\alpha}=\begin{pmatrix}a\\b\\c\end{pmatrix}$，则 $\boldsymbol{\alpha}\boldsymbol{\alpha}^{\mathrm{T}}=\begin{pmatrix}a\\b\\c\end{pmatrix}(a\quad b\quad c)=\begin{pmatrix}a^2&ab&ac\\ab&b^2&bc\\ac&bc&c^2\end{pmatrix}=\begin{pmatrix}1&-1&1\\-1&1&-1\\1&-1&1\end{pmatrix}$，

容易求得，$a^2+b^2+c^2=3$，则

$$\boldsymbol{\alpha}^{\mathrm{T}}\boldsymbol{\alpha}=(a\quad b\quad c)\begin{pmatrix}a\\b\\c\end{pmatrix}=a^2+b^2+c^2=3。$$

2.2 方阵的行列式及其逆矩阵

一、知识要点

1. 方阵的行列式

定义 2.10 设 $\boldsymbol{A}$ 为 n 阶方阵，由 $\boldsymbol{A}$ 的元素所构成的行列式(各元素的位置不变)，称为 $\boldsymbol{A}$ 的行列式，记作 $|\boldsymbol{A}|$ 或 $\det\boldsymbol{A}$。

设 $\boldsymbol{A}$ 和 $\boldsymbol{B}$ 为 n 阶方阵，λ 为常数。方阵的行列式具有下面性质：

性质 1 $|\boldsymbol{A}^{\mathrm{T}}|=|\boldsymbol{A}|$；

性质 2 $|\lambda\boldsymbol{A}|=\lambda^n|\boldsymbol{A}|$；

性质 3 $|\boldsymbol{A}\boldsymbol{B}|=|\boldsymbol{A}||\boldsymbol{B}|$。

作为性质 3 的推广，对于 n 阶方阵 $\boldsymbol{A}_1,\boldsymbol{A}_2,\cdots,\boldsymbol{A}_m$，有 $|\boldsymbol{A}_1\boldsymbol{A}_2\cdots\boldsymbol{A}_m|=|\boldsymbol{A}_1||\boldsymbol{A}_2|\cdots|\boldsymbol{A}_m|$。特别地，对于正整数 m，有 $|\boldsymbol{A}^m|=|\boldsymbol{A}|^m$。

注意到，对于 n 阶方阵 $\boldsymbol{A}$ 和 $\boldsymbol{B}$，一般情况下，$|\boldsymbol{A}+\boldsymbol{B}|\neq|\boldsymbol{A}|+|\boldsymbol{B}|$。尽管通常有 $\boldsymbol{AB}\neq\boldsymbol{BA}$，但是不难验证，$|\boldsymbol{AB}|=|\boldsymbol{BA}|$。

2. 可逆矩阵

定义 2.11 设 $\boldsymbol{A}$ 和 $\boldsymbol{B}$ 均为 n 阶方阵，若有 $\boldsymbol{AB}=\boldsymbol{BA}=\boldsymbol{E}$，则称 $\boldsymbol{A}$ 可逆，$\boldsymbol{B}$ 称为 $\boldsymbol{A}$ 的**逆矩阵**，记作 $\boldsymbol{B}=\boldsymbol{A}^{-1}$。特别地，可逆矩阵也称为**非奇异矩阵**；不可逆矩阵也称为**奇异矩阵**。

定理 2.1 如果矩阵 $\boldsymbol{A}$ 可逆，那么 $\boldsymbol{A}$ 的逆矩阵是唯一的。

逆矩阵有如下性质：

性质 1 若 $\boldsymbol{A}$ 可逆，则 $\boldsymbol{A}^{-1}$ 也可逆，且 $(\boldsymbol{A}^{-1})^{-1}=\boldsymbol{A}$。

性质 2 若 $\boldsymbol{A}$ 可逆，$\lambda\neq0$，则 $\lambda\boldsymbol{A}$ 也可逆，且 $(\lambda\boldsymbol{A})^{-1}=\dfrac{1}{\lambda}\boldsymbol{A}^{-1}$。

性质 3 若 $\boldsymbol{A}$ 和 $\boldsymbol{B}$ 均可逆，则 $\boldsymbol{AB}$ 也可逆，且 $(\boldsymbol{AB})^{-1}=\boldsymbol{B}^{-1}\boldsymbol{A}^{-1}$。

性质 4 若 $\boldsymbol{A}$ 可逆，则 $\boldsymbol{A}^{\mathrm{T}}$ 也可逆，且 $(\boldsymbol{A}^{\mathrm{T}})^{-1}=(\boldsymbol{A}^{-1})^{\mathrm{T}}$。

性质 5 若 $\boldsymbol{A}$ 可逆，则 $|\boldsymbol{A}^{-1}|=|\boldsymbol{A}|^{-1}$。

作为性质 3 的推广，如果 $\boldsymbol{A}_1,\boldsymbol{A}_2,\cdots,\boldsymbol{A}_k$ 均为 n 阶可逆方阵，则乘积 $\boldsymbol{A}_1\boldsymbol{A}_2\cdots\boldsymbol{A}_k$ 也可逆，并且

$$(\boldsymbol{A}_1\boldsymbol{A}_2\cdots\boldsymbol{A}_k)^{-1}=\boldsymbol{A}_k^{-1}\boldsymbol{A}_{k-1}^{-1}\cdots\boldsymbol{A}_2^{-1}\boldsymbol{A}_1^{-1}。$$

特别地

$$(\boldsymbol{A}^k)^{-1}=(\boldsymbol{A}^{-1})^k。$$

对于 n 阶可逆矩阵 $\boldsymbol{A}$ 和 $\boldsymbol{B}$，一般情况下，$(\boldsymbol{A}+\boldsymbol{B})^{-1}\neq\boldsymbol{A}^{-1}+\boldsymbol{B}^{-1}$。

定义 2.12 对于给定的 n 阶方阵

$$\boldsymbol{A}=\begin{pmatrix} a_{11} & a_{12} & \cdots & a_{1n} \\ a_{21} & a_{22} & \cdots & a_{2n} \\ \vdots & \vdots & & \vdots \\ a_{n1} & a_{n2} & \cdots & a_{nn} \end{pmatrix},$$

如下的 n 阶方阵

$$\boldsymbol{A}^*=\begin{pmatrix} A_{11} & A_{21} & \cdots & A_{n1} \\ A_{12} & A_{22} & \cdots & A_{n2} \\ \vdots & \vdots & & \vdots \\ A_{1n} & A_{2n} & \cdots & A_{nn} \end{pmatrix}$$

称为 $\boldsymbol{A}$ 的**伴随矩阵**，其中 A_{ij} 为 $\boldsymbol{A}$ 的行列式中元素 a_{ij} 的代数余子式。

值得注意的是，

$$\boldsymbol{A}^*=\begin{pmatrix} A_{11} & A_{21} & \cdots & A_{n1} \\ A_{12} & A_{22} & \cdots & A_{n2} \\ \vdots & \vdots & & \vdots \\ A_{1n} & A_{2n} & \cdots & A_{nn} \end{pmatrix}=\begin{pmatrix} A_{11} & A_{12} & \cdots & A_{1n} \\ A_{21} & A_{22} & \cdots & A_{2n} \\ \vdots & \vdots & & \vdots \\ A_{n1} & A_{n2} & \cdots & A_{nn} \end{pmatrix}^{\mathrm{T}},$$

即 $\boldsymbol{A}^*$ 是将 $\boldsymbol{A}$ 中每一个元素都替换为对应的代数余子式后再转置得到的。

对于 $|\boldsymbol{A}|$ 中元素 a_{ij} 的代数余子式 A_{ij}，有

$$a_{i1}A_{j1}+a_{i2}A_{j2}+\cdots+a_{in}A_{jn}=\begin{cases}|\boldsymbol{A}|, & i=j, \\ 0, & i\neq j;\end{cases}$$

$$a_{1i}A_{1j}+a_{2i}A_{2j}+\cdots+a_{ni}A_{nj}=\begin{cases}|\boldsymbol{A}|, & i=j, \\ 0, & i\neq j。\end{cases}$$

于是

$$\boldsymbol{A}\boldsymbol{A}^*=\boldsymbol{A}^*\boldsymbol{A}=\begin{pmatrix} |\boldsymbol{A}| & 0 & \cdots & 0 \\ 0 & |\boldsymbol{A}| & \cdots & 0 \\ \vdots & \vdots & \ddots & \vdots \\ 0 & 0 & \cdots & |\boldsymbol{A}| \end{pmatrix}=|\boldsymbol{A}|\boldsymbol{E}。$$

定理 2.2 方阵 $\boldsymbol{A}$ 可逆的充分必要条件是：$|\boldsymbol{A}|\neq 0$，并且

$$\boldsymbol{A}^{-1}=\frac{1}{|\boldsymbol{A}|}\boldsymbol{A}^*。$$

推论 设 $\boldsymbol{A}$ 和 $\boldsymbol{B}$ 均为 n 阶方阵。若 $\boldsymbol{AB}=\boldsymbol{E}$，则 $\boldsymbol{A}$ 和 $\boldsymbol{B}$ 都可逆，且 $\boldsymbol{A}^{-1}=\boldsymbol{B}$，$\boldsymbol{B}^{-1}=\boldsymbol{A}$。

注意到，定理 2.2 不仅给出了判定矩阵可逆的充要条件，而且提供了一种利用伴随矩阵求逆矩阵的方法。

根据逆矩阵的定义和定理 2.2，不难验证：

(1) 若一个对角矩阵可逆，则它的逆矩阵仍是对角矩阵；

(2) 若一个上(下)三角矩阵可逆,则它的逆矩阵仍是上(下)三角矩阵。

(3) 若 $a_1a_2\cdots a_n\neq0$,则有

$$\begin{pmatrix}0&\cdots&0&a_1\\0&\cdots&a_2&0\\\vdots&\iddots&\vdots&\vdots\\a_n&\cdots&0&0\end{pmatrix}^{-1}=\begin{pmatrix}0&\cdots&0&a_n^{-1}\\0&\cdots&a_{n-1}^{-1}&0\\\vdots&\iddots&\vdots&\vdots\\a_1^{-1}&\cdots&0&0\end{pmatrix}。$$

设 $\boldsymbol{A}$ 为 n 阶方阵,对于给定的非齐次线性方程组 $\boldsymbol{Ax}=\boldsymbol{b}$ 及对应的齐次线性方程组 $\boldsymbol{Ax}=\boldsymbol{0}$,有如下的定理及推论。

定理 2.3 设 $\boldsymbol{A}$ 为 n 阶方阵,若线性方程组 $\boldsymbol{Ax}=\boldsymbol{b}$ 的系数矩阵 $\boldsymbol{A}$ 可逆,即 $|\boldsymbol{A}|\neq0$,则此线性方程组有唯一解,且解为

$$\boldsymbol{x}=\boldsymbol{A}^{-1}\boldsymbol{b}。$$

推论 若线性方程组 $\boldsymbol{Ax}=\boldsymbol{b}$ 无解或至少有两个不同的解,则 $\boldsymbol{A}$ 是奇异的,即 $|\boldsymbol{A}|=0$。

定理 2.4 若线性方程组 $\boldsymbol{Ax}=\boldsymbol{0}$ 的系数矩阵 $\boldsymbol{A}$ 可逆,即 $|\boldsymbol{A}|\neq0$,则它有唯一零解。

推论 若线性方程组 $\boldsymbol{Ax}=\boldsymbol{0}$ 有非零解,则 $\boldsymbol{A}$ 是奇异的,即 $|\boldsymbol{A}|=0$。

二、疑难解析

1. 判断下列说法是否正确,并说明理由:

(1) 若三个方阵 $\boldsymbol{A},\boldsymbol{B},\boldsymbol{C}$ 满足 $\boldsymbol{AB}=\boldsymbol{CA}=\boldsymbol{E}$,则 $\boldsymbol{B}=\boldsymbol{C}$;

(2) 若 $\boldsymbol{AB}=\boldsymbol{0}$,且 $\boldsymbol{A}$ 可逆,则 $\boldsymbol{B}=\boldsymbol{0}$;

(3) 若对称矩阵 $\boldsymbol{A}$ 可逆,则 $\boldsymbol{A}^{-1}$ 也是对称矩阵;

(4) $|-\boldsymbol{A}|=-|\boldsymbol{A}|$。

答 (1) 正确。由 $\boldsymbol{AB}=\boldsymbol{E}$ 可知,方阵 $\boldsymbol{A}$ 可逆。根据定理 2.1,可逆矩阵的逆矩阵一定是唯一的,由 $\boldsymbol{AB}=\boldsymbol{CA}=\boldsymbol{E}$ 知,必有 $\boldsymbol{B}=\boldsymbol{C}$。

(2) 正确。在等式 $\boldsymbol{AB}=\boldsymbol{0}$ 两边左乘 $\boldsymbol{A}^{-1}$ 即可证得 $\boldsymbol{B}=\boldsymbol{0}$。

(3) 正确。因为 $\boldsymbol{A}$ 是对称矩阵,所以有 $\boldsymbol{A}^{\mathrm{T}}=\boldsymbol{A}$。根据逆矩阵的性质 4 可知,$(\boldsymbol{A}^{-1})^{\mathrm{T}}=(\boldsymbol{A}^{\mathrm{T}})^{-1}=\boldsymbol{A}^{-1}$,所以 $\boldsymbol{A}^{-1}$ 也是对称矩阵。

(4) 不正确。根据方阵行列式的性质 2,对于 n 阶方阵,有 $|-\boldsymbol{A}|=(-1)^n|\boldsymbol{A}|$。

2. 矩阵和行列式有什么区别和联系?

答 由各自的定义可知,矩阵与行列式是两个完全不同的概念。矩阵是一个数表,而行列式是一个数值或表达式;矩阵的行数和列数可以不相等,而行列式的行数和列数必须相等。特别地,对于方阵,可以进行行列式的运算。

3. 设 $\boldsymbol{A}$ 和 $\boldsymbol{B}$ 都是 n 阶方阵,若 $\boldsymbol{AB}=\boldsymbol{BA}=|\boldsymbol{A}|\boldsymbol{E}$,是否必有 $\boldsymbol{B}=\boldsymbol{A}^*$。

答 根据定理 2.2,当 $|\boldsymbol{A}|\neq0$ 时,必有 $\boldsymbol{B}=\boldsymbol{A}^*$。然而,当 $|\boldsymbol{A}|=0$,则不能推出 $\boldsymbol{B}=\boldsymbol{A}^*$。例如,取三阶方阵 $\boldsymbol{A}=\begin{pmatrix}1&0&0\\0&0&0\\0&0&0\end{pmatrix}$,易见 $\boldsymbol{A}^*=\begin{pmatrix}0&0&0\\0&0&0\\0&0&0\end{pmatrix}$,显然有 $\boldsymbol{AA}^*=\boldsymbol{0}$。但是,对于矩阵 $\boldsymbol{B}=\begin{pmatrix}0&0&0\\0&1&0\\0&0&0\end{pmatrix}$,也有 $\boldsymbol{AB}=\boldsymbol{0}$。

三、经典题型详解

题型 1 利用方阵行列式、逆矩阵和伴随矩阵的定义及性质计算

例 2.7 设 $\boldsymbol{A}$ 是 5 阶方阵，且 $|\boldsymbol{A}|=3$，$\boldsymbol{A}^*$ 是 $\boldsymbol{A}$ 的伴随矩阵，计算下列行列式：

(1) $|\boldsymbol{A}^{-1}|$；(2) $|\boldsymbol{A}\boldsymbol{A}^{\mathrm{T}}|$；(3) $|\boldsymbol{A}^*|$；(4) $|2\boldsymbol{A}^{-1}-\boldsymbol{A}^*|$；(5) $|(\boldsymbol{A}^*)^*|$。

解 (1) 由于 $|\boldsymbol{A}|=3$，故 $\boldsymbol{A}$ 可逆，且 $\boldsymbol{A}\boldsymbol{A}^{-1}=\boldsymbol{E}$。由可逆矩阵的性质 5 知

$$|\boldsymbol{A}^{-1}|=\frac{1}{|\boldsymbol{A}|}=\frac{1}{3}。$$

(2) 根据方阵行列式的性质 3 及行列式的性质 1 可知

$$|\boldsymbol{A}\boldsymbol{A}^{\mathrm{T}}|=|\boldsymbol{A}||\boldsymbol{A}^{\mathrm{T}}|=|\boldsymbol{A}|^2=9。$$

(3) 由于 $\boldsymbol{A}\boldsymbol{A}^*=|\boldsymbol{A}|\boldsymbol{E}$，两边取行列式可得

$$|\boldsymbol{A}\boldsymbol{A}^*|=|\boldsymbol{A}||\boldsymbol{A}^*|=||\boldsymbol{A}|\boldsymbol{E}|=|\boldsymbol{A}|^5,$$

所以

$$|\boldsymbol{A}^*|=|\boldsymbol{A}|^4=81。$$

(4) 因为 $\boldsymbol{A}(2\boldsymbol{A}^{-1}-\boldsymbol{A}^*)=2\boldsymbol{E}-|\boldsymbol{A}|\boldsymbol{E}=-\boldsymbol{E}$，两边取行列式可得

$$|\boldsymbol{A}(2\boldsymbol{A}^{-1}-\boldsymbol{A}^*)|=|\boldsymbol{A}||2\boldsymbol{A}^{-1}-\boldsymbol{A}^*|=|-\boldsymbol{E}|=-1,$$

因此

$$|2\boldsymbol{A}^{-1}-\boldsymbol{A}^*|=-\frac{1}{3}。$$

(5) 利用(3)的结果容易求得

$$|(\boldsymbol{A}^*)^*|=|\boldsymbol{A}^*|^4=|\boldsymbol{A}|^{16}=3^{16}。$$

类似地，还可以计算如下问题：

(1) 设 $\boldsymbol{A}=\begin{pmatrix}1&2&1\\1&0&1\end{pmatrix}$，$\boldsymbol{B}=\begin{pmatrix}1&2\\1&1\\1&1\end{pmatrix}$，求 $|\boldsymbol{A}\boldsymbol{B}|$ 和 $|\boldsymbol{B}\boldsymbol{A}|$。

(2) 设 $\boldsymbol{A}$ 和 $\boldsymbol{B}$ 为三阶矩阵，$|\boldsymbol{A}|=-2$，$|\boldsymbol{B}|=2$，$|\boldsymbol{C}|=3$，求行列式 $|3\boldsymbol{A}\boldsymbol{B}|$，$|\boldsymbol{A}^{\mathrm{T}}\boldsymbol{B}|$，$|-2\boldsymbol{A}\boldsymbol{B}^{\mathrm{T}}\boldsymbol{C}|$，$|\boldsymbol{A}\boldsymbol{B}^*|$，$|\boldsymbol{A}\boldsymbol{B}\boldsymbol{C}^*|$ 和 $|2\boldsymbol{A}^{-1}-\boldsymbol{A}^*|$ 的值。

(3) 设 $\boldsymbol{A}$ 为 n 阶方阵，且 $|\boldsymbol{A}|=2$，求 $\left|\left(\frac{1}{2}\boldsymbol{A}\right)^{-1}-3\boldsymbol{A}^*\right|$。

题型 2 利用伴随矩阵求逆矩阵(定理 2.2)

例 2.8 已知 $\boldsymbol{A}=\begin{pmatrix}2&0&3\\3&2&0\\-2&3&-5\end{pmatrix}$，解答下列问题：

(1) 证明矩阵 $\boldsymbol{A}$ 和 $2\boldsymbol{E}-\boldsymbol{A}$ 可逆；(2) 求 $(2\boldsymbol{E}-\boldsymbol{A})^{-1}$。

解 (1) 根据方阵行列式的定义，有

$$|\boldsymbol{A}|=\begin{vmatrix}2&0&3\\3&2&0\\-2&3&-5\end{vmatrix}=19,\qquad |2\boldsymbol{E}-\boldsymbol{A}|=\begin{vmatrix}0&0&-3\\-3&0&0\\2&-3&7\end{vmatrix}=-27。$$

根据定理 2.2 可知，矩阵 $\boldsymbol{A}$ 和 $2\boldsymbol{E}-\boldsymbol{A}$ 可逆。

(2) 为计算方便，令 $\boldsymbol{B}=2\boldsymbol{E}-\boldsymbol{A}=\begin{pmatrix}0&0&-3\\-3&0&0\\2&-3&7\end{pmatrix}$。不难求得，矩阵 $\boldsymbol{B}$ 的代数余子式分别为

$$B_{11}=(-1)^{1+1}\begin{vmatrix}0&0\\-3&7\end{vmatrix}=0,B_{12}=(-1)^{1+2}\begin{vmatrix}-3&0\\2&7\end{vmatrix}=21,B_{13}=(-1)^{1+3}\begin{vmatrix}-3&0\\2&-3\end{vmatrix}=9,$$

$$B_{21}=(-1)^{2+1}\begin{vmatrix}0&-3\\-3&7\end{vmatrix}=9,B_{22}=(-1)^{2+2}\begin{vmatrix}0&-3\\2&7\end{vmatrix}=6,B_{23}=(-1)^{2+3}\begin{vmatrix}0&0\\2&-3\end{vmatrix}=0,$$

$$B_{31}=(-1)^{3+1}\begin{vmatrix}0&-3\\0&0\end{vmatrix}=0,B_{32}=(-1)^{3+2}\begin{vmatrix}0&-3\\-3&0\end{vmatrix}=9,B_{33}=(-1)^{3+3}\begin{vmatrix}0&0\\-3&0\end{vmatrix}=0。$$

于是

$$(2\boldsymbol{E}-\boldsymbol{A})^{-1}=\frac{1}{|2\boldsymbol{E}-\boldsymbol{A}|}(2\boldsymbol{E}-\boldsymbol{A})^{*}=\frac{1}{|\boldsymbol{B}|}\boldsymbol{B}^{*}=-\frac{1}{9}\begin{pmatrix}0&3&0\\7&2&3\\3&0&0\end{pmatrix}。$$

例 2.9 已知 $\boldsymbol{A}=\begin{pmatrix}1&5&4\\0&2&4\\1&3&1\end{pmatrix}$，求 $\boldsymbol{A}^{-1}$ 和 $(\boldsymbol{A}^{*})^{-1}$。

分析 根据定理 2.2 求解。

解 因为 $|\boldsymbol{A}|=\begin{vmatrix}1&5&4\\0&2&4\\1&3&1\end{vmatrix}=2\neq0$，且 $\boldsymbol{A}\boldsymbol{A}^{*}=\boldsymbol{A}^{*}\boldsymbol{A}=|\boldsymbol{A}|\boldsymbol{E}$，由定理 2.2 知，矩阵 $\boldsymbol{A}$，$\boldsymbol{A}^{*}$ 均可逆。不难求得，矩阵 $\boldsymbol{A}$ 的代数余子式分别为

$$A_{11}=(-1)^{1+1}\begin{vmatrix}2&4\\3&1\end{vmatrix}=-10,A_{12}=(-1)^{1+2}\begin{vmatrix}0&4\\1&1\end{vmatrix}=4,A_{13}=(-1)^{1+3}\begin{vmatrix}0&2\\1&3\end{vmatrix}=-2,$$

$$A_{21}=(-1)^{2+1}\begin{vmatrix}5&4\\3&1\end{vmatrix}=7,A_{22}=(-1)^{2+2}\begin{vmatrix}1&4\\1&1\end{vmatrix}=-3,A_{23}=(-1)^{2+3}\begin{vmatrix}1&5\\1&3\end{vmatrix}=2,$$

$$A_{31}=(-1)^{3+1}\begin{vmatrix}5&4\\2&4\end{vmatrix}=12,A_{32}=(-1)^{3+2}\begin{vmatrix}1&4\\0&4\end{vmatrix}=-4,A_{33}=(-1)^{3+3}\begin{vmatrix}1&5\\0&2\end{vmatrix}=2。$$

于是

$$\boldsymbol{A}^{-1}=\frac{1}{|\boldsymbol{A}|}\boldsymbol{A}^{*}=\frac{1}{2}\begin{pmatrix}-10&7&12\\4&-3&-4\\-2&2&2\end{pmatrix}。$$

根据 $\boldsymbol{A}\boldsymbol{A}^{*}=|\boldsymbol{A}|\boldsymbol{E}$，即 $(\boldsymbol{A}^{*})^{-1}=\frac{1}{|\boldsymbol{A}|}\boldsymbol{A}$，有

$$(\boldsymbol{A}^{*})^{-1}=\frac{1}{2}\begin{pmatrix}1&5&4\\0&2&4\\1&3&1\end{pmatrix}。$$

题型 3 综合题

例 2.10 已知 $\boldsymbol{AP}=\boldsymbol{PB}$，其中 $\boldsymbol{B}=\begin{pmatrix}1&0&0\\0&0&0\\0&0&-1\end{pmatrix}$，$\boldsymbol{P}=\begin{pmatrix}1&0&0\\2&-1&0\\2&1&1\end{pmatrix}$，求 $\boldsymbol{A}$ 及 $\boldsymbol{A}^5$。

分析 易见，$|\boldsymbol{P}|=-1\neq0$，故矩阵 $\boldsymbol{P}$ 可逆，并求出 $\boldsymbol{P}^{-1}$；利用矩阵的乘法和逆矩阵将等式 $\boldsymbol{AP}=\boldsymbol{PB}$ 变形为 $\boldsymbol{A}=\boldsymbol{PBP}^{-1}$，然后进行计算。

解 因为 $|\boldsymbol{P}|=-1\neq0$，不难求得，$\boldsymbol{P}^{-1}=\begin{pmatrix}1&0&0\\2&-1&0\\-4&1&1\end{pmatrix}$。故由 $\boldsymbol{AP}=\boldsymbol{PB}$，得

$$\boldsymbol{A}=\boldsymbol{PBP}^{-1}=\begin{pmatrix}1&0&0\\2&-1&0\\2&1&1\end{pmatrix}\begin{pmatrix}1&0&0\\0&0&0\\0&0&-1\end{pmatrix}\begin{pmatrix}1&0&0\\2&-1&0\\-4&1&1\end{pmatrix}=\begin{pmatrix}1&0&0\\2&0&0\\6&-1&-1\end{pmatrix}。$$

进一步地

$$\begin{aligned}\boldsymbol{A}^5&=(\boldsymbol{PBP}^{-1})^5=\boldsymbol{P}(\boldsymbol{B})^5\boldsymbol{P}^{-1}\\&=\begin{pmatrix}1&0&0\\2&-1&0\\2&1&1\end{pmatrix}\begin{pmatrix}1&0&0\\0&0&0\\0&0&-1\end{pmatrix}\begin{pmatrix}1&0&0\\2&-1&0\\-4&1&1\end{pmatrix}=\begin{pmatrix}1&0&0\\2&0&0\\6&-1&-1\end{pmatrix}=\boldsymbol{A}。\end{aligned}$$

例 2.11 设三阶方阵 $\boldsymbol{A}$ 和 $\boldsymbol{B}$ 满足 $\boldsymbol{A}^2\boldsymbol{B}-\boldsymbol{A}-\boldsymbol{B}=\boldsymbol{E}$，其中 $\boldsymbol{A}=\begin{pmatrix}1&0&1\\0&2&0\\-1&0&1\end{pmatrix}$，求 $|\boldsymbol{B}|$。

分析 利用矩阵乘法的定义，逆矩阵的性质和矩阵行列式的性质计算。

解 由于 $\boldsymbol{A}^2\boldsymbol{B}-\boldsymbol{A}-\boldsymbol{B}=\boldsymbol{E}$，所以 $(\boldsymbol{A}^2-\boldsymbol{E})\boldsymbol{B}=\boldsymbol{A}+\boldsymbol{E}$，即

$$(\boldsymbol{A}+\boldsymbol{E})(\boldsymbol{A}-\boldsymbol{E})\boldsymbol{B}=\boldsymbol{A}+\boldsymbol{E},$$

容易验证，矩阵 $\boldsymbol{A}+\boldsymbol{E}$ 可逆，对上式两端左乘 $(\boldsymbol{A}+\boldsymbol{E})^{-1}$，于是有

$$(\boldsymbol{A}-\boldsymbol{E})\boldsymbol{B}=\boldsymbol{E}。$$

两边取行列式，可得 $|\boldsymbol{A}-\boldsymbol{E}|\,|\boldsymbol{B}|=1$。而

$$|\boldsymbol{A}-\boldsymbol{E}|=\begin{vmatrix}0&0&1\\0&1&0\\-1&0&0\end{vmatrix}=1,$$

因此有 $|\boldsymbol{B}|=1$。

类似地，设 $\boldsymbol{A}$ 是 n 阶方阵，满足 $\boldsymbol{AA}^{\mathrm{T}}=\boldsymbol{E}$，且 $|\boldsymbol{A}|=-1$，求 $|\boldsymbol{A}+\boldsymbol{E}|$。

例 2.12 设 n 阶方阵 $\boldsymbol{A}$ 满足 $\boldsymbol{A}^2+2\boldsymbol{A}-3\boldsymbol{E}=\boldsymbol{0}$，证明：$\boldsymbol{A}$，$\boldsymbol{A}+2\boldsymbol{E}$ 和 $\boldsymbol{A}+4\boldsymbol{E}$ 都可逆，并求 $\boldsymbol{A}^{-1}$，$(\boldsymbol{A}+2\boldsymbol{E})^{-1}$ 和 $(\boldsymbol{A}+4\boldsymbol{E})^{-1}$。

分析 根据要求将等式进行适当的变形，利用逆矩阵的定义证明它们可逆，并求逆矩阵。

解 由 $\boldsymbol{A}^2+2\boldsymbol{A}-3\boldsymbol{E}=\boldsymbol{0}$，可得 $\boldsymbol{A}(\boldsymbol{A}+2\boldsymbol{E})=3\boldsymbol{E}$。根据逆矩阵的定义，有

$$\boldsymbol{A}^{-1}=\frac{1}{3}(\boldsymbol{A}+2\boldsymbol{E}),\ (\boldsymbol{A}+2\boldsymbol{E})^{-1}=\frac{1}{3}\boldsymbol{A}。$$

由于

$$\boldsymbol{A}^2+2\boldsymbol{A}-3\boldsymbol{E}=\boldsymbol{A}^2+4\boldsymbol{A}-2\boldsymbol{A}-8\boldsymbol{E}+5\boldsymbol{E}=(\boldsymbol{A}-2\boldsymbol{E})(\boldsymbol{A}+4\boldsymbol{E})+5\boldsymbol{E},$$

所以，由 $\boldsymbol{A}^2+2\boldsymbol{A}-3\boldsymbol{E}=\boldsymbol{0}$ 可得，$(\boldsymbol{A}-2\boldsymbol{E})(\boldsymbol{A}+4\boldsymbol{E})=-5\boldsymbol{E}$，即

$$-\frac{1}{5}(\boldsymbol{A}-2\boldsymbol{E})(\boldsymbol{A}+4\boldsymbol{E})=\boldsymbol{E}。$$

从而

$$(\boldsymbol{A}+4\boldsymbol{E})^{-1}=-\frac{1}{5}(\boldsymbol{A}-2\boldsymbol{E})。$$

评注 本题的求解方法不仅可以证明矩阵可逆，同时也可以求出对应的逆矩阵。一般地，此类问题可用两种方法求解：一个是**配项方法**，即根据待求的逆矩阵对已知等式进行配项，然后将等式整理成 $\boldsymbol{AB}=\boldsymbol{E}$ 或 $\boldsymbol{BA}=\boldsymbol{E}$ 即可；另一个是**待定系数法**，即根据已知等式的信息先假设出带有未知系数的矩阵，然后利用矩阵的乘法和定理2.2的推论与已知等式进行比对，最终确定待定系数。

下面用待定系数法求 $(\boldsymbol{A}+4\boldsymbol{E})^{-1}$。具体做法如下：

根据等式 $\boldsymbol{A}^2+2\boldsymbol{A}-3\boldsymbol{E}=\boldsymbol{0}$ 的信息，可假设待求的逆矩阵为

$$(\boldsymbol{A}+4\boldsymbol{E})^{-1}=\frac{1}{\beta}(\boldsymbol{A}+\alpha\boldsymbol{E}),$$

其中 α,β 是待定常数。令 $(\boldsymbol{A}+4\boldsymbol{E})\left[\frac{1}{\beta}(\boldsymbol{A}+\alpha\boldsymbol{E})\right]=\boldsymbol{E}$，即 $(\boldsymbol{A}+4\boldsymbol{E})(\boldsymbol{A}+\alpha\boldsymbol{E})=\beta\boldsymbol{E}$，则有

$$\boldsymbol{A}^2+(4+\alpha)\boldsymbol{A}+(4\alpha-\beta)\boldsymbol{E}=\boldsymbol{0},$$

与已知等式 $\boldsymbol{A}^2+2\boldsymbol{A}-3\boldsymbol{E}=\boldsymbol{0}$ 比对，可知

$$4+\alpha=2,\quad 4\alpha-\beta=-3,$$

得到 $\alpha=-2,\beta=-5$。于是 $(\boldsymbol{A}+4\boldsymbol{E})^{-1}=-\frac{1}{5}(\boldsymbol{A}-2\boldsymbol{E})$。

类似地，还可以求解如下问题：

(1) 设 n 阶方阵 $\boldsymbol{A}$ 满足 $\boldsymbol{A}^2+3\boldsymbol{A}-5\boldsymbol{E}=\boldsymbol{0}$，证明：$\boldsymbol{A}$ 及 $\boldsymbol{A}+2\boldsymbol{E}$ 都可逆，并求 $\boldsymbol{A}^{-1}$，$(\boldsymbol{A}+2\boldsymbol{E})^{-1}$。

(2) 设方阵 $\boldsymbol{A}$ 满足 $2\boldsymbol{A}^2+\boldsymbol{A}-3\boldsymbol{E}=\boldsymbol{0}$，证明：$\boldsymbol{A}$ 及 $3\boldsymbol{E}-\boldsymbol{A}$ 可逆，并求 $\boldsymbol{A}^{-1}$，$(3\boldsymbol{E}-\boldsymbol{A})^{-1}$。

例 2.13 设矩阵 $\boldsymbol{A},\boldsymbol{B}$ 及 $\boldsymbol{A}+\boldsymbol{B}$ 均可逆，证明 $\boldsymbol{A}^{-1}+\boldsymbol{B}^{-1}$ 也可逆，并求其逆矩阵。

分析 类似于上题。

证 矩阵 $\boldsymbol{A},\boldsymbol{B}$ 及 $\boldsymbol{A}+\boldsymbol{B}$ 均可逆，则有

$$\boldsymbol{A}^{-1}(\boldsymbol{A}+\boldsymbol{B})\boldsymbol{B}^{-1}=(\boldsymbol{E}+\boldsymbol{A}^{-1}\boldsymbol{B})\boldsymbol{B}^{-1}=\boldsymbol{A}^{-1}+\boldsymbol{B}^{-1},$$

由可逆矩阵的性质3知，矩阵 $\boldsymbol{A}^{-1}+\boldsymbol{B}^{-1}$ 也可逆。且由于

$$[\boldsymbol{A}^{-1}(\boldsymbol{A}+\boldsymbol{B})\boldsymbol{B}^{-1}][\boldsymbol{B}(\boldsymbol{A}+\boldsymbol{B})^{-1}\boldsymbol{A}]=(\boldsymbol{A}^{-1}+\boldsymbol{B}^{-1})[\boldsymbol{B}(\boldsymbol{A}+\boldsymbol{B})^{-1}\boldsymbol{A}]=\boldsymbol{E},$$

因此

$$(\boldsymbol{A}^{-1}+\boldsymbol{B}^{-1})^{-1}=\boldsymbol{B}(\boldsymbol{A}+\boldsymbol{B})^{-1}\boldsymbol{A}。$$

证毕

类似地，可以证明下列问题：

(1) 设矩阵 $\boldsymbol{A}$ 及 $\boldsymbol{E}+\boldsymbol{AB}$ 均为 n 阶可逆矩阵，证明：$\boldsymbol{E}+\boldsymbol{BA}$ 也可逆。

(2) 若 $\boldsymbol{A}$ 和 $\boldsymbol{B}$ 为 n 阶方阵，$\boldsymbol{B}$ 和 $\boldsymbol{A}-\boldsymbol{E}$ 都可逆，且 $(\boldsymbol{A}-\boldsymbol{E})^{-1}=(\boldsymbol{B}-\boldsymbol{E})^{\mathrm{T}}$，则 $\boldsymbol{A}$ 可逆。

四、课后习题选解

A类题

1. 设 $\boldsymbol{A}$ 和 $\boldsymbol{B}$ 为两个三阶方阵，$|\boldsymbol{A}|=4$，$|\boldsymbol{B}|=-5$，计算下列行列式：

(1) $|2\boldsymbol{AB}|$；(2) $|\boldsymbol{AB}^{\mathrm{T}}|$；(3) $|\boldsymbol{A}^{-1}\boldsymbol{B}^{-1}|$；(4) $|-\boldsymbol{A}^{-1}\boldsymbol{B}|$。

分析 参见经典题型详解中例 2.7。

解 (1) 根据方阵的行列式的性质 2 和性质 3，有

$$|2\boldsymbol{AB}|=2^3|\boldsymbol{A}||\boldsymbol{B}|=-160。$$

(2) 根据方阵的行列式的性质 1 和性质 3，有

$$|\boldsymbol{AB}^{\mathrm{T}}|=|\boldsymbol{A}||\boldsymbol{B}^{\mathrm{T}}|=|\boldsymbol{A}||\boldsymbol{B}|=-20。$$

(3) 根据方阵的行列式的性质 3 及逆矩阵的性质 5，有

$$|\boldsymbol{A}^{-1}\boldsymbol{B}^{-1}|=|\boldsymbol{A}^{-1}||\boldsymbol{B}^{-1}|=|\boldsymbol{A}|^{-1}|\boldsymbol{B}|^{-1}=-\frac{1}{20}。$$

(4) 根据方阵的行列式的性质 2、性质 3 以及逆矩阵的性质 5，有

$$|-\boldsymbol{A}^{-1}\boldsymbol{B}|=|-\boldsymbol{A}^{-1}||\boldsymbol{B}|=(-1)^3\ |\boldsymbol{A}|^{-1}|\boldsymbol{B}|=\frac{5}{4}。$$

2. 设 $\boldsymbol{A}$ 为三阶方阵，$|\boldsymbol{A}|=3$，求 $|(2\boldsymbol{A})^{-1}-5\boldsymbol{A}^*|$。

分析 参见经典题型详解中例 2.7。

解 根据逆矩阵的性质 2 可知，$(2\boldsymbol{A})^{-1}=\frac{1}{2}\boldsymbol{A}^{-1}$；由伴随矩阵的定义知，$\boldsymbol{AA}^*=|\boldsymbol{A}|\boldsymbol{E}=3\boldsymbol{E}$。于是，

$$\boldsymbol{A}\cdot[(2\boldsymbol{A})^{-1}-5\boldsymbol{A}^*]=\frac{1}{2}\boldsymbol{E}-5|\boldsymbol{A}|\boldsymbol{E}=-\frac{29}{2}\boldsymbol{E},$$

两边取行列式可得

$$|\boldsymbol{A}\cdot[(2\boldsymbol{A})^{-1}-5\boldsymbol{A}^*]|=|\boldsymbol{A}||(2\boldsymbol{A})^{-1}-5\boldsymbol{A}^*|=3|(2\boldsymbol{A})^{-1}-5\boldsymbol{A}^*|=\left|-\frac{29}{2}\boldsymbol{E}\right|=-\left(\frac{29}{2}\right)^3,$$

因此有

$$|(2\boldsymbol{A})^{-1}-5\boldsymbol{A}^*|=-\frac{1}{3}\times\left(\frac{29}{2}\right)^3=-\frac{29^3}{24}。$$

3. 设 $\boldsymbol{A}=\begin{pmatrix}1&4&6\\0&2&5\\0&0&3\end{pmatrix}$，求 $|\boldsymbol{A}-(\boldsymbol{A}^*)^{-1}|$。

分析 参见经典题型详解中例 2.7。

解 因为 $|\boldsymbol{A}|=\begin{vmatrix}1&4&6\\0&2&5\\0&0&3\end{vmatrix}=6$，则 $|\boldsymbol{A}^{-1}|=\frac{1}{6}$，且 $\boldsymbol{AA}^*=|\boldsymbol{A}|\boldsymbol{E}=6\boldsymbol{E}$，于是

$$[\boldsymbol{A}-(\boldsymbol{A}^*)^{-1}]\cdot\boldsymbol{A}^{-1}=\boldsymbol{E}-(\boldsymbol{A}\cdot\boldsymbol{A}^*)^{-1}=\boldsymbol{E}-\frac{1}{|\boldsymbol{A}|}\boldsymbol{E}=\frac{5}{6}\boldsymbol{E}。$$

两边取行列式可得

$$|[\boldsymbol{A}-(\boldsymbol{A}^*)^{-1}]\cdot\boldsymbol{A}^{-1}|=|\boldsymbol{A}-(\boldsymbol{A}^*)^{-1}||\boldsymbol{A}^{-1}|=\frac{1}{6}|\boldsymbol{A}-(\boldsymbol{A}^*)^{-1}|=\left(\frac{5}{6}\right)^3,$$

因此有

$$|\boldsymbol{A}-(\boldsymbol{A}^*)^{-1}|=\frac{125}{36}。$$

4. 用伴随矩阵求下列矩阵的逆矩阵：

(1) $\begin{pmatrix}1&2\\2&5\end{pmatrix}$；　(2) $\begin{pmatrix}\cos\theta&-\sin\theta\\\sin\theta&\cos\theta\end{pmatrix}$；　(3) $\begin{pmatrix}1&2&3\\2&2&1\\3&4&3\end{pmatrix}$。

分析 参见经典题型详解中例 2.8。

解 (1) 因为 $\begin{vmatrix}1&2\\2&5\end{vmatrix}=1\neq0$，由定理 2.2 知，该矩阵可逆。不难求得

$$A_{11}=5,\quad A_{12}=-2,\quad A_{21}=-2,\quad A_{22}=1。$$

于是,伴随矩阵为

$$\boldsymbol{A}^*=\begin{pmatrix}5 & -2\\ -2 & 1\end{pmatrix}。$$

所以有

$$\boldsymbol{A}^{-1}=\frac{1}{|\boldsymbol{A}|}\boldsymbol{A}^*=\begin{pmatrix}5 & -2\\ -2 & 1\end{pmatrix}。$$

(2) 因为 $\begin{vmatrix}\cos\theta & -\sin\theta\\ \sin\theta & \cos\theta\end{vmatrix}=1\neq 0$,由定理2.2知,该矩阵可逆。不难求得

$$A_{11}=\cos\theta,\quad A_{12}=-\sin\theta,\quad A_{21}=\sin\theta,\quad A_{22}=\cos\theta。$$

于是,伴随矩阵为

$$\boldsymbol{A}^*=\begin{pmatrix}\cos\theta & \sin\theta\\ -\sin\theta & \cos\theta\end{pmatrix}。$$

所以有

$$\boldsymbol{A}^{-1}=\frac{1}{|\boldsymbol{A}|}\boldsymbol{A}^*=\begin{pmatrix}\cos\theta & \sin\theta\\ -\sin\theta & \cos\theta\end{pmatrix}。$$

(3) 因为 $\begin{vmatrix}1 & 2 & 3\\ 2 & 2 & 1\\ 3 & 4 & 3\end{vmatrix}=2\neq 0$,由定理2.2知,该矩阵可逆。不难求得各元素对应的代数余子式分别为

$$A_{11}=2,A_{12}=-3,A_{13}=2,A_{21}=6,A_{22}=-6,A_{23}=2,A_{31}=-4,A_{32}=5,A_{33}=-2。$$

于是,伴随矩阵为

$$\boldsymbol{A}^*=\begin{pmatrix}2 & 6 & -4\\ -3 & -6 & 5\\ 2 & 2 & -2\end{pmatrix}。$$

所以有

$$\boldsymbol{A}^{-1}=\frac{1}{|\boldsymbol{A}|}\boldsymbol{A}^*=\frac{1}{2}\begin{pmatrix}2 & 6 & -4\\ -3 & -6 & 5\\ 2 & 2 & -2\end{pmatrix}。$$

5. 证明下列等式:

(1) $(\boldsymbol{A}^*)^{\mathrm{T}}=(\boldsymbol{A}^{\mathrm{T}})^*$; (2) $(\boldsymbol{A}^*)^{-1}=(\boldsymbol{A}^{-1})^*$。

分析 利用矩阵与其伴随矩阵、转置矩阵及逆矩阵之间的关系验证。

证 (1) 由于 $\boldsymbol{AA}^*=|\boldsymbol{A}|\boldsymbol{E}$,所以有 $\boldsymbol{A}^*=|\boldsymbol{A}|\boldsymbol{A}^{-1}$,于是

$$(\boldsymbol{A}^*)^{\mathrm{T}}=(|\boldsymbol{A}|\boldsymbol{A}^{-1})^{\mathrm{T}}=|\boldsymbol{A}|(\boldsymbol{A}^{-1})^{\mathrm{T}},(\boldsymbol{A}^{\mathrm{T}})^*=|\boldsymbol{A}^{\mathrm{T}}|(\boldsymbol{A}^{\mathrm{T}})^{-1}=|\boldsymbol{A}|(\boldsymbol{A}^{-1})^{\mathrm{T}},$$

从而

$$(\boldsymbol{A}^*)^{\mathrm{T}}=(\boldsymbol{A}^{\mathrm{T}})^*。$$

(2) 由于 $\boldsymbol{AA}^*=|\boldsymbol{A}|\boldsymbol{E}$,所以有 $\boldsymbol{A}^*=|\boldsymbol{A}|\boldsymbol{A}^{-1}$,因此

$$(\boldsymbol{A}^{-1})^*=|\boldsymbol{A}^{-1}|(\boldsymbol{A}^{-1})^{-1}=|\boldsymbol{A}|^{-1}\boldsymbol{A}。$$

于是

$$\boldsymbol{A}^*(\boldsymbol{A}^{-1})^*=|\boldsymbol{A}|\boldsymbol{A}^{-1}\cdot|\boldsymbol{A}|^{-1}\boldsymbol{A}=\boldsymbol{E},$$

所以有

$$(\boldsymbol{A}^{-1})^*=(\boldsymbol{A}^*)^{-1}。$$

证毕

6. 设有多项式 $f(x)=x^2+2x+1$ 及矩阵 $\boldsymbol{A}$,其中

$$A=\begin{pmatrix}-1&1&0\\0&-1&0\\1&0&-1\end{pmatrix},$$

回答下列问题：

(1) 求矩阵多项式 $f(\boldsymbol{A})$；

(2) 若有矩阵 $\boldsymbol{B}$ 满足 $f(\boldsymbol{B})=\boldsymbol{0}$，试证明 $\boldsymbol{B}$ 可逆，并求 $\boldsymbol{B}^{-1}$。

分析 (1) 参见经典题型详解中例 2.4；(2) 参见经典题型详解中例 2.12。

解 (1) 不难求得

$$f(\boldsymbol{A})=\boldsymbol{A}^2+2\boldsymbol{A}+\boldsymbol{E}=(\boldsymbol{A}+\boldsymbol{E})^2=\begin{pmatrix}0&1&0\\0&0&0\\1&0&0\end{pmatrix}^2=\begin{pmatrix}0&0&0\\0&0&0\\0&1&0\end{pmatrix}。$$

(2) 因为 $f(\boldsymbol{B})=\boldsymbol{0}$，所以有 $\boldsymbol{B}^2+2\boldsymbol{B}+\boldsymbol{E}=\boldsymbol{0}$，即 $\boldsymbol{B}(\boldsymbol{B}+2\boldsymbol{E})=-\boldsymbol{E}$，所以 $\boldsymbol{B}$ 可逆，且 $\boldsymbol{B}^{-1}=-(\boldsymbol{B}+2\boldsymbol{E})$。

7. 设有矩阵 $\boldsymbol{A}$ 和 $\boldsymbol{B}$，且 $\boldsymbol{B}=\boldsymbol{P}^{-1}\boldsymbol{A}\boldsymbol{P}$，其中 $\boldsymbol{P}$ 为三阶可逆矩阵，

$$\boldsymbol{A}=\begin{pmatrix}0&-1&0\\1&0&0\\0&0&-1\end{pmatrix},$$

求 $\boldsymbol{B}^{2004}-2\boldsymbol{A}^2$。

分析 参见经典题型详解中例 2.10。

解 不难验证

$$\boldsymbol{A}^2=\begin{pmatrix}0&-1&0\\1&0&0\\0&0&-1\end{pmatrix}\begin{pmatrix}0&-1&0\\1&0&0\\0&0&-1\end{pmatrix}=\begin{pmatrix}-1&0&0\\0&-1&0\\0&0&1\end{pmatrix},\boldsymbol{A}^4=\boldsymbol{A}^2\boldsymbol{A}^2=\begin{pmatrix}1&0&0\\0&1&0\\0&0&1\end{pmatrix}=\boldsymbol{E},$$

于是

$$\boldsymbol{A}^{2004}=(\boldsymbol{A}^4)^{501}=\begin{pmatrix}1&0&0\\0&1&0\\0&0&1\end{pmatrix}=\boldsymbol{E}。$$

由 $\boldsymbol{B}=\boldsymbol{P}^{-1}\boldsymbol{A}\boldsymbol{P}$ 可知

$$\boldsymbol{B}^{2004}=\boldsymbol{P}^{-1}\boldsymbol{A}(\boldsymbol{P}\boldsymbol{P}^{-1})\boldsymbol{A}(\boldsymbol{P}\boldsymbol{P}^{-1})\boldsymbol{A}\cdots\boldsymbol{A}\boldsymbol{P}=\boldsymbol{P}^{-1}\boldsymbol{A}^{2004}\boldsymbol{P}=\boldsymbol{E}。$$

因此

$$\boldsymbol{B}^{2004}-2\boldsymbol{A}^2=\boldsymbol{E}-2\boldsymbol{A}^2=\begin{pmatrix}3&0&0\\0&3&0\\0&0&-1\end{pmatrix}。$$

8. 设 n 阶方阵 $\boldsymbol{A}$ 满足关系式 $\boldsymbol{A}^3+\boldsymbol{A}^2-\boldsymbol{A}+\boldsymbol{E}=\boldsymbol{0}$，证明：$\boldsymbol{A}$ 可逆并求其逆矩阵。

分析 参见经典题型详解中例 2.12。

证 将等式 $\boldsymbol{A}^3+\boldsymbol{A}^2-\boldsymbol{A}+\boldsymbol{E}=\boldsymbol{0}$ 变形，可得 $\boldsymbol{A}[-(\boldsymbol{A}^2+\boldsymbol{A}-\boldsymbol{E})]=\boldsymbol{E}$。由此可知，$\boldsymbol{A}$ 可逆，且

$$\boldsymbol{A}^{-1}=-(\boldsymbol{A}^2+\boldsymbol{A}-\boldsymbol{E})。$$

证毕

9. 求解下列线性方程组：

(1) $\begin{cases}x_1+2x_2+3x_3=1,\\2x_1+2x_2+5x_3=2,\\3x_1+5x_2+x_3=3;\end{cases}$ (2) $\begin{cases}x_1-x_2-x_3=2,\\2x_1-x_2-3x_3=1,\\3x_1+2x_2-5x_3=0。\end{cases}$

分析 根据定理 2.3 判断线性方程组是否有唯一解，若有，则利用 $\boldsymbol{x}=\boldsymbol{A}^{-1}\boldsymbol{b}$ 求解。

解 (1) 线性方程组可表示为

$$\begin{pmatrix}1&2&3\\2&2&5\\3&5&1\end{pmatrix}\begin{pmatrix}x_1\\x_2\\x_3\end{pmatrix}=\begin{pmatrix}1\\2\\3\end{pmatrix},$$

因为$|\boldsymbol{A}|=15\neq0$,因此矩阵$\boldsymbol{A}$是可逆的。可以求得线性方程组的解为

$$\begin{pmatrix}x_1\\x_2\\x_3\end{pmatrix}=\begin{pmatrix}1&2&3\\2&2&5\\3&5&1\end{pmatrix}^{-1}\begin{pmatrix}1\\2\\3\end{pmatrix}=\begin{pmatrix}1\\0\\0\end{pmatrix},$$

从而有

$$\begin{cases}x_1=1,\\x_2=0,\\x_3=0。\end{cases}$$

(2) 线性方程组可表示为

$$\begin{pmatrix}1&-1&-1\\2&-1&-3\\3&2&-5\end{pmatrix}\begin{pmatrix}x_1\\x_2\\x_3\end{pmatrix}=\begin{pmatrix}2\\1\\0\end{pmatrix},$$

因为$|\boldsymbol{A}|=3\neq0$,因此矩阵$\boldsymbol{A}$是可逆的。可以求得线性方程组的解为

$$\begin{pmatrix}x_1\\x_2\\x_3\end{pmatrix}=\begin{pmatrix}1&-1&-1\\2&-1&-3\\3&2&-5\end{pmatrix}^{-1}\begin{pmatrix}2\\1\\0\end{pmatrix}=\begin{pmatrix}5\\0\\3\end{pmatrix}$$

从而有

$$\begin{cases}x_1=5,\\x_2=0,\\x_3=3。\end{cases}$$

B类题

1. 判断下列说法是否正确,说明理由:

(1) 若$\boldsymbol{A}^2=\boldsymbol{E}$,则$\boldsymbol{A}=\boldsymbol{E}$或$\boldsymbol{A}=-\boldsymbol{E}$;　　(2) 若$\boldsymbol{A}^*=\boldsymbol{0}$,则$\boldsymbol{A}=\boldsymbol{0}$;

(3) 若$|\boldsymbol{A}|=0$,则$\boldsymbol{A}=\boldsymbol{0}$;　　(4) $\boldsymbol{A}$与$\boldsymbol{A}^*$,$\boldsymbol{A}^{-1}$均可交换。

分析　利用矩阵及其伴随矩阵的特性判断。说法错误的给出一个反例即可;说法正确的需要给出证明。

解　(1) 错误。例如,矩阵$\boldsymbol{A}=\begin{pmatrix}1&0\\0&-1\end{pmatrix}$满足条件,但是$\boldsymbol{A}\neq\boldsymbol{E}$且$\boldsymbol{A}\neq-\boldsymbol{E}$。

(2) 错误。例如,不难验证矩阵$\boldsymbol{A}=\begin{pmatrix}1&0&0\\0&0&0\\0&0&0\end{pmatrix}$的伴随矩阵为$\boldsymbol{A}^*=\boldsymbol{0}$,但是$\boldsymbol{A}\neq\boldsymbol{0}$。

(3) 错误。例如,矩阵$\boldsymbol{A}=\begin{pmatrix}1&0\\0&0\end{pmatrix}$满足$|\boldsymbol{A}|=0$,但是$\boldsymbol{A}\neq\boldsymbol{0}$。

(4) 正确,由伴随矩阵的定义可知,$\boldsymbol{A}\boldsymbol{A}^*=\boldsymbol{A}^*\boldsymbol{A}=|\boldsymbol{A}|\boldsymbol{E}$;由逆矩阵的定义及定理2.2的推论可知,$\boldsymbol{A}\boldsymbol{A}^{-1}=\boldsymbol{A}^{-1}\boldsymbol{A}=\boldsymbol{E}$,因此$\boldsymbol{A}$与$\boldsymbol{A}^*$,$\boldsymbol{A}^{-1}$均可交换。

2. 设$\boldsymbol{A}$为n阶方阵,伴随矩阵为$\boldsymbol{A}^*$,证明:

(1) 若$|\boldsymbol{A}|=0$,则$|\boldsymbol{A}^*|=0$;　　(2) $|\boldsymbol{A}^*|=|\boldsymbol{A}|^{n-1}$。

分析　利用伴随矩阵的定义和性质证明。

证 (1) 用反证法证明。

假设 $|A^*|\neq 0$，则 A^* 可逆，于是有 $A^*(A^*)^{-1}=E$。由此得

$$A=AE=AA^*(A^*)^{-1}=|A|E(A^*)^{-1}=\mathbf{0}。$$

由伴随矩阵的定义可知，$A^*=\mathbf{0}$，这与 $|A^*|\neq 0$ 矛盾。故当 $|A|=0$ 时，有 $|A^*|=0$。

(2) 由于 $AA^*=|A|E$，两边取行列式可得 $|A||A^*|=|A|^n$。若 $|A|\neq 0$，则 $|A^*|=|A|^{n-1}$；若 $|A|=0$，由(1)知，$|A^*|=0$，此时命题也成立。故有 $|A^*|=|A|^{n-1}$。 证毕

3. 设 A 是 n 阶可逆矩阵，证明：$(A^*)^*=|A|^{n-2}A$，并求 $|(A^*)^*|$。

分析 利用伴随矩阵的定义和性质证明。

证 因为 A 是 n 阶可逆矩阵，$AA^*=|A|E$，所以 A^* 可逆，且满足

$$A^*=|A|A^{-1},\ |A^*|=|A|^{n-1},\ (A^*)^{-1}=\frac{1}{|A|}A,$$

所以

$$(A^*)^*=|A^*|(A^*)^{-1}=|A|^{n-1}\frac{1}{|A|}A=|A|^{n-2}A,$$

$$|(A^*)^*|=||A|^{n-2}A|=(|A|^{n-2})^n|A|=|A|^{(n-1)^2}。$$

证毕

2.3 矩阵方程

一、经典题型详解

对于形式较为简单的矩阵方程，一般的求解步骤是：

第一步 根据矩阵运算规律对矩阵方程化简整理；

第二步 根据矩阵运算定义代入计算。

例 2.14 设 $A=\begin{pmatrix}1&2&3\\2&2&1\\3&4&3\end{pmatrix}$，$B=\begin{pmatrix}2&1\\5&3\end{pmatrix}$，$C=\begin{pmatrix}1&3\\2&0\\3&1\end{pmatrix}$，求矩阵 X，使得 $AXB=C$。

分析 使用解矩阵方程的一般步骤求解，并利用伴随矩阵求相应矩阵的逆矩阵。

解 不难求得，$|A|=2$，$|B|=1$，故矩阵 A 和 B 均可逆，且

$$A^{-1}=\begin{pmatrix}1&3&-2\\-\frac{3}{2}&-3&\frac{5}{2}\\1&1&-1\end{pmatrix},\ B^{-1}=\begin{pmatrix}3&-1\\-5&2\end{pmatrix}。$$

用 A^{-1} 左乘 $AXB=C$，得 $XB=A^{-1}C$，然后用 B^{-1} 右乘 $XB=A^{-1}C$，进而得到 $X=A^{-1}CB^{-1}$。于是

$$X=A^{-1}CB^{-1}=\begin{pmatrix}1&3&-2\\-\frac{3}{2}&-3&\frac{5}{2}\\1&1&-1\end{pmatrix}\begin{pmatrix}1&3\\2&0\\3&1\end{pmatrix}\begin{pmatrix}3&-1\\-5&2\end{pmatrix}$$

$$=\begin{pmatrix}1&1\\0&-2\\0&2\end{pmatrix}\begin{pmatrix}3&-1\\-5&2\end{pmatrix}=\begin{pmatrix}-2&1\\10&-4\\-10&4\end{pmatrix}。$$

类似地,可以计算下列问题:

(1) 设 $\boldsymbol{A}=\begin{pmatrix}1&1&-1\\2&-2&0\\-3&0&2\end{pmatrix}$, $\boldsymbol{B}=\begin{pmatrix}1&2\\2&5\end{pmatrix}$, $\boldsymbol{C}=\begin{pmatrix}0&1\\1&1\\2&1\end{pmatrix}$,求矩阵 $\boldsymbol{X}$,使得 $\boldsymbol{AXB}=\boldsymbol{C}$。

(2) 设 $\boldsymbol{A}$ 和 $\boldsymbol{B}$ 为三阶方阵,且满足 $\boldsymbol{AB}=\boldsymbol{A}+\boldsymbol{B}$,其中 $\boldsymbol{A}=\begin{pmatrix}1&2&0\\1&0&1\\2&1&4\end{pmatrix}$,求 $\boldsymbol{B}$。

(3) 设 $\boldsymbol{A}$ 和 $\boldsymbol{B}$ 为三阶方阵,且满足 $\boldsymbol{AB}+\boldsymbol{E}=\boldsymbol{A}^2+\boldsymbol{B}$,其中 $\boldsymbol{A}=\begin{pmatrix}2&2&-1\\0&2&0\\1&0&1\end{pmatrix}$,求 $\boldsymbol{B}$。

例 2.15 设矩阵 $\boldsymbol{A}=\begin{pmatrix}1&1&-1\\-1&1&1\\1&-1&1\end{pmatrix}$ 满足 $\boldsymbol{A}^*\boldsymbol{X}=\boldsymbol{A}^{-1}+2\boldsymbol{X}$,其中 $\boldsymbol{A}^*$ 是 $\boldsymbol{A}$ 的伴随矩阵。求矩阵 $\boldsymbol{X}$。

分析 利用伴随矩阵的性质及解矩阵方程的一般步骤求解,其中利用伴随矩阵求相应矩阵的逆矩阵。

解 由于 $|\boldsymbol{A}|=4$,故 $\boldsymbol{A}$ 可逆。由等式 $\boldsymbol{A}^*\boldsymbol{X}=\boldsymbol{A}^{-1}+2\boldsymbol{X}$ 可得

$$(\boldsymbol{A}^*-2\boldsymbol{E})\boldsymbol{X}=\boldsymbol{A}^{-1}。$$

在上式的两边左乘 $\boldsymbol{A}$,并利用式 $\boldsymbol{AA}^*=|\boldsymbol{A}|\boldsymbol{E}$ 可得,

$$(|\boldsymbol{A}|\boldsymbol{E}-2\boldsymbol{A})\boldsymbol{X}=\boldsymbol{E}。$$

因此

$$\begin{aligned}\boldsymbol{X}&=(|\boldsymbol{A}|\boldsymbol{E}-2\boldsymbol{A})^{-1}=(4\boldsymbol{E}-2\boldsymbol{A})^{-1}=(2(2\boldsymbol{E}-\boldsymbol{A}))^{-1}=\frac{1}{2}(2\boldsymbol{E}-\boldsymbol{A})^{-1}\\&=\frac{1}{2}\begin{pmatrix}1&-1&1\\1&1&-1\\-1&1&1\end{pmatrix}^{-1}=\frac{1}{4}\begin{pmatrix}1&1&0\\0&1&1\\1&0&1\end{pmatrix}。\end{aligned}$$

类似地,可以计算下列问题:

(1) 设矩阵 $\boldsymbol{A}$ 和 $\boldsymbol{B}$ 满足 $\boldsymbol{A}^*\boldsymbol{BA}=2\boldsymbol{BA}-8\boldsymbol{E}$,其中 $\boldsymbol{A}=\begin{pmatrix}2&0&0\\0&3&0\\0&0&-1\end{pmatrix}$,求 $\boldsymbol{B}$。

(2) 设 $\boldsymbol{A}$ 和 $\boldsymbol{B}$ 为三阶方阵,且满足 $\boldsymbol{A}^{-1}\boldsymbol{BA}=6\boldsymbol{A}+\boldsymbol{BA}$,其中 $\boldsymbol{A}=\begin{pmatrix}\frac{1}{2}&0&0\\0&\frac{1}{4}&0\\0&0&\frac{1}{7}\end{pmatrix}$,求矩阵 $\boldsymbol{B}$。

例 2.16 设 $\boldsymbol{A}$ 和 $\boldsymbol{B}$ 为三阶方阵,且满足 $\boldsymbol{A}+\boldsymbol{B}=\boldsymbol{AB}$,解答下列问题:

(1) 证明 $\boldsymbol{A}-\boldsymbol{E}$ 可逆; (2)已知 $\boldsymbol{B}=\begin{pmatrix}1&-3&0\\2&1&0\\0&0&2\end{pmatrix}$,求矩阵 $\boldsymbol{A}$。

分析 (1) 证明 $\boldsymbol{A}-\boldsymbol{E}$ 可逆，就是要根据已知等式，利用矩阵的乘法法则将其变形，进而找到 $\boldsymbol{X}$，使得 $(\boldsymbol{A}-\boldsymbol{E})\boldsymbol{X}=\boldsymbol{E}$；(2)通过对等式 $\boldsymbol{A}+\boldsymbol{B}=\boldsymbol{AB}$ 的整理变形，求 $\boldsymbol{B}$。

解 (1) 将等式 $\boldsymbol{A}+\boldsymbol{B}=\boldsymbol{AB}$ 变形，可得

$$(\boldsymbol{A}-\boldsymbol{E})(\boldsymbol{B}-\boldsymbol{E})=\boldsymbol{E}。$$

由此可知，$\boldsymbol{A}-\boldsymbol{E}$ 可逆。

(2) 由(1)可知，$(\boldsymbol{B}-\boldsymbol{E})^{-1}=\boldsymbol{A}-\boldsymbol{E}$，所以

$$\boldsymbol{A}=(\boldsymbol{B}-\boldsymbol{E})^{-1}+\boldsymbol{E}=\begin{pmatrix}0&-3&0\\2&0&0\\0&0&1\end{pmatrix}^{-1}+\begin{pmatrix}1&0&0\\0&1&0\\0&0&1\end{pmatrix}=\begin{pmatrix}1&\frac{1}{2}&0\\-\frac{1}{3}&1&0\\0&0&2\end{pmatrix}。$$

类似地，可以解答下列问题：

设 $\boldsymbol{A}$ 和 $\boldsymbol{B}$ 为三阶方阵，且满足 $\boldsymbol{A}^2=\boldsymbol{A}$，$2\boldsymbol{A}-\boldsymbol{B}-\boldsymbol{AB}=\boldsymbol{E}$。(1)证明：矩阵 $\boldsymbol{A}-\boldsymbol{B}$ 是可逆的，并求出它的逆；(2)若 $\boldsymbol{A}=\begin{pmatrix}1&0&0\\0&3&-1\\0&6&-2\end{pmatrix}$，求矩阵 $\boldsymbol{B}$。

二、课后习题选解

A类题

1. 解下列矩阵方程：

(1) $\boldsymbol{X}\begin{pmatrix}2&1&-1\\2&1&0\\1&-1&1\end{pmatrix}=\begin{pmatrix}1&-1&3\\4&3&2\end{pmatrix}$；　　(2) $\begin{pmatrix}4&2&3\\1&1&0\\-1&2&3\end{pmatrix}\boldsymbol{X}=\begin{pmatrix}4&2&3\\1&1&0\\-1&2&3\end{pmatrix}+2\boldsymbol{X}$。

分析 使用解矩阵方程的一般步骤求解，并利用伴随矩阵求相应矩阵的逆矩阵。

解 (1) 不难求得，

$$\boldsymbol{X}=\begin{pmatrix}1&-1&3\\4&3&2\end{pmatrix}\begin{pmatrix}2&1&-1\\2&1&0\\1&-1&1\end{pmatrix}^{-1}=\begin{pmatrix}-2&2&1\\-\frac{8}{3}&5&-\frac{2}{3}\end{pmatrix}。$$

(2) 将方程 $\boldsymbol{AX}=\boldsymbol{A}+2\boldsymbol{X}$ 变形得，$(\boldsymbol{A}-2\boldsymbol{E})\boldsymbol{X}=\boldsymbol{A}$。由于

$$|\boldsymbol{A}-2\boldsymbol{E}|=\begin{vmatrix}2&2&3\\1&-1&0\\-1&2&1\end{vmatrix}=-1\neq0,$$

即 $\boldsymbol{A}-2\boldsymbol{E}$ 可逆，故

$$\boldsymbol{X}=(\boldsymbol{A}-2\boldsymbol{E})^{-1}\boldsymbol{A}=\begin{pmatrix}2&2&3\\1&-1&0\\-1&2&1\end{pmatrix}^{-1}\begin{pmatrix}4&2&3\\1&1&0\\-1&2&3\end{pmatrix}$$

$$=\begin{pmatrix}1&-4&-3\\1&-5&-3\\-1&6&4\end{pmatrix}\begin{pmatrix}4&2&3\\1&1&0\\-1&2&3\end{pmatrix}=\begin{pmatrix}3&-8&-6\\2&-9&-6\\-2&12&9\end{pmatrix}。$$

2. 已知矩阵方程 $(\boldsymbol{E}-\boldsymbol{A})\boldsymbol{X}=\boldsymbol{B}$，其中

$$A=\begin{pmatrix}0&1&0\\-1&1&0\\-1&0&-1\end{pmatrix},B=\begin{pmatrix}1&-1\\2&0\\1&1\end{pmatrix},$$

求矩阵 X。

分析 使用解矩阵方程的一般步骤求解，并利用伴随矩阵求相应矩阵的逆矩阵。

解 易见，$|E-A|=2\neq0$，故矩阵 $E-A$ 可逆，且不难求得

$$(E-A)^{-1}=\begin{pmatrix}0&1&0\\-1&1&0\\0&-\frac{1}{2}&\frac{1}{2}\end{pmatrix},$$

于是

$$X=(E-A)^{-1}B=\begin{pmatrix}0&1&0\\-1&1&0\\0&-\frac{1}{2}&\frac{1}{2}\end{pmatrix}\begin{pmatrix}1&-1\\2&0\\1&1\end{pmatrix}=\begin{pmatrix}2&0\\1&1\\-\frac{1}{2}&\frac{1}{2}\end{pmatrix}。$$

3. 已知 A 的伴随矩阵为 $A^*=\begin{pmatrix}1&0&0&0\\0&1&0&0\\1&0&1&0\\0&-3&0&8\end{pmatrix}$，且有 $ABA^{-1}=BA^{-1}+3E$，求矩阵 B。

分析 利用伴随矩阵的性质及解矩阵方程的一般步骤求解，其中利用伴随矩阵求相应矩阵的逆矩阵。

解 由已知可得，$|A^*|=|A|^3=8$，故 $|A|=2$。在等式 $ABA^{-1}=BA^{-1}+3E$ 的两边右乘 A，得 $AB=B+3A$，所以有

$$AB-B=3A,(A-E)B=3A,$$

于是

$$\begin{aligned}B&=3(A-E)^{-1}A=3[A(E-A^{-1})]^{-1}A=3(E-A^{-1})^{-1}A^{-1}A=3(E-A^{-1})^{-1}\\&=3\left(E-\frac{1}{2}A^*\right)^{-1}=6(2E-A^*)^{-1}\\&=6\begin{pmatrix}1&0&0&0\\0&1&0&0\\-1&0&1&0\\0&3&0&-6\end{pmatrix}^{-1}=\begin{pmatrix}6&0&0&0\\0&6&0&0\\6&0&6&0\\0&3&0&-1\end{pmatrix}。\end{aligned}$$

B类题

1. 设矩阵 $A=\begin{pmatrix}1&0&1\\0&2&0\\1&0&1\end{pmatrix}$ 满足 $AB+E=A^2+B$，求矩阵 B。

分析 利用矩阵的乘法对等式进行变形，利用可逆矩阵的性质求解。

解 将等式 $AB+E=A^2+B$ 变形可得

$$(A-E)B=(A-E)(A+E)。$$

容易求得，$|A-E|=\begin{vmatrix}0&0&1\\0&1&0\\1&0&0\end{vmatrix}=-1\neq0$，故矩阵 $A-E$ 可逆。在变形后的等式两边左乘 $(A-E)^{-1}$ 可得

$$B=A+E=\begin{pmatrix}2&0&1\\0&3&0\\1&0&2\end{pmatrix}。$$

2. 设矩阵 $\boldsymbol{A}$ 满足 $\boldsymbol{AX}=\boldsymbol{A}+2\boldsymbol{X}$，其中 $\boldsymbol{A}=\begin{pmatrix}1&-1&0\\0&1&-1\\-1&0&1\end{pmatrix}$，求矩阵 $\boldsymbol{X}$。

分析 利用伴随矩阵的性质及解矩阵方程的一般步骤求解，其中利用伴随矩阵求相应矩阵的逆矩阵。

解 将等式 $\boldsymbol{AX}=\boldsymbol{A}+2\boldsymbol{X}$ 变形，可得 $(\boldsymbol{A}-2\boldsymbol{E})\boldsymbol{X}=\boldsymbol{A}$。容易求得

$$|\boldsymbol{A}-2\boldsymbol{E}|=\begin{vmatrix}-1&-1&0\\0&-1&-1\\-1&0&-1\end{vmatrix}=-2\neq0,$$

故矩阵 $\boldsymbol{A}-2\boldsymbol{E}$ 可逆。在变形后的等式两边左乘 $(\boldsymbol{A}-2\boldsymbol{E})^{-1}$ 可得

$$\boldsymbol{X}=(\boldsymbol{A}-2\boldsymbol{E})^{-1}\boldsymbol{A}=\frac{1}{2}\begin{pmatrix}-1&1&-1\\-1&-1&1\\1&-1&-1\end{pmatrix}\begin{pmatrix}1&-1&0\\0&1&-1\\-1&0&1\end{pmatrix}=\begin{pmatrix}0&1&-1\\-1&0&1\\1&-1&0\end{pmatrix}。$$

3. 已知矩阵 $\boldsymbol{A}$ 与 $\boldsymbol{B}$ 满足 $\boldsymbol{AX}=\boldsymbol{B}+2\boldsymbol{X}$，其中 $\boldsymbol{A}=\begin{pmatrix}3&0&1\\1&1&1\\1&1&4\end{pmatrix}$，$\boldsymbol{B}=\begin{pmatrix}2&1&3\\0&1&2\\1&0&3\end{pmatrix}$，求矩阵 $\boldsymbol{X}$。

分析 利用伴随矩阵的性质及解矩阵方程的一般步骤求解，其中利用伴随矩阵求相应矩阵的逆矩阵。

解 将等式 $\boldsymbol{AX}=\boldsymbol{B}+2\boldsymbol{X}$ 变形可得，$(\boldsymbol{A}-2\boldsymbol{E})\boldsymbol{X}=\boldsymbol{B}$。容易求得

$$|\boldsymbol{A}-2\boldsymbol{E}|=\begin{vmatrix}1&0&1\\1&-1&1\\1&1&2\end{vmatrix}=-1\neq0,$$

故矩阵 $\boldsymbol{A}-2\boldsymbol{E}$ 可逆。在变形后的等式两边左乘 $(\boldsymbol{A}-2\boldsymbol{E})^{-1}$ 可得

$$\boldsymbol{X}=(\boldsymbol{A}-2\boldsymbol{E})^{-1}\boldsymbol{B}=\begin{pmatrix}3&-1&-1\\1&-1&0\\-2&1&1\end{pmatrix}\begin{pmatrix}2&1&3\\0&1&2\\1&0&3\end{pmatrix}=\begin{pmatrix}5&2&4\\2&0&1\\-3&-1&-1\end{pmatrix}。$$

4. 设 $\boldsymbol{A}$ 可逆，且 $\boldsymbol{A}^*\boldsymbol{B}=\boldsymbol{A}^{-1}+\boldsymbol{B}$，解答下列问题：

(1) 证明 $\boldsymbol{B}$ 可逆；　　(2) 当 $\boldsymbol{A}=\begin{pmatrix}2&6&0\\0&2&6\\0&0&2\end{pmatrix}$，求 $\boldsymbol{B}$。

分析 参见例 2.16。

解 (1) 将已知等式变形可得

$$\boldsymbol{A}^*\boldsymbol{B}=\boldsymbol{A}^{-1}+\boldsymbol{B}=\boldsymbol{A}^{-1}+\boldsymbol{EB},\qquad 即(\boldsymbol{A}^*-\boldsymbol{E})\boldsymbol{B}=\boldsymbol{A}^{-1}。$$

上式两边取行列式有 $|\boldsymbol{A}^*-\boldsymbol{E}||\boldsymbol{B}|=|\boldsymbol{A}^{-1}|\neq0$，所以 $|\boldsymbol{B}|\neq0$，即矩阵 $\boldsymbol{B}$ 可逆。

(2) 容易求得，$|\boldsymbol{A}|=\begin{vmatrix}2&6&0\\0&2&6\\0&0&2\end{vmatrix}=8\neq0$。由等式 $(\boldsymbol{A}^*-\boldsymbol{E})\boldsymbol{B}=\boldsymbol{A}^{-1}$ 可得

$$\boldsymbol{B}=(\boldsymbol{A}^*-\boldsymbol{E})^{-1}\boldsymbol{A}^{-1}=(\boldsymbol{A}(\boldsymbol{A}^*-\boldsymbol{E}))^{-1}=(|\boldsymbol{A}|\boldsymbol{E}-\boldsymbol{A})^{-1},$$

其中

$$|\boldsymbol{A}|\boldsymbol{E}-\boldsymbol{A}=\begin{pmatrix}8&0&0\\0&8&0\\0&0&8\end{pmatrix}-\begin{pmatrix}2&6&0\\0&2&6\\0&0&2\end{pmatrix}=6\begin{pmatrix}1&-1&0\\0&1&-1\\0&0&1\end{pmatrix}。$$

利用逆矩阵的性质2和求逆公式$A^{-1}=\frac{A^*}{|A|}$,可得

$$B=\frac{1}{6}\begin{pmatrix}1&1&1\\0&1&1\\0&0&1\end{pmatrix}。$$

2.4 分块矩阵

一、知识要点

定义2.13 若将矩阵A用若干条纵线和横线分成许多个小矩阵,每个小矩阵称为A的子块。以子块为元素的矩阵称为A的**分块矩阵**。

注意,根据矩阵的特点及不同的需要,可将一个矩阵进行不同形式的分块。

分块对角矩阵:令A为n阶方阵,若A可以划分成如下形式:

$$A=\begin{pmatrix}A_1&\mathbf{0}&\cdots&\mathbf{0}\\\mathbf{0}&A_2&\cdots&\mathbf{0}\\\vdots&\vdots&&\vdots\\\mathbf{0}&\mathbf{0}&\cdots&A_s\end{pmatrix},$$

其中,$A_i(i=1,2,\cdots,s)$均为方阵(阶数可以是不同的),$\mathbf{0}$为零矩阵(不必是同型的),则称为**分块对角矩阵**。

分块对角矩阵具有如下性质:

性质1 $|A|=|A_1||A_2|\cdots|A_s|$。

性质2 若$|A_i|\neq0(i=1,2,\cdots,s)$,则$A$可逆,且

$$A^{-1}=\begin{pmatrix}A_1^{-1}&\mathbf{0}&\cdots&\mathbf{0}\\\mathbf{0}&A_2^{-1}&\cdots&\mathbf{0}\\\vdots&\vdots&\ddots&\vdots\\\mathbf{0}&\mathbf{0}&\cdots&A_s^{-1}\end{pmatrix}。$$

二、疑难解析

1. 判断说法“若a和b都是$n\times1$矩阵,则$ab^{\mathrm{T}}=ba^{\mathrm{T}}$或$a^{\mathrm{T}}b=b^{\mathrm{T}}a$”是否正确,并说明理由。

答 设$a=\begin{pmatrix}a_1\\a_2\\\vdots\\a_n\end{pmatrix}$,$b=\begin{pmatrix}b_1\\b_2\\\vdots\\b_n\end{pmatrix}$。根据矩阵的乘法法则,有

$$ab^{\mathrm{T}}=\begin{pmatrix}a_1\\a_2\\\vdots\\a_n\end{pmatrix}(b_1\quad b_2\quad\cdots\quad b_n)=\begin{pmatrix}a_1b_1&a_1b_2&\cdots&a_1b_n\\a_2b_1&a_2b_2&\cdots&a_2b_n\\\vdots&\vdots&&\vdots\\a_nb_1&a_nb_2&\cdots&a_nb_n\end{pmatrix},$$

$$\boldsymbol{b}\boldsymbol{a}^{\mathrm{T}}=\begin{pmatrix}b_1\\b_2\\\vdots\\b_n\end{pmatrix}(a_1\quad a_2\quad\cdots\quad a_n)=\begin{pmatrix}b_1a_1&b_1a_2&\cdots&b_1a_n\\b_2a_1&b_2a_2&\cdots&b_2a_n\\\vdots&\vdots&&\vdots\\b_na_1&b_na_2&\cdots&b_na_n\end{pmatrix},$$

$$\boldsymbol{a}^{\mathrm{T}}\boldsymbol{b}=(a_1\quad a_2\quad\cdots\quad a_n)\begin{pmatrix}b_1\\b_2\\\vdots\\b_n\end{pmatrix}=a_1b_1+a_2b_2+\cdots+a_nb_n,$$

$$\boldsymbol{b}^{\mathrm{T}}\boldsymbol{a}=(b_1\quad b_2\quad\cdots\quad b_n)\begin{pmatrix}a_1\\a_2\\\vdots\\a_n\end{pmatrix}=a_1b_1+a_2b_2+\cdots+a_nb_n。$$

易见，当 $\boldsymbol{a}=\boldsymbol{b}$ 时，有 $\boldsymbol{a}\boldsymbol{b}^{\mathrm{T}}=\boldsymbol{b}\boldsymbol{a}^{\mathrm{T}}$；当 $\boldsymbol{a}\neq\boldsymbol{b}$ 时，$\boldsymbol{a}\boldsymbol{b}^{\mathrm{T}}\neq\boldsymbol{b}\boldsymbol{a}^{\mathrm{T}}$。对任意的 $n\times 1$ 矩阵 $\boldsymbol{a}$ 和 $\boldsymbol{b}$，都有等式 $\boldsymbol{a}^{\mathrm{T}}\boldsymbol{b}=\boldsymbol{b}^{\mathrm{T}}\boldsymbol{a}$ 成立。

2. 利用分块矩阵进行各种运算时，有哪些注意事项？

答 在对分块矩阵进行某些运算时，可先将每个子块当作分块矩阵的元素，然后按矩阵的运算法则对每个子块进行相应的运算。但进行分块时应注意以下几点：

(1) 在计算 $\boldsymbol{A}\pm\boldsymbol{B}$ 时，$\boldsymbol{A}$ 和 $\boldsymbol{B}$ 的分块方式必须相同，以保证它们的对应子块是同型的。

(2) 在计算 $\boldsymbol{AB}$ 时，对 $\boldsymbol{A}$ 的列的分块方式与 $\boldsymbol{B}$ 的行的分块方式必须一致，以保证它们对应的子块能够相乘。

(3) 求 $\boldsymbol{A}^{\mathrm{T}}$ 时，要先将子块作为分块矩阵的元素，然后分块矩阵转置，最后再将各子块转置。例如

$$\begin{pmatrix}\boldsymbol{A}_{11}&\boldsymbol{A}_{12}&\boldsymbol{A}_{13}\\\boldsymbol{A}_{21}&\boldsymbol{A}_{22}&\boldsymbol{A}_{23}\end{pmatrix}^{\mathrm{T}}=\begin{pmatrix}\boldsymbol{A}_{11}^{\mathrm{T}}&\boldsymbol{A}_{21}^{\mathrm{T}}\\\boldsymbol{A}_{12}^{\mathrm{T}}&\boldsymbol{A}_{22}^{\mathrm{T}}\\\boldsymbol{A}_{13}^{\mathrm{T}}&\boldsymbol{A}_{23}^{\mathrm{T}}\end{pmatrix}。$$

3. 如何理解：$\boldsymbol{AB}=\boldsymbol{0}$ 的充要条件是 $\boldsymbol{B}$ 的每个列向量都是齐次线性方程组 $\boldsymbol{Ax}=\boldsymbol{0}$ 的解。

答 不妨设 $\boldsymbol{A}$ 为 $m\times n$ 矩阵，$\boldsymbol{B}$ 为 $n\times s$ 矩阵。把 $\boldsymbol{B}$ 按列分为 $1\times s$ 分块矩阵 $\boldsymbol{B}=(\boldsymbol{\beta}_1,\boldsymbol{\beta}_2,\cdots,\boldsymbol{\beta}_s)$。由分块矩阵的乘法有

$$\boldsymbol{AB}=\boldsymbol{A}(\boldsymbol{\beta}_1,\boldsymbol{\beta}_2,\cdots,\boldsymbol{\beta}_s)=(\boldsymbol{A\beta}_1,\boldsymbol{A\beta}_2,\cdots,\boldsymbol{A\beta}_s)。$$

于是

$$\begin{aligned}\boldsymbol{AB}=\boldsymbol{0}&\Leftrightarrow\boldsymbol{AB}=\boldsymbol{A}(\boldsymbol{\beta}_1,\boldsymbol{\beta}_2,\cdots,\boldsymbol{\beta}_s)=(\boldsymbol{A\beta}_1,\boldsymbol{A\beta}_2,\cdots,\boldsymbol{A\beta}_s)=(\boldsymbol{0},\boldsymbol{0},\cdots,\boldsymbol{0})\\&\Leftrightarrow\boldsymbol{A\beta}_1=\boldsymbol{0},\boldsymbol{A\beta}_2=\boldsymbol{0},\cdots,\boldsymbol{A\beta}_s=\boldsymbol{0}\\&\Leftrightarrow\boldsymbol{\beta}_1,\boldsymbol{\beta}_2,\cdots,\boldsymbol{\beta}_s\text{ 都是 }\boldsymbol{Ax}=\boldsymbol{0}\text{ 的解。}\end{aligned}$$

三、经典题型详解

例 2.17 设 $\boldsymbol{A}=\begin{pmatrix}1&-2&1&0\\0&1&0&1\\0&0&2&-1\\0&0&0&3\end{pmatrix}$，$\boldsymbol{B}=\begin{pmatrix}1&0&-2&3\\0&1&0&3\\0&0&3&-1\\0&0&-2&1\end{pmatrix}$，求 $\boldsymbol{AB}$ 和 $\boldsymbol{BA}$。

分析 根据矩阵的特点，将矩阵 $\boldsymbol{A}$ 和 $\boldsymbol{B}$ 进行分块，然后按照分块矩阵的计算。

解 矩阵 $\boldsymbol{A}$ 和 $\boldsymbol{B}$ 的分块如下：

$$\boldsymbol{A}=\left(\begin{array}{cc:cc}1&-2&1&0\\0&1&0&1\\ \hdashline 0&0&2&-1\\0&0&0&3\end{array}\right)=\begin{pmatrix}\boldsymbol{A}_1&\boldsymbol{E}\\\boldsymbol{0}&\boldsymbol{A}_2\end{pmatrix},\boldsymbol{B}=\left(\begin{array}{cc:cc}1&0&-2&3\\0&1&0&3\\ \hdashline 0&0&3&-1\\0&0&-2&1\end{array}\right)=\begin{pmatrix}\boldsymbol{E}&\boldsymbol{B}_1\\\boldsymbol{0}&\boldsymbol{B}_2\end{pmatrix}。$$

利用分块矩阵的乘法，可得

$$\boldsymbol{AB}=\begin{pmatrix}\boldsymbol{A}_1&\boldsymbol{E}\\\boldsymbol{0}&\boldsymbol{A}_2\end{pmatrix}\begin{pmatrix}\boldsymbol{E}&\boldsymbol{B}_1\\\boldsymbol{0}&\boldsymbol{B}_2\end{pmatrix}=\begin{pmatrix}\boldsymbol{A}_1&\boldsymbol{A}_1\boldsymbol{B}_1+\boldsymbol{B}_2\\\boldsymbol{0}&\boldsymbol{A}_2\boldsymbol{B}_2\end{pmatrix},$$

$$\boldsymbol{BA}=\begin{pmatrix}\boldsymbol{E}&\boldsymbol{B}_1\\\boldsymbol{0}&\boldsymbol{B}_2\end{pmatrix}\begin{pmatrix}\boldsymbol{A}_1&\boldsymbol{E}\\\boldsymbol{0}&\boldsymbol{A}_2\end{pmatrix}=\begin{pmatrix}\boldsymbol{A}_1&\boldsymbol{E}+\boldsymbol{B}_1\boldsymbol{A}_2\\\boldsymbol{0}&\boldsymbol{B}_2\boldsymbol{A}_2\end{pmatrix},$$

其中

$$\boldsymbol{A}_1\boldsymbol{B}_1+\boldsymbol{B}_2=\begin{pmatrix}1&-2\\0&1\end{pmatrix}\begin{pmatrix}-2&3\\0&3\end{pmatrix}+\begin{pmatrix}3&-1\\-2&1\end{pmatrix}=\begin{pmatrix}1&-4\\-2&4\end{pmatrix},$$

$$\boldsymbol{A}_2\boldsymbol{B}_2=\begin{pmatrix}2&-1\\0&3\end{pmatrix}\begin{pmatrix}3&-1\\-2&1\end{pmatrix}=\begin{pmatrix}8&-3\\-6&3\end{pmatrix},$$

$$\boldsymbol{E}+\boldsymbol{B}_1\boldsymbol{A}_2=\begin{pmatrix}1&0\\0&1\end{pmatrix}+\begin{pmatrix}-2&3\\0&3\end{pmatrix}\begin{pmatrix}2&-1\\0&3\end{pmatrix}=\begin{pmatrix}-3&11\\0&10\end{pmatrix},$$

$$\boldsymbol{B}_2\boldsymbol{A}_2=\begin{pmatrix}3&-1\\-2&1\end{pmatrix}\begin{pmatrix}2&-1\\0&3\end{pmatrix}=\begin{pmatrix}6&-6\\-4&5\end{pmatrix}。$$

因此，有

$$\boldsymbol{AB}=\begin{pmatrix}1&-2&1&-4\\0&1&-2&4\\0&0&8&-3\\0&0&-6&3\end{pmatrix},\quad \boldsymbol{BA}=\begin{pmatrix}1&-2&-3&11\\0&1&0&10\\0&0&6&-6\\0&0&-4&5\end{pmatrix}。$$

类似地，可以计算下列问题：

(1) 设 $\boldsymbol{A}=\begin{pmatrix}1&0&0&0\\0&1&0&0\\2&3&1&0\\-1&1&0&1\end{pmatrix},\boldsymbol{B}=\begin{pmatrix}1&0&1&0\\-1&2&0&1\\1&0&3&1\\0&1&0&1\end{pmatrix}$，求 $\boldsymbol{AB}$ 和 $\boldsymbol{BA}$。

(2) 设 $\boldsymbol{A}=\begin{pmatrix}-1&0&0&0\\0&-1&0&0\\-2&1&1&0\\1&-1&0&1\end{pmatrix},\boldsymbol{B}=\begin{pmatrix}-1&0&1&0\\1&3&0&1\\1&0&3&1\\-1&-1&2&1\end{pmatrix}$，求 $\boldsymbol{AB}$。

例 2.18 设 $\boldsymbol{A}=\begin{pmatrix}3&4&0&0\\4&-3&0&0\\0&0&2&0\\0&0&2&2\end{pmatrix}$，求：(1) $|\boldsymbol{A}^8|$；(2) $\boldsymbol{A}^4$；(3) $\boldsymbol{A}^{-1}$。

分析 根据矩阵的特点对矩阵进行分块,进而利用分块对角阵的性质进行计算。

解 对矩阵 $\boldsymbol{A}$ 进行如下分块

$$\boldsymbol{A}=\begin{bmatrix}\boldsymbol{A}_1 & \boldsymbol{0}\\ \boldsymbol{0} & \boldsymbol{A}_2\end{bmatrix},$$

其中

$$\boldsymbol{A}_1=\begin{pmatrix}3 & 4\\ 4 & -3\end{pmatrix},\qquad \boldsymbol{A}_2=\begin{pmatrix}2 & 0\\ 2 & 2\end{pmatrix}。$$

不难求得

$$|\boldsymbol{A}_1|=\begin{vmatrix}3 & 4\\ 4 & -3\end{vmatrix}=-25,\quad |\boldsymbol{A}_2|=\begin{vmatrix}2 & 0\\ 2 & 2\end{vmatrix}=4,$$

$$\boldsymbol{A}_1^2=\begin{pmatrix}3 & 4\\ 4 & -3\end{pmatrix}\begin{pmatrix}3 & 4\\ 4 & -3\end{pmatrix}=\begin{pmatrix}25 & 0\\ 0 & 25\end{pmatrix},\quad \boldsymbol{A}_2^2=\begin{pmatrix}2 & 0\\ 2 & 2\end{pmatrix}\begin{pmatrix}2 & 0\\ 2 & 2\end{pmatrix}=\begin{pmatrix}4 & 0\\ 8 & 4\end{pmatrix},$$

$$\boldsymbol{A}_1^4=\begin{pmatrix}25 & 0\\ 0 & 25\end{pmatrix}\begin{pmatrix}25 & 0\\ 0 & 25\end{pmatrix}=\begin{bmatrix}5^4 & 0\\ 0 & 5^4\end{bmatrix},\quad \boldsymbol{A}_2^4=\begin{pmatrix}4 & 0\\ 8 & 4\end{pmatrix}\begin{pmatrix}4 & 0\\ 8 & 4\end{pmatrix}=\begin{bmatrix}2^4 & 0\\ 2^6 & 2^4\end{bmatrix},$$

$$\boldsymbol{A}_1^{-1}=-\frac{1}{25}\begin{pmatrix}-3 & -4\\ -4 & 3\end{pmatrix},\quad \boldsymbol{A}_2^{-1}=\frac{1}{4}\begin{pmatrix}2 & 0\\ -2 & 2\end{pmatrix}。$$

(1) 根据分块矩阵的性质 3,有 $|\boldsymbol{A}|=|\boldsymbol{A}_1\boldsymbol{A}_2|=-100$。进一步地,根据方阵行列式的性质 3,有 $|\boldsymbol{A}^8|=|\boldsymbol{A}|^8=10^{16}$。

(2) 根据分块矩阵的乘法,有

$$\boldsymbol{A}^4=\begin{bmatrix}\boldsymbol{A}_1^4 & \boldsymbol{0}\\ \boldsymbol{0} & \boldsymbol{A}_2^4\end{bmatrix}=\begin{bmatrix}5^4 & 0 & 0 & 0\\ 0 & 5^4 & 0 & 0\\ 0 & 0 & 2^4 & 0\\ 0 & 0 & 2^6 & 2^4\end{bmatrix}。$$

(3) 根据分块矩阵的性质 2,有

$$\boldsymbol{A}^{-1}=\begin{bmatrix}\boldsymbol{A}_1^{-1} & \boldsymbol{0}\\ \boldsymbol{0} & \boldsymbol{A}_2^{-1}\end{bmatrix}=\begin{bmatrix}\frac{3}{25} & \frac{4}{25} & 0 & 0\\ \frac{4}{25} & -\frac{3}{25} & 0 & 0\\ 0 & 0 & \frac{1}{2} & 0\\ 0 & 0 & -\frac{1}{2} & \frac{1}{2}\end{bmatrix}。$$

类似地,可以计算下列问题:

设 $\boldsymbol{A}=\begin{pmatrix}2 & 0 & 0 & 0 & 0\\ 0 & 2 & 7 & 0 & 0\\ 0 & 1 & 4 & 0 & 0\\ 0 & 0 & 0 & 3 & 2\\ 0 & 0 & 0 & 2 & 1\end{pmatrix}$,求 $|\boldsymbol{A}^8|$,$\boldsymbol{A}^2$ 与 $\boldsymbol{A}^{-1}$。

例 2.19 设 $\boldsymbol{A}$ 和 $\boldsymbol{B}$ 分别为 n 阶和 m 阶可逆方阵,求 $\begin{pmatrix}\boldsymbol{0} & \boldsymbol{A}\\ \boldsymbol{B} & \boldsymbol{C}\end{pmatrix}^{-1}$。

分析 根据要求，假设出所求矩阵的逆矩阵的形式，然后利用逆矩阵的定义和分块矩阵的性质、乘法计算，最后求解相应的矩阵方程。

解 设逆矩阵为

$$\boldsymbol{D}^{-1}=\begin{pmatrix}\boldsymbol{X}_{11} & \boldsymbol{X}_{12}\\ \boldsymbol{X}_{21} & \boldsymbol{X}_{22}\end{pmatrix},$$

其中 $\boldsymbol{X}_{11},\boldsymbol{X}_{12},\boldsymbol{X}_{21},\boldsymbol{X}_{22}$ 分别为 $m\times n,m\times m,n\times n,n\times m$ 矩阵。由逆矩阵的定义可知

$$\begin{pmatrix}\boldsymbol{0} & \boldsymbol{A}\\ \boldsymbol{B} & \boldsymbol{C}\end{pmatrix}\begin{pmatrix}\boldsymbol{X}_{11} & \boldsymbol{X}_{12}\\ \boldsymbol{X}_{21} & \boldsymbol{X}_{22}\end{pmatrix}=\begin{pmatrix}\boldsymbol{E}_n & \boldsymbol{0}\\ \boldsymbol{0} & \boldsymbol{E}_m\end{pmatrix}。$$

根据分块矩阵的乘法，可得

$$\begin{cases}\boldsymbol{AX}_{21}=\boldsymbol{E}_n,\\ \boldsymbol{AX}_{22}=\boldsymbol{0},\\ \boldsymbol{BX}_{11}+\boldsymbol{CX}_{21}=\boldsymbol{0},\\ \boldsymbol{BX}_{12}+\boldsymbol{CX}_{22}=\boldsymbol{E}_m。\end{cases}$$

该方程组的解为

$$\boldsymbol{X}_{11}=-\boldsymbol{B}^{-1}\boldsymbol{CA}^{-1},\quad \boldsymbol{X}_{12}=\boldsymbol{B}^{-1},\quad \boldsymbol{X}_{21}=\boldsymbol{A}^{-1},\quad \boldsymbol{X}_{22}=\boldsymbol{A}^{-1}\boldsymbol{0}=\boldsymbol{0}。$$

因此

$$\boldsymbol{D}^{-1}=\begin{pmatrix}-\boldsymbol{B}^{-1}\boldsymbol{CA}^{-1} & \boldsymbol{B}^{-1}\\ \boldsymbol{A}^{-1} & \boldsymbol{0}\end{pmatrix}。$$

类似地，可以求解如下问题：

设 $\boldsymbol{A}$ 和 $\boldsymbol{B}$ 分别为 n 阶和 m 阶可逆方阵，求 $\begin{pmatrix}\boldsymbol{A} & \boldsymbol{C}\\ \boldsymbol{0} & \boldsymbol{B}\end{pmatrix}^{-1}$，$\begin{pmatrix}\boldsymbol{A} & \boldsymbol{0}\\ \boldsymbol{C} & \boldsymbol{B}\end{pmatrix}^{-1}$，$\begin{pmatrix}\boldsymbol{C} & \boldsymbol{A}\\ \boldsymbol{B} & \boldsymbol{0}\end{pmatrix}^{-1}$。

四、课后习题选解

A类题

1. 计算下列各题：

(1) $\begin{pmatrix}2&1&0&0\\5&3&0&0\\0&0&1&0\\0&0&0&1\end{pmatrix}\begin{pmatrix}3&-1&0&0\\-2&1&0&0\\0&0&-2&3\\0&0&7&5\end{pmatrix}$； (2) $\begin{pmatrix}3&2&0&0\\4&3&0&0\\0&0&1&-1\\0&0&0&1\end{pmatrix}^2$。

分析 参见经典题型详解中例2.17。

解 (1) 根据矩阵的特点，将 $\boldsymbol{A}$ 和 $\boldsymbol{B}$ 划分为如下的分块矩阵，即

$$\boldsymbol{A}=\left(\begin{array}{cc:cc}2&1&0&0\\5&3&0&0\\ \hdashline 0&0&1&0\\0&0&0&1\end{array}\right)=\begin{pmatrix}\boldsymbol{A}_1&\boldsymbol{0}\\ \boldsymbol{0}&\boldsymbol{E}\end{pmatrix},\quad \boldsymbol{B}=\left(\begin{array}{cc:cc}3&-1&0&0\\-2&1&0&0\\ \hdashline 0&0&-2&3\\0&0&7&5\end{array}\right)=\begin{pmatrix}\boldsymbol{B}_{11}&\boldsymbol{0}\\ \boldsymbol{0}&\boldsymbol{B}_{22}\end{pmatrix}。$$

利用分块矩阵的乘法，可得

$$\boldsymbol{AB}=\begin{pmatrix}\boldsymbol{A}_1&\boldsymbol{0}\\ \boldsymbol{0}&\boldsymbol{E}\end{pmatrix}\begin{pmatrix}\boldsymbol{B}_{11}&\boldsymbol{0}\\ \boldsymbol{0}&\boldsymbol{B}_{22}\end{pmatrix}=\begin{pmatrix}\boldsymbol{A}_1\boldsymbol{B}_{11}&\boldsymbol{0}\\ \boldsymbol{0}&\boldsymbol{B}_{22}\end{pmatrix}。$$

其中

$$A_1B_{11}=\begin{pmatrix}2&1\\5&3\end{pmatrix}\begin{pmatrix}3&-1\\-2&1\end{pmatrix}=\begin{pmatrix}4&-1\\9&-2\end{pmatrix},$$

因此,有

$$AB=\begin{pmatrix}4&-1&0&0\\9&-2&0&0\\0&0&-2&3\\0&0&7&5\end{pmatrix}。$$

(2) 根据矩阵的特点,将 A 和 B 划分为如下的分块矩阵,即

$$A=\left(\begin{array}{cc:cc}3&2&0&0\\4&3&0&0\\\hdashline 0&0&1&-1\\0&0&0&1\end{array}\right)=\begin{pmatrix}A_1&0\\0&A_2\end{pmatrix},$$

利用分块矩阵的乘法,可得

$$A^2=\begin{pmatrix}A_1&0\\0&A_2\end{pmatrix}\begin{pmatrix}A_1&0\\0&A_2\end{pmatrix}=\begin{pmatrix}A_1^2&0\\0&A_2^2\end{pmatrix},$$

其中

$$A_1^2=\begin{pmatrix}3&2\\4&3\end{pmatrix}\begin{pmatrix}3&2\\4&3\end{pmatrix}=\begin{pmatrix}17&12\\24&17\end{pmatrix},\quad A_2^2=\begin{pmatrix}1&-1\\0&1\end{pmatrix}\begin{pmatrix}1&-1\\0&1\end{pmatrix}=\begin{pmatrix}1&-2\\0&1\end{pmatrix},$$

因此,有

$$A^2=\begin{pmatrix}17&12&0&0\\24&17&0&0\\0&0&1&-2\\0&0&0&1\end{pmatrix}。$$

2. 求下列矩阵的逆矩阵:

(1) $\begin{pmatrix}1&2&0&0\\3&7&0&0\\0&0&4&3\\0&0&3&2\end{pmatrix}$; (2) $\begin{pmatrix}1&0&0&0&0\\2&-1&0&0&0\\0&0&1&0&1\\0&0&-1&1&0\\0&0&3&1&1\end{pmatrix}$; (3) $\begin{pmatrix}0&0&0&1&2\\0&0&0&4&3\\1&1&0&0&0\\0&1&1&0&0\\1&0&1&0&0\end{pmatrix}$。

分析 参见经典题型详解中例 2.18。

解 (1) 对 A 进行如下分块

$$A=\left(\begin{array}{cc:cc}1&2&0&0\\3&7&0&0\\\hdashline 0&0&4&3\\0&0&3&2\end{array}\right)=\begin{pmatrix}A_1&0\\0&A_2\end{pmatrix}。$$

其中

$$A_1=\begin{pmatrix}1&2\\3&7\end{pmatrix},\quad A_2=\begin{pmatrix}4&3\\3&2\end{pmatrix}。$$

不难求得

$$A_1^{-1}=\begin{pmatrix}7&-2\\-3&1\end{pmatrix},\quad A_2^{-1}=\begin{pmatrix}-2&3\\3&-4\end{pmatrix}。$$

故

$$A^{-1}=\begin{pmatrix}A_1^{-1} & 0\\ 0 & A_2^{-1}\end{pmatrix}=\begin{pmatrix}7&-2&0&0\\-3&1&0&0\\0&0&-2&3\\0&0&3&-4\end{pmatrix}。$$

(2) 对 A 进行如下分块

$$A=\begin{pmatrix}A_1 & 0\\ 0 & A_2\end{pmatrix},$$

其中

$$A_1=\begin{pmatrix}1&0\\2&-1\end{pmatrix},A_2=\begin{pmatrix}1&0&1\\-1&1&0\\3&1&1\end{pmatrix}。$$

不难求得

$$A_1^{-1}=\begin{pmatrix}1&0\\2&-1\end{pmatrix},\quad A_2^{-1}=\frac{1}{3}\begin{pmatrix}-1&-1&1\\-1&2&1\\4&1&-1\end{pmatrix}。$$

故

$$A^{-1}=\begin{pmatrix}A_1^{-1} & 0\\ 0 & A_2^{-1}\end{pmatrix}=\begin{pmatrix}1&0&0&0&0\\2&-1&0&0&0\\0&0&-\frac{1}{3}&-\frac{1}{3}&\frac{1}{3}\\0&0&-\frac{1}{3}&\frac{2}{3}&\frac{1}{3}\\0&0&\frac{4}{3}&\frac{1}{3}&-\frac{1}{3}\end{pmatrix}。$$

(3) 对 A 进行如下分块

$$A=\begin{pmatrix}0 & A_1\\ A_2 & 0\end{pmatrix},$$

其中

$$A_1=\begin{pmatrix}1&2\\4&3\end{pmatrix},\quad A_2=\begin{pmatrix}1&1&0\\0&1&1\\1&0&1\end{pmatrix}。$$

不难求得

$$A^{-1}=\begin{pmatrix}0 & A_2^{-1}\\ A_1^{-1} & 0\end{pmatrix},A_1^{-1}=-\frac{1}{5}\begin{pmatrix}3&-2\\-4&1\end{pmatrix},A_2^{-1}=\frac{1}{2}\begin{pmatrix}1&-1&1\\1&1&-1\\-1&1&1\end{pmatrix}。$$

故

$$A^{-1}=\begin{pmatrix}0 & A_2^{-1}\\ A_1^{-1} & 0\end{pmatrix}=\begin{pmatrix}0&0&\frac{1}{2}&-\frac{1}{2}&\frac{1}{2}\\0&0&\frac{1}{2}&\frac{1}{2}&-\frac{1}{2}\\0&0&-\frac{1}{2}&\frac{1}{2}&\frac{1}{2}\\-\frac{3}{5}&\frac{2}{5}&0&0&0\\\frac{4}{5}&-\frac{1}{5}&0&0&0\end{pmatrix}。$$

B类题

1. 设

$$A=\begin{pmatrix}\alpha & 2 & 0 & 0\\ 0 & \alpha & 0 & 0\\ 0 & 0 & \beta & 0\\ 0 & 0 & -2 & \beta\end{pmatrix},\quad B=\begin{pmatrix}\alpha & -2 & 0 & 0\\ 0 & \alpha & 0 & 0\\ 0 & 0 & \beta & 0\\ 0 & 0 & 2 & \beta\end{pmatrix},$$

求 ABA。

分析 参见经典题型详解中例 2.17。

解 根据矩阵的特点，将矩阵 A 和 B 划分为如下的分块矩阵，即

$$A=\left(\begin{array}{cc:cc}\alpha & 2 & 0 & 0\\ 0 & \alpha & 0 & 0\\ \hdashline 0 & 0 & \beta & 0\\ 0 & 0 & -2 & \beta\end{array}\right)=\begin{pmatrix}A_1 & 0\\ 0 & A_2\end{pmatrix},\quad B=\left(\begin{array}{cc:cc}\alpha & -2 & 0 & 0\\ 0 & \alpha & 0 & 0\\ \hdashline 0 & 0 & \beta & 0\\ 0 & 0 & 2 & \beta\end{array}\right)=\begin{pmatrix}B_1 & 0\\ 0 & B_2\end{pmatrix}。$$

利用分块矩阵的乘法，可得

$$ABA=\begin{pmatrix}A_1B_1A_1 & 0\\ 0 & A_2B_2A_2\end{pmatrix},$$

其中

$$A_1B_1A_1=\begin{pmatrix}\alpha & 2\\ 0 & \alpha\end{pmatrix}\begin{pmatrix}\alpha & -2\\ 0 & \alpha\end{pmatrix}\begin{pmatrix}\alpha & 2\\ 0 & \alpha\end{pmatrix}=\begin{pmatrix}\alpha^3 & 2\alpha^2\\ 0 & \alpha^3\end{pmatrix},$$

$$A_2B_2A_2=\begin{pmatrix}\beta & 0\\ -2 & \beta\end{pmatrix}\begin{pmatrix}\beta & 0\\ 2 & \beta\end{pmatrix}\begin{pmatrix}\beta & 0\\ -2 & \beta\end{pmatrix}=\begin{pmatrix}\beta^3 & 0\\ -2\beta^2 & \beta^3\end{pmatrix}。$$

因此，有

$$ABA=\left(\begin{array}{cc:cc}\alpha^3 & 2\alpha^2 & 0 & 0\\ 0 & \alpha^3 & 0 & 0\\ \hdashline 0 & 0 & \beta^3 & 0\\ 0 & 0 & -2\beta^2 & \beta^3\end{array}\right)。$$

2. 求下列矩阵的逆矩阵：

(1) $\begin{pmatrix}0 & a_2 & 0 & \cdots & 0 & 0\\ 0 & 0 & a_3 & \cdots & 0 & 0\\ 0 & 0 & 0 & \cdots & 0 & 0\\ \vdots & \vdots & \vdots & \ddots & \vdots & \vdots\\ 0 & 0 & 0 & \cdots & 0 & a_n\\ a_1 & 0 & 0 & \cdots & 0 & 0\end{pmatrix}$ $(a_1a_2\cdots a_n\neq 0)$；

(2) $\begin{pmatrix}0 & 0 & \cdots & 0 & 0 & \cdots & 0 & a_1\\ 0 & 0 & \cdots & 0 & 0 & \cdots & a_2 & 0\\ \vdots & \vdots & \ddots & \vdots & \vdots & ⋰ & \vdots & \vdots\\ 0 & 0 & \cdots & 0 & a_n & 0 & 0 & 0\\ a_{n+1} & 0 & \cdots & 0 & 0 & \cdots & 0 & 0\\ 0 & a_{n+2} & \cdots & 0 & 0 & \cdots & 0 & 0\\ \vdots & \vdots & \ddots & \vdots & \vdots & ⋰ & \vdots & \vdots\\ 0 & 0 & \cdots & a_{2n} & 0 & \cdots & 0 & 0\end{pmatrix}$ $(a_1a_2\cdots a_{2n}\neq 0)$。

分析 利用逆矩阵的定义和分块矩阵的乘法计算。

解 (1) 对 $\boldsymbol{A}$ 进行如下分块

$$\boldsymbol{A}=\begin{pmatrix}\boldsymbol{0} & \boldsymbol{A}_1\\ \boldsymbol{A}_2 & \boldsymbol{0}\end{pmatrix},$$

其中

$$\boldsymbol{A}_1=\begin{pmatrix}a_2 & 0 & \cdots & 0\\ 0 & a_3 & \cdots & 0\\ \vdots & \vdots & & \vdots\\ 0 & 0 & \cdots & a_n\end{pmatrix},\quad \boldsymbol{A}_2=(a_1)。$$

根据逆矩阵的定义,不难求得

$$\boldsymbol{A}^{-1}=\begin{pmatrix}\boldsymbol{0} & \boldsymbol{A}_2^{-1}\\ \boldsymbol{A}_1^{-1} & \boldsymbol{0}\end{pmatrix}。$$

且有

$$\boldsymbol{A}_1^{-1}=\begin{pmatrix}a_2^{-1} & 0 & \cdots & 0\\ 0 & a_3^{-1} & \cdots & 0\\ \vdots & \vdots & & \vdots\\ 0 & 0 & \cdots & a_n^{-1}\end{pmatrix},\quad \boldsymbol{A}_2^{-1}=(a_1^{-1})。$$

故

$$\boldsymbol{A}^{-1}=\begin{pmatrix}\boldsymbol{0} & \boldsymbol{A}_2^{-1}\\ \boldsymbol{A}_1^{-1} & \boldsymbol{0}\end{pmatrix}=\begin{pmatrix}0 & 0 & \cdots & 0 & a_1^{-1}\\ a_2^{-1} & 0 & \cdots & 0 & 0\\ 0 & a_3^{-1} & \cdots & 0 & 0\\ \vdots & \vdots & & \vdots & \vdots\\ 0 & 0 & \cdots & a_n^{-1} & 0\end{pmatrix}。$$

(2) 类似于(1),对 $\boldsymbol{A}$ 进行如下分块

$$\boldsymbol{A}=\begin{pmatrix}\boldsymbol{0} & \boldsymbol{A}_1\\ \boldsymbol{A}_2 & \boldsymbol{0}\end{pmatrix},$$

其中

$$\boldsymbol{A}_1=\begin{pmatrix}0 & \cdots & 0 & a_1\\ 0 & \cdots & a_2 & 0\\ \vdots & ⋰ & \vdots & \vdots\\ a_n & \cdots & 0 & 0\end{pmatrix},\quad \boldsymbol{A}_2=\begin{pmatrix}a_{n+1} & 0 & \cdots & 0\\ 0 & a_{n+2} & \cdots & 0\\ \vdots & \vdots & \ddots & \vdots\\ 0 & 0 & \cdots & a_{2n}\end{pmatrix}。$$

不难求得

$$\boldsymbol{A}^{-1}=\begin{pmatrix}\boldsymbol{0} & \boldsymbol{A}_2^{-1}\\ \boldsymbol{A}_1^{-1} & \boldsymbol{0}\end{pmatrix},\quad \boldsymbol{A}_1^{-1}=\begin{pmatrix}0 & \cdots & 0 & a_n^{-1}\\ 0 & \cdots & a_{n-1}^{-1} & 0\\ \vdots & ⋰ & \vdots & \vdots\\ a_1^{-1} & \cdots & 0 & 0\end{pmatrix},\quad \boldsymbol{A}_2^{-1}=\begin{pmatrix}a_{n+1}^{-1} & 0 & \cdots & 0\\ 0 & a_{n+2}^{-1} & \cdots & 0\\ \vdots & \vdots & \ddots & \vdots\\ 0 & 0 & \cdots & a_{2n}^{-1}\end{pmatrix}。$$

故

$$\boldsymbol{A}^{-1}=\begin{pmatrix}\boldsymbol{0} & \boldsymbol{A}_2^{-1}\\ \boldsymbol{A}_1^{-1} & \boldsymbol{0}\end{pmatrix}=\begin{pmatrix}0 & 0 & \cdots & 0 & a_{n+1}^{-1} & 0 & \cdots & 0\\ 0 & 0 & \cdots & 0 & 0 & a_{n+2}^{-1} & \cdots & 0\\ \vdots & \vdots & & \vdots & \vdots & \vdots & \ddots & \vdots\\ 0 & 0 & \cdots & 0 & 0 & 0 & \cdots & a_{2n}^{-1}\\ 0 & \cdots & 0 & a_n^{-1} & 0 & 0 & \cdots & 0\\ 0 & \cdots & a_{n-1}^{-1} & 0 & 0 & 0 & \cdots & 0\\ \vdots & & \vdots & \vdots & \vdots & \vdots & & \vdots\\ a_1^{-1} & \cdots & 0 & 0 & 0 & 0 & \cdots & 0\end{pmatrix}。$$

3. 设 $\boldsymbol{A}_1,\boldsymbol{A}_2,\cdots,\boldsymbol{A}_s$ 都可逆,求矩阵 $\boldsymbol{A}$ 的逆矩阵,其中

$$A=\begin{pmatrix}\mathbf{0} & \cdots & \mathbf{0} & A_1\\ \mathbf{0} & \cdots & A_2 & \mathbf{0}\\ \vdots & \iddots & \vdots & \vdots\\ A_s & \cdots & \mathbf{0} & \mathbf{0}\end{pmatrix}。$$

分析 根据矩阵的特点,假设出逆矩阵的形式,利用分块矩阵的乘法计算。

解 利用分块矩阵的乘法,不难求得逆矩阵为

$$A^{-1}=\begin{pmatrix}\mathbf{0} & \cdots & \mathbf{0} & A_s^{-1}\\ \mathbf{0} & \cdots & A_{s-1}^{-1} & \mathbf{0}\\ \vdots & \iddots & \vdots & \vdots\\ A_1^{-1} & \cdots & \mathbf{0} & \mathbf{0}\end{pmatrix}。$$

复习题2解答

1. 填空题

(1) 设 A 为 n 阶方阵,且 $|A|=a\neq0$,则 $|2A^{-1}|=$________。

(2) 设 A 为三阶方阵,$|A|=\frac{1}{3}$,则 $\left|\left(\frac{1}{2}A\right)^{-1}+3A^*\right|=$________。

(3) 若矩阵 $A=\begin{pmatrix}1 & -1 & 3\\ -1 & 2 & \lambda\\ 0 & 5 & 0\end{pmatrix}$ 为奇异矩阵,则 $\lambda=$________。

(4) 设矩阵 $A=\begin{pmatrix}0&1&0&0\\0&0&1&0\\0&0&0&1\\0&0&0&0\end{pmatrix}$,则 $A^3=$________。

(5) 设 A 为 m 阶方阵,B 为 n 阶方阵,且 $|A|=a$,$|B|=b$,若 $C=\begin{pmatrix}\mathbf{0} & 3A\\ -B & \mathbf{0}\end{pmatrix}$,则 $|C|=$________。

解 (1) 根据逆矩阵的性质2可知,$|A^{-1}|=\frac{1}{a}$,根据方阵行列式的性质2知,$|2A^{-1}|=\frac{2^n}{a}$。

(2) 利用伴随矩阵的性质、逆矩阵的性质以及方阵行列式的性质,有

$$|A|\left|\left(\frac{1}{2}A\right)^{-1}+3A^*\right|=|2AA^{-1}+3AA^*|=|2E+3|A|E|=|3E|=3^3,$$

所以 $\left|\left(\frac{1}{2}A\right)^{-1}+3A^*\right|=81$。

(3) 易见,$|A|=\begin{vmatrix}1 & -1 & 3\\ -1 & 2 & \lambda\\ 0 & 5 & 0\end{vmatrix}=-5\begin{vmatrix}1 & 3\\ -1 & \lambda\end{vmatrix}=-5(\lambda+3)$。根据奇异矩阵的定义,知 $|A|=0$,所以 $\lambda=-3$。

(4) 根据矩阵乘法的定义,不难求得,$A^3=\begin{pmatrix}0&0&0&1\\0&0&0&0\\0&0&0&0\\0&0&0&0\end{pmatrix}$。

(5) 根据方阵行列式的性质2可得,$|3A|=3^m a$,$|-B|=(-1)^n b$。根据分块对角阵的性质,将行列式 $|C|$ 经过次相邻列对换,可得 $|C|=(-1)^{mn}\begin{vmatrix}3A & \mathbf{0}\\ \mathbf{0} & -B\end{vmatrix}$,所以有 $|C|=(-1)^{n+mn}3^m ab$。

2. 选择题

(1) 设 $\boldsymbol{A}$ 和 $\boldsymbol{B}$ 为 n 阶方阵,下列运算中正确的是(　　)。

A. $|-\boldsymbol{A}|=\boldsymbol{A}$　　B. $|\boldsymbol{AB}|=|\boldsymbol{A}||\boldsymbol{B}|$

C. $|k\boldsymbol{A}|=k|\boldsymbol{A}|$　　D. $|\boldsymbol{A}+\boldsymbol{B}|=|\boldsymbol{A}|+|\boldsymbol{B}|$

(2) 设 n 阶方阵 $\boldsymbol{A}$ 的伴随矩阵为 $\boldsymbol{A}^*$,且 $|\boldsymbol{A}^*|=a\neq 0$,则 $|\boldsymbol{A}|=$(　　)。

A. a　　B. $\dfrac{1}{a}$　　C. $a^{\frac{1}{n-1}}$　　D. $a^{\frac{1}{n}}$

(3) 设 $\boldsymbol{A}$ 和 $\boldsymbol{B}$ 为 n 阶方阵,下列运算中正确的是(　　)。

A. $\boldsymbol{A}^2=\boldsymbol{0}\Leftrightarrow\boldsymbol{A}=\boldsymbol{0}$　　B. $\boldsymbol{A}^2=\boldsymbol{A}\Leftrightarrow\boldsymbol{A}=\boldsymbol{0}$ 或 $\boldsymbol{A}=\boldsymbol{E}$

C. $(\boldsymbol{A}-\boldsymbol{B})(\boldsymbol{A}+\boldsymbol{B})=\boldsymbol{A}^2-\boldsymbol{B}^2$　　D. $(\boldsymbol{A}-\boldsymbol{B})^2=\boldsymbol{A}^2-\boldsymbol{AB}-\boldsymbol{BA}+\boldsymbol{B}^2$

(4) 设 $\boldsymbol{A}$ 和 $\boldsymbol{B}$ 为二阶方阵,$\boldsymbol{A}^*$,$\boldsymbol{B}^*$ 分别为 $\boldsymbol{A}$,$\boldsymbol{B}$ 的伴随矩阵,若 $|\boldsymbol{A}|=2$,$|\boldsymbol{B}|=3$,则分块矩阵 $\begin{pmatrix}\boldsymbol{0}&\boldsymbol{A}\\\boldsymbol{B}&\boldsymbol{0}\end{pmatrix}$ 的伴随矩阵为(　　)。

A. $\begin{pmatrix}\boldsymbol{0}&3\boldsymbol{B}^*\\2\boldsymbol{A}^*&\boldsymbol{0}\end{pmatrix}$　　B. $\begin{pmatrix}\boldsymbol{0}&2\boldsymbol{B}^*\\3\boldsymbol{A}^*&\boldsymbol{0}\end{pmatrix}$　　C. $\begin{pmatrix}\boldsymbol{0}&3\boldsymbol{A}^*\\2\boldsymbol{B}^*&\boldsymbol{0}\end{pmatrix}$　　D. $\begin{pmatrix}\boldsymbol{0}&2\boldsymbol{A}^*\\3\boldsymbol{B}^*&\boldsymbol{0}\end{pmatrix}$

(5) 设 $\boldsymbol{A}$ 为 3×1 矩阵,$\boldsymbol{AA}^{\mathrm{T}}=\begin{pmatrix}1&-1&1\\-1&1&-1\\1&-1&1\end{pmatrix}$,则 $\boldsymbol{A}^{\mathrm{T}}\boldsymbol{A}=$(　　)。

A. 1　　B. 2　　C. 3　　D. 4

解 (1) 根据方阵行列式的性质 3 知,$|\boldsymbol{AB}|=|\boldsymbol{A}||\boldsymbol{B}|$,选 B。

(2) 根据伴随矩阵的性质以及方阵行列式的性质,有 $|\boldsymbol{A}^*|=|\boldsymbol{A}|^{n-1}$,于是 $|\boldsymbol{A}|=|\boldsymbol{A}^*|^{\frac{1}{n-1}}=a^{\frac{1}{n-1}}$,选 C。

(3) 利用矩阵乘法的定义计算,选 D。

(4) 利用伴随矩阵的性质、分块矩阵的乘法以及方阵行列式的性质验证。不难求得

$$\begin{vmatrix}\boldsymbol{0}&\boldsymbol{A}\\\boldsymbol{B}&\boldsymbol{0}\end{vmatrix}=6,\quad \begin{pmatrix}\boldsymbol{0}&\boldsymbol{A}\\\boldsymbol{B}&\boldsymbol{0}\end{pmatrix}\begin{pmatrix}\boldsymbol{0}&2\boldsymbol{B}^*\\3\boldsymbol{A}^*&\boldsymbol{0}\end{pmatrix}=\begin{pmatrix}3\boldsymbol{AA}^*&\boldsymbol{0}\\\boldsymbol{0}&2\boldsymbol{BB}^*\end{pmatrix}=\begin{pmatrix}3|\boldsymbol{A}|\boldsymbol{E}&\boldsymbol{0}\\\boldsymbol{0}&2|\boldsymbol{B}|\boldsymbol{E}\end{pmatrix}=6\boldsymbol{E},$$

选 B。

(5) 利用矩阵乘法的定义计算,$\boldsymbol{AA}^{\mathrm{T}}=\begin{pmatrix}1&-1&1\\-1&1&-1\\1&-1&1\end{pmatrix}=\begin{pmatrix}1\\-1\\1\end{pmatrix}(1\quad -1\quad 1)$,于是,$\boldsymbol{A}^{\mathrm{T}}\boldsymbol{A}=(1\quad -1\quad 1)\begin{pmatrix}1\\-1\\1\end{pmatrix}=3$,选 C。

3. 计算下列各题:

(1) 设矩阵 $\boldsymbol{A}=\begin{pmatrix}0&3&3\\1&1&0\\-1&2&3\end{pmatrix}$,且 $\boldsymbol{AB}=\boldsymbol{A}+2\boldsymbol{B}$,求矩阵 $\boldsymbol{B}$。

(2) 设矩阵 $\boldsymbol{A}=\begin{pmatrix}3\\1\\2\end{pmatrix}(1\quad 1\quad -1)$,求 $\boldsymbol{A}^n$(n 为自然数)。

(3) 已知三阶矩阵 $\boldsymbol{A}$ 的逆矩阵为 $\boldsymbol{A}^{-1}=\begin{pmatrix}1&1&1\\1&2&1\\1&1&3\end{pmatrix}$,求 $(\boldsymbol{A}^*)^{-1}$。

(4) 设 $\boldsymbol{A}$ 为三阶方阵,且 $|\boldsymbol{A}|=2$,求 $||\boldsymbol{A}^*|\boldsymbol{A}|$,$|(2\boldsymbol{A})^{-1}-5\boldsymbol{A}^*|$,$|(\boldsymbol{A}^*)^{-1}|$。

(5) 设矩阵 $\boldsymbol{A}=\begin{pmatrix}3&8&0&0&0\\2&5&0&0&0\\0&0&1&2&3\\0&0&4&5&8\\0&0&3&4&6\end{pmatrix}$，求 $|\boldsymbol{A}|$ 及 $\boldsymbol{A}^{-1}$。

解 (1) 根据解矩阵方程的一般求解步骤，利用伴随矩阵求相应矩阵的逆矩阵。

由已知等式 $\boldsymbol{AB}=\boldsymbol{A}+2\boldsymbol{B}$ 可得，$(\boldsymbol{A}-2\boldsymbol{E})\boldsymbol{B}=\boldsymbol{A}$，因此

$$\boldsymbol{B}=(\boldsymbol{A}-2\boldsymbol{E})^{-1}\boldsymbol{A}=\begin{pmatrix}-2&3&3\\1&-1&0\\-1&2&1\end{pmatrix}^{-1}\begin{pmatrix}0&3&3\\1&1&0\\-1&2&3\end{pmatrix}$$

$$=\frac{1}{2}\begin{pmatrix}-1&3&3\\-1&1&3\\1&1&-1\end{pmatrix}\begin{pmatrix}0&3&3\\1&1&0\\-1&2&3\end{pmatrix}=\begin{pmatrix}0&3&3\\-1&2&3\\1&1&0\end{pmatrix}。$$

(2) 根据矩阵乘法的结合律，有

$$\boldsymbol{A}^n=\boldsymbol{A}\cdot\boldsymbol{A}\cdot\cdots\cdot\boldsymbol{A}=\begin{pmatrix}3\\1\\2\end{pmatrix}\left[(1\quad 1\quad -1)\begin{pmatrix}3\\1\\2\end{pmatrix}\right]\left[(1\quad 1\quad -1)\begin{pmatrix}3\\1\\2\end{pmatrix}\right]\cdots\begin{pmatrix}3\\1\\2\end{pmatrix}(1\quad 1\quad -1)$$

$$=2^{n-1}\begin{pmatrix}3\\1\\2\end{pmatrix}(1\quad 1\quad -1)=2^{n-1}\boldsymbol{A}。$$

(3) 利用伴随矩阵的性质计算。容易求得

$$\boldsymbol{A}=(\boldsymbol{A}^{-1})^{-1}=\begin{pmatrix}\frac{5}{2}&-1&-\frac{1}{2}\\-1&1&0\\-\frac{1}{2}&0&\frac{1}{2}\end{pmatrix},\qquad |\boldsymbol{A}|=\frac{1}{|\boldsymbol{A}^{-1}|}=\frac{1}{2},$$

因为 $\boldsymbol{AA}^*=|\boldsymbol{A}|\boldsymbol{E}$，则有

$$(\boldsymbol{A}^*)^{-1}=\frac{1}{|\boldsymbol{A}|}\boldsymbol{A}=\begin{pmatrix}5&-2&-1\\-2&2&0\\-1&0&1\end{pmatrix}。$$

(4) 利用伴随矩阵的性质求解。因为 $\boldsymbol{A}$ 为三阶方阵，$|\boldsymbol{A}|=2$，所以 $|\boldsymbol{A}^*|=|\boldsymbol{A}|^2=4$，则有

$$||\boldsymbol{A}^*|\boldsymbol{A}|=|4\boldsymbol{A}|=4^3|\boldsymbol{A}|=128;$$

不难验证

$$\boldsymbol{A}[(2\boldsymbol{A})^{-1}-5\boldsymbol{A}^*]=\frac{1}{2}\boldsymbol{E}-5\boldsymbol{AA}^*=\frac{1}{2}\boldsymbol{E}-5|\boldsymbol{A}|\boldsymbol{E}=-\frac{19}{2}\boldsymbol{E},$$

两边取行列式可得

$$|\boldsymbol{A}((2\boldsymbol{A})^{-1}-5\boldsymbol{A}^*)|=|\boldsymbol{A}||(2\boldsymbol{A})^{-1}-5\boldsymbol{A}^*|=\left(-\frac{19}{2}\right)^3,$$

因此

$$|(2\boldsymbol{A})^{-1}-5\boldsymbol{A}^*|=-\frac{19^3}{16};\quad |(\boldsymbol{A}^*)^{-1}|=\frac{1}{|\boldsymbol{A}^*|}=\frac{1}{|\boldsymbol{A}|^2}=\frac{1}{4}。$$

(5) 根据矩阵的特点对矩阵进行分块，进而利用分块对角阵的性质进行计算。

对 $\boldsymbol{A}$ 进行如下分块

$$\boldsymbol{A}=\begin{pmatrix}\boldsymbol{A}_1&\boldsymbol{0}\\\boldsymbol{0}&\boldsymbol{A}_2\end{pmatrix},$$

其中

$$\boldsymbol{A}_1=\begin{pmatrix}3 & 8\\2 & 5\end{pmatrix},\qquad \boldsymbol{A}_2=\begin{pmatrix}1 & 2 & 3\\4 & 5 & 8\\3 & 4 & 6\end{pmatrix},$$

则

$$|\boldsymbol{A}_1|=-1,\qquad |\boldsymbol{A}_2|=1,\qquad \boldsymbol{A}_1^{-1}=\begin{pmatrix}-5 & 8\\2 & -3\end{pmatrix},\qquad \boldsymbol{A}_2^{-1}=\begin{pmatrix}-2 & 0 & 1\\0 & -3 & 4\\1 & 2 & -3\end{pmatrix},$$

故

$$|\boldsymbol{A}|=|\boldsymbol{A}_1||\boldsymbol{A}_2|=-1,\qquad \boldsymbol{A}^{-1}=\begin{pmatrix}\boldsymbol{A}_1^{-1} & \boldsymbol{0}\\\boldsymbol{0} & \boldsymbol{A}_2^{-1}\end{pmatrix}=\begin{pmatrix}-5 & 8 & 0 & 0 & 0\\2 & -3 & 0 & 0 & 0\\0 & 0 & -2 & 0 & 1\\0 & 0 & 0 & -3 & 4\\0 & 0 & 1 & 2 & -3\end{pmatrix}。$$

4. 设 $\boldsymbol{A}$ 和 $\boldsymbol{B}$ 均为两个 n 阶方阵，$\boldsymbol{A}^*$ 是 $\boldsymbol{A}$ 的伴随矩阵，且 $|\boldsymbol{A}|=2$，$|\boldsymbol{B}|=-3$，计算下列行列式：

(1) $|\boldsymbol{A}^{-1}\boldsymbol{B}^*-\boldsymbol{A}^*\boldsymbol{B}^{-1}|$； (2) $|2\boldsymbol{A}^*\boldsymbol{B}|$。

分析 利用矩阵乘法、伴随矩阵的性质和方阵行列式的性质求解。

解 (1) 不难求得

$$\boldsymbol{A}(\boldsymbol{A}^{-1}\boldsymbol{B}^*-\boldsymbol{A}^*\boldsymbol{B}^{-1})\boldsymbol{B}=\boldsymbol{B}^*\boldsymbol{B}-\boldsymbol{A}\boldsymbol{A}^*=|\boldsymbol{B}|\boldsymbol{E}-|\boldsymbol{A}|\boldsymbol{E}=-5\boldsymbol{E}。$$

在上式两边取行列式可得

$$|\boldsymbol{A}(\boldsymbol{A}^{-1}\boldsymbol{B}^*-\boldsymbol{A}^*\boldsymbol{B}^{-1})\boldsymbol{B}|=|\boldsymbol{A}||\boldsymbol{A}^{-1}\boldsymbol{B}^*-\boldsymbol{A}^*\boldsymbol{B}^{-1}||\boldsymbol{B}|=(-5)^n,$$

因此有

$$|\boldsymbol{A}^{-1}\boldsymbol{B}^*-\boldsymbol{A}^*\boldsymbol{B}^{-1}|=(-1)^{n+1}\frac{5^n}{6}。$$

(2) 根据方阵行列式的性质2和性质3，有

$$|2\boldsymbol{A}^*\boldsymbol{B}|=2^n|\boldsymbol{A}^*||\boldsymbol{B}|=2^n|\boldsymbol{A}|^{n-1}|\boldsymbol{B}|=(-3)\times 2^{2n-1}。$$

5. 设 $\boldsymbol{A}$ 和 $\boldsymbol{B}$ 为两个4阶方阵，$\boldsymbol{A}=(\boldsymbol{\alpha},\boldsymbol{\gamma}_2,\boldsymbol{\gamma}_3,\boldsymbol{\gamma}_4)$，$\boldsymbol{B}=(\boldsymbol{\beta},\boldsymbol{\gamma}_2,\boldsymbol{\gamma}_3,\boldsymbol{\gamma}_4)$，其中 $\boldsymbol{\alpha},\boldsymbol{\beta},\boldsymbol{\gamma}_2,\boldsymbol{\gamma}_3,\boldsymbol{\gamma}_4$ 均为列矩阵，且 $|\boldsymbol{A}|=4$，$|\boldsymbol{B}|=1$。求 $|\boldsymbol{A}+\boldsymbol{B}|$。

分析 利用矩阵的加法运算、行列式的性质计算。

解 由于 $\boldsymbol{A}+\boldsymbol{B}=(\boldsymbol{\alpha}+\boldsymbol{\beta},2\boldsymbol{\gamma}_2,2\boldsymbol{\gamma}_3,2\boldsymbol{\gamma}_4)$，于是

$$|\boldsymbol{A}+\boldsymbol{B}|=8|(\boldsymbol{\alpha}+\boldsymbol{\beta},\boldsymbol{\gamma}_2,\boldsymbol{\gamma}_3,\boldsymbol{\gamma}_4)|=8[|(\boldsymbol{\alpha},\boldsymbol{\gamma}_2,\boldsymbol{\gamma}_3,\boldsymbol{\gamma}_4)|+|(\boldsymbol{\beta},\boldsymbol{\gamma}_2,\boldsymbol{\gamma}_3,\boldsymbol{\gamma}_4)|]=8[|\boldsymbol{A}|+|\boldsymbol{B}|]=40。$$

6. 设 a,b,c,d 为不全为零的实数，证明：线性方程组

$$\begin{cases}ax_1+bx_2+cx_3+dx_4=0,\\bx_1-ax_2+dx_3-cx_4=0,\\cx_1-dx_2-ax_3+bx_4=0,\\dx_1+cx_2-bx_3-ax_4=0\end{cases}$$

只有零解。

分析 利用定理1.4和矩阵的乘法及方阵的行列式进行验证。

证 设 $\boldsymbol{A}$ 为齐次线性方程组的系数矩阵，不难求得

$$|\boldsymbol{A}\boldsymbol{A}^{\mathrm{T}}|=\left|\begin{pmatrix}a & b & c & d\\b & -a & d & -c\\c & -d & -a & b\\d & c & -b & -a\end{pmatrix}\begin{pmatrix}a & b & c & d\\b & -a & -d & c\\c & d & -a & -b\\d & -c & b & -a\end{pmatrix}\right|$$

$$= \begin{vmatrix} a^2+b^2+c^2+d^2 & 0 & 0 & 0 \\ 0 & a^2+b^2+c^2+d^2 & 0 & 0 \\ 0 & 0 & a^2+b^2+c^2+d^2 & 0 \\ 0 & 0 & 0 & a^2+b^2+c^2+d^2 \end{vmatrix}$$

$= (a^2+b^2+c^2+d^2)^4$。

由定理 1.4 可知，当 a,b,c,d 为不全为零时，$|\boldsymbol{A}|\neq 0$，所以齐次线性方程组只有零解。 证毕

7. 设 $\boldsymbol{A}$ 和 $\boldsymbol{B}$ 为同阶方阵，判断下列说法是否正确，并说明理由：

(1) 若矩阵 $\boldsymbol{AB}$ 可逆，则 $\boldsymbol{A}$ 和 $\boldsymbol{B}$ 都可逆；

(2) 若矩阵 $\boldsymbol{AB}$ 可逆，则 $\boldsymbol{BA}$ 也可逆；

(3) 若矩阵 $\boldsymbol{A}^{\mathrm{T}}\boldsymbol{A}$ 可逆，则 $\boldsymbol{AA}^{\mathrm{T}}$ 也可逆。

分析 利用定理 2.2 及其推论判断。

(1) 正确。若 $\boldsymbol{AB}$ 可逆，则 $|\boldsymbol{AB}|=|\boldsymbol{A}||\boldsymbol{B}|\neq 0$，因此 $|\boldsymbol{A}|\neq 0$，$|\boldsymbol{B}|\neq 0$，$\boldsymbol{A}$ 和 $\boldsymbol{B}$ 都可逆。

(2) 正确。若 $\boldsymbol{AB}$ 可逆，则 $|\boldsymbol{AB}|=|\boldsymbol{A}||\boldsymbol{B}|=|\boldsymbol{BA}|\neq 0$，$\boldsymbol{BA}$ 也可逆。

(3) 正确。若 $\boldsymbol{A}^{\mathrm{T}}\boldsymbol{A}$ 可逆，则 $|\boldsymbol{A}^{\mathrm{T}}\boldsymbol{A}|=|\boldsymbol{A}^{\mathrm{T}}||\boldsymbol{A}|=|\boldsymbol{AA}^{\mathrm{T}}|\neq 0$，$\boldsymbol{AA}^{\mathrm{T}}$ 也可逆。

8. 解答下列问题：

(1) 判断下面矩阵 $\boldsymbol{A}$ 是否可逆？若可逆，求出其逆矩阵：

$$\boldsymbol{A}=\begin{pmatrix} 1 & 2 & -1 \\ 3 & 1 & 0 \\ -1 & 0 & -2 \end{pmatrix};$$

(2) 令 $\boldsymbol{b}=\begin{pmatrix} 1 \\ 1 \\ 0 \end{pmatrix}$。判定线性方程组 $\boldsymbol{Ax}=\boldsymbol{b}$ 是否有唯一解。若有唯一解，并求解。

分析 根据定理 2.2 判断矩阵 $\boldsymbol{A}$ 是否可逆，若可逆，利用伴随矩阵求逆矩阵；根据定理 2.3 判断线性方程组是否有唯一解并求解。

解 (1) 容易求得，$|\boldsymbol{A}|=9\neq 0$，因此矩阵 $\boldsymbol{A}$ 是可逆的。进一步地，$|\boldsymbol{A}|$ 中各元素对应的代数余子式分别为

$$A_{11}=-2, A_{21}=4, A_{31}=1, A_{12}=6, A_{22}=-3, A_{32}=-3, A_{13}=1, A_{23}=-2, A_{33}=-5。$$

于是

$$\boldsymbol{A}^*=\begin{pmatrix} -2 & 4 & 1 \\ 6 & -3 & -3 \\ 1 & -2 & -5 \end{pmatrix}。$$

利用伴随矩阵的方法，不难求得

$$\boldsymbol{A}^{-1}=\frac{1}{|\boldsymbol{A}|}\boldsymbol{A}^*=\frac{1}{9}\begin{pmatrix} -2 & 4 & 1 \\ 6 & -3 & -3 \\ 1 & -2 & -5 \end{pmatrix}。$$

(2) 由于(1)知 $\boldsymbol{A}$ 可逆，因此线性方程组 $\boldsymbol{Ax}=\boldsymbol{b}$ 有唯一解，即

$$\boldsymbol{x}=\boldsymbol{A}^{-1}\boldsymbol{b}=\frac{1}{9}\begin{pmatrix} -2 & 4 & 1 \\ 6 & -3 & -3 \\ 1 & -2 & -5 \end{pmatrix}\begin{pmatrix} 1 \\ 1 \\ 0 \end{pmatrix}=\frac{1}{9}\begin{pmatrix} 2 \\ 3 \\ -1 \end{pmatrix}。$$

9. 设 $\boldsymbol{A}=\frac{1}{2}\begin{pmatrix} 1 & 3 & 0 \\ 2 & 5 & 0 \\ 1 & -1 & 2 \end{pmatrix}$，求 $(\boldsymbol{A}^{-1})^*$。

分析 利用伴随矩阵的性质、逆矩阵的性质和方阵行列式的性质求解。

解 由伴随矩阵的性质可知，$\boldsymbol{A}^{-1}(\boldsymbol{A}^{-1})^*=|\boldsymbol{A}^{-1}|\boldsymbol{E}$，因此有，$(\boldsymbol{A}^{-1})^*=|\boldsymbol{A}^{-1}|\boldsymbol{A}$。

容易求得，$|\boldsymbol{A}|=\left|\dfrac{1}{2}\begin{pmatrix}1&3&0\\2&5&0\\1&-1&2\end{pmatrix}\right|=-\dfrac{1}{4}$，$|\boldsymbol{A}^{-1}|=-4$，因此

$$(\boldsymbol{A}^{-1})^*=|\boldsymbol{A}^{-1}|\boldsymbol{A}=-2\begin{pmatrix}1&3&0\\2&5&0\\1&-1&2\end{pmatrix}。$$

10. 设 n 阶方阵 $\boldsymbol{A}$ 满足 $\boldsymbol{A}^2-\boldsymbol{A}+\boldsymbol{E}=\boldsymbol{0}$，证明：$\boldsymbol{A}$ 为非奇异矩阵。

分析 利用矩阵的乘法和定理 2.2 的推论证明。

证 将等式 $\boldsymbol{A}^2-\boldsymbol{A}+\boldsymbol{E}=\boldsymbol{0}$ 变形，可得 $\boldsymbol{A}(\boldsymbol{E}-\boldsymbol{A})=\boldsymbol{E}$，根据定理 2.2 的推论可知，矩阵 $\boldsymbol{A}$ 可逆，即 $\boldsymbol{A}$ 为非奇异矩阵。

证毕

11. 设 $\boldsymbol{A}^k=\boldsymbol{0}$（$k$ 是正整数），证明：$(\boldsymbol{E}-\boldsymbol{A})^{-1}=\boldsymbol{E}+\boldsymbol{A}+\boldsymbol{A}^2+\cdots+\boldsymbol{A}^{k-1}$。

分析 利用矩阵乘法和定理 2.2 的推论证明。

证 由于 $\boldsymbol{A}^k=\boldsymbol{0}$，整理可得

$$\boldsymbol{E}-\boldsymbol{A}^k=\boldsymbol{E}\Rightarrow(\boldsymbol{E}-\boldsymbol{A})(\boldsymbol{E}+\boldsymbol{A}+\boldsymbol{A}^2+\cdots+\boldsymbol{A}^{k-1})=\boldsymbol{E},$$

由定理 2.2 的推论可知，矩阵 $\boldsymbol{E}-\boldsymbol{A}$ 可逆，且有 $(\boldsymbol{E}-\boldsymbol{A})^{-1}=\boldsymbol{E}+\boldsymbol{A}+\cdots+\boldsymbol{A}^{k-1}$。

证毕

考研试题选编 2

1. 矩阵的运算

(1) 已知 $\boldsymbol{\alpha}=(1,2,3)$，$\boldsymbol{\beta}=\left(1,\dfrac{1}{2},\dfrac{1}{3}\right)$，设矩阵 $\boldsymbol{A}=\boldsymbol{\alpha}^{\mathrm{T}}\boldsymbol{\beta}$，其中 $\boldsymbol{\alpha}^{\mathrm{T}}$ 是 $\boldsymbol{\alpha}$ 的转置，则 $\boldsymbol{A}^n=$________（1994 年）

提示：$\boldsymbol{A}^n=\boldsymbol{\alpha}^{\mathrm{T}}(\boldsymbol{\beta}\boldsymbol{\alpha}^{\mathrm{T}})\cdots(\boldsymbol{\beta}\boldsymbol{\alpha}^{\mathrm{T}})\boldsymbol{\beta}=3^{n-1}\boldsymbol{\alpha}^{\mathrm{T}}\boldsymbol{\beta}$，结果为 $3^{n-1}\begin{pmatrix}1&\frac{1}{2}&\frac{1}{3}\\2&1&\frac{2}{3}\\3&\frac{3}{2}&1\end{pmatrix}$。

(2) 设 $\boldsymbol{\alpha}$ 为三维列向量，$\boldsymbol{\alpha}^{\mathrm{T}}$ 是 $\boldsymbol{\alpha}$ 的转置，若 $\boldsymbol{\alpha}\boldsymbol{\alpha}^{\mathrm{T}}=\begin{pmatrix}1&-1&1\\-1&1&-1\\1&-1&1\end{pmatrix}$，则 $\boldsymbol{\alpha}^{\mathrm{T}}\boldsymbol{\alpha}=$________。（2003 年）

提示：参见经典题型详解中例 2.3。$\boldsymbol{\alpha}\boldsymbol{\alpha}^{\mathrm{T}}=\begin{pmatrix}1&-1&1\\-1&1&-1\\1&-1&1\end{pmatrix}=\begin{pmatrix}1\\-1\\1\end{pmatrix}(1\quad -1\quad 1)$，结果为 3。

(3) 设 $\boldsymbol{A}=\begin{pmatrix}1&0&1\\0&2&0\\1&0&1\end{pmatrix}$，而 $n\geqslant 2$ 为正整数，则 $\boldsymbol{A}^n-2\boldsymbol{A}^{n-1}=$________。（1999 年）

提示：$\boldsymbol{A}^n-2\boldsymbol{A}^{n-1}=(\boldsymbol{A}-2\boldsymbol{E})\boldsymbol{A}^{n-1}$，由于 $(\boldsymbol{A}-2\boldsymbol{E})\boldsymbol{A}=\boldsymbol{0}$，所以结果为 $\boldsymbol{0}$。

(4) 设矩阵 $\boldsymbol{A}=\begin{pmatrix}0&-1&0\\1&0&0\\0&0&-1\end{pmatrix}$，$\boldsymbol{B}=\boldsymbol{P}^{-1}\boldsymbol{A}\boldsymbol{P}$，其中 $\boldsymbol{P}$ 为三阶可逆矩阵，则 $\boldsymbol{B}^{2004}-2\boldsymbol{A}^2=$________。

（2004 年）

提示：参见习题 2.2(7)的解题方法，结果为$\begin{pmatrix}3&0&0\\0&3&0\\0&0&-1\end{pmatrix}$。

(5) 设$\boldsymbol{A}=\begin{pmatrix}1&2&-2\\4&t&3\\3&-1&1\end{pmatrix}$，$\boldsymbol{B}$为三阶非零矩阵，且$\boldsymbol{AB}=\boldsymbol{0}$，则$t=$________。(1997 年)

提示：依题意，非零矩阵$\boldsymbol{B}$的列向量都是齐次线性方程组$\boldsymbol{Ax}=\boldsymbol{0}$的解，因此必有$|\boldsymbol{A}|=0$，由此解得$t=-3$。

2. 方阵的行列式

(1) 若$\boldsymbol{\alpha}_1,\boldsymbol{\alpha}_2,\boldsymbol{\alpha}_3,\boldsymbol{\beta}_1,\boldsymbol{\beta}_2$都是 4 维列向量，且有$|\boldsymbol{\alpha}_1,\boldsymbol{\alpha}_2,\boldsymbol{\alpha}_3,\boldsymbol{\beta}_1|=m$，$|\boldsymbol{\alpha}_1,\boldsymbol{\alpha}_2,\boldsymbol{\beta}_2,\boldsymbol{\alpha}_3|=n$，则 4 阶行列式$|\boldsymbol{\alpha}_3,\boldsymbol{\alpha}_1,\boldsymbol{\alpha}_2,\boldsymbol{\beta}_1+\boldsymbol{\beta}_2|=($　　$)$。(1993 年)

A. $m+n$　　B. $-(m+n)$　　C. $n-m$　　D. $m-n$

提示：利用行列式的性质 4(可加性)进行拆分，选 C。

(2) 设$\boldsymbol{\alpha}_1,\boldsymbol{\alpha}_2,\boldsymbol{\alpha}_3$均为三维列向量，记矩阵$\boldsymbol{A}=(\boldsymbol{\alpha}_1,\boldsymbol{\alpha}_2,\boldsymbol{\alpha}_3)$，$\boldsymbol{B}=(\boldsymbol{\alpha}_1+\boldsymbol{\alpha}_2+\boldsymbol{\alpha}_3,\boldsymbol{\alpha}_1+2\boldsymbol{\alpha}_2+4\boldsymbol{\alpha}_3,\boldsymbol{\alpha}_1+3\boldsymbol{\alpha}_2+9\boldsymbol{\alpha}_3)$，如果$|\boldsymbol{A}|=1$，那么$|\boldsymbol{B}|=$________。(2005 年)

提示：一种方法是利用行列式的性质 4 和性质 5 对行列式进行拆分和化简；另一种方法是利用矩阵乘法将其表示为$\boldsymbol{B}=\boldsymbol{A}\begin{pmatrix}1&1&1\\1&2&3\\1&3&9\end{pmatrix}$，然后两边取行列式，结果是 2。

(3) 设$\boldsymbol{\alpha}=(1,0,-1)^{\mathrm{T}}$，矩阵$\boldsymbol{A}=\boldsymbol{\alpha}\boldsymbol{\alpha}^{\mathrm{T}}$，$n$为正整数，则$|a\boldsymbol{E}-\boldsymbol{A}^n|=$________。(2000 年)

提示：$\boldsymbol{A}^n=2^{n-1}\boldsymbol{A}$，结果为$a^2(a-2^n)$。

(4) 设三阶方阵$\boldsymbol{A},\boldsymbol{B}$满足$\boldsymbol{A}^2\boldsymbol{B}-\boldsymbol{A}-\boldsymbol{B}=\boldsymbol{E}$，其中$\boldsymbol{A}=\begin{pmatrix}1&0&1\\0&2&0\\-2&0&1\end{pmatrix}$，$\boldsymbol{E}$为三阶单位矩阵，则$|\boldsymbol{B}|=$________。(2003 年)

提示：参见经典题型详解中例 2.11，结果为$\dfrac{1}{2}$。

(5) 设矩阵$\boldsymbol{A}=\begin{pmatrix}2&1\\-1&2\end{pmatrix}$，$\boldsymbol{E}$为二阶单位矩阵，矩阵$\boldsymbol{B}$满足$\boldsymbol{BA}=\boldsymbol{B}+2\boldsymbol{E}$，则$|\boldsymbol{B}|=$________。(2006 年)

提示：将等式$\boldsymbol{BA}=\boldsymbol{B}+2\boldsymbol{E}$变形为$\boldsymbol{B}(\boldsymbol{A}-\boldsymbol{E})=2\boldsymbol{E}$，然后两边取行列式，结果为 2。

3. 可逆矩阵、伴随矩阵、分块矩阵

(1) 设$\boldsymbol{A}$为n阶非零矩阵，$\boldsymbol{E}$为n阶单位矩阵。若$\boldsymbol{A}^3=\boldsymbol{0}$，则(　　)。(2008 年)

A. $\boldsymbol{E}-\boldsymbol{A}$不可逆，$\boldsymbol{E}+\boldsymbol{A}$不可逆　　B. $\boldsymbol{E}-\boldsymbol{A}$不可逆，$\boldsymbol{E}+\boldsymbol{A}$可逆

C. $\boldsymbol{E}-\boldsymbol{A}$可逆，$\boldsymbol{E}+\boldsymbol{A}$可逆　　D. $\boldsymbol{E}-\boldsymbol{A}$可逆，$\boldsymbol{E}+\boldsymbol{A}$不可逆

提示：参见经典题型详解中例 2.12。由于，$\boldsymbol{E}=\boldsymbol{E}-\boldsymbol{A}^3=(\boldsymbol{E}-\boldsymbol{A})(\boldsymbol{E}+\boldsymbol{A}+\boldsymbol{A}^2)$，$\boldsymbol{E}=\boldsymbol{E}+\boldsymbol{A}^3=(\boldsymbol{E}+\boldsymbol{A})(\boldsymbol{E}-\boldsymbol{A}+\boldsymbol{A}^2)$，选 C。

(2) 设$\boldsymbol{A},\boldsymbol{B}$均为二阶矩阵，$\boldsymbol{A}^*,\boldsymbol{B}^*$分别为$\boldsymbol{A},\boldsymbol{B}$的伴随矩阵。若$|\boldsymbol{A}|=2$，$|\boldsymbol{A}|=3$，则分块矩阵$\begin{pmatrix}\boldsymbol{0}&\boldsymbol{A}\\\boldsymbol{B}&\boldsymbol{0}\end{pmatrix}$的伴随矩阵为(　　)。(2009 年)

A. $\begin{pmatrix}\boldsymbol{0}&3\boldsymbol{B}^*\\2\boldsymbol{A}^*&\boldsymbol{0}\end{pmatrix}$　　B. $\begin{pmatrix}\boldsymbol{0}&2\boldsymbol{B}^*\\3\boldsymbol{A}^*&\boldsymbol{0}\end{pmatrix}$　　C. $\begin{pmatrix}\boldsymbol{0}&3\boldsymbol{A}^*\\2\boldsymbol{B}^*&\boldsymbol{0}\end{pmatrix}$　　D. $\begin{pmatrix}\boldsymbol{0}&2\boldsymbol{A}^*\\3\boldsymbol{B}^*&\boldsymbol{0}\end{pmatrix}$

提示：由$\begin{vmatrix}\boldsymbol{0}&\boldsymbol{A}\\\boldsymbol{B}&\boldsymbol{0}\end{vmatrix}=(-1)^{2\times2}|\boldsymbol{A}||\boldsymbol{B}|=6$可知，矩阵$\begin{pmatrix}\boldsymbol{0}&\boldsymbol{A}\\\boldsymbol{B}&\boldsymbol{0}\end{pmatrix}$可逆。然后根据$\boldsymbol{A}^*=|\boldsymbol{A}|\boldsymbol{A}^{-1}$，有

$\begin{pmatrix}\mathbf{0} & \mathbf{A}\\ \mathbf{B} & \mathbf{0}\end{pmatrix}^* = \begin{vmatrix}\mathbf{0} & \mathbf{A}\\ \mathbf{B} & \mathbf{0}\end{vmatrix}\begin{pmatrix}\mathbf{0} & \mathbf{A}\\ \mathbf{B} & \mathbf{0}\end{pmatrix}^{-1} = 6\begin{pmatrix}\mathbf{0} & \mathbf{B}^{-1}\\ \mathbf{A}^{-1} & \mathbf{0}\end{pmatrix} = \begin{pmatrix}\mathbf{0} & 6\mathbf{B}^{-1}\\ 6\mathbf{A}^{-1} & \mathbf{0}\end{pmatrix} = \begin{pmatrix}\mathbf{0} & 2\mathbf{B}^*\\ 3\mathbf{A}^* & \mathbf{0}\end{pmatrix}$，选 B。

(3) 设 $\mathbf{A}$ 是任一 $n(n\geqslant 3)$ 阶方阵，$\mathbf{A}^*$ 是其伴随矩阵。又 k 为常数，且 $k\neq 0,\pm 1$，则必有 $(k\mathbf{A})^* =$(　　)。(1998 年)

A. $k\mathbf{A}^*$　　B. $k^{n-1}\mathbf{A}^*$　　C. $k^n\mathbf{A}^*$　　D. $k^{-1}\mathbf{A}^*$

提示：由 $\mathbf{A}^* = |\mathbf{A}|\mathbf{A}^{-1}$ 可知，$(k\mathbf{A})^* = |k\mathbf{A}|(k\mathbf{A})^{-1} = k^n|\mathbf{A}|\cdot\dfrac{1}{k}\mathbf{A}^{-1} = k^{n-1}\mathbf{A}^*$，选 B。

(4) 设 $\mathbf{A},\mathbf{B}$ 为 n 阶矩阵，$\mathbf{A}^*,\mathbf{B}^*$ 分别为 $\mathbf{A},\mathbf{B}$ 对应的伴随矩阵，分块矩阵 $\mathbf{C}=\begin{pmatrix}\mathbf{A} & \mathbf{0}\\ \mathbf{0} & \mathbf{B}\end{pmatrix}$，则 $\mathbf{C}$ 的伴随矩阵为 $\mathbf{C}^* =$(　　)。(2002 年)

A. $\begin{pmatrix}|\mathbf{A}|\mathbf{A}^* & \mathbf{0}\\ \mathbf{0} & |\mathbf{B}|\mathbf{B}^*\end{pmatrix}$　　B. $\begin{pmatrix}|\mathbf{B}|\mathbf{B}^* & \mathbf{0}\\ \mathbf{0} & |\mathbf{A}|\mathbf{A}^*\end{pmatrix}$

C. $\begin{pmatrix}|\mathbf{A}|\mathbf{B}^* & \mathbf{0}\\ \mathbf{0} & |\mathbf{B}|\mathbf{A}^*\end{pmatrix}$　　D. $\begin{pmatrix}|\mathbf{B}|\mathbf{A}^* & \mathbf{0}\\ \mathbf{0} & |\mathbf{A}|\mathbf{B}^*\end{pmatrix}$

提示：$\mathbf{C}^* = |\mathbf{C}|\mathbf{C}^{-1} = \begin{vmatrix}\mathbf{A} & \mathbf{0}\\ \mathbf{0} & \mathbf{B}\end{vmatrix}\begin{pmatrix}\mathbf{A} & \mathbf{0}\\ \mathbf{0} & \mathbf{B}\end{pmatrix}^{-1} = |\mathbf{A}||\mathbf{B}|\begin{pmatrix}\mathbf{A}^{-1} & \mathbf{0}\\ \mathbf{0} & \mathbf{B}^{-1}\end{pmatrix}$，选 D。

(5) 设 $\mathbf{A}=(a_{ij})$ 是三阶非零矩阵，$|\mathbf{A}|$ 为 $\mathbf{A}$ 的行列式，A_{ij} 为 a_{ij} 的代数子式，若 $a_{ij}+A_{ij}=0(i,j=1,2,3)$，则 $|\mathbf{A}|=$________。(2013 年)

提示：根据伴随矩阵的定义，由 $a_{ij}+A_{ij}=0(i,j=1,2,3)$ 知，$\mathbf{A}^{\mathrm{T}}=-\mathbf{A}^*$，然后两边取行列式得故 $|\mathbf{A}|$ 为零或 -1；再根据 $|\mathbf{A}|=a_{11}A_{11}+a_{12}A_{12}+a_{13}A_{13}=-(a_{11}^2+a_{12}^2+a_{13}^2)\neq 0$ 可得 $|\mathbf{A}|=-1$。

(6) 设矩阵 $\mathbf{A}$ 满足 $\mathbf{A}^2+\mathbf{A}-4\mathbf{E}=\mathbf{0}$，其中 $\mathbf{E}$ 为单位矩阵，则 $(\mathbf{A}-\mathbf{E})^{-1}=$________。(2001 年)

提示：参见经典题型详解中例 2.12，结果为 $\dfrac{1}{2}(\mathbf{A}+2\mathbf{E})$。

(7) 设 $\mathbf{A}=\begin{pmatrix}1 & 0 & 0 & 0\\ -2 & 3 & 0 & 0\\ 0 & -4 & 5 & 0\\ 0 & 0 & -6 & 7\end{pmatrix}$，$\mathbf{E}$ 为 4 阶单位矩阵，且 $\mathbf{B}=(\mathbf{E}+\mathbf{A})^{-1}(\mathbf{E}-\mathbf{A})$，则 $(\mathbf{E}+\mathbf{B})^{-1}=$________。(2000 年)

提示：将等式 $\mathbf{B}=(\mathbf{E}+\mathbf{A})^{-1}(\mathbf{E}-\mathbf{A})$ 经过系列变形可得 $(\mathbf{E}+\mathbf{B})^{-1}=\dfrac{1}{2}(\mathbf{E}+\mathbf{A})$，结果为 $\begin{pmatrix}1 & 0 & 0 & 0\\ -1 & 2 & 0 & 0\\ 0 & -2 & 3 & 0\\ 0 & 0 & -3 & 4\end{pmatrix}$。

(8) 已知 $\mathbf{A}=\begin{pmatrix}1 & 0 & 0\\ 2 & 2 & 0\\ 3 & 4 & 5\end{pmatrix}$，$\mathbf{A}^*$ 是 $\mathbf{A}$ 的伴随矩阵，则 $(\mathbf{A}^*)^{-1}=$________。(1995 年)

提示：由 $|\mathbf{A}|=10$ 可知，$\mathbf{A}$ 可逆 $(\mathbf{A}^*)^{-1}=\dfrac{1}{|\mathbf{A}|}\mathbf{A}=\dfrac{1}{10}\begin{pmatrix}1 & 0 & 0\\ 2 & 2 & 0\\ 3 & 4 & 5\end{pmatrix}$。

(9) 已知 $\mathbf{A},\mathbf{B}$ 为三阶矩阵，且满足 $2\mathbf{A}^{-1}\mathbf{B}=\mathbf{B}-4\mathbf{E}$，其中 $\mathbf{E}$ 是三阶单位矩阵。

(i) 证明：矩阵 $\mathbf{A}-2\mathbf{E}$ 可逆；(ii) 若 $\mathbf{B}=\begin{pmatrix}1 & -2 & 0\\ 1 & 2 & 0\\ 0 & 0 & 2\end{pmatrix}$，求矩阵 $\mathbf{A}$。(2002 年)

提示：参见经典题型详解中例 2.16，结果为 $\boldsymbol{A}=\begin{pmatrix}0&2&0\\-1&-1&0\\0&0&-2\end{pmatrix}$。

(10) 设 n 维列向量 $\boldsymbol{\alpha}=(a,0,\cdots,0,a)^{\mathrm{T}}$，$a<0$，$\boldsymbol{E}$ 为 n 阶单位矩阵，$\boldsymbol{A}=\boldsymbol{E}-\boldsymbol{\alpha}\boldsymbol{\alpha}^{\mathrm{T}}$，$\boldsymbol{B}=\boldsymbol{E}+\frac{1}{a}\boldsymbol{\alpha}\boldsymbol{\alpha}^{\mathrm{T}}$。若 $\boldsymbol{A}$ 的逆矩阵为 $\boldsymbol{B}$，则 $a=$________。(2003 年)

提示：依题意，$\boldsymbol{AB}=\boldsymbol{E}$，即 $(\boldsymbol{E}-\boldsymbol{\alpha}\boldsymbol{\alpha}^{\mathrm{T}})\left(\boldsymbol{E}+\frac{1}{a}\boldsymbol{\alpha}\boldsymbol{\alpha}^{\mathrm{T}}\right)=\boldsymbol{E}$，整理可得 $a=-1$。

(11) 设 $\boldsymbol{A}$ 为 n 阶非奇异矩阵，$\boldsymbol{\alpha}$ 为 n 维列向量，b 为常数，记分块矩阵

$$\boldsymbol{P}=\begin{pmatrix}\boldsymbol{E}&\boldsymbol{0}\\-\boldsymbol{\alpha}^{\mathrm{T}}\boldsymbol{A}^{*}&|\boldsymbol{A}|\end{pmatrix},\quad \boldsymbol{Q}=\begin{pmatrix}\boldsymbol{A}&\boldsymbol{\alpha}\\\boldsymbol{\alpha}^{\mathrm{T}}&b\end{pmatrix},$$

其中 $\boldsymbol{A}^{*}$ 是矩阵 $\boldsymbol{A}$ 的伴随矩阵，$\boldsymbol{E}$ 为 n 阶单位矩阵。解答下列问题：(1997 年)

(i) 计算并化简 $\boldsymbol{PQ}$；(ii) 证明矩阵 $\boldsymbol{Q}$ 可逆的充分必要条件是 $\boldsymbol{\alpha}^{\mathrm{T}}\boldsymbol{A}^{-1}\boldsymbol{\alpha}\neq b$。

提示：根据分块矩阵的乘法，结果为 $\boldsymbol{PQ}=\begin{pmatrix}\boldsymbol{A}&\boldsymbol{\alpha}\\\boldsymbol{0}&|\boldsymbol{A}|(b-\boldsymbol{\alpha}^{\mathrm{T}}\boldsymbol{A}^{-1}\boldsymbol{\alpha})\end{pmatrix}$。

4. 矩阵方程

(1) 设 $\boldsymbol{A},\boldsymbol{B},\boldsymbol{C}$ 均为 n 阶矩阵，$\boldsymbol{E}$ 为 n 阶单位矩阵，若 $\boldsymbol{B}=\boldsymbol{E}+\boldsymbol{AB}$，$\boldsymbol{C}=\boldsymbol{A}+\boldsymbol{CA}$，则 $\boldsymbol{B}-\boldsymbol{C}=$(　　)。(2005 年)

A. $\boldsymbol{E}$　　B. $-\boldsymbol{E}$　　C. $\boldsymbol{A}$　　D. $-\boldsymbol{A}$

提示：通过对已知等式的变形即可得到结论，选 A。

(2) 已知矩阵 $\boldsymbol{A}=\begin{pmatrix}1&0&0\\1&1&0\\1&1&1\end{pmatrix}$，$\boldsymbol{B}=\begin{pmatrix}0&1&1\\1&0&1\\1&1&0\end{pmatrix}$，且矩阵 $\boldsymbol{X}$ 满足 $\boldsymbol{AXA}+\boldsymbol{BXB}=\boldsymbol{AXB}+\boldsymbol{BXA}+\boldsymbol{E}$，其中 $\boldsymbol{E}$ 是三阶单位矩阵，求 $\boldsymbol{X}$。(2001 年)

提示：将等式变形为 $(\boldsymbol{A}-\boldsymbol{B})\boldsymbol{X}(\boldsymbol{A}-\boldsymbol{B})=\boldsymbol{E}$，结果为 $\boldsymbol{X}=\begin{pmatrix}1&2&5\\0&1&2\\0&0&1\end{pmatrix}$。

(3) 设矩阵 $\boldsymbol{A}=\begin{pmatrix}a&1&0\\1&a&-1\\0&1&a\end{pmatrix}$，且 $\boldsymbol{A}^3=\boldsymbol{0}$，解答下列问题：(2015 年)

(i) 求 a 的值；(ii) 若矩阵 $\boldsymbol{X}$ 满足 $\boldsymbol{X}-\boldsymbol{XA}^2-\boldsymbol{AX}+\boldsymbol{AXA}^2=\boldsymbol{E}$，其中 $\boldsymbol{E}$ 是三阶单位矩阵，求 $\boldsymbol{X}$。

提示：(i) 由 $\boldsymbol{A}^3=\boldsymbol{0}$ 可知，$|\boldsymbol{A}|=0$，进而可以求出 a 的值，结果为 $a=0$；(ii) 对等式整理可得 $(\boldsymbol{E}-\boldsymbol{A})\boldsymbol{X}(\boldsymbol{E}-\boldsymbol{A}^2)=\boldsymbol{E}$，结果为 $\boldsymbol{X}=\begin{pmatrix}3&1&-2\\1&1&-1\\2&1&-1\end{pmatrix}$。

(4) 设 $(2\boldsymbol{E}-\boldsymbol{C}^{-1}\boldsymbol{B})\boldsymbol{A}^{\mathrm{T}}=\boldsymbol{C}^{-1}$，其中 $\boldsymbol{E}$ 是 4 阶单位矩阵，$\boldsymbol{A}^{\mathrm{T}}$ 是 4 阶矩阵 $\boldsymbol{A}$ 的转置矩阵，且 $\boldsymbol{B}=\begin{pmatrix}1&2&-3&-2\\0&1&2&-3\\0&0&1&2\\0&0&0&1\end{pmatrix}$，$\boldsymbol{C}=\begin{pmatrix}1&2&0&1\\0&1&2&0\\0&0&1&2\\0&0&0&1\end{pmatrix}$，求矩阵 $\boldsymbol{A}$。(1998 年)

提示：将等式变形为 $(2\boldsymbol{C}-\boldsymbol{B})\boldsymbol{A}^{\mathrm{T}}=\boldsymbol{E}$，结果为 $\boldsymbol{A}=\begin{pmatrix}1&0&0&0\\-2&1&0&0\\1&-2&1&0\\0&1&-2&1\end{pmatrix}$。

第 3 章

矩阵的初等变换及应用

一、基本要求

1. 掌握初等变换和初等矩阵的定义、功能、性质；了解矩阵等价的概念。
2. 熟练掌握用初等变换求矩阵的逆，求矩阵的秩，判定和求线性方程组的解。

二、知识网络图

- 矩阵的初等变换及应用
  - 初等变换
    - 初等行(列)变换(定义 3.1)
      - 换行(列)：$r_i \leftrightarrow r_j(c_i \leftrightarrow c_j)$
      - 数乘：$kr_i(kc_i)$
      - 倍加：$r_i + kr_j(c_i + kc_j)$
    - 矩阵的等价(定义 3.2)
    - 同解线性方程组(定理 3.1)
    - 矩阵的行阶梯形、行最简形和标准形(定理 3.2 及其推论 1、推论 2)
  - 初等矩阵
    - 初等矩阵(定义 3.3)
      - 第一种初等矩阵：$\boldsymbol{E}(i,j)$
      - 第二种初等矩阵：$\boldsymbol{E}(i(k))$
      - 第三种初等矩阵：$\boldsymbol{E}(ij(k))$
    - 两个矩阵等价的充分必要条件(定理 3.4)
    - 初等矩阵的逆(定理 3.5)
    - 等价方阵的行列式(定理 3.6)
  - 初等矩阵与初等变换的关系(定理 3.3)：左乘变行、右乘变列
  - 应用 1
    - 矩阵可逆的充分必要条件(定理 3.7)：初等矩阵表示法
    - 用初等变换求逆矩阵
      - 初等行变换：$(\boldsymbol{A} \mid \boldsymbol{E}) \to (\boldsymbol{E} \mid \boldsymbol{A}^{-1})$
      - 初等列变换：$\begin{pmatrix} \boldsymbol{A} \\ \hdashline \boldsymbol{E} \end{pmatrix} \to \begin{pmatrix} \boldsymbol{E} \\ \hdashline \boldsymbol{A}^{-1} \end{pmatrix}$
    - 用初等变换解矩阵方程
      - $\boldsymbol{AX}=\boldsymbol{B} \to \boldsymbol{X}=\boldsymbol{A}^{-1}\boldsymbol{B}$ 初等行变换：$(\boldsymbol{A} \mid \boldsymbol{B}) \to (\boldsymbol{E} \mid \boldsymbol{A}^{-1}\boldsymbol{B})$
      - $\boldsymbol{YA}=\boldsymbol{C} \to \boldsymbol{Y}=\boldsymbol{CA}^{-1}$ 初等列变换：$\begin{pmatrix} \boldsymbol{A} \\ \hdashline \boldsymbol{C} \end{pmatrix} \to \begin{pmatrix} \boldsymbol{E} \\ \hdashline \boldsymbol{CA}^{-1} \end{pmatrix}$
  - 应用 2
    - 矩阵的秩
      - k 阶子式(定义 3.4)
      - 矩阵的秩(定义 3.5)
      - 满秩矩阵、降秩矩阵
    - 用初等变换求矩阵的秩(定理 3.8)
  - 应用 3
    - 非齐次线性方程组的解(定理 3.9)
    - 齐次线性方程组的解(定理 3.10)

初等变换在化简矩阵、求矩阵的逆和秩、解线性方程组等问题中起着非常重要的作用，它在线性代数中占有很重要的地位。

3.1 初等变换与初等矩阵

一、知识要点

1. 矩阵的初等变换

定义 3.1 如下的三种变换称为对矩阵实施的**初等行变换**：

(1) 互换矩阵的第 i,j 两行(记作 $r_i \leftrightarrow r_j$)，简称为**换行**；

(2) 将矩阵的第 i 行各元素乘以非零常数 k(记作 kr_i)，简称为**数乘**；

(3) 将矩阵的第 j 行各元素乘以非零数 k 后加到第 i 行的对应元素上(记作 r_i+kr_j)，简称为**倍加**。

若将定义 3.1 中的“行”换成“列”，即可得到**初等列变换**的定义(所用记号是将“r”换成“c”)。对矩阵进行的初等行变换和初等列变换，统称为**初等变换**。

定义 3.2 如果矩阵 $\boldsymbol{A}$ 经过有限次初等变换变成矩阵 $\boldsymbol{B}$，则称矩阵 $\boldsymbol{A}$ 与 $\boldsymbol{B}$ **等价**，记作 $\boldsymbol{A}\sim\boldsymbol{B}$ 或 $\boldsymbol{A}\rightarrow\boldsymbol{B}$。

矩阵的等价关系具有下列性质：

性质 1(反身性) $\boldsymbol{A}$ 与 $\boldsymbol{A}$ 等价；

性质 2(对称性) 如果 $\boldsymbol{A}$ 与 $\boldsymbol{B}$ 等价，那么 $\boldsymbol{B}$ 与 $\boldsymbol{A}$ 等价；

性质 3(传递性) 如果 $\boldsymbol{A}$ 与 $\boldsymbol{B}$ 等价，$\boldsymbol{B}$ 与 $\boldsymbol{C}$ 等价，那么 $\boldsymbol{A}$ 与 $\boldsymbol{C}$ 等价。

定理 3.1 令 $\overline{\boldsymbol{A}}=(\boldsymbol{A},\boldsymbol{b})$ 和 $\overline{\boldsymbol{B}}=(\boldsymbol{B},\boldsymbol{d})$ 分别是线性方程组 $\boldsymbol{Ax}=\boldsymbol{b}$ 和 $\boldsymbol{Bx}=\boldsymbol{d}$ 的增广矩阵。若矩阵 $\overline{\boldsymbol{A}}$ 经过有限次初等行变换后变为矩阵 $\overline{\boldsymbol{B}}$，则线性方程组 $\boldsymbol{Bx}=\boldsymbol{d}$ 与 $\boldsymbol{Ax}=\boldsymbol{b}$ 同解。

由于初等列变换会改变对应线性方程组中未知数的位置，从而导致解的位置发生变化，所以，在实际计算时通常**只用初等行变换求解线性方程组**，很少使用初等列变换。

一般地，对矩阵 $\boldsymbol{A}_{m\times n}$ 实施有限次的初等行变换，可将其约化为如下形式的矩阵，即

$$\begin{pmatrix} c_{11} & c_{12} & \cdots & c_{1r} & c_{1r+1} & \cdots & c_{1n} \\ 0 & c_{22} & \cdots & c_{2r} & c_{2r+1} & \cdots & c_{2n} \\ \vdots & \vdots & & \vdots & \vdots & & \vdots \\ 0 & 0 & \cdots & c_{rr} & c_{rr+1} & \cdots & c_{rn} \\ 0 & 0 & \cdots & 0 & 0 & \cdots & 0 \\ \vdots & \vdots & & \vdots & \vdots & & \vdots \\ 0 & 0 & \cdots & 0 & 0 & \cdots & 0 \end{pmatrix},$$

称为**行阶梯形矩阵**。它具有如下特点：

(1) 每个阶梯只占一行；

(2) 任一非零行(即元素不全为零的行)的第一个非零元素的列标一定不小于行标，且第一个非零元素的列标都大于它上面的非零行(如果存在的话)的第一个非零元素的列标；

(3) 元素全为零的行(如果存在的话)必位于矩阵的最下面几行。

若对行阶梯形矩阵再实施有限次的初等行变换，可以将其进一步约化为如下的矩阵，即

$$\begin{pmatrix} 1 & 0 & \cdots & 0 & b_{1r+1} & \cdots & b_{1n} \\ 0 & 1 & \cdots & 0 & b_{2r+1} & \cdots & b_{2n} \\ \vdots & \vdots & & \vdots & \vdots & & \vdots \\ 0 & 0 & \cdots & 1 & b_{rr+1} & \cdots & b_{rn} \\ 0 & 0 & \cdots & 0 & 0 & \cdots & 0 \\ \vdots & \vdots & & \vdots & \vdots & & \vdots \\ 0 & 0 & \cdots & 0 & 0 & \cdots & 0 \end{pmatrix},$$

称为**行最简形**。它的特点是：每一非零行的第一个非零元素全为 1；且它所在的列中其余元素全为零。

对于任一给定的矩阵 $\boldsymbol{A}_{m\times n}$，可以经过有限次的初等行变换将其约化为行阶梯形以及行最简形。进一步地，若对行最简形矩阵再实施有限次初等列变换，则有下面的最简单形式，即

$$\begin{pmatrix} 1 & 0 & \cdots & 0 & 0 & \cdots & 0 \\ 0 & 1 & \cdots & 0 & 0 & \cdots & 0 \\ \vdots & \vdots & & \vdots & \vdots & & \vdots \\ 0 & 0 & \cdots & 1 & 0 & \cdots & 0 \\ 0 & 0 & \cdots & 0 & 0 & \cdots & 0 \\ \vdots & \vdots & & \vdots & \vdots & & \vdots \\ 0 & 0 & \cdots & 0 & 0 & \cdots & 0 \end{pmatrix},$$

称为矩阵 $\boldsymbol{A}_{m\times n}$ 的**标准形**。

定理 3.2 任一矩阵可经有限次初等行变换约化为行阶梯形矩阵。

推论 1 任一矩阵可经过有限次初等行变换约化为行最简形矩阵。

推论 2 任一可逆矩阵可经过有限次初等行变换约化为单位矩阵。

2. 初等矩阵

定义 3.3 由单位矩阵 $\boldsymbol{E}$ 经过一次初等变换得到的矩阵称为**初等矩阵**。矩阵的三种初等变换对应于三种初等矩阵。

(1) **第一种初等矩阵**：互换单位矩阵 $\boldsymbol{E}$ 的第 i 行与第 j 行(或第 i 列与第 j 列)可以得到**第一种初等矩阵**，即

$$\boldsymbol{E}(i,j) = \begin{pmatrix} 1 & & & & & & & & & \\ & \ddots & & & & & & & & \\ & & 1 & & & & & & & \\ & & & 0 & & \cdots & & 1 & & & \\ & & & & \ddots & & & & & \\ & & & \vdots & & 1 & & \vdots & & \\ & & & & & & \ddots & & & \\ & & & 1 & & \cdots & & 0 & & \\ & & & & & & & & 1 & \\ & & & & & & & & & \ddots \\ & & & & & & & & & & 1 \end{pmatrix} \begin{matrix} \\ \\ \\ 第\ i\ 行 \\ \\ \\ \\ 第\ j\ 行 \\ \\ \\ \\ \end{matrix}。$$

(2) **第二种初等矩阵**：将单位矩阵 $\boldsymbol{E}$ 的第 i 行(或列)乘以非零常数 k 可以得到**第二种初等矩阵**，即

$$\boldsymbol{E}(i(k))=\begin{pmatrix}1 & & & & & \\ & \ddots & & & & \\ & & 1 & & & \\ & & & k & & \\ & & & & 1 & \\ & & & & & \ddots & \\ & & & & & & 1\end{pmatrix}\text{第 } i \text{ 行。}$$

(3) 第三种**初等矩阵**：将单位矩阵 $\boldsymbol{E}$ 的第 j 行(或第 i 列)乘以常数 k 加到第 i 行(或第 j 列)的对应元素上，可以得到**第三种初等矩阵**，即

$$\boldsymbol{E}(ij(k))=\begin{pmatrix}1 & & & & & \\ & \ddots & & & & \\ & & 1 & \cdots & k & \\ & & & \ddots & \vdots & \\ & & & & 1 & \\ & & & & & \ddots & \\ & & & & & & 1\end{pmatrix}\begin{matrix}\text{第 } i \text{ 行} \\ \\ \text{第 } j \text{ 行}\end{matrix}\text{。}$$

定理 3.3 设 $\boldsymbol{A}$ 是一个 $m\times n$ 矩阵。对 $\boldsymbol{A}$ 施以一次初等行变换，相当于在 $\boldsymbol{A}$ 的左边乘以相应的 m 阶初等矩阵；对 $\boldsymbol{A}$ 施以一次初等列变换，相当于在 $\boldsymbol{A}$ 的右边乘以相应的 n 阶初等矩阵。简称为**左乘变行，右乘变列**。

定理 3.4 $m\times n$ 矩阵 $\boldsymbol{A}$ 与 $\boldsymbol{B}$ 等价的充要条件是：存在 m 阶初等矩阵 $\boldsymbol{P}_1,\boldsymbol{P}_2,\cdots,\boldsymbol{P}_l$ 及 n 阶初等矩阵 $\boldsymbol{Q}_1,\boldsymbol{Q}_2,\cdots,\boldsymbol{Q}_t$，使得

$$\boldsymbol{P}_l\boldsymbol{P}_{l-1}\cdots\boldsymbol{P}_1\boldsymbol{A}\boldsymbol{Q}_1\boldsymbol{Q}_2\cdots\boldsymbol{Q}_t=\boldsymbol{B}\text{。}$$

对于三种初等矩阵 $\boldsymbol{E}(i,j),\boldsymbol{E}(i(k)),\boldsymbol{E}(ij(k))$，容易求得

$$|\boldsymbol{E}(i,j)|=-1,\quad |\boldsymbol{E}(i(k))|=k\neq 0,\quad |\boldsymbol{E}(ij(k))|=1\text{。}$$

初等矩阵的特性：

(1) $(\boldsymbol{E}(i,j))^{-1}=\boldsymbol{E}(i,j)$，$(\boldsymbol{E}(i(k)))^{-1}=\boldsymbol{E}\left(i\left(\frac{1}{k}\right)\right)$，$(\boldsymbol{E}(ij(k)))^{-1}=\boldsymbol{E}(ij(-k))$。

(2) 对于方阵 $\boldsymbol{A}$，若 $|\boldsymbol{A}|=a$，则 $|\boldsymbol{E}(i,j)\boldsymbol{A}|=-a$，$|\boldsymbol{E}(i(k))\boldsymbol{A}|=ka$，$|\boldsymbol{E}(ij(k))\boldsymbol{A}|=a$。

定理 3.5 初等矩阵均可逆，而且初等矩阵的逆矩阵仍为同类型的初等矩阵。

定理 3.6 对于方阵 $\boldsymbol{A}$，若 $|\boldsymbol{A}|\neq 0$，则与 $\boldsymbol{A}$ 等价的 $\boldsymbol{B}$ 的行列式不为零，即 $|\boldsymbol{B}|\neq 0$。

3. 用初等变换求逆矩阵

定理 3.7 方阵 $\boldsymbol{A}$ 可逆的充分必要条件是：$\boldsymbol{A}$ 能表示成有限个初等矩阵的乘积，即

$$\boldsymbol{A}=\boldsymbol{P}_1\boldsymbol{P}_2\cdots\boldsymbol{P}_s,$$

其中 $\boldsymbol{P}_1,\boldsymbol{P}_2,\cdots,\boldsymbol{P}_s$ 均为初等矩阵。

若矩阵 $\boldsymbol{A}$ 经过一系列初等行变换变为单位矩阵 $\boldsymbol{E}$，则单位矩阵 $\boldsymbol{E}$ 经过同样的初等行变换变为 $\boldsymbol{A}^{-1}$，其过程可表示为

$$(\boldsymbol{A} \mid \boldsymbol{E}) \xrightarrow{\text{初等行变换}} (\boldsymbol{E} \mid \boldsymbol{A}^{-1}),$$

这一过程实际上就是将矩阵$(\boldsymbol{A} \mid \boldsymbol{E})$通过一系列的初等行变换约化为行最简形矩阵。

类似地，若对 $2n\times n$ 矩阵 $\begin{pmatrix}\boldsymbol{A}\\ \cdots\\ \boldsymbol{E}\end{pmatrix}$ 施行初等列变换，有

$$\begin{pmatrix}\boldsymbol{A}\\ \cdots\\ \boldsymbol{E}\end{pmatrix} \xrightarrow{\text{初等列变换}} \begin{pmatrix}\boldsymbol{E}\\ \cdots\\ \boldsymbol{A}^{-1}\end{pmatrix}。$$

用初等变换求逆矩阵的几点说明。

(1) 对矩阵$(\boldsymbol{A} \mid \boldsymbol{E})$只能实施初等行变换，且在进行初等行变换时，必须将右边单位矩阵 $\boldsymbol{E}$ 所在的块同时进行。

(2) 在求一个矩阵的逆矩阵时，也可使用初等列变换求逆矩阵，但是对矩阵 $\begin{pmatrix}\boldsymbol{A}\\ \cdots\\ \boldsymbol{E}\end{pmatrix}$ 只能实施初等列变换，且在进行初等列变换时，必须将下边单位矩阵 $\boldsymbol{E}$ 所在的块同时进行。

用初等变换求逆矩阵的方法也可用于解某些特殊的矩阵方程。

设有矩阵方程 $\boldsymbol{AX}=\boldsymbol{B}$。若 $\boldsymbol{A}$ 可逆，则 $\boldsymbol{X}=\boldsymbol{A}^{-1}\boldsymbol{B}$。对矩阵$(\boldsymbol{A} \mid \boldsymbol{B})$实施初等行变换，当把 $\boldsymbol{A}$ 变换为单位矩阵 $\boldsymbol{E}$ 时，$\boldsymbol{B}$ 就约化为 $\boldsymbol{A}^{-1}\boldsymbol{B}$，即

$$(\boldsymbol{A} \mid \boldsymbol{B}) \xrightarrow{\text{初等行变换}} (\boldsymbol{E} \mid \boldsymbol{A}^{-1}\boldsymbol{B})。$$

同理，在求解矩阵方程 $\boldsymbol{YA}=\boldsymbol{C}$ 时，若 $\boldsymbol{A}$ 可逆，则 $\boldsymbol{Y}=\boldsymbol{CA}^{-1}$。可以对矩阵 $\begin{pmatrix}\boldsymbol{A}\\ \cdots\\ \boldsymbol{C}\end{pmatrix}$ 实施初等列变换，使得

$$\begin{pmatrix}\boldsymbol{A}\\ \cdots\\ \boldsymbol{C}\end{pmatrix} \xrightarrow{\text{初等列变换}} \begin{pmatrix}\boldsymbol{E}\\ \cdots\\ \boldsymbol{CA}^{-1}\end{pmatrix}。$$

二、疑难解析

1. 举例说明：用消元法求解线性方程组与用增广矩阵方法求解线性方程组的对应关系。

线性方程组

$$\begin{cases}7x_1+8x_2+11x_3=-3,\\ 5x_1+x_2-3x_3=-4,\\ x_1+2x_2+3x_3=1。\end{cases}$$

增广矩阵

$$\bar{\boldsymbol{A}}=\begin{pmatrix}7&8&11&-3\\5&1&-3&-4\\1&2&3&1\end{pmatrix}$$

互换方程组中第一、三个方程的位置

$$\begin{cases}x_1+2x_2+3x_3=1,\\ 5x_1+x_2-3x_3=-4,\\ 7x_1+8x_2+11x_3=-3。\end{cases}$$

$$\xrightarrow{r_1\leftrightarrow r_3}\begin{pmatrix}1&2&3&1\\5&1&-3&-4\\7&8&11&-3\end{pmatrix}$$

将第一个方程的 -5 倍加到第二个方程上， r_2-5r_1

-7 倍加到第三个方程上 r_3-7r_1

$$\begin{cases} x_1+2x_2+\ 3x_3=1, \\ \quad -9x_2-18x_3=-9, \\ \quad -6x_2-10x_3=-10。\end{cases} \qquad \begin{pmatrix} 1 & 2 & 3 & 1 \\ 0 & -9 & -18 & -9 \\ 0 & -6 & -10 & -10 \end{pmatrix}$$

将第二个和三个方程分别提出公因子 -9 和 -2 $r_2/(-9), r_3/(-2)$

$$\begin{cases} x_1+2x_2+3x_3=1, \\ \qquad x_2+2x_3=1, \\ \quad 3x_2+5x_3=5。\end{cases} \qquad \begin{pmatrix} 1 & 2 & 3 & 1 \\ 0 & 1 & 2 & 1 \\ 0 & 3 & 5 & 5 \end{pmatrix}$$

将第二个方程的 -3 倍加到第三个方程上 r_3-3r_2

$$\begin{cases} x_1+2x_2+3x_3=1, \\ \qquad x_2+2x_3=1, \\ \qquad\quad -x_3=2。\end{cases} \qquad \begin{pmatrix} 1 & 2 & 3 & 1 \\ 0 & 1 & 2 & 1 \\ 0 & 0 & -1 & 2 \end{pmatrix}$$

将第三个方程的 2 倍加到第二个方程上， r_2+2r_3

3 倍加到第一个方程上 r_1+3r_3

$$\begin{cases} x_1+2x_2 \qquad =7, \\ \qquad x_2 \qquad =5, \\ \qquad\quad -x_3=2。\end{cases} \qquad \begin{pmatrix} 1 & 2 & 0 & 7 \\ 0 & 1 & 0 & 5 \\ 0 & 0 & -1 & 2 \end{pmatrix}$$

将第二个方程的 -2 倍加到第一个方程上， r_1-2r_2

将第三个方程乘以数 -1 $-r_3$

$$\begin{cases} x_1=-3, \\ x_2=5, \\ x_3=-2。\end{cases} \qquad \begin{pmatrix} 1 & 0 & 0 & -3 \\ 0 & 1 & 0 & 5 \\ 0 & 0 & 1 & -2 \end{pmatrix}$$

由于以上各线性方程组同解，故此线性方程组的解为　　由定理 3.9 知

$$x_1=-3,\quad x_2=5,\quad x_3=-2。$$

2. 在对矩阵实施初等变换时，与初等矩阵有何关系？如何理解"**左乘变行，右乘变列**"？

答　(1) 对矩阵 $\boldsymbol{A}$ 施以一次**初等行(列)变换**得到矩阵 $\boldsymbol{B}$，$\boldsymbol{B}$ 和 $\boldsymbol{A}$ 的关系是等价的，即 $\boldsymbol{A}\sim\boldsymbol{B}$；而在 $\boldsymbol{A}$ 的左(右)边乘以相应的 m 阶**初等矩阵** $\boldsymbol{P}$(n 阶初等矩阵 $\boldsymbol{Q}$)得到矩阵 $\boldsymbol{B}$，则 $\boldsymbol{B}$ 和 $\boldsymbol{A}$ 的关系可以用等号连接，即 $\boldsymbol{B}=\boldsymbol{PA}$($\boldsymbol{B}=\boldsymbol{AQ}$)。

(2) 如何理解"**左乘变行，右乘变列**"非常重要。对于第一种初等矩阵，在矩阵 $\boldsymbol{A}$ 左边乘(或右边乘)以初等矩阵 $\boldsymbol{E}(i,j)$，表示对矩阵 $\boldsymbol{A}$ 的第 i 行与第 j 行(或第 i 列与第 j 列)进行互换；对于第二种初等矩阵，在矩阵 $\boldsymbol{A}$ 左边乘(或右边乘)以初等矩阵 $\boldsymbol{E}(i(k))$，表示对矩阵 $\boldsymbol{A}$ 的第 i 行(或第 i 列)乘以非零常数 k；然而，对于**第三种初等矩阵，在矩阵 $\boldsymbol{A}$ 左边乘以 $\boldsymbol{E}(ij(k))$ 表示将矩阵 $\boldsymbol{A}$ 的第 j 行乘以常数 k 加到第 i 行的对应元素上，右边乘以 $\boldsymbol{E}(ij(k))$ 表示将矩阵 $\boldsymbol{A}$ 的第 i 列乘以常数 k 加到第 j 列的对应元素上**。这些细节经常被初学者弄混，因此，必须要记清楚这些符号的具体含义和使用规范。

例如，对矩阵 $\boldsymbol{A}$ 施以一次初等行变换

$$\boldsymbol{A}=\begin{pmatrix}a_{11}&a_{12}&a_{13}&a_{14}\\a_{21}&a_{22}&a_{23}&a_{24}\\a_{31}&a_{32}&a_{33}&a_{34}\end{pmatrix}\xrightarrow{r_2+kr_3}\begin{pmatrix}a_{11}&a_{12}&a_{13}&a_{14}\\a_{21}+ka_{31}&a_{22}+ka_{32}&a_{23}+ka_{33}&a_{24}+ka_{34}\\a_{31}&a_{32}&a_{33}&a_{34}\end{pmatrix},$$

相应地

$$\boldsymbol{E}(23(k))\boldsymbol{A}=\begin{pmatrix}1&0&0\\0&1&k\\0&0&1\end{pmatrix}\begin{pmatrix}a_{11}&a_{12}&a_{13}&a_{14}\\a_{21}&a_{22}&a_{23}&a_{24}\\a_{31}&a_{32}&a_{33}&a_{34}\end{pmatrix}$$

$$=\begin{pmatrix}a_{11}&a_{12}&a_{13}&a_{14}\\a_{21}+ka_{31}&a_{22}+ka_{32}&a_{23}+ka_{33}&a_{24}+ka_{34}\\a_{31}&a_{32}&a_{33}&a_{34}\end{pmatrix}。$$

对 $\boldsymbol{A}$ 施以一次初等列变换

$$\boldsymbol{A}=\begin{pmatrix}a_{11}&a_{12}&a_{13}&a_{14}\\a_{21}&a_{22}&a_{23}&a_{24}\\a_{31}&a_{32}&a_{33}&a_{34}\end{pmatrix}\xrightarrow{c_1+kc_4}\begin{pmatrix}a_{11}+ka_{14}&a_{12}&a_{13}&a_{14}\\a_{21}+ka_{24}&a_{22}&a_{23}&a_{24}\\a_{31}+ka_{34}&a_{32}&a_{33}&a_{34}\end{pmatrix},$$

相应地

$$\boldsymbol{AE}(41(k))=\begin{pmatrix}a_{11}&a_{12}&a_{13}&a_{14}\\a_{21}&a_{22}&a_{23}&a_{24}\\a_{31}&a_{32}&a_{33}&a_{34}\end{pmatrix}\begin{pmatrix}1&0&0&0\\0&1&0&0\\0&0&1&0\\k&0&0&1\end{pmatrix}=\begin{pmatrix}a_{11}+ka_{14}&a_{12}&a_{13}&a_{14}\\a_{21}+ka_{24}&a_{22}&a_{23}&a_{24}\\a_{31}+ka_{34}&a_{32}&a_{33}&a_{34}\end{pmatrix}。$$

3. 举例说明：对一个矩阵只实施初等行变换，一般情况下得不到矩阵标准形。

答 对一个可逆矩阵，只需对其实施初等行变换，便可以约化为对应的标准形。然而，对于一般形式的矩阵，若只实施初等行变换，一般情况下只能得到对应的行最简形，得不到矩阵标准形。例如

$$\boldsymbol{A}=\begin{pmatrix}2&-1&-1&1&2\\1&1&-2&1&4\\4&-6&2&-2&4\\3&6&-9&7&9\end{pmatrix}\to\begin{pmatrix}1&0&-1&0&4\\0&1&-1&0&3\\0&0&0&1&-3\\0&0&0&0&0\end{pmatrix}。$$

三、经典题型详解

题型1 利用初等行变换将矩阵约化为行阶梯形、行最简形和标准形

例3.1 将矩阵

$$\boldsymbol{A}=\begin{pmatrix}2&1&-1&-2&3\\0&2&1&1&-2\\1&2&3&-1&2\\3&5&3&-2&3\end{pmatrix}$$

约化为行阶梯形、行最简形和标准形。

解 对 $\boldsymbol{A}$ 实施初等行变换，得

$$A=\begin{pmatrix}2&1&-1&-2&3\\0&2&1&1&-2\\1&2&3&-1&2\\3&5&3&-2&3\end{pmatrix}\xrightarrow{r_1\leftrightarrow r_3}\begin{pmatrix}1&2&3&-1&2\\0&2&1&1&-2\\2&1&-1&-2&3\\3&5&3&-2&3\end{pmatrix}$$

$$\xrightarrow[r_2\leftrightarrow r_4]{\substack{r_3-2r_1\\ r_4-3r_1}}\begin{pmatrix}1&2&3&-1&2\\0&-1&-6&1&-3\\0&-3&-7&0&-1\\0&2&1&1&-2\end{pmatrix}\xrightarrow[r_4+r_3]{\substack{r_3-3r_2\\ r_4+2r_2}}\begin{pmatrix}1&2&3&-1&2\\0&-1&-6&1&-3\\0&0&11&-3&8\\0&0&0&0&0\end{pmatrix}=B。\text{(行阶梯形)}$$

B 为行阶梯形矩阵。继续对 B 进行初等行变换，得

$$B\xrightarrow[r_2\times(-1)]{r_3\times\frac{1}{11}}\begin{pmatrix}1&2&3&-1&2\\0&1&6&-1&3\\0&0&1&-\frac{3}{11}&\frac{8}{11}\\0&0&0&0&0\end{pmatrix}\xrightarrow[r_1-2r_2]{\substack{r_2-6r_3\\ r_1-3r_3}}\begin{pmatrix}1&0&0&-\frac{16}{11}&\frac{28}{11}\\0&1&0&\frac{7}{11}&-\frac{15}{11}\\0&0&1&-\frac{3}{11}&\frac{8}{11}\\0&0&0&0&0\end{pmatrix}=C。\text{(行最简形)}$$

C 为行最简形矩阵。继续对 C 进行初等列变换，不难得到

$$C\rightarrow\begin{pmatrix}1&0&0&0&0\\0&1&0&0&0\\0&0&1&0&0\\0&0&0&0&0\end{pmatrix}=D。$$

显然，D 为标准形矩阵。

类似地，可以求下列矩阵的行阶梯形、行最简形和标准形：

(1) $\begin{pmatrix}1&-2&1&3\\2&-1&0&2\\4&-5&2&8\\-1&-1&1&1\end{pmatrix}$； (2) $\begin{pmatrix}3&0&-2&1&-2\\2&-1&-4&4&-5\\1&1&2&-3&3\\5&2&2&-5&4\end{pmatrix}$。

题型 2 利用初等矩阵进行变换

例 3.2 设有如下的初等矩阵：

$$E(1,2)=\begin{pmatrix}0&1&0\\1&0&0\\0&0&1\end{pmatrix},\quad E(2(3))=\begin{pmatrix}1&0&0\\0&3&0\\0&0&1\end{pmatrix},\quad E(32(2))=\begin{pmatrix}1&0&0\\0&1&0\\0&2&1\end{pmatrix}。$$

分别用三种初等矩阵左乘、右乘矩阵 A，其中 $A=\begin{pmatrix}2&3&1\\1&-1&2\\2&0&3\end{pmatrix}$。

分析 利用初等矩阵的定义和矩阵的乘法法则计算，并比较结果。

解 分别用三种初等矩阵左乘矩阵 A，可得

$$E(1,2)A=\begin{pmatrix}0&1&0\\1&0&0\\0&0&1\end{pmatrix}\begin{pmatrix}2&3&1\\1&-1&2\\2&0&3\end{pmatrix}=\begin{pmatrix}1&-1&2\\2&3&1\\2&0&3\end{pmatrix},$$

上式表明,用 $\boldsymbol{E}(1,2)$左乘 $\boldsymbol{A}$ 相当于交换矩阵 $\boldsymbol{A}$ 的第1行与第2行。

$$\boldsymbol{E}(2(3))\boldsymbol{A}=\begin{pmatrix}1&0&0\\0&3&0\\0&0&1\end{pmatrix}\begin{pmatrix}2&3&1\\1&-1&2\\2&0&3\end{pmatrix}=\begin{pmatrix}2&3&1\\3&-3&6\\2&0&3\end{pmatrix},$$

上式表明,用 $\boldsymbol{E}(2(3))$左乘 $\boldsymbol{A}$ 相当于将矩阵 $\boldsymbol{A}$ 的第2行乘以3。

$$\boldsymbol{E}(32(2))\boldsymbol{A}=\begin{pmatrix}1&0&0\\0&1&0\\0&2&1\end{pmatrix}\begin{pmatrix}2&3&1\\1&-1&2\\2&0&3\end{pmatrix}=\begin{pmatrix}2&3&1\\1&-1&2\\4&-2&7\end{pmatrix},$$

上式表明,用 $\boldsymbol{E}(32(2))$左乘 $\boldsymbol{A}$ 相当于将矩阵 $\boldsymbol{A}$ 的第2行乘以2加到第3行。

分别用三种初等矩阵右乘矩阵 $\boldsymbol{A}$,可得

$$\boldsymbol{A}\boldsymbol{E}(1,2)=\begin{pmatrix}2&3&1\\1&-1&2\\2&0&3\end{pmatrix}\begin{pmatrix}0&1&0\\1&0&0\\0&0&1\end{pmatrix}=\begin{pmatrix}3&2&1\\-1&1&2\\0&2&3\end{pmatrix},$$

上式表明,用 $\boldsymbol{E}(1,2)$右乘 $\boldsymbol{A}$ 相当于交换矩阵 $\boldsymbol{A}$ 的第1列与第2列。

$$\boldsymbol{A}\boldsymbol{E}(2(3))=\begin{pmatrix}2&3&1\\1&-1&2\\2&0&3\end{pmatrix}\begin{pmatrix}1&0&0\\0&3&0\\0&0&1\end{pmatrix}=\begin{pmatrix}2&9&1\\1&-3&2\\2&0&3\end{pmatrix},$$

上式表明,用 $\boldsymbol{E}(2(3))$右乘 $\boldsymbol{A}$ 相当于将矩阵 $\boldsymbol{A}$ 的第2列乘以3。

$$\boldsymbol{A}\boldsymbol{E}(32(2))=\begin{pmatrix}2&3&1\\1&-1&2\\2&0&3\end{pmatrix}\begin{pmatrix}1&0&0\\0&1&0\\0&2&1\end{pmatrix}=\begin{pmatrix}2&5&1\\1&3&2\\2&6&3\end{pmatrix}。$$

上式表明,用 $\boldsymbol{E}(32(2))$右乘 $\boldsymbol{A}$ 相当于将矩阵 $\boldsymbol{A}$ 的第3列乘以2加到第2列。

类似地,对于给定的初等矩阵

$$\boldsymbol{E}(1,2)=\begin{pmatrix}0&1&0\\1&0&0\\0&0&1\end{pmatrix},\quad \boldsymbol{E}(2(3))=\begin{pmatrix}1&0&0\\0&3&0\\0&0&1\end{pmatrix},\quad \boldsymbol{E}(32(-2))=\begin{pmatrix}1&0&0\\0&1&0\\0&-2&1\end{pmatrix},$$

和矩阵 $\boldsymbol{A}=\begin{pmatrix}2&2&1\\1&3&-1\\0&1&3\end{pmatrix}$,分别用三种初等矩阵左乘、右乘矩阵 $\boldsymbol{A}$。

例 3.3 计算:$\boldsymbol{A}=\begin{pmatrix}1&0&0\\0&1&0\\0&1&1\end{pmatrix}^{10}\begin{pmatrix}1&2&3\\2&3&4\\3&4&5\end{pmatrix}\begin{pmatrix}0&0&1\\0&1&0\\1&0&0\end{pmatrix}^{15}$。

分析 注意到,$\begin{pmatrix}1&0&0\\0&1&0\\0&1&1\end{pmatrix}$和$\begin{pmatrix}0&0&1\\0&1&0\\1&0&0\end{pmatrix}$都是初等矩阵,先利用初等矩阵的性质计算各自的幂,然后再计算 $\boldsymbol{A}$。

解 根据初等矩阵的性质,不难求得

$$\begin{pmatrix}1&0&0\\0&1&0\\0&1&1\end{pmatrix}^{10}=\begin{pmatrix}1&0&0\\0&1&0\\0&10&1\end{pmatrix},\begin{pmatrix}0&0&1\\0&1&0\\1&0&0\end{pmatrix}^{15}=\begin{pmatrix}0&0&1\\0&1&0\\1&0&0\end{pmatrix},$$

所以有

$$\boldsymbol{A}=\begin{pmatrix}1&0&0\\0&1&0\\0&10&1\end{pmatrix}\begin{pmatrix}1&2&3\\2&3&4\\3&4&5\end{pmatrix}\begin{pmatrix}0&0&1\\0&1&0\\1&0&0\end{pmatrix}=\begin{pmatrix}1&2&3\\2&3&4\\23&34&45\end{pmatrix}\begin{pmatrix}0&0&1\\0&1&0\\1&0&0\end{pmatrix}=\begin{pmatrix}3&2&1\\4&3&2\\45&34&23\end{pmatrix}。$$

类似地,可以计算下列问题:

(1) $\begin{pmatrix}1&0&0\\0&1&0\\2&0&1\end{pmatrix}^{7}\begin{pmatrix}3&2&2\\1&1&3\\1&4&5\end{pmatrix}\begin{pmatrix}0&0&1\\0&1&0\\1&0&0\end{pmatrix}^{8}$; (2) $\begin{pmatrix}1&0&0\\0&5&0\\0&0&1\end{pmatrix}^{8}\begin{pmatrix}2&0&1\\2&-1&1\\1&2&2\end{pmatrix}\begin{pmatrix}0&0&1\\0&1&0\\1&-2&1\end{pmatrix}^{3}$。

题型3 用初等变换求逆矩阵、解矩阵方程

例3.4 求矩阵 $\boldsymbol{A}$ 的逆矩阵,其中

(1) $\boldsymbol{A}=\begin{pmatrix}0&1&2\\1&1&4\\2&-1&0\end{pmatrix}$; (2) $\boldsymbol{A}=\begin{pmatrix}3&-2&0&-1\\0&2&2&1\\1&-2&-3&-2\\0&1&2&1\end{pmatrix}$。

分析 先将矩阵 $\boldsymbol{A}$ 和 $\boldsymbol{E}$ 组成一个新的矩阵 $(\boldsymbol{A}\mid\boldsymbol{E})$,然后对其实施初等行变换将其约化为 $(\boldsymbol{E}\mid\boldsymbol{A}^{-1})$。

解 对 $(\boldsymbol{A}\mid\boldsymbol{E})$ 实施初等行变换,得

$$(\boldsymbol{A}\mid\boldsymbol{E})=\left(\begin{array}{ccc|ccc}0&1&2&1&0&0\\1&1&4&0&1&0\\2&-1&0&0&0&1\end{array}\right)\xrightarrow{r_1\leftrightarrow r_2}\left(\begin{array}{ccc|ccc}1&1&4&0&1&0\\0&1&2&1&0&0\\2&-1&0&0&0&1\end{array}\right)$$

$$\xrightarrow{r_3-2r_1}\left(\begin{array}{ccc|ccc}1&1&4&0&1&0\\0&1&2&1&0&0\\0&-3&-8&0&-2&1\end{array}\right)\xrightarrow[r_3+3r_2]{r_1-r_2}\left(\begin{array}{ccc|ccc}1&0&2&-1&1&0\\0&1&2&1&0&0\\0&0&-2&3&-2&1\end{array}\right)$$

$$\xrightarrow[r_1+r_3]{r_2+r_3}\left(\begin{array}{ccc|ccc}1&0&0&2&-1&1\\0&1&0&4&-2&1\\0&0&-2&3&-2&1\end{array}\right)\xrightarrow{-r_3/2}\left(\begin{array}{ccc|ccc}1&0&0&2&-1&1\\0&1&0&4&-2&1\\0&0&1&-3/2&1&-1/2\end{array}\right)。$$

于是

$$\boldsymbol{A}^{-1}=\begin{pmatrix}2&-1&1\\4&-2&1\\-3/2&1&-1/2\end{pmatrix}。$$

(2) 对 $(\boldsymbol{A}\mid\boldsymbol{E})$ 实施初等行变换,得

$$(\boldsymbol{A}\mid\boldsymbol{E})=\left(\begin{array}{cccc|cccc}3&-2&0&-1&1&0&0&0\\0&2&2&1&0&1&0&0\\1&-2&-3&-2&0&0&1&0\\0&1&2&1&0&0&0&1\end{array}\right)\xrightarrow{r_1\leftrightarrow r_3}\left(\begin{array}{cccc|cccc}1&-2&-3&-2&0&0&1&0\\0&2&2&1&0&1&0&0\\3&-2&0&-1&1&0&0&0\\0&1&2&1&0&0&0&1\end{array}\right)$$

$$\xrightarrow{r_3-3r_1}\begin{pmatrix}1&-2&-3&-2&0&0&1&0\\0&2&2&1&0&1&0&0\\0&4&9&5&1&0&-3&0\\0&1&2&1&0&0&0&1\end{pmatrix}\xrightarrow{r_2\leftrightarrow r_4}\begin{pmatrix}1&-2&-3&-2&0&0&1&0\\0&1&2&1&0&0&0&1\\0&4&9&5&1&0&-3&0\\0&2&2&1&0&1&0&0\end{pmatrix}$$

$$\xrightarrow[r_4-2r_2]{\substack{r_1+2r_2\\r_3-4r_2}}\begin{pmatrix}1&0&1&0&0&0&1&2\\0&1&2&1&0&0&0&1\\0&0&1&1&1&0&-3&-4\\0&0&-2&-1&0&1&0&-2\end{pmatrix}\xrightarrow[r_4+2r_3]{\substack{r_1-r_3\\r_2-2r_3}}\begin{pmatrix}1&0&0&-1&-1&0&4&6\\0&1&0&-1&-2&0&6&9\\0&0&1&1&1&0&-3&-4\\0&0&0&1&2&1&-6&-10\end{pmatrix}$$

$$\xrightarrow{\substack{r_1+r_4\\r_2+r_4\\r_3-r_4}}\begin{pmatrix}1&0&0&0&1&1&-2&-4\\0&1&0&0&0&1&0&-1\\0&0&1&0&-1&-1&3&6\\0&0&0&1&2&1&-6&-10\end{pmatrix}。$$

于是

$$A^{-1}=\begin{pmatrix}1&1&-2&-4\\0&1&0&-1\\-1&-1&3&6\\2&1&-6&-10\end{pmatrix}。$$

类似地，可以求下列矩阵的逆：

(1) $A=\begin{pmatrix}-2&-1&2\\1&1&-2\\3&1&0\end{pmatrix}$；　　(2) $A=\begin{pmatrix}1&0&0&0\\1&2&0&0\\2&1&3&0\\3&2&1&4\end{pmatrix}$。

例 3.5 解下列矩阵方程：

(1) 已知矩阵 $\boldsymbol{A}$ 与 $\boldsymbol{B}$ 满足 $\boldsymbol{AX}=\boldsymbol{B}+\boldsymbol{X}$，求矩阵 $\boldsymbol{X}$，其中

$$\boldsymbol{A}=\begin{pmatrix}3&0&0\\1&2&0\\1&0&3\end{pmatrix},\quad \boldsymbol{B}=\begin{pmatrix}1&1&0\\0&1&2\\1&0&2\end{pmatrix}。$$

(2) 已知矩阵 $\boldsymbol{A}$ 与 $\boldsymbol{B}$ 满足 $\boldsymbol{XA}=\boldsymbol{B}$，求矩阵 $\boldsymbol{X}$，其中

$$\boldsymbol{A}=\begin{pmatrix}2&1&-1\\2&1&0\\1&-1&1\end{pmatrix},\quad \boldsymbol{B}=\begin{pmatrix}1&-1&3\\4&3&2\end{pmatrix}。$$

分析 (1) 先将矩阵方程转化为 $\boldsymbol{X}=(\boldsymbol{A}-\boldsymbol{E})^{-1}\boldsymbol{B}$，然后利用初等行变换方法求 $\boldsymbol{X}$，即 $(\boldsymbol{A}-\boldsymbol{E}\mid\boldsymbol{B})\rightarrow(\boldsymbol{E}\mid\boldsymbol{X})$；(2)先将矩阵方程转化为 $\boldsymbol{X}=\boldsymbol{BA}^{-1}$，然后利用初等列变换方法求 $\boldsymbol{X}$，即 $\begin{pmatrix}\boldsymbol{A}\\\cdots\\\boldsymbol{B}\end{pmatrix}\rightarrow\begin{pmatrix}\boldsymbol{E}\\\cdots\\\boldsymbol{X}\end{pmatrix}$。

解 (1) 因为 $\boldsymbol{AX}=\boldsymbol{B}+\boldsymbol{X}$，所以 $(\boldsymbol{A}-\boldsymbol{E})\boldsymbol{X}=\boldsymbol{B}$。容易验证，$|\boldsymbol{A}-\boldsymbol{E}|=4$，故矩阵 $\boldsymbol{A}-\boldsymbol{E}$ 可逆，因此有 $\boldsymbol{X}=(\boldsymbol{A}-\boldsymbol{E})^{-1}\boldsymbol{B}$。于是，利用初等行变换方法求 $\boldsymbol{X}$，即 $(\boldsymbol{A}-\boldsymbol{E}\mid\boldsymbol{B})\rightarrow(\boldsymbol{E}\mid\boldsymbol{X})$。不难求得

$$\left(\begin{array}{ccc:ccc}2&0&0&1&1&0\\1&1&0&0&1&2\\1&0&2&1&0&2\end{array}\right)\to\left(\begin{array}{ccc:ccc}1&0&0&\frac{1}{2}&\frac{1}{2}&0\\0&1&0&-\frac{1}{2}&\frac{1}{2}&2\\0&0&2&\frac{1}{2}&-\frac{1}{2}&2\end{array}\right)\to\left(\begin{array}{ccc:ccc}1&0&0&\frac{1}{2}&\frac{1}{2}&0\\0&1&0&-\frac{1}{2}&\frac{1}{2}&2\\0&0&1&\frac{1}{4}&-\frac{1}{4}&1\end{array}\right),$$

因此

$$\boldsymbol{X}=\begin{pmatrix}\frac{1}{2}&\frac{1}{2}&0\\-\frac{1}{2}&\frac{1}{2}&2\\\frac{1}{4}&-\frac{1}{4}&1\end{pmatrix}。$$

（2）容易验证，$|\boldsymbol{A}|=3$，故矩阵 $\boldsymbol{A}$ 可逆。由 $\boldsymbol{XA}=\boldsymbol{B}$ 可得，$\boldsymbol{X}=\boldsymbol{BA}^{-1}$。利用初等列变换方法求 $\boldsymbol{X}$，即 $\begin{pmatrix}\boldsymbol{A}\\\hdashline\boldsymbol{B}\end{pmatrix}\to\begin{pmatrix}\boldsymbol{E}\\\hdashline\boldsymbol{X}\end{pmatrix}$。不难求得

$$\left(\begin{array}{ccc}2&1&-1\\2&1&0\\1&-1&1\\\hdashline1&-1&3\\4&3&2\end{array}\right)\xrightarrow{c_1\leftrightarrow c_2}\left(\begin{array}{ccc}1&2&-1\\1&2&0\\-1&1&1\\\hdashline-1&1&3\\3&4&2\end{array}\right)\xrightarrow[c_3+c_1]{c_2-2c_1}\left(\begin{array}{ccc}1&0&0\\1&0&1\\-1&3&0\\\hdashline-1&3&2\\3&-2&5\end{array}\right)$$

$$\xrightarrow[c_2\leftrightarrow c_3]{c_2/3}\left(\begin{array}{ccc}1&0&0\\1&1&0\\-1&0&1\\\hdashline-1&2&1\\3&5&-\frac{2}{3}\end{array}\right)\xrightarrow[c_1+c_3]{c_1-c_2}\left(\begin{array}{ccc}1&0&0\\0&1&0\\0&0&1\\\hdashline-2&2&1\\-\frac{8}{3}&5&-\frac{2}{3}\end{array}\right)。$$

所以

$$\boldsymbol{X}=\begin{pmatrix}-2&2&1\\-\frac{8}{3}&5&-\frac{2}{3}\end{pmatrix}。$$

类似地，可以求解下列矩阵方程：

（1）$\begin{pmatrix}1&0&2\\-1&1&0\\1&-1&1\end{pmatrix}\boldsymbol{X}=\begin{pmatrix}1&-3\\1&2\\3&0\end{pmatrix}$；　　（2）$\begin{pmatrix}4&2&3\\1&1&0\\-1&2&3\end{pmatrix}\boldsymbol{X}=\begin{pmatrix}4&2&3\\1&1&0\\-1&2&3\end{pmatrix}+2\boldsymbol{X}$。

四、课后习题选解

A类题

1. 用初等行变换，将下列矩阵约化为行阶梯形及行最简形：

(1) $\begin{pmatrix}1&2&3\\2&2&1\\3&4&3\end{pmatrix}$；　　(2) $\begin{pmatrix}1&-1&3&0\\-2&1&-2&1\\-1&-1&5&2\end{pmatrix}$。

分析 参见经典题型详解中例3.1。

解 依题意，各题用初等行变换的具体约化过程如下：

$$(1)\ \begin{pmatrix}1&2&3\\2&2&1\\3&4&3\end{pmatrix}\xrightarrow[r_3-3r_1]{r_2-2r_1}\begin{pmatrix}1&2&3\\0&-2&-5\\0&-2&-6\end{pmatrix}\xrightarrow[r_2\times(-1)]{r_3-r_2}\begin{pmatrix}1&2&3\\0&2&5\\0&0&-1\end{pmatrix}\text{(行阶梯形)}$$

$$\xrightarrow[r_1-3r_3,r_1-2r_2,]{r_3\times(-1),r_2-5r_3,r_2\times\frac{1}{2}}\begin{pmatrix}1&0&0\\0&1&0\\0&0&1\end{pmatrix}\text{。(行最简形)}$$

$$(2)\ \begin{pmatrix}1&-1&3&0\\-2&1&-2&1\\-1&-1&5&2\end{pmatrix}\xrightarrow[r_3+r_1]{r_2+2r_1}\begin{pmatrix}1&-1&3&0\\0&-1&4&1\\0&-2&8&2\end{pmatrix}\xrightarrow{r_3-2r_2}\begin{pmatrix}1&-1&3&0\\0&-1&4&1\\0&0&0&0\end{pmatrix}\text{(行阶梯形)}$$

$$\xrightarrow[r_2\times(-1)]{r_1-r_2}\begin{pmatrix}1&0&-1&-1\\0&1&-4&-1\\0&0&0&0\end{pmatrix}\text{。(行最简形)}$$

2. 计算下列各题：

(1) $\begin{pmatrix}1&0&0\\0&1&0\\0&2&1\end{pmatrix}\begin{pmatrix}1&2&3\\2&3&4\\3&4&5\end{pmatrix}\begin{pmatrix}0&0&1\\0&1&0\\1&0&0\end{pmatrix}$；　　(2) $\begin{pmatrix}1&0&0\\0&3&0\\0&0&1\end{pmatrix}^5\begin{pmatrix}1&2&3\\2&3&4\\3&4&5\end{pmatrix}\begin{pmatrix}0&1&0\\1&0&0\\0&0&1\end{pmatrix}^{20}$。

分析 参见经典题型详解中例3.3。

解 根据矩阵的乘法法则及初等矩阵的性质，有如下计算结果：

$$(1)\ \text{原式}=\begin{pmatrix}1&2&3\\2&3&4\\7&10&13\end{pmatrix}\begin{pmatrix}0&0&1\\0&1&0\\1&0&0\end{pmatrix}=\begin{pmatrix}3&2&1\\4&3&2\\13&10&7\end{pmatrix}\text{。}$$

(2) 根据初等矩阵的性质，不难求得

$$\begin{pmatrix}1&0&0\\0&3&0\\0&0&1\end{pmatrix}^5=\begin{pmatrix}1&0&0\\0&3^5&0\\0&0&1\end{pmatrix},\ \begin{pmatrix}0&1&0\\1&0&0\\0&0&1\end{pmatrix}^{20}=\begin{pmatrix}1&0&0\\0&1&0\\0&0&1\end{pmatrix},$$

所以有

$$\text{原式}=\begin{pmatrix}1&0&0\\0&3^5&0\\0&0&1\end{pmatrix}\begin{pmatrix}1&2&3\\2&3&4\\3&4&5\end{pmatrix}\begin{pmatrix}1&0&0\\0&1&0\\0&0&1\end{pmatrix}$$
$$=\begin{pmatrix}1&0&0\\0&3^5&0\\0&0&1\end{pmatrix}\begin{pmatrix}1&2&3\\2&3&4\\3&4&5\end{pmatrix}=\begin{pmatrix}1&2&3\\2\times3^5&3\times3^5&4\times3^5\\3&4&5\end{pmatrix}\text{。}$$

3. 设$\begin{pmatrix}1&2\\-1&3\end{pmatrix}\xrightarrow[r_1+r_2]{r_2+r_1}\boldsymbol{B}$，求$\boldsymbol{B}$。(注意初等变换与它们的变换顺序有关，并且后面的变换是在前面变换完成的基础上进行的。)

解 易见，$\begin{pmatrix}1&2\\-1&3\end{pmatrix}\xrightarrow{r_2+r_1}\begin{pmatrix}1&2\\0&5\end{pmatrix}\xrightarrow{r_1+r_2}\begin{pmatrix}1&7\\0&5\end{pmatrix}$，所以$\boldsymbol{B}=\begin{pmatrix}1&7\\0&5\end{pmatrix}$。

4. 利用初等变换求下列矩阵的逆矩阵：

(1) $\begin{pmatrix}1&2&-1\\3&4&-2\\5&4&1\end{pmatrix}$；　　　　(2) $\begin{pmatrix}2&2&3\\1&-1&0\\-1&2&1\end{pmatrix}$。

分析　参见经典题型详解中例 3.4。

解　具体计算过程如下：

(1) $$\left(\begin{array}{ccc:ccc}1&2&-1&1&0&0\\3&4&-2&0&1&0\\5&4&1&0&0&1\end{array}\right)\xrightarrow[r_3-5r_1]{r_2-3r_1}\left(\begin{array}{ccc:ccc}1&2&-1&1&0&0\\0&-2&1&-3&1&0\\0&-6&6&-5&0&1\end{array}\right)$$

$$\xrightarrow{r_1+r_2}\left(\begin{array}{ccc:ccc}1&0&0&-2&1&0\\0&-2&1&-3&1&0\\0&0&3&4&-3&1\end{array}\right)\xrightarrow{\frac{1}{3}r_3}\left(\begin{array}{ccc:ccc}1&0&0&-2&1&0\\0&-2&1&-3&1&0\\0&0&1&\frac{4}{3}&-1&\frac{1}{3}\end{array}\right)$$

$$\xrightarrow{r_2-r_3}\left(\begin{array}{ccc:ccc}1&0&0&-2&1&0\\0&-2&0&\frac{-13}{3}&2&\frac{-1}{3}\\0&0&1&\frac{4}{3}&-1&\frac{1}{3}\end{array}\right)\xrightarrow{-\frac{1}{2}r_2}\left(\begin{array}{ccc:ccc}1&0&0&-2&1&0\\0&1&0&\frac{13}{6}&-1&\frac{1}{6}\\0&0&1&\frac{4}{3}&-1&\frac{1}{3}\end{array}\right)。$$

于是

$$\boldsymbol{A}^{-1}=\begin{pmatrix}-2&1&0\\\frac{13}{6}&-1&\frac{1}{6}\\\frac{4}{3}&-1&\frac{1}{3}\end{pmatrix}=\frac{1}{6}\begin{pmatrix}-12&6&0\\13&-6&1\\8&-6&2\end{pmatrix}。$$

(2) $$\left(\begin{array}{ccc:ccc}2&2&3&1&0&0\\1&-1&0&0&1&0\\-1&2&1&0&0&1\end{array}\right)\xrightarrow{r_1\leftrightarrow r_2}\left(\begin{array}{ccc:ccc}1&-1&0&0&1&0\\2&2&3&1&0&0\\-1&2&1&0&0&1\end{array}\right)$$

$$\xrightarrow[r_3+r_1]{r_2-2r_1}\left(\begin{array}{ccc:ccc}1&-1&0&0&1&0\\0&4&3&1&-2&0\\0&1&1&0&1&1\end{array}\right)\xrightarrow{r_2\leftrightarrow r_3}\left(\begin{array}{ccc:ccc}1&-1&0&0&1&0\\0&1&1&0&1&1\\0&4&3&1&-2&0\end{array}\right)$$

$$\xrightarrow[r_3\times(-1)]{r_3-4r_2}\left(\begin{array}{ccc:ccc}1&-1&0&0&1&0\\0&1&1&0&1&1\\0&0&1&-1&6&4\end{array}\right)\xrightarrow[r_1+r_2]{r_2-r_3}\left(\begin{array}{ccc:ccc}1&0&0&1&-4&-3\\0&1&0&1&-5&-3\\0&0&1&-1&6&4\end{array}\right)。$$

于是

$$\boldsymbol{A}^{-1}=\begin{pmatrix}1&-4&-3\\1&-5&-3\\-1&6&4\end{pmatrix}。$$

5. 利用初等变换解下列矩阵方程：

(1) $\begin{pmatrix}2&5\\1&3\end{pmatrix}\boldsymbol{X}=\begin{pmatrix}4\\2\end{pmatrix}$；　　　　(2) $\begin{pmatrix}1&4\\-1&2\end{pmatrix}\boldsymbol{X}\begin{pmatrix}2&0\\-1&1\end{pmatrix}=\begin{pmatrix}3&1\\0&-1\end{pmatrix}$。

分析　参见经典题型详解中例 3.5。

解　用初等变换的方法解矩阵方程，具体过程如下：

(1) 不难求得

$$\left(\begin{array}{cc:c}2&5&4\\1&3&2\end{array}\right)\xrightarrow{r_1\leftrightarrow r_2}\left(\begin{array}{cc:c}1&3&2\\2&5&4\end{array}\right)\xrightarrow{r_2-2r_1}\left(\begin{array}{cc:c}1&3&2\\0&-1&0\end{array}\right)\xrightarrow[-r_2]{r_1+3r_2}\left(\begin{array}{cc:c}1&0&2\\0&1&0\end{array}\right)。$$

于是

$$X=\begin{pmatrix}2\\0\end{pmatrix}。$$

(2) 令 $A=\begin{pmatrix}1&4\\-1&2\end{pmatrix}$，$B=\begin{pmatrix}2&0\\-1&1\end{pmatrix}$，$C=\begin{pmatrix}3&1\\0&-1\end{pmatrix}$，则 $AXB=C$。记 $XB=Y$，有 $(A\mid C)\to(E\mid Y)$。不难求得

$$\left(\begin{array}{cc|cc}1&4&3&1\\-1&2&0&-1\end{array}\right)\xrightarrow{r_2+r_1}\left(\begin{array}{cc|cc}1&4&3&1\\0&6&3&0\end{array}\right)\xrightarrow[r_1-4r_2]{r_2/6}\left(\begin{array}{cc|cc}1&0&1&1\\0&1&\dfrac{1}{2}&0\end{array}\right),$$

所以

$$Y=\begin{pmatrix}1&1\\\dfrac{1}{2}&0\end{pmatrix}。$$

因为 $XB=Y$，故 $\begin{pmatrix}B\\\hdashline Y\end{pmatrix}\to\begin{pmatrix}E\\\hdashline X\end{pmatrix}$。不难求得

$$\begin{pmatrix}2&0\\-1&1\\\hdashline 1&1\\\dfrac{1}{2}&0\end{pmatrix}\xrightarrow{c_1+c_2}\begin{pmatrix}2&0\\0&1\\\hdashline 2&1\\\dfrac{1}{2}&0\end{pmatrix}\xrightarrow{\frac{1}{2}c_1}\begin{pmatrix}1&0\\0&1\\\hdashline 1&1\\\dfrac{1}{4}&0\end{pmatrix},$$

所以

$$X=\begin{pmatrix}1&1\\\dfrac{1}{4}&0\end{pmatrix}。$$

B类题

1. 利用矩阵的初等变换证明：若上(下)三角形矩阵可逆，则其逆矩阵仍为上(下)三角形矩阵。

分析 参见经典题型详解中例3.4。

证 设上三角矩阵为

$$A=\begin{pmatrix}a_{11}&a_{12}&\cdots&a_{1n}\\0&a_{22}&\cdots&a_{2n}\\\vdots&\vdots&\ddots&\vdots\\0&0&\cdots&a_{nn}\end{pmatrix},$$

利用初等变换求其逆就是将其和单位阵一起写成如下的形式

$$\left(\begin{array}{cccc|cccc}a_{11}&a_{12}&\cdots&a_{1n}&1&0&\cdots&0\\0&a_{22}&\cdots&a_{2n}&0&1&\cdots&0\\\vdots&\vdots&&\vdots&\vdots&\vdots&&\vdots\\0&0&\cdots&a_{nn}&0&0&\cdots&1\end{array}\right)。$$

由于矩阵 A 是可逆的，所以其对角线上的元素全部非零，利用初等行变换从下至上可以将矩阵化成 $(E|A^{-1})$ 的形式，由于单位阵对角线以下的元素全部都是零，而且是从下向上进行的初等行变换，所以变换过后对角线以下的元素仍然全部为零，故结论得证。下三角形矩阵的逆矩阵的证法类似。 证毕

2. 已知矩阵 A 满足 $AX=A-3X$，求矩阵 X，其中 $A=\begin{pmatrix}1&-1&0\\0&1&-1\\0&0&1\end{pmatrix}$。

分析 参见经典题型详解中例 3.5。

解 因为 $\boldsymbol{AX}=\boldsymbol{A}-3\boldsymbol{X}$，所以 $(\boldsymbol{A}+3\boldsymbol{E})\boldsymbol{X}=\boldsymbol{A}$。容易验证，$|\boldsymbol{A}+3\boldsymbol{E}|=64$，故矩阵 $\boldsymbol{A}+3\boldsymbol{E}$ 可逆，因此有 $\boldsymbol{X}=(\boldsymbol{A}+3\boldsymbol{E})^{-1}\boldsymbol{A}$。于是，利用初等变换方法求 $\boldsymbol{X}$，即 $(\boldsymbol{A}+3\boldsymbol{E}\mid\boldsymbol{A})\rightarrow(\boldsymbol{E}\mid\boldsymbol{X})$。不难求得

$$\left(\begin{array}{ccc|ccc}4&-1&0&1&-1&0\\0&4&-1&0&1&-1\\0&0&4&0&0&1\end{array}\right)\rightarrow\left(\begin{array}{ccc|ccc}4&-1&0&1&-1&0\\0&4&0&0&1&-\frac{3}{4}\\0&0&1&0&0&\frac{1}{4}\end{array}\right)$$

$$\rightarrow\left(\begin{array}{ccc|ccc}4&0&0&1&-\frac{3}{4}&-\frac{3}{16}\\0&1&0&0&\frac{1}{4}&-\frac{3}{16}\\0&0&1&0&0&\frac{1}{4}\end{array}\right)\rightarrow\left(\begin{array}{ccc|ccc}1&0&0&\frac{1}{4}&-\frac{3}{16}&-\frac{3}{64}\\0&1&0&0&\frac{1}{4}&-\frac{3}{16}\\0&0&1&0&0&\frac{1}{4}\end{array}\right),$$

因此

$$\boldsymbol{X}=\begin{pmatrix}\frac{1}{4}&-\frac{3}{16}&-\frac{3}{64}\\0&\frac{1}{4}&-\frac{3}{16}\\0&0&\frac{1}{4}\end{pmatrix}。$$

3. 设 $\boldsymbol{A}$ 为三阶方阵。将 $\boldsymbol{A}$ 的第 1 列与第 2 列交换得到 $\boldsymbol{B}$，再将 $\boldsymbol{B}$ 的第 2 列加到第 3 列得到 $\boldsymbol{C}$，求满足 $\boldsymbol{AQ}=\boldsymbol{C}$ 的可逆矩阵 $\boldsymbol{Q}$。

分析 参见经典题型详解中例 3.2。

解 由题意可知，$\boldsymbol{AE}(1,2)=\boldsymbol{B}$，$\boldsymbol{BE}(23(1))=\boldsymbol{C}$，所以

$$\boldsymbol{AE}(1,2)\boldsymbol{E}(23(1))=\boldsymbol{C},$$

故 $\boldsymbol{Q}=\boldsymbol{E}(1,2)\boldsymbol{E}(23(1))$。由于 $\boldsymbol{Q}$ 可以表示成初等矩阵的乘积，故其可逆，且

$$\boldsymbol{Q}=\begin{pmatrix}0&1&0\\1&0&0\\0&0&1\end{pmatrix}\begin{pmatrix}1&0&0\\0&1&1\\0&0&1\end{pmatrix}=\begin{pmatrix}0&1&1\\1&0&0\\0&0&1\end{pmatrix}。$$

4. 设 $\boldsymbol{A}$ 为 n 阶可逆矩阵，且 $\boldsymbol{A}$ 的第 i 行乘一个非零常数 k 后得到 $\boldsymbol{B}$。解答下列各题：

(1) 证明 $\boldsymbol{B}$ 可逆，并且 $\boldsymbol{B}^{-1}$ 是由 $\boldsymbol{A}^{-1}$ 的第 i 列乘一个常数 $\frac{1}{k}$ 后得到的矩阵。

(2) 求 $\boldsymbol{AB}^{-1}$ 及 $\boldsymbol{BA}^{-1}$。

分析 先利用初等矩阵找到 $\boldsymbol{A}$ 与 $\boldsymbol{B}$ 之间的关系。(1) 通过可逆矩阵的定义证明；(2)然后通过(1)的结论再进一步计算。

解 由已知条件可得，$\boldsymbol{E}(i(k))\boldsymbol{A}=\boldsymbol{B}$。

(1) 由于 $\boldsymbol{E}(i(k))$，$\boldsymbol{A}$ 均可逆，故 $\boldsymbol{E}(i(k))\boldsymbol{A}=\boldsymbol{B}$ 也可逆，且有

$$\boldsymbol{B}^{-1}=\boldsymbol{A}^{-1}\boldsymbol{E}^{-1}(i(k))=\boldsymbol{A}^{-1}\boldsymbol{E}\left(i\left(\frac{1}{k}\right)\right)。$$

由此可见，$\boldsymbol{B}^{-1}$ 即为 $\boldsymbol{A}^{-1}$ 的第 i 列乘常数 $\frac{1}{k}$ 后得到的矩阵。

(2) 不难求得

$$\boldsymbol{AB}^{-1}=\boldsymbol{AA}^{-1}\boldsymbol{E}\left(i\left(\frac{1}{k}\right)\right)=\boldsymbol{E}\left(i\left(\frac{1}{k}\right)\right),$$

$$\boldsymbol{BA}^{-1}=(\boldsymbol{AB}^{-1})^{-1}=\boldsymbol{E}^{-1}\left(i\left(\frac{1}{k}\right)\right)=\boldsymbol{E}(i(k))。$$

5. 将可逆矩阵 $\boldsymbol{A}=\begin{pmatrix}1 & 2 & 0\\ -1 & 1 & 1\\ 3 & -2 & 0\end{pmatrix}$ 分解为初等矩阵的乘积。

分析 先对 $\boldsymbol{A}$ 进行初等变换，将其化为单位阵，每一次初等变换都对应一个初等矩阵。

解 对 $\boldsymbol{A}$ 进行如下初等变换

$$\boldsymbol{A}=\begin{pmatrix}1 & 2 & 0\\ -1 & 1 & 1\\ 3 & -2 & 0\end{pmatrix}\xrightarrow{c_2-2c_1}\begin{pmatrix}1 & 0 & 0\\ -1 & 3 & 1\\ 3 & -8 & 0\end{pmatrix}\xrightarrow{r_2+r_1}\begin{pmatrix}1 & 0 & 0\\ 0 & 3 & 1\\ 3 & -8 & 0\end{pmatrix}\xrightarrow{r_3-3r_1}\begin{pmatrix}1 & 0 & 0\\ 0 & 3 & 1\\ 0 & -8 & 0\end{pmatrix}$$

$$\xrightarrow{c_2\leftrightarrow c_3}\begin{pmatrix}1 & 0 & 0\\ 0 & 1 & 3\\ 0 & 0 & -8\end{pmatrix}\xrightarrow{c_3-3c_2}\begin{pmatrix}1 & 0 & 0\\ 0 & 1 & 0\\ 0 & 0 & -8\end{pmatrix}\xrightarrow{\frac{-1}{8}r_3}\begin{pmatrix}1 & 0 & 0\\ 0 & 1 & 0\\ 0 & 0 & 1\end{pmatrix}。$$

与初等变换对应的初等矩阵分别为

$$\boldsymbol{Q}_1=\begin{pmatrix}1 & -2 & 0\\ 0 & 1 & 0\\ 0 & 0 & 1\end{pmatrix},\quad \boldsymbol{P}_1=\begin{pmatrix}1 & 0 & 0\\ 1 & 1 & 0\\ 0 & 0 & 1\end{pmatrix},\quad \boldsymbol{P}_2=\begin{pmatrix}1 & 0 & 0\\ 0 & 1 & 0\\ -3 & 0 & 1\end{pmatrix},$$

$$\boldsymbol{Q}_2=\begin{pmatrix}1 & 0 & 0\\ 0 & 0 & 1\\ 0 & 1 & 0\end{pmatrix},\quad \boldsymbol{Q}_3=\begin{pmatrix}1 & 0 & 0\\ 0 & 1 & -3\\ 0 & 0 & 1\end{pmatrix},\quad \boldsymbol{P}_3=\begin{pmatrix}1 & 0 & 0\\ 0 & 1 & 0\\ 0 & 0 & \frac{-1}{8}\end{pmatrix},$$

其中初等矩阵 $\boldsymbol{P}_i$ 和 $\boldsymbol{Q}_i$ 分别对应于初等行和列变换。它们的逆矩阵分别为

$$\boldsymbol{P}_1^{-1}=\begin{pmatrix}1 & 0 & 0\\ -1 & 1 & 0\\ 0 & 0 & 1\end{pmatrix},\quad \boldsymbol{P}_2^{-1}=\begin{pmatrix}1 & 0 & 0\\ 0 & 1 & 0\\ 3 & 0 & 1\end{pmatrix},\quad \boldsymbol{P}_3^{-1}=\begin{pmatrix}1 & 0 & 0\\ 0 & 1 & 0\\ 0 & 0 & -8\end{pmatrix},$$

$$\boldsymbol{Q}_1^{-1}=\begin{pmatrix}1 & 2 & 0\\ 0 & 1 & 0\\ 0 & 0 & 1\end{pmatrix},\quad \boldsymbol{Q}_2^{-1}=\begin{pmatrix}1 & 0 & 0\\ 0 & 0 & 1\\ 0 & 1 & 0\end{pmatrix},\quad \boldsymbol{Q}_3^{-1}=\begin{pmatrix}1 & 0 & 0\\ 0 & 1 & 3\\ 0 & 0 & 1\end{pmatrix}。$$

由 $\boldsymbol{P}_3\boldsymbol{P}_2\boldsymbol{P}_1\boldsymbol{A}\boldsymbol{Q}_1\boldsymbol{Q}_2\boldsymbol{Q}_3=\boldsymbol{E}$ 得到

$$\begin{aligned}\boldsymbol{A}&=\boldsymbol{P}_1^{-1}\boldsymbol{P}_2^{-1}\boldsymbol{P}_3^{-1}\boldsymbol{Q}_3^{-1}\boldsymbol{Q}_2^{-1}\boldsymbol{Q}_1^{-1}\\ &=\begin{pmatrix}1 & 0 & 0\\ -1 & 1 & 0\\ 0 & 0 & 1\end{pmatrix}\begin{pmatrix}1 & 0 & 0\\ 0 & 1 & 0\\ 3 & 0 & 1\end{pmatrix}\begin{pmatrix}1 & 0 & 0\\ 0 & 1 & 0\\ 0 & 0 & -8\end{pmatrix}\begin{pmatrix}1 & 0 & 0\\ 0 & 1 & 3\\ 0 & 0 & 1\end{pmatrix}\begin{pmatrix}1 & 0 & 0\\ 0 & 0 & 1\\ 0 & 1 & 0\end{pmatrix}\begin{pmatrix}1 & 2 & 0\\ 0 & 1 & 0\\ 0 & 0 & 1\end{pmatrix}。\end{aligned}$$

3.2 矩阵的秩

一、知识要点

1. 矩阵秩的概念

定义 3.4 设 $\boldsymbol{A}$ 为 $m\times n$ 矩阵，在 $\boldsymbol{A}$ 中任取 k 行与 k 列($k\leqslant\min\{m,n\}$)，选取位于这些行、列交叉处的 k^2 个元素，不改变它们在 $\boldsymbol{A}$ 中所处的相对位置，构成一个 k 阶行列式，称为 $\boldsymbol{A}$ 的一个 k 阶子式。

由排列组合性质知，$m\times n$ 矩阵的 k 阶子式共有 $C_n^k C_m^k$ 个。

定义 3.5 矩阵 $\boldsymbol{A}$ 中不为零的子式的最高阶数称为 $\boldsymbol{A}$ **的秩**，记作 $R(\boldsymbol{A})$。

设 $\boldsymbol{A}$ 为 n 阶方阵，若 $|\boldsymbol{A}|\neq 0$(即 $\boldsymbol{A}$ 可逆)，则 $R(\boldsymbol{A})=n$，称 $\boldsymbol{A}$ 为**满秩矩阵**；若 $|\boldsymbol{A}|=0$，(即 $\boldsymbol{A}$ 不可逆)，则 $R(\boldsymbol{A})<n$，称 $\boldsymbol{A}$ 为**降秩矩阵**。

由矩阵的秩的定义可以得到如下结论：

(1) 零矩阵的秩为零。

(2) 若 $\boldsymbol{A}$ 为 $m\times n$ 矩阵，则 $R(\boldsymbol{A})\leqslant \min\{m,n\}$，即 $\boldsymbol{A}$ 的秩既不超过其行数，也不超过其列数。

(3) 若 $\boldsymbol{A}$ 有一个 r 阶子式不等于零，则 $R(\boldsymbol{A})\geqslant r$；若 $\boldsymbol{A}$ 的所有 $r+1$ 阶子式都为零，则 $R(\boldsymbol{A})\leqslant r$。因此若这两个条件同时满足，则 $R(\boldsymbol{A})=r$。

(4) $R(\boldsymbol{A})=R(\boldsymbol{A}^{\mathrm{T}})$。

2. 用初等变换求矩阵的秩

定理 3.8 初等变换不改变矩阵的秩，即**初等变换是保秩变换**。

二、疑难解析

1. 若 $R(\boldsymbol{A})=r$，矩阵 $\boldsymbol{A}$ 中能否有等于零的 $r-1$ 阶子式？能否有等于零的 r 阶子式？能否有不为零的 $r+1$ 阶子式？

答 根据定义 3.4，若 $R(\boldsymbol{A})=r$，则矩阵 $\boldsymbol{A}$ 中所有的 $r+1$ 阶子式(如果存在的话)一定全为零，但是 $\boldsymbol{A}$ 中可能存在等于零的 $r-1$ 阶子式，也可能存在等于零的 r 阶子式。例如，矩阵 $\boldsymbol{A}=\begin{pmatrix}1&1&2&2&1\\0&1&2&0&2\\0&0&0&2&1\\0&0&0&0&0\end{pmatrix}$，易见 $R(\boldsymbol{A})=3$，$\boldsymbol{A}$ 中存在等于零的二阶子式 $\begin{vmatrix}1&2\\1&2\end{vmatrix}$，也存在等于零的三阶子式 $\begin{vmatrix}1&1&2\\0&1&2\\0&0&0\end{vmatrix}$。

2. 一个非零矩阵的行最简形和行阶梯形有什么区别和联系？它们的秩是否相等？

答 根据定理 3.2 及其推论 1 可知，任一非零矩阵可以经有限次初等行变换约化为行阶梯形矩阵，若该行阶梯形矩阵已经是行最简形矩阵，无须再进行约化，否则，可经过有限次初等行变换将其约化为行最简形矩阵。因此，非零矩阵的行最简形和行阶梯形在形式上可能有所不同，但是它们一定具有相同的非零行数。

根据定义 3.2 可知，若一个矩阵经过有限次初等变换变成另一个矩阵，则这两个矩阵是等价的，因此，一个矩阵的秩等于它的行阶梯形矩阵的秩，也等于它的行最简形矩阵的秩。

3. 从矩阵 $\boldsymbol{A}$ 中划去一行得到矩阵 $\boldsymbol{B}$，问矩阵 $\boldsymbol{A}$ 和矩阵 $\boldsymbol{B}$ 的秩什么关系？

答 如 1 答中给出的矩阵 $\boldsymbol{A}$，划去一行得到矩阵 $\boldsymbol{B}$，则有 $R(\boldsymbol{A})\geqslant R(\boldsymbol{B})$。

4. 判断下列说法是否正确，并说明理由：

(1) 若 $R(\boldsymbol{A})=r$，则 $\boldsymbol{A}$ 中所有的 r 阶子式不为零；

(2) 若 $\boldsymbol{A}$ 中有 r 阶子式不等于 0，则 $R(\boldsymbol{A})=r$；

(3) 两个同型矩阵等价的充分必要条件是它们有相同的秩。

解 (1) 错误。如果矩阵的秩为 r，只能说明矩阵至少有一个 r 阶的最高阶非零子式，

而不是全部 r 阶子式都非零，例如矩阵 $\begin{pmatrix}1&0&0\\0&1&0\\0&0&0\end{pmatrix}$ 的秩为 2，但是其二阶子式 $\begin{vmatrix}1&0\\0&0\end{vmatrix}=0$。

(2) 错误。只有当 $\boldsymbol{A}$ 中所有的 $r+1$ 阶子式都为 0，且有 r 阶子式不等于 0，矩阵 $\boldsymbol{A}$ 的秩才为 r。

(3) 正确。根据定理 3.4，两个同型矩阵等价的充分必要条件是一个矩阵可以经过有限次的初等变换变为另一个矩阵，再由传递性，它们又等价于同一个标准形矩阵，因此具有相同的秩；反之亦成立。

三、经典题型详解

题型 1　利用初等行变换求矩阵的秩

例 3.6　求下列矩阵 $\boldsymbol{A}$ 的秩，并求其一个最高阶非零子式，其中

(1) $\boldsymbol{A}=\begin{pmatrix}2&1&-2&-2&-1\\1&-1&2&3&-2\\4&-1&2&4&-5\end{pmatrix}$；　　(2) $\boldsymbol{A}=\begin{pmatrix}1&-1&0&2&1\\3&-1&1&7&-2\\2&0&1&5&-4\\5&-1&2&12&-5\end{pmatrix}$。

分析　利用初等行变换将矩阵约化为行阶梯形。

解　对 $\boldsymbol{A}$ 作初等行变换，得到行阶梯形矩阵，具体过程如下：

$$(1)\ \boldsymbol{A}=\begin{pmatrix}2&1&-2&-2&-1\\1&-1&2&3&-2\\4&-1&2&4&-5\end{pmatrix}\xrightarrow{r_1\leftrightarrow r_2}\begin{pmatrix}1&-1&2&3&-2\\2&1&-2&-2&-1\\4&-1&2&4&-5\end{pmatrix}$$

$$\xrightarrow[r_3-4r_1]{r_2-2r_1}\begin{pmatrix}1&-1&2&3&-2\\0&3&-6&-8&3\\0&3&-6&-8&3\end{pmatrix}\xrightarrow{r_3-r_2}\begin{pmatrix}1&-1&2&3&-2\\0&3&-6&-8&3\\0&0&0&0&0\end{pmatrix}。$$

易见，行阶梯形矩阵有 2 个非零行。因此，$\mathrm{R}(\boldsymbol{A})=2$。根据要求，不难选取一个最高阶非零二阶子式，即 $\begin{vmatrix}2&1\\1&-1\end{vmatrix}=-3$。

$$(2)\ \boldsymbol{A}=\begin{pmatrix}1&-1&0&2&1\\3&-1&1&7&-2\\2&0&1&5&-4\\5&-1&2&12&-5\end{pmatrix}\xrightarrow[r_4-5r_1]{\substack{r_2-3r_1\\r_3-2r_1}}\begin{pmatrix}1&-1&0&2&1\\0&2&1&1&-5\\0&2&1&1&-6\\0&4&2&2&-10\end{pmatrix}$$

$$\xrightarrow[r_4-2r_2]{r_3-r_2}\begin{pmatrix}1&-1&0&2&1\\0&2&1&1&-5\\0&0&0&0&-1\\0&0&0&0&0\end{pmatrix}。$$

易见，行阶梯形矩阵有 3 个非零行。因此，$\mathrm{R}(\boldsymbol{A})=3$。根据要求，不难选取一个最高阶非零三阶子式，即 $\begin{vmatrix}1&-1&1\\3&-1&-2\\2&0&-4\end{vmatrix}=-2\neq0$。

评注 从本题的题目要求来看，需要求一个最高阶的非零子式，直觉是用定义 3.5 求矩阵的秩，于是需要计算 4 个三阶行列式，若所有三阶行列式为零，还需要再计算二阶子式，计算量较大。因此，先利用初等行变换将矩阵约化为行阶梯形矩阵，根据矩阵的秩数情况和非零行（未曾进行第一种初等行变换）选取子式较为方便。对于阶数较高的矩阵，求矩阵的秩和最高阶非零子式时，初等变换的方法较为适用。

类似地，可以求下列矩阵的秩，并求一个最高阶非零子式，其中

(1) $\begin{pmatrix} 1 & -1 & 3 & 0 \\ -2 & 1 & -2 & 1 \\ 2 & 2 & 1 & 3 \end{pmatrix}$； (2) $\begin{pmatrix} 1 & -1 & 2 & 0 & 3 \\ 3 & 0 & -1 & 1 & 6 \\ 2 & 2 & -3 & 1 & 3 \\ 0 & 1 & 2 & 2 & 3 \end{pmatrix}$。

例 3.7 对于 λ 的不同取值，讨论矩阵 $\boldsymbol{A}$ 的秩，其中 $\boldsymbol{A}=\begin{pmatrix} \lambda & 1 & 1 & 1 \\ 1 & \lambda & 1 & 1 \\ 1 & 1 & \lambda & 1 \\ 1 & 1 & 1 & \lambda \end{pmatrix}$。

分析 利用初等行变换将矩阵约化为行阶梯形矩阵，进而根据 λ 的不同取值讨论 $\boldsymbol{A}$ 的秩。

解 不难求得

$$\boldsymbol{A}=\begin{pmatrix} \lambda & 1 & 1 & 1 \\ 1 & \lambda & 1 & 1 \\ 1 & 1 & \lambda & 1 \\ 1 & 1 & 1 & \lambda \end{pmatrix} \xrightarrow{r_1 \leftrightarrow r_4} \begin{pmatrix} 1 & 1 & 1 & \lambda \\ 1 & \lambda & 1 & 1 \\ 1 & 1 & \lambda & 1 \\ \lambda & 1 & 1 & 1 \end{pmatrix} \xrightarrow[r_4-r_1]{\substack{r_2-r_1 \\ r_3-r_1}} \begin{pmatrix} 1 & 1 & 1 & \lambda \\ 0 & \lambda-1 & 0 & 1-\lambda \\ 0 & 0 & \lambda-1 & 1-\lambda \\ \lambda-1 & 0 & 0 & 1-\lambda \end{pmatrix}。$$

易见，当 $\lambda=1$ 时，矩阵 $\boldsymbol{A}$ 的秩为 1。

当 $\lambda \neq 1$ 时，对上面的矩阵继续实施初等行变换，先将第 2,3,4 行提出公因子 $\lambda-1$，然后再进行约化，可得

$$\begin{pmatrix} 1 & 1 & 1 & \lambda \\ 0 & \lambda-1 & 0 & 1-\lambda \\ 0 & 0 & \lambda-1 & 1-\lambda \\ \lambda-1 & 0 & 0 & 1-\lambda \end{pmatrix} \to \begin{pmatrix} 1 & 1 & 1 & \lambda \\ 0 & 1 & 0 & -1 \\ 0 & 0 & 1 & -1 \\ 1 & 0 & 0 & -1 \end{pmatrix} \xrightarrow{r_1-r_2-r_3-r_4} \begin{pmatrix} 0 & 0 & 0 & \lambda+3 \\ 0 & 1 & 0 & -1 \\ 0 & 0 & 1 & -1 \\ 1 & 0 & 0 & -1 \end{pmatrix}$$

$$\xrightarrow{r_1 \leftrightarrow r_4} \begin{pmatrix} 1 & 0 & 0 & -1 \\ 0 & 1 & 0 & -1 \\ 0 & 0 & 1 & -1 \\ 0 & 0 & 0 & \lambda+3 \end{pmatrix}。$$

故当 $\lambda=-3$ 时，矩阵 $\boldsymbol{A}$ 的秩为 3，当 $\lambda \neq -3$ 时矩阵 $\boldsymbol{A}$ 的秩为 4。

综上可知，当 $\lambda=1$ 时，矩阵 $\boldsymbol{A}$ 的秩为 1；当 $\lambda=-3$ 时，矩阵 $\boldsymbol{A}$ 的秩为 3；当 $\lambda \neq 1$ 且 $\lambda \neq -3$ 时，矩阵 $\boldsymbol{A}$ 的秩为 4。

评注 因为对一个矩阵实施初等行、列变换均不改变矩阵的秩，所以在求矩阵的秩时，既可以实施初等行变换，必要的时候也可以实施初等列变换。

类似地，对于 λ 的不同取值，讨论矩阵 $\boldsymbol{A}$ 的秩，其中

(1) $\boldsymbol{A}=\begin{pmatrix}3&0&1\\1&\lambda&0\\5&4&1\end{pmatrix}$；　　(2) $\boldsymbol{A}=\begin{pmatrix}1&\lambda&-1&2\\2&-1&\lambda&5\\1&10&-6&1\end{pmatrix}$。

四、课后习题选解

A 类题

1. 求下列矩阵的秩：

(1) $\begin{pmatrix}1&2&3\\2&2&1\\3&4&3\end{pmatrix}$；　(2) $\begin{pmatrix}1&-1&3&0\\-2&1&-2&1\\-1&-1&5&2\end{pmatrix}$；　(3) $\begin{pmatrix}1&2&-1&3\\2&-1&0&2\\3&1&-1&5\\1&-3&1&-1\end{pmatrix}$。

分析　参见经典题型详解中例 3.6。

解　(1) 不难求得

$$\begin{pmatrix}1&2&3\\2&2&1\\3&4&3\end{pmatrix}\to\begin{pmatrix}1&2&3\\0&-2&-5\\0&-2&-6\end{pmatrix}\to\begin{pmatrix}1&2&3\\0&2&5\\0&0&-1\end{pmatrix}。$$

易见，矩阵的秩为 3。

(2) 不难求得

$$\begin{pmatrix}1&-1&3&0\\-2&1&-2&1\\-1&-1&5&2\end{pmatrix}\to\begin{pmatrix}1&-1&3&0\\0&-1&4&1\\0&0&0&0\end{pmatrix}。$$

易见，矩阵的秩为 2。

(3) 不难求得

$$\begin{pmatrix}1&2&-1&3\\2&-1&0&2\\3&1&-1&5\\1&-3&1&-1\end{pmatrix}\to\begin{pmatrix}1&2&-1&3\\0&-5&2&-4\\0&-5&2&-4\\0&-5&2&-4\end{pmatrix}\to\begin{pmatrix}1&2&-1&3\\0&-5&2&-4\\0&0&0&0\\0&0&0&0\end{pmatrix}。$$

易见，矩阵的秩为 2。

2. 已知矩阵 $\boldsymbol{A}$ 的秩为 3，即 $\mathrm{R}(\boldsymbol{A})=3$，求 a 的值，其中 $\boldsymbol{A}=\begin{pmatrix}1&1&2&a&3\\2&2&3&1&4\\1&0&1&1&5\\2&3&5&5&4\end{pmatrix}$。

分析　参见经典题型详解中例 3.7。

解　不难求得

$$\boldsymbol{A}=\begin{pmatrix}1&1&2&a&3\\2&2&3&1&4\\1&0&1&1&5\\2&3&5&5&4\end{pmatrix}\to\begin{pmatrix}1&1&2&a&3\\0&0&-1&1-2a&-2\\0&-1&-1&1-a&2\\0&1&1&5-2a&-2\end{pmatrix}\to\begin{pmatrix}1&1&2&a&3\\0&1&1&5-2a&-2\\0&0&-1&1-2a&-2\\0&0&0&6-3a&0\end{pmatrix}。$$

若 $\boldsymbol{A}$ 的秩是 3，则 $6-3a=0$，所以 $a=2$。

3. 求下列矩阵的秩，并求一个最高阶非零子式：

(1) $\begin{pmatrix}3&1&2&-2\\4&3&0&-1\\1&2&-2&1\end{pmatrix}$；　(2) $\begin{pmatrix}1&2&-2&-1&-1\\2&-1&3&1&3\\4&-5&7&3&5\end{pmatrix}$；　(3) $\begin{pmatrix}2&-1&0&3\\3&1&1&3\\1&2&1&0\\5&0&1&6\end{pmatrix}$。

分析 参见经典题型详解中例3.6。

解 (1) 不难求得

$$\begin{pmatrix}3&1&2&-2\\4&3&0&-1\\1&2&-2&1\end{pmatrix}\to\begin{pmatrix}1&2&-2&1\\0&-5&8&-5\\0&-5&8&-5\end{pmatrix}\to\begin{pmatrix}1&2&-2&1\\0&-5&8&-5\\0&0&0&0\end{pmatrix}。$$

易见，矩阵的秩为2。由于$\begin{vmatrix}3&1\\4&3\end{vmatrix}\neq0$，所以$\begin{vmatrix}3&1\\4&3\end{vmatrix}$为矩阵的一个最高阶非零子式。

(2) 不难求得

$$\begin{pmatrix}1&2&-2&-1&-1\\2&-1&3&1&3\\4&-5&7&3&5\end{pmatrix}\to\begin{pmatrix}1&2&-2&-1&-1\\0&-5&7&3&5\\0&-13&15&7&9\end{pmatrix}\to\begin{pmatrix}1&2&-2&-1&-1\\0&5&-7&-3&-5\\0&0&\frac{16}{5}&\frac{4}{5}&4\end{pmatrix}。$$

易见，矩阵的秩为3。由于$\begin{vmatrix}1&2&-2\\2&-1&3\\4&-5&7\end{vmatrix}\neq0$，所以$\begin{vmatrix}1&2&-2\\2&-1&3\\4&-5&7\end{vmatrix}$为矩阵的一个最高阶非零子式。

(3) 不难求得

$$\begin{pmatrix}2&-1&0&3\\3&1&1&3\\1&2&1&0\\5&0&1&6\end{pmatrix}\to\begin{pmatrix}1&2&1&0\\0&-5&-2&3\\0&-5&-2&3\\0&-10&-4&6\end{pmatrix}\to\begin{pmatrix}1&2&1&0\\0&-5&-2&3\\0&0&0&0\\0&0&0&0\end{pmatrix}。$$

易见，矩阵的秩为2。由于$\begin{vmatrix}2&-1\\3&1\end{vmatrix}\neq0$，所以$\begin{vmatrix}2&-1\\3&1\end{vmatrix}$为矩阵的一个最高阶非零子式。

B类题

1. 证明：方阵$\boldsymbol{A}$可逆的充分必要条件是$\boldsymbol{A}$与单位矩阵等价。

分析 利用矩阵的初等变换与初等矩阵之间的关系证明。

证 由定理3.2知，任一矩阵$\boldsymbol{A}$总可经初等变换将其约化为标准形矩阵，即

$$\boldsymbol{H}=\begin{pmatrix}\boldsymbol{E}_r&\boldsymbol{0}\\\boldsymbol{0}&\boldsymbol{0}\end{pmatrix},$$

也就是说，存在可逆矩阵$\boldsymbol{P},\boldsymbol{Q}$使得$\boldsymbol{PAQ}=\boldsymbol{H}$。当$\boldsymbol{A}$可逆时，$|\boldsymbol{A}|\neq0$，故$|\boldsymbol{H}|\neq0$，此时$\boldsymbol{H}$中没有0行，即$r=n$，所以矩阵$\boldsymbol{A}$的等价标准形为$\boldsymbol{E}_n$。

反之，由$\boldsymbol{PAQ}=\boldsymbol{E}_n$知，$|\boldsymbol{A}|\neq0$，所以$\boldsymbol{A}$可逆。

证毕

3.3 线性方程组的解

一、知识要点

对于含有n个未知量，m个方程的线性方程组

$$\begin{cases} a_{11}x_1 + a_{12}x_x + \cdots + a_{1n}x_n = b_1, \\ a_{21}x_1 + a_{22}x_2 + \cdots + a_{2n}x_n = b_2, \\ \quad\vdots \\ a_{m1}x_1 + a_{m2}x_2 + \cdots + a_{mn}x_n = b_m。 \end{cases} \tag{3.1}$$

令

$$\boldsymbol{A}=\begin{pmatrix} a_{11} & a_{12} & \cdots & a_{1n} \\ a_{21} & a_{22} & \cdots & a_{2n} \\ \vdots & \vdots & & \vdots \\ a_{m1} & a_{m2} & \cdots & a_{mn} \end{pmatrix},\quad \bar{\boldsymbol{A}}=\begin{pmatrix} a_{11} & a_{12} & \cdots & a_{1n} & b_1 \\ a_{21} & a_{22} & \cdots & a_{2n} & b_2 \\ \vdots & \vdots & & \vdots & \vdots \\ a_{m1} & a_{m2} & \cdots & a_{mn} & b_m \end{pmatrix},\quad \boldsymbol{x}=\begin{pmatrix} x_1 \\ x_2 \\ \vdots \\ x_n \end{pmatrix},\quad \boldsymbol{b}=\begin{pmatrix} b_1 \\ b_2 \\ \vdots \\ b_m \end{pmatrix},$$

其中 $\boldsymbol{A}$ 和 $\bar{\boldsymbol{A}}$ 分别为线性方程组(3.1)的系数矩阵和增广矩阵，则线性方程组(3.1)可以写成如下的矩阵形式

$$\boldsymbol{Ax} = \boldsymbol{b}。 \tag{3.2}$$

若 $b_1,b_2,\cdots,b_m$ 不全为零，即 $\boldsymbol{b}\neq\boldsymbol{0}$，则称线性方程组(3.1)为**非齐次线性方程组**；而称 $\boldsymbol{Ax}=\boldsymbol{0}$ 为对应于线性方程组(3.1)的**齐次线性方程组**。若 $\tilde{\boldsymbol{x}}=(\tilde{x}_1,\tilde{x}_2,\cdots,\tilde{x}_n)^{\mathrm{T}}$ 满足 $\boldsymbol{Ax}=\boldsymbol{b}$(或 $\boldsymbol{Ax}=\boldsymbol{0}$)，则称其为 $\boldsymbol{Ax}=\boldsymbol{b}$(或 $\boldsymbol{Ax}=\boldsymbol{0}$)的**解**。

若令

$$\boldsymbol{\alpha}_j = \begin{pmatrix} a_{1j} \\ a_{2j} \\ \vdots \\ a_{mj} \end{pmatrix}(j = 1,2,\cdots,n),\qquad \boldsymbol{b} = \begin{pmatrix} b_1 \\ b_2 \\ \vdots \\ b_m \end{pmatrix},$$

则系数矩阵和增广矩阵可分别记作

$$\boldsymbol{A} = (\boldsymbol{\alpha}_1,\boldsymbol{\alpha}_2,\cdots,\boldsymbol{\alpha}_n),\quad \bar{\boldsymbol{A}} = (\boldsymbol{\alpha}_1,\boldsymbol{\alpha}_2,\cdots,\boldsymbol{\alpha}_n,\boldsymbol{b})。$$

对于线性方程组(3.2)(或方程组(3.1))，核心问题是判定此线性方程组是否有解？如果有解，有多少组解，并且如何求解？我们有如下的定理。

定理 3.9 对于给定的线性方程组(3.2)，当系数矩阵 $\boldsymbol{A}$ 和增广矩阵 $\bar{\boldsymbol{A}}$ 的秩满足如下条件时，有

(1) 若 $\mathrm{R}(\boldsymbol{A})\neq\mathrm{R}(\bar{\boldsymbol{A}})$，此线性方程组无解；

(2) 若 $\mathrm{R}(\boldsymbol{A})=R(\bar{\boldsymbol{A}})=n$，此线性方程组有解，且有唯一解；

(3) 若 $\mathrm{R}(\boldsymbol{A})=\mathrm{R}(\bar{\boldsymbol{A}})=r<n$，此线性方程组有解，且有无穷多解。与 $\boldsymbol{Ax}=\boldsymbol{b}$ 同解的线性方程组为

$$\begin{cases} x_1 = -b_{1+1}x_{r+1} - \cdots - b_{1n}x_n + d_1, \\ x_2 = -b_{2r+1}x_{r+1} - \cdots - b_{2n}x_n + d_2, \\ \quad\vdots \\ x_r = -b_{rr+1}x_{r+1} - \cdots - b_{rn}x_n + d_r。 \end{cases} \tag{3.3}$$

在线性方程组(3.3)中，将 $x_1,x_2,\cdots,x_r$ 称为**主变量**，$x_{r+1},\cdots,x_n$ 称为**自由未知量**，可取任意实数。令自由未知量 $x_{r+1}=k_1,\cdots,x_n=k_{n-r}$，得到线性方程组(3.1)的一组解。因此，线性方程组(3.1)的无穷多解可以表示为

$$\begin{cases} x_1 = -b_{1r+1}k_1 - \cdots - b_{1n}k_{n-r} + d_1, \\ \qquad\vdots \\ x_r = -b_{rr+1}k_1 - \cdots - b_{rn}k_{n-r} + d_r, \\ x_{r+1} = k_1, \\ \qquad\vdots \\ x_n = k_{n-r}, \end{cases}$$

或写为

$$\begin{pmatrix} x_1 \\ \vdots \\ x_r \\ x_{r+1} \\ \vdots \\ x_n \end{pmatrix} = \begin{pmatrix} -b_{1r+1}k_1 - \cdots - b_{1n}k_{n-r} + d_1 \\ \vdots \\ -b_{rr+1}k_1 - \cdots - b_{rn}k_{n-r} + d_r \\ k_1 \\ \vdots \\ k_{n-r} \end{pmatrix} = k_1 \begin{pmatrix} -b_{1r+1} \\ \vdots \\ -b_{rr+1} \\ 1 \\ \vdots \\ 0 \end{pmatrix} + \cdots + k_{n-r} \begin{pmatrix} -b_{1n} \\ \vdots \\ -b_{rn} \\ 0 \\ \vdots \\ 1 \end{pmatrix} + \begin{pmatrix} d_1 \\ \vdots \\ d_r \\ 0 \\ \vdots \\ 0 \end{pmatrix},$$

其中 $k_1, k_2, \cdots, k_{n-r}$ 为任意实数。

定理 3.10 设给定的齐次线性方程组 $\boldsymbol{A}_{m\times n}\boldsymbol{x}=\boldsymbol{0}$。

(1) 若 $R(\boldsymbol{A})=n$，则此线性方程组有唯一零解；

(2) 若 $R(\boldsymbol{A})<n$，则此线性方程组有(无穷多个)非零解。

二、经典题型详解

题型 1 利用初等变换求解线性方程组

例 3.8 求解下列线性方程组：

(1) $\begin{cases} x_1 - 2x_2 + 3x_3 - 4x_4 = 4, \\ x_2 - x_3 + x_4 = -3, \\ x_1 + 3x_2 - 3x_4 = 1, \\ -7x_2 + 3x_3 + x_4 = -3; \end{cases}$ (2) $\begin{cases} x_1 + 3x_2 + 2x_3 - 4x_4 + 3x_5 = 0, \\ x_1 + 2x_2 + 3x_3 - 2x_4 + x_5 = 0, \\ 3x_1 + 7x_2 + 8x_3 - 8x_4 + 5x_5 = 0, \\ 5x_1 + 11x_2 + 14x_3 - 12x_4 + 7x_5 = 0. \end{cases}$

分析 利用初等行变换分别将线性方程组(1)的增广矩阵和线性方程组(2)的系数矩阵约化为行阶梯形；然后分别根据定理 3.9 和定理 3.10 的结论判定解的情况。

解 (1) 对线性方程组的增广矩阵 $\overline{\boldsymbol{A}}$ 施以初等行变换，有

$$\overline{\boldsymbol{A}} = \begin{pmatrix} 1 & -2 & 3 & -4 & 4 \\ 0 & 1 & -1 & 1 & -3 \\ 1 & 3 & 0 & -3 & 1 \\ 0 & -7 & 3 & 1 & -3 \end{pmatrix} \xrightarrow{r_3 - r_1} \begin{pmatrix} 1 & -2 & 3 & -4 & 4 \\ 0 & 1 & -1 & 1 & -3 \\ 0 & 5 & -3 & 1 & -3 \\ 0 & -7 & 3 & 1 & -3 \end{pmatrix}$$

$$\xrightarrow[r_4 + 7r_2]{r_3 - 5r_2} \begin{pmatrix} 1 & -2 & 3 & -4 & 4 \\ 0 & 1 & -1 & 1 & -3 \\ 0 & 0 & 2 & -4 & 12 \\ 0 & 0 & -4 & 8 & -24 \end{pmatrix} \xrightarrow[\frac{1}{2}r_3]{r_4 + 2r_3} \begin{pmatrix} 1 & -2 & 3 & -4 & 4 \\ 0 & 1 & -1 & 1 & -3 \\ 0 & 0 & 1 & -2 & 6 \\ 0 & 0 & 0 & 0 & 0 \end{pmatrix}$$

$$\xrightarrow[r_1-3r_3]{r_2+r_3}\begin{pmatrix}1&-2&0&2&-14\\0&1&0&-1&3\\0&0&1&-2&6\\0&0&0&0&0\end{pmatrix}\xrightarrow{r_1+2r_2}\begin{pmatrix}1&0&0&0&-8\\0&1&0&-1&3\\0&0&1&-2&6\\0&0&0&0&0\end{pmatrix}。$$

显然，$R(\boldsymbol{A})=R(\bar{\boldsymbol{A}})=3<4$，因此，此线性方程组有无穷多解。与原线性方程组同解的线性方程组为$\begin{cases}x_1=-8,\\x_2-x_4=3,\\x_3-2x_4=6,\end{cases}$ 即$\begin{cases}x_1=-8,\\x_2=3+x_4,\\x_3=6+2x_4。\end{cases}$ 令 $x_4=k$，则线性方程组的解为

$$\begin{cases}x_1=-8,\\x_2=3+k,\\x_3=6+2k,\\x_4=k,\end{cases}\quad\text{即}\quad\begin{pmatrix}x_1\\x_2\\x_3\\x_4\end{pmatrix}=k\begin{pmatrix}0\\1\\2\\1\end{pmatrix}+\begin{pmatrix}-8\\3\\6\\0\end{pmatrix},\qquad k\text{ 为任意实数。}$$

(2) 由 $m=4,n=5$ 可知，$R(\boldsymbol{A})\leqslant m<n$，因此所给线性方程组有无穷多个非零解。对系数矩阵 $\boldsymbol{A}$ 施以初等行变换，有

$$\boldsymbol{A}=\begin{pmatrix}1&3&2&-4&3\\1&2&3&-2&1\\3&7&8&-8&5\\5&11&14&-12&7\end{pmatrix}\xrightarrow[r_4-5r_1]{\substack{r_2-r_1\\r_3-3r_1}}\begin{pmatrix}1&3&2&-4&3\\0&-1&1&2&-2\\0&-2&2&4&-4\\0&-4&4&8&-8\end{pmatrix}$$

$$\xrightarrow[r_4-4r_2]{\substack{r_1+3r_2\\r_3-2r_2}}\begin{pmatrix}1&0&5&2&-3\\0&-1&1&2&-2\\0&0&0&0&0\\0&0&0&0&0\end{pmatrix}\xrightarrow{-r_2}\begin{pmatrix}1&0&5&2&-3\\0&1&-1&-2&2\\0&0&0&0&0\\0&0&0&0&0\end{pmatrix}。$$

$R(\boldsymbol{A})=2<5$，因此，此线性方程组有无穷多解。同解的线性方程组为

$$\begin{cases}x_1=-5x_3-2x_4+3x_5,\\x_2=x_3+2x_4-2x_5。\end{cases}$$

令 $x_3=k_1,x_4=k_2,x_5=k_3$，则

$$\begin{cases}x_1=-5k_1-2k_2+3k_3,\\x_2=k_1+2k_2-2k_3,\end{cases}$$

即

$$\begin{pmatrix}x_1\\x_2\\x_3\\x_4\\x_5\end{pmatrix}=k_1\begin{pmatrix}-5\\1\\1\\0\\0\end{pmatrix}+k_2\begin{pmatrix}-2\\2\\0\\1\\0\end{pmatrix}+k_3\begin{pmatrix}3\\-2\\0\\0\\1\end{pmatrix},\qquad k_1,k_2,k_3\text{ 为任意实数。}$$

类似地，可以求解下列线性方程组：

(1) $\begin{cases}x_1+x_2-2x_3+3x_4=0,\\2x_1+x_2-6x_3+4x_4=-1,\\3x_1+2x_2-8x_3+7x_4=-1,\\x_1-x_2-6x_3-x_4=-2;\end{cases}$ (2) $\begin{cases}x_1+2x_2+x_3-x_4=0,\\3x_1+6x_2-x_3-3x_4=0,\\5x_1+10x_2+x_3-5x_4=0。\end{cases}$

题型 2 综合题

例 3.9 设 $\boldsymbol{B}=\begin{pmatrix}1 & -3\\2 & 2\\3 & -1\end{pmatrix}=(\boldsymbol{\beta}_1,\boldsymbol{\beta}_2)$，$\boldsymbol{A}=\begin{pmatrix}4 & 1 & -2\\2 & 2 & 1\\3 & 1 & -1\end{pmatrix}$，解线性方程组 $\boldsymbol{Ax}=\boldsymbol{\beta}_1$，$\boldsymbol{Ax}=\boldsymbol{\beta}_2$。

分析 可以用两种方法求解：一种是初等变换方法；另一种是矩阵方程的解法。

解 法一 对于线性方程组 $\boldsymbol{Ax}=\boldsymbol{\beta}_1$，将其增广矩阵约化为行最简形，具体过程如下：

$$(\boldsymbol{A}\,\vdots\,\boldsymbol{\beta}_1)=\left(\begin{array}{ccc:c}4 & 1 & -2 & 1\\2 & 2 & 1 & 2\\3 & 1 & -1 & 3\end{array}\right)\to\left(\begin{array}{ccc:c}1 & 0 & -1 & -2\\2 & 2 & 1 & 2\\3 & 1 & -1 & 3\end{array}\right)\to\left(\begin{array}{ccc:c}1 & 0 & -1 & -2\\0 & 2 & 3 & 6\\0 & 1 & 2 & 9\end{array}\right)$$

$$\to\left(\begin{array}{ccc:c}1 & 0 & -1 & -2\\0 & 1 & 2 & 9\\0 & 0 & -1 & -12\end{array}\right)\to\left(\begin{array}{ccc:c}1 & 0 & 0 & 10\\0 & 1 & 0 & -15\\0 & 0 & 1 & 12\end{array}\right)。$$

易见，线性方程组 $\boldsymbol{Ax}=\boldsymbol{\beta}_1$ 有唯一解，即

$$\boldsymbol{x}=\begin{pmatrix}10\\-15\\12\end{pmatrix}。$$

对于线性方程组 $\boldsymbol{Ax}=\boldsymbol{\beta}_2$，将其增广矩阵约化为行最简形，具体过程如下：

$$(\boldsymbol{A}\,\vdots\,\boldsymbol{\beta}_2)=\left(\begin{array}{ccc:c}4 & 1 & -2 & -3\\2 & 2 & 1 & 2\\3 & 1 & -1 & -1\end{array}\right)\to\left(\begin{array}{ccc:c}1 & 0 & -1 & -2\\2 & 2 & 1 & 2\\3 & 1 & -1 & -1\end{array}\right)\to\left(\begin{array}{ccc:c}1 & 0 & -1 & -2\\0 & 2 & 3 & 6\\0 & 1 & 2 & 5\end{array}\right)$$

$$\to\left(\begin{array}{ccc:c}1 & 0 & -1 & -2\\0 & 1 & 2 & 5\\0 & 0 & -1 & -4\end{array}\right)\to\left(\begin{array}{ccc:c}1 & 0 & 0 & 2\\0 & 1 & 0 & -3\\0 & 0 & 1 & 4\end{array}\right)。$$

易见，线性方程组 $\boldsymbol{Ax}=\boldsymbol{\beta}_2$ 有唯一解，即

$$\boldsymbol{x}=\begin{pmatrix}2\\-3\\4\end{pmatrix}。$$

法二 利用求解矩阵方程的思想，可以同时解这两个线性方程组，对下面增广矩阵实施初等行变换

$$(\boldsymbol{A}\,\vdots\,\boldsymbol{\beta}_1,\boldsymbol{\beta}_2)\to\left(\begin{array}{ccc:cc}4 & 1 & -2 & 1 & -3\\2 & 2 & 1 & 2 & 2\\3 & 1 & -1 & 3 & -1\end{array}\right)\to\left(\begin{array}{ccc:cc}1 & 0 & -1 & -2 & -2\\2 & 2 & 1 & 2 & 2\\3 & 1 & -1 & 3 & -1\end{array}\right)$$

$$\to\left(\begin{array}{ccc:cc}1 & 0 & -1 & -2 & -2\\0 & 2 & 3 & 6 & 6\\0 & 1 & 2 & 9 & 5\end{array}\right)\to\left(\begin{array}{ccc:cc}1 & 0 & -1 & -2 & -2\\0 & 1 & 2 & 9 & 5\\0 & 0 & -1 & -12 & -4\end{array}\right)$$

$$\to\left(\begin{array}{ccc:cc}1 & 0 & 0 & 10 & 2\\0 & 1 & 0 & -15 & -3\\0 & 0 & 1 & 12 & 4\end{array}\right)。$$

于是,线性方程组 $\boldsymbol{Ax}=\boldsymbol{\beta}_1$ 和 $\boldsymbol{Ax}=\boldsymbol{\beta}_2$ 的解分别为

$$\begin{pmatrix}10\\-15\\12\end{pmatrix} 和 \begin{pmatrix}2\\-3\\4\end{pmatrix}。$$

例 3.10 当 k 取何值时,线性方程组

$$\begin{cases}x_1+\ x_2+kx_3=4,\\-x_1+kx_2+\ x_3=k^2,\\x_1-\ x_2+2x_3=-4\end{cases}$$

(1) 有唯一解;(2)无解;(3)有无穷多解?在线性方程组有无穷多解的情形下,求出解。

分析 易见,线性方程组的系数矩阵为三阶,求系数矩阵的行列式较为方便,然后根据 k 的取值讨论解的情况。取定 k 的值后,利用初等行变换将线性方程组的增广矩阵约化为行阶梯形矩阵;然后根据定理 3.9 进行讨论,再求解。

解 线性方程组的系数行列式为

$$D=\begin{vmatrix}1&1&k\\-1&k&1\\1&-1&2\end{vmatrix}=-(k^2-3k-4)=-(k+1)(k-4)。$$

(1) 当 $-(k+1)(k-4)\neq 0$,即 $k\neq -1$ 且 $k\neq 4$ 时,由克莱姆法则得此线性方程组有唯一解。

(2) 当 $k=-1$ 时,对线性方程组的增广矩阵进行初等行变换,即

$$\overline{\boldsymbol{A}}=\begin{pmatrix}1&1&-1&4\\-1&-1&1&1\\1&-1&2&-4\end{pmatrix}\to\begin{pmatrix}1&1&-1&4\\0&-2&3&-8\\0&0&0&5\end{pmatrix}。$$

显然,$\mathrm{R}(\overline{\boldsymbol{A}})=3$,$\mathrm{R}(\boldsymbol{A})=2$,这时此线性方程组无解。

(3) 当 $k=4$ 时,对线性方程组的增广矩阵进行初等行变换,即

$$\overline{\boldsymbol{A}}=\begin{pmatrix}1&1&4&4\\-1&4&1&16\\1&-1&2&-4\end{pmatrix}\to\begin{pmatrix}1&1&4&4\\0&1&1&4\\0&0&0&0\end{pmatrix}\to\begin{pmatrix}1&0&3&0\\0&1&1&4\\0&0&0&0\end{pmatrix}。$$

显然,$\mathrm{R}(\overline{\boldsymbol{A}})=\mathrm{R}(\boldsymbol{A})=2<3$,这时此线性方程组有无穷多解。与其等价的线性方程组为

$$\begin{cases}x_1=-3x_3,\\x_2=-x_3+4。\end{cases}$$

令 $x_3=k$,则原线性方程组的解为 $\begin{cases}x_1=-3k,\\x_2=-k+4,\end{cases}$ 即

$$\begin{pmatrix}x_1\\x_2\\x_3\end{pmatrix}=k\begin{pmatrix}-3\\-1\\1\end{pmatrix}+\begin{pmatrix}0\\4\\0\end{pmatrix},\qquad k 为任意实数。$$

类似地,可以求解下列问题:

(1) 设 $A=\begin{pmatrix}1&2&-1&3\\2&1&4&3\\0&a&2&-1\end{pmatrix}$，$\beta=\begin{pmatrix}1\\5\\-6\end{pmatrix}$，且线性方程组 $Ax=\beta$ 无解，求 a 的值。

(2) λ 取何值时，齐次线性方程组$\begin{cases}\lambda x_1+x_2+x_3=0,\\x_1+\lambda x_2-x_3=0,\\2x_1-x_2+x_3=0\end{cases}$有非零解？并求解。

例 3.11 证明：线性方程组

$$\begin{cases}x_1-x_2 & =a_1,\\ \quad x_2-x_3 & =a_2,\\ \quad\quad x_3-x_4 & =a_3,\\ \quad\quad\quad\vdots & \\ -x_1 \qquad\qquad +x_n & =a_n\end{cases}$$

有解的充要条件是 $\sum\limits_{i=1}^{n}a_i=0$。

分析 利用初等行变换将线性方程组的增广矩阵约化为行阶梯形；然后根据定理 3.9 的结论判定解的情况。

证 对增广矩阵实施初等行变换，有

$$\bar{A}=\left(\begin{array}{cccccc:c}1&-1&0&\cdots&0&a_1\\0&1&-1&\cdots&0&a_2\\0&0&1&\cdots&0&a_3\\\vdots&\vdots&\vdots&&\vdots&\vdots\\0&0&0&\cdots&-1&a_{n-1}\\-1&0&0&\cdots&1&a_n\end{array}\right)\xrightarrow{r_n+r_1}\left(\begin{array}{ccccc:c}1&-1&0&\cdots&0&a_1\\0&1&-1&\cdots&0&a_2\\0&0&1&\cdots&0&a_3\\\vdots&\vdots&\vdots&&\vdots&\vdots\\0&0&0&\cdots&-1&a_{n-1}\\0&-1&0&\cdots&1&a_n+a_1\end{array}\right)$$

$$\xrightarrow[\substack{\vdots\\ r_n+r_{n-1}}]{r_n+r_2}\left(\begin{array}{ccccc:c}1&-1&0&\cdots&0&a_1\\0&1&-1&\cdots&0&a_2\\0&0&1&\cdots&0&a_3\\\vdots&\vdots&\vdots&&\vdots&\vdots\\0&0&0&\cdots&-1&a_{n-1}\\0&0&0&\cdots&0&\sum\limits_{i=1}^{n}a_i\end{array}\right)。$$

此线性方程组有解的充要条件为 $\mathrm{R}(A)=n-1=\mathrm{R}(\bar{A})\Leftrightarrow\sum\limits_{i=1}^{n}a_i=0$，得证。　　证毕

类似地，可以证明：非齐次线性方程组$\begin{pmatrix}1&1&0&0\\0&1&1&0\\0&0&1&1\\1&0&0&1\end{pmatrix}\begin{pmatrix}x_1\\x_2\\x_3\\x_4\end{pmatrix}=\begin{pmatrix}a_1\\a_2\\a_3\\a_4\end{pmatrix}$有解的充分必要条件是 $a_1-a_2+a_3-a_4=0$。

三、课后习题选解

A类题

1. 设下列矩阵为线性方程组的增广矩阵,哪些对应的线性方程组无解;有唯一解;有无穷多解?

(1) $\begin{pmatrix}1&3&1\\0&1&-1\\0&0&0\end{pmatrix}$; (2) $\begin{pmatrix}1&-2&2&-3\\0&1&-1&3\\0&0&1&0\end{pmatrix}$; (3) $\begin{pmatrix}1&4&2&-2\\0&0&1&4\\0&0&0&1\end{pmatrix}$; (4) (1,0,2,3)。

分析 根据定理3.9,即线性方程组的系数矩阵和增广矩阵的秩之间的关系判定方程组的解的情况。

解 (1) 易见,矩阵有3列,作为线性方程组的增广矩阵,可知对应的线性方程组含有两个未知量。由于增广矩阵和其系数矩阵的秩相等且等于2,与变量的个数相同,根据定理3.9,对应的线性方程组有唯一解。

(2) 易见,矩阵有4列,作为线性方程组的增广矩阵,可知对应的线性方程组含有3个未知量。由于增广矩阵和其系数矩阵的秩相等且等于变量的个数,根据定理3.9,对应的线性方程组有唯一解。

(3) 易见,矩阵有4列,作为线性方程组的增广矩阵,可知对应的线性方程组含有3个未知量。由于增广矩阵的秩为3,系数矩阵的秩为2,它们不相等,根据定理3.9,对应的线性方程组无解。

(4) 易见,矩阵有4列,作为线性方程组的增广矩阵,可知对应的线性方程组含有3个未知量。由于增广矩阵和其系数矩阵的秩相等且等于1,但是小于变量的个数,根据定理3.9,对应的线性方程组有无穷多个解。

2. 求解齐次线性方程组

$$\begin{cases}x_1+x_2+x_3+4x_4-3x_5=0,\\x_1-x_2+3x_3-2x_4-x_5=0,\\2x_1+x_2+3x_3+5x_4-5x_5=0,\\3x_1+x_2+5x_3+6x_4-7x_5=0。\end{cases}$$

分析 参见经典题型详解中例3.8。

解 对线性方程组的系数矩阵实施初等行变换,不难求得

$$\begin{pmatrix}1&1&1&4&-3\\1&-1&3&-2&-1\\2&1&3&5&-5\\3&1&5&6&-7\end{pmatrix}\to\begin{pmatrix}1&1&1&4&-3\\0&-2&2&-6&2\\0&-1&1&-3&1\\0&-2&2&-6&2\end{pmatrix}\to\begin{pmatrix}1&1&1&4&-3\\0&-1&1&-3&1\\0&0&0&0&0\\0&0&0&0&0\end{pmatrix}$$

$$\to\begin{pmatrix}1&0&2&1&-2\\0&1&-1&3&-1\\0&0&0&0&0\\0&0&0&0&0\end{pmatrix}。$$

得同解线性方程组 $\begin{cases}x_1=-2x_3-x_4+2x_5,\\x_2=x_3-3x_4+x_5。\end{cases}$ 令 $x_3=k_1,x_4=k_2,x_5=k_3$,则此线性方程组的解为

$$\begin{pmatrix}x_1\\x_2\\x_3\\x_4\\x_5\end{pmatrix}=k_1\begin{pmatrix}-2\\1\\1\\0\\0\end{pmatrix}+k_2\begin{pmatrix}-1\\-3\\0\\1\\0\end{pmatrix}+k_3\begin{pmatrix}2\\1\\0\\0\\1\end{pmatrix},\quad k_1,k_2,k_3\text{ 为任意实数。}$$

3. 求解非齐次线性方程组

$$\begin{cases} x_1+\ x_2+2x_3=1, \\ 2x_1-\ x_2+2x_3=4, \\ x_1-2x_2\qquad\ =3, \\ 4x_1+\ x_2+4x_3=2。\end{cases}$$

分析 参见经典题型详解中例 3.8。

解 对线性方程组的增广矩阵 $\bar{\boldsymbol{A}}$ 施以初等行变换,有

$$\bar{\boldsymbol{A}}=\begin{pmatrix}1&1&2&1\\2&-1&2&4\\1&-2&0&3\\4&1&4&2\end{pmatrix}\xrightarrow[r_4-4r_1]{\substack{r_2-2r_1\\ r_3-r_1}}\begin{pmatrix}1&1&2&1\\0&-3&-2&2\\0&-3&-2&2\\0&-3&-4&-2\end{pmatrix}$$

$$\xrightarrow[r_4-r_2]{r_3-r_2}\begin{pmatrix}1&1&2&1\\0&-3&-2&2\\0&0&0&0\\0&0&-2&-4\end{pmatrix}\xrightarrow[-\frac{1}{2}r_3]{r_3\leftrightarrow r_4}\begin{pmatrix}1&1&2&1\\0&-3&-2&2\\0&0&1&2\\0&0&0&0\end{pmatrix}=\boldsymbol{B}。$$

显然,$\mathrm{R}(\boldsymbol{A})=\mathrm{R}(\bar{\boldsymbol{A}})=3$,因此此线性方程组有唯一解。为了方便求出此线性方程组的解,对 $\bar{\boldsymbol{A}}$ 进一步施以初等行变换,并将其约化为行最简形

$$\boldsymbol{B}\xrightarrow[r_1-2r_3]{r_2+2r_3}\begin{pmatrix}1&1&0&-3\\0&-3&0&6\\0&0&1&2\\0&0&0&0\end{pmatrix}\xrightarrow[-\frac{1}{3}r_2]{r_1+\frac{1}{3}r_2}\begin{pmatrix}1&0&0&-1\\0&1&0&-2\\0&0&1&2\\0&0&0&0\end{pmatrix}。$$

与原线性方程组同解的线性方程组为 $\begin{cases}x_1=-1,\\x_2=-2,\\x_3=\ \ 2。\end{cases}$ 这也是原线性方程组的唯一解,即解为

$$\begin{pmatrix}x_1\\x_2\\x_3\end{pmatrix}=\begin{pmatrix}-1\\-2\\2\end{pmatrix}。$$

4. 设有非齐次线性方程组 $\begin{cases}\lambda x_1+\ x_2+\ x_3=1,\\ x_1+\lambda x_2+\ x_3=\lambda,\\ x_1+\ x_2+\lambda x_3=\lambda^2。\end{cases}$ λ 取何值时,此线性方程组(1)有唯一解;(2)无解;(3)有无穷多解?在线性方程组有解的情形下,求出解。

分析 参见经典题型详解中例 3.10。易见,线性方程组的系数矩阵为三阶,且每行都含有待定参数 λ,用初等行变换进行约化较为麻烦,故可以先求系数矩阵的行列式,然后讨论解的情况。取定 λ 的值后,利用初等行变换将线性方程组的增广矩阵约化为行阶梯形矩阵;然后根据定理 3.9 进行讨论,再求解。

解 线性方程组的系数矩阵和增广矩阵为

$$\boldsymbol{A}=\begin{pmatrix}\lambda&1&1\\1&\lambda&1\\1&1&\lambda\end{pmatrix},\quad \bar{\boldsymbol{A}}=\begin{pmatrix}\lambda&1&1&1\\1&\lambda&1&\lambda\\1&1&\lambda&\lambda^2\end{pmatrix},$$

且不难求得 $|\boldsymbol{A}|=(\lambda-1)^2(\lambda+2)$。

(1) 当 $\lambda\neq1$ 且 $\lambda\neq-2$ 时,$|\boldsymbol{A}|\neq0$,由克莱姆法则求得此线性方程组的唯一解为

$$x_1=\frac{-\lambda-1}{\lambda+2},\quad x_2=\frac{1}{\lambda+2},\quad x_3=\frac{(\lambda+1)^2}{(\lambda+2)}。$$

(2) 当 $\lambda=-2$ 时,有

$$\overline{A}=\left(\begin{array}{ccc:c}-2&1&1&1\\1&-2&1&-2\\1&1&-2&4\end{array}\right)\xrightarrow{r_2\leftrightarrow r_1}\left(\begin{array}{ccc:c}1&-2&1&-2\\-2&1&1&1\\1&1&-2&4\end{array}\right)$$

$$\xrightarrow[r_3-r_1]{r_2+2r_1}\left(\begin{array}{ccc:c}1&-2&1&-2\\0&-3&3&-3\\0&3&-3&6\end{array}\right)\to\left(\begin{array}{ccc:c}1&-2&1&-2\\0&-3&3&-3\\0&0&0&3\end{array}\right)。$$

易见，$R(A)\neq R(\overline{A})$，所以线性方程组无解。

(3) 当 $\lambda=1$ 时，有

$$\overline{A}=\begin{pmatrix}1&1&1&1\\1&1&1&1\\1&1&1&1\end{pmatrix}\xrightarrow[r_3-r_1]{r_2-r_1}\begin{pmatrix}1&1&1&1\\0&0&0&0\\0&0&0&0\end{pmatrix}。$$

因为 $R(A)=R(\overline{A})<3$，所以线性方程组有无穷多解。同解线性方程组为 $x_1=-x_2-x_3+1$。令 $x_2=k_1, x_3=k_2$，则线性方程组的解为

$$\begin{pmatrix}x_1\\x_2\\x_3\end{pmatrix}=k_1\begin{pmatrix}-1\\1\\0\end{pmatrix}+k_2\begin{pmatrix}-1\\0\\1\end{pmatrix}+\begin{pmatrix}1\\0\\0\end{pmatrix},\qquad k_1,k_2\text{ 为任意常数。}$$

5. 设有线性方程组 $\begin{cases}x_1-x_2-2x_3+3x_4=0,\\x_1-3x_2-6x_3+2x_4=-1,\\x_1+5x_2+10x_3-x_4=b,\\3x_1+x_2+ax_3+4x_4=1。\end{cases}$ 当 a,b 取何值时，此线性方程组(1)有唯一解；(2)无解；(3)有无穷多解？在线性方程组有无穷多解的情形下，求出解。

分析 参见经典题型详解中例3.10。注意到，线性方程组的增广矩阵的第1行不包含参数 a,b，可以对增广矩阵实施初等行变换，进而将其约化为行阶梯形矩阵；然后根据定理3.9讨论线性方程组的解的情况，并求解。

解 对增广矩阵实施初等行变换

$$\overline{A}=(A,b)=\begin{pmatrix}1&-1&-2&3&0\\1&-3&-6&2&-1\\1&5&10&-1&b\\3&1&a&4&1\end{pmatrix}\to\begin{pmatrix}1&-1&-2&3&0\\0&-2&-4&-1&-1\\0&6&12&-4&b\\0&4&a+6&-5&1\end{pmatrix}$$

$$\to\begin{pmatrix}1&-1&-2&3&0\\0&-2&-4&-1&-1\\0&0&a-2&-7&-1\\0&0&0&-7&b-3\end{pmatrix}。$$

不难发现：

(1) 当 $a=2$，且 $b\neq2$ 时，$R(A)=3\neq R(A,b)=4$，线性方程组无解。

(2) 当 $a\neq2$ 时，$R(A)=R(A,b)=4$，线性方程组有唯一解。

(3) 当 $a=2$ 且 $b=2$ 时，$R(A)=R(A,b)=3<4$，线性方程组有无穷多解。继续对增广矩阵实施初等行变换，有

$$\overline{A}\to\begin{pmatrix}1&-1&-2&3&0\\0&-2&-4&-1&-1\\0&0&0&-7&-1\\0&0&0&0&0\end{pmatrix}\to\begin{pmatrix}1&-1&-2&3&0\\0&1&2&\frac{1}{2}&\frac{1}{2}\\0&0&0&1&\frac{1}{7}\\0&0&0&0&0\end{pmatrix}$$

$$\rightarrow\begin{pmatrix}1&-1&-2&0&-\frac{3}{7}\\0&1&2&0&\frac{3}{7}\\0&0&0&1&\frac{1}{7}\\0&0&0&0&0\end{pmatrix}\rightarrow\begin{pmatrix}1&0&0&0&0\\0&1&2&0&\frac{3}{7}\\0&0&0&1&\frac{1}{7}\\0&0&0&0&0\end{pmatrix}。$$

与其同解的非齐次线性方程组为

$$\begin{cases}x_1=0,\\x_2+2x_3=\frac{3}{7},\\x_4=\frac{1}{7}。\end{cases}$$

令 $x_3=k$，则线性方程组的解为

$$\begin{pmatrix}x_1\\x_2\\x_3\\x_4\end{pmatrix}=\begin{pmatrix}0\\\frac{3}{7}\\0\\\frac{1}{7}\end{pmatrix}+k\begin{pmatrix}0\\-2\\1\\0\end{pmatrix},\qquad k\text{ 为任意实数。}$$

6. 判断下列说法是否正确，并说明理由：

(1) 若 $\boldsymbol{A}_{m\times n}\boldsymbol{x}=\boldsymbol{0}$，且 $\mathrm{R}(\boldsymbol{A}_{m\times n})=m$，则 $\boldsymbol{Ax}=\boldsymbol{0}$ 一定有解；

(2) 若 $\boldsymbol{A}_{m\times n}\boldsymbol{x}=\boldsymbol{b}$，且 $\mathrm{R}(\boldsymbol{A}_{m\times n})=m$，则 $\boldsymbol{Ax}=\boldsymbol{b}$ 一定有解；

(3) 若 $\boldsymbol{A}_{m\times n}\boldsymbol{x}=\boldsymbol{0}$，且 $m<n$，则 $\boldsymbol{Ax}=\boldsymbol{0}$ 有非零解。

分析 利用定理 3.9 和定理 3.10 判定。

解 (1) 正确。因为齐次线性方程组至少存在零解。

(2) 正确。由 $\mathrm{R}(\boldsymbol{A}_{m\times n})=m$ 知，$m\leqslant n$，且 $\mathrm{R}(\boldsymbol{A})=\mathrm{R}(\bar{\boldsymbol{A}})=m$，根据定理 3.9，线性方程组 $\boldsymbol{Ax}=\boldsymbol{b}$ 一定有解。

(3) 正确。由于 $\mathrm{R}(\boldsymbol{A})\leqslant m<n$，根据定理 3.10，线性方程组 $\boldsymbol{Ax}=\boldsymbol{0}$ 有非零解。

B类题

1. 设 $\boldsymbol{BA}=\boldsymbol{0}$，其中 $\boldsymbol{A}$ 是三阶非零矩阵，而

$$\boldsymbol{B}=\begin{pmatrix}1&2&0\\2&0&-4\\-1&t&5\\1&0&-2\end{pmatrix},$$

求 t 的值。

分析 根据矩阵方程的特点分析矩阵的秩的情况，然后再讨论矩阵 $\boldsymbol{B}$ 的秩。

解 因为 $\boldsymbol{BA}=\boldsymbol{0}$，且 $\boldsymbol{A}$ 是三阶非零矩阵，所以矩阵方程 $\boldsymbol{BX}=\boldsymbol{0}$ 有非零解，从而矩阵 $\boldsymbol{B}$ 的秩小于 3。将矩阵 $\boldsymbol{B}$ 约化为行阶梯形矩阵，具体过程如下：

$$\boldsymbol{B}=\begin{pmatrix}1&2&0\\2&0&-4\\-1&t&5\\1&0&-2\end{pmatrix}\rightarrow\begin{pmatrix}1&2&0\\0&-4&-4\\0&t+2&5\\0&-2&-2\end{pmatrix}\rightarrow\begin{pmatrix}1&2&0\\0&1&1\\0&t+2&5\\0&0&0\end{pmatrix}\rightarrow\begin{pmatrix}1&2&0\\0&1&1\\0&0&3-t\\0&0&0\end{pmatrix}。$$

依题意，$t=3$。

复习题3解答

1. 填空题

(1) 设 $\boldsymbol{A}$ 为 4×3 矩阵，且 $\mathrm{R}(\boldsymbol{A})=2$，$\boldsymbol{B}=\begin{pmatrix}4&0&2\\0&2&0\\1&0&3\end{pmatrix}$，则 $\mathrm{R}(\boldsymbol{AB})-\mathrm{R}(\boldsymbol{A})=$________。

(2) 已知某非齐次线性方程组的增广矩阵的行最简形为 $\begin{pmatrix}1&-1&0&1\\0&0&1&3\\0&0&0&0\end{pmatrix}$，则该线性方程组中有________个主变量，有________个自由未知量，线性方程组的解为________。

(3) 设 $\boldsymbol{A}$ 为三阶方阵，$\boldsymbol{B}=\begin{pmatrix}1&-1&0\\2&1&1\\3&0&k\end{pmatrix}$。若 $\mathrm{R}(\boldsymbol{A})=1$，$\boldsymbol{AB}=\boldsymbol{0}$，则 $k=$________。

(4) 设 $\boldsymbol{A}=\begin{pmatrix}1&1&2&-2\\1&3&a&2a\\1&-1&6&0\end{pmatrix}$，若 $\mathrm{R}(\boldsymbol{A})=2$，则 $a=$________。

(5) 设 $\boldsymbol{A}=\begin{pmatrix}1&1&0\\1&0&1\\0&1&1\end{pmatrix}$，$\boldsymbol{B}=\begin{pmatrix}a&1&1\\2&1&a\\1&1&a\end{pmatrix}$，且矩阵 $\boldsymbol{AB}$ 的秩为2，则 $a=$________。

解 (1) 因为 $\mathrm{R}(\boldsymbol{B})=3$，所以矩阵 $\boldsymbol{B}$ 可逆，根据定理3.4知，$\mathrm{R}(\boldsymbol{AB})=\mathrm{R}(\boldsymbol{A})=2$。故 $\mathrm{R}(\boldsymbol{AB})-\mathrm{R}(\boldsymbol{A})=0$。

(2) 依题意，$\mathrm{R}(\boldsymbol{A})=\mathrm{R}(\bar{\boldsymbol{A}})=2<3$，同解线性方程组为 $\begin{cases}x_1=x_2+1,\\x_3=3,\end{cases}$ 因此该线性方程组有两个主变量，1个自由未知量，线性方程组的解为 $\begin{pmatrix}x_1\\x_2\\x_3\end{pmatrix}=k\begin{pmatrix}1\\1\\0\end{pmatrix}+\begin{pmatrix}1\\0\\3\end{pmatrix}$（$k$ 为任意实数）。

(3) 由题意可知，矩阵 $\boldsymbol{B}$ 不能为可逆矩阵，否则必有 $\mathrm{R}(\boldsymbol{AB})=\mathrm{R}(\boldsymbol{A})=1$，于是 $\mathrm{R}(\boldsymbol{B})\leqslant2$。由于

$$\boldsymbol{B}=\begin{pmatrix}1&-1&0\\2&1&1\\3&0&k\end{pmatrix}\to\begin{pmatrix}1&-1&0\\0&3&1\\0&3&k\end{pmatrix}\to\begin{pmatrix}1&-1&0\\0&3&1\\0&0&k-1\end{pmatrix},$$

所以 $k=1$。

(4) 对矩阵实施初等行变换，可得

$$\boldsymbol{A}=\begin{pmatrix}1&1&2&-2\\1&3&a&2a\\1&-1&6&0\end{pmatrix}\to\begin{pmatrix}1&1&2&-2\\0&2&a-2&2a+2\\0&-2&4&2\end{pmatrix}\to\begin{pmatrix}1&1&2&-2\\0&1&-2&-1\\0&0&a+2&2(a+2)\end{pmatrix},$$

所以 $a=-2$。

(5) 由于 $\mathrm{R}(\boldsymbol{A})=3$，即 $\boldsymbol{A}$ 可逆。而 $\mathrm{R}(\boldsymbol{AB})=2$，故 $\mathrm{R}(\boldsymbol{B})=2$。由于

$$\boldsymbol{B}=\begin{pmatrix}a&1&1\\2&1&a\\1&1&a\end{pmatrix}\to\begin{pmatrix}a&1&1\\1&0&0\\1&1&a\end{pmatrix}\to\begin{pmatrix}0&1&1\\1&0&0\\0&1&a\end{pmatrix},$$

所以 $a=1$。

2. 选择题

(1) 设 $\boldsymbol{A}=\begin{pmatrix}1&-1&0\\0&1&-1\\-1&0&1\end{pmatrix}$，$\boldsymbol{b}=\begin{pmatrix}a_1\\a_2\\a_3\end{pmatrix}$，$\boldsymbol{Ax}=\boldsymbol{b}$ 有解的充分必要条件为(　　)。

A. $a_1=a_2=a_3$　　B. $a_1=a_2=a_3=1$　　C. $a_1+a_2+a_3=0$　　D. $a_1-a_2+a_3=0$

(2) 已知非齐次线性方程组为 $\boldsymbol{Ax}=\boldsymbol{b}$，对应的齐次线性方程组为 $\boldsymbol{Ax}=\boldsymbol{0}$，则下列说法正确的是(　　)。

A. 若 $\boldsymbol{Ax}=\boldsymbol{0}$ 仅有零解，则 $\boldsymbol{Ax}=\boldsymbol{b}$ 有唯一解

B. 若 $\boldsymbol{Ax}=\boldsymbol{0}$ 有非零解，则 $\boldsymbol{Ax}=\boldsymbol{b}$ 有无穷多组解

C. 若 $\boldsymbol{Ax}=\boldsymbol{b}$ 有无穷多组解，则 $\boldsymbol{Ax}=\boldsymbol{0}$ 仅有零解

D. 若 $\boldsymbol{Ax}=\boldsymbol{b}$ 有无穷多组解，则 $\boldsymbol{Ax}=\boldsymbol{0}$ 有非零解

(3) 已知 $\boldsymbol{A}$ 为 $m\times n$ 矩阵，且 $\mathrm{R}(\boldsymbol{A})=r<\min\{m,n\}$，则下列说法正确的是(　　)。

A. $\boldsymbol{A}$ 中没有等于零的 $r-1$ 阶子式，至少有一个 r 阶子式不为零

B. $\boldsymbol{A}$ 中有等于零的 r 阶子式，没有不等于零的 $r+1$ 阶子式

C. $\boldsymbol{A}$ 中有不等于零的 r 阶子式，所有 $r+1$ 阶子式全为零

D. $\boldsymbol{A}$ 中任何 r 阶子式不等于零，任何 $r+1$ 阶子式都等于零

(4) 设 $\boldsymbol{A}$ 和 $\boldsymbol{B}$ 分别为 $m\times n$ 和 $n\times m$ 矩阵，则齐次线性方程组 $\boldsymbol{ABx}=\boldsymbol{0}$(　　)。

A. 当 $n>m$ 时仅有零解　　B. 当 $m>n$ 时必有非零解

C. 当 $m>n$ 时仅有零解　　D. 当 $n>m$ 时必有非零解

(5) 设 $\boldsymbol{A}=\begin{pmatrix}a_{11}&a_{12}&a_{13}\\a_{21}&a_{22}&a_{23}\\a_{31}&a_{32}&a_{33}\end{pmatrix}$，$\boldsymbol{B}=\begin{pmatrix}a_{21}&a_{22}&a_{23}\\a_{11}&a_{12}&a_{13}\\a_{31}+a_{11}&a_{32}+a_{12}&a_{33}+a_{13}\end{pmatrix}$，$\boldsymbol{P}_1=\begin{pmatrix}0&1&0\\1&0&0\\0&0&1\end{pmatrix}$，$\boldsymbol{P}_2=\begin{pmatrix}1&0&0\\0&1&0\\1&0&1\end{pmatrix}$，则必有(　　)。

A. $\boldsymbol{AP}_1\boldsymbol{P}_2=\boldsymbol{B}$　　B. $\boldsymbol{AP}_2\boldsymbol{P}_1=\boldsymbol{B}$　　C. $\boldsymbol{P}_1\boldsymbol{P}_2\boldsymbol{A}=\boldsymbol{B}$　　D. $\boldsymbol{P}_2\boldsymbol{P}_1\boldsymbol{A}=\boldsymbol{B}$

解　(1) 不难求得

$$\overline{\boldsymbol{A}}=\begin{pmatrix}1&-1&0&a_1\\0&1&-1&a_2\\-1&0&1&a_3\end{pmatrix}\to\begin{pmatrix}1&-1&0&a_1\\0&1&-1&a_2\\0&-1&1&a_3+a_1\end{pmatrix}\to\begin{pmatrix}1&-1&0&a_1\\0&1&-1&a_2\\0&0&0&a_3+a_1+a_2\end{pmatrix}。$$

易见，若线性方程组有解，必有 $a_1+a_2+a_3=0$，故选 C。

(2) 由定理 3.9 知，若使线性方程组 $\boldsymbol{Ax}=\boldsymbol{b}$ 有无穷多组解，必有 $\mathrm{R}(\overline{\boldsymbol{A}})=\mathrm{R}(\boldsymbol{A})$ 且小于未知量的个数，于是由定理 3.10 知，对应的齐次线性方程组 $\boldsymbol{Ax}=\boldsymbol{0}$ 必有非零解，选 D。

(3) 根据矩阵的秩的定义，选 C。

(4) 依题意，线性方程组 $\boldsymbol{Bx}=\boldsymbol{0}$ 的非零解也是线性方程组 $\boldsymbol{ABx}=\boldsymbol{0}$ 的非零解。当 $m>n$ 时，线性方程组 $\boldsymbol{Bx}=\boldsymbol{0}$ 必有非零解，选 B。

(5) 从矩阵 $\boldsymbol{A}$ 变换到矩阵 $\boldsymbol{B}$ 的过程是：先将 $\boldsymbol{A}$ 的第 1 行的元素对应加到第 3 行，然后再将第 1 行的元素和第 2 行互换，因此选 C。

3. 求下列矩阵的秩，并找出一个最高阶非零子式：

(1) $\begin{pmatrix}1&2&4&3\\2&1&-2&3\\3&1&2&-1\\-1&0&-4&4\end{pmatrix}$；　　(2) $\begin{pmatrix}2&-1&3&3&1\\3&2&2&1&-1\\1&3&-1&-2&-2\\4&5&1&-1&-3\end{pmatrix}$。

分析　利用初等行变换将矩阵约化为行阶梯形矩阵，再根据情况选取最高阶非零子式。

解　(1) 不难求得

$$\begin{pmatrix}1&2&4&3\\2&1&-2&3\\3&1&2&-1\\-1&0&-4&4\end{pmatrix}\to\begin{pmatrix}1&2&4&3\\0&-3&-10&-3\\0&-5&-10&-10\\0&2&0&7\end{pmatrix}\to\begin{pmatrix}1&2&4&3\\0&-3&-10&-3\\0&-2&0&-7\\0&0&0&0\end{pmatrix}\to\begin{pmatrix}1&2&4&3\\0&3&10&3\\0&0&4&-3\\0&0&0&0\end{pmatrix}。$$

易见，矩阵的秩为3。由于$\begin{vmatrix}1&2&4\\2&1&-2\\3&1&2\end{vmatrix}=-20\neq0$，故$\begin{vmatrix}1&2&4\\2&1&-2\\3&1&2\end{vmatrix}$为其中一个最高阶非零子式。

(2) 不难求得

$$\begin{pmatrix}2&-1&3&3&1\\3&2&2&1&-1\\1&3&-1&-2&-2\\4&5&1&-1&-3\end{pmatrix}\to\begin{pmatrix}1&3&-1&-2&-2\\0&-7&5&7&5\\0&-7&5&7&5\\0&-7&5&7&5\end{pmatrix}\to\begin{pmatrix}1&3&-1&-2&-2\\0&-7&5&7&5\\0&0&0&0&0\\0&0&0&0&0\end{pmatrix}。$$

易见，矩阵的秩为2。由于$\begin{vmatrix}2&-1\\3&2\end{vmatrix}=7\neq0$，故$\begin{vmatrix}2&-1\\3&2\end{vmatrix}$为其中一个最高阶非零子式。

4. 设矩阵$\boldsymbol{A}=\begin{pmatrix}1&-2&3k\\-1&2k&-3\\k&-2&3\\-2&4k&-6\end{pmatrix}$，当$k$为何值时，使得

(1) $\mathrm{R}(\boldsymbol{A})=1$； (2) $\mathrm{R}(\boldsymbol{A})=2$； (3) $\mathrm{R}(\boldsymbol{A})=3$。

分析 先将矩阵约化为行阶梯形矩阵，然后再讨论k的取值。

解 不难求得

$$\boldsymbol{A}=\begin{pmatrix}1&-2&3k\\-1&2k&-3\\k&-2&3\\-2&4k&-6\end{pmatrix}\to\begin{pmatrix}1&-2&3k\\0&2k-2&-3+3k\\0&-2+2k&3-3k^2\\0&4k-4&-6+6k\end{pmatrix}\to\begin{pmatrix}1&-2&3k\\0&2k-2&-3+3k\\0&0&(1-k)(2+k)\\0&0&0\end{pmatrix}。$$

于是，当$k=1$时，$\mathrm{R}(\boldsymbol{A})=1$；当$k=-2$时，$\mathrm{R}(\boldsymbol{A})=2$；当$k\neq1$，且$k\neq-2$时，$\mathrm{R}(\boldsymbol{A})=3$。

5. 已知n阶方阵$\boldsymbol{A}=\begin{pmatrix}a&1&\cdots&1\\1&a&\cdots&1\\\vdots&\vdots&&\vdots\\1&1&\cdots&a\end{pmatrix}$，求$\mathrm{R}(\boldsymbol{A})$。

分析 先将矩阵约化为行阶梯形矩阵，然后再根据情况讨论a的取值。

解 不难求得

$$\boldsymbol{A}=\begin{pmatrix}a&1&\cdots&1\\1&a&\cdots&1\\\vdots&\vdots&&\vdots\\1&1&\cdots&a\end{pmatrix}\to\begin{pmatrix}1&\cdots&1&a\\1&\cdots&a&1\\\vdots&&\vdots&\vdots\\a&\cdots&1&1\end{pmatrix}\to\begin{pmatrix}1&\cdots&1&a\\0&\cdots&a-1&1-a\\\vdots&&\vdots&\vdots\\a-1&\cdots&0&1-a\end{pmatrix}$$

$$\to\begin{pmatrix}1&\cdots&1&a+n-1\\0&\cdots&1-a&0\\\vdots&&\vdots&\vdots\\1-a&\cdots&0&0\end{pmatrix}。$$

易见，当$a=1$时，$\mathrm{R}(\boldsymbol{A})=1$；当$a=1-n$时，$\mathrm{R}(\boldsymbol{A})=n-1$；当$a\neq1$，且$a\neq1-n$时，$\mathrm{R}(\boldsymbol{A})=n$。

6. 求下列矩阵的逆矩阵：

(1) $\begin{pmatrix} 2 & 2 & 3 \\ 1 & -1 & 0 \\ -1 & 2 & 1 \end{pmatrix}$； (2) $\begin{pmatrix} 1 & 0 & 0 & 0 \\ 1 & 1 & 0 & 0 \\ 1 & -1 & 1 & 0 \\ 1 & -1 & -1 & 1 \end{pmatrix}$；

(3) $\begin{pmatrix} 1 & 1 & 0 & 0 \\ 1 & 2 & 0 & 0 \\ 0 & 0 & 1 & 2 \\ 0 & 0 & 2 & 5 \end{pmatrix}$； (4) $\begin{pmatrix} 2 & 12 & 0 & 0 \\ 3 & 2 & 0 & 0 \\ 5 & 7 & 1 & 8 \\ -1 & -3 & -1 & -6 \end{pmatrix}$。

解 利用初等变换法求逆矩阵，具体计算过程略。

(1) $\boldsymbol{A}^{-1}=\begin{pmatrix} 1 & -4 & -3 \\ 1 & -5 & -3 \\ -1 & 6 & 4 \end{pmatrix}$； (2) $\boldsymbol{A}^{-1}=\begin{pmatrix} 1 & 0 & 0 & 0 \\ -1 & 1 & 0 & 0 \\ -2 & 1 & 1 & 0 \\ -4 & 2 & 1 & 1 \end{pmatrix}$；

(3) $\boldsymbol{A}^{-1}=\begin{pmatrix} 2 & -1 & 0 & 0 \\ -1 & 1 & 0 & 0 \\ 0 & 0 & 5 & -2 \\ 0 & 0 & -2 & 1 \end{pmatrix}$； (4) $\boldsymbol{A}^{-1}=\begin{pmatrix} -\frac{1}{16} & \frac{3}{8} & 0 & 0 \\ \frac{3}{32} & -\frac{1}{16} & 0 & 0 \\ \frac{5}{32} & \frac{57}{16} & -3 & -4 \\ -\frac{1}{16} & -\frac{5}{8} & \frac{1}{2} & \frac{1}{2} \end{pmatrix}$。

7. 求解下列线性方程组：

(1) $\begin{cases} x_1+2x_2-3x_3+4x_4=0, \\ 2x_1+3x_2+2x_3-x_4=0, \\ 4x_1+7x_2-4x_3+7x_4=0, \\ 3x_1+5x_2-x_3+3x_4=0; \end{cases}$ (2) $\begin{cases} x_1+3x_2-2x_3-4x_4=7, \\ 3x_1+5x_2-x_3+x_4=6, \\ 4x_1+8x_2-3x_3-3x_4=13, \\ 2x_1+2x_2+x_3+5x_4=-1。 \end{cases}$

分析 利用初等变换法求解。

解 (1) 不难求得

$$\begin{pmatrix} 1 & 2 & -3 & 4 \\ 2 & 3 & 2 & -1 \\ 4 & 7 & -4 & 7 \\ 3 & 5 & -1 & 3 \end{pmatrix} \to \begin{pmatrix} 1 & 2 & -3 & 4 \\ 0 & -1 & 8 & -9 \\ 0 & -1 & 8 & -9 \\ 0 & -1 & 8 & -9 \end{pmatrix} \to \begin{pmatrix} 1 & 2 & -3 & 4 \\ 0 & 1 & -8 & 9 \\ 0 & 0 & 0 & 0 \\ 0 & 0 & 0 & 0 \end{pmatrix} \to \begin{pmatrix} 1 & 0 & 13 & -14 \\ 0 & 1 & -8 & 9 \\ 0 & 0 & 0 & 0 \\ 0 & 0 & 0 & 0 \end{pmatrix}。$$

易见，同解线性方程组为 $\begin{cases} x_1+13x_3-14x_4=0, \\ x_2-8x_3+9x_4=0。 \end{cases}$ 令 $x_3=k_1, x_4=k_2$，得线性方程组的解为

$$\begin{pmatrix} x_1 \\ x_2 \\ x_3 \\ x_4 \end{pmatrix}=k_1\begin{pmatrix} -13 \\ 8 \\ 1 \\ 0 \end{pmatrix}+k_2\begin{pmatrix} 14 \\ -9 \\ 0 \\ 1 \end{pmatrix}, \quad k_1, k_2 \text{ 是任意常数。}$$

(2) 不难求得

$$\begin{pmatrix} 1 & 3 & -2 & -4 & 7 \\ 3 & 5 & -1 & 1 & 6 \\ 4 & 8 & -3 & -3 & 13 \\ 2 & 2 & 1 & 5 & -1 \end{pmatrix} \to \begin{pmatrix} 1 & 3 & -2 & -4 & 7 \\ 0 & -4 & 5 & 13 & -15 \\ 0 & -4 & 5 & 13 & -15 \\ 0 & -4 & 5 & 13 & -15 \end{pmatrix}$$

$$\rightarrow\begin{pmatrix}1&3&-2&-4&7\\0&-4&5&13&-15\\0&0&0&0&0\\0&0&0&0&0\end{pmatrix}\rightarrow\begin{pmatrix}1&0&\frac{7}{4}&\frac{23}{4}&-\frac{17}{4}\\0&1&-\frac{5}{4}&-\frac{13}{4}&\frac{15}{4}\\0&0&0&0&0\\0&0&0&0&0\end{pmatrix}。$$

易见，同解线性方程组为$\begin{cases}x_1+\quad\frac{7}{4}x_3+\frac{23}{4}x_4=-\frac{17}{4},\\ x_2-\frac{5}{4}x_3-\frac{13}{4}x_4=\frac{15}{4}。\end{cases}$令 $x_3=k_1,x_4=k_2$，得线性方程组的解为

$$\begin{pmatrix}x_1\\x_2\\x_3\\x_4\end{pmatrix}=\begin{pmatrix}-\frac{17}{4}\\\frac{15}{4}\\0\\0\end{pmatrix}+k_1\begin{pmatrix}-\frac{7}{4}\\\frac{5}{4}\\1\\0\end{pmatrix}+k_2\begin{pmatrix}-\frac{23}{4}\\\frac{13}{4}\\0\\1\end{pmatrix},\qquad k_1,k_2\text{ 是任意常数。}$$

8. 设齐次线性方程组$\begin{cases}(3-\lambda)x_1-x_2+x_3=0,\\x_1+(1-\lambda)x_2+x_3=0,\\-3x_1+3x_2-(1+\lambda)x_3=0。\end{cases}$当 λ 为何值时，齐次线性方程组有非零解？并在有非零解时，求出解。

分析 该线性方程组的系数矩阵为三阶，且每行均含有参数 λ，用初等变换的方法较为麻烦，可先计算系数矩阵的行列式，然后再根据情况讨论。

解 不难求得

$$\begin{vmatrix}3-\lambda&-1&1\\1&1-\lambda&1\\-3&3&-1-\lambda\end{vmatrix}=-(\lambda+1)(\lambda-2)^2。$$

易见，当 $\lambda=-1$ 或 $\lambda=2$ 时线性方程组有非零解。特别地，当 $\lambda=-1$ 时，有

$$\begin{pmatrix}4&-1&1\\1&2&1\\-3&3&0\end{pmatrix}\rightarrow\begin{pmatrix}1&2&1\\4&-1&1\\-3&3&0\end{pmatrix}\rightarrow\begin{pmatrix}1&2&1\\0&-9&-3\\0&9&3\end{pmatrix}\rightarrow\begin{pmatrix}1&-1&0\\0&3&1\\0&0&0\end{pmatrix},$$

同解线性方程组为

$$\begin{cases}x_1-x_2=0,\\3x_2+x_3=0。\end{cases}$$

取 $x_2=k$，则线性方程组的解为

$$\begin{pmatrix}x_1\\x_2\\x_3\end{pmatrix}=k\begin{pmatrix}1\\1\\-3\end{pmatrix},\qquad k\text{ 是任意常数。}$$

类似地，当 $\lambda=2$ 时，线性方程组的解为

$$\begin{pmatrix}x_1\\x_2\\x_3\end{pmatrix}=k_1\begin{pmatrix}1\\1\\0\end{pmatrix}+k_2\begin{pmatrix}-1\\0\\1\end{pmatrix},\qquad k_1,k_2\text{ 是任意常数。}$$

9. 当 λ 取何值时，非齐次线性方程组$\begin{cases}(1+\lambda)x_1+x_2+x_3=0,\\x_1+(1+\lambda)x_2+x_3=3,\\x_1+x_2+(1+\lambda)x_3=\lambda\end{cases}$(1)有唯一解；(2)无解；(3)有无穷多

解，并在有无穷多组解时，求解。

分析 与上题的解法类似。

解 不难求得，系数矩阵的行列式为

$$\begin{vmatrix} 1+\lambda & 1 & 1 \\ 1 & 1+\lambda & 1 \\ 1 & 1 & 1+\lambda \end{vmatrix}=(3+\lambda)\lambda^2。$$

易见，当 $\lambda\neq0$，且 $\lambda\neq-3$ 时，线性方程组有唯一解。

当 $\lambda=0$ 时，$\begin{pmatrix} 1 & 1 & 1 & 0 \\ 1 & 1 & 1 & 3 \\ 1 & 1 & 1 & 0 \end{pmatrix}\rightarrow\begin{pmatrix} 1 & 1 & 1 & 0 \\ 0 & 0 & 0 & 1 \\ 0 & 0 & 0 & 0 \end{pmatrix}$，此时线性方程组无解。

当 $\lambda=-3$ 时，由于

$$\begin{pmatrix} -2 & 1 & 1 & 0 \\ 1 & -2 & 1 & 3 \\ 1 & 1 & -2 & -3 \end{pmatrix}\rightarrow\begin{pmatrix} 1 & 1 & -2 & -3 \\ 0 & -3 & 3 & 6 \\ 0 & 3 & -3 & -6 \end{pmatrix}\rightarrow\begin{pmatrix} 1 & 0 & -1 & -1 \\ 0 & 1 & -1 & -2 \\ 0 & 0 & 0 & 0 \end{pmatrix},$$

此时线性方程组有无穷多解，且解为

$$\begin{pmatrix} x_1 \\ x_2 \\ x_3 \end{pmatrix}=k\begin{pmatrix} 1 \\ 1 \\ 1 \end{pmatrix}+\begin{pmatrix} -1 \\ -2 \\ 0 \end{pmatrix},\quad k\text{是任意常数。}$$

10. 设有非齐次线性方程组 $\begin{cases} x_1+x_2-2x_3+3x_4=0, \\ 2x_1+x_2-6x_3+4x_4=-1, \\ 3x_1+2x_2+ax_3+7x_4=-1, \\ x_1-x_2-6x_3-x_4=b。\end{cases}$ 试讨论 a 和 b 取何值时，(1) 有唯一解；(2) 无解；(3) 有无穷多解，并在线性方程组有解时，求出解。

解 不难求得

$$\begin{pmatrix} 1 & 1 & -2 & 3 & 0 \\ 2 & 1 & -6 & 4 & -1 \\ 3 & 2 & a & 7 & -1 \\ 1 & -1 & -6 & -1 & b \end{pmatrix}\rightarrow\begin{pmatrix} 1 & 1 & -2 & 3 & 0 \\ 0 & -1 & -2 & -2 & -1 \\ 0 & -1 & a+6 & -2 & -1 \\ 0 & -2 & -4 & -4 & b \end{pmatrix}\rightarrow\begin{pmatrix} 1 & 0 & -4 & 1 & -1 \\ 0 & 1 & 2 & 2 & 1 \\ 0 & 0 & a+8 & 0 & 0 \\ 0 & 0 & 0 & 0 & b+2 \end{pmatrix}。$$

易见，(1) 无论 a 和 b 取何值此线性方程组都不存在唯一解。

(2) 当 $b\neq-2$ 时，此线性方程组无解。

(3) 当 $b=-2$ 时，此线性方程组有无穷多解。进一步地，当 $a\neq-8$ 时，此线性方程组的解为

$$\begin{pmatrix} x_1 \\ x_2 \\ x_3 \\ x_4 \end{pmatrix}=k\begin{pmatrix} -1 \\ -2 \\ 0 \\ 1 \end{pmatrix}+\begin{pmatrix} -1 \\ 1 \\ 0 \\ 0 \end{pmatrix},\quad k\text{是任意常数。}$$

当 $a=-8$ 时，此线性方程组的解为

$$\begin{pmatrix} x_1 \\ x_2 \\ x_3 \\ x_4 \end{pmatrix}=k_1\begin{pmatrix} 4 \\ -2 \\ 1 \\ 0 \end{pmatrix}+k_2\begin{pmatrix} -1 \\ -2 \\ 0 \\ 1 \end{pmatrix}+\begin{pmatrix} -1 \\ 1 \\ 0 \\ 0 \end{pmatrix},\quad k_1,k_2\text{是任意常数。}$$

考研试题选编 3

1. 矩阵的初等变换和初等矩阵

(1) 设 $\boldsymbol{A}$ 为三阶矩阵，将 $\boldsymbol{A}$ 的第 2 列加到第 1 列得矩阵 $\boldsymbol{B}$，再交换 $\boldsymbol{B}$ 的第 2 行与第 3 行得单位矩阵。记 $\boldsymbol{P}_1=\begin{pmatrix}1&0&0\\1&1&0\\0&0&1\end{pmatrix}$，$\boldsymbol{P}_2=\begin{pmatrix}1&0&0\\0&0&1\\0&1&0\end{pmatrix}$，则 $\boldsymbol{A}=$(　　)。(2011 年)

A. $\boldsymbol{P}_1\boldsymbol{P}_2$　　B. $\boldsymbol{P}_1^{-1}\boldsymbol{P}_2$。　　C. $\boldsymbol{P}_2\boldsymbol{P}_1$。　　D. $\boldsymbol{P}_2\boldsymbol{P}_1^{-1}$。

提示：依题意，根据左乘变行、右乘变列的原则，$\boldsymbol{P}_2\boldsymbol{A}\boldsymbol{P}_1=\boldsymbol{P}_2\boldsymbol{B}=\boldsymbol{E}$，再根据初等矩阵的逆矩阵的特点，选 D。

(2) 设 $\boldsymbol{A}$ 为三阶矩阵，$\boldsymbol{P}$ 为三阶可逆矩阵，且 $\boldsymbol{P}^{-1}\boldsymbol{A}\boldsymbol{P}=\begin{pmatrix}1&0&0\\0&1&0\\0&0&2\end{pmatrix}$。若 $\boldsymbol{P}=(\boldsymbol{\alpha}_1,\boldsymbol{\alpha}_2,\boldsymbol{\alpha}_3)$，$\boldsymbol{Q}=(\boldsymbol{\alpha}_1+\boldsymbol{\alpha}_2,\boldsymbol{\alpha}_2,\boldsymbol{\alpha}_3)$，则 $\boldsymbol{Q}^{-1}\boldsymbol{A}\boldsymbol{Q}=$(　　)。(2012 年)

A. $\begin{pmatrix}1&0&0\\0&2&0\\0&0&1\end{pmatrix}$　　B. $\begin{pmatrix}1&0&0\\0&1&0\\0&0&2\end{pmatrix}$　　C. $\begin{pmatrix}2&0&0\\0&1&0\\0&0&2\end{pmatrix}$　　D. $\begin{pmatrix}2&0&0\\0&2&0\\0&0&1\end{pmatrix}$

提示：依题意，$\boldsymbol{Q}=\boldsymbol{P}\begin{pmatrix}1&0&0\\1&1&0\\0&0&1\end{pmatrix}=\boldsymbol{P}\boldsymbol{E}(21(1))$，所以有

$$\boldsymbol{Q}^{-1}\boldsymbol{A}\boldsymbol{Q}=[\boldsymbol{P}\boldsymbol{E}(21(1))]^{-1}\boldsymbol{A}[\boldsymbol{P}\boldsymbol{E}(21(1))]=[\boldsymbol{E}(21(1))]^{-1}\boldsymbol{P}^{-1}\boldsymbol{A}\boldsymbol{P}\boldsymbol{E}(21(1))$$

$$=\begin{pmatrix}1&0&0\\-1&1&0\\0&0&1\end{pmatrix}\begin{pmatrix}1&&\\&1&\\&&2\end{pmatrix}\begin{pmatrix}1&0&0\\1&1&0\\0&0&1\end{pmatrix}=\begin{pmatrix}1&&\\&1&\\&&2\end{pmatrix},$$

选 B。

(3) 设 $\boldsymbol{A}$ 为三阶矩阵，将 $\boldsymbol{A}$ 的第 2 行加到第 1 行得 $\boldsymbol{B}$，再将 $\boldsymbol{B}$ 的第 1 列的 -1 倍加到第 2 列得 $\boldsymbol{C}$，记 $\boldsymbol{P}=\begin{pmatrix}1&1&0\\0&1&0\\0&0&1\end{pmatrix}$，则(　　)。(2006 年)

A. $\boldsymbol{C}=\boldsymbol{P}^{-1}\boldsymbol{A}\boldsymbol{P}$　　B. $\boldsymbol{C}=\boldsymbol{P}\boldsymbol{A}\boldsymbol{P}^{-1}$　　C. $\boldsymbol{C}=\boldsymbol{P}^{\mathrm{T}}\boldsymbol{A}\boldsymbol{P}$　　D. $\boldsymbol{C}=\boldsymbol{P}^{\mathrm{T}}\boldsymbol{A}\boldsymbol{P}$

提示：依题意，$\begin{pmatrix}1&1&0\\0&1&0\\0&0&1\end{pmatrix}\boldsymbol{A}\begin{pmatrix}1&-1&0\\0&1&0\\0&0&1\end{pmatrix}=\boldsymbol{B}\begin{pmatrix}1&-1&0\\0&1&0\\0&0&1\end{pmatrix}=\boldsymbol{C}$，选 B。

(4) 设 $\boldsymbol{A}$ 为 $n(n\geqslant 2)$ 阶可逆矩阵，交换 $\boldsymbol{A}$ 的第 1 行与第 2 行得矩阵 $\boldsymbol{B}$，$\boldsymbol{A}^*$，$\boldsymbol{B}^*$ 分别为 $\boldsymbol{A}$，$\boldsymbol{B}$ 的伴随矩阵，则(　　)。(2005 年)

A. 交换 $\boldsymbol{A}^*$ 的第 1 列与第 2 列得 $\boldsymbol{B}^*$　　B. 交换 $\boldsymbol{A}^*$ 的第 1 行与第 2 行得 $\boldsymbol{B}^*$

C. 交换 $\boldsymbol{A}^*$ 的第 1 列与第 2 列得 $-\boldsymbol{B}^*$　　D. 交换 $\boldsymbol{A}^*$ 的第 1 行与第 2 行得 $-\boldsymbol{B}^*$

提示：依题意，$|\boldsymbol{A}|=-|\boldsymbol{B}|$，且有 $\begin{pmatrix}0&1&0\\1&0&0\\0&0&1\end{pmatrix}\boldsymbol{A}=\boldsymbol{B}$，于是 $\boldsymbol{B}^{-1}=\boldsymbol{A}^{-1}\begin{pmatrix}0&1&0\\1&0&0\\0&0&1\end{pmatrix}$，进一步地，$\frac{1}{|\boldsymbol{B}|}\boldsymbol{B}^*=$

$\frac{1}{|\boldsymbol{A}|}\boldsymbol{A}^*\begin{pmatrix}0&1&0\\1&0&0\\0&0&1\end{pmatrix}$，有 $\boldsymbol{A}^*\begin{pmatrix}0&1&0\\1&0&0\\0&0&1\end{pmatrix}=-\boldsymbol{B}^*$，即交换 $\boldsymbol{A}^*$ 的第 1 列与第 2 列得 $-\boldsymbol{B}^*$，选 C。

(5) 设 $\boldsymbol{A}$ 是 $m\times n$ 矩阵，$\boldsymbol{B}$ 是 $n\times m$ 矩阵，则(　　)。(1999 年)

A. 当 $m>n$ 时，必有行列式 $|\boldsymbol{AB}|\neq 0$　　B. 当 $m>n$ 时，必有行列式 $|\boldsymbol{AB}|=0$

C. 当 $n>m$ 时，必有行列式 $|\boldsymbol{AB}|\neq 0$　　D. 当 $n>m$ 时，必有行列式 $|\boldsymbol{AB}|=0$

提示：因为 $\boldsymbol{AB}$ 是 m 阶矩阵，$|\boldsymbol{AB}|=0$ 的充分必要条件是秩 $\mathrm{R}(\boldsymbol{AB})<m$ 或线性方程组 $\boldsymbol{Bx}=\boldsymbol{0}$ 的解必是线性方程组 $\boldsymbol{ABx}=\boldsymbol{0}$ 的解，选 B。

(6) 设 $\boldsymbol{A}$ 是 n 阶可逆方阵，将 $\boldsymbol{A}$ 的第 i 行和第 j 行对换后得到的矩阵记为 $\boldsymbol{B}$。解答下列问题：(i)证明 $\boldsymbol{B}$ 可逆；(ii)求 $\boldsymbol{AB}^{-1}$。(1997 年)

提示：参见习题 5.1B.4 的解答方法。依题意，$\boldsymbol{B}=\boldsymbol{E}(ij)\boldsymbol{A}$，其中 $\boldsymbol{E}(ij)$ 是交换单位矩阵 $\boldsymbol{E}$ 的第 i 行和第 j 行得到的初等矩阵，于是，$\boldsymbol{AB}^{-1}=\boldsymbol{A}(\boldsymbol{E}(ij)\boldsymbol{A})^{-1}=\boldsymbol{AA}^{-1}\boldsymbol{E}(ij)^{-1}=\boldsymbol{E}(ij)$。

2. 矩阵的秩

(1) 设 $\boldsymbol{A}$ 是 4×3 矩阵，$\mathrm{R}(\boldsymbol{A})=2$，$\boldsymbol{B}=\begin{pmatrix}1&0&2\\0&2&0\\-1&0&3\end{pmatrix}$，则 $\mathrm{R}(\boldsymbol{AB})=$________。(1996 年)

提示：易见 $|\boldsymbol{B}|=10\neq 0$，所以 $\mathrm{R}(\boldsymbol{AB})=\mathrm{R}(\boldsymbol{A})=2$。

(2) 设矩阵 $\boldsymbol{A}=\begin{pmatrix}0&1&0&0\\0&0&1&0\\0&0&0&1\\0&0&0&0\end{pmatrix}$，则 $\boldsymbol{A}^3$ 的秩为(　　)。(2007 年)

提示：不难求得，$\boldsymbol{A}^3=\begin{pmatrix}0&0&0&1\\0&0&0&0\\0&0&0&0\\0&0&0&0\end{pmatrix}$，易见，$\mathrm{R}(\boldsymbol{A}^3)=1$。

(3) 设三阶矩阵 $\boldsymbol{A}=\begin{pmatrix}a&b&b\\b&a&b\\b&b&a\end{pmatrix}$，若 $\boldsymbol{A}^*$ 的秩等于 1，则必有(　　)。(2003 年)

A. $a=b$ 或 $a+2b=0$　　B. $a=b$ 或 $a+2b\neq 0$

C. $a\neq b$ 且 $a+2b=0$　　D. $a\neq b$ 且 $a+2b\neq 0$

提示：根据本书中例 4.21 的结论，$\mathrm{R}(\boldsymbol{A}^*)=\begin{cases}n, & 若\ \mathrm{R}(\boldsymbol{A})=n,\\1, & 若\ \mathrm{R}(\boldsymbol{A})=n-1,\\0, & 若\ \mathrm{R}(\boldsymbol{A})<n-1。\end{cases}$ 必有 $\mathrm{R}(\boldsymbol{A})=2$。若 $a=b$，易见 $\mathrm{R}(\boldsymbol{A})\leqslant 1$，故可排除 A 和 B。另一方面，$|\boldsymbol{A}|=\begin{vmatrix}a+2b&a+2b&a+2b\\b&a&b\\b&b&a\end{vmatrix}=(a+2b)(a-b)^2$。当 $a\neq b$ 时，若要求 $|\boldsymbol{A}|=0$，只能是 $a+2b=0$，所以选 C。

(4) 设 $n(n\geqslant 3)$ 阶矩阵 $\boldsymbol{A}=\begin{pmatrix}1&a&a&\cdots&a\\a&1&a&\cdots&a\\a&a&1&\cdots&a\\\vdots&\vdots&\vdots&&\vdots\\a&a&a&\cdots&1\end{pmatrix}$。若矩阵 $\boldsymbol{A}$ 的秩为 $n-1$，则 a 必为(　　)。(1998 年)

A. 1　　B. $\frac{1}{1-n}$　　C. -1　　D. $\frac{1}{n-1}$

提示：参见经典题型详解中例 3.7。根据 $|\boldsymbol{A}|=[(n-1)a+1](1-a)^{n-1}$，选 B。

(5) 设 $\boldsymbol{A}$ 为 $m\times n$ 矩阵，$\boldsymbol{B}$ 为 $n\times m$ 矩阵，$\boldsymbol{E}$ 为 m 阶单位矩阵。若 $\boldsymbol{AB}=\boldsymbol{E}$，则（　　）。(2010 年)

A. $R(\boldsymbol{A})=m$，$R(\boldsymbol{B})=m$　　B. $R(\boldsymbol{A})=m$，$R(\boldsymbol{B})=n$

C. $R(\boldsymbol{A})=n$，$R(\boldsymbol{B})=m$　　D. $R(\boldsymbol{A})=n$，$R(\boldsymbol{B})=n$

提示：由 $\boldsymbol{AB}=\boldsymbol{E}$ 知，$R(\boldsymbol{AB})=m$，由于 $R(\boldsymbol{AB})\leqslant\min\{R(\boldsymbol{A}),R(\boldsymbol{B})\}$，所以 $R(\boldsymbol{A})\geqslant m$，$R(\boldsymbol{B})\geqslant m$；另一方面，由于 $\boldsymbol{A}$ 是 $m\times n$ 矩阵，$\boldsymbol{B}$ 是 $n\times m$ 矩阵，有 $R(\boldsymbol{A})\leqslant m$，$R(\boldsymbol{B})\leqslant m$。因此选 A。

(6) 已知 $\boldsymbol{Q}=\begin{pmatrix}1&2&3\\2&4&t\\3&6&9\end{pmatrix}$，$\boldsymbol{P}$ 为三阶非零矩阵，且 $\boldsymbol{PQ}=\boldsymbol{0}$，则（　　）。(1993 年)

A. $t=6$ 时 $\boldsymbol{P}$ 的秩必为 1　　B. $t=6$ 时 $\boldsymbol{P}$ 的秩必为 2

C. $t\neq6$ 时 $\boldsymbol{P}$ 的秩必为 1　　D. $t\neq6$ 时 $\boldsymbol{P}$ 的秩必为 2

提示：依题意，当 $t=6$ 时，$R(\boldsymbol{Q})=1$。于是由 $R(\boldsymbol{P})+R(\boldsymbol{Q})\leqslant3$ 可知，$R(\boldsymbol{P})\leqslant2$，但无法确定 $\boldsymbol{P}$ 的秩是 1 还是 2，所以排除 A 和 B。当 $t\neq6$ 时，$R(\boldsymbol{Q})=2$。于是由 $R(\boldsymbol{P})+R(\boldsymbol{Q})\leqslant3$ 可知，$R(\boldsymbol{P})\leqslant1$，因为 $\boldsymbol{P}$ 为非零矩阵，故应选 C。

第4章 向量

一、基本要求

1. 理解 n 维向量的概念。

2. 理解向量组的线性组合、线性相关、线性无关和极大线性无关组的概念。

3. 掌握向量组线性相关、线性无关的有关性质及判别法。

4. 了解向量组的极大线性无关组和向量组的秩的概念，会求向量组的极大线性无关组及秩。

5. 了解 n 维向量空间、基底、维数、坐标等概念；了解基变换公式和坐标变换公式，会求过渡矩阵。

6. 理解齐次线性方程组有非零解的充分必要条件及非齐次线性方程组有解的充分必要条件。

7. 理解齐次线性方程组的基础解系及通解等概念。

8. 理解非齐次线性方程组解的结构及通解等概念。

9. 掌握用行初等变换求线性方程组的通解的方法。

二、知识网络图

- 向量
  - 向量组
    - 向量及其线性运算
      - 行(列)向量(定义 4.1)
      - 向量与矩阵的关系
      - 线性运算
        - 加法运算(定义 4.2)
        - 数乘运算(定义 4.3)
        - 8 条运算规律
      - 线性组合、线性表示(定义 4.4)
      - n 维单位向量组
    - 向量与向量组的线性关系
      - 可以线性表示的充分必要条件(定理 4.1)
      - 能否线性表示与线性方程组的解之间的关系(定理 4.2)
    - 向量组与向量组之间的线性表示
      - 两个向量组间的线性表示(定义 4.5)
      - 两个向量组间的线性表示的矩阵形式
      - 两个向量组的等价关系(定义 4.6)

- 向量
  - 向量组
    - 向量组的线性相关性
      - 线性相关、线性无关(定义 4.7)
      - 线性相关的充分必要条件(定理 4.3)
      - 线性相关与线性表示的关系(定理 4.4)
      - 线性相关的三个等价命题(定理 4.5)
      - 向量组间的线性表示与线性相关性(定理 4.6 及推论 1、推论 2)
    - 向量组的极大线性无关组与向量组的秩
      - 向量组的极大线性无关组(定义 4.7)
      - 向量组与其极大线性无关组之间的关系(性质 1、性质 2、性质 3)
      - 向量组的秩(定义 4.8)
      - 向量组与其秩的关系(性质 1、性质 2)
      - 向量组的秩与向量组的线性相关性(定理 4.7)
      - 向量组的秩与矩阵的秩的关系(定理 4.8、定理 4.9 及推论)
    - 向量空间*
      - 向量空间的定义(定义 4.9)
      - 基底、维数(定义 4.10)
      - 向量在某基底下的坐标
      - 过渡矩阵
  - 线性方程组的解
    - 线性方程组的向量表示形式
    - 线性方程组的解集
    - 齐次线性方程组
      - 解的性质 1、性质 2
      - 基础解系
      - 通解
    - 非齐次线性方程组
      - 解的性质 1、性质 2
      - 通解结构(定理 4.10)

4.1 向量及其线性运算

一、知识要点

1. 向量的概念

定义 4.1 由 n 个数 $a_1,a_2,\cdots,a_n$ 组成的有序数组

$$\boldsymbol{\alpha}=(a_1,a_2,\cdots,a_n)$$

称为 n **维行向量**。数 $a_1,a_2,\cdots,a_n$ 称为向量 $\boldsymbol{\alpha}$ 的分量,$a_j(j=1,2,\cdots,n)$称为向量 $\boldsymbol{\alpha}$ 的第 j 个分量(或坐标)。

$$\boldsymbol{\alpha}=\begin{pmatrix}a_1\\a_2\\\vdots\\a_n\end{pmatrix} \quad 或 \quad \boldsymbol{\alpha}=(a_1,a_2,\cdots,a_n)^{\mathrm{T}}$$

称为 n **维列向量**。

令$\mathbb{R}$表示实数集，以$a_j \in \mathbb{R}\ (j=1,2,\cdots,n)$为分量的向量$\boldsymbol{\alpha}=(a_1,a_2,\cdots,a_n)$称为实行向量。本章只讨论定义在实数集上的向量。此外，由于行向量和列向量只是写法上不同，在应用中没有本质的区别，本书将以列向量为主，讨论向量的相关理论及应用。

2. 向量的线性运算

对于给定的两个n维列向量$\boldsymbol{\alpha}=\begin{pmatrix}a_1\\a_2\\\vdots\\a_n\end{pmatrix}$和$\boldsymbol{\beta}=\begin{pmatrix}b_1\\b_2\\\vdots\\b_n\end{pmatrix}$，若它们对应分量都相等，即

$$a_i=b_i,\qquad i=1,2,\cdots,n,$$

则称向量$\boldsymbol{\alpha}$与$\boldsymbol{\beta}$相等，记为$\boldsymbol{\alpha}=\boldsymbol{\beta}$。

分量都是零的向量称为**零向量**，记作$\mathbf{0}$，即$\mathbf{0}=\begin{pmatrix}0\\0\\\vdots\\0\end{pmatrix}$。注意，维数不同的零向量不相等，如$\mathbf{0}_3=\begin{pmatrix}0\\0\\0\end{pmatrix}$，$\mathbf{0}_4=\begin{pmatrix}0\\0\\0\\0\end{pmatrix}$都是零向量，但$\mathbf{0}_3\neq\mathbf{0}_4$。

向量$\begin{pmatrix}-a_1\\-a_2\\\vdots\\-a_n\end{pmatrix}$称为$\boldsymbol{\alpha}=\begin{pmatrix}a_1\\a_2\\\vdots\\a_n\end{pmatrix}$的负向量，记作$-\boldsymbol{\alpha}$。

定义 4.2 设$\boldsymbol{\alpha}=\begin{pmatrix}a_1\\a_2\\\vdots\\a_n\end{pmatrix}$，$\boldsymbol{\beta}=\begin{pmatrix}b_1\\b_2\\\vdots\\b_n\end{pmatrix}$是两个$n$维向量，向量$\begin{pmatrix}a_1+b_1\\a_2+b_2\\\vdots\\a_n+b_n\end{pmatrix}$称为$\boldsymbol{\alpha}$与$\boldsymbol{\beta}$的加法，记作$\boldsymbol{\alpha}+\boldsymbol{\beta}$，即

$$\boldsymbol{\alpha}+\boldsymbol{\beta}=\begin{pmatrix}a_1\\a_2\\\vdots\\a_n\end{pmatrix}+\begin{pmatrix}b_1\\b_2\\\vdots\\b_n\end{pmatrix}=\begin{pmatrix}a_1+b_1\\a_2+b_2\\\vdots\\a_n+b_n\end{pmatrix}。$$

由负向量定义向量减法为

$$\boldsymbol{\alpha}-\boldsymbol{\beta}=\boldsymbol{\alpha}+(-\boldsymbol{\beta})=\begin{pmatrix}a_1-b_1\\a_2-b_2\\\vdots\\a_n-b_n\end{pmatrix}。$$

事实上，$\boldsymbol{\alpha}$与$\boldsymbol{\beta}$的和（或差）就是它们的对应元素的和（或差）。

定义 4.3 设 $\boldsymbol{\alpha}=\begin{pmatrix}a_1\\a_2\\\vdots\\a_n\end{pmatrix}$ 为 n 维向量，$\lambda\in\mathbb{R}$。向量 $\begin{pmatrix}\lambda a_1\\\lambda a_2\\\vdots\\\lambda a_n\end{pmatrix}$ 称为数 λ 与向量 $\boldsymbol{\alpha}$ 的**数乘**，记作 $\lambda\boldsymbol{\alpha}$，即

$$\lambda\boldsymbol{\alpha}=\begin{pmatrix}\lambda a_1\\\lambda a_2\\\vdots\\\lambda a_n\end{pmatrix}。$$

向量的加法及数与向量的数乘两种运算，统称为向量的**线性运算**。向量的线性运算满足以下8条运算规律(其中 $\boldsymbol{\alpha},\boldsymbol{\beta},\boldsymbol{\gamma}$ 都是 n 维向量，$\lambda,\mu\in\mathbb{R}$)：

(1) $\boldsymbol{\alpha}+\boldsymbol{\beta}=\boldsymbol{\beta}+\boldsymbol{\alpha}$；

(2) $(\boldsymbol{\alpha}+\boldsymbol{\beta})+\boldsymbol{\gamma}=\boldsymbol{\alpha}+(\boldsymbol{\beta}+\boldsymbol{\gamma})$；

(3) $\boldsymbol{\alpha}+\mathbf{0}=\boldsymbol{\alpha}$(零元素)；

(4) $\boldsymbol{\alpha}+(-\boldsymbol{\alpha})=\mathbf{0}$(负元素)；

(5) $1\cdot\boldsymbol{\alpha}=\boldsymbol{\alpha}$(单位元)；

(6) $\lambda(\mu\boldsymbol{\alpha})=(\lambda\mu)\boldsymbol{\alpha}$；

(7) $\lambda(\boldsymbol{\alpha}+\boldsymbol{\beta})=\lambda\boldsymbol{\alpha}+\lambda\boldsymbol{\beta}$；

(8) $(\lambda+\mu)\boldsymbol{\alpha}=\lambda\boldsymbol{\alpha}+\mu\boldsymbol{\alpha}$。

3. 向量组的线性组合

由若干个同维数的向量所组成的集合称为**向量组**。

定义 4.4 对于给定的向量组 $\boldsymbol{\alpha},\boldsymbol{\alpha}_1,\boldsymbol{\alpha}_2,\cdots,\boldsymbol{\alpha}_m$，如果存在数 $\lambda_1,\lambda_2,\cdots,\lambda_m$，使得

$$\boldsymbol{\alpha}=\lambda_1\boldsymbol{\alpha}_1+\lambda_2\boldsymbol{\alpha}_2+\cdots+\lambda_m\boldsymbol{\alpha}_m,$$

则称向量 $\boldsymbol{\alpha}$ 是向量组 $\boldsymbol{\alpha}_1,\boldsymbol{\alpha}_2,\cdots,\boldsymbol{\alpha}_m$ 的**线性组合**，或称 $\boldsymbol{\alpha}$ 可由 $\boldsymbol{\alpha}_1,\boldsymbol{\alpha}_2,\cdots,\boldsymbol{\alpha}_m$ **线性表示**。

显然，$\mathbf{0}=0\boldsymbol{\alpha}_1+0\boldsymbol{\alpha}_2+\cdots+0\boldsymbol{\alpha}_m$，即零向量是任一向量组 $\boldsymbol{\alpha}_1,\boldsymbol{\alpha}_2,\cdots,\boldsymbol{\alpha}_m$ 的线性组合。

对于向量组 $\boldsymbol{\alpha}_1,\boldsymbol{\alpha}_2,\cdots,\boldsymbol{\alpha}_m$，每个向量 $\boldsymbol{\alpha}_i(i=1,2,\cdots,m)$ 均可由该向量组线性表示，即

$$\boldsymbol{\alpha}_i=0\boldsymbol{\alpha}_1+0\boldsymbol{\alpha}_2+\cdots+1\boldsymbol{\alpha}_i+\cdots+0\boldsymbol{\alpha}_m。$$

对于 n 维**单位列向量组** $\boldsymbol{e}_1=\begin{pmatrix}1\\0\\\vdots\\0\end{pmatrix},\boldsymbol{e}_2=\begin{pmatrix}0\\1\\\vdots\\0\end{pmatrix},\cdots,\boldsymbol{e}_n=\begin{pmatrix}0\\0\\\vdots\\1\end{pmatrix}$，任意给定的 n 维列向量 $\boldsymbol{\alpha}=\begin{pmatrix}a_1\\a_2\\\vdots\\a_n\end{pmatrix}$ 均可由该向量组线性表示，即 $\boldsymbol{\alpha}=a_1\boldsymbol{e}_1+a_2\boldsymbol{e}_2+\cdots+a_n\boldsymbol{e}_n$，换句话说，任一个 n 维向量 $\boldsymbol{\alpha}$ 均可以表示为 $\boldsymbol{e}_1,\boldsymbol{e}_2,\cdots,\boldsymbol{e}_n$ 的线性组合。

对于给定的 m 维列向量组

$$\boldsymbol{\alpha}_j=\begin{pmatrix}a_{1j}\\a_{2j}\\\vdots\\a_{mj}\end{pmatrix}(j=1,2,\cdots,n),\quad \boldsymbol{\beta}=\begin{pmatrix}b_1\\b_2\\\vdots\\b_m\end{pmatrix},$$

列向量 $\boldsymbol{\beta}$ 能否由列向量组 $\boldsymbol{\alpha}_1,\boldsymbol{\alpha}_2,\cdots,\boldsymbol{\alpha}_n$ 线性表示，即是否存在 $x_1,x_2,\cdots,x_n$，使得等式 $x_1\boldsymbol{\alpha}_1+$

$x_2\boldsymbol{\alpha}_2+\cdots+x_n\boldsymbol{\alpha}_n=\boldsymbol{\beta}$成立的问题，可转化为对应的线性方程组

$$\begin{cases}a_{11}x_1+a_{12}x_2+\cdots+a_{1n}x_n=b_1,\\a_{21}x_1+a_{22}x_2+\cdots+a_{2n}x_n=b_2,\\\quad\vdots\\a_{m1}x_1+a_{m2}x_2+\cdots+a_{mn}x_n=b_m\end{cases}$$

是否有解的问题。

定理 4.1 列向量$\boldsymbol{\beta}$能由列向量组$\boldsymbol{\alpha}_1,\boldsymbol{\alpha}_2,\cdots,\boldsymbol{\alpha}_n$线性表示的充分必要条件是：对应的线性方程组有解。

定理 4.2 (1) 列向量$\boldsymbol{\beta}$不能由列向量组$\boldsymbol{\alpha}_1,\boldsymbol{\alpha}_2,\cdots,\boldsymbol{\alpha}_n$线性表示的充分必要条件是：对应的线性方程组无解；

(2) 列向量$\boldsymbol{\beta}$能由列向量组$\boldsymbol{\alpha}_1,\boldsymbol{\alpha}_2,\cdots,\boldsymbol{\alpha}_n$唯一线性表示的充分必要条件是：对应的线性方程组有唯一解；

(3) 列向量$\boldsymbol{\beta}$能由列向量组$\boldsymbol{\alpha}_1,\boldsymbol{\alpha}_2,\cdots,\boldsymbol{\alpha}_n$线性表示且表示式不唯一的充分必要条件是：对应的线性方程组有无穷多解。

定义 4.5 设有两个向量组(Ⅰ)：$\boldsymbol{\alpha}_1,\boldsymbol{\alpha}_2,\cdots,\boldsymbol{\alpha}_s$和(Ⅱ)：$\boldsymbol{\beta}_1,\boldsymbol{\beta}_2,\cdots,\boldsymbol{\beta}_r$，如果向量组(Ⅱ)中每一个向量$\boldsymbol{\beta}_i(i=1,2,\cdots,r)$都可以由向量组(Ⅰ)线性表示，则称向量组(Ⅱ)可以由向量组(Ⅰ)线性表示。

根据定义 4.5，若列向量组(Ⅱ)可以由列向量组(Ⅰ)线性表示，则有

$$\begin{cases}\boldsymbol{\beta}_1=a_{11}\boldsymbol{\alpha}_1+a_{21}\boldsymbol{\alpha}_2+\cdots+a_{s1}\boldsymbol{\alpha}_s,\\\boldsymbol{\beta}_2=a_{12}\boldsymbol{\alpha}_1+a_{22}\boldsymbol{\alpha}_2+\cdots+a_{s2}\boldsymbol{\alpha}_s,\\\quad\vdots\\\boldsymbol{\beta}_r=a_{1r}\boldsymbol{\alpha}_1+a_{2r}\boldsymbol{\alpha}_2+\cdots+a_{sr}\boldsymbol{\alpha}_s。\end{cases}$$

用矩阵符号可以表示为

$$(\boldsymbol{\beta}_1,\boldsymbol{\beta}_2,\cdots,\boldsymbol{\beta}_r)=(\boldsymbol{\alpha}_1,\boldsymbol{\alpha}_2,\cdots,\boldsymbol{\alpha}_s)\mathbf{A},$$

其中

$$\mathbf{A}=\begin{pmatrix}a_{11}&a_{12}&\cdots&a_{1r}\\a_{21}&a_{22}&\cdots&a_{2r}\\\vdots&\vdots&&\vdots\\a_{s1}&a_{s2}&\cdots&a_{sr}\end{pmatrix}。$$

矩阵$\mathbf{A}=(a_{ij})_{s\times r}$称为列向量组(Ⅱ)由列向量组(Ⅰ)线性表示的**表示矩阵**。根据矩阵的乘法运算，其中$\mathbf{A}$的第j列元素是列向量$\boldsymbol{\beta}_j$用列向量组$\boldsymbol{\alpha}_1,\boldsymbol{\alpha}_2,\cdots,\boldsymbol{\alpha}_s$表示的系数。

定义 4.6 如果两个给定的向量组(Ⅰ)：$\boldsymbol{\alpha}_1,\boldsymbol{\alpha}_2,\cdots,\boldsymbol{\alpha}_s$和(Ⅱ)：$\boldsymbol{\beta}_1,\boldsymbol{\beta}_2,\cdots,\boldsymbol{\beta}_r$可以互相线性表示，则称这两个向量组**等价**。

向量组的等价具有如下性质：

性质 1(反身性) 任意一个向量组$\boldsymbol{\alpha}_1,\boldsymbol{\alpha}_2,\cdots,\boldsymbol{\alpha}_s$与它自身等价；

性质 2(对称性) 如果向量组$\boldsymbol{\alpha}_1,\boldsymbol{\alpha}_2,\cdots,\boldsymbol{\alpha}_s$与$\boldsymbol{\beta}_1,\boldsymbol{\beta}_2,\cdots,\boldsymbol{\beta}_r$等价，那么向量组$\boldsymbol{\beta}_1,\boldsymbol{\beta}_2,\cdots,\boldsymbol{\beta}_r$也与$\boldsymbol{\alpha}_1,\boldsymbol{\alpha}_2,\cdots,\boldsymbol{\alpha}_s$等价；

性质 3(传递性) 如果向量组$\boldsymbol{\alpha}_1,\boldsymbol{\alpha}_2,\cdots,\boldsymbol{\alpha}_s$与$\boldsymbol{\beta}_1,\boldsymbol{\beta}_2,\cdots,\boldsymbol{\beta}_r$等价，而向量组$\boldsymbol{\beta}_1,\boldsymbol{\beta}_2,\cdots,\boldsymbol{\beta}_r$又与$\boldsymbol{\gamma}_1,\boldsymbol{\gamma}_2,\cdots,\boldsymbol{\gamma}_p$等价，那么向量组$\boldsymbol{\alpha}_1,\boldsymbol{\alpha}_2,\cdots,\boldsymbol{\alpha}_s$与$\boldsymbol{\gamma}_1,\boldsymbol{\gamma}_2,\cdots,\boldsymbol{\gamma}_p$等价。

注意，向量组等价与矩阵等价是完全不同的两个概念。

二、疑难解析

1. 向量与矩阵有何对应关系？

答 由定义2.1和定义4.1知，n维行向量和n维列向量实际上就是行矩阵和列矩阵。因此，向量作为一种特殊的矩阵，它有和矩阵一样的运算及其运算规律。另外，二者还有密切的联系。例如，对于给定的矩阵

$$\boldsymbol{A}=\begin{pmatrix} a_{11} & a_{12} & \cdots & a_{1n} \\ a_{21} & a_{22} & \cdots & a_{2n} \\ \vdots & \vdots & & \vdots \\ a_{m1} & a_{m2} & \cdots & a_{mn} \end{pmatrix},$$

它的每一列构成了一个m维列向量，总共有n个m维列向量，即

$$\boldsymbol{\alpha}_j=\begin{pmatrix} a_{1j} \\ a_{2j} \\ \vdots \\ a_{mj} \end{pmatrix},\qquad j=1,2,\cdots,n;$$

它的每一行构成了一个n维行向量，总共有m个n维行向量，即

$$\boldsymbol{\beta}_i=(a_{i1},a_{i2},\cdots,a_{in}),\qquad i=1,2,\cdots,m。$$

因此，矩阵$\boldsymbol{A}$可用向量表示为

$$\boldsymbol{A}=(\boldsymbol{\alpha}_1,\boldsymbol{\alpha}_2,\cdots,\boldsymbol{\alpha}_n)\quad 或\quad \boldsymbol{A}=\begin{pmatrix} \boldsymbol{\beta}_1 \\ \boldsymbol{\beta}_2 \\ \vdots \\ \boldsymbol{\beta}_m \end{pmatrix}。$$

上式也可以看作是对矩阵$\boldsymbol{A}$的两类分块。反过来，同维数的向量可以按照上面的排列方式组成一个矩阵$\boldsymbol{A}$。

2. 一个向量可以用向量组线性表示与线性方程组的解有何关系？

答 设列向量$\boldsymbol{\alpha}$与列向量组$\boldsymbol{\alpha}_1,\boldsymbol{\alpha}_2,\cdots,\boldsymbol{\alpha}_n$具有相同的维数，则它们之间的关系必为下列情形之一：

(1) 向量$\boldsymbol{\alpha}$不能由向量组$\boldsymbol{\alpha}_1,\boldsymbol{\alpha}_2,\cdots,\boldsymbol{\alpha}_n$线性表示；

(2) 向量$\boldsymbol{\alpha}$可由向量组$\boldsymbol{\alpha}_1,\boldsymbol{\alpha}_2,\cdots,\boldsymbol{\alpha}_n$线性表示，且表示唯一；

(3) 向量$\boldsymbol{\alpha}$可由向量组$\boldsymbol{\alpha}_1,\boldsymbol{\alpha}_2,\cdots,\boldsymbol{\alpha}_n$线性表示，且表示不唯一。

向量$\boldsymbol{\alpha}$能否由向量组$\boldsymbol{\alpha}_1,\boldsymbol{\alpha}_2,\cdots,\boldsymbol{\alpha}_n$线性表示的问题，即是否存在数$x_1,x_2,\cdots,x_n$，使得等式$x_1\boldsymbol{\alpha}_1+x_2\boldsymbol{\alpha}_2+\cdots+x_n\boldsymbol{\alpha}_n=\boldsymbol{\alpha}$成立的问题，就转化为非齐次线性方程组$\boldsymbol{Ax}=\boldsymbol{\alpha}$是否有解的问题，其中$\boldsymbol{A}=(\boldsymbol{\alpha}_1,\boldsymbol{\alpha}_2,\cdots,\boldsymbol{\alpha}_n)$，$\boldsymbol{x}=(x_1,x_2,\cdots,x_n)^{\mathrm{T}}$，参见定理4.1和定理4.2。

3. 两个矩阵等价和两个向量组等价有什么区别和联系？

答 矩阵等价与向量组等价是完全不同的两个概念。

从各自的定义上看，矩阵$\boldsymbol{A}$与$\boldsymbol{B}$等价是指矩阵$\boldsymbol{A}$经过有限次初等变换变成矩阵$\boldsymbol{B}$；两个给定的向量组$\boldsymbol{\alpha}_1,\boldsymbol{\alpha}_2,\cdots,\boldsymbol{\alpha}_s$和$\boldsymbol{\beta}_1,\boldsymbol{\beta}_2,\cdots,\boldsymbol{\beta}_r$等价是指这两个向量组可以互相线性表示。

从表示形式上看，两个 $m\times n$ 矩阵 $\boldsymbol{A}$ 与 $\boldsymbol{B}$ 等价的充分必要条件是存在 m 阶初等矩阵 $\boldsymbol{P}_1,\boldsymbol{P}_2,\cdots,\boldsymbol{P}_l$ 及 n 阶初等矩阵 $\boldsymbol{Q}_1,\boldsymbol{Q}_2,\cdots,\boldsymbol{Q}_t$，使得 $\boldsymbol{P}_l\boldsymbol{P}_{l-1}\cdots\boldsymbol{P}_1\boldsymbol{A}\boldsymbol{Q}_1\boldsymbol{Q}_2\cdots\boldsymbol{Q}_t=\boldsymbol{B}$；两个向量组 $\boldsymbol{\alpha}_1,\boldsymbol{\alpha}_2,\cdots,\boldsymbol{\alpha}_s$ 与 $\boldsymbol{\beta}_1,\boldsymbol{\beta}_2,\cdots,\boldsymbol{\beta}_r$ 等价的充分必要条件是存在表示矩阵 $\boldsymbol{C}$ 与 $\boldsymbol{D}$，使得 $(\boldsymbol{\beta}_1,\boldsymbol{\beta}_2,\cdots,\boldsymbol{\beta}_r)=(\boldsymbol{\alpha}_1,\boldsymbol{\alpha}_2,\cdots,\boldsymbol{\alpha}_s)\boldsymbol{C}$，$(\boldsymbol{\alpha}_1,\boldsymbol{\alpha}_2,\cdots,\boldsymbol{\alpha}_s)=(\boldsymbol{\beta}_1,\boldsymbol{\beta}_2,\cdots,\boldsymbol{\beta}_r)\boldsymbol{D}$。

三、经典题型详解

题型 1 向量间的线性运算

例 4.1 已知 $\boldsymbol{\alpha}_1=\begin{pmatrix}2\\5\\1\\3\end{pmatrix}$，$\boldsymbol{\alpha}_2=\begin{pmatrix}10\\1\\5\\10\end{pmatrix}$，$\boldsymbol{\alpha}_3=\begin{pmatrix}4\\1\\-1\\1\end{pmatrix}$，且 $3(\boldsymbol{\alpha}_1-\boldsymbol{\alpha})+2(\boldsymbol{\alpha}_2+\boldsymbol{\alpha})=(\boldsymbol{\alpha}_3+\boldsymbol{\alpha})$，求向量 $\boldsymbol{\alpha}$。

分析 利用向量的线性运算求解。

解 由已知可得，$\boldsymbol{\alpha}=\frac{3}{2}\boldsymbol{\alpha}_1+\boldsymbol{\alpha}_2-\frac{1}{2}\boldsymbol{\alpha}_3$。将 $\boldsymbol{\alpha}_1,\boldsymbol{\alpha}_2,\boldsymbol{\alpha}_3$ 代入等式，有

$$\boldsymbol{\alpha}=\frac{3}{2}\boldsymbol{\alpha}_1+\boldsymbol{\alpha}_2-\frac{1}{2}\boldsymbol{\alpha}_3=\frac{3}{2}\begin{pmatrix}2\\5\\1\\3\end{pmatrix}+\begin{pmatrix}10\\1\\5\\10\end{pmatrix}-\frac{1}{2}\begin{pmatrix}4\\1\\-1\\1\end{pmatrix}=\begin{pmatrix}11\\8\\7\\14\end{pmatrix}。$$

类似地，利用向量的线性运算可以求解下列问题：

(1) 已知 $\boldsymbol{\alpha}=\begin{pmatrix}3\\5\\-1\\2\end{pmatrix}$，$\boldsymbol{\beta}=\begin{pmatrix}1\\3\\2\\-2\end{pmatrix}$，若 $4\boldsymbol{\alpha}-2\boldsymbol{\gamma}=3\boldsymbol{\beta}$，求向量 $\boldsymbol{\gamma}$；

(2) 已知 $\boldsymbol{\alpha}_1=\begin{pmatrix}2\\2\\-1\\3\end{pmatrix}$，$\boldsymbol{\alpha}_2=\begin{pmatrix}1\\-1\\3\\2\end{pmatrix}$，$\boldsymbol{\alpha}_3=\begin{pmatrix}-1\\-2\\3\\1\end{pmatrix}$，若 $\boldsymbol{\alpha}_1-3(2\boldsymbol{\alpha}_2+\boldsymbol{\alpha})=2(\boldsymbol{\alpha}_3-\boldsymbol{\alpha})$，求向量 $\boldsymbol{\alpha}$。

题型 2 向量与向量组之间的线性关系

例 4.2 设有向量组

$$\boldsymbol{\alpha}_1=\begin{pmatrix}1\\0\\2\\3\end{pmatrix},\quad \boldsymbol{\alpha}_2=\begin{pmatrix}1\\1\\3\\5\end{pmatrix},\quad \boldsymbol{\alpha}_3=\begin{pmatrix}1\\-1\\a+2\\1\end{pmatrix},\quad \boldsymbol{\alpha}_4=\begin{pmatrix}1\\2\\4\\a+8\end{pmatrix},\quad \boldsymbol{\beta}=\begin{pmatrix}1\\1\\b+3\\5\end{pmatrix}。$$

解答下列问题：

(1) a,b 为何值时，$\boldsymbol{\beta}$ 不能由 $\boldsymbol{\alpha}_1,\boldsymbol{\alpha}_2,\boldsymbol{\alpha}_3,\boldsymbol{\alpha}_4$ 线性表示？

(2) a,b 为何值时，$\boldsymbol{\beta}$ 能由 $\boldsymbol{\alpha}_1,\boldsymbol{\alpha}_2,\boldsymbol{\alpha}_3,\boldsymbol{\alpha}_4$ 线性表示，且表示式唯一？

(3) a,b 为何值时，$\boldsymbol{\beta}$ 能由 $\boldsymbol{\alpha}_1,\boldsymbol{\alpha}_2,\boldsymbol{\alpha}_3,\boldsymbol{\alpha}_4$ 线性表示，但表示式不唯一？

分析 将问题转化为讨论线性方程组的解的存在性问题。

解 依题意,考虑线性方程组

$$\boldsymbol{\beta}=x_1\boldsymbol{\alpha}_1+x_2\boldsymbol{\alpha}_2+x_3\boldsymbol{\alpha}_3+x_4\boldsymbol{\alpha}_4。\tag{$*$}$$

对此线性方程组的增广矩阵实施初等行变换,可得

$$\overline{\boldsymbol{A}}=(\boldsymbol{A}\mid\boldsymbol{b})=\left(\begin{array}{cccc|c}1&1&1&1&1\\0&1&-1&2&1\\2&3&a+2&4&b+3\\3&5&1&a+8&5\end{array}\right)\xrightarrow[r_4-3r_1]{r_3-2r_1}\left(\begin{array}{cccc|c}1&1&1&1&1\\0&1&-1&2&1\\0&1&a&2&b+1\\0&2&-2&a+5&2\end{array}\right)$$

$$\xrightarrow[r_4-2r_2]{r_3-r_2}\left(\begin{array}{cccc|c}1&1&1&1&1\\0&1&-1&2&1\\0&0&a+1&0&b\\0&0&0&a+1&0\end{array}\right)。$$

下面讨论线性方程组($*$)的解的情况:

(1) 当$a+1=0,b\neq0$,即$a=-1,b\neq0$时,$\mathrm{R}(\boldsymbol{A})=2\neq\mathrm{R}(\overline{\boldsymbol{A}})=3$,线性方程组($*$)无解,从而$\boldsymbol{\beta}$不能由$\boldsymbol{\alpha}_1,\boldsymbol{\alpha}_2,\boldsymbol{\alpha}_3,\boldsymbol{\alpha}_4$线性表示。

(2) 当$a+1\neq0$,即$a\neq-1$时,线性方程组($*$)有唯一解,从而$\boldsymbol{\beta}$可由$\boldsymbol{\alpha}_1,\boldsymbol{\alpha}_2,\boldsymbol{\alpha}_3,\boldsymbol{\alpha}_4$线性表示,且表示式唯一。不难求得,线性方程组($*$)等价于如下的线性方程组

$$\begin{cases}x_1+x_2+x_3+x_4=1,\\ x_2-x_3+2x_4=1,\\ (a+1)x_3=b,\\ (a+1)x_4=0。\end{cases}$$

解得

$$x_1=-\frac{2b}{a+1},\quad x_2=\frac{a+b+1}{a+1},\quad x_3=\frac{b}{a+1},\quad x_4=0,$$

于是

$$\boldsymbol{\beta}=-\frac{2b}{a+1}\boldsymbol{\alpha}_1+\frac{a+b+1}{a+1}\boldsymbol{\alpha}_2+\frac{b}{a+1}\boldsymbol{\alpha}_3。$$

(3) 当$a+1=0,b=0$,即$a=-1,b=0$时,$\mathrm{R}(\boldsymbol{A})=\mathrm{R}(\overline{\boldsymbol{A}})=2$,线性方程组($*$)有无穷多解,从而$\boldsymbol{\beta}$可由$\boldsymbol{\alpha}_1,\boldsymbol{\alpha}_2,\boldsymbol{\alpha}_3,\boldsymbol{\alpha}_4$线性表示,且表示不唯一。不难求得,线性方程组($*$)等价于如下的线性方程组

$$\begin{cases}x_1+2x_3-x_4=0,\\ x_2-x_3+2x_4=1。\end{cases}$$

解得

$$\begin{pmatrix}x_1\\x_2\\x_3\\x_4\end{pmatrix}=k_1\begin{pmatrix}-2\\1\\1\\0\end{pmatrix}+k_2\begin{pmatrix}1\\-2\\0\\1\end{pmatrix}+\begin{pmatrix}0\\1\\0\\0\end{pmatrix},\qquad k_1,k_2\text{ 为任意实数。}$$

于是

$$\boldsymbol{\beta}=(k_2-2k_1)\boldsymbol{\alpha}_1+(k_1-2k_2+1)\boldsymbol{\alpha}_2+k_1\boldsymbol{\alpha}_3+k_2\boldsymbol{\alpha}_4,\qquad k_1,k_2\text{ 为任意实数。}$$

类似地,可以求解下列问题:

(1) 证明：向量 $\boldsymbol{\beta}=\begin{pmatrix}2\\2\\1\end{pmatrix}$ 是向量组 $\boldsymbol{\alpha}_1=\begin{pmatrix}1\\0\\1\end{pmatrix}$，$\boldsymbol{\alpha}_2=\begin{pmatrix}2\\1\\1\end{pmatrix}$，$\boldsymbol{\alpha}_3=\begin{pmatrix}0\\2\\-1\end{pmatrix}$ 的线性组合，并将 $\boldsymbol{\beta}$ 用 $\boldsymbol{\alpha}_1,\boldsymbol{\alpha}_2,\boldsymbol{\alpha}_3$ 线性表示。

(2) 设有向量组 $\boldsymbol{\alpha}_1=\begin{pmatrix}\lambda\\1\\1\end{pmatrix}$，$\boldsymbol{\alpha}_2=\begin{pmatrix}1\\\lambda\\1\end{pmatrix}$，$\boldsymbol{\alpha}_3=\begin{pmatrix}1\\1\\\lambda\end{pmatrix}$，$\boldsymbol{\beta}=\begin{pmatrix}\lambda-3\\-2\\-2\end{pmatrix}$。若 $\boldsymbol{\beta}$ 不能由向量组 $\boldsymbol{\alpha}_1,\boldsymbol{\alpha}_2,\boldsymbol{\alpha}_3$ 线性表示，求 λ 的值。

四、课后习题选解

A类题

1. 已知向量组 $\boldsymbol{\beta}=\begin{pmatrix}2\\2\\-6\end{pmatrix}$，$\boldsymbol{\alpha}_1=\begin{pmatrix}1\\2\\3\end{pmatrix}$，$\boldsymbol{\alpha}_2=\begin{pmatrix}0\\2\\3\end{pmatrix}$，$\boldsymbol{\alpha}_3=\begin{pmatrix}0\\0\\3\end{pmatrix}$，将 $\boldsymbol{\beta}$ 用 $\boldsymbol{\alpha}_1,\boldsymbol{\alpha}_2,\boldsymbol{\alpha}_3$ 线性表示。

分析 参见经典题型详解中例 4.2。

解 依题意，设存在数 x_1,x_2,x_3，使得 $\boldsymbol{\beta}=x_1\boldsymbol{\alpha}_1+x_2\boldsymbol{\alpha}_2+x_3\boldsymbol{\alpha}_3$，即

$$\begin{pmatrix}2\\2\\-6\end{pmatrix}=x_1\begin{pmatrix}1\\2\\3\end{pmatrix}+x_2\begin{pmatrix}0\\2\\3\end{pmatrix}+x_3\begin{pmatrix}0\\0\\3\end{pmatrix}。$$

不难得到如下线性方程组

$$\begin{cases}x_1=2,\\2x_1+2x_2=2,\\3x_1+3x_2+3x_3=-6,\end{cases}$$

解得 $x_1=2,x_2=-1,x_3=-3$。于是，$\boldsymbol{\beta}=2\boldsymbol{\alpha}_1-\boldsymbol{\alpha}_2-3\boldsymbol{\alpha}_3$。

2. 已知向量组 $(\boldsymbol{\alpha}_1,\boldsymbol{\alpha}_2)=\begin{pmatrix}2&3\\0&-2\\2&1\\4&4\end{pmatrix}$，$(\boldsymbol{\beta}_1,\boldsymbol{\beta}_2)=\begin{pmatrix}-5&4\\6&-4\\1&0\\-4&4\end{pmatrix}$。证明：$(\boldsymbol{\alpha}_1,\boldsymbol{\alpha}_2)$ 与 $(\boldsymbol{\beta}_1,\boldsymbol{\beta}_2)$ 等价。

分析 证明向量组等价，即证明它们可以相互线性表示。

证 假设存在二阶方阵 $\boldsymbol{X},\boldsymbol{Y}$，使得

$$(\boldsymbol{\alpha}_1,\boldsymbol{\alpha}_2)\boldsymbol{X}=(\boldsymbol{\beta}_1,\boldsymbol{\beta}_2),(\boldsymbol{\beta}_1,\boldsymbol{\beta}_2)\boldsymbol{Y}=(\boldsymbol{\alpha}_1,\boldsymbol{\alpha}_2),$$

其中 $\boldsymbol{X}=\begin{pmatrix}x_{11}&x_{12}\\x_{21}&x_{22}\end{pmatrix}$，$\boldsymbol{Y}=\begin{pmatrix}y_{11}&y_{12}\\y_{21}&y_{22}\end{pmatrix}$。

注意到，求矩阵 $\boldsymbol{X}$ 相当于求解两个非齐次线性方程组

$$x_{11}\boldsymbol{\alpha}_1+x_{21}\boldsymbol{\alpha}_2=\boldsymbol{\beta}_1,\qquad x_{12}\boldsymbol{\alpha}_1+x_{22}\boldsymbol{\alpha}_2=\boldsymbol{\beta}_2。$$

对增广矩阵 $(\boldsymbol{\alpha}_1,\boldsymbol{\alpha}_2,\boldsymbol{\beta}_1,\boldsymbol{\beta}_2)$ 施以初等行变换

$$(\boldsymbol{\alpha}_1,\boldsymbol{\alpha}_2,\boldsymbol{\beta}_1,\boldsymbol{\beta}_2)=\begin{pmatrix}2&3&-5&4\\0&-2&6&-4\\2&1&1&0\\4&4&-4&4\end{pmatrix}\to\begin{pmatrix}1&1&-1&1\\0&-2&6&-4\\0&-1&3&-2\\0&1&-3&2\end{pmatrix}$$

$$\to\begin{pmatrix}1&1&-1&1\\0&1&-3&2\\0&0&0&0\\0&0&0&0\end{pmatrix}\to\begin{pmatrix}1&0&2&-1\\0&1&-3&2\\0&0&0&0\\0&0&0&0\end{pmatrix}。$$

因此，有

$$\boldsymbol{X}=\begin{pmatrix}2&-1\\-3&2\end{pmatrix}。$$

易见，$|\boldsymbol{X}|=1\neq0$，即$\boldsymbol{X}$可逆。取$\boldsymbol{Y}=\boldsymbol{X}^{-1}$，说明两个向量组可以相互线性表示。因此，向量组$(\boldsymbol{\alpha}_1,\boldsymbol{\alpha}_2)$与$(\boldsymbol{\beta}_1,\boldsymbol{\beta}_2)$等价。 证毕

3. 设$\boldsymbol{\beta}$可由$\boldsymbol{\alpha}_1,\boldsymbol{\alpha}_2,\cdots,\boldsymbol{\alpha}_{m-1},\boldsymbol{\alpha}_m$线性表示，但不能由$\boldsymbol{\alpha}_1,\boldsymbol{\alpha}_2,\cdots,\boldsymbol{\alpha}_{m-1}$线性表示。解答下列问题：

(1) $\boldsymbol{\alpha}_m$可否由$\boldsymbol{\alpha}_1,\boldsymbol{\alpha}_2,\cdots,\boldsymbol{\alpha}_{m-1},\boldsymbol{\beta}$线性表示，说明理由；

(2) $\boldsymbol{\alpha}_m$可否由$\boldsymbol{\alpha}_1,\boldsymbol{\alpha}_2,\cdots,\boldsymbol{\alpha}_{m-1}$线性表示，说明理由。

分析 利用向量的线性表示的定义求解。

解 由于向量$\boldsymbol{\beta}$可由$\boldsymbol{\alpha}_1,\boldsymbol{\alpha}_2,\cdots,\boldsymbol{\alpha}_{m-1},\boldsymbol{\alpha}_m$线性表示，则存在不全为零的$k_1,k_2,\cdots,k_{m-1},k_m$，使得

$$\boldsymbol{\beta}=k_1\boldsymbol{\alpha}_1+k_2\boldsymbol{\alpha}_2+\cdots+k_{m-1}\boldsymbol{\alpha}_{m-1}+k_m\boldsymbol{\alpha}_m。$$

由已知，$\boldsymbol{\beta}$不能由$\boldsymbol{\alpha}_1,\boldsymbol{\alpha}_2,\cdots,\boldsymbol{\alpha}_{m-1}$线性表示，所以$k_m\neq0$。于是

$$\boldsymbol{\alpha}_m=\frac{1}{k_m}\boldsymbol{\beta}-\frac{k_1}{k_m}\boldsymbol{\alpha}_1-\frac{k_2}{k_m}\boldsymbol{\alpha}_2-\cdots-\frac{k_{m-1}}{k_m}\boldsymbol{\alpha}_{m-1}。$$

所以有：

(1) $\boldsymbol{\alpha}_m$可由$\boldsymbol{\alpha}_1,\boldsymbol{\alpha}_2,\cdots,\boldsymbol{\alpha}_{m-1},\boldsymbol{\beta}$线性表示；

(2) $\boldsymbol{\alpha}_m$不可由$\boldsymbol{\alpha}_1,\boldsymbol{\alpha}_2,\cdots,\boldsymbol{\alpha}_{m-1}$线性表示，否则由线性表示的传递性，$\boldsymbol{\beta}$能由$\boldsymbol{\alpha}_1,\boldsymbol{\alpha}_2,\cdots,\boldsymbol{\alpha}_{m-1}$线性表示，与$\boldsymbol{\beta}$不能由$\boldsymbol{\alpha}_1,\boldsymbol{\alpha}_2,\cdots,\boldsymbol{\alpha}_{m-1}$线性表示矛盾。

4.2 向量组的线性相关性

一、知识要点

定义 4.7 对于给定的m维向量组$\boldsymbol{\alpha}_1,\boldsymbol{\alpha}_2,\cdots,\boldsymbol{\alpha}_n$，如果存在不全为零的数$k_1,k_2,\cdots,k_n$，使得$k_1\boldsymbol{\alpha}_1+k_2\boldsymbol{\alpha}_2+\cdots+k_n\boldsymbol{\alpha}_n=\boldsymbol{0}$，则称向量组$\boldsymbol{\alpha}_1,\boldsymbol{\alpha}_2,\cdots,\boldsymbol{\alpha}_n$ **线性相关**，否则称为**线性无关**。

在三维空间中，对于两个给定的三维向量$\boldsymbol{\alpha}_1,\boldsymbol{\alpha}_2$，它们线性相关的充分必要条件是：存在不为零的数$k$，使得$\boldsymbol{\alpha}_1=k\boldsymbol{\alpha}_2$，即$\boldsymbol{\alpha}_1,\boldsymbol{\alpha}_2$共线；三个三维向量$\boldsymbol{\alpha}_1,\boldsymbol{\alpha}_2,\boldsymbol{\alpha}_3$线性相关的充分必要条件是：存在不全为零的数$k_1,k_2,k_3$，使得$k_1\boldsymbol{\alpha}_1+k_2\boldsymbol{\alpha}_2+k_3\boldsymbol{\alpha}_3=\boldsymbol{0}$，即$\boldsymbol{\alpha}_1,\boldsymbol{\alpha}_2,\boldsymbol{\alpha}_3$共面。不失一般性，若$k_3\neq0$，则有$\boldsymbol{\alpha}_3=\left(-\frac{k_1}{k_3}\right)\boldsymbol{\alpha}_1+\left(-\frac{k_2}{k_3}\right)\boldsymbol{\alpha}_2$。

定理 4.3 一个m维向量组$\boldsymbol{\alpha}_1,\boldsymbol{\alpha}_2,\cdots,\boldsymbol{\alpha}_n(n\geqslant2)$线性相关的充分必要条件是：向量组中至少有一个向量可由其余$n-1$个向量线性表示。

定理 4.4 设m维的向量组$\boldsymbol{\alpha}_1,\boldsymbol{\alpha}_2,\cdots,\boldsymbol{\alpha}_n$线性无关，而向量组$\boldsymbol{\alpha}_1,\boldsymbol{\alpha}_2,\cdots,\boldsymbol{\alpha}_n,\boldsymbol{\beta}$线性相关，则$\boldsymbol{\beta}$能由$\boldsymbol{\alpha}_1,\boldsymbol{\alpha}_2,\cdots,\boldsymbol{\alpha}_n$线性表示，且表示式是唯一的。

定理 4.5 下列3个命题是等价的：

(1) m维的列向量组$\boldsymbol{\alpha}_1=\begin{pmatrix}a_{11}\\a_{21}\\\vdots\\a_{m1}\end{pmatrix},\boldsymbol{\alpha}_2=\begin{pmatrix}a_{12}\\a_{22}\\\vdots\\a_{m2}\end{pmatrix},\cdots,\boldsymbol{\alpha}_n=\begin{pmatrix}a_{1n}\\a_{2n}\\\vdots\\a_{mn}\end{pmatrix}$线性相关；

(2) 存在不全零的数 $x_1,x_2,\cdots,x_n$ 使得 $x_1\boldsymbol{\alpha}_1+x_2\boldsymbol{\alpha}_2+\cdots+x_n\boldsymbol{\alpha}_n=\mathbf{0}$；

(3) 线性方程组 $\begin{cases}a_{11}x_1+a_{12}x_2+\cdots+a_{1n}x_n=0,\\a_{21}x_1+a_{22}x_2+\cdots+a_{2n}x_n=0,\\\quad\vdots\\a_{m1}x_1+a_{m2}x_2+\cdots+a_{mn}x_n=0\end{cases}$ 有非零解。

类似地，列向量组 $\boldsymbol{\alpha}_1,\boldsymbol{\alpha}_2,\cdots,\boldsymbol{\alpha}_n$ 线性无关的等价命题如下：

(1) 列向量组 $\boldsymbol{\alpha}_1,\boldsymbol{\alpha}_2,\cdots,\boldsymbol{\alpha}_n$ 线性无关；

(2) 当且仅当数 $x_1,x_2,\cdots,x_n$ 全为零时，才有等式 $x_1\boldsymbol{\alpha}_1+x_2\boldsymbol{\alpha}_2+\cdots+x_n\boldsymbol{\alpha}_n=\mathbf{0}$ 成立；

(3) 对应的线性方程组只有零解。

对于一个给定的向量组，向量组中的向量要么线性相关，要么线性无关，只可能存在其中一种关系。由本节定义 4.6 和定理 4.5 不难验证以下结论：

(1) 只有一个向量 $\boldsymbol{\alpha}$ 构成的向量组，若 $\boldsymbol{\alpha}\neq\mathbf{0}$，则线性无关；若 $\boldsymbol{\alpha}=\mathbf{0}$，则线性相关。

(2) 由两个向量 $\boldsymbol{\alpha},\boldsymbol{\beta}$ 构成的向量组，向量组线性相关的充要条件是：它们的对应分量成比例。

(3) 含有零向量的向量组必线性相关。

(4) **$n+1$ 个 n 维向量一定线性相关**。

(5) **向量组和其部分组的关系**如下：

设 $\boldsymbol{\alpha}_1,\boldsymbol{\alpha}_2,\cdots,\boldsymbol{\alpha}_r$ 是向量组 $\boldsymbol{\alpha}_1,\boldsymbol{\alpha}_2,\cdots,\boldsymbol{\alpha}_n(1\leqslant r<n)$ 的部分向量组，则有

$$\text{部分向量组线性相关}\underset{\not\Leftarrow}{\Rightarrow}\text{整体向量组线性相关。}$$

$$\text{整体向量组线性无关}\underset{\not\Leftarrow}{\Rightarrow}\text{部分向量组线性无关。}$$

(6) **延伸向量组和缩短向量组**的关系：

对于定理 4.5 中给出的 m 维列向量组 $\boldsymbol{\alpha}_1,\boldsymbol{\alpha}_2,\cdots,\boldsymbol{\alpha}_n$，及向量组

$$\hat{\boldsymbol{\alpha}}_1=\begin{pmatrix}a_{11}\\a_{21}\\\vdots\\a_{r1}\end{pmatrix},\quad\hat{\boldsymbol{\alpha}}_2=\begin{pmatrix}a_{12}\\a_{22}\\\vdots\\a_{r2}\end{pmatrix},\quad\cdots,\quad\hat{\boldsymbol{\alpha}}_n=\begin{pmatrix}a_{1n}\\a_{2n}\\\vdots\\a_{rn}\end{pmatrix},\qquad 1\leqslant r<m,$$

$\hat{\boldsymbol{\alpha}}_1,\hat{\boldsymbol{\alpha}}_2,\cdots,\hat{\boldsymbol{\alpha}}_n$ 称为向量组 $\boldsymbol{\alpha}_1,\boldsymbol{\alpha}_2,\cdots,\boldsymbol{\alpha}_n$ 的**缩短向量组**；称向量组 $\boldsymbol{\alpha}_1,\boldsymbol{\alpha}_2,\cdots,\boldsymbol{\alpha}_n$ 为向量组 $\hat{\boldsymbol{\alpha}}_1,\hat{\boldsymbol{\alpha}}_2,\cdots,\hat{\boldsymbol{\alpha}}_n$ 的**延伸向量组**。

缩短向量组和延伸向量组的关系如下：

$$\text{延伸向量组线性相关}\underset{\not\Leftarrow}{\Rightarrow}\text{缩短向量组线性相关。}$$

$$\text{缩短向量组线性无关}\underset{\not\Leftarrow}{\Rightarrow}\text{延伸向量组线性无关。}$$

注意，缩短向量组和延伸向量组的形式是多样的，即向量缩短或延伸的分量位置不是固定的。

定理 4.6 给定两个向量组（Ⅰ）：$\boldsymbol{\alpha}_1,\boldsymbol{\alpha}_2,\cdots,\boldsymbol{\alpha}_s$ 和（Ⅱ）：$\boldsymbol{\beta}_1,\boldsymbol{\beta}_2,\cdots,\boldsymbol{\beta}_r$，若向量组（Ⅱ）能由向量组（Ⅰ）线性表示，且有 $s<r$，则向量组（Ⅱ）一定线性相关。

定理 4.6 说明：两个给定的向量组，若元素个数多的向量组能用个数少的线性表示，则个数多的向量组一定线性相关。或表述为：**以少表多，多者线性相关**。

推论 1 若向量组 $\boldsymbol{\beta}_1,\boldsymbol{\beta}_2,\cdots,\boldsymbol{\beta}_r$ 能由向量组 $\boldsymbol{\alpha}_1,\boldsymbol{\alpha}_2,\cdots,\boldsymbol{\alpha}_s$ 线性表示，且向量组 $\boldsymbol{\beta}_1,\boldsymbol{\beta}_2,\cdots,\boldsymbol{\beta}_r$ 线性无关，则 $s\geqslant r$。

推论 2 若向量组 $\boldsymbol{\alpha}_1,\boldsymbol{\alpha}_2,\cdots,\boldsymbol{\alpha}_s$ 和向量组 $\boldsymbol{\beta}_1,\boldsymbol{\beta}_2,\cdots,\boldsymbol{\beta}_r$ 等价(即可以相互线性表示)，且都是线性无关的，则 $s=r$。换句话说，若两个线性无关的向量组是等价的，则它们所含向量的个数一定相同。

二、疑难解析

1. 如何理解向量组的线性相关和线性无关？

答 由定义 4.7 知，向量组 $\boldsymbol{\alpha}_1,\boldsymbol{\alpha}_2,\cdots,\boldsymbol{\alpha}_n$ 线性相关是指：只要**找到**一组不全为零的数 $k_1,k_2,\cdots,k_n$，使得 $k_1\boldsymbol{\alpha}_1+k_2\boldsymbol{\alpha}_2+\cdots+k_n\boldsymbol{\alpha}_n=\mathbf{0}$ 成立即可；向量组 $\boldsymbol{\alpha}_1,\boldsymbol{\alpha}_2,\cdots,\boldsymbol{\alpha}_n$ 线性无关是指：**只有**当 $k_1,k_2,\cdots,k_n$ 全为零时，**才有**等式 $k_1\boldsymbol{\alpha}_1+k_2\boldsymbol{\alpha}_2+\cdots+k_n\boldsymbol{\alpha}_n=\mathbf{0}$ 恒成立。例如，对于 $\boldsymbol{\alpha}_1=\begin{pmatrix}1\\0\end{pmatrix}$，$\boldsymbol{\alpha}_2=\begin{pmatrix}2\\0\end{pmatrix}$，当 $k_1=k_2=0$ 时，虽然有 $k_1\boldsymbol{\alpha}_1+k_2\boldsymbol{\alpha}_2=\mathbf{0}$ 成立，但不能由此推出向量 $\boldsymbol{\alpha}_1$，$\boldsymbol{\alpha}_2$ 线性无关。事实上，取 $k_1=2,k_2=-1$ 时，$k_1\boldsymbol{\alpha}_1+k_2\boldsymbol{\alpha}_2=\mathbf{0}$ 也成立，所以 $\boldsymbol{\alpha}_1,\boldsymbol{\alpha}_2$ 线性相关。再例如，对于 $\boldsymbol{\alpha}_1=\begin{pmatrix}1\\0\end{pmatrix}$，$\boldsymbol{\alpha}_2=\begin{pmatrix}1\\1\end{pmatrix}$，只有当 $k_1=k_2=0$ 时，才有 $k_1\boldsymbol{\alpha}_1+k_2\boldsymbol{\alpha}_2=\mathbf{0}$ 成立，由此推出向量 $\boldsymbol{\alpha}_1,\boldsymbol{\alpha}_2$ 线性无关。

2. 向量组的线性相关性与线性方程组的解有什么关系？

答 设 $\boldsymbol{\alpha}_j=\begin{pmatrix}a_{1j}\\a_{2j}\\\vdots\\a_{mj}\end{pmatrix}(j=1,2,\cdots,n)$ 为 n 个 m 维列向量，由这些向量组成的矩阵为

$$\boldsymbol{A}_{m\times n}=(\boldsymbol{\alpha}_1,\boldsymbol{\alpha}_2,\cdots,\boldsymbol{\alpha}_n)。$$

令向量组的线性组合形式为 $x_1\boldsymbol{\alpha}_1+x_2\boldsymbol{\alpha}_2+\cdots+x_n\boldsymbol{\alpha}_n=\mathbf{0}$，其中 $x_1,x_2,\cdots,x_n$ 为待定的数。与之对应的齐次线性方程组为 $\boldsymbol{A}_{m\times n}\boldsymbol{x}=\mathbf{0}$。向量组的线性组合形式和齐次线性方程组的矩阵形式有如下的对应关系：

列向量组中向量的维数 m	列向量组中向量的个数 n
$\Updownarrow$	$\Updownarrow$
对应系数矩阵的行数 m	对应系数矩阵的列数 n
$\Updownarrow$	$\Updownarrow$
对应线性方程组中方程的个数 m	对应线性方程组中未知数的个数 n

根据向量组的 3 种情况(对应线性方程组的解的 3 种情况)和定理 4.5 得到如下 3 种判别方法：

(1) $m>n$。用初等行变换将 $\boldsymbol{A}_{m\times n}$ 化为行阶梯形，就可以知道对应的线性方程组有非零解的充分必要条件是：$\mathrm{R}(\boldsymbol{A}_{m\times n})<n$(此时向量组线性相关)；线性方程组只有零解的充分必要条件是：$\mathrm{R}(\boldsymbol{A}_{m\times n})=n$(此时向量组线性无关)。

(2) $m<n$。因为 $\mathrm{R}(\boldsymbol{A}_{m\times n})\leqslant m<n$，此时对应的线性方程组一定有非零解，因此向量组

一定线性相关。这表明,若向量组中向量的个数大于向量的维数,则该向量组一定线性相关。换句话说,$n+1$ 个 n 维向量必线性相关。

(3) $m=n$。由克莱姆法则可知,若行列式 $|(\boldsymbol{\alpha}_1,\boldsymbol{\alpha}_2,\cdots,\boldsymbol{\alpha}_n)|=0$,则对应的线性方程组有非零解,因此向量组一定线性相关;若行列式 $|(\boldsymbol{\alpha}_1,\boldsymbol{\alpha}_2,\cdots,\boldsymbol{\alpha}_n)|\neq 0$,则对应的线性方程组只有零解,因此向量组一定线性无关。

3. 判断下列说法是否正确,并说明理由:

(1) 若向量组 $\boldsymbol{\alpha}_1,\boldsymbol{\alpha}_2,\boldsymbol{\alpha}_3$ 中任意两个向量都线性无关,则向量组 $\boldsymbol{\alpha}_1,\boldsymbol{\alpha}_2,\boldsymbol{\alpha}_3$ 一定线性无关;

(2) 含有零向量的向量组一定线性相关;

(3) 若向量组 $\boldsymbol{\alpha}_1,\boldsymbol{\alpha}_2,\cdots,\boldsymbol{\alpha}_n$ 线性无关,向量 $\boldsymbol{\alpha}_{n+1}$ 不能由向量组 $\boldsymbol{\alpha}_1,\boldsymbol{\alpha}_2,\cdots,\boldsymbol{\alpha}_n$ 线性表示,则向量组 $\boldsymbol{\alpha}_1,\boldsymbol{\alpha}_2,\cdots,\boldsymbol{\alpha}_n,\boldsymbol{\alpha}_{n+1}$ 线性无关。

答 (1) 错误。例如,给定向量组 $\boldsymbol{\alpha}_1=\begin{pmatrix}1\\0\end{pmatrix},\boldsymbol{\alpha}_2=\begin{pmatrix}0\\1\end{pmatrix},\boldsymbol{\alpha}_3=\begin{pmatrix}2\\1\end{pmatrix}$,它们任意两个向量都线性无关,但显然有 $2\boldsymbol{\alpha}_1+\boldsymbol{\alpha}_2-\boldsymbol{\alpha}_3=\mathbf{0}$,即向量组 $\boldsymbol{\alpha}_1,\boldsymbol{\alpha}_2,\boldsymbol{\alpha}_3$ 线性相关。

(2) 正确。利用向量组的线性相关的定义即可验证。

(3) 正确。用反证法。假设向量组 $\boldsymbol{\alpha}_1,\boldsymbol{\alpha}_2,\cdots,\boldsymbol{\alpha}_n,\boldsymbol{\alpha}_{n+1}$ 线性相关,由于 $\boldsymbol{\alpha}_1,\boldsymbol{\alpha}_2,\cdots,\boldsymbol{\alpha}_n$ 线性无关,根据定理 4.4,$\boldsymbol{\alpha}_{n+1}$ 可以由向量组 $\boldsymbol{\alpha}_1,\boldsymbol{\alpha}_2,\cdots,\boldsymbol{\alpha}_n$ 线性表示,与已知矛盾。因此,向量组 $\boldsymbol{\alpha}_1,\boldsymbol{\alpha}_2,\cdots,\boldsymbol{\alpha}_n,\boldsymbol{\alpha}_{n+1}$ 线性无关。

三、经典题型详解

题型 1 讨论向量组的线性相关性

例 4.3 判别下列各向量组的线性相关性:

(1) $\boldsymbol{\alpha}_1=\begin{pmatrix}1\\0\\2\end{pmatrix},\boldsymbol{\alpha}_2=\begin{pmatrix}2\\1\\0\end{pmatrix},\boldsymbol{\alpha}_3=\begin{pmatrix}0\\2\\1\end{pmatrix}$; (2) $\boldsymbol{\alpha}_1=\begin{pmatrix}1\\0\\2\end{pmatrix},\boldsymbol{\alpha}_2=\begin{pmatrix}2\\1\\0\end{pmatrix},\boldsymbol{\alpha}_3=\begin{pmatrix}0\\2\\1\end{pmatrix},\boldsymbol{\alpha}_4=\begin{pmatrix}1\\1\\0\end{pmatrix}$;

(3) $\boldsymbol{\alpha}_1=\begin{pmatrix}2\\1\\0\\-4\end{pmatrix},\boldsymbol{\alpha}_2=\begin{pmatrix}-1\\2\\-5\\-3\end{pmatrix},\boldsymbol{\alpha}_3=\begin{pmatrix}1\\0\\1\\-1\end{pmatrix}$; (4) $\boldsymbol{\alpha}_1=\begin{pmatrix}2\\4\\1\\1\\0\end{pmatrix},\boldsymbol{\alpha}_2=\begin{pmatrix}0\\1\\0\\1\\1\end{pmatrix},\boldsymbol{\alpha}_3=\begin{pmatrix}1\\2\\1\\0\\1\end{pmatrix}$。

分析 根据向量组的特点,可以选用不同方法判别。(1) 利用行列式判别;(2) 利用 $n+1$ 个 n 维向量必线性相关判别;(3) 利用矩阵的秩判别;(4) 利用向量组和延伸向量组的关系判别。

解 (1) 由于 $\begin{vmatrix}1&2&0\\0&1&2\\2&0&1\end{vmatrix}=9\neq 0$,即向量组 $\boldsymbol{\alpha}_1,\boldsymbol{\alpha}_2,\boldsymbol{\alpha}_3$ 构成的矩阵的行列式不等于零,根据定理 4.5,向量组 $\boldsymbol{\alpha}_1,\boldsymbol{\alpha}_2,\boldsymbol{\alpha}_3$ 线性无关。

(2) 易见,向量的个数大于向量的维数,所以向量组 $\boldsymbol{\alpha}_1,\boldsymbol{\alpha}_2,\boldsymbol{\alpha}_3,\boldsymbol{\alpha}_4$ 必线性相关。

(3) 以 $\boldsymbol{\alpha}_i(i=1,2,3)$ 为列构成矩阵 $\boldsymbol{A}$,对 $\boldsymbol{A}$ 作初等行变换,有

$$\boldsymbol{A}=\begin{pmatrix}2&-1&1\\1&2&0\\0&-5&1\\-4&-3&-1\end{pmatrix}\to\begin{pmatrix}1&2&0\\2&-1&1\\0&-5&1\\-4&-3&-1\end{pmatrix}\to\begin{pmatrix}1&2&0\\0&-5&1\\0&-5&1\\0&5&-1\end{pmatrix}\to\begin{pmatrix}1&2&0\\0&-5&1\\0&0&0\\0&0&0\end{pmatrix}。$$

显然，秩 $R(\boldsymbol{A})=2<3$，根据定理 4.5，向量组 $\boldsymbol{\alpha}_1,\boldsymbol{\alpha}_2,\boldsymbol{\alpha}_3$ 线性相关。

(4) 设 $\tilde{\boldsymbol{\alpha}}_1=\begin{pmatrix}1\\1\\0\end{pmatrix},\tilde{\boldsymbol{\alpha}}_2=\begin{pmatrix}0\\1\\1\end{pmatrix},\tilde{\boldsymbol{\alpha}}_3=\begin{pmatrix}1\\0\\1\end{pmatrix}$。易见，向量组 $\boldsymbol{\alpha}_1,\boldsymbol{\alpha}_2,\boldsymbol{\alpha}_3$ 为向量组 $\tilde{\boldsymbol{\alpha}}_1,\tilde{\boldsymbol{\alpha}}_2,\tilde{\boldsymbol{\alpha}}_3$ 的延伸向量组。由于 $\begin{vmatrix}1&0&1\\1&1&0\\0&1&1\end{vmatrix}=2\neq0$，向量组 $\tilde{\boldsymbol{\alpha}}_1,\tilde{\boldsymbol{\alpha}}_2,\tilde{\boldsymbol{\alpha}}_3$ 构成的矩阵的行列式不等于零，向量组 $\tilde{\boldsymbol{\alpha}}_1,\tilde{\boldsymbol{\alpha}}_2,\tilde{\boldsymbol{\alpha}}_3$ 线性无关。根据向量组和延伸向量组的关系，即若向量组 $\tilde{\boldsymbol{\alpha}}_1,\tilde{\boldsymbol{\alpha}}_2,\tilde{\boldsymbol{\alpha}}_3$ 线性无关，则它的延伸向量组 $\boldsymbol{\alpha}_1,\boldsymbol{\alpha}_2,\boldsymbol{\alpha}_3$ 也线性无关。

类似地，可以讨论下列向量组的线性相关性：

(1) $\boldsymbol{\alpha}_1=\begin{pmatrix}1\\1\\3\end{pmatrix},\boldsymbol{\alpha}_2=\begin{pmatrix}2\\1\\4\end{pmatrix},\boldsymbol{\alpha}_3=\begin{pmatrix}0\\1\\2\end{pmatrix}$； (2) $\boldsymbol{\alpha}_1=\begin{pmatrix}1\\1\\0\\4\end{pmatrix},\boldsymbol{\alpha}_2=\begin{pmatrix}2\\1\\1\\6\end{pmatrix},\boldsymbol{\alpha}_3=\begin{pmatrix}2\\0\\2\\1\end{pmatrix}$；

(3) $\boldsymbol{\alpha}_1=\begin{pmatrix}1\\0\\2\\3\end{pmatrix},\boldsymbol{\alpha}_2=\begin{pmatrix}1\\1\\3\\3\end{pmatrix},\boldsymbol{\alpha}_3=\begin{pmatrix}-2\\1\\-3\\2\end{pmatrix},\boldsymbol{\alpha}_4=\begin{pmatrix}1\\-1\\2\\3\end{pmatrix}$；(4) $\boldsymbol{\alpha}_1=\begin{pmatrix}1\\2\\0\\1\\0\end{pmatrix},\boldsymbol{\alpha}_2=\begin{pmatrix}-2\\1\\1\\1\\0\end{pmatrix},\boldsymbol{\alpha}_3=\begin{pmatrix}2\\3\\0\\1\\1\end{pmatrix}$。

例 4.4 讨论下列向量组的线性相关性：

(1) $\boldsymbol{\alpha}_1-\boldsymbol{\alpha}_2,\boldsymbol{\alpha}_2-\boldsymbol{\alpha}_3,\boldsymbol{\alpha}_3-\boldsymbol{\alpha}_1$； (2) $\boldsymbol{\alpha}_1+\boldsymbol{\alpha}_2,\boldsymbol{\alpha}_2+\boldsymbol{\alpha}_3,\boldsymbol{\alpha}_3+\boldsymbol{\alpha}_1$；

(3) $\boldsymbol{\alpha}_1+\boldsymbol{\alpha}_2+\boldsymbol{\alpha}_3,\boldsymbol{\alpha}_1-2\boldsymbol{\alpha}_2-\boldsymbol{\alpha}_3,\boldsymbol{\alpha}_1-2\boldsymbol{\alpha}_2-3\boldsymbol{\alpha}_3,\boldsymbol{\alpha}_1+3\boldsymbol{\alpha}_2-2\boldsymbol{\alpha}_3$。

分析 (2)和(3)可根据定理 4.6 及其推论判别。(1)显然它们的和等于零，即该向量组线性相关；(2)向量组中向量的个数为 3，若能够验证两个向量组可以相互线性表示，则两个向量组等价，即它们有相同的线性相关性；(3)利用向量组的线性相关性与线性方程组的解的关系判别。

解 (1) 易见，$(\boldsymbol{\alpha}_1-\boldsymbol{\alpha}_2)+(\boldsymbol{\alpha}_2-\boldsymbol{\alpha}_3)+(\boldsymbol{\alpha}_3-\boldsymbol{\alpha}_1)=\boldsymbol{0}$，所以向量组 $\boldsymbol{\alpha}_1-\boldsymbol{\alpha}_2,\boldsymbol{\alpha}_2-\boldsymbol{\alpha}_3,\boldsymbol{\alpha}_3-\boldsymbol{\alpha}_1$ 线性相关。

(2) **法一** 根据矩阵的乘法法则，有

$$(\boldsymbol{\alpha}_1+\boldsymbol{\alpha}_2,\boldsymbol{\alpha}_2+\boldsymbol{\alpha}_3,\boldsymbol{\alpha}_3+\boldsymbol{\alpha}_1)=(\boldsymbol{\alpha}_1,\boldsymbol{\alpha}_2,\boldsymbol{\alpha}_3)\begin{pmatrix}1&0&1\\1&1&0\\0&1&1\end{pmatrix}。$$

由于 $\begin{vmatrix}1&0&1\\1&1&0\\0&1&1\end{vmatrix}=2\neq0$，所以向量组 $\boldsymbol{\alpha}_1,\boldsymbol{\alpha}_2,\boldsymbol{\alpha}_3$ 也可以由 $\boldsymbol{\alpha}_1+\boldsymbol{\alpha}_2,\boldsymbol{\alpha}_2+\boldsymbol{\alpha}_3,\boldsymbol{\alpha}_3+\boldsymbol{\alpha}_1$ 线性表

示。从而向量组 $\boldsymbol{\alpha}_1,\boldsymbol{\alpha}_2,\boldsymbol{\alpha}_3$ 与 $\boldsymbol{\alpha}_1+\boldsymbol{\alpha}_2,\boldsymbol{\alpha}_2+\boldsymbol{\alpha}_3,\boldsymbol{\alpha}_3+\boldsymbol{\alpha}_1$ 等价。根据定理 4.6 的推论 2,两个向量组有相同的线性相关性,即若 $\boldsymbol{\alpha}_1,\boldsymbol{\alpha}_2,\boldsymbol{\alpha}_3$ 线性无关,则 $\boldsymbol{\alpha}_1+\boldsymbol{\alpha}_2,\boldsymbol{\alpha}_2+\boldsymbol{\alpha}_3,\boldsymbol{\alpha}_3+\boldsymbol{\alpha}_1$ 线性无关;若 $\boldsymbol{\alpha}_1,\boldsymbol{\alpha}_2,\boldsymbol{\alpha}_3$ 线性相关,则 $\boldsymbol{\alpha}_1+\boldsymbol{\alpha}_2,\boldsymbol{\alpha}_2+\boldsymbol{\alpha}_3,\boldsymbol{\alpha}_3+\boldsymbol{\alpha}_1$ 线性相关。

法二 设存在数 k_1,k_2,k_3,使得 $k_1(\boldsymbol{\alpha}_1+\boldsymbol{\alpha}_2)+k_2(\boldsymbol{\alpha}_2+\boldsymbol{\alpha}_3)+k_3(\boldsymbol{\alpha}_3+\boldsymbol{\alpha}_1)=\mathbf{0}$,即

$$(k_1+k_3)\boldsymbol{\alpha}_1+(k_1+k_2)\boldsymbol{\alpha}_2+(k_2+k_3)\boldsymbol{\alpha}_3=\mathbf{0}。$$

① 若向量组 $\boldsymbol{\alpha}_1,\boldsymbol{\alpha}_2,\boldsymbol{\alpha}_3$ 线性无关,则上式等价于 $\begin{cases}k_1+k_3=0,\\k_1+k_2=0,\\k_2+k_3=0。\end{cases}$ 易见,系数行列式不等于零,所以此线性方程组只有零解 $k_1=k_2=k_3=0$。这说明,只有当 $k_1=k_2=k_3=0$ 时,$k_1(\boldsymbol{\alpha}_1+\boldsymbol{\alpha}_2)+k_2(\boldsymbol{\alpha}_2+\boldsymbol{\alpha}_3)+k_3(\boldsymbol{\alpha}_3+\boldsymbol{\alpha}_1)=\mathbf{0}$ 才能成立,因此,$\boldsymbol{\alpha}_1+\boldsymbol{\alpha}_2,\boldsymbol{\alpha}_2+\boldsymbol{\alpha}_3,\boldsymbol{\alpha}_3+\boldsymbol{\alpha}_1$ 线性无关。

② 若向量组 $\boldsymbol{\alpha}_1,\boldsymbol{\alpha}_2,\boldsymbol{\alpha}_3$ 线性相关,则存在不全为零的 l_1,l_2,l_3 使得 $l_1\boldsymbol{\alpha}_1+l_2\boldsymbol{\alpha}_2+l_3\boldsymbol{\alpha}_3=\mathbf{0}$ 成立。令 $\begin{cases}k_1+k_3=l_1,\\k_1+k_2=l_2,\\k_2+k_3=l_3。\end{cases}$ 容易验证,该线性方程组的系数行列式不为零,因此有唯一解,即

$$\begin{cases}k_1=\dfrac{1}{2}(l_1+l_2-l_3),\\k_2=\dfrac{1}{2}(-l_1+l_2+l_3),\\k_3=\dfrac{1}{2}(l_1-l_2+l_3)。\end{cases}$$

因为 l_1,l_2,l_3 不全为零,所以 k_1,k_2,k_3 不全为零(否则,必有 $l_1=l_2=l_3=0$,矛盾),即向量组 $\boldsymbol{\alpha}_1+\boldsymbol{\alpha}_2,\boldsymbol{\alpha}_2+\boldsymbol{\alpha}_3,\boldsymbol{\alpha}_3+\boldsymbol{\alpha}_1$ 线性相关。

(3) **法一** 由于向量组 $\boldsymbol{\alpha}_1+\boldsymbol{\alpha}_2+\boldsymbol{\alpha}_3,\boldsymbol{\alpha}_1-2\boldsymbol{\alpha}_2-\boldsymbol{\alpha}_3,\boldsymbol{\alpha}_1-2\boldsymbol{\alpha}_2-3\boldsymbol{\alpha}_3,\boldsymbol{\alpha}_1+3\boldsymbol{\alpha}_2-2\boldsymbol{\alpha}_3$ 有 4 个向量,而向量组 $\boldsymbol{\alpha}_1,\boldsymbol{\alpha}_2,\boldsymbol{\alpha}_3$ 只有 3 个向量,根据定理 4.6,**以少表多,多者线性相关**,所以可以直接判定向量组 $\boldsymbol{\alpha}_1+\boldsymbol{\alpha}_2+\boldsymbol{\alpha}_3,\boldsymbol{\alpha}_1-2\boldsymbol{\alpha}_2-\boldsymbol{\alpha}_3,\boldsymbol{\alpha}_1-2\boldsymbol{\alpha}_2-3\boldsymbol{\alpha}_3,\boldsymbol{\alpha}_1+3\boldsymbol{\alpha}_2-2\boldsymbol{\alpha}_3$ 线性相关。

法二 设存在数 k_1,k_2,k_3,k_4,使得

$$k_1(\boldsymbol{\alpha}_1+\boldsymbol{\alpha}_2+\boldsymbol{\alpha}_3)+k_2(\boldsymbol{\alpha}_1-2\boldsymbol{\alpha}_2-\boldsymbol{\alpha}_3)+k_3(\boldsymbol{\alpha}_1-2\boldsymbol{\alpha}_2-3\boldsymbol{\alpha}_3)+k_4(\boldsymbol{\alpha}_1+3\boldsymbol{\alpha}_2-2\boldsymbol{\alpha}_3)=\mathbf{0}$$

成立,即

$$(k_1+k_2+k_3+k_4)\boldsymbol{\alpha}_1+(k_1-2k_2-2k_3+3k_4)\boldsymbol{\alpha}_2+(k_1-k_2-3k_3-2k_4)\boldsymbol{\alpha}_3=\mathbf{0}。$$

易见,线性方程组

$$\begin{cases}k_1+k_2+k_3+k_4=0,\\k_1-2k_2-2k_3+3k_4=0,\\k_1-k_2-3k_3-2k_4=0\end{cases}$$

必有非零解(方程个数小于未知量的个数)。因此,存在不全为零的数 k_1,k_2,k_3,k_4,使得

$$k_1(\boldsymbol{\alpha}_1+\boldsymbol{\alpha}_2+\boldsymbol{\alpha}_3)+k_2(\boldsymbol{\alpha}_1-2\boldsymbol{\alpha}_2-\boldsymbol{\alpha}_3)+k_3(\boldsymbol{\alpha}_1-2\boldsymbol{\alpha}_2-3\boldsymbol{\alpha}_3)+k_4(\boldsymbol{\alpha}_1+3\boldsymbol{\alpha}_2-2\boldsymbol{\alpha}_3)=\mathbf{0}$$

成立,即向量组 $\boldsymbol{\alpha}_1+\boldsymbol{\alpha}_2+\boldsymbol{\alpha}_3,\boldsymbol{\alpha}_1-2\boldsymbol{\alpha}_2-\boldsymbol{\alpha}_3,\boldsymbol{\alpha}_1-2\boldsymbol{\alpha}_2-3\boldsymbol{\alpha}_3,\boldsymbol{\alpha}_1+3\boldsymbol{\alpha}_2-2\boldsymbol{\alpha}_3$ 线性相关。

类似地,可以判定如下向量组的线性相关性:

(1) $\boldsymbol{\beta}_1=\boldsymbol{\alpha}_1,\boldsymbol{\beta}_2=\boldsymbol{\alpha}_1-\boldsymbol{\alpha}_2,\boldsymbol{\beta}_3=\boldsymbol{\alpha}_1-\boldsymbol{\alpha}_2-\boldsymbol{\alpha}_3$;

(2) $\boldsymbol{\beta}_1=\boldsymbol{\alpha}_1+\boldsymbol{\alpha}_2,\boldsymbol{\beta}_2=\boldsymbol{\alpha}_2+\boldsymbol{\alpha}_3,\boldsymbol{\beta}_3=\boldsymbol{\alpha}_3+\boldsymbol{\alpha}_4,\boldsymbol{\beta}_4=\boldsymbol{\alpha}_4+\boldsymbol{\alpha}_1$；

(3) $\boldsymbol{\beta}_1=\boldsymbol{\alpha}_1+\boldsymbol{\alpha}_2-\boldsymbol{\alpha}_3,\boldsymbol{\beta}_2=\boldsymbol{\alpha}_1+4\boldsymbol{\alpha}_2+2\boldsymbol{\alpha}_3,\boldsymbol{\beta}_3=\boldsymbol{\alpha}_1-\boldsymbol{\alpha}_2+3\boldsymbol{\alpha}_3,\boldsymbol{\beta}_4=\boldsymbol{\alpha}_1+2\boldsymbol{\alpha}_2+5\boldsymbol{\alpha}_3$。

题型2 证明向量组的线性相关性

例4.5 设向量组 $\boldsymbol{\alpha}_1,\boldsymbol{\alpha}_2,\boldsymbol{\alpha}_3$ 满足 $k_1\boldsymbol{\alpha}_1+k_2\boldsymbol{\alpha}_2+k_3\boldsymbol{\alpha}_3=\mathbf{0}$，其中 $k_1k_3\neq 0$，证明：向量组 $\boldsymbol{\alpha}_1,\boldsymbol{\alpha}_2$ 与 $\boldsymbol{\alpha}_2,\boldsymbol{\alpha}_3$ 等价。

分析 证明两个向量组等价，只需证明它们可以相互线性表示。

证 由已知条件，$k_1\boldsymbol{\alpha}_1+k_2\boldsymbol{\alpha}_2+k_3\boldsymbol{\alpha}_3=\mathbf{0}$ 且 $k_1k_3\neq 0$，可得

$$\boldsymbol{\alpha}_1=-\frac{k_2}{k_1}\boldsymbol{\alpha}_2-\frac{k_3}{k_1}\boldsymbol{\alpha}_3,\boldsymbol{\alpha}_2=1\cdot\boldsymbol{\alpha}_2+0\cdot\boldsymbol{\alpha}_3,$$

所以 $\boldsymbol{\alpha}_1,\boldsymbol{\alpha}_2$ 可由 $\boldsymbol{\alpha}_2,\boldsymbol{\alpha}_3$ 线性表示。又因为

$$\boldsymbol{\alpha}_3=-\frac{k_1}{k_3}\boldsymbol{\alpha}_1-\frac{k_2}{k_3}\boldsymbol{\alpha}_2,\boldsymbol{\alpha}_2=0\cdot\boldsymbol{\alpha}_1+1\cdot\boldsymbol{\alpha}_2,$$

所以 $\boldsymbol{\alpha}_2,\boldsymbol{\alpha}_3$ 可由 $\boldsymbol{\alpha}_1,\boldsymbol{\alpha}_2$ 线性表示。于是，向量组 $\boldsymbol{\alpha}_1,\boldsymbol{\alpha}_2$ 与 $\boldsymbol{\alpha}_2,\boldsymbol{\alpha}_3$ 等价。 证毕

例4.6 设 n 维向量组 $\boldsymbol{\alpha}_1,\boldsymbol{\alpha}_2,\cdots,\boldsymbol{\alpha}_n$ 线性无关。令

$$\begin{aligned}\boldsymbol{\beta}_1&=a_{11}\boldsymbol{\alpha}_1+a_{12}\boldsymbol{\alpha}_2+\cdots+a_{1n}\boldsymbol{\alpha}_n,\\ \boldsymbol{\beta}_2&=a_{21}\boldsymbol{\alpha}_1+a_{22}\boldsymbol{\alpha}_2+\cdots+a_{2n}\boldsymbol{\alpha}_n,\\ &\vdots\\ \boldsymbol{\beta}_n&=a_{n1}\boldsymbol{\alpha}_1+a_{n2}\boldsymbol{\alpha}_2+\cdots+a_{nn}\boldsymbol{\alpha}_n。\end{aligned}$$

证明：向量组 $\boldsymbol{\beta}_1,\boldsymbol{\beta}_2,\cdots,\boldsymbol{\beta}_n$ 线性无关的充分必要条件是

$$\begin{vmatrix}a_{11}&a_{12}&\cdots&a_{1n}\\ a_{21}&a_{22}&\cdots&a_{2n}\\ \vdots&\vdots&&\vdots\\ a_{n1}&a_{n2}&\cdots&a_{nn}\end{vmatrix}\neq 0。$$

分析 首先写出向量组 $\boldsymbol{\beta}_1,\boldsymbol{\beta}_2,\cdots,\boldsymbol{\beta}_n$ 的线性组合形式，然后由已知条件写出向量组 $\boldsymbol{\alpha}_1,\boldsymbol{\alpha}_2,\cdots,\boldsymbol{\alpha}_n$ 的线性组合形式，最后根据向量组 $\boldsymbol{\alpha}_1,\boldsymbol{\alpha}_2,\cdots,\boldsymbol{\alpha}_n$ 的线性无关条件将问题转化为齐次线性方程组只有零解的充分必要条件。

证 假设存在数 $k_1,k_2,\cdots,k_n$，使得

$$k_1\boldsymbol{\beta}_1+k_2\boldsymbol{\beta}_2+\cdots+k_n\boldsymbol{\beta}_n=\mathbf{0}。$$

由已知可得

$$(k_1a_{11}+k_2a_{21}+\cdots+k_na_{n1})\boldsymbol{\alpha}_1+(k_1a_{12}+k_2a_{22}+\cdots+k_na_{n2})\boldsymbol{\alpha}_2+\cdots+(k_1a_{1n}+k_2a_{2n}+\cdots+k_na_{nn})\boldsymbol{\alpha}_n=\mathbf{0}。$$

由于向量组 $\boldsymbol{\alpha}_1,\boldsymbol{\alpha}_2,\cdots,\boldsymbol{\alpha}_n$ 线性无关，所以有

$$\begin{cases}k_1a_{11}+k_2a_{21}+\cdots+k_na_{n1}=0,\\ k_2a_{12}+k_2a_{22}+\cdots+k_na_{n2}=0,\\ \qquad\vdots\\ k_na_{1n}+k_2a_{2n}+\cdots+k_na_{nn}=0。\end{cases}$$

因此，向量组 $\boldsymbol{\beta}_1,\boldsymbol{\beta}_2,\cdots,\boldsymbol{\beta}_n$ 线性无关的充分必要条件是此齐次线性方程组只有零解，即此线性方程组的系数行列式满足

$$\begin{vmatrix} a_{11} & a_{12} & \cdots & a_{1n} \\ a_{21} & a_{22} & \cdots & a_{2n} \\ \vdots & \vdots & & \vdots \\ a_{n1} & a_{n2} & \cdots & a_{nn} \end{vmatrix} \neq 0。$$

证毕

例 4.7 设 $t_1, t_2, \cdots, t_r$ 是互不相同的数，$r \leqslant n$。证明：$\boldsymbol{\alpha}_i = \begin{pmatrix} 1 \\ t_i \\ \vdots \\ t_i^{n-1} \end{pmatrix}$ $(i=1,2,\cdots,r)$是线性无关的。

分析 将问题转化为线性方程组的解的存在性问题，然后利用范德蒙德行列式的结论判断线性方程组的解。

证 设存在数 $k_1, k_2, \cdots, k_r$，使得 $k_1\boldsymbol{\alpha}_1 + k_2\boldsymbol{\alpha}_2 + \cdots + k_r\boldsymbol{\alpha}_r = \mathbf{0}$。由已知条件可得如下的齐次线性方程组

$$\begin{cases} k_1 + k_2 + \cdots + k_r = 0, \\ t_1k_1 + t_2k_2 + \cdots + t_rk_r = 0, \\ \qquad \vdots \\ t_1^{n-1}k_1 + t_2^{n-1}k_2 + \cdots + t_r^{n-1}k_r = 0。 \end{cases}$$

(1) 当 $r=n$ 时，线性方程组中的未知量个数与方程个数相同，且系数行列式为一个范德蒙德行列式，即

$$\begin{vmatrix} 1 & 1 & \cdots & 1 \\ t_1 & t_2 & \cdots & t_n \\ t_1^2 & t_2^2 & \cdots & t_n^2 \\ \vdots & \vdots & & \vdots \\ t_1^{n-1} & t_2^{n-1} & \cdots & t_n^{n-1} \end{vmatrix} = \prod_{i<j} (t_j - t_i) \neq 0,$$

所以线性方程组只有唯一的零解，即向量组 $\boldsymbol{\alpha}_1, \boldsymbol{\alpha}_2, \cdots, \boldsymbol{\alpha}_r$ 线性无关。

(2) 当 $r<n$ 时，令

$$\boldsymbol{\beta}_1 = \begin{pmatrix} 1 \\ t_1 \\ t_1^2 \\ \vdots \\ t_1^{r-1} \end{pmatrix}, \boldsymbol{\beta}_2 = \begin{pmatrix} 1 \\ t_2 \\ t_2^2 \\ \vdots \\ t_2^{r-1} \end{pmatrix}, \cdots, \boldsymbol{\beta}_r = \begin{pmatrix} 1 \\ t_r \\ t_r^2 \\ \vdots \\ t_r^{r-1} \end{pmatrix},$$

则由(1)的证明可知，向量组 $\boldsymbol{\beta}_1, \boldsymbol{\beta}_2, \cdots, \boldsymbol{\beta}_r$ 是线性无关的。而 $\boldsymbol{\alpha}_1, \boldsymbol{\alpha}_2, \cdots, \boldsymbol{\alpha}_r$ 是 $\boldsymbol{\beta}_1, \boldsymbol{\beta}_2, \cdots, \boldsymbol{\beta}_r$ 延伸向量组，所以 $\boldsymbol{\alpha}_1, \boldsymbol{\alpha}_2, \cdots, \boldsymbol{\alpha}_r$ 也线性无关。 证毕

类似地，可以证明下列问题：

(1) 证明：n 维单位向量组 $\boldsymbol{e}_1, \boldsymbol{e}_2, \cdots, \boldsymbol{e}_n$ 是线性无关的。

(2) 设向量组 $\boldsymbol{\alpha}_1, \boldsymbol{\alpha}_2, \boldsymbol{\alpha}_3, \boldsymbol{\alpha}_4$ 线性相关，向量组 $\boldsymbol{\alpha}_2, \boldsymbol{\alpha}_3, \boldsymbol{\alpha}_4, \boldsymbol{\alpha}_5$ 线性无关。证明：向量 $\boldsymbol{\alpha}_1$ 能由向量组 $\boldsymbol{\alpha}_2, \boldsymbol{\alpha}_3, \boldsymbol{\alpha}_4$ 线性表示；向量 $\boldsymbol{\alpha}_5$ 不能由向量组 $\boldsymbol{\alpha}_1, \boldsymbol{\alpha}_2, \boldsymbol{\alpha}_3, \boldsymbol{\alpha}_4$ 线性表示。

(3) 设 n 维向量组 $\boldsymbol{\alpha}_1, \boldsymbol{\alpha}_2, \cdots, \boldsymbol{\alpha}_n$($n$ 为奇数)线性无关，且 $\boldsymbol{\beta}_1 = \boldsymbol{\alpha}_1 + \boldsymbol{\alpha}_2, \boldsymbol{\beta}_2 = \boldsymbol{\alpha}_2 + \boldsymbol{\alpha}_3, \boldsymbol{\beta}_3 =$

$\boldsymbol{\alpha}_3+\boldsymbol{\alpha}_4$，…，$\boldsymbol{\beta}_n=\boldsymbol{\alpha}_n+\boldsymbol{\alpha}_1$。证明：向量组 $\boldsymbol{\beta}_1,\boldsymbol{\beta}_2,\boldsymbol{\beta}_3,\cdots,\boldsymbol{\beta}_n$ 线性无关。

(4) 设向量组 $\boldsymbol{\alpha}_1,\boldsymbol{\alpha}_2,\cdots,\boldsymbol{\alpha}_m$ 线性无关，向量 $\boldsymbol{\beta}_1$ 可由它们线性表示，向量 $\boldsymbol{\beta}_2$ 不能由它们线性表示，证明：向量组 $\boldsymbol{\alpha}_1,\boldsymbol{\alpha}_2,\cdots,\boldsymbol{\alpha}_m,\lambda(\boldsymbol{\beta}_1+\boldsymbol{\beta}_2)$（$\lambda$ 为非零常数）线性无关。

四、课后习题选解

A类题

1. 判别向量组 $\boldsymbol{\alpha}_1=\begin{pmatrix}1\\-2\\3\end{pmatrix},\boldsymbol{\alpha}_2=\begin{pmatrix}0\\2\\-5\end{pmatrix},\boldsymbol{\alpha}_3=\begin{pmatrix}-1\\0\\2\end{pmatrix}$ 的线性相关性。

分析 参见经典题型详解中例4.3。

解 **法一** 由于

$$\begin{vmatrix}1&0&-1\\-2&2&0\\3&-5&2\end{vmatrix}=\begin{vmatrix}1&0&-1\\0&2&-2\\0&-5&5\end{vmatrix}=0,$$

所以向量组 $\boldsymbol{\alpha}_1,\boldsymbol{\alpha}_2,\boldsymbol{\alpha}_3$ 线性相关。

法二 用初等行变换将矩阵约化为行阶梯形矩阵，有

$$(\boldsymbol{\alpha}_1,\boldsymbol{\alpha}_2,\boldsymbol{\alpha}_3)=\begin{pmatrix}1&0&-1\\-2&2&0\\3&-5&2\end{pmatrix}\to\begin{pmatrix}1&0&-1\\0&2&-2\\0&-5&5\end{pmatrix}\to\begin{pmatrix}1&0&-1\\0&2&-2\\0&0&0\end{pmatrix}。$$

易见，矩阵的秩为2，所以向量组 $\boldsymbol{\alpha}_1,\boldsymbol{\alpha}_2,\boldsymbol{\alpha}_3$ 线性相关。

2. 当 x 为何值时，下列向量组 $\boldsymbol{\alpha}_1,\boldsymbol{\alpha}_2,\boldsymbol{\alpha}_3$ 线性无关：

(1) $\boldsymbol{\alpha}_1=\begin{pmatrix}2\\1\\3\end{pmatrix},\boldsymbol{\alpha}_2=\begin{pmatrix}x\\3\\2\end{pmatrix},\boldsymbol{\alpha}_3=\begin{pmatrix}3\\2\\-1\end{pmatrix}$；　(2) $\boldsymbol{\alpha}_1=\begin{pmatrix}1\\-2\\4\end{pmatrix},\boldsymbol{\alpha}_2=\begin{pmatrix}0\\1\\2\end{pmatrix},\boldsymbol{\alpha}_3=\begin{pmatrix}-2\\3\\x\end{pmatrix}$。

分析 参见经典题型详解中例4.3。

解 (1) 不难求得

$$\begin{vmatrix}2&x&3\\1&3&2\\3&2&-1\end{vmatrix}=7x-35。$$

由于向量组 $\boldsymbol{\alpha}_1,\boldsymbol{\alpha}_2,\boldsymbol{\alpha}_3$ 线性无关，所以 $|\boldsymbol{\alpha}_1,\boldsymbol{\alpha}_2,\boldsymbol{\alpha}_3|\neq0$，解得 $x\neq5$。

(2) 不难求得

$$\begin{vmatrix}1&0&-2\\-2&1&3\\4&2&x\end{vmatrix}=x+10。$$

由于向量组 $\boldsymbol{\alpha}_1,\boldsymbol{\alpha}_2,\boldsymbol{\alpha}_3$ 线性无关，所以 $|\boldsymbol{\alpha}_1,\boldsymbol{\alpha}_2,\boldsymbol{\alpha}_3|\neq0$，解得 $x\neq-10$。

3. 设 $\boldsymbol{\beta}_1=3\boldsymbol{\alpha}_1+2\boldsymbol{\alpha}_2,\boldsymbol{\beta}_2=\boldsymbol{\alpha}_2-\boldsymbol{\alpha}_3,\boldsymbol{\beta}_3=4\boldsymbol{\alpha}_3-5\boldsymbol{\alpha}_1$，且向量组 $\boldsymbol{\alpha}_1,\boldsymbol{\alpha}_2,\boldsymbol{\alpha}_3$ 线性无关。证明：向量组 $\boldsymbol{\beta}_1,\boldsymbol{\beta}_2,\boldsymbol{\beta}_3$ 也线性无关。

分析 参见经典题型详解中例4.4。

解 由已知可得

$$(\boldsymbol{\beta}_1,\boldsymbol{\beta}_2,\boldsymbol{\beta}_3)=(\boldsymbol{\alpha}_1,\boldsymbol{\alpha}_2,\boldsymbol{\alpha}_3)\begin{pmatrix}3&0&-5\\2&1&0\\0&-1&4\end{pmatrix}。$$

容易求得

$$\begin{vmatrix} 3 & 0 & -5 \\ 2 & 1 & 0 \\ 0 & -1 & 4 \end{vmatrix} = 22 \neq 0,$$

所以向量组 $\boldsymbol{\alpha}_1,\boldsymbol{\alpha}_2,\boldsymbol{\alpha}_3$ 也可以由 $\boldsymbol{\beta}_1,\boldsymbol{\beta}_2,\boldsymbol{\beta}_3$ 线性表示。由于向量组 $\boldsymbol{\alpha}_1,\boldsymbol{\alpha}_2,\boldsymbol{\alpha}_3$ 线性无关，所以向量组 $\boldsymbol{\beta}_1,\boldsymbol{\beta}_2,\boldsymbol{\beta}_3$ 线性无关。

证毕

4. 判断下列说法的正确性，并说明理由：

(1) 若向量组 $\boldsymbol{\alpha}_1,\boldsymbol{\alpha}_2,\cdots,\boldsymbol{\alpha}_n$ 线性相关，则 $\boldsymbol{\alpha}_1$ 可由 $\boldsymbol{\alpha}_2,\cdots,\boldsymbol{\alpha}_n$ 线性表示；

(2) 设向量组 $\boldsymbol{\alpha}_1,\boldsymbol{\alpha}_2,\cdots,\boldsymbol{\alpha}_n$ 线性相关，向量组 $\boldsymbol{\beta}_1,\boldsymbol{\beta}_2,\cdots,\boldsymbol{\beta}_n$ 亦线性相关，则 $\boldsymbol{\alpha}_1+\boldsymbol{\beta}_1,\boldsymbol{\alpha}_2+\boldsymbol{\beta}_2,\cdots,\boldsymbol{\alpha}_n+\boldsymbol{\beta}_n$ 线性相关。

解 (1) 错误。例如，向量组 $\boldsymbol{\alpha}_1=\begin{pmatrix}1\\0\\0\end{pmatrix},\boldsymbol{\alpha}_2=\begin{pmatrix}0\\2\\0\end{pmatrix},\boldsymbol{\alpha}_3=\begin{pmatrix}0\\3\\0\end{pmatrix}$ 线性相关，但 $\boldsymbol{\alpha}_1$ 不能由 $\boldsymbol{\alpha}_2,\boldsymbol{\alpha}_3$ 线性表示。

(2) 错误。例如，$\boldsymbol{\alpha}_1=\begin{pmatrix}1\\0\\0\end{pmatrix},\boldsymbol{\alpha}_2=\begin{pmatrix}3\\0\\0\end{pmatrix},\boldsymbol{\beta}_1=\begin{pmatrix}-1\\1\\0\end{pmatrix},\boldsymbol{\beta}_2=\begin{pmatrix}-2\\2\\0\end{pmatrix}$，向量组 $\boldsymbol{\alpha}_1,\boldsymbol{\alpha}_2$ 线性相关，向量组 $\boldsymbol{\beta}_1,\boldsymbol{\beta}_2$ 也线性相关，但是向量组 $\boldsymbol{\alpha}_1+\boldsymbol{\beta}_1,\boldsymbol{\alpha}_2+\boldsymbol{\beta}_2$ 线性无关。

5. 讨论下面向量组的线性相关性：

$$\boldsymbol{\alpha}_1=\begin{pmatrix}1\\0\\1\\1\end{pmatrix},\quad \boldsymbol{\alpha}_2=\begin{pmatrix}2\\1\\2\\1\end{pmatrix},\quad \boldsymbol{\alpha}_3=\begin{pmatrix}3\\b+4\\3\\1\end{pmatrix},\quad \boldsymbol{\alpha}_4=\begin{pmatrix}4\\5\\a-2\\-1\end{pmatrix}。$$

分析 参见经典题型详解中例 4.3。

解 不难求得，向量组对应的矩阵及行阶梯形矩阵为

$$(\boldsymbol{\alpha}_1,\boldsymbol{\alpha}_2,\boldsymbol{\alpha}_3,\boldsymbol{\alpha}_4)=\begin{pmatrix}1&2&3&4\\0&1&b+4&5\\1&2&3&a-2\\1&1&1&-1\end{pmatrix}\xrightarrow[r_4-r_1]{r_3-r_1}\begin{pmatrix}1&2&3&4\\0&1&b+4&5\\0&0&0&a-6\\0&-1&-2&-5\end{pmatrix}$$

$$\xrightarrow{r_4+r_2}\begin{pmatrix}1&2&3&4\\0&1&b+4&5\\0&0&0&a-6\\0&0&b+2&0\end{pmatrix}\xrightarrow{r_3\leftrightarrow r_4}\begin{pmatrix}1&2&3&4\\0&1&b+4&5\\0&0&b+2&0\\0&0&0&a-6\end{pmatrix},$$

所以，当 $a\neq 6,b\neq -2$ 时，$\boldsymbol{\alpha}_1,\boldsymbol{\alpha}_2,\boldsymbol{\alpha}_3,\boldsymbol{\alpha}_4$ 线性无关；当 $a=6$ 或 $b=-2$ 时，$\boldsymbol{\alpha}_1,\boldsymbol{\alpha}_2,\boldsymbol{\alpha}_3,\boldsymbol{\alpha}_4$ 线性相关。

6. 设

$$\boldsymbol{A}=\begin{pmatrix}1&2&-2\\2&1&2\\3&0&4\end{pmatrix},\quad \boldsymbol{\alpha}=\begin{pmatrix}t\\1\\1\end{pmatrix},$$

若 $\boldsymbol{A\alpha}$ 和 $\boldsymbol{\alpha}$ 线性相关，求 t 的值。

分析 依题意，若使 $\boldsymbol{A\alpha}$ 和 $\boldsymbol{\alpha}$ 线性相关，只需对于分量成比例即可，然后确定 t 的值。

解 容易求得

$$\boldsymbol{A\alpha}=\begin{pmatrix}1&2&-2\\2&1&2\\3&0&4\end{pmatrix}\begin{pmatrix}t\\1\\1\end{pmatrix}=\begin{pmatrix}t\\2t+3\\3t+4\end{pmatrix}。$$

由已知，$\boldsymbol{A\alpha}$ 和 $\boldsymbol{\alpha}$ 线性相关，即有

$$k\begin{pmatrix}t\\1\\1\end{pmatrix}=\begin{pmatrix}t\\2t+3\\3t+4\end{pmatrix},$$

解得 $t=-1$。

B类题

1. 设 $\boldsymbol{\beta}_1=\boldsymbol{\alpha}_1,\boldsymbol{\beta}_2=\boldsymbol{\alpha}_1+\boldsymbol{\alpha}_2,\cdots,\boldsymbol{\beta}_r=\boldsymbol{\alpha}_1+\boldsymbol{\alpha}_2+\cdots+\boldsymbol{\alpha}_r$ 且向量组 $\boldsymbol{\alpha}_1,\boldsymbol{\alpha}_2,\cdots,\boldsymbol{\alpha}_r$ 线性无关，证明：向量组 $\boldsymbol{\beta}_1,\boldsymbol{\beta}_2,\cdots,\boldsymbol{\beta}_r$ 也线性无关。

分析 参见经典题型详解中例4.6。

证 假设存在数 $k_1,k_2,\cdots,k_r$，使得

$$k_1\boldsymbol{\beta}_1+k_2\boldsymbol{\beta}_2+\cdots+k_r\boldsymbol{\beta}_r=\mathbf{0}。$$

将 $\boldsymbol{\beta}_1=\boldsymbol{\alpha}_1,\boldsymbol{\beta}_2=\boldsymbol{\alpha}_1+\boldsymbol{\alpha}_2,\cdots,\boldsymbol{\beta}_r=\boldsymbol{\alpha}_1+\boldsymbol{\alpha}_2+\cdots+\boldsymbol{\alpha}_r$ 代入上式，得

$$(k_1+k_2+\cdots+k_r)\boldsymbol{\alpha}_1+(k_2+k_3+\cdots+k_r)\boldsymbol{\alpha}_2+\cdots+k_r\boldsymbol{\alpha}_r=\mathbf{0}。$$

由已知，$\boldsymbol{\alpha}_1,\boldsymbol{\alpha}_2,\cdots,\boldsymbol{\alpha}_r$ 线性无关，故必有

$$\begin{cases}k_1+k_2+\cdots+k_r=0,\\ \qquad k_2+\cdots+k_r=0,\\ \qquad\qquad\vdots\\ \qquad\qquad k_r=0。\end{cases}$$

易见，该线性方程组只有零解，即 $k_1=k_2=\cdots=k_r=0$，故向量组 $\boldsymbol{\beta}_1,\boldsymbol{\beta}_2,\cdots,\boldsymbol{\beta}_r$ 线性无关。 证毕

2. 证明：若向量组 $\boldsymbol{\beta}_1,\boldsymbol{\beta}_2,\cdots,\boldsymbol{\beta}_r$ 能由向量组 $\boldsymbol{\alpha}_1,\boldsymbol{\alpha}_2,\cdots,\boldsymbol{\alpha}_s$ 线性表示，且向量组 $\boldsymbol{\beta}_1,\boldsymbol{\beta}_2,\cdots,\boldsymbol{\beta}_r$ 线性无关，则 $s\geqslant r$。

分析 根据定理4.6，用反证法证明。

证 假设 $s<r$，由定理4.6知，向量组 $\boldsymbol{\beta}_1,\boldsymbol{\beta}_2,\cdots,\boldsymbol{\beta}_r$ 线性相关，与已知矛盾。所以必有 $s\geqslant r$。 证毕

3. 证明：若两个线性无关的向量组是等价的，则它们所含向量的个数一定相同。

分析 利用上题的结论证明。

证 设有两个向量组 $\boldsymbol{\alpha}_1,\boldsymbol{\alpha}_2,\cdots,\boldsymbol{\alpha}_s$ 和 $\boldsymbol{\beta}_1,\boldsymbol{\beta}_2,\cdots,\boldsymbol{\beta}_r$。若两个向量组等价，则它们可以相互线性表示，且由于它们线性无关，则必有 $s\geqslant r$ 和 $s\leqslant r$ 同时成立，因此 $s=r$。 证毕

4.3 向量组的极大线性无关组与向量组的秩

一、知识要点

1. 向量组的极大线性无关组

定义 4.8 设有向量组 T（可以由有限多个向量组成，也可以由无限多个向量组成）。

(1) 如果 T 的一个部分向量组 $\boldsymbol{\alpha}_1,\boldsymbol{\alpha}_2,\cdots,\boldsymbol{\alpha}_r$ 线性无关；

(2) 在 T 的其余向量中任取一个向量 $\boldsymbol{\beta}$（如果有的话），由 $r+1$ 个向量 $\boldsymbol{\alpha}_1,\boldsymbol{\alpha}_2,\cdots,\boldsymbol{\alpha}_r,\boldsymbol{\beta}$ 组成的部分向量组都线性相关，

则称部分组 $\boldsymbol{\alpha}_1,\boldsymbol{\alpha}_2,\cdots,\boldsymbol{\alpha}_r$ 是 T 的一个**极大线性无关向量组**，简称**极大无关组**。

特别地，若向量组 $\boldsymbol{\alpha}_1,\boldsymbol{\alpha}_2,\cdots,\boldsymbol{\alpha}_n$ 是线性无关的，则它的极大线性无关向量组是它本身。

由定理4.4知，定义4.7中的条件(2)亦可叙述为：T 中任一向量可由 $\boldsymbol{\alpha}_1,\boldsymbol{\alpha}_2,\cdots,\boldsymbol{\alpha}_r$ 线

性表示。极大无关组具有如下性质：

性质1 一个向量组与它的任一极大无关组等价。

性质2 一个向量组的任意两个极大无关组等价。

性质3 一个向量组的所有极大无关组所含向量的个数都相同。

定义4.9 向量组 T 的极大无关组所含向量个数称为 T 的**秩**，记作 $\mathrm{R}(T)$。

规定只含零向量的向量组的秩等于零。

向量组与其秩的关系有如下性质：

性质1 对于两个给定的向量组(Ⅰ)和向量组(Ⅱ)，如果向量组(Ⅰ)可以由向量组(Ⅱ)线性表示，则向量组(Ⅰ)的秩不大于向量组(Ⅱ)的秩，即 R(Ⅰ)≤R(Ⅱ)。

性质2 等价的向量组有相等的秩。

定理4.7 向量组 $\boldsymbol{\alpha}_1,\boldsymbol{\alpha}_2,\cdots,\boldsymbol{\alpha}_m$ 线性无关(线性相关)的充分必要条件是：

$$\mathrm{R}(\boldsymbol{\alpha}_1,\boldsymbol{\alpha}_2,\cdots,\boldsymbol{\alpha}_m)=m(<m)。$$

这就是说，可以通过求一个向量组的秩来判定该向量组的线性相关性。

2. 向量组的秩与矩阵的秩之间的关系

定理4.8 对矩阵实施的初等行变换不改变矩阵的列向量组的线性相关性，也不改变其线性组合关系。即**初等变换是同关系变换**。

定理4.9 矩阵 $\boldsymbol{A}$ 的秩等于 $\boldsymbol{A}$ 的列向量组的秩。

由于 $\mathrm{R}(\boldsymbol{A})=\mathrm{R}(\boldsymbol{A}^{\mathrm{T}})$，所以 $\boldsymbol{A}$ 的秩等于 $\boldsymbol{A}$ 的行向量组的秩。因此

矩阵 $\boldsymbol{A}$ 的秩=矩阵 $\boldsymbol{A}$ 列向量组的秩=矩阵 $\boldsymbol{A}$ 行向量组的秩。

推论 设 $\boldsymbol{A}$ 为 $m\times n$ 矩阵，$\mathrm{R}(\boldsymbol{A})=r$，则有：

(1) 当 $r=m$ 时，$\boldsymbol{A}$ 的行向量组线性无关；当 $r<m$ 时，$\boldsymbol{A}$ 的行向量组线性相关；

(2) 当 $r=n$ 时，$\boldsymbol{A}$ 的列向量组线性无关；当 $r<n$ 时，$\boldsymbol{A}$ 的列向量组线性相关。

***3. 向量空间**

定义4.10 设 V 是数域 P 上的一个非空的 n 维向量集合。如果 V 中的向量对于线性运算封闭(即对任意 $\boldsymbol{\alpha},\boldsymbol{\beta}\in V$，都有 $\boldsymbol{\alpha}+\boldsymbol{\beta},k\boldsymbol{\alpha}\in V$，其中 $k\in P$)，则称 V 是数域 P 上的**向量空间**。

根据定义4.9，n 维实向量全体构成数域 P 上的向量空间，记为$\mathbb{R}^n$。如不做特殊说明，本书中所涉及的向量空间均指的是$\mathbb{R}^n$。

定义4.11 向量空间$\mathbb{R}^n$中的一个极大无关组 $\boldsymbol{\alpha}_1,\boldsymbol{\alpha}_2,\cdots,\boldsymbol{\alpha}_n$ 称为$\mathbb{R}^n$的一个**基底**，n 称为向量空间$\mathbb{R}^n$的**维数**。

注意，向量空间$\mathbb{R}^n$的基底不是唯一的。由定义4.10知，$\mathbb{R}^n$中的任一向量 $\boldsymbol{\alpha}$ 均可由基底 $\boldsymbol{\alpha}_1,\boldsymbol{\alpha}_2,\cdots,\boldsymbol{\alpha}_n$ 线性表示，即

$$\boldsymbol{\alpha}=x_1\boldsymbol{\alpha}_1+x_2\boldsymbol{\alpha}_2+\cdots+x_n\boldsymbol{\alpha}_n,$$

其中 $x_1,x_2,\cdots,x_n$ 称为向量 $\boldsymbol{\alpha}$ 在基底 $\boldsymbol{\alpha}_1,\boldsymbol{\alpha}_2,\cdots,\boldsymbol{\alpha}_n$ 下的**坐标**。

设 $\boldsymbol{\alpha}_1,\boldsymbol{\alpha}_2,\cdots,\boldsymbol{\alpha}_n$ 是$\mathbb{R}^n$的一个基底，$\boldsymbol{\alpha}$ 是$\mathbb{R}^n$中的任一个向量，且满足

$$\boldsymbol{\alpha}=x_1\boldsymbol{\alpha}_1+x_2\boldsymbol{\alpha}_2+\cdots+x_n\boldsymbol{\alpha}_n=y_1\boldsymbol{\alpha}_1+y_2\boldsymbol{\alpha}_2+\cdots+y_n\boldsymbol{\alpha}_n,$$

则

$$(x_1-y_1)\boldsymbol{\alpha}_1+(x_2-y_2)\boldsymbol{\alpha}_2+\cdots+(x_n-y_n)\boldsymbol{\alpha}_n=\boldsymbol{0}。$$

因此，$x_1=y_1,x_2=y_2,\cdots,x_n=y_n$，即同一向量在同一组基底下的坐标是唯一的。

设 $x_1,x_2,\cdots,x_n$ 和 $y_1,y_2,\cdots,y_n$ 分别是向量 $\boldsymbol{\alpha}$ 在基底 $\boldsymbol{\alpha}_1,\boldsymbol{\alpha}_2,\cdots,\boldsymbol{\alpha}_n$ 和 $\boldsymbol{\beta}_1,\boldsymbol{\beta}_2,\cdots,\boldsymbol{\beta}_n$ 下的坐标，首先将 $\boldsymbol{\alpha}_1,\boldsymbol{\alpha}_2,\cdots,\boldsymbol{\alpha}_n$ 用 $\boldsymbol{\beta}_1,\boldsymbol{\beta}_2,\cdots,\boldsymbol{\beta}_n$ 线性表示

$$\begin{cases}\boldsymbol{\alpha}_1=a_{11}\boldsymbol{\beta}_1+a_{21}\boldsymbol{\beta}_2+\cdots+a_{n1}\boldsymbol{\beta}_n,\\ \boldsymbol{\alpha}_2=a_{12}\boldsymbol{\beta}_1+a_{22}\boldsymbol{\beta}_2+\cdots+a_{n2}\boldsymbol{\beta}_n,\\ \qquad\vdots\\ \boldsymbol{\alpha}_n=a_{1n}\boldsymbol{\beta}_1+a_{2n}\boldsymbol{\beta}_2+\cdots+a_{nn}\boldsymbol{\beta}_n,\end{cases}$$

即

$$(\boldsymbol{\alpha}_1,\boldsymbol{\alpha}_2,\cdots,\boldsymbol{\alpha}_n)=(\boldsymbol{\beta}_1,\boldsymbol{\beta}_2,\cdots,\boldsymbol{\beta}_n)\begin{pmatrix}a_{11}&a_{12}&\cdots&a_{1n}\\a_{21}&a_{22}&\cdots&a_{2n}\\\vdots&\vdots&&\vdots\\a_{n1}&a_{n2}&\cdots&a_{nn}\end{pmatrix}。$$

令

$$\boldsymbol{P}=\begin{pmatrix}a_{11}&a_{12}&\cdots&a_{1n}\\a_{21}&a_{22}&\cdots&a_{2n}\\\vdots&\vdots&&\vdots\\a_{n1}&a_{n2}&\cdots&a_{nn}\end{pmatrix}。$$

矩阵 $\boldsymbol{P}$ 称为由基底 $\boldsymbol{\beta}_1,\boldsymbol{\beta}_2,\cdots,\boldsymbol{\beta}_n$ 到基底 $\boldsymbol{\alpha}_1,\boldsymbol{\alpha}_2,\cdots,\boldsymbol{\alpha}_n$ 的**过渡矩阵**。显然，$|\boldsymbol{P}|\neq 0$。

$$\boldsymbol{\alpha}=x_1\boldsymbol{\alpha}_1+x_2\boldsymbol{\alpha}_2+\cdots+x_n\boldsymbol{\alpha}_n=y_1\boldsymbol{\beta}_1+y_2\boldsymbol{\beta}_2+\cdots+y_n\boldsymbol{\beta}_n,$$

矩阵形式为

$$\boldsymbol{\alpha}=(\boldsymbol{\alpha}_1,\boldsymbol{\alpha}_2,\cdots,\boldsymbol{\alpha}_n)\begin{pmatrix}x_1\\x_2\\\vdots\\x_n\end{pmatrix}=(\boldsymbol{\beta}_1,\boldsymbol{\beta}_2,\cdots,\boldsymbol{\beta}_n)\begin{pmatrix}y_1\\y_2\\\vdots\\y_n\end{pmatrix}。$$

于是

$$\boldsymbol{P}\begin{pmatrix}x_1\\x_2\\\vdots\\x_n\end{pmatrix}=\begin{pmatrix}y_1\\y_2\\\vdots\\y_n\end{pmatrix},\quad 或\quad \begin{pmatrix}x_1\\x_2\\\vdots\\x_n\end{pmatrix}=\boldsymbol{P}^{-1}\begin{pmatrix}y_1\\y_2\\\vdots\\y_n\end{pmatrix}。$$

此式即为向量 $\boldsymbol{\alpha}$ 在不同基底下的坐标之间的关系。

二、疑难解析

1. 向量组的极大无关组与向量组有何关系？极大无关组是否唯一？

答 由极大无关组的定义可知，向量组的极大无关组与该向量组等价。

如果一个向量组线性无关，其极大无关组就是其本身，此时极大无关组是唯一的。如果一个不含零向量的向量组线性相关，则它的极大无关组不唯一. 例如，向量组 $\boldsymbol{\alpha}_1=\begin{pmatrix}1\\0\end{pmatrix},\boldsymbol{\alpha}_2=\begin{pmatrix}2\\1\end{pmatrix},\boldsymbol{\alpha}_3=\begin{pmatrix}0\\1\end{pmatrix}$ 线性相关，易见，$\boldsymbol{\alpha}_1,\boldsymbol{\alpha}_2$ 是它的一个极大无关组，$\boldsymbol{\alpha}_1,\boldsymbol{\alpha}_3$ 也是一个极大无关组。

虽然极大无关组不唯一，但极大无关组中的向量的个数是唯一的。

2. 向量组的秩与矩阵的秩有何关系？如何利用矩阵的初等变换求向量组的秩、极大无关组？如何利用极大无关组将向量组中的其余向量线性表示？

答 由定理 4.8 和定理 4.9 知

矩阵 $\boldsymbol{A}$ 的秩＝矩阵 $\boldsymbol{A}$ 列向量组的秩＝矩阵 $\boldsymbol{A}$ 行向量组的秩。

利用对矩阵的初等变换可以确定一个向量组的线性相关性及线性组合关系。具体做法如下：

以 $\boldsymbol{\alpha}_1,\boldsymbol{\alpha}_2,\cdots,\boldsymbol{\alpha}_m$ 作为矩阵 $\boldsymbol{A}$ 的列向量，对 $\boldsymbol{A}$ 进行初等行变换化为行阶梯形，即

$$\boldsymbol{A}=(\boldsymbol{\alpha}_1,\boldsymbol{\alpha}_2,\cdots,\boldsymbol{\alpha}_m)\longrightarrow\text{行阶梯形矩阵。}$$

根据阶梯形矩阵，可以：

(1) 求出 $\boldsymbol{A}$ 的列向量组 $\boldsymbol{\alpha}_1,\boldsymbol{\alpha}_2,\cdots,\boldsymbol{\alpha}_m$ 的秩；

(2) 确定向量组的线性相关性；

(3) 找出向量组的极大无关组；

(4) 若列向量组线性相关，可对 $\boldsymbol{A}$ 的阶梯形继续作初等行变换化为行最简形，确定其余向量用极大无关组线性表示的表示式。

3. 下列说法是否正确，说明理由：

(1) 若向量组(Ⅰ)能由向量组(Ⅱ)线性表示，则向量组(Ⅱ)能由向量组(Ⅰ)线性表示。

(2) 若向量组 $\boldsymbol{\alpha}_1,\boldsymbol{\alpha}_2,\cdots,\boldsymbol{\alpha}_m$ 的部分组 $\boldsymbol{\alpha}_1,\boldsymbol{\alpha}_2,\cdots,\boldsymbol{\alpha}_r(r<m)$ 线性无关，则 $\boldsymbol{\alpha}_1,\boldsymbol{\alpha}_2,\cdots,\boldsymbol{\alpha}_r$ 为向量组 $\boldsymbol{\alpha}_1,\boldsymbol{\alpha}_2,\cdots,\boldsymbol{\alpha}_m$ 的一个极大无关组。

答 (1) 错误。例如，向量组 $\boldsymbol{\alpha}_1=\begin{pmatrix}1\\0\\0\end{pmatrix},\boldsymbol{\alpha}_2=\begin{pmatrix}0\\1\\0\end{pmatrix},\boldsymbol{\alpha}_3=\begin{pmatrix}0\\0\\1\end{pmatrix}$ 和向量组 $\boldsymbol{\beta}_1=\begin{pmatrix}1\\2\\1\end{pmatrix},\boldsymbol{\beta}_2=\begin{pmatrix}2\\1\\1\end{pmatrix}$。向量组 $\boldsymbol{\beta}_1,\boldsymbol{\beta}_2$ 可以由向量组 $\boldsymbol{\alpha}_1,\boldsymbol{\alpha}_2,\boldsymbol{\alpha}_3$ 线性表示，但是向量组 $\boldsymbol{\alpha}_1,\boldsymbol{\alpha}_2,\boldsymbol{\alpha}_3$ 却无法用向量组 $\boldsymbol{\beta}_1,\boldsymbol{\beta}_2$ 线性表示。

(2) 错误。例如，向量组 $\boldsymbol{\alpha}_1=\begin{pmatrix}1\\0\\0\end{pmatrix},\boldsymbol{\alpha}_2=\begin{pmatrix}0\\1\\0\end{pmatrix},\boldsymbol{\alpha}_3=\begin{pmatrix}0\\0\\1\end{pmatrix},\boldsymbol{\alpha}_4=\begin{pmatrix}1\\1\\1\end{pmatrix}$ 线性相关，易见，向量组 $\boldsymbol{\alpha}_1,\boldsymbol{\alpha}_2$ 线性无关，但它并不是向量组的一个极大无关组。

三、经典题型详解

题型 1 求向量组的秩、极大无关组及线性表示

例 4.8 求下列向量组的秩、极大无关组及其余向量用该极大无关组的线性表示：

(1) $\boldsymbol{\alpha}_1=\begin{pmatrix}1\\2\\4\\-1\end{pmatrix},\boldsymbol{\alpha}_2=\begin{pmatrix}2\\-1\\3\\3\end{pmatrix},\boldsymbol{\alpha}_3=\begin{pmatrix}3\\-2\\4\\5\end{pmatrix},\boldsymbol{\alpha}_4=\begin{pmatrix}1\\3\\5\\-2\end{pmatrix}$；

(2) $\boldsymbol{\alpha}_1=\begin{pmatrix}2\\1\\4\\-3\end{pmatrix},\boldsymbol{\alpha}_2=\begin{pmatrix}3\\1\\5\\-4\end{pmatrix},\boldsymbol{\alpha}_3=\begin{pmatrix}-1\\-1\\-3\\2\end{pmatrix},\boldsymbol{\alpha}_4=\begin{pmatrix}2\\2\\6\\-4\end{pmatrix},\boldsymbol{\alpha}_5=\begin{pmatrix}1\\-1\\-1\\0\end{pmatrix}$。

分析 写出向量组的矩阵形式，并利用初等行变换将其约化为行最简形矩阵，可以求出向量组的秩；然后根据阶梯形状找出一个极大无关组，即在每个阶梯上取一列为代表，则所得的向量组为原向量组一个极大无关组；最后将其余向量用该极大无关组线性表示。

解 (1) 向量组对应的矩阵及行最简形矩阵为

$$\overset{\begin{matrix}\boldsymbol{\alpha}_1 & \boldsymbol{\alpha}_2 & \boldsymbol{\alpha}_3 & \boldsymbol{\alpha}_4\end{matrix}}{\begin{pmatrix}1 & 2 & 3 & 1\\ 2 & -1 & -2 & 3\\ 4 & 3 & 4 & 5\\ -1 & 3 & 5 & -2\end{pmatrix}} \to \begin{pmatrix}1 & 2 & 3 & 1\\ 0 & -5 & -8 & 1\\ 0 & -5 & -8 & 1\\ 0 & 5 & 8 & -1\end{pmatrix} \to \overset{\begin{matrix}\boldsymbol{\alpha}_1 & \boldsymbol{\alpha}_2 & \boldsymbol{\alpha}_3 & \boldsymbol{\alpha}_4\end{matrix}}{\begin{pmatrix}1 & 0 & -\frac{1}{5} & \frac{7}{5}\\ 0 & 1 & \frac{8}{5} & -\frac{1}{5}\\ 0 & 0 & 0 & 0\\ 0 & 0 & 0 & 0\end{pmatrix}}。$$

因此，$R(\boldsymbol{\alpha}_1,\boldsymbol{\alpha}_2,\boldsymbol{\alpha}_3,\boldsymbol{\alpha}_4)=2$，$\boldsymbol{\alpha}_1,\boldsymbol{\alpha}_2$ 为一个极大无关组，并且

$$\boldsymbol{\alpha}_3=-\frac{1}{5}\boldsymbol{\alpha}_1+\frac{8}{5}\boldsymbol{\alpha}_2,\ \boldsymbol{\alpha}_4=\frac{7}{5}\boldsymbol{\alpha}_1-\frac{1}{5}\boldsymbol{\alpha}_2。$$

(2) 向量组对应的矩阵及行最简形矩阵为

$$\overset{\begin{matrix}\boldsymbol{\alpha}_1 & \boldsymbol{\alpha}_2 & \boldsymbol{\alpha}_3 & \boldsymbol{\alpha}_4 & \boldsymbol{\alpha}_5\end{matrix}}{\begin{pmatrix}2 & 3 & -1 & 2 & 1\\ 1 & 1 & -1 & 2 & -1\\ 4 & 5 & -3 & 6 & -1\\ -3 & -4 & 2 & -4 & 0\end{pmatrix}} \to \begin{pmatrix}1 & 1 & -1 & 2 & -1\\ 0 & 1 & 1 & -2 & 3\\ 0 & 1 & 1 & -2 & 3\\ 0 & -1 & -1 & 2 & -3\end{pmatrix} \to \begin{pmatrix}1 & 1 & -1 & 2 & -1\\ 0 & 1 & 1 & -2 & 3\\ 0 & 0 & 0 & 0 & 0\\ 0 & 0 & 0 & 0 & 0\end{pmatrix}$$

$$\to \overset{\begin{matrix}\boldsymbol{\alpha}_1 & \boldsymbol{\alpha}_2 & \boldsymbol{\alpha}_3 & \boldsymbol{\alpha}_4 & \boldsymbol{\alpha}_5\end{matrix}}{\begin{pmatrix}1 & 0 & -2 & 4 & -4\\ 0 & 1 & 1 & -2 & 3\\ 0 & 0 & 0 & 0 & 0\\ 0 & 0 & 0 & 0 & 0\end{pmatrix}}。$$

因此，$R(\boldsymbol{\alpha}_1,\boldsymbol{\alpha}_2,\boldsymbol{\alpha}_3,\boldsymbol{\alpha}_4,\boldsymbol{\alpha}_5)=2$，$\boldsymbol{\alpha}_1,\boldsymbol{\alpha}_2$ 为一个极大无关组，并且

$$\boldsymbol{\alpha}_3=-2\boldsymbol{\alpha}_1+\boldsymbol{\alpha}_2,\quad \boldsymbol{\alpha}_4=4\boldsymbol{\alpha}_1-2\boldsymbol{\alpha}_2,\quad \boldsymbol{\alpha}_5=-4\boldsymbol{\alpha}_1+3\boldsymbol{\alpha}_2。$$

评注 (1) 在求列向量组的秩时，可以先将其转化为对应的矩阵，然后利用初等行变换将其约化为行阶梯形矩阵，进而根据定理 4.8 求得向量组的秩。

(2) 在求列向量组的线性组合关系时，事实上是利用了非齐次线性方程组的同解思想，就是将列向量组构成的矩阵视为非齐次线性方程组的增广矩阵，然后对增广矩阵实施初等行变换，将其约化为行最简形；最后根据最简形的特征确定线性组合的形式。如在本例中，矩阵 $\boldsymbol{A}$ 经过一系列的初等行变换约化为行最简形矩阵 $\boldsymbol{B}$，它们的秩都是 2，其中前两列可视为非齐次线性方程组的系数，后面几个列向量对应的分量可分别视为这些列向量对应的线性组合的系数。

例 4.9 设有向量组

$$\boldsymbol{\alpha}_1=\begin{pmatrix}1\\ -3\\ -1\\ 0\end{pmatrix},\quad \boldsymbol{\alpha}_2=\begin{pmatrix}7\\ 0\\ -7\\ 3\end{pmatrix},\quad \boldsymbol{\alpha}_3=\begin{pmatrix}2\\ 1\\ 0\\ 1\end{pmatrix},\quad \boldsymbol{\alpha}_4=\begin{pmatrix}5\\ -1\\ -3\\ 2\end{pmatrix},\quad \boldsymbol{\alpha}_5=\begin{pmatrix}2\\ 1\\ -2\\ 1\end{pmatrix}。$$

(1) 求向量组的秩；

(2) 求此向量组的一个极大无关组，并把其余向量分别用该极大无关组线性表示。

分析　求解步骤类似于例 4.8。

解　以 $\boldsymbol{\alpha}_1,\boldsymbol{\alpha}_2,\boldsymbol{\alpha}_3,\boldsymbol{\alpha}_4,\boldsymbol{\alpha}_5$ 为列构成一个矩阵，然后对其实施初等行变换，具体过程如下：

$$\boldsymbol{A}=\begin{pmatrix}1&7&2&5&2\\-3&0&1&-1&1\\-1&-7&0&-3&-2\\0&3&1&2&1\end{pmatrix}\rightarrow\begin{pmatrix}1&7&2&5&2\\0&21&7&14&7\\0&0&2&2&0\\0&3&1&2&1\end{pmatrix}\rightarrow\begin{pmatrix}1&7&2&5&2\\0&3&1&2&1\\0&0&1&1&0\\0&0&0&0&0\end{pmatrix}。$$

(1) 显然 $\boldsymbol{A}$ 的秩为 3，即向量组 $\boldsymbol{\alpha}_1,\boldsymbol{\alpha}_2,\boldsymbol{\alpha}_3,\boldsymbol{\alpha}_4,\boldsymbol{\alpha}_5$ 的秩为 3。

(2) 为了选取极大无关组，注意到，向量组的秩为 3，在每一阶梯中选取一个对应向量，如选取 $\boldsymbol{\alpha}_1,\boldsymbol{\alpha}_2,\boldsymbol{\alpha}_3$，即为向量组 $\boldsymbol{\alpha}_1,\boldsymbol{\alpha}_2,\boldsymbol{\alpha}_3,\boldsymbol{\alpha}_4,\boldsymbol{\alpha}_5$ 的一个极大线性无关组。

进一步地，将 $\boldsymbol{A}$ 化为行最简形，过程如下：

$$\boldsymbol{A}\rightarrow\begin{pmatrix}1&7&2&5&2\\0&3&1&2&1\\0&0&1&1&0\\0&0&0&0&0\end{pmatrix}\rightarrow\begin{pmatrix}1&7&0&3&2\\0&3&0&1&1\\0&0&1&1&0\\0&0&0&0&0\end{pmatrix}\rightarrow\begin{pmatrix}1&0&0&\frac{2}{3}&-\frac{1}{3}\\0&1&0&\frac{1}{3}&\frac{1}{3}\\0&0&1&1&0\\0&0&0&0&0\end{pmatrix}。$$

可见

$$\boldsymbol{\alpha}_4=\frac{2}{3}\boldsymbol{\alpha}_1+\frac{1}{3}\boldsymbol{\alpha}_2+1\boldsymbol{\alpha}_3,\qquad \boldsymbol{\alpha}_5=-\frac{1}{3}\boldsymbol{\alpha}_1+\frac{1}{3}\boldsymbol{\alpha}_2+0\boldsymbol{\alpha}_3。$$

评注　(1) 为了同时求得向量组的秩、极大无关组及把其余向量用极大无关组线性表示，需限定只能实施初等行变换。进一步地，当把阶梯形约化为行最简形时，还可直接得到其余向量由极大无关组的线性表示式。若仅仅为了求秩，则既可实施初等行变换，又可实施初等列变换。

(2) 由于向量组有 5 个向量，根据行阶梯形矩阵，向量组的极大无关组不唯一，如 $\boldsymbol{\alpha}_1,\boldsymbol{\alpha}_2,\boldsymbol{\alpha}_4,\boldsymbol{\alpha}_1,\boldsymbol{\alpha}_4,\boldsymbol{\alpha}_5$ 也是向量组的极大无关组。

(3) 注意到，在将 $\boldsymbol{A}$ 约化为行阶梯形矩阵的过程中，第 2、5 列是属于同一阶梯的，不能认为第 3、4、5 列属于同一阶梯，即

$$\begin{matrix} & \boldsymbol{\alpha}_1\ \ \boldsymbol{\alpha}_2\ \ \boldsymbol{\alpha}_3\ \ \boldsymbol{\alpha}_4\ \ \boldsymbol{\alpha}_5 \\ \boldsymbol{A}\rightarrow\cdots\rightarrow & \begin{pmatrix}1&7&2&5&2\\0&3&1&2&1\\0&0&1&1&0\\0&0&0&0&0\end{pmatrix}\end{matrix}$$

否则会得出 $\boldsymbol{\alpha}_1,\boldsymbol{\alpha}_2,\boldsymbol{\alpha}_5$ 也为极大线性无关组的**错误结论**。事实上，$\boldsymbol{\alpha}_1,\boldsymbol{\alpha}_2,\boldsymbol{\alpha}_5$ 线性相关。这里的关键是阶梯线上的分量不能为零，为了避免类似的错误，也可考虑交换两列(仅限于交换列)，交换第 3 列和第 5 列(注意此时向量 $\boldsymbol{\alpha}_3,\boldsymbol{\alpha}_5$ 交换了位置)，有

$$\begin{matrix} \boldsymbol{\alpha}_1 & \boldsymbol{\alpha}_2 & \boldsymbol{\alpha}_5 & \boldsymbol{\alpha}_4 & \boldsymbol{\alpha}_3 \end{matrix}$$

$$\boldsymbol{A} \to \cdots \to \begin{pmatrix} 1 & 7 & 2 & 5 & 2 \\ 0 & 3 & 1 & 2 & 1 \\ 0 & 0 & 0 & 1 & 1 \\ 0 & 0 & 0 & 0 & 0 \end{pmatrix}$$

再在每一阶梯中选取一个向量构成极大无关组，就不会出现错误。

(4) 当选取 $\boldsymbol{\alpha}_1,\boldsymbol{\alpha}_2,\boldsymbol{\alpha}_3$ 作为一个极大无关组时，便得到 $\boldsymbol{\alpha}_4,\boldsymbol{\alpha}_5$ 可用 $\boldsymbol{\alpha}_1,\boldsymbol{\alpha}_2,\boldsymbol{\alpha}_3$ 线性表示的关系式，其依据是：初等行变换不改变列向量之间的线性关系。当选取其他向量组作为极大无关组时，读者可以尝试给出它们的表示形式。

类似地，求下列向量组的秩、极大无关组及其余向量用该极大无关组的线性表示：

(1) $\boldsymbol{\alpha}_1=\begin{pmatrix} 2 \\ 1 \\ 5 \end{pmatrix},\boldsymbol{\alpha}_2=\begin{pmatrix} 1 \\ 1 \\ 3 \end{pmatrix},\boldsymbol{\alpha}_3=\begin{pmatrix} 2 \\ 0 \\ 4 \end{pmatrix}$； (2) $\boldsymbol{\alpha}_1=\begin{pmatrix} 1 \\ 2 \\ -1 \\ 4 \end{pmatrix},\boldsymbol{\alpha}_2=\begin{pmatrix} 0 \\ 100 \\ 10 \\ 4 \end{pmatrix},\boldsymbol{\alpha}_3=\begin{pmatrix} -2 \\ -4 \\ 2 \\ -8 \end{pmatrix}$；

(3) $\boldsymbol{\alpha}_1=\begin{pmatrix} 1 \\ 2 \\ 3 \\ 5 \end{pmatrix},\boldsymbol{\alpha}_2=\begin{pmatrix} 2 \\ 3 \\ 5 \\ 9 \end{pmatrix},\boldsymbol{\alpha}_3=\begin{pmatrix} -2 \\ 0 \\ -3 \\ -7 \end{pmatrix},\boldsymbol{\alpha}_4=\begin{pmatrix} 1 \\ -1 \\ 4 \\ 6 \end{pmatrix},\boldsymbol{\alpha}_5=\begin{pmatrix} -1 \\ 2 \\ 2 \\ 0 \end{pmatrix}$。

例 4.10 已知向量组(Ⅰ)和向量组(Ⅱ)分别为

(Ⅰ)：$\boldsymbol{\alpha}_1=\begin{pmatrix} 1 \\ 2 \\ -3 \\ 1 \end{pmatrix},\boldsymbol{\alpha}_2=\begin{pmatrix} 3 \\ 0 \\ 1 \\ 1 \end{pmatrix},\boldsymbol{\alpha}_3=\begin{pmatrix} 9 \\ 6 \\ -7 \\ 5 \end{pmatrix}$ 和(Ⅱ)：$\boldsymbol{\beta}_1=\begin{pmatrix} 0 \\ 1 \\ -1 \\ 1 \end{pmatrix},\boldsymbol{\beta}_2=\begin{pmatrix} a \\ 2 \\ 1 \\ 5 \end{pmatrix},\boldsymbol{\beta}_3=\begin{pmatrix} b \\ 1 \\ 0 \\ 2 \end{pmatrix}$。

若它们有相同的秩，且 $\boldsymbol{\beta}_2$ 可由 $\boldsymbol{\alpha}_1,\boldsymbol{\alpha}_2,\boldsymbol{\alpha}_3$ 线性表示，求 a,b 的值。

分析 由已知，可先求出向量组 $\boldsymbol{\alpha}_1,\boldsymbol{\alpha}_2,\boldsymbol{\alpha}_3$ 的秩；然后将向量组 $\boldsymbol{\beta}_1,\boldsymbol{\beta}_2,\boldsymbol{\beta}_3$ 约化为行阶梯形矩阵，再由已知条件建立线性方程组，进而确定 a,b 的值。

解 不难求得

$$\boldsymbol{A}=(\boldsymbol{\alpha}_1,\boldsymbol{\alpha}_2,\boldsymbol{\alpha}_3)=\begin{pmatrix} 1 & 3 & 9 \\ 2 & 0 & 6 \\ -3 & 1 & -7 \\ 1 & 1 & 5 \end{pmatrix} \to \begin{pmatrix} 1 & 3 & 9 \\ 0 & -6 & -12 \\ 0 & 10 & 20 \\ 0 & -2 & -4 \end{pmatrix} \to \begin{pmatrix} 1 & 3 & 9 \\ 0 & -6 & -12 \\ 0 & 0 & 0 \\ 0 & 0 & 0 \end{pmatrix}。$$

易见，$\mathrm{R}(\boldsymbol{A})=2$。此外

$$\boldsymbol{B}=(\boldsymbol{\beta}_1,\boldsymbol{\beta}_2,\boldsymbol{\beta}_3)=\begin{pmatrix} 0 & a & b \\ 1 & 2 & 1 \\ -1 & 1 & 0 \\ 1 & 5 & 2 \end{pmatrix} \to \begin{pmatrix} 1 & 2 & 1 \\ 0 & a & b \\ -1 & 1 & 0 \\ 1 & 5 & 2 \end{pmatrix} \to \begin{pmatrix} 1 & 2 & 1 \\ 0 & a & b \\ 0 & 3 & 1 \\ 0 & 3 & 1 \end{pmatrix} \to \begin{pmatrix} 1 & 2 & 1 \\ 0 & a & b \\ 0 & 3 & 1 \\ 0 & 0 & 0 \end{pmatrix}。$$

由已知，两个向量组有相同的秩，则有 $a=3b$。

又因为 $\boldsymbol{\beta}_2$ 可由 $\boldsymbol{\alpha}_1,\boldsymbol{\alpha}_2,\boldsymbol{\alpha}_3$ 线性表示，且有

$$C=(\boldsymbol{\alpha}_1,\boldsymbol{\alpha}_2,\boldsymbol{\alpha}_3,\boldsymbol{\beta}_2)=\begin{pmatrix}1&3&9&a\\2&0&6&2\\-3&1&-7&1\\1&1&5&5\end{pmatrix}\to\begin{pmatrix}1&1&5&5\\2&0&6&2\\-3&1&-7&1\\1&3&9&a\end{pmatrix}$$

$$\to\begin{pmatrix}1&1&5&5\\0&-2&-4&-8\\0&4&8&16\\0&2&4&a-5\end{pmatrix}\to\begin{pmatrix}1&1&5&2\\0&-2&-4&-8\\0&0&0&a-13\\0&0&0&0\end{pmatrix},$$

所以 $a-13=0$，从而 $a=13,b=\frac{13}{3}$。

类似地，已知向量组 $\boldsymbol{\alpha}_1=\begin{pmatrix}1\\2\\1\end{pmatrix},\boldsymbol{\alpha}_2=\begin{pmatrix}1\\1\\0\end{pmatrix},\boldsymbol{\alpha}_3=\begin{pmatrix}1\\2\\t\end{pmatrix}$，解答下列问题：

(1) t 为何值时，向量组 $\boldsymbol{\alpha}_1,\boldsymbol{\alpha}_2,\boldsymbol{\alpha}_3$ 线性相关？

(2) 若向量组 $\boldsymbol{\alpha}_1,\boldsymbol{\alpha}_2,\boldsymbol{\alpha}_3$ 线性相关，求该向量组的一个极大无关组，并将其余向量用极大无关组线性表示。

题型 2　综合题

例 4.11　已知向量组（Ⅰ）：$\boldsymbol{\alpha}_1,\boldsymbol{\alpha}_2,\boldsymbol{\alpha}_3$；（Ⅱ）：$\boldsymbol{\alpha}_1,\boldsymbol{\alpha}_2,\boldsymbol{\alpha}_3,\boldsymbol{\alpha}_4$；（Ⅲ）：$\boldsymbol{\alpha}_1,\boldsymbol{\alpha}_2,\boldsymbol{\alpha}_3,\boldsymbol{\alpha}_5$。如果各向量组的秩分别为 R(Ⅰ)=R(Ⅱ)=3，R(Ⅲ)=4，证明：向量组 $\boldsymbol{\alpha}_1,\boldsymbol{\alpha}_2,\boldsymbol{\alpha}_3,\boldsymbol{\alpha}_5-\boldsymbol{\alpha}_4$ 的秩为 4。

分析　本题需要综合运用向量组的线性表示、线性相关性及向量组的秩的相关结论证明。下面给出三种证法。

证　法一　设有数 k_1,k_2,k_3,k_4，使得

$$k_1\boldsymbol{\alpha}_1+k_2\boldsymbol{\alpha}_2+k_3\boldsymbol{\alpha}_3+k_4(\boldsymbol{\alpha}_5-\boldsymbol{\alpha}_4)=\mathbf{0}。\quad ①$$

由条件 R(Ⅰ)=R(Ⅱ)=3 可知，向量组 $\boldsymbol{\alpha}_1,\boldsymbol{\alpha}_2,\boldsymbol{\alpha}_3$ 线性无关，而 $\boldsymbol{\alpha}_1,\boldsymbol{\alpha}_2,\boldsymbol{\alpha}_3,\boldsymbol{\alpha}_4$ 线性相关。由定理 4.4 知，存在数 $\lambda_1,\lambda_2,\lambda_3$，使得

$$\boldsymbol{\alpha}_4=\lambda_1\boldsymbol{\alpha}_1+\lambda_2\boldsymbol{\alpha}_2+\lambda_3\boldsymbol{\alpha}_3。$$

将上式代入①，并化简得

$$(k_1-\lambda_1k_4)\boldsymbol{\alpha}_1+(k_2-\lambda_2k_4)\boldsymbol{\alpha}_2+(k_3-\lambda_3k_4)\boldsymbol{\alpha}_3+k_4\boldsymbol{\alpha}_5=\mathbf{0}。$$

由条件 R(Ⅲ)=4 知，$\boldsymbol{\alpha}_1,\boldsymbol{\alpha}_2,\boldsymbol{\alpha}_3,\boldsymbol{\alpha}_5$ 线性无关，所以必有

$$\begin{cases}k_1-\lambda_1k_4=0,\\k_2-\lambda_2k_4=0,\\k_3-\lambda_3k_4=0,\\k_4=0,\end{cases}$$

从而必有 $k_1=k_2=k_3=k_4=0$。因此 $\boldsymbol{\alpha}_1,\boldsymbol{\alpha}_2,\boldsymbol{\alpha}_3,\boldsymbol{\alpha}_5-\boldsymbol{\alpha}_4$ 线性无关，即其秩为 4。

法二　由条件 R(Ⅰ)=R(Ⅱ)=3 可知，向量组 $\boldsymbol{\alpha}_1,\boldsymbol{\alpha}_2,\boldsymbol{\alpha}_3$ 线性无关，而 $\boldsymbol{\alpha}_1,\boldsymbol{\alpha}_2,\boldsymbol{\alpha}_3,\boldsymbol{\alpha}_4$ 线性相关。由定理 4.4 知，存在数 $\lambda_1,\lambda_2,\lambda_3$，使得

$$\boldsymbol{\alpha}_4=\lambda_1\boldsymbol{\alpha}_1+\lambda_2\boldsymbol{\alpha}_2+\lambda_3\boldsymbol{\alpha}_3。$$

假设 $\boldsymbol{\alpha}_1,\boldsymbol{\alpha}_2,\boldsymbol{\alpha}_3,\boldsymbol{\alpha}_5-\boldsymbol{\alpha}_4$ 线性相关，由定理 4.4 知，存在不全为零的数 k_1,k_2,k_3 使得

$$\boldsymbol{\alpha}_5-\boldsymbol{\alpha}_4=k_1\boldsymbol{\alpha}_1+k_2\boldsymbol{\alpha}_2+k_3\boldsymbol{\alpha}_3,$$

即

$$\boldsymbol{\alpha}_5=(\lambda_1+k_1)\boldsymbol{\alpha}_1+(\lambda_2+k_2)\boldsymbol{\alpha}_2+(\lambda_3+k_3)\boldsymbol{\alpha}_3。$$

这表明向量组 $\boldsymbol{\alpha}_1,\boldsymbol{\alpha}_2,\boldsymbol{\alpha}_3,\boldsymbol{\alpha}_5$ 线性相关,然而这与 R(Ⅲ)=4 矛盾,故 $\boldsymbol{\alpha}_1,\boldsymbol{\alpha}_2,\boldsymbol{\alpha}_3,\boldsymbol{\alpha}_5-\boldsymbol{\alpha}_4$ 线性无关,即 $\boldsymbol{\alpha}_1,\boldsymbol{\alpha}_2,\boldsymbol{\alpha}_3,\boldsymbol{\alpha}_5-\boldsymbol{\alpha}_4$ 的秩为 4。

法三 由条件 R(Ⅰ)=R(Ⅱ)=3 可知,向量组 $\boldsymbol{\alpha}_1,\boldsymbol{\alpha}_2,\boldsymbol{\alpha}_3$ 线性无关,而 $\boldsymbol{\alpha}_1,\boldsymbol{\alpha}_2,\boldsymbol{\alpha}_3,\boldsymbol{\alpha}_4$ 线性相关。由定理 4.4 知,存在数 $\lambda_1,\lambda_2,\lambda_3$,使得

$$\boldsymbol{\alpha}_4=\lambda_1\boldsymbol{\alpha}_1+\lambda_2\boldsymbol{\alpha}_2+\lambda_3\boldsymbol{\alpha}_3。$$

进一步地,通过矩阵的初等列变换可得

$$\boldsymbol{A}=(\boldsymbol{\alpha}_1,\boldsymbol{\alpha}_2,\boldsymbol{\alpha}_3,\boldsymbol{\alpha}_5-\boldsymbol{\alpha}_4)=(\boldsymbol{\alpha}_1,\boldsymbol{\alpha}_2,\boldsymbol{\alpha}_3,\boldsymbol{\alpha}_5-\lambda_1\boldsymbol{\alpha}_1-\lambda_2\boldsymbol{\alpha}_2-\lambda_3\boldsymbol{\alpha}_3)\rightarrow(\boldsymbol{\alpha}_1,\boldsymbol{\alpha}_2,\boldsymbol{\alpha}_3,\boldsymbol{\alpha}_5)。$$

因初等变换不改变矩阵的秩,故

$$\mathrm{R}(\boldsymbol{\alpha}_1,\boldsymbol{\alpha}_2,\boldsymbol{\alpha}_3,\boldsymbol{\alpha}_5-\boldsymbol{\alpha}_4)=\mathrm{R}(\boldsymbol{\alpha}_1,\boldsymbol{\alpha}_2,\boldsymbol{\alpha}_3,\boldsymbol{\alpha}_5)=4。$$

证毕

例 4.12 已知 n 维单位向量组 $\boldsymbol{e}_1,\boldsymbol{e}_2,\cdots,\boldsymbol{e}_n$ 可由 n 维向量组 $\boldsymbol{\alpha}_1,\boldsymbol{\alpha}_2,\cdots,\boldsymbol{\alpha}_n$ 线性表示,证明:向量组 $\boldsymbol{\alpha}_1,\boldsymbol{\alpha}_2,\cdots,\boldsymbol{\alpha}_n$ 线性无关。

分析 证明两个向量组等价,即证明可以相互线性表示。

证 因为任何一个 n 维向量都可以由 n 维单位向量组 $\boldsymbol{e}_1,\boldsymbol{e}_2,\cdots,\boldsymbol{e}_n$ 线性表示,故向量组 $\boldsymbol{\alpha}_1,\boldsymbol{\alpha}_2,\cdots,\boldsymbol{\alpha}_n$ 可以由向量组 $\boldsymbol{e}_1,\boldsymbol{e}_2,\cdots,\boldsymbol{e}_n$ 线性表示。由已知,$\boldsymbol{e}_1,\boldsymbol{e}_2,\cdots,\boldsymbol{e}_n$ 可由向量组 $\boldsymbol{\alpha}_1,\boldsymbol{\alpha}_2,\cdots,\boldsymbol{\alpha}_n$ 线性表示,即两个向量组可以相互线性表示。这表明,向量组 $\boldsymbol{e}_1,\boldsymbol{e}_2,\cdots,\boldsymbol{e}_n$ 与 $\boldsymbol{\alpha}_1,\boldsymbol{\alpha}_2,\cdots,\boldsymbol{\alpha}_n$ 等价,所以 $\mathrm{R}(\boldsymbol{\alpha}_1,\boldsymbol{\alpha}_2,\cdots,\boldsymbol{\alpha}_n)=\mathrm{R}(\boldsymbol{e}_1,\boldsymbol{e}_2,\cdots,\boldsymbol{e}_n)=n$,即向量组 $\boldsymbol{\alpha}_1,\boldsymbol{\alpha}_2,\cdots,\boldsymbol{\alpha}_n$ 线性无关。 证毕

类似地,设两个向量组 $\boldsymbol{\alpha}_1,\boldsymbol{\alpha}_2,\cdots,\boldsymbol{\alpha}_n$ 与 $\boldsymbol{\beta}_1,\boldsymbol{\beta}_2,\cdots,\boldsymbol{\beta}_n$ 满足如下关系:

$$\begin{aligned}\boldsymbol{\beta}_1&=\boldsymbol{\alpha}_2+\boldsymbol{\alpha}_3+\cdots+\boldsymbol{\alpha}_n,\\ \boldsymbol{\beta}_2&=\boldsymbol{\alpha}_1+\boldsymbol{\alpha}_3+\cdots+\boldsymbol{\alpha}_n,\\ &\vdots\\ \boldsymbol{\beta}_n&=\boldsymbol{\alpha}_1+\boldsymbol{\alpha}_2+\cdots+\boldsymbol{\alpha}_{n-1}。\end{aligned}$$

证明:向量组 $\boldsymbol{\alpha}_1,\boldsymbol{\alpha}_2,\cdots,\boldsymbol{\alpha}_n$ 与 $\boldsymbol{\beta}_1,\boldsymbol{\beta}_2,\cdots,\boldsymbol{\beta}_n$ 具有相同的秩。

例 4.13 设 $\boldsymbol{A},\boldsymbol{B}$ 均为 $m\times n$ 矩阵,证明:$\mathrm{R}(\boldsymbol{A}+\boldsymbol{B})\leqslant\mathrm{R}(\boldsymbol{A})+\mathrm{R}(\boldsymbol{B})$。

证 易知,矩阵 $\boldsymbol{A}+\boldsymbol{B}$ 的行向量组可由 $\boldsymbol{A}$ 的行向量组和 $\boldsymbol{B}$ 的行向量组线性表示。设 $\boldsymbol{A}$ 的行向量组一个极大无关组为 $\boldsymbol{\alpha}_1,\boldsymbol{\alpha}_2,\cdots,\boldsymbol{\alpha}_s$($\mathrm{R}(\boldsymbol{A})=s$),$\boldsymbol{B}$ 的行向量组的一个极大无关组为 $\boldsymbol{\beta}_1,\boldsymbol{\beta}_2,\cdots,\boldsymbol{\beta}_t$($\mathrm{R}(\boldsymbol{B})=t$)。由于一个向量组与它的极大无关组等价,由传递性可知,$\boldsymbol{A}+\boldsymbol{B}$ 的行向量组可由向量组 $\boldsymbol{\alpha}_1,\boldsymbol{\alpha}_2,\cdots,\boldsymbol{\alpha}_s,\boldsymbol{\beta}_1,\boldsymbol{\beta}_2,\cdots,\boldsymbol{\beta}_t$ 线性表示,所以

$$\begin{aligned}\mathrm{R}(\boldsymbol{A}+\boldsymbol{B})=(\boldsymbol{A}+\boldsymbol{B})\text{ 的行秩}&\leqslant\mathrm{R}(\boldsymbol{\alpha}_1,\boldsymbol{\alpha}_2,\cdots,\boldsymbol{\alpha}_s,\boldsymbol{\beta}_1,\boldsymbol{\beta}_2,\cdots,\boldsymbol{\beta}_t)\\ &\leqslant s+t=\mathrm{R}(\boldsymbol{A})+\mathrm{R}(\boldsymbol{B})。\end{aligned}$$

证毕

例 4.14 设 $\boldsymbol{A}$ 为 $m\times n$ 矩阵,$\boldsymbol{B}$ 为 $s\times n$ 矩阵。证明:

$$\max\{\mathrm{R}(\boldsymbol{A}),\mathrm{R}(\boldsymbol{B})\}\leqslant\mathrm{R}\begin{pmatrix}\boldsymbol{A}\\ \boldsymbol{B}\end{pmatrix}\leqslant\mathrm{R}(\boldsymbol{A})+\mathrm{R}(\boldsymbol{B})。$$

证 因矩阵 $\boldsymbol{A},\boldsymbol{B}$ 的列数相同,故 $\boldsymbol{A},\boldsymbol{B}$ 的行向量有相同的维数,矩阵 $\begin{pmatrix}\boldsymbol{A}\\ \boldsymbol{B}\end{pmatrix}$ 可视为由矩阵 $\boldsymbol{A}$ 扩充行向量而成,故 $\boldsymbol{A}$ 中任一行向量均可由 $\begin{pmatrix}\boldsymbol{A}\\ \boldsymbol{B}\end{pmatrix}$ 中的行向量线性表示,故

$$R(\boldsymbol{A}) \leqslant R\begin{pmatrix}\boldsymbol{A}\\ \boldsymbol{B}\end{pmatrix}。$$

同理

$$R(\boldsymbol{B}) \leqslant R\begin{pmatrix}\boldsymbol{A}\\ \boldsymbol{B}\end{pmatrix}。$$

故有

$$\max\{R(\boldsymbol{A}),R(\boldsymbol{B})\} \leqslant R\begin{pmatrix}\boldsymbol{A}\\ \boldsymbol{B}\end{pmatrix}。$$

设 $R(\boldsymbol{A})=r$,令 $\boldsymbol{\alpha}_{i1},\boldsymbol{\alpha}_{i2},\cdots,\boldsymbol{\alpha}_{ir}$ 是矩阵 $\boldsymbol{A}$ 的行向量组的极大线性无关组;设 $R(\boldsymbol{B})=k$,令 $\boldsymbol{\beta}_{j1},\boldsymbol{\beta}_{j2},\cdots,\boldsymbol{\beta}_{jk}$ 是矩阵 $\boldsymbol{B}$ 的行向量组的极大线性无关组。设 $\boldsymbol{\alpha}$ 是 $\begin{pmatrix}\boldsymbol{A}\\ \boldsymbol{B}\end{pmatrix}$ 中的任一行向量。若 $\boldsymbol{\alpha}$ 属于 $\boldsymbol{A}$ 的行向量组,则 $\boldsymbol{\alpha}$ 可由 $\boldsymbol{\alpha}_{i1},\boldsymbol{\alpha}_{i2},\cdots,\boldsymbol{\alpha}_{ir}$ 线性表示;若 $\boldsymbol{\alpha}$ 属于 $\boldsymbol{B}$ 的行向量组,则它可由 $\boldsymbol{\beta}_{j1},\boldsymbol{\beta}_{j2},\cdots,\boldsymbol{\beta}_{jk}$ 线性表示。故矩阵 $\begin{pmatrix}\boldsymbol{A}\\ \boldsymbol{B}\end{pmatrix}$ 中任一行向量均可由 $\boldsymbol{\alpha}_{i1},\boldsymbol{\alpha}_{i2},\cdots,\boldsymbol{\alpha}_{ir},\boldsymbol{\beta}_{j1},\boldsymbol{\beta}_{j2},\cdots,\boldsymbol{\beta}_{jk}$ 线性表示,故

$$R\begin{pmatrix}\boldsymbol{A}\\ \boldsymbol{B}\end{pmatrix} \leqslant R(\boldsymbol{\alpha}_{i1},\boldsymbol{\alpha}_{i2},\cdots,\boldsymbol{\alpha}_{ir},\boldsymbol{\beta}_{j1},\boldsymbol{\beta}_{j2},\cdots,\boldsymbol{\beta}_{jk}) \leqslant r+k = R(\boldsymbol{A})+R(\boldsymbol{B})。$$

因此

$$\max\{R(\boldsymbol{A}),R(\boldsymbol{B})\} \leqslant R\begin{pmatrix}\boldsymbol{A}\\ \boldsymbol{B}\end{pmatrix} \leqslant R(\boldsymbol{A})+R(\boldsymbol{B})。$$

证毕

类似地,证明:矩阵 $\boldsymbol{A}_{m\times n}$ 与 $\boldsymbol{B}_{n\times s}$ 乘积的秩不大于 $\boldsymbol{A}_{m\times n}$ 的秩和 $\boldsymbol{B}_{n\times s}$ 的秩,即

$$R(\boldsymbol{AB}) \leqslant \min\{R(\boldsymbol{A}),R(\boldsymbol{B})\}。$$

四、课后习题选解

A类题

1. 求下列向量组的秩,并分别求其一个极大无关组:

(1) $\boldsymbol{\alpha}_1=\begin{pmatrix}1\\1\\0\end{pmatrix},\boldsymbol{\alpha}_2=\begin{pmatrix}0\\2\\0\end{pmatrix},\boldsymbol{\alpha}_3=\begin{pmatrix}0\\1\\3\end{pmatrix}$;

(2) $\boldsymbol{\alpha}_1=\begin{pmatrix}1\\2\\1\\0\end{pmatrix},\boldsymbol{\alpha}_2=\begin{pmatrix}4\\1\\0\\2\end{pmatrix},\boldsymbol{\alpha}_3=\begin{pmatrix}1\\-1\\-3\\-6\end{pmatrix},\boldsymbol{\alpha}_3=\begin{pmatrix}0\\-3\\-1\\3\end{pmatrix}$。

分析 参见经典题型详解中例4.8。

解 (1) 向量组对应的矩阵及行阶梯形矩阵为

$$\begin{pmatrix}1&0&0\\1&2&1\\0&0&3\end{pmatrix}\xrightarrow{r_2-r_1}\begin{pmatrix}1&0&0\\0&2&1\\0&0&3\end{pmatrix},$$

所以 $R(\boldsymbol{\alpha}_1,\boldsymbol{\alpha}_2,\boldsymbol{\alpha}_3)=3$,向量组本身为一极大无关组。

(2) 向量组对应的矩阵及行阶梯形矩阵为

$$\begin{pmatrix}1&4&1&0\\2&1&-1&-3\\1&0&-3&-1\\0&2&-6&3\end{pmatrix}\xrightarrow[r_3-r_1]{r_2-2r_1}\begin{pmatrix}1&4&1&0\\0&-7&-3&-3\\0&-4&-4&-1\\0&2&-6&3\end{pmatrix}\xrightarrow{r_2-2r_3}\begin{pmatrix}1&4&1&0\\0&1&5&-1\\0&-4&-4&-1\\0&2&-6&3\end{pmatrix}$$

$$\xrightarrow[r_4-2r_2]{r_3+4r_2}\begin{pmatrix}1&4&1&0\\0&1&5&-1\\0&0&16&-5\\0&0&-16&5\end{pmatrix}\to\begin{pmatrix}1&4&1&0\\0&1&5&-1\\0&0&16&-5\\0&0&0&0\end{pmatrix}$$

所以 $R(\boldsymbol{\alpha}_1,\boldsymbol{\alpha}_2,\boldsymbol{\alpha}_3,\boldsymbol{\alpha}_4)=3$，向量组 $\boldsymbol{\alpha}_1,\boldsymbol{\alpha}_2,\boldsymbol{\alpha}_3$ 为一极大无关组。

2. 讨论向量组

$$\boldsymbol{\alpha}_1=\begin{pmatrix}1\\0\\2\\1\end{pmatrix},\boldsymbol{\alpha}_2=\begin{pmatrix}1\\2\\0\\1\end{pmatrix},\boldsymbol{\alpha}_3=\begin{pmatrix}2\\1\\3\\0\end{pmatrix},\boldsymbol{\alpha}_4=\begin{pmatrix}2\\5\\-1\\4\end{pmatrix}。$$

的线性相关性。若线性相关，分别求出它们的一个极大无关组，并将其余向量用该极大无关组线性表示。

分析 参见经典题型详解例4.8。

解 向量组对应的矩阵及行最简形矩阵为

$$\begin{matrix}\boldsymbol{\alpha}_1&\boldsymbol{\alpha}_2&\boldsymbol{\alpha}_3&\boldsymbol{\alpha}_4\end{matrix}\qquad\qquad\qquad\qquad\begin{matrix}\boldsymbol{\alpha}_1&\boldsymbol{\alpha}_2&\boldsymbol{\alpha}_3&\boldsymbol{\alpha}_4\end{matrix}$$

$$\begin{pmatrix}1&1&2&2\\0&2&1&5\\2&0&3&-1\\1&1&0&4\end{pmatrix}\to\begin{pmatrix}1&1&2&2\\0&2&1&5\\0&-2&-1&-5\\0&0&-2&2\end{pmatrix}\to\begin{pmatrix}1&1&2&2\\0&2&1&5\\0&0&1&-1\\0&0&0&0\end{pmatrix}\to\begin{pmatrix}1&0&0&1\\0&1&0&3\\0&0&1&-1\\0&0&0&0\end{pmatrix}。$$

由于 $R(\boldsymbol{\alpha}_1,\boldsymbol{\alpha}_2,\boldsymbol{\alpha}_3,\boldsymbol{\alpha}_4)=3$，所以 $\boldsymbol{\alpha}_1,\boldsymbol{\alpha}_2,\boldsymbol{\alpha}_3$ 为一个极大无关组，并且

$$\boldsymbol{\alpha}_4=\boldsymbol{\alpha}_1+3\boldsymbol{\alpha}_2-\boldsymbol{\alpha}_3。$$

3. 已知向量组(Ⅰ)和向量组(Ⅱ)分别为

$$(\text{Ⅰ}):\boldsymbol{\alpha}_1=\begin{pmatrix}0\\1\\1\end{pmatrix},\boldsymbol{\alpha}_2=\begin{pmatrix}1\\2\\1\end{pmatrix},\boldsymbol{\alpha}_3=\begin{pmatrix}1\\0\\-1\end{pmatrix}\text{和}(\text{Ⅱ}):\boldsymbol{\beta}_1=\begin{pmatrix}1\\1\\0\end{pmatrix},\boldsymbol{\beta}_2=\begin{pmatrix}1\\1\\1\end{pmatrix},\boldsymbol{\beta}_3=\begin{pmatrix}2\\a\\b\end{pmatrix}。$$

若它们有相同的秩，且 $\boldsymbol{\beta}_3$ 可由 $\boldsymbol{\alpha}_1,\boldsymbol{\alpha}_2,\boldsymbol{\alpha}_3$ 线性表示，求 a,b 的值。

分析 参见经典题型详解中例4.10。

解 不难求得

$$\boldsymbol{A}=(\boldsymbol{\alpha}_1,\boldsymbol{\alpha}_2,\boldsymbol{\alpha}_3)=\begin{pmatrix}0&1&1\\1&2&0\\1&1&-1\end{pmatrix}\to\begin{pmatrix}1&1&-1\\0&1&1\\0&1&1\end{pmatrix}\to\begin{pmatrix}1&1&-1\\0&1&1\\0&0&0\end{pmatrix}。$$

易见，$R(\boldsymbol{A})=2$。此外

$$\boldsymbol{B}=(\boldsymbol{\beta}_1,\boldsymbol{\beta}_2,\boldsymbol{\beta}_3)=\begin{pmatrix}1&1&2\\1&1&a\\0&1&b\end{pmatrix}\to\begin{pmatrix}1&1&2\\0&0&a-2\\0&1&b\end{pmatrix}\to\begin{pmatrix}1&1&2\\0&1&b\\0&0&a-2\end{pmatrix}。$$

由已知，两个向量组有相同的秩，则有 $a=2$。

由于 $\boldsymbol{\beta}_3$ 可由 $\boldsymbol{\alpha}_1,\boldsymbol{\alpha}_2,\boldsymbol{\alpha}_3$ 线性表示，且有

$$\boldsymbol{C}=(\boldsymbol{\alpha}_1,\boldsymbol{\alpha}_2,\boldsymbol{\alpha}_3,\boldsymbol{\beta}_3)=\begin{pmatrix}0&1&1&2\\1&2&0&a\\1&1&-1&b\end{pmatrix}\to\begin{pmatrix}1&2&0&a\\0&1&1&2\\0&0&0&b-a+2\end{pmatrix}$$

要求 $b-a+2=0$。因此，只有当 $a=2,b=0$ 时，才能满足题设要求。

4. 设向量组 $\boldsymbol{\alpha}_1=\begin{pmatrix}1\\1\\1\\3\end{pmatrix},\boldsymbol{\alpha}_2=\begin{pmatrix}-1\\-3\\5\\1\end{pmatrix},\boldsymbol{\alpha}_3=\begin{pmatrix}3\\2\\-1\\p+2\end{pmatrix},\boldsymbol{\alpha}_4=\begin{pmatrix}-2\\-6\\10\\p\end{pmatrix}$。解答下列问题：

(1) p 为何值时，该向量组线性无关？并将向量 $\boldsymbol{\alpha}=\begin{pmatrix}4\\1\\6\\10\end{pmatrix}$ 用 $\boldsymbol{\alpha}_1,\boldsymbol{\alpha}_2,\boldsymbol{\alpha}_3,\boldsymbol{\alpha}_4$ 线性表示；

(2) p 为何值时，该向量组线性相关？并在此时求出它的秩和一个极大线性无关组。

分析 参见经典题型详解中例 4.10

解 不难求得

$$\boldsymbol{A}=(\boldsymbol{\alpha}_1,\boldsymbol{\alpha}_2,\boldsymbol{\alpha}_3,\boldsymbol{\alpha}_4,\boldsymbol{\alpha})=\begin{pmatrix}1&-1&3&-2&4\\1&-3&2&-6&1\\1&5&-1&10&6\\3&1&p+2&p&10\end{pmatrix}\to\begin{pmatrix}1&-1&3&-2&4\\0&-2&-1&-4&-3\\0&6&-4&12&2\\0&4&p-7&p+6&-2\end{pmatrix}$$

$$\to\begin{pmatrix}1&-1&3&-2&4\\0&-2&-1&-4&-3\\0&0&-7&0&-7\\0&0&p-9&p-2&-8\end{pmatrix}\to\begin{pmatrix}1&-1&3&-2&4\\0&-2&-1&-4&-3\\0&0&1&0&1\\0&0&0&p-2&1-p\end{pmatrix}。$$

下面讨论向量组的线性相关性：

(1) 当 $p\neq2$ 时，向量组 $\boldsymbol{\alpha}_1,\boldsymbol{\alpha}_2,\boldsymbol{\alpha}_3,\boldsymbol{\alpha}_4$ 线性无关，此时可进一步将 $\boldsymbol{A}$ 约化为

$$\boldsymbol{A}\to\begin{pmatrix}1&0&0&0&2\\0&1&0&0&\dfrac{3p-4}{p-2}\\0&0&1&0&1\\0&0&0&1&\dfrac{1-p}{p-2}\end{pmatrix},$$

故有 $\boldsymbol{\alpha}=2\boldsymbol{\alpha}_1+\dfrac{3p-4}{p-2}\boldsymbol{\alpha}_2+\boldsymbol{\alpha}_3+\dfrac{1-p}{p-2}\boldsymbol{\alpha}_4$。

(2) 当 $p=2$ 时，有

$$\begin{array}{c}\\(\boldsymbol{\alpha}_1,\boldsymbol{\alpha}_2,\boldsymbol{\alpha}_3,\boldsymbol{\alpha}_4)\to\end{array}\begin{array}{c}\begin{matrix}\boldsymbol{\alpha}_1&\boldsymbol{\alpha}_2&\boldsymbol{\alpha}_3&\boldsymbol{\alpha}_4\end{matrix}\\\begin{pmatrix}1&-1&3&-2\\0&-2&-1&-4\\0&0&1&0\\0&0&0&0\end{pmatrix}\end{array},$$

所以向量组 $\boldsymbol{\alpha}_1,\boldsymbol{\alpha}_2,\boldsymbol{\alpha}_3,\boldsymbol{\alpha}_4$ 线性相关，且向量组的秩等于 3。不难看出，$\boldsymbol{\alpha}_1,\boldsymbol{\alpha}_2,\boldsymbol{\alpha}_3$(或 $\boldsymbol{\alpha}_1,\boldsymbol{\alpha}_3,\boldsymbol{\alpha}_4$)为其一个极大无关组。

5. 证明：对于两个给定的向量组(Ⅰ)和向量组(Ⅱ)，如果向量组(Ⅰ)可以由向量组(Ⅱ)线性表示，则向量组(Ⅰ)的秩不大于向量组(Ⅱ)的秩，即 R(Ⅰ)$\leqslant$R(Ⅱ)。

分析 根据两个向量组的极大无关组之间的关系和定理 4.6，用反证法证明。

证 假设 R(Ⅰ)$>$R(Ⅱ)，则向量组(Ⅰ)的极大无关组(Ⅰ′)中向量的个数要多于向量组(Ⅱ)的极大无关组(Ⅱ′)中向量的个数。由已知，向量组(Ⅰ)可以由向量组(Ⅱ)线性表示，故向量组(Ⅰ′)可以由向量组(Ⅱ′)线性表示，根据定理 4.6，向量组(Ⅰ′)线性相关，这与它是极大无关向量组矛盾，故 R(Ⅰ)$\leqslant$R(Ⅱ)。

B类题

1. 若向量组 $\begin{pmatrix}1\\0\\0\end{pmatrix},\begin{pmatrix}1\\1\\0\end{pmatrix},\begin{pmatrix}1\\1\\1\end{pmatrix}$ 可由向量组 $\boldsymbol{\alpha}_1,\boldsymbol{\alpha}_2,\boldsymbol{\alpha}_3$ 线性表示，也可由向量组 $\boldsymbol{\beta}_1,\boldsymbol{\beta}_2,\boldsymbol{\beta}_3,\boldsymbol{\beta}_4$ 线性表示，则

向量组 $\boldsymbol{\alpha}_1,\boldsymbol{\alpha}_2,\boldsymbol{\alpha}_3$ 与 $\boldsymbol{\beta}_1,\boldsymbol{\beta}_2,\boldsymbol{\beta}_3,\boldsymbol{\beta}_4$ 等价。

分析 只需证明向量组 $\boldsymbol{\alpha}_1,\boldsymbol{\alpha}_2,\boldsymbol{\alpha}_3$ 和 $\boldsymbol{\beta}_1,\boldsymbol{\beta}_2,\boldsymbol{\beta}_3,\boldsymbol{\beta}_4$ 都与向量组 $\begin{pmatrix}1\\0\\0\end{pmatrix},\begin{pmatrix}1\\1\\0\end{pmatrix},\begin{pmatrix}1\\1\\1\end{pmatrix}$ 等价，然后利用向量组的等价性中的传递性证明。

证 易见

$$\mathrm{R}\begin{pmatrix}1&0&0\\1&1&0\\1&1&1\end{pmatrix}=3,$$

即三维向量组 $\begin{pmatrix}1\\0\\0\end{pmatrix},\begin{pmatrix}1\\1\\0\end{pmatrix},\begin{pmatrix}1\\1\\1\end{pmatrix}$ 线性无关。从而三维向量组 $\boldsymbol{\alpha}_1,\boldsymbol{\alpha}_2,\boldsymbol{\alpha}_3$ 和 $\boldsymbol{\beta}_1,\boldsymbol{\beta}_2,\boldsymbol{\beta}_3,\boldsymbol{\beta}_4$ 中的任一向量均可由向量组 $\begin{pmatrix}1\\0\\0\end{pmatrix},\begin{pmatrix}1\\1\\0\end{pmatrix},\begin{pmatrix}1\\1\\1\end{pmatrix}$ 线性表示。由已知，向量组 $\begin{pmatrix}1\\0\\0\end{pmatrix},\begin{pmatrix}1\\1\\0\end{pmatrix},\begin{pmatrix}1\\1\\1\end{pmatrix}$ 又可分别由向量组 $\boldsymbol{\alpha}_1,\boldsymbol{\alpha}_2,\boldsymbol{\alpha}_3$ 和 $\boldsymbol{\beta}_1,\boldsymbol{\beta}_2,\boldsymbol{\beta}_3,\boldsymbol{\beta}_4$ 线性表示，所以向量组 $\boldsymbol{\alpha}_1,\boldsymbol{\alpha}_2,\boldsymbol{\alpha}_3$ 和 $\boldsymbol{\beta}_1,\boldsymbol{\beta}_2,\boldsymbol{\beta}_3,\boldsymbol{\beta}_4$ 都与 $\begin{pmatrix}1\\0\\0\end{pmatrix},\begin{pmatrix}1\\1\\0\end{pmatrix},\begin{pmatrix}1\\1\\1\end{pmatrix}$ 等价。根据等价性中的传递性，向量组 $\boldsymbol{\alpha}_1,\boldsymbol{\alpha}_2,\boldsymbol{\alpha}_3$ 与 $\boldsymbol{\beta}_1,\boldsymbol{\beta}_2,\boldsymbol{\beta}_3,\boldsymbol{\beta}_4$ 等价。 证毕

2. 在三维向量空间 $\mathbb{R}^3$ 中，求向量 $\boldsymbol{\beta}=\begin{pmatrix}1\\1\\0\end{pmatrix}$ 在基底 $\boldsymbol{\alpha}_1=\begin{pmatrix}1\\1\\1\end{pmatrix},\boldsymbol{\alpha}_2=\begin{pmatrix}1\\0\\1\end{pmatrix},\boldsymbol{\alpha}_3=\begin{pmatrix}1\\0\\0\end{pmatrix}$ 下的坐标。

分析 根据公式 $\boldsymbol{\beta}=x_1\boldsymbol{\alpha}_1+x_2\boldsymbol{\alpha}_2+x_3\boldsymbol{\alpha}_3$ 求解。

解 设有数 x_1,x_2,x_3 使得 $\boldsymbol{\beta}=x_1\boldsymbol{\alpha}_1+x_2\boldsymbol{\alpha}_2+x_3\boldsymbol{\alpha}_3$。记作 $\boldsymbol{\beta}=\boldsymbol{A}\boldsymbol{x}$，其中

$$\boldsymbol{A}=(\boldsymbol{\alpha}_1,\boldsymbol{\alpha}_2,\boldsymbol{\alpha}_3),\ \boldsymbol{x}=\begin{pmatrix}x_1\\x_2\\x_3\end{pmatrix}。$$

由于矩阵 $\boldsymbol{A}$ 可逆，下面利用初等变换法求 $\boldsymbol{x}=\boldsymbol{A}^{-1}\boldsymbol{\beta}$。不难求得

$$(\boldsymbol{A}\mid\boldsymbol{\beta})=\left(\begin{array}{ccc|c}1&1&1&1\\1&0&0&1\\1&1&0&0\end{array}\right)\to\left(\begin{array}{ccc|c}1&1&1&1\\0&-1&-1&0\\0&0&-1&-1\end{array}\right)\to\left(\begin{array}{ccc|c}1&0&0&1\\0&1&0&-1\\0&0&1&1\end{array}\right),$$

即 $\boldsymbol{x}=\begin{pmatrix}1\\-1\\1\end{pmatrix}$。于是 $\boldsymbol{\beta}=\boldsymbol{\alpha}_1-\boldsymbol{\alpha}_2+\boldsymbol{\alpha}_3$。

3. 已知4维向量空间 $\mathbb{R}^4$ 中的两组基底，即

$$(\text{Ⅰ}):\ \boldsymbol{\alpha}_1=\begin{pmatrix}1\\2\\0\\0\end{pmatrix},\boldsymbol{\alpha}_2=\begin{pmatrix}1\\3\\0\\0\end{pmatrix},\boldsymbol{\alpha}_3=\begin{pmatrix}0\\0\\2\\1\end{pmatrix},\boldsymbol{\alpha}_4=\begin{pmatrix}0\\0\\5\\3\end{pmatrix};$$

$$(\text{Ⅱ}):\ \boldsymbol{\beta}_1=\begin{pmatrix}1\\0\\0\\0\end{pmatrix},\boldsymbol{\beta}_2=\begin{pmatrix}1\\1\\0\\0\end{pmatrix},\boldsymbol{\beta}_3=\begin{pmatrix}2\\0\\1\\2\end{pmatrix},\boldsymbol{\beta}_4=\begin{pmatrix}1\\0\\2\\3\end{pmatrix}。$$

(1) 求从基底 $\boldsymbol{\alpha}_1,\boldsymbol{\alpha}_2,\boldsymbol{\alpha}_3,\boldsymbol{\alpha}_4$ 到基底 $\boldsymbol{\beta}_1,\boldsymbol{\beta}_2,\boldsymbol{\beta}_3,\boldsymbol{\beta}_4$ 的过渡矩阵；

(2) 从基底 $\boldsymbol{\beta}_1,\boldsymbol{\beta}_2,\boldsymbol{\beta}_3,\boldsymbol{\beta}_4$ 到基底 $\boldsymbol{\alpha}_1,\boldsymbol{\alpha}_2,\boldsymbol{\alpha}_3,\boldsymbol{\alpha}_4$ 的过渡矩阵。

分析 根据公式求过渡矩阵。

解 (1) 令 $\boldsymbol{A}=(\boldsymbol{\alpha}_1,\boldsymbol{\alpha}_2,\boldsymbol{\alpha}_3,\boldsymbol{\alpha}_4)$，$\boldsymbol{B}=(\boldsymbol{\beta}_1,\boldsymbol{\beta}_2,\boldsymbol{\beta}_3,\boldsymbol{\beta}_4)$。依题意，设存在过渡矩阵 $\boldsymbol{P}$ 使得 $(\boldsymbol{\beta}_1,\boldsymbol{\beta}_2,\boldsymbol{\beta}_3,\boldsymbol{\beta}_4)=(\boldsymbol{\alpha}_1,\boldsymbol{\alpha}_2,\boldsymbol{\alpha}_3,\boldsymbol{\alpha}_4)\boldsymbol{P}$，即 $\boldsymbol{B}=\boldsymbol{AP}$。因为矩阵 $\boldsymbol{A}$ 可逆，所以 $\boldsymbol{P}=\boldsymbol{A}^{-1}\boldsymbol{B}$。

下面利用初等行变换法求解矩阵方程，有

$$(\boldsymbol{A}\,|\,\boldsymbol{B})=\left(\begin{array}{cccc|cccc}1&1&0&0&1&1&2&1\\2&3&0&0&0&1&0&0\\0&0&2&5&0&0&1&2\\0&0&1&3&0&0&2&3\end{array}\right)\rightarrow\left(\begin{array}{cccc|cccc}1&1&0&0&1&1&2&1\\0&1&0&0&-2&-1&-4&-2\\0&0&1&3&0&0&2&3\\0&0&0&-1&0&0&-3&-4\end{array}\right)$$

$$\rightarrow\left(\begin{array}{cccc|cccc}1&0&0&0&3&2&6&3\\0&1&0&0&-2&-1&-4&-2\\0&0&1&0&0&0&-7&-9\\0&0&0&1&0&0&3&4\end{array}\right)。$$

于是

$$\boldsymbol{P}=\begin{pmatrix}3&2&6&3\\-2&-1&-4&-2\\0&0&-7&-9\\0&0&3&4\end{pmatrix}。$$

(2) 依题意，设存在过渡矩阵 $\boldsymbol{Q}$ 使得 $\boldsymbol{A}=\boldsymbol{BQ}$。因为矩阵 $\boldsymbol{B}$ 可逆，所以有

$$\boldsymbol{Q}=\boldsymbol{B}^{-1}\boldsymbol{A}.$$

下面利用初等行变换法求解矩阵方程，有

$$(\boldsymbol{B}\,|\,\boldsymbol{A})=\left(\begin{array}{cccc|cccc}1&1&2&1&1&1&0&0\\0&1&0&0&2&3&0&0\\0&0&1&2&0&0&2&5\\0&0&2&3&0&0&1&3\end{array}\right)\rightarrow\left(\begin{array}{cccc|cccc}1&1&2&1&1&1&0&0\\0&1&0&0&2&3&0&0\\0&0&1&2&0&0&2&5\\0&0&0&-1&0&0&-3&-7\end{array}\right)$$

$$\rightarrow\left(\begin{array}{cccc|cccc}1&0&0&0&-1&-2&5&11\\0&1&0&0&2&3&0&0\\0&0&1&0&0&0&-4&-9\\0&0&0&1&0&0&3&7\end{array}\right)。$$

于是

$$\boldsymbol{Q}=\begin{pmatrix}-1&-2&5&11\\2&3&0&0\\0&0&-4&-9\\0&0&3&7\end{pmatrix}。$$

4.4 线性方程组的解的结构

一、知识要点

1. 齐次线性方程组的解的结构

对于 n 元齐次线性方程组

$$\boldsymbol{Ax}=\boldsymbol{0},$$

其中 $\boldsymbol{A}=(a_{ij})_{m\times n}$ 是对应的系数矩阵，$\boldsymbol{x}$ 是待求的 n 维向量，具体形式为

$$\boldsymbol{A}=\begin{pmatrix} a_{11} & a_{12} & \cdots & a_{1n} \\ a_{21} & a_{22} & \cdots & a_{2n} \\ \vdots & \vdots & & \vdots \\ a_{m1} & a_{m2} & \cdots & a_{mn} \end{pmatrix},\quad \boldsymbol{x}=\begin{pmatrix} x_1 \\ x_2 \\ \vdots \\ x_n \end{pmatrix},\quad \boldsymbol{0}=\begin{pmatrix} 0 \\ 0 \\ \vdots \\ 0 \end{pmatrix}。$$

线性方程组 $\boldsymbol{Ax}=\boldsymbol{0}$ 的全部解向量构成的集合称为**解集**，记作 S，即 $S=\{\boldsymbol{x}\mid\boldsymbol{Ax}=\boldsymbol{0}\}$。显然，$\boldsymbol{x}=\boldsymbol{0}$ 是 $\boldsymbol{Ax}=\boldsymbol{0}$ 的解，称为线性方程组 $\boldsymbol{Ax}=\boldsymbol{0}$ 的**零解**。

由 4.3 节中极大无关组的性质 1 知，若能求出这个解集的一个极大无关组，就可以得到所有解，也就是**通解**。为此，下面先研究线性方程组 $\boldsymbol{Ax}=\boldsymbol{0}$ 的解的结构。

关于齐次线性方程组 $\boldsymbol{Ax}=\boldsymbol{0}$ 的解，容易验证如下性质成立。

性质 1 若向量 $\boldsymbol{\xi}_1,\boldsymbol{\xi}_2$ 是线性方程组 $\boldsymbol{Ax}=\boldsymbol{0}$ 的解，则 $\boldsymbol{\xi}_1+\boldsymbol{\xi}_2$ 也是 $\boldsymbol{Ax}=\boldsymbol{0}$ 的解。

性质 2 对于任意实数 k，若向量 $\boldsymbol{\xi}$ 是线性方程组 $\boldsymbol{Ax}=\boldsymbol{0}$ 的解，则 $k\boldsymbol{\xi}$ 也为 $\boldsymbol{Ax}=\boldsymbol{0}$ 的解。

由性质 1 和性质 2 可知，若 $\boldsymbol{\xi}_1,\boldsymbol{\xi}_2,\cdots,\boldsymbol{\xi}_t$ 为线性方程组 $\boldsymbol{Ax}=\boldsymbol{0}$ 的解，则线性组合

$$\boldsymbol{x}=k_1\boldsymbol{\xi}_1+k_2\boldsymbol{\xi}_2+\cdots+k_t\boldsymbol{\xi}_t$$

也是 $\boldsymbol{Ax}=\boldsymbol{0}$ 的解。又若向量组 $\boldsymbol{\xi}_1,\boldsymbol{\xi}_2,\cdots,\boldsymbol{\xi}_t$ 为线性方程组 $\boldsymbol{Ax}=\boldsymbol{0}$ 解向量组 S 的极大线性无关组，则称为线性方程组 $\boldsymbol{Ax}=\boldsymbol{0}$ 的**基础解系**，对应的通解为

$$S=\{k_1\boldsymbol{\xi}_1+k_2\boldsymbol{\xi}_2+\cdots+k_t\boldsymbol{\xi}_t\mid k_1,k_2,\cdots,k_t\in\mathbb{R}\}。$$

对于 n 元齐次线性方程组 $\boldsymbol{Ax}=\boldsymbol{0}$，若 $\mathrm{R}(\boldsymbol{A})=n$，则线性方程组只有零解；若 $\mathrm{R}(\boldsymbol{A})=r<n$，则线性方程组有无穷多非零解。

对于 n 元齐次线性方程组 $\boldsymbol{Ax}=\boldsymbol{0}$，设 $\mathrm{R}(\boldsymbol{A})=r<n$，求线性方程组的通解的步骤如下：

第一步 对系数矩阵 $\boldsymbol{A}$ 实施初等行变换，最终将其化为如下的行最简形，即

$$\boldsymbol{A}=\begin{pmatrix} a_{11} & a_{12} & \cdots & a_{1n} \\ a_{21} & a_{22} & \cdots & a_{2n} \\ \vdots & \vdots & & \vdots \\ a_{m1} & a_{m2} & \cdots & a_{mn} \end{pmatrix}\to\begin{pmatrix} 1 & 0 & \cdots & 0 & b_{1,r+1} & \cdots & b_{1n} \\ 0 & 1 & \cdots & 0 & b_{2,r+1} & \cdots & b_{2n} \\ \vdots & \vdots & & \vdots & \vdots & & \vdots \\ 0 & 0 & \cdots & 1 & b_{r,r+1} & \cdots & b_{rn} \\ 0 & 0 & \cdots & 0 & 0 & \cdots & 0 \\ \vdots & \vdots & & \vdots & \vdots & & \vdots \\ 0 & 0 & \cdots & 0 & 0 & \cdots & 0 \end{pmatrix}。$$

第二步 求得与 $\boldsymbol{Ax}=\boldsymbol{0}$ 同解的线性方程组

$$\begin{cases} x_1=-b_{1,r+1}x_{r+1}-\cdots-b_{1n}x_n, \\ x_2=-b_{2,r+1}x_{r+1}-\cdots-b_{2n}x_n, \\ \qquad\vdots \\ x_r=-b_{r,r+1}x_{r+1}-\cdots-b_{rn}x_n。 \end{cases}$$

第三步 令 $x_1,x_2,\cdots,x_r$ 为主变量，$x_{r+1},\cdots,x_n$ 为由自由未知量。取自由未知量 x_{r+1}，$x_{r+2},\cdots,x_n$ 构成的向量分别为如下的 $n-r$ 个向量

$$\begin{pmatrix} x_{r+1} \\ x_{r+2} \\ \vdots \\ x_n \end{pmatrix}=\begin{pmatrix} 1 \\ 0 \\ \vdots \\ 0 \end{pmatrix},\begin{pmatrix} 0 \\ 1 \\ \vdots \\ 0 \end{pmatrix},\cdots,\begin{pmatrix} 0 \\ 0 \\ \vdots \\ 1 \end{pmatrix},$$

进而求得线性方程组的基础解系为

$$\boldsymbol{\xi}_1=\begin{pmatrix}-b_{1,r+1}\\-b_{2,r+1}\\\vdots\\-b_{r,r+1}\\1\\0\\\vdots\\0\end{pmatrix},\quad \boldsymbol{\xi}_2=\begin{pmatrix}-b_{1,r+2}\\-b_{2,r+2}\\\vdots\\-b_{r,r+2}\\0\\1\\\vdots\\0\end{pmatrix},\quad \cdots,\quad \boldsymbol{\xi}_{n-r}=\begin{pmatrix}-b_{1n}\\-b_{2n}\\\vdots\\-b_{rn}\\0\\0\\\vdots\\1\end{pmatrix}。$$

第四步 写出线性方程组的通解，即

$$\boldsymbol{x}=k_1\boldsymbol{\xi}_1+k_2\boldsymbol{\xi}_2+\cdots+k_{n-r}\boldsymbol{\xi}_{n-r},\qquad k_1,k_2,\cdots,k_{n-r}\text{ 为任意实数},$$

或写为

$$S=\{k_1\boldsymbol{\xi}_1+k_2\boldsymbol{\xi}_2+\cdots+k_{n-r}\boldsymbol{\xi}_{n-r}\mid k_1,k_2,\cdots,k_{n-r}\in\mathbb{R}\}。$$

2. 非齐次线性方程组解的结构

对于 n 元非齐次线性方程组

$$\boldsymbol{Ax}=\boldsymbol{b},$$

其中 $\boldsymbol{A}$ 为 $m\times n$ 矩阵，$\boldsymbol{b}\neq\boldsymbol{0}$。

对应的齐次线性方程组为 $\boldsymbol{Ax}=\boldsymbol{0}$，称为 $\boldsymbol{Ax}=\boldsymbol{b}$ 的**导出组**。

关于非齐次线性方程组 $\boldsymbol{Ax}=\boldsymbol{b}$ 的解，具有下列性质：

性质 1 若向量 $\boldsymbol{\eta}_1,\boldsymbol{\eta}_2$ 都是线性方程组 $\boldsymbol{Ax}=\boldsymbol{b}$ 的解，则 $\boldsymbol{\eta}_1-\boldsymbol{\eta}_2$ 是 $\boldsymbol{Ax}=\boldsymbol{0}$ 的解。

性质 2 若 $\boldsymbol{\eta}$ 是线性方程组 $\boldsymbol{Ax}=\boldsymbol{b}$ 的解，$\boldsymbol{\xi}$ 是 $\boldsymbol{Ax}=\boldsymbol{0}$ 的解，则 $\boldsymbol{\eta}+\boldsymbol{\xi}$ 是 $\boldsymbol{Ax}=\boldsymbol{b}$ 的解。

定理 4.10 设非齐次线性方程组 $\boldsymbol{Ax}=\boldsymbol{b}$ 有解，$\boldsymbol{\eta}^*$ 是它的一个(特)解，$\boldsymbol{\xi}$ 为导出组 $\boldsymbol{Ax}=\boldsymbol{0}$ 的通解，则 $\boldsymbol{Ax}=\boldsymbol{b}$ 的通解为 $\boldsymbol{x}=\boldsymbol{\eta}^*+\boldsymbol{\xi}$。

设 $\mathrm{R}(\boldsymbol{A})=r$，向量组 $\boldsymbol{\xi}_1,\boldsymbol{\xi}_2,\cdots,\boldsymbol{\xi}_{n-r}$ 为 $\boldsymbol{Ax}=\boldsymbol{0}$ 的基础解系，则 $\boldsymbol{Ax}=\boldsymbol{b}$ 的通解为

$$\boldsymbol{x}=\boldsymbol{\eta}^*+k_1\boldsymbol{\xi}_1+k_2\boldsymbol{\xi}_2+\cdots+k_{n-r}\boldsymbol{\xi}_{n-r},\qquad k_1,k_2,\cdots,k_{n-r}\text{ 为任意实数},$$

或写为

$$\boldsymbol{x}=\{\boldsymbol{\eta}^*+k_1\boldsymbol{\xi}_1+k_2\boldsymbol{\xi}_2+\cdots+k_{n-r}\boldsymbol{\xi}_{n-r}\mid k_1,k_2\cdots k_{n-r}\in\mathbb{R}\}。$$

对于 n 元齐次线性方程组 $\boldsymbol{Ax}=\boldsymbol{b}$，设 $\mathrm{R}(\boldsymbol{A})=\mathrm{R}(\overline{\boldsymbol{A}})=r<n$，求线性方程组的通解的步骤如下：

第一步 对增广矩阵 $\overline{\boldsymbol{A}}=(\boldsymbol{A},\boldsymbol{b})$ 实施初等行变换，最终将其化为如下的行最简形，即

$$\overline{\boldsymbol{A}}=(\boldsymbol{A},\boldsymbol{b})=\begin{pmatrix}a_{11}&a_{12}&\cdots&a_{1n}&b_1\\a_{21}&a_{22}&\cdots&a_{2n}&b_2\\\vdots&\vdots&&\vdots&\vdots\\a_{m1}&a_{m2}&\cdots&a_{mn}&b_m\end{pmatrix}\rightarrow\begin{pmatrix}1&0&\cdots&0&b_{1,r+1}&\cdots&b_{1n}&\tilde{b}_1\\0&1&\cdots&0&b_{2,r+1}&\cdots&b_{2n}&\tilde{b}_2\\\vdots&\vdots&&\vdots&\vdots&&\vdots&\vdots\\0&0&\cdots&1&b_{r,r+1}&\cdots&b_{rn}&\tilde{b}_r\\0&0&\cdots&0&0&\cdots&0&0\\\vdots&\vdots&&\vdots&\vdots&&\vdots&\vdots\\0&0&\cdots&0&0&\cdots&0&0\end{pmatrix}。$$

第二步 求得与 $\boldsymbol{Ax}=\boldsymbol{b}$ 同解的线性方程组为

$$\begin{cases} x_1=\tilde{b}_1-b_{1,r+1}x_{r+1}-\cdots-b_{1n}x_n, \\ x_2=\tilde{b}_2-b_{2,r+1}x_{r+1}-\cdots-b_{2n}x_n, \\ \quad\vdots \\ x_r=\tilde{b}_r-b_{r,r+1}x_{r+1}-\cdots-b_{rn}x_n. \end{cases}$$

第三步 令 $x_{r+1}=0,x_{r+2}=0,\cdots,x_n=0$，求得线性方程组 $\boldsymbol{Ax}=\boldsymbol{b}$ 的一个特解 $\boldsymbol{\eta}^*$。

第四步 求导出组 $\boldsymbol{Ax}=\boldsymbol{0}$ 的一个基础解系 $\boldsymbol{\xi}_1,\boldsymbol{\xi}_2,\cdots,\boldsymbol{\xi}_{n-r}$。

第五步 写出线性方程组的通解，即

$$\boldsymbol{x}=\boldsymbol{\eta}^*+k_1\boldsymbol{\xi}_1+k_2\boldsymbol{\xi}_2+\cdots+k_{n-r}\boldsymbol{\xi}_{n-r},\qquad k_1,k_2,\cdots,k_{n-r}\text{为任意实数},$$

或写为

$$\boldsymbol{x}=\{\boldsymbol{\eta}^*+k_1\boldsymbol{\xi}_1+k_2\boldsymbol{\xi}_2+\cdots+k_{n-r}\boldsymbol{\xi}_{n-r}\mid k_1,k_2,\cdots,k_{n-r}\in\mathbb{R}\}.$$

二、经典题型详解

题型1 求线性方程组的通解

例 4.15 求齐次线性方程组的一个基础解系和通解：

$$\begin{cases} x_1-x_2+2x_3-2x_4=0, \\ 2x_1+x_2+3x_3-x_4=0, \\ 4x_1-x_2+7x_3-5x_4=0, \\ 5x_1-2x_2+9x_3-7x_4=0. \end{cases}$$

解 **第一步** 对系数矩阵实施初等行变换，将其化为行最简形，具体过程如下：

$$\boldsymbol{A}=\begin{pmatrix} 1 & -1 & 2 & -2 \\ 2 & 1 & 3 & -1 \\ 4 & -1 & 7 & -5 \\ 5 & -2 & 9 & -7 \end{pmatrix}\to\begin{pmatrix} 1 & -1 & 2 & -2 \\ 0 & 3 & -1 & 3 \\ 0 & 0 & 0 & 0 \\ 0 & 0 & 0 & 0 \end{pmatrix}\to\begin{pmatrix} 1 & 0 & \frac{5}{3} & -1 \\ 0 & 1 & -\frac{1}{3} & 1 \\ 0 & 0 & 0 & 0 \\ 0 & 0 & 0 & 0 \end{pmatrix}.$$

第二步 同解线性方程组为

$$\begin{cases} x_1+\frac{5}{3}x_3-x_4=0, \\ x_2-\frac{1}{3}x_3+x_4=0. \end{cases}$$

第三步 取 x_3,x_4 为自由未知量，令 $\begin{pmatrix} x_3 \\ x_4 \end{pmatrix}=\begin{pmatrix} 1 \\ 0 \end{pmatrix}$ 和 $\begin{pmatrix} 0 \\ 1 \end{pmatrix}$，则线性方程组的基础解系为

$$\boldsymbol{\xi}_1=\begin{pmatrix} -\frac{5}{3} \\ \frac{1}{3} \\ 1 \\ 0 \end{pmatrix},\qquad \boldsymbol{\xi}_2=\begin{pmatrix} 1 \\ -1 \\ 0 \\ 1 \end{pmatrix}.$$

第四步 于是线性方程组通解为

$$\boldsymbol{x}=\begin{pmatrix}x_1\\x_2\\x_3\\x_4\end{pmatrix}=k_1\begin{pmatrix}-\frac{5}{3}\\\frac{1}{3}\\1\\0\end{pmatrix}+k_2\begin{pmatrix}1\\-1\\0\\1\end{pmatrix},\qquad k_1,k_2\text{ 为任意实数。}$$

类似地，求下列线性方程组：

(1) $\begin{cases}x_1+x_2-x_3-x_4=0,\\2x_1-5x_2+3x_3+2x_4=0,\\7x_1-7x_2+3x_3+x_4=0;\end{cases}$　　(2) $\begin{cases}x_1+2x_2-3x_3+x_4=0,\\2x_1-5x_2+2x_3+2x_4=0,\\4x_1-x_2-4x_3+4x_4=0,\\5x_1-x_2-7x_3+5x_4=0。\end{cases}$

例 4.16 求下列非齐次线性方程组的基础解系和通解：

(1) $\begin{cases}x_1+2x_2-x_3-2x_4=2,\\2x_1+3x_2+x_3-x_4=0,\\4x_1+7x_2-x_3-5x_4=4,\\3x_1+5x_2-3x_4=2;\end{cases}$　　(2) $\begin{cases}x_1-x_2+3x_3-x_4=1,\\2x_1-x_2-x_3+4x_4=2,\\3x_1-2x_2+2x_3+3x_4=3,\\x_1-4x_3+5x_4=-1。\end{cases}$

解 (1) **第一步** 对线性方程组的增广矩阵实施初等行变换，将其化为行最简形，具体过程如下：

$$\overline{\boldsymbol{A}}=\begin{pmatrix}1&2&-1&-2&2\\2&3&1&-1&0\\4&7&-1&-5&4\\3&5&0&-3&2\end{pmatrix}\to\begin{pmatrix}1&2&-1&-2&2\\0&-1&3&3&-4\\0&-1&3&3&-4\\0&-1&3&3&-4\end{pmatrix}\to\begin{pmatrix}1&2&-1&-2&2\\0&1&-3&-3&4\\0&0&0&0&0\\0&0&0&0&0\end{pmatrix}$$

$$\to\begin{pmatrix}1&0&5&4&-6\\0&1&-3&-3&4\\0&0&0&0&0\\0&0&0&0&0\end{pmatrix}。$$

第二步 易见，$\mathrm{R}(\boldsymbol{A})=\mathrm{R}(\overline{\boldsymbol{A}})=2<4$，线性方程组有无穷多解。同解线性方程组为

$$\begin{cases}x_1=-5x_3-4x_4-6,\\x_2=3x_3+3x_4+4。\end{cases}$$

第三步 在同解线性方程组中令 $x_3=x_4=0$，得到非齐次线性方程组的一个特解

$$\boldsymbol{\eta}^*=\begin{pmatrix}-6\\4\\0\\0\end{pmatrix}。$$

第四步 线性方程组的导出组为 $\begin{cases}x_1=-5x_3-4x_4,\\x_2=3x_3+3x_4。\end{cases}$ 令 x_3,x_4 为自由未知量，分别取 $\begin{pmatrix}x_3\\x_4\end{pmatrix}=\begin{pmatrix}1\\0\end{pmatrix},\begin{pmatrix}0\\1\end{pmatrix}$，则导出组的基础解系为

$$\boldsymbol{\xi}_1=\begin{pmatrix}-5\\3\\1\\0\end{pmatrix},\quad \boldsymbol{\xi}_2=\begin{pmatrix}-4\\3\\0\\1\end{pmatrix}。$$

第五步 线性方程组的通解为

$$\boldsymbol{x}=\begin{pmatrix}x_1\\x_2\\x_3\\x_4\end{pmatrix}=\begin{pmatrix}-6\\4\\0\\0\end{pmatrix}+k_1\begin{pmatrix}-5\\3\\1\\0\end{pmatrix}+k_2\begin{pmatrix}-4\\3\\0\\1\end{pmatrix},\quad k_1,k_2\text{ 为任意实数。}$$

(2) 对线性方程组的增广矩阵实施初等行变换,将其约化为行最简形,具体过程如下:

$$\bar{\boldsymbol{A}}=\begin{pmatrix}1&-1&3&-1&1\\2&-1&-1&4&2\\3&-2&2&3&3\\1&0&-4&5&-1\end{pmatrix}\to\begin{pmatrix}1&-1&3&-1&1\\0&1&-7&6&0\\0&1&-7&6&0\\0&1&-7&6&-2\end{pmatrix}\to\begin{pmatrix}1&-1&3&-1&1\\0&1&-7&6&0\\0&0&0&0&-2\\0&0&0&0&0\end{pmatrix}。$$

易见,$R(\boldsymbol{A})\neq R(\bar{\boldsymbol{A}})$,所以该线性方程组无解。

类似地,求解下列非齐次线性方程组:

(1) $\begin{cases}x_1+2x_2-2x_3+x_4=0,\\x_1+x_2-3x_3-2x_4=4,\\3x_1-x_2-2x_3+2x_4=-1;\end{cases}$ (2) $\begin{cases}x_1-2x_2-x_3+2x_4=1,\\x_1+2x_2+x_3-3x_4=4,\\3x_1-2x_2-x_3+x_4=6,\\4x_1\qquad\qquad -2x_4=10。\end{cases}$

例 4.17 当 λ 取何值时,使得线性方程组 $\begin{cases}-2x_1+x_2+x_3=-2,\\x_1-2x_2+x_3=\lambda,\\x_1+x_2-2x_3=\lambda^2\end{cases}$ 有解?求出它的通解。

分析 根据定理 4.10 求解。首先是利用初等行变换将线性方程组的增广矩阵化为行阶梯形;然后讨论 λ 取不同值时解的存在性;在有解的情形下,将增广矩阵约化为行最简形,进而求出线性方程组的通解。

解 利用初等行变换将线性方程组的增广矩阵化为行最简形,具体过程如下:

$$\bar{\boldsymbol{A}}=\begin{pmatrix}-2&1&1&-2\\1&-2&1&\lambda\\1&1&-2&\lambda^2\end{pmatrix}\xrightarrow{r_3\leftrightarrow r_1}\begin{pmatrix}1&1&-2&\lambda^2\\1&-2&1&\lambda\\-2&1&1&-2\end{pmatrix}$$

$$\xrightarrow[r_3+2r_1]{r_2-r_1}\begin{pmatrix}1&1&-2&\lambda^2\\0&-3&3&\lambda-\lambda^2\\0&3&-3&-2+2\lambda^2\end{pmatrix}\xrightarrow{r_3+r_2}\begin{pmatrix}1&1&-2&\lambda^2\\0&-3&3&\lambda-\lambda^2\\0&0&0&-2+\lambda+\lambda^2\end{pmatrix}。$$

注意到,当 $-2+\lambda+\lambda^2=0$,即 $\lambda=1$ 或 $\lambda=-2$ 时,有 $R(\boldsymbol{A})=R(\bar{\boldsymbol{A}})=2$,此时线性方程组有解。特别地:

(1) 当 $\lambda=1$ 时,有

$$\bar{A}\to\begin{pmatrix}1&1&-2&1\\0&-3&3&0\\0&0&0&0\end{pmatrix}\to\begin{pmatrix}1&0&-1&1\\0&1&-1&0\\0&0&0&0\end{pmatrix}。$$

同解线性方程组为

$$\begin{cases}x_1=x_3+1,\\x_2=x_3。\end{cases}$$

取 $x_3=0$,得到非齐次线性方程组的一个特解

$$\boldsymbol{\eta}^*=\begin{pmatrix}1\\0\\0\end{pmatrix}。$$

线性方程组的导出组为 $\begin{cases}x_1=x_3,\\x_2=x_3。\end{cases}$ 令 x_3 为自由未知量,取 $x_3=1$,则导出组的一个基础解系为

$$\boldsymbol{\xi}=\begin{pmatrix}1\\1\\1\end{pmatrix}。$$

于是,当 $\lambda=1$ 时,线性方程组的通解为

$$\boldsymbol{x}=\begin{pmatrix}x_1\\x_2\\x_3\end{pmatrix}=\begin{pmatrix}1\\0\\0\end{pmatrix}+k\begin{pmatrix}1\\1\\1\end{pmatrix},\quad k \text{ 为任意实数。}$$

(2) 当 $\lambda=-2$ 时,有

$$\bar{A}\to\begin{pmatrix}1&1&-2&4\\0&-3&3&-6\\0&0&0&0\end{pmatrix}\to\begin{pmatrix}1&0&-1&2\\0&1&-1&2\\0&0&0&0\end{pmatrix}。$$

同解线性方程组为

$$\begin{cases}x_1-x_3=2,\\x_2-x_3=2。\end{cases}$$

取 $x_3=0$ 得到非齐次线性方程组的一个特解

$$\boldsymbol{\eta}^*=\begin{pmatrix}2\\2\\0\end{pmatrix}。$$

线性方程组导出组为 $\begin{cases}x_1-x_3=0,\\x_2-x_3=0。\end{cases}$ 令 x_3 为自由未知量,取 $x_3=1$,则导出组的一个基础解系为

$$\boldsymbol{\xi}=\begin{pmatrix}1\\1\\1\end{pmatrix}。$$

于是,当 $\lambda=-2$ 时,线性方程组的通解为

$$x=\begin{pmatrix}x_1\\x_2\\x_3\end{pmatrix}=\begin{pmatrix}2\\2\\0\end{pmatrix}+k\begin{pmatrix}1\\1\\1\end{pmatrix},\qquad k\text{ 为任意实数。}$$

类似地，问 λ 取何值时，非齐次线性方程组

$$\begin{cases}2x_1+\lambda x_2-x_3=1,\\ \lambda x_1-x_2+x_3=2,\\ 4x_1+5x_2-5x_3=-1\end{cases}$$

(1)有唯一解？(2)无解？(3)有无穷多解，并求通解。

题型2　综合题

例4.18　对于一个4元非齐次线性方程组，设其系数矩阵的秩为3，已知 $\boldsymbol{\eta}_1,\boldsymbol{\eta}_2,\boldsymbol{\eta}_3$ 是它的3个解向量，且

$$\boldsymbol{\eta}_1=\begin{pmatrix}3\\-4\\1\\2\end{pmatrix},\quad \boldsymbol{\eta}_2+\boldsymbol{\eta}_3=\begin{pmatrix}4\\6\\8\\0\end{pmatrix}。$$

求该线性方程组的通解。

分析　利用非齐次线性方程组的解的性质求出通解。

解　设线性方程组为 $\boldsymbol{Ax}=\boldsymbol{b}$。依题意，$\boldsymbol{A\eta}_1=\boldsymbol{b},\boldsymbol{A\eta}_2=\boldsymbol{b},\boldsymbol{A\eta}_3=\boldsymbol{b}$。不难验证，

$$\boldsymbol{A}\left[\frac{1}{2}(\boldsymbol{\eta}_2+\boldsymbol{\eta}_3)\right]=\frac{1}{2}\boldsymbol{A\eta}_2+\frac{1}{2}\boldsymbol{A\eta}_3=\boldsymbol{b},$$

故 $\frac{1}{2}(\boldsymbol{\eta}_2+\boldsymbol{\eta}_3)$ 是非齐次线性方程组 $\boldsymbol{Ax}=\boldsymbol{b}$ 的一个特解。

由非齐次线性方程组的解的性质1知

$$\boldsymbol{\eta}_1-\frac{1}{2}(\boldsymbol{\eta}_2+\boldsymbol{\eta}_3)=\begin{pmatrix}1\\-7\\-3\\2\end{pmatrix}$$

为其导出组 $\boldsymbol{Ax}=\boldsymbol{0}$ 的非零解。因为 $R(\boldsymbol{A})=3$，所以 $\boldsymbol{Ax}=\boldsymbol{0}$ 的基础解系只含一个向量，故 $\boldsymbol{\eta}_1-\frac{1}{2}(\boldsymbol{\eta}_2+\boldsymbol{\eta}_3)$ 是 $\boldsymbol{Ax}=\boldsymbol{0}$ 的基础解系。由非齐次线性方程组解的性质2知，线性方程组 $\boldsymbol{Ax}=\boldsymbol{b}$ 的通解为

$$\boldsymbol{x}=\boldsymbol{\eta}_1+k\left[\boldsymbol{\eta}_1-\frac{1}{2}(\boldsymbol{\eta}_2+\boldsymbol{\eta}_3)\right]=\begin{pmatrix}3\\-4\\1\\2\end{pmatrix}+k\begin{pmatrix}1\\-7\\-3\\2\end{pmatrix},\qquad k\text{ 为任意实数。}$$

类似地，对于一个4元非齐次线性方程组，设对应的系数矩阵的秩为3，$\boldsymbol{\eta}_1,\boldsymbol{\eta}_2,\boldsymbol{\eta}_3$ 是其三个解向量，并且满足

$$\boldsymbol{\eta}_1+\boldsymbol{\eta}_2=\begin{pmatrix}1\\1\\0\\2\end{pmatrix},\qquad \boldsymbol{\eta}_2+\boldsymbol{\eta}_3=\begin{pmatrix}1\\0\\1\\3\end{pmatrix}。$$

求该线性方程组的通解。

例 4.19 设 $\boldsymbol{\eta}_1,\boldsymbol{\eta}_2,\cdots,\boldsymbol{\eta}_s$ 是非齐次线性方程组 $\boldsymbol{Ax}=\boldsymbol{b}$ 的 s 个解，$k_1,k_2,\cdots,k_s$ 为任意实数，且满足 $k_1+k_2+\cdots+k_s=1$，证明：$\boldsymbol{x}=k_1\boldsymbol{\eta}_1+k_2\boldsymbol{\eta}_2+\cdots+k_s\boldsymbol{\eta}_s$ 也是 $\boldsymbol{Ax}=\boldsymbol{b}$ 的解。

分析 直接代入验证即可。

证 由于 $\boldsymbol{\eta}_1,\boldsymbol{\eta}_2,\cdots,\boldsymbol{\eta}_s$ 是非齐次线性方程组 $\boldsymbol{Ax}=\boldsymbol{b}$ 的 s 个解，所以有

$$\begin{aligned}\boldsymbol{Ax}&=\boldsymbol{A}(k_1\boldsymbol{\eta}_1+k_2\boldsymbol{\eta}_2+\cdots+k_s\boldsymbol{\eta}_s)=k_1(\boldsymbol{A\eta}_1)+k_2(\boldsymbol{A\eta}_2)+\cdots+k_s(\boldsymbol{A\eta}_s)\\&=k_1\boldsymbol{b}+k_2\boldsymbol{b}+\cdots+k_s\boldsymbol{b}=(k_1+k_2+\cdots+k_s)\boldsymbol{b}(\text{根据 } k_1+k_2+\cdots+k_s=1)\\&=\boldsymbol{b}。\end{aligned}$$

所以 $\boldsymbol{x}=k_1\boldsymbol{\eta}_1+k_2\boldsymbol{\eta}_2+\cdots+k_s\boldsymbol{\eta}_s$ 也是 $\boldsymbol{Ax}=\boldsymbol{b}$ 的解。 证毕

例 4.20 设 $\boldsymbol{\eta}^*$ 是非齐次线性方程组 $\boldsymbol{Ax}=\boldsymbol{b}$ 的一个解，向量组 $\boldsymbol{\xi}_1,\boldsymbol{\xi}_2,\cdots,\boldsymbol{\xi}_{n-r}$ 是其导出组 $\boldsymbol{Ax}=\boldsymbol{0}$ 的一个基础解系。证明：

(1) 解向量组 $\boldsymbol{\eta}^*,\boldsymbol{\xi}_1,\boldsymbol{\xi}_2,\cdots,\boldsymbol{\xi}_{n-r}$ 线性无关；

(2) 解向量组 $\boldsymbol{\eta}^*,\boldsymbol{\eta}^*+\boldsymbol{\xi}_1,\boldsymbol{\eta}^*+\boldsymbol{\xi}_2,\cdots,\boldsymbol{\eta}^*+\boldsymbol{\xi}_{n-r}$ 线性无关。

分析 利用(非)齐次线性方程组的解的结构和性质及向量组线性无关的判定条件证明。

证 由已知可得

$$\boldsymbol{A\xi}_i=\boldsymbol{0}\quad(i=1,2,\cdots,n-r),\qquad \boldsymbol{A\eta}^*=\boldsymbol{b}。$$

(1) 用反证法。假设向量组 $\boldsymbol{\eta}^*,\boldsymbol{\xi}_1,\boldsymbol{\xi}_2,\cdots,\boldsymbol{\xi}_{n-r}$ 线性相关，则必存在不全为零的数 $k_i(i=1,2,\cdots,n-r),k$ 使得

$$k\boldsymbol{\eta}^*+k_1\boldsymbol{\xi}_1+\cdots+k_{n-r}\boldsymbol{\xi}_{n-r}=\boldsymbol{0}。$$

一方面，在上式两边左乘矩阵 $\boldsymbol{A}$，由于 $\boldsymbol{\xi}_1,\boldsymbol{\xi}_2,\cdots,\boldsymbol{\xi}_{n-r}$ 是其导出组 $\boldsymbol{Ax}=\boldsymbol{0}$ 的一个基础解系，所以有 $k\boldsymbol{A\eta}^*=\boldsymbol{0}$。由于 $\boldsymbol{A\eta}^*=\boldsymbol{b}\neq\boldsymbol{0}$，所以 $k=0$。然而，若 $k=0$，由于 $\boldsymbol{\xi}_1,\boldsymbol{\xi}_2,\cdots,\boldsymbol{\xi}_{n-r}$ 线性无关，又推出必有 $k_i=0(i=1,2,\cdots,n-r)$，与假设 $\boldsymbol{\eta}^*,\boldsymbol{\xi}_1,\boldsymbol{\xi}_2,\cdots,\boldsymbol{\xi}_{n-r}$ 线性相关矛盾。因此，向量组 $\boldsymbol{\eta}^*,\boldsymbol{\xi}_1,\boldsymbol{\xi}_2,\cdots,\boldsymbol{\xi}_{n-r}$ 必线性无关。

(2) 要证向量组 $\boldsymbol{\eta}^*,\boldsymbol{\eta}^*+\boldsymbol{\xi}_1,\cdots,\boldsymbol{\eta}^*+\boldsymbol{\xi}_{n-r}$ 线性无关，当且仅当 $k_i=0(i=1,2,\cdots,n-r)$，$k=0$ 时，等式

$$k\boldsymbol{\eta}^*+k_1(\boldsymbol{\eta}^*+\boldsymbol{\xi}_1)+\cdots+k_{n-r}(\boldsymbol{\eta}^*+\boldsymbol{\xi}_{n-r})=\boldsymbol{0}$$

成立。将上式变形，可得

$$(k+k_1+\cdots+k_{n-r})\boldsymbol{\eta}^*+k_1\boldsymbol{\xi}_1+\cdots+k_{n-r}\boldsymbol{\xi}_{n-r}=\boldsymbol{0}。$$

由(1)可知，$\boldsymbol{\eta}^*,\boldsymbol{\xi}_1,\cdots,\boldsymbol{\xi}_{n-r}$ 线性无关，所以有

$$k+k_1+\cdots+k_{n-r}=0,k_i=0(i=1,2,\cdots,n-r),$$

也就是说，只有当 $k_i=0(i=1,2,\cdots,n-r)$，$k=0$ 时，才有等式 $k\boldsymbol{\eta}^*+k_1(\boldsymbol{\eta}^*+\boldsymbol{\xi}_1)+\cdots+k_{n-r}(\boldsymbol{\eta}^*+\boldsymbol{\xi}_{n-r})=\boldsymbol{0}$ 成立，这表明，向量组 $\boldsymbol{\eta}^*,\boldsymbol{\eta}^*+\boldsymbol{\xi}_1,\cdots,\boldsymbol{\eta}^*+\boldsymbol{\xi}_{n-r}$ 线性无关。 证毕

类似地，可以证明下列问题：

(1) 设 $\boldsymbol{\eta}_0,\boldsymbol{\eta}_1,\boldsymbol{\eta}_2,\cdots,\boldsymbol{\eta}_{n-r}$ 为 n 元非齐次线性方程组 $\boldsymbol{Ax}=\boldsymbol{b}$ 的 $n-r+1$ 个线性无关的解向量，系数矩阵 $\boldsymbol{A}$ 的秩为 r，证明：$\boldsymbol{\eta}_1-\boldsymbol{\eta}_0,\boldsymbol{\eta}_2-\boldsymbol{\eta}_0,\cdots,\boldsymbol{\eta}_{n-r}-\boldsymbol{\eta}_0$ 是导出组 $\boldsymbol{Ax}=\boldsymbol{0}$ 的一组基础解系。

(2) 设 n 元非齐次线性方程组 $\boldsymbol{Ax}=\boldsymbol{b}$ 的系数矩阵的秩为 r，$\boldsymbol{\eta}_1,\boldsymbol{\eta}_2,\cdots,\boldsymbol{\eta}_{n-r+1}$ 是它的 $n-r+1$ 个线性无关的解，试证它的任一解 $\boldsymbol{\eta}$ 可表示为

$$\boldsymbol{\eta}=k_1\boldsymbol{\eta}_1+k_2\boldsymbol{\eta}_2+\cdots+k_{n-r+1}\boldsymbol{\eta}_{n-r+1},\qquad 其中\ k_1+k_2+\cdots+k_{n-r+1}=1。$$

例 4.21 设 $\boldsymbol{A}$ 是 n 阶矩阵($n\geqslant 2$)，$\boldsymbol{A}^*$ 是 $\boldsymbol{A}$ 的伴随矩阵，证明：

$$\mathrm{R}(\boldsymbol{A}^*)=\begin{cases}n, & \mathrm{R}(\boldsymbol{A})=n,\\ 1, & \mathrm{R}(\boldsymbol{A})=n-1,\\ 0, & \mathrm{R}(\boldsymbol{A})<n-1。\end{cases}$$

证 由 $\boldsymbol{AA}^*=|\boldsymbol{A}|\boldsymbol{E}$，可知：

(1) 若 $\mathrm{R}(\boldsymbol{A})=n$，则 $|\boldsymbol{A}|\neq 0$，显然有 $\mathrm{R}(\boldsymbol{A}^*)=n$。

(2) 若 $\mathrm{R}(\boldsymbol{A})=n-1$，则 $|\boldsymbol{A}|=0$。于是有 $\boldsymbol{AA}^*=\boldsymbol{0}$，即 $\boldsymbol{A}^*$ 的每一列向量都是齐次方程组 $\boldsymbol{Ax}=\boldsymbol{0}$ 的解向量。由于 $\mathrm{R}(\boldsymbol{A})=n-1$，故线性方程组 $\boldsymbol{Ax}=\boldsymbol{0}$ 基础解系中含有 $n-\mathrm{R}(\boldsymbol{A})=n-(n-1)=1$ 个向量，所以 $\mathrm{R}(\boldsymbol{A}^*)\leqslant 1$。

另一方面，由于 $\mathrm{R}(\boldsymbol{A})=n-1$，所以 $\boldsymbol{A}$ 中至少有一个 $n-1$ 阶子式不等于零，即 $\boldsymbol{A}^*$ 中至少有一个元素不等于零，所以 $\mathrm{R}(\boldsymbol{A}^*)\geqslant 1$，由此得 $\mathrm{R}(\boldsymbol{A}^*)=1$。

(3) 若 $\mathrm{R}(\boldsymbol{A})<n-1$，则 $\boldsymbol{A}$ 的所有 $n-1$ 阶子式全为零，即 $\boldsymbol{A}^*=\boldsymbol{0}$，所以 $\mathrm{R}(\boldsymbol{A}^*)=0$。

证毕

例 4.22 已知 $\boldsymbol{A}=\begin{pmatrix}1&0&0&0\\-1&2&0&0\\2&1&3&0\\2&0&1&0\end{pmatrix}$，$\boldsymbol{B}=\begin{pmatrix}1&0&1&0\\1&0&2&0\\0&3&0&0\\0&2&0&1\end{pmatrix}$，求矩阵 $\boldsymbol{A}^*\boldsymbol{B}$ 和 $\boldsymbol{BA}^*$ 的秩，其中 $\boldsymbol{A}^*$ 是矩阵 $\boldsymbol{A}$ 的伴随矩阵。

分析 利用矩阵与其伴随矩阵的秩之间的关系求解。

解 不难求得

$$\boldsymbol{A}=\begin{pmatrix}1&0&0&0\\-1&2&0&0\\2&1&3&0\\2&0&1&0\end{pmatrix}\to\begin{pmatrix}1&0&0&0\\0&0&0&0\\0&1&0&0\\0&0&1&0\end{pmatrix}\to\begin{pmatrix}1&0&0&0\\0&1&0&0\\0&0&1&0\\0&0&0&0\end{pmatrix},$$

$$\boldsymbol{B}=\begin{pmatrix}1&0&1&0\\1&0&2&0\\0&3&0&0\\0&2&0&1\end{pmatrix}\to\begin{pmatrix}1&0&1&0\\0&0&1&0\\0&1&0&0\\0&0&0&1\end{pmatrix}\to\begin{pmatrix}1&0&0&0\\0&1&0&0\\0&0&1&0\\0&0&0&1\end{pmatrix}。$$

所以矩阵 $\boldsymbol{A}$ 的秩为 3。由例 4.21 的结论知，$\boldsymbol{A}^*$ 的秩为 1。易见，矩阵 $\boldsymbol{B}$ 的秩为 4，即满秩矩阵，由定理 3.7 知，它可以表示成若干初等矩阵的乘积，因此矩阵 $\boldsymbol{A}^*\boldsymbol{B}$ 和 $\boldsymbol{BA}^*$ 可以认为是矩阵 $\boldsymbol{A}^*$ 分别右乘和左乘了若干初等矩阵，故由定理 3.8 知

$$\mathrm{R}(\boldsymbol{A}^*\boldsymbol{B})=\mathrm{R}(\boldsymbol{BA}^*)=\mathrm{R}(\boldsymbol{A}^*)=1。$$

三、课后习题选解

A类题

1. 求下列齐次线性方程组的基础解系和通解：

(1) $x_1+2x_2+3x_3+4x_4+5x_5=0$；

(2) $\begin{cases} x_1+2x_2+2x_3+x_4=0, \\ 2x_1+x_2-2x_3-2x_4=0, \\ x_1-x_2-4x_3-3x_4=0。\end{cases}$

分析 参见经典题型详解中例4.15。

解 (1) 将线性方程变形为 $x_1=-2x_2-3x_3-4x_4-5x_5$。基础解系为

$$\boldsymbol{\xi}_1=\begin{pmatrix}-2\\1\\0\\0\\0\end{pmatrix},\quad \boldsymbol{\xi}_2=\begin{pmatrix}-3\\0\\1\\0\\0\end{pmatrix},\quad \boldsymbol{\xi}_3=\begin{pmatrix}-4\\0\\0\\1\\0\end{pmatrix},\quad \boldsymbol{\xi}_4=\begin{pmatrix}-5\\0\\0\\0\\1\end{pmatrix}。$$

令 $x_2=k_1,x_3=k_2,x_4=k_3,x_5=k_4$，则线性方程的通解为

$$\boldsymbol{x}=\begin{pmatrix}x_1\\x_2\\x_3\\x_4\\x_5\end{pmatrix}=k_1\begin{pmatrix}-2\\1\\0\\0\\0\end{pmatrix}+k_2\begin{pmatrix}-3\\0\\1\\0\\0\end{pmatrix}+k_3\begin{pmatrix}-4\\0\\0\\1\\0\end{pmatrix}+k_4\begin{pmatrix}-5\\0\\0\\0\\1\end{pmatrix},\quad k_1,k_2,k_3,k_4 \text{ 为任意实数。}$$

(2) 对系数矩阵实施初等行变换，将其化为行最简形，具体过程如下：

$$\boldsymbol{A}=\begin{pmatrix}1&2&2&1\\2&1&-2&-2\\1&-1&-4&-3\end{pmatrix}\xrightarrow[r_3-r_1]{r_2-2r_1}\begin{pmatrix}1&2&2&1\\0&-3&-6&-4\\0&-3&-6&-4\end{pmatrix}\xrightarrow[(-1/3)r_2]{r_2-r_3}\begin{pmatrix}1&2&2&1\\0&1&2&\frac{4}{3}\\0&0&0&0\end{pmatrix}$$

$$\xrightarrow{r_1-2r_2}\begin{pmatrix}1&0&-2&-\frac{5}{3}\\0&1&2&\frac{4}{3}\\0&0&0&0\end{pmatrix}。$$

同解的线性方程组为

$$\begin{cases}x_1-2x_3-\frac{5}{3}x_4=0,\\x_2+2x_3+\frac{4}{3}x_4=0,\end{cases}\quad \text{即}\begin{cases}x_1=2x_3+\frac{5}{3}x_4,\\x_2=-2x_3-\frac{4}{3}x_4。\end{cases}$$

令 x_3,x_4 为自由未知量，分别取 $\begin{pmatrix}x_3\\x_4\end{pmatrix}=\begin{pmatrix}1\\0\end{pmatrix},\begin{pmatrix}0\\1\end{pmatrix}$，则 $\begin{pmatrix}x_1\\x_2\end{pmatrix}=\begin{pmatrix}2\\-2\end{pmatrix},\begin{pmatrix}\frac{5}{3}\\\frac{-4}{3}\end{pmatrix}$。线性方程组的基础解系为

$$\boldsymbol{\xi}_1=\begin{pmatrix}2\\-2\\1\\0\end{pmatrix},\quad \boldsymbol{\xi}_2=\begin{pmatrix}\frac{5}{3}\\-\frac{4}{3}\\0\\1\end{pmatrix}。$$

于是线性方程组的通解为

$$\boldsymbol{x}=\begin{pmatrix}x_1\\x_2\\x_3\\x_4\end{pmatrix}=k_1\begin{pmatrix}2\\-2\\1\\0\end{pmatrix}+k_2\begin{pmatrix}\frac{5}{3}\\-\frac{4}{3}\\0\\1\end{pmatrix},\quad k_1,k_2\text{ 为任意实数。}$$

2. 求解下列非齐次线性方程组的通解

(1) $x_1+2x_2+3x_3=1$；

(2) $\begin{cases}x_1+x_2-x_3+2x_4=3,\\2x_1+x_2-3x_4=1,\\-2x_1-2x_3+10x_4=4。\end{cases}$

分析 参见经典题型详解中例4.16。

解 (1) 将线性方程改写为 $x_1=-2x_2-3x_3+1$，取 $x_2=k_1,x_3=k_2$，所以通解为

$$\begin{pmatrix}x_1\\x_2\\x_3\end{pmatrix}=\begin{pmatrix}1\\0\\0\end{pmatrix}+k_1\begin{pmatrix}-2\\1\\0\end{pmatrix}+k_2\begin{pmatrix}-3\\0\\1\end{pmatrix},\quad k_1,k_2\text{ 为任意实数。}$$

(2) 利用初等行变换将线性方程组的增广矩阵化为行最简形，具体过程如下：

$$\overline{\mathbf{A}}=\begin{pmatrix}1&1&-1&2&3\\2&1&0&-3&1\\-2&0&-2&10&4\end{pmatrix}\to\begin{pmatrix}1&1&-1&2&3\\0&-1&2&-7&-5\\0&2&-4&14&10\end{pmatrix}\to\begin{pmatrix}1&0&1&-5&-2\\0&1&-2&7&5\\0&0&0&0&0\end{pmatrix}。$$

易见，$\mathrm{R}(\mathbf{A})=\mathrm{R}(\overline{\mathbf{A}})=2<4$，线性方程组有无穷多解。同解的线性方程组为

$$\begin{cases}x_1=-x_3+5x_4-2,\\x_2=2x_3-7x_4+5。\end{cases}$$

在同解线性方程组中令 $x_3=x_4=0$，得到非齐次线性方程组的一个特解

$$\boldsymbol{\eta}^*=\begin{pmatrix}-2\\5\\0\\0\end{pmatrix}。$$

线性方程组的导出组为

$$\begin{cases}x_1=-x_3+5x_4,\\x_2=2x_3-7x_4。\end{cases}$$

取 x_3,x_4 为自由未知量，分别令 $\begin{pmatrix}x_3\\x_4\end{pmatrix}=\begin{pmatrix}1\\0\end{pmatrix}$ 和 $\begin{pmatrix}0\\1\end{pmatrix}$，得到齐次线性方程组的基础解系

$$\boldsymbol{\xi}_1=\begin{pmatrix}-1\\2\\1\\0\end{pmatrix},\quad\boldsymbol{\xi}_2=\begin{pmatrix}5\\-7\\0\\1\end{pmatrix}。$$

于是方程组的通解为

$$\boldsymbol{x}=\begin{pmatrix}x_1\\x_2\\x_3\\x_4\end{pmatrix}=\begin{pmatrix}-2\\5\\0\\0\end{pmatrix}+k_1\begin{pmatrix}-1\\2\\1\\0\end{pmatrix}+k_2\begin{pmatrix}5\\-7\\0\\1\end{pmatrix},\quad k_1,k_2\text{ 为任意实数。}$$

3. 给定如下的线性方程组

(1) $\begin{cases} ax_1+\ \ x_2+x_3=4, \\ x_1+\ bx_2+x_3=3, \\ x_1+3bx_2+x_3=9; \end{cases}$　　(2) $\begin{cases} x_1+2x_2 \qquad =3, \\ 4x_1+7x_2+\ x_3=10, \\ \qquad x_2-\ x_3=b, \\ 2x_1+3x_2+ax_3=4。\end{cases}$

当 a,b 取何值时，线性方程组 (1) 有唯一解？(2) 无解？(3) 有无穷多解？在线性方程组有解的情况下，求出唯一解或通解。

分析　参见经典题型详解中例 4.17。

解　(1) 线性方程组系数矩阵的行列式为

$$|\boldsymbol{A}|=\begin{vmatrix} a & 1 & 1 \\ 1 & b & 1 \\ 1 & 3b & 1 \end{vmatrix}=2b(1-a)。$$

下面讨论当参数 a,b 取不同值时，线性方程组解的情况。

① 当 $a\neq 1$ 且 $b\neq 0$ 时，线性方程组有唯一解，由克莱姆法则不难求得

$$x_1=\frac{3-4b}{b(1-a)},x_2=\frac{3}{b},x_3=\frac{4b-3}{b(1-a)}。$$

② 当 $b=0$ 时，原线性方程组的增广矩阵 $\overline{A}$ 为

$$\overline{\boldsymbol{A}}=\begin{pmatrix} a & 1 & 1 & 4 \\ 1 & 0 & 1 & 3 \\ 1 & 0 & 1 & 9 \end{pmatrix}\rightarrow\begin{pmatrix} a & 1 & 1 & 4 \\ 1 & 0 & 1 & 3 \\ 0 & 0 & 0 & 6 \end{pmatrix}$$

显然，此时的线性方程组无解，且与 a 的取值无关。

③ 当 $b\neq 0,a=1$ 时，对原线性方程组的增广矩阵实施初等行变换可得

$$\overline{\boldsymbol{A}}=\begin{pmatrix} 1 & 1 & 1 & 4 \\ 1 & b & 1 & 3 \\ 1 & 3b & 1 & 9 \end{pmatrix}\rightarrow\begin{pmatrix} 1 & 1 & 1 & 4 \\ 0 & b-1 & 0 & -1 \\ 0 & 3b-1 & 0 & 5 \end{pmatrix}\rightarrow\begin{pmatrix} 1 & 1 & 1 & 4 \\ 0 & b-1 & 0 & -1 \\ 0 & 2 & 0 & 8 \end{pmatrix}$$

$$\rightarrow\begin{pmatrix} 1 & 0 & 1 & 0 \\ 0 & 1 & 0 & 4 \\ 0 & 0 & 0 & -4b+3 \end{pmatrix}。$$

易见，当 $b\neq\frac{3}{4}$ 时，$\mathrm{R}(\boldsymbol{A})=2<\mathrm{R}(\overline{\boldsymbol{A}})=3$，线性方程组无解。

当 $b=\frac{3}{4}$ 时，同解的线性方程组为

$$\begin{cases} x_1+x_3=0, \\ x_2=4。\end{cases}$$

令 $x_3=k$，得其通解为

$$\boldsymbol{x}=\begin{pmatrix} x_1 \\ x_2 \\ x_3 \end{pmatrix}=\begin{pmatrix} 0 \\ 4 \\ 0 \end{pmatrix}+k\begin{pmatrix} -1 \\ 0 \\ 1 \end{pmatrix},\qquad k\text{ 为任意实数。}$$

(2) 对增广矩阵施以初等行变换，有

$$\overline{\boldsymbol{A}}=\begin{pmatrix} 1 & 2 & 0 & 3 \\ 4 & 7 & 1 & 10 \\ 0 & 1 & -1 & b \\ 2 & 3 & a & 4 \end{pmatrix}\xrightarrow[r_4-2r_1]{r_2-4r_1}\begin{pmatrix} 1 & 2 & 0 & 3 \\ 0 & -1 & 1 & -2 \\ 0 & 1 & -1 & b \\ 0 & -1 & a & -2 \end{pmatrix}\xrightarrow[r_4-r_2]{r_3+r_2}\begin{pmatrix} 1 & 2 & 0 & 3 \\ 0 & -1 & 1 & -2 \\ 0 & 0 & 0 & b-2 \\ 0 & 0 & a-1 & 0 \end{pmatrix}$$

$$\xrightarrow{r_3 \leftrightarrow r_4} \begin{pmatrix} 1 & 2 & 0 & 3 \\ 0 & -1 & 1 & -2 \\ 0 & 0 & a-1 & 0 \\ 0 & 0 & 0 & b-2 \end{pmatrix}。$$

下面讨论当参数 a,b 取不同值时，线性方程组解的情况。

① 当 $b\neq 2$ 时，$R(\boldsymbol{A})<R(\bar{\boldsymbol{A}})$，线性方程组无解。

② 当 $b=2$ 且 $a\neq 1$ 时，$R(\boldsymbol{A})=R(\bar{\boldsymbol{A}})=3$，线性方程组有唯一解。此时

$$\bar{\boldsymbol{A}}=\begin{pmatrix} 1 & 2 & 0 & 3 \\ 0 & -1 & 1 & -2 \\ 0 & 0 & a-1 & 0 \\ 0 & 0 & 0 & 0 \end{pmatrix} \to \begin{pmatrix} 1 & 0 & 0 & -1 \\ 0 & 1 & 0 & 2 \\ 0 & 0 & 1 & 0 \\ 0 & 0 & 0 & 0 \end{pmatrix}。$$

因此，线性方程组的唯一解为

$$\boldsymbol{x}=\begin{pmatrix} x_1 \\ x_2 \\ x_3 \end{pmatrix}=\begin{pmatrix} -1 \\ 2 \\ 0 \end{pmatrix}。$$

③ 当 $b=2$ 且 $a=1$ 时，$R(\boldsymbol{A})=R(\bar{\boldsymbol{A}})=2$，线性方程组有无穷多解。此时

$$\bar{\boldsymbol{A}}=\begin{pmatrix} 1 & 2 & 0 & 3 \\ 0 & -1 & 1 & -2 \\ 0 & 0 & 0 & 0 \\ 0 & 0 & 0 & 0 \end{pmatrix} \to \begin{pmatrix} 1 & 0 & 2 & -1 \\ 0 & 1 & -1 & 2 \\ 0 & 0 & 0 & 0 \\ 0 & 0 & 0 & 0 \end{pmatrix}。$$

同解的线性方程组为

$$\begin{cases} x_1+2x_3=-1, \\ x_2-x_3=2。 \end{cases}$$

取 $x_3=0$，非齐次线性方程组的一个特解为

$$\boldsymbol{\eta}^*=\begin{pmatrix} -1 \\ 2 \\ 0 \end{pmatrix}。$$

导出组为

$$\begin{cases} x_1+2x_3=0, \\ x_2-x_3=0。 \end{cases}$$

令 x_3 为自由未知量，令 $x_3=1$，导出组的一个基础解系为

$$\boldsymbol{\xi}=\begin{pmatrix} -2 \\ 1 \\ 1 \end{pmatrix}。$$

于是线性方程组的通解为

$$\boldsymbol{x}=\begin{pmatrix} x_1 \\ x_2 \\ x_3 \end{pmatrix}=\begin{pmatrix} -1 \\ 2 \\ 0 \end{pmatrix}+k\begin{pmatrix} -2 \\ 1 \\ 1 \end{pmatrix}, \quad k \text{ 为任意实数。}$$

4. 设 $\boldsymbol{A}=\begin{pmatrix} 1 & 1 & 2 \\ 2 & 2 & 4 \\ 3 & 3 & 6 \end{pmatrix}$，求一个秩为 2 的三阶矩阵 $\boldsymbol{B}$，使得 $\boldsymbol{AB}=\boldsymbol{0}$。

分析 利用齐次线性方程组的基础解系求解。

解 设 $\boldsymbol{B}=(\boldsymbol{\alpha}_1,\boldsymbol{\alpha}_2,\boldsymbol{\alpha}_3)$，其中 $\boldsymbol{\alpha}_i(i=1,2,3)$ 为列向量。不难发现

$$AB=0\Rightarrow A(\alpha_1,\alpha_2,\alpha_3)=0\Rightarrow A\alpha_i=0\quad(i=1,2,3)\Rightarrow\alpha_1,\alpha_2,\alpha_3\text{ 为 }Ax=0\text{ 的解。}$$

因此,问题便转化为求解如下线性方程组

$$\begin{pmatrix}1&1&2\\2&2&4\\3&3&6\end{pmatrix}\begin{pmatrix}x_1\\x_2\\x_3\end{pmatrix}=\mathbf{0}。$$

容易求得,同解的线性方程组为 $x_1=-x_2-2x_3$。此线性方程组的基础解系为

$$\begin{pmatrix}-1\\1\\0\end{pmatrix},\qquad\begin{pmatrix}-2\\0\\1\end{pmatrix}。$$

故原线性方程组的通解为

$$x=\begin{pmatrix}x_1\\x_2\\x_3\end{pmatrix}=k_1\begin{pmatrix}-1\\1\\0\end{pmatrix}+k_2\begin{pmatrix}-2\\0\\1\end{pmatrix},\qquad k_1,k_2\text{ 为任意实数。}$$

取 $\alpha_1=\begin{pmatrix}-1\\1\\0\end{pmatrix},\alpha_2=\begin{pmatrix}-2\\0\\1\end{pmatrix},\alpha_3=\begin{pmatrix}0\\0\\0\end{pmatrix}$,便可得到满足条件的矩阵 B,即

$$B=\begin{pmatrix}-1&-2&0\\1&0&0\\0&1&0\end{pmatrix}。$$

5. 设 $\eta_1=\begin{pmatrix}6\\-1\\1\end{pmatrix},\eta_2=\begin{pmatrix}-7\\4\\2\end{pmatrix}$ 是线性方程组 $\begin{cases}a_1x_1+a_2x_2+a_3x_3=a_4,\\x_1+3x_2-2x_3=1,\\2x_1+5x_2+x_3=8\end{cases}$ 的两个解。求其通解。

分析 易见,线性方程组的系数矩阵的秩至少是2,并且由于线性方程组的解不是唯一的,因此可以断定,线性方程组的系数矩阵和增广矩阵的秩均为2。根据非齐次线性方程组的解的性质可以求出线性方程组的通解。

解 根据已知条件,线性方程组有两个解,所以线性方程组的解不唯一,必有无穷多解。由于

$$A=\begin{pmatrix}a_1&a_2&a_3\\1&3&-2\\2&5&1\end{pmatrix}\xrightarrow{r_3-2r_2}\begin{pmatrix}a_1&a_2&a_3\\1&3&-2\\0&-1&5\end{pmatrix}\xrightarrow{r_2+3r_3}\begin{pmatrix}a_1&a_2&a_3\\1&0&13\\0&-1&5\end{pmatrix},$$

所以 $R(A)=2$。因此导出组的基础解系所含向量的个数为 $3-R(A)=1$。

根据非齐次线性方程组的解的性质1,$\alpha_1-\alpha_2=\begin{pmatrix}13\\-5\\-1\end{pmatrix}$ 是导出组的解。

此外,$\alpha_1=\begin{pmatrix}6\\-1\\1\end{pmatrix}$ 可以作为非齐次线性方程组的特解。于是,该非齐次线性方程组通解为

$$k\begin{pmatrix}13\\-5\\-1\end{pmatrix}+\begin{pmatrix}6\\-1\\1\end{pmatrix},\qquad k\text{ 为任意实数。}$$

6. 求一个齐次线性方程组,使它的基础解系由下列向量组成

$$\eta_1=\begin{pmatrix}1\\2\\3\\4\end{pmatrix},\qquad\eta_2=\begin{pmatrix}4\\3\\2\\1\end{pmatrix}。$$

分析 根据齐次线性方程组的解的结构进行反推。

解 依题意,待求的线性方程组有4个未知量,系数矩阵的秩为2,故线性方程组的通解为

$$\begin{pmatrix}x_1\\x_2\\x_3\\x_4\end{pmatrix}=k_1\begin{pmatrix}1\\2\\3\\4\end{pmatrix}+k_2\begin{pmatrix}4\\3\\2\\1\end{pmatrix},\quad k_1,k_2\text{ 为任意实数。}$$

线性方程组的形式为

$$\begin{cases}x_1=k_1+4k_2,\\x_2=2k_1+3k_2,\\x_3=3k_1+2k_2,\\x_4=4k_1+k_2。\end{cases}$$

将第3、4个方程用 x_3,x_4 表示 k_1,k_2,可得 $\begin{cases}k_1=\dfrac{1}{5}(-x_3+2x_4),\\k_2=\dfrac{1}{5}(4x_3-3x_4)。\end{cases}$ 将其代入第1、2个方程并整理,可得

$$\begin{cases}x_1=3x_3-2x_4,\\x_2=2x_3-x_4。\end{cases}$$

B类题

1. 设有4阶方阵 $\boldsymbol{A}=(\boldsymbol{\alpha}_1,\boldsymbol{\alpha}_2,\boldsymbol{\alpha}_3,\boldsymbol{\alpha}_4)$,其中 $\boldsymbol{\alpha}_2,\boldsymbol{\alpha}_3,\boldsymbol{\alpha}_4$ 线性无关,$\boldsymbol{\alpha}_1=2\boldsymbol{\alpha}_2-\boldsymbol{\alpha}_3$。如果 $\boldsymbol{\beta}=\boldsymbol{\alpha}_1+\boldsymbol{\alpha}_2+\boldsymbol{\alpha}_3+\boldsymbol{\alpha}_4$,求线性方程组 $\boldsymbol{Ax}=\boldsymbol{\beta}$ 的通解。

分析 本题需要综合利用向量组的线性相关性及线性方程组的解的结构求解。

解 在矩阵 $\boldsymbol{A}=(\boldsymbol{\alpha}_1,\boldsymbol{\alpha}_2,\boldsymbol{\alpha}_3,\boldsymbol{\alpha}_4)$ 中,$\boldsymbol{\alpha}_1,\boldsymbol{\alpha}_2,\boldsymbol{\alpha}_3,\boldsymbol{\alpha}_4$ 均为4维列向量,其中 $\boldsymbol{\alpha}_2,\boldsymbol{\alpha}_3,\boldsymbol{\alpha}_4$ 线性无关,而且 $\boldsymbol{\alpha}_1$ 可由 $\boldsymbol{\alpha}_2,\boldsymbol{\alpha}_3,\boldsymbol{\alpha}_4$ 线性表示,即 $\boldsymbol{\alpha}_1=2\boldsymbol{\alpha}_2-\boldsymbol{\alpha}_3+0\boldsymbol{\alpha}_4$,由此可知,$\mathbf{R}(\boldsymbol{A})=3$。

由已知条件不难发现

$$\boldsymbol{A}\begin{pmatrix}1\\1\\1\\1\end{pmatrix}=(\boldsymbol{\alpha}_1,\boldsymbol{\alpha}_2,\boldsymbol{\alpha}_3,\boldsymbol{\alpha}_4)\begin{pmatrix}1\\1\\1\\1\end{pmatrix}=\boldsymbol{\alpha}_1+\boldsymbol{\alpha}_2+\boldsymbol{\alpha}_3+\boldsymbol{\alpha}_4=\boldsymbol{\beta},$$

$$\boldsymbol{A}\begin{pmatrix}1\\-2\\1\\0\end{pmatrix}=(\boldsymbol{\alpha}_1,\boldsymbol{\alpha}_2,\boldsymbol{\alpha}_3,\boldsymbol{\alpha}_4)\begin{pmatrix}1\\-2\\1\\0\end{pmatrix}=\boldsymbol{\alpha}_1-2\boldsymbol{\alpha}_2+\boldsymbol{\alpha}_3=\boldsymbol{0},$$

所以 $\boldsymbol{x}=\begin{pmatrix}1\\1\\1\\1\end{pmatrix}$ 是线性方程组 $\boldsymbol{Ax}=\boldsymbol{\beta}$ 的一个解,$\begin{pmatrix}1\\-2\\1\\0\end{pmatrix}$ 是线性方程组 $\boldsymbol{Ax}=\boldsymbol{0}$ 的一个解。于是,非齐次线性方程组 $\boldsymbol{Ax}=\boldsymbol{\beta}$ 的通解为

$$k\begin{pmatrix}1\\-2\\1\\0\end{pmatrix}+\begin{pmatrix}1\\1\\1\\1\end{pmatrix},\quad k\text{ 为任意实数。}$$

复习题4解答

1. 填空题

(1) 若 $\boldsymbol{\beta}=(0,k,k^2)^{\mathrm{T}}$ 能由 $\boldsymbol{\alpha}_1=(1+k,1,1)^{\mathrm{T}},\boldsymbol{\alpha}_2=(1,1+k,1)^{\mathrm{T}},\boldsymbol{\alpha}_3=(1,1,1+k)^{\mathrm{T}}$ 唯一线性表示，则 $k=$________。

(2) 设 $\boldsymbol{\alpha}_1=(1,1,1)^{\mathrm{T}},\boldsymbol{\alpha}_2=(a,0,b)^{\mathrm{T}},\boldsymbol{\alpha}_3=(1,3,2)^{\mathrm{T}}$，若 $\boldsymbol{\alpha}_1,\boldsymbol{\alpha}_2,\boldsymbol{\alpha}_3$ 线性相关，则 a,b 满足关系式________。

(3) 若向量组 $\boldsymbol{\alpha}_1,\boldsymbol{\alpha}_2,\boldsymbol{\alpha}_3$ 线性无关，则 $\boldsymbol{\alpha}_1+\boldsymbol{\alpha}_2,\boldsymbol{\alpha}_2+\boldsymbol{\alpha}_3,\boldsymbol{\alpha}_3+\boldsymbol{\alpha}_1$ 线性________关；若向量组 $\boldsymbol{\alpha}_1,\boldsymbol{\alpha}_2,\boldsymbol{\alpha}_3$ 线性相关，则 $\boldsymbol{\alpha}_1+\boldsymbol{\alpha}_2,\boldsymbol{\alpha}_2+\boldsymbol{\alpha}_3,\boldsymbol{\alpha}_3+\boldsymbol{\alpha}_1$ 线性________关。

(4) 齐次线性方程组 $\begin{cases}\lambda x_1+x_2+x_3=0,\\ x_1+\lambda x_2+x_3=0,\\ x_1+x_2+x_3=0\end{cases}$ 有非零解的充要条件是________。

(5) 设齐次线性方程组为 $x_1+2x_2+\cdots+nx_n=0$，则它的基础解系中所含向量的个数为________。

解 (1) 由题意可知，$\begin{vmatrix}1+k & 1 & 1\\ 1 & 1+k & 1\\ 1 & 1 & 1+k\end{vmatrix}=(3+k)k^2\neq 0$，即 $k\neq 0$ 且 $k\neq -3$。

(2) 由题意可知，$\begin{vmatrix}1 & a & 1\\ 1 & 0 & 3\\ 1 & b & 2\end{vmatrix}=a-2b=0$，即 $a=2b$。

(3) 由题意可知

$$(\boldsymbol{\alpha}_1+\boldsymbol{\alpha}_2,\boldsymbol{\alpha}_2+\boldsymbol{\alpha}_3,\boldsymbol{\alpha}_3+\boldsymbol{\alpha}_1)=(\boldsymbol{\alpha}_1,\boldsymbol{\alpha}_2,\boldsymbol{\alpha}_3)\begin{pmatrix}1 & 0 & 1\\ 1 & 1 & 0\\ 0 & 1 & 1\end{pmatrix}，且\begin{vmatrix}1 & 0 & 1\\ 1 & 1 & 0\\ 0 & 1 & 1\end{vmatrix}\neq 0。$$

故若 $\boldsymbol{\alpha}_1,\boldsymbol{\alpha}_2,\boldsymbol{\alpha}_3$ 线性无关，则 $\boldsymbol{\alpha}_1+\boldsymbol{\alpha}_2,\boldsymbol{\alpha}_2+\boldsymbol{\alpha}_3,\boldsymbol{\alpha}_3+\boldsymbol{\alpha}_1$ 线性无关；若 $\boldsymbol{\alpha}_1,\boldsymbol{\alpha}_2,\boldsymbol{\alpha}_3$ 线性相关，则 $\boldsymbol{\alpha}_1+\boldsymbol{\alpha}_2,\boldsymbol{\alpha}_2+\boldsymbol{\alpha}_3,\boldsymbol{\alpha}_3+\boldsymbol{\alpha}_1$ 线性相关。

(4) 由题意可知，$\begin{vmatrix}\lambda & 1 & 1\\ 1 & \lambda & 1\\ 1 & 1 & 1\end{vmatrix}=(\lambda-1)^2=0$，故 $\lambda=1$。

(5) 由题意可知，基础解系中所含向量个数=变量个数－系数矩阵的秩，即 $n-1$。

2. 选择题

(1) n 维向量组 $\boldsymbol{\alpha}_1,\boldsymbol{\alpha}_2,\cdots,\boldsymbol{\alpha}_s(3\leqslant s\leqslant n)$ 线性无关的充分必要条件是(　　)。

A. 存在不全为零的数 $k_1,k_2,\cdots,k_s$，使 $k_1\boldsymbol{\alpha}_1+k_2\boldsymbol{\alpha}_2+\cdots+k_s\boldsymbol{\alpha}_s\neq\mathbf{0}$

B. $\boldsymbol{\alpha}_1,\boldsymbol{\alpha}_2,\cdots,\boldsymbol{\alpha}_s$ 中任意两个向量都线性无关

C. $\boldsymbol{\alpha}_1,\boldsymbol{\alpha}_2,\cdots,\boldsymbol{\alpha}_s$ 中存在一个向量，它不能用其余的向量线性表示

D. $\boldsymbol{\alpha}_1,\boldsymbol{\alpha}_2,\cdots,\boldsymbol{\alpha}_s$ 中任意一个向量都不能用其余的向量线性表示

(2) 若向量组 $\boldsymbol{\alpha}_1,\boldsymbol{\alpha}_2,\cdots,\boldsymbol{\alpha}_s$ 的秩为 $r(2<r<s)$，则(　　)。

A. 向量组中任意两个向量都线性无关　　B. 向量组中任意 r 个向量线性无关

C. 向量组中任意小于 r 个向量的部分组线性无关　　D. 向量组中任意 $r+1$ 个向量必定线性相关

(3) 设 $\boldsymbol{A}$ 是 n 阶方阵，且 $\mathrm{R}(\boldsymbol{A})=r<n$，则在 $\boldsymbol{A}$ 的 n 个行向量中(　　)。

A. 必有 r 个行向量线性无关　　B. 任意 r 个行向量线性无关

C. 任意 r 个行向量都构成极大无关向量组　　D. 任意一个行向量都可以由其余 $r-1$ 个行向

量线性表示

(4) 以 $\boldsymbol{A}$ 为系数矩阵的齐次线性方程组有非零解的充要条件是(　　)。

A. 系数矩阵 $\boldsymbol{A}$ 的任意两个列向量线性相关　　B. 系数矩阵 $\boldsymbol{A}$ 的任意两个列向量线性无关

C. 必有一列向量是其余列向量的线性组合　　D. 任一列向量都是其余列向量的线性组合

(5) n 元非齐次线性方程组的增广矩阵 $\overline{\boldsymbol{A}}$ 的秩小于 n,那么该线性方程组(　　)。

A. 有无穷多解　　B. 有唯一解

C. 无解　　D. 解的情况不能确定

解 (1) 根据向量组线性无关的定义,选 D。

(2) 根据向量组的秩的定义,选 D。

(3) 根据矩阵的秩和向量组的秩之间的关系,选 A。

(4) 依题意,系数矩阵 $\boldsymbol{A}$ 的秩小于未知量的个数,即列向量组必线性相关,所以必有一列向量是其余列向量的线性组合,故选 C。

(5) 题目中没有给出系数矩阵的秩与增广矩阵的秩之间的关系,因此线性方程组的解的情况不能确定,选 D。

3. 设有向量组

$$\boldsymbol{\alpha}_1=\begin{pmatrix}1\\0\\2\\1\end{pmatrix},\quad \boldsymbol{\alpha}_2=\begin{pmatrix}1\\2\\0\\1\end{pmatrix},\quad \boldsymbol{\alpha}_3=\begin{pmatrix}2\\1\\3\\0\end{pmatrix},\quad \boldsymbol{\alpha}_4=\begin{pmatrix}2\\5\\-1\\4\end{pmatrix}。$$

分别判断向量组 $\boldsymbol{\alpha}_1,\boldsymbol{\alpha}_2,\boldsymbol{\alpha}_3$ 及向量组 $\boldsymbol{\alpha}_1,\boldsymbol{\alpha}_2,\boldsymbol{\alpha}_3,\boldsymbol{\alpha}_4$ 的线性相关性。

解 利用初等行变换将矩阵$(\boldsymbol{\alpha}_1,\boldsymbol{\alpha}_2,\boldsymbol{\alpha}_3,\boldsymbol{\alpha}_4)$约化为行阶梯形矩阵,即

$$(\boldsymbol{\alpha}_1,\boldsymbol{\alpha}_2,\boldsymbol{\alpha}_3,\boldsymbol{\alpha}_4)=\begin{pmatrix}1&1&2&2\\0&2&1&5\\2&0&3&-1\\1&1&0&4\end{pmatrix}\to\begin{pmatrix}1&1&2&2\\0&2&1&5\\0&-2&-1&-5\\0&0&-2&2\end{pmatrix}\to\begin{pmatrix}1&1&2&2\\0&2&1&5\\0&0&-2&2\\0&0&0&0\end{pmatrix}。$$

所以 $\boldsymbol{\alpha}_1,\boldsymbol{\alpha}_2,\boldsymbol{\alpha}_3$ 线性无关;$\boldsymbol{\alpha}_1,\boldsymbol{\alpha}_2,\boldsymbol{\alpha}_3,\boldsymbol{\alpha}_4$ 线性相关。

4. 设有向量组

$$\boldsymbol{\alpha}_1=\begin{pmatrix}1\\-1\\0\\0\end{pmatrix},\quad \boldsymbol{\alpha}_2=\begin{pmatrix}-1\\2\\1\\-1\end{pmatrix},\quad \boldsymbol{\alpha}_3=\begin{pmatrix}0\\1\\1\\-1\end{pmatrix},\quad \boldsymbol{\alpha}_4=\begin{pmatrix}-1\\3\\2\\1\end{pmatrix},\quad \boldsymbol{\alpha}_5=\begin{pmatrix}-2\\6\\4\\1\end{pmatrix}。$$

分别求向量组 $\boldsymbol{\alpha}_1,\boldsymbol{\alpha}_2,\boldsymbol{\alpha}_3,\boldsymbol{\alpha}_4$ 和 $\boldsymbol{\alpha}_1,\boldsymbol{\alpha}_2,\boldsymbol{\alpha}_3,\boldsymbol{\alpha}_4,\boldsymbol{\alpha}_5$ 的秩及其极大无关组。

解 利用初等行变换将矩阵$(\boldsymbol{\alpha}_1,\boldsymbol{\alpha}_2,\boldsymbol{\alpha}_3,\boldsymbol{\alpha}_4,\boldsymbol{\alpha}_5)$约化为行阶梯形矩阵,即

$$(\boldsymbol{\alpha}_1,\boldsymbol{\alpha}_2,\boldsymbol{\alpha}_3,\boldsymbol{\alpha}_4,\boldsymbol{\alpha}_5)=\begin{matrix}\boldsymbol{\alpha}_1&\boldsymbol{\alpha}_2&\boldsymbol{\alpha}_3&\boldsymbol{\alpha}_4&\boldsymbol{\alpha}_5\\ \end{matrix}\begin{pmatrix}1&-1&0&-1&-2\\-1&2&1&3&6\\0&1&1&2&4\\0&-1&-1&1&1\end{pmatrix}\to\begin{pmatrix}1&-1&0&-1&-2\\0&1&1&2&4\\0&1&1&2&4\\0&-1&-1&1&1\end{pmatrix}$$

$$\to\begin{matrix}\boldsymbol{\alpha}_1&\boldsymbol{\alpha}_2&\boldsymbol{\alpha}_3&\boldsymbol{\alpha}_4&\boldsymbol{\alpha}_5\\ \end{matrix}\begin{pmatrix}1&-1&0&-1&-2\\0&1&1&2&4\\0&0&0&3&5\\0&0&0&0&0\end{pmatrix}。$$

所以 $R(\boldsymbol{\alpha}_1,\boldsymbol{\alpha}_2,\boldsymbol{\alpha}_3,\boldsymbol{\alpha}_4)=3$，$\boldsymbol{\alpha}_1,\boldsymbol{\alpha}_2,\boldsymbol{\alpha}_4$ 为其中一个极大无关组；$R(\boldsymbol{\alpha}_1,\boldsymbol{\alpha}_2,\boldsymbol{\alpha}_3,\boldsymbol{\alpha}_4,\boldsymbol{\alpha}_5)=3$，$\boldsymbol{\alpha}_1,\boldsymbol{\alpha}_2,\boldsymbol{\alpha}_4$ 为其中一个极大无关组。

5. 已知向量组 $\boldsymbol{\alpha}_1,\boldsymbol{\alpha}_2,\boldsymbol{\alpha}_3$ 线性无关，设

$$\begin{cases}\boldsymbol{\beta}_1=(m-1)\boldsymbol{\alpha}_1+3\boldsymbol{\alpha}_2+\boldsymbol{\alpha}_3,\\ \boldsymbol{\beta}_2=\boldsymbol{\alpha}_1+(m+1)\boldsymbol{\alpha}_2+\boldsymbol{\alpha}_3,\\ \boldsymbol{\beta}_3=-\boldsymbol{\alpha}_1-(m+1)\boldsymbol{\alpha}_2+(m-1)\boldsymbol{\alpha}_3。\end{cases}$$

试问 m 为何值时，向量组 $\boldsymbol{\beta}_1,\boldsymbol{\beta}_2,\boldsymbol{\beta}_3$ 线性无关？线性相关？

解 由已知条件可得

$$(\boldsymbol{\beta}_1,\boldsymbol{\beta}_2,\boldsymbol{\beta}_3)=(\boldsymbol{\alpha}_1,\boldsymbol{\alpha}_2,\boldsymbol{\alpha}_3)\begin{pmatrix}m-1&1&-1\\3&m+1&-m-1\\1&1&m-1\end{pmatrix}。$$

由于向量组 $\boldsymbol{\alpha}_1,\boldsymbol{\alpha}_2,\boldsymbol{\alpha}_3$ 线性无关，所以当

$$\begin{vmatrix}m-1&1&-1\\3&m+1&-m-1\\1&1&m-1\end{vmatrix}=m(m-2)(m+2)\neq0$$

时，$\boldsymbol{\beta}_1,\boldsymbol{\beta}_2,\boldsymbol{\beta}_3$ 线性无关，否则线性相关。于是，当 $m\neq0$，$m\neq\pm2$ 时，$\boldsymbol{\beta}_1,\boldsymbol{\beta}_2,\boldsymbol{\beta}_3$ 线性无关；当 $m=0$ 或 $m=\pm2$ 时，$\boldsymbol{\beta}_1,\boldsymbol{\beta}_2,\boldsymbol{\beta}_3$ 线性相关。

6. 设行向量组 $\boldsymbol{\alpha}_1,\boldsymbol{\alpha}_2,\cdots,\boldsymbol{\alpha}_m$ 的秩为 $r\ (r>1)$，且

$$\begin{cases}\boldsymbol{\beta}_1=\boldsymbol{\alpha}_2+\cdots+\boldsymbol{\alpha}_m,\\ \boldsymbol{\beta}_2=\boldsymbol{\alpha}_1+\boldsymbol{\alpha}_3+\cdots+\boldsymbol{\alpha}_m,\\ \qquad\vdots\\ \boldsymbol{\beta}_m=\boldsymbol{\alpha}_1+\boldsymbol{\alpha}_2+\cdots+\boldsymbol{\alpha}_{m-1}。\end{cases}$$

证明：行向量组 $\boldsymbol{\beta}_1,\boldsymbol{\beta}_2,\cdots,\boldsymbol{\beta}_m$ 的秩也为 r。

证 由已知可得

$$\begin{pmatrix}\boldsymbol{\beta}_1\\\boldsymbol{\beta}_2\\\vdots\\\boldsymbol{\beta}_m\end{pmatrix}=\begin{pmatrix}0&1&\cdots&1\\1&0&\cdots&1\\\vdots&\vdots&&\vdots\\1&1&\cdots&0\end{pmatrix}\begin{pmatrix}\boldsymbol{\alpha}_1\\\boldsymbol{\alpha}_2\\\vdots\\\boldsymbol{\alpha}_m\end{pmatrix}。$$

因为

$$\begin{vmatrix}0&1&\cdots&1\\1&0&\cdots&1\\\vdots&\vdots&&\vdots\\1&1&\cdots&0\end{vmatrix}=\begin{vmatrix}m-1&1&\cdots&1\\m-1&0&\cdots&1\\\vdots&\vdots&&\vdots\\n-1&1&\cdots&0\end{vmatrix}=(m-1)\begin{vmatrix}1&1&\cdots&1\\1&0&\cdots&1\\\vdots&\vdots&&\vdots\\1&1&\cdots&0\end{vmatrix}$$

$$=(m-1)\begin{vmatrix}1&1&\cdots&1\\0&-1&\cdots&0\\\vdots&\vdots&&\vdots\\0&0&\cdots&-1\end{vmatrix}=(-1)^{n-1}(m-1)\neq0,$$

所以向量组 $\boldsymbol{\alpha}_1,\boldsymbol{\alpha}_2,\cdots,\boldsymbol{\alpha}_m$ 和 $\boldsymbol{\beta}_1,\boldsymbol{\beta}_2,\cdots,\boldsymbol{\beta}_m$ 可以相互线性表示，即两个向量组等价，它们有相同的秩，从而行向量组 $\boldsymbol{\beta}_1,\boldsymbol{\beta}_2,\cdots,\boldsymbol{\beta}_m$ 的秩也为 r。

7. 求解线性方程组

$$\begin{cases}x_1-x_2+2x_3-3x_4+x_5=2,\\2x_1-2x_2+7x_3-10x_4+5x_5=5,\\3x_1-3x_2+3x_3-5x_4\qquad=5。\end{cases}$$

解 易见,线性方程组的增广矩阵及其行阶梯形矩阵为

$$\bar{\boldsymbol{A}}=(\boldsymbol{A},\boldsymbol{b})=\begin{pmatrix}1&-1&2&-3&1&2\\2&-2&7&-10&5&5\\3&-3&3&-5&0&5\end{pmatrix}\to\begin{pmatrix}1&-1&2&-3&1&2\\0&0&3&-4&3&1\\0&0&-3&4&-3&-1\end{pmatrix}$$

$$\to\begin{pmatrix}1&-1&0&-1/3&-1&4/3\\0&0&1&-4/3&1&1/3\\0&0&0&0&0&0\end{pmatrix}。$$

易见,$R(\boldsymbol{A})=R(\bar{\boldsymbol{A}})=2<5$,故线性方程组有无穷多解。同解的线性方程组为

$$\begin{cases}x_1=\dfrac{4}{3}+x_2+\dfrac{1}{3}x_4+x_5,\\x_3=\dfrac{1}{3}+\dfrac{4}{3}x_4-x_5。\end{cases}$$

取 x_2,x_4,x_5 为自由未知量,不难求得非齐次线性方程组的通解为

$$\begin{pmatrix}x_1\\x_2\\x_3\\x_4\\x_5\end{pmatrix}=k_1\begin{pmatrix}1\\1\\0\\0\\0\end{pmatrix}+k_2\begin{pmatrix}\frac{1}{3}\\0\\\frac{4}{3}\\1\\0\end{pmatrix}+k_3\begin{pmatrix}1\\0\\-1\\0\\1\end{pmatrix}+\begin{pmatrix}\frac{4}{3}\\0\\\frac{1}{3}\\0\\0\end{pmatrix},\quad k_1,k_2,k_3\text{ 为任意实数。}$$

8. 设线性方程组为

$$\begin{cases}x_1\qquad+2x_3+\ 2x_4=6,\\2x_1+x_2+3x_3+\ ax_4=0,\\3x_1\qquad+ax_3+\ 6x_4=18,\\4x_1-x_2+9x_3+13x_4=b。\end{cases}$$

问 a 与 b 各取何值时,线性方程组无解?有唯一解?有无穷多解?有无穷多解时,求其通解。

解 易见,线性方程组的增广矩阵及其行阶梯形矩阵为

$$\bar{\boldsymbol{A}}=(\boldsymbol{A},\boldsymbol{b})=\begin{pmatrix}1&0&2&2&6\\2&1&3&a&0\\3&0&a&6&18\\4&-1&9&13&b\end{pmatrix}\to\begin{pmatrix}1&0&2&2&6\\0&1&-1&a-4&-12\\0&0&a-6&0&0\\0&0&0&a+1&b-36\end{pmatrix}。$$

下面讨论线性方程组的解的情况:

(1) 当 $a=-1$ 且 $b\neq 36$ 时,$R(\boldsymbol{A})\neq R(\bar{\boldsymbol{A}})$,线性方程组无解。

(2) 当 $a\neq -1,a\neq 6$ 时,$R(\boldsymbol{A})=R(\bar{\boldsymbol{A}})=4$,线性方程组有唯一解。

(3) 当 $a=-1$ 且 $b=36$ 时,线性方程组有无穷多解。通解为

$$\boldsymbol{x}=\boldsymbol{\xi}+k\boldsymbol{\eta}=\begin{pmatrix}6\\-12\\0\\0\end{pmatrix}+k\begin{pmatrix}-2\\5\\0\\1\end{pmatrix},\qquad k\text{ 为任意实数。}$$

(4) 当 $a=6$ 时,线性方程组有无穷多解。通解为

$$\boldsymbol{x}=\boldsymbol{\xi}+k\boldsymbol{\eta}=\frac{1}{7}\begin{pmatrix}114-2b\\-12-2b\\0\\b-36\end{pmatrix}+k\begin{pmatrix}-2\\1\\1\\0\end{pmatrix},\qquad k\text{ 为任意实数。}$$

9. 设非齐次线性方程组为

$$\begin{cases} x_1+a_1x_2+a_1^2x_3=a_1^3, \\ x_1+a_2x_2+a_2^2x_3=a_2^3, \\ x_1+a_3x_2+a_3^2x_3=a_3^3, \\ x_1+a_4x_2+a_4^2x_3=a_4^3。 \end{cases}$$

(1) 证明：若 a_1,a_2,a_3,a_4 互不相等，则此线性方程组无解；

(2) 设 $a_1=a_3=k,a_2=a_4=-k(k\neq 0)$，且已知 $\boldsymbol{\beta}_1,\boldsymbol{\beta}_2$ 是该线性方程组的两个解，其中

$$\boldsymbol{\beta}_1=\begin{pmatrix}-1\\1\\1\end{pmatrix},\quad \boldsymbol{\beta}_2=\begin{pmatrix}1\\1\\-1\end{pmatrix}。$$

写出此线性方程组的通解。

解 (1) 易见，线性方程组的增广矩阵为

$$\overline{\boldsymbol{A}}=(\boldsymbol{A},\boldsymbol{b})=\begin{pmatrix}1 & a_1 & a_1^2 & a_1^3\\ 1 & a_2 & a_2^2 & a_2^3\\ 1 & a_3 & a_3^2 & a_3^3\\ 1 & a_4 & a_4^2 & a_4^3\end{pmatrix}。$$

注意到，$|\overline{\boldsymbol{A}}|$ 是范德蒙行列式的转置，由于 a_1,a_2,a_3,a_4 互不相同，所以 $|\overline{\boldsymbol{A}}|\neq 0$，即 $\mathrm{R}(\overline{\boldsymbol{A}})=4$；系数矩阵 $\boldsymbol{A}$ 的任一三阶子式也是范德蒙行列式的转置，所以 $\mathrm{R}(\boldsymbol{A})=3$。由此可知，$\mathrm{R}(\overline{\boldsymbol{A}})\neq\mathrm{R}(\boldsymbol{A})$，即线性方程组无解。

(2) 当 $a_1=a_3=k,a_2=a_4=-k,(k\neq 0)$ 时，线性方程组为

$$\begin{cases} x_1+kx_2+k^2x_3=k^3, \\ x_1-kx_2+k^2x_3=-k^3, \\ x_1+kx_2+k^2x_3=k^3, \\ x_1-kx_2+k^2x_3=-k^3。 \end{cases}$$

线性方程组的系数矩阵及其行阶梯形矩阵为

$$\boldsymbol{A}=\begin{pmatrix}1 & k & k^2\\ 1 & -k & k^2\\ 1 & k & k^2\\ 1 & -k & k^2\end{pmatrix}\rightarrow\begin{pmatrix}1 & k & k^2\\ 0 & -2k & 0\\ 0 & 0 & 0\\ 0 & -2k & 0\end{pmatrix}\rightarrow\begin{pmatrix}1 & k & k^2\\ 0 & -2k & 0\\ 0 & 0 & 0\\ 0 & 0 & 0\end{pmatrix}。$$

易见，$\mathrm{R}(\boldsymbol{A})=2$。由已知，根据非齐次线性方程组的解的性质 1，$\boldsymbol{\beta}_2-\boldsymbol{\beta}_1=\begin{pmatrix}2\\0\\-2\end{pmatrix}$ 是其导出组的一个解，且是它的一个基础解系。于是，线性方程组的通解为

$$\boldsymbol{x}=\boldsymbol{\beta}_1+(\boldsymbol{\beta}_2-\boldsymbol{\beta}_1)=\begin{pmatrix}-1\\1\\1\end{pmatrix}+k\begin{pmatrix}2\\0\\-2\end{pmatrix},\qquad k\text{ 为任意实数。}$$

10. 已知三元非齐次线性方程组 $\boldsymbol{Ax}=\boldsymbol{b}$，$\mathrm{R}(\boldsymbol{A})=1$，且线性方程组的 3 个解向量 $\boldsymbol{\eta}_1,\boldsymbol{\eta}_2$ 和 $\boldsymbol{\eta}_3$ 满足

$$\boldsymbol{\eta}_1+\boldsymbol{\eta}_2=\begin{pmatrix}1\\2\\3\end{pmatrix},\boldsymbol{\eta}_2+\boldsymbol{\eta}_3=\begin{pmatrix}1\\-1\\1\end{pmatrix},\boldsymbol{\eta}_3+\boldsymbol{\eta}_1=\begin{pmatrix}1\\0\\-1\end{pmatrix}。$$

求 $\boldsymbol{Ax}=\boldsymbol{b}$ 的通解。

解 由已知条件不难求得

$$\boldsymbol{\eta}_1-\boldsymbol{\eta}_2=\boldsymbol{\eta}_3+\boldsymbol{\eta}_1-(\boldsymbol{\eta}_2+\boldsymbol{\eta}_3)=\begin{pmatrix}1\\0\\-1\end{pmatrix}-\begin{pmatrix}1\\-1\\1\end{pmatrix}=\begin{pmatrix}0\\1\\-2\end{pmatrix},$$

$$\boldsymbol{\eta}_1-\boldsymbol{\eta}_3=\boldsymbol{\eta}_1+\boldsymbol{\eta}_2-(\boldsymbol{\eta}_2+\boldsymbol{\eta}_3)=\begin{pmatrix}1\\2\\3\end{pmatrix}-\begin{pmatrix}1\\-1\\1\end{pmatrix}=\begin{pmatrix}0\\3\\2\end{pmatrix},$$

$$\boldsymbol{\eta}_1=\frac{1}{2}[(\boldsymbol{\eta}_1+\boldsymbol{\eta}_2)-(\boldsymbol{\eta}_2+\boldsymbol{\eta}_3)+(\boldsymbol{\eta}_1+\boldsymbol{\eta}_3)]=\frac{1}{2}\begin{pmatrix}1\\2\\3\end{pmatrix}-\frac{1}{2}\begin{pmatrix}1\\-1\\1\end{pmatrix}+\frac{1}{2}\begin{pmatrix}1\\0\\-1\end{pmatrix}=\begin{pmatrix}\frac{1}{2}\\\frac{3}{2}\\\frac{1}{2}\end{pmatrix}。$$

由 $\mathrm{R}(\boldsymbol{A})=1$ 知，对应的三元齐次线性方程组 $\boldsymbol{Ax}=\boldsymbol{0}$ 的基础解系含有两个向量。根据非齐次线性方程组的解的性质 1，$\boldsymbol{\eta}_1-\boldsymbol{\eta}_2,\boldsymbol{\eta}_1-\boldsymbol{\eta}_3$ 是 $\boldsymbol{Ax}=\boldsymbol{0}$ 的解，且它们是线性无关的，因此，是 $\boldsymbol{Ax}=\boldsymbol{0}$ 的基础解系。于是，非齐次线性方程组 $\boldsymbol{Ax}=\boldsymbol{b}$ 的通解为

$$\boldsymbol{x}=\boldsymbol{\eta}_1+k_1(\boldsymbol{\eta}_1-\boldsymbol{\eta}_2)+k_2(\boldsymbol{\eta}_1-\boldsymbol{\eta}_3)=\begin{pmatrix}\frac{1}{2}\\\frac{3}{2}\\\frac{1}{2}\end{pmatrix}+k_1\begin{pmatrix}0\\1\\-2\end{pmatrix}+k_2\begin{pmatrix}0\\3\\2\end{pmatrix},\quad k_1,k_2\text{ 为任意实数。}$$

11. 已知两个非齐次线性方程组

$$\begin{cases}x_1+ax_2+x_3+x_4=1,\\2x_1+x_2+bx_3+x_4=4,\\2x_1+2x_2+3x_3+cx_4=1\end{cases}\text{和}\begin{cases}x_1+x_2+x_3+x_4=1,\\-x_2+2x_3-x_4=2,\\x_3+x_4=-1\end{cases}$$

同解，确定 a,b,c 的值。

分析 易见，第二个线性方程组不含有参数，可以先求出第二个线性方程组的一个特解，然后将其代入到第一个线性方程组，从而可以确定 a,b,c 的值。

解 第二个线性方程组的增广矩阵及其行最简形矩阵如下：

$$\bar{\boldsymbol{A}}=(\boldsymbol{A},\boldsymbol{b})=\begin{pmatrix}1&1&1&1&1\\0&-1&2&-1&2\\0&0&1&1&-1\end{pmatrix}\to\begin{pmatrix}1&0&0&-3&6\\0&1&0&3&-4\\0&0&1&1&-1\end{pmatrix}。$$

同解的线性方程组为

$$\begin{cases}x_1=3x_4+6,\\x_2=-3x_4-4,\\x_3=-x_4-1。\end{cases}$$

不难求得该线性方程组的一个特解为

$$\boldsymbol{x}=\begin{pmatrix}x_1\\x_2\\x_3\\x_4\end{pmatrix}=\begin{pmatrix}9\\-7\\-2\\1\end{pmatrix}。$$

将其代入到第一个线性方程组，可得 $a=1,b=4,c=3$。

12. 设 $\boldsymbol{A}$ 为 n 阶矩阵，且 $\boldsymbol{A}^2=\boldsymbol{A}$，证明：$\mathrm{R}(\boldsymbol{A})+\mathrm{R}(\boldsymbol{E}-\boldsymbol{A})=n$。

分析 注意到，$\mathrm{R}(\boldsymbol{A}-\boldsymbol{E})=\mathrm{R}(\boldsymbol{E}-\boldsymbol{A})$，要证 $\mathrm{R}(\boldsymbol{A})+\mathrm{R}(\boldsymbol{A}-\boldsymbol{E})=\mathrm{R}(\boldsymbol{A})+\mathrm{R}(\boldsymbol{E}-\boldsymbol{A})=n$，只需证明不等式

$R(\boldsymbol{A})+R(\boldsymbol{A}-\boldsymbol{E})\geqslant n$ 和 $R(\boldsymbol{A})+R(\boldsymbol{E}-\boldsymbol{A})\leqslant n$ 同时成立即可。这是证明等式时常用的思路。

证 由 $\boldsymbol{A}^2=\boldsymbol{A}$ 可得，$\boldsymbol{A}(\boldsymbol{E}-\boldsymbol{A})=\boldsymbol{0}$。令 $\boldsymbol{B}=\boldsymbol{E}-\boldsymbol{A}$，有 $\boldsymbol{AB}=\boldsymbol{0}$。易见，矩阵 $\boldsymbol{B}$ 的每一列都是齐次线性方程组 $\boldsymbol{Ax}=\boldsymbol{0}$ 的解，并且是线性方程组 $\boldsymbol{Ax}=\boldsymbol{0}$ 的所有解向量组的**部分解向量组**。注意到，线性方程组 $\boldsymbol{Ax}=\boldsymbol{0}$ 基础解系所含向量的个数为 $n-R(\boldsymbol{A})$，从而有 $R(\boldsymbol{B})\leqslant n-R(\boldsymbol{A})$，即 $R(\boldsymbol{A})+R(\boldsymbol{E}-\boldsymbol{A})\leqslant n$。

另一方面，$\boldsymbol{E}=\boldsymbol{A}+(\boldsymbol{E}-\boldsymbol{A})$，所以

$$n=R(\boldsymbol{E})=R[\boldsymbol{A}+(\boldsymbol{E}-\boldsymbol{A})]\leqslant R(\boldsymbol{A})+R(\boldsymbol{E}-\boldsymbol{A})。$$

综上所述，即得 $R(\boldsymbol{A})+R(\boldsymbol{E}-\boldsymbol{A})=n$。又注意到 $R(\boldsymbol{A}-\boldsymbol{E})=R(\boldsymbol{E}-\boldsymbol{A})$，所以

$$R(\boldsymbol{A})+R(\boldsymbol{A}-\boldsymbol{E})=n。$$

证毕

考研试题选编 4

1. 向量组的线性表示

(1) 设 $\boldsymbol{A},\boldsymbol{B},\boldsymbol{C}$ 均为 n 阶矩阵，若 $\boldsymbol{AB}=\boldsymbol{C}$，且 $\boldsymbol{B}$ 可逆，则（　　）。(2013 年)

A. 矩阵 $\boldsymbol{C}$ 的行向量组与矩阵 $\boldsymbol{A}$ 的行向量组等价

B. 矩阵 $\boldsymbol{C}$ 的列向量组与矩阵 $\boldsymbol{A}$ 的列向量组等价

C. 矩阵 $\boldsymbol{C}$ 的行向量组与矩阵 $\boldsymbol{B}$ 的行向量组等价

D. 矩阵 $\boldsymbol{C}$ 的列向量组与矩阵 $\boldsymbol{B}$ 的列向量组等价

提示：对矩阵 $\boldsymbol{A}$ 和 $\boldsymbol{C}$ 分别按列分块，有 $\boldsymbol{A}=(\boldsymbol{\alpha}_1,\boldsymbol{\alpha}_2,\cdots,\boldsymbol{\alpha}_n)$，$\boldsymbol{C}=(\boldsymbol{\gamma}_1,\boldsymbol{\gamma}_2,\cdots,\boldsymbol{\gamma}_n)$。由 $\boldsymbol{AB}=\boldsymbol{C}$ 可知，$\boldsymbol{C}$ 的列向量组也可由 $\boldsymbol{A}$ 的列向量组线性表出；由于 $\boldsymbol{B}$ 可逆，有 $\boldsymbol{CB}^{-1}=\boldsymbol{A}$，所以 $\boldsymbol{A}$ 的列向量组也可由 $\boldsymbol{C}$ 的列向量组线性表出。根据向量组的等价定义，选 B

(2) 设向量组 $\boldsymbol{\alpha}_1=(1,0,1)^{\mathrm{T}}$，$\boldsymbol{\alpha}_2=(0,1,1)^{\mathrm{T}}$，$\boldsymbol{\alpha}_3=(1,3,5)^{\mathrm{T}}$ 不能由向量组 $\boldsymbol{\beta}_1=(1,1,1)^{\mathrm{T}}$，$\boldsymbol{\beta}_2=(1,2,3)^{\mathrm{T}}$，$\boldsymbol{\beta}_3=(3,4,a)^{\mathrm{T}}$ 线性表示。解答下列问题：(2011 年)

(i) 求 a 的值；(ii) 将 $\boldsymbol{\beta}_1,\boldsymbol{\beta}_2,\boldsymbol{\beta}_3$ 用 $\boldsymbol{\alpha}_1,\boldsymbol{\alpha}_2,\boldsymbol{\alpha}_3$ 线性表示。

提示：(i) 由 $|\boldsymbol{\alpha}_1,\boldsymbol{\alpha}_2,\boldsymbol{\alpha}_3|=1\neq0$ 可知，向量组 $\boldsymbol{\alpha}_1,\boldsymbol{\alpha}_2,\boldsymbol{\alpha}_3$ 线性无关，$\boldsymbol{\beta}_1,\boldsymbol{\beta}_2,\boldsymbol{\beta}_3$ 必线性相关，可以求得 $a=5$。(ii) 依题意，设存在 $\boldsymbol{X}$，使得 $(\boldsymbol{\alpha}_1,\boldsymbol{\alpha}_2,\boldsymbol{\alpha}_3)\boldsymbol{X}=(\boldsymbol{\beta}_1,\boldsymbol{\beta}_2,\boldsymbol{\beta}_3)$，利用初等变换法 $(\boldsymbol{A}\mid\boldsymbol{B})\xrightarrow{\text{初等行变换}}(\boldsymbol{E}\mid\boldsymbol{A}^{-1}\boldsymbol{B})$ 可以解得 $\boldsymbol{X}$，结果为 $\boldsymbol{X}=\begin{pmatrix}2&1&5\\4&2&10\\-1&0&-2\end{pmatrix}$。

(3) 设有向量组(Ⅰ)：$\boldsymbol{\alpha}_1=(1,0,2)^{\mathrm{T}}$，$\boldsymbol{\alpha}_2=(1,1,3)^{\mathrm{T}}$，$\boldsymbol{\alpha}_3=(1,-1,a+2)^{\mathrm{T}}$ 和向量组(Ⅱ)：$\boldsymbol{\beta}_1=(1,2,a+3)^{\mathrm{T}}$，$\boldsymbol{\beta}_2=(2,1,a+6)^{\mathrm{T}}$，$\boldsymbol{\beta}_3=(2,1,a+4)^{\mathrm{T}}$。试问：当 a 为何值时，向量组(Ⅰ)与向量组(Ⅱ)等价？当 a 为何值时，向量组(Ⅰ)与向量组(Ⅱ)不等价？(2003 年)

提示：通过建立矩阵方程 $(\boldsymbol{\alpha}_1,\boldsymbol{\alpha}_2,\boldsymbol{\alpha}_3)\boldsymbol{X}=(\boldsymbol{\beta}_1,\boldsymbol{\beta}_2,\boldsymbol{\beta}_3)$，利用初等变换法将矩阵 $(\boldsymbol{\alpha}_1,\boldsymbol{\alpha}_2,\boldsymbol{\alpha}_3,\boldsymbol{\beta}_1,\boldsymbol{\beta}_2,\boldsymbol{\beta}_3)$ 约化为行阶梯形矩阵，再进行讨论。当 $a\neq-1$ 时，向量组(Ⅰ)与向量组(Ⅱ)等价；当 $a=-1$ 时，向量组(Ⅰ)与向量组(Ⅱ)不等价。

2. 向量组的线性相关性、极大无关组

(1) 设 $\boldsymbol{\alpha}_1,\boldsymbol{\alpha}_2,\cdots,\boldsymbol{\alpha}_s$ 均为 n 维列向量，$\boldsymbol{A}$ 是 $m\times n$ 矩阵，下列选项正确的是（　　）。(2006 年)

A. 若 $\boldsymbol{\alpha}_1,\boldsymbol{\alpha}_2,\cdots,\boldsymbol{\alpha}_s$ 线性相关，则 $\boldsymbol{A\alpha}_1,\boldsymbol{A\alpha}_2,\cdots,\boldsymbol{A\alpha}_s$ 线性相关

B. 若 $\boldsymbol{\alpha}_1,\boldsymbol{\alpha}_2,\cdots,\boldsymbol{\alpha}_s$ 线性相关，则 $\boldsymbol{A\alpha}_1,\boldsymbol{A\alpha}_2,\cdots,\boldsymbol{A\alpha}_s$ 线性无关

C. 若 $\boldsymbol{\alpha}_1,\boldsymbol{\alpha}_2,\cdots,\boldsymbol{\alpha}_s$ 线性无关，则 $\boldsymbol{A\alpha}_1,\boldsymbol{A\alpha}_2,\cdots,\boldsymbol{A\alpha}_s$ 线性相关

D. 若 $\boldsymbol{\alpha}_1,\boldsymbol{\alpha}_2,\cdots,\boldsymbol{\alpha}_s$ 线性无关，则 $\boldsymbol{A\alpha}_1,\boldsymbol{A\alpha}_2,\cdots,\boldsymbol{A\alpha}_s$ 线性无关

提示：法一 由已知，$\boldsymbol{\alpha}_1,\boldsymbol{\alpha}_2,\cdots,\boldsymbol{\alpha}_s$ 线性相关，故存在不全为零的数 $k_1,k_2,\cdots,k_s$，使得 $k_1\boldsymbol{\alpha}_1+k_2\boldsymbol{\alpha}_2+\cdots$

$+k_s\boldsymbol{\alpha}_s=\mathbf{0}$，在其两边左乘矩阵 $\boldsymbol{A}$，有 $k_1\boldsymbol{A\alpha}_1+k_2\boldsymbol{A\alpha}_2+\cdots+k_s\boldsymbol{A\alpha}_s=\mathbf{0}$。由于 $k_1,k_2,\cdots,k_s$ 不全为0，所以 $\boldsymbol{A\alpha}_1$，$\boldsymbol{A\alpha}_2,\cdots,\boldsymbol{A\alpha}_s$ 线性相关。选A。

法二 不难发现，$\mathrm{R}(\boldsymbol{A\alpha}_1,\boldsymbol{A\alpha}_2,\cdots,\boldsymbol{A\alpha}_s)=\mathrm{R}(\boldsymbol{A}(\boldsymbol{\alpha}_1,\boldsymbol{\alpha}_2,\cdots,\boldsymbol{\alpha}_s))\leqslant\mathrm{R}(\boldsymbol{\alpha}_1,\boldsymbol{\alpha}_2,\cdots,\boldsymbol{\alpha}_s)$。因为 $\boldsymbol{\alpha}_1,\boldsymbol{\alpha}_2,\cdots,\boldsymbol{\alpha}_s$ 线性相关，有 $\mathrm{R}(\boldsymbol{\alpha}_1,\boldsymbol{\alpha}_2,\cdots,\boldsymbol{\alpha}_s)<s$。从而 $\mathrm{R}(\boldsymbol{A\alpha}_1,\boldsymbol{A\alpha}_2,\cdots,\boldsymbol{A\alpha}_s)<s$，故 $\boldsymbol{A\alpha}_1,\boldsymbol{A\alpha}_2,\cdots,\boldsymbol{A\alpha}_s$ 线性相关。

(2) 设 $\boldsymbol{\alpha}_1=\begin{pmatrix}0\\0\\c_1\end{pmatrix},\boldsymbol{\alpha}_2=\begin{pmatrix}0\\1\\c_2\end{pmatrix},\boldsymbol{\alpha}_3=\begin{pmatrix}1\\-1\\c_3\end{pmatrix},\boldsymbol{\alpha}_4=\begin{pmatrix}-1\\1\\c_4\end{pmatrix}$，其中 c_1,c_2,c_3,c_4 为任意常数，则下列向量组线性相关的为(　　)。(2012年)

A. $\boldsymbol{\alpha}_1,\boldsymbol{\alpha}_2,\boldsymbol{\alpha}_3$　　B. $\boldsymbol{\alpha}_1,\boldsymbol{\alpha}_2,\boldsymbol{\alpha}_4$　　C. $\boldsymbol{\alpha}_1,\boldsymbol{\alpha}_3,\boldsymbol{\alpha}_4$　　D. $\boldsymbol{\alpha}_2,\boldsymbol{\alpha}_3,\boldsymbol{\alpha}_4$

提示：不难发现，$|(\boldsymbol{\alpha}_1,\boldsymbol{\alpha}_3,\boldsymbol{\alpha}_4)|=\begin{vmatrix}0&1&-1\\0&-1&1\\c_1&c_3&c_4\end{vmatrix}=0$，所以 $\boldsymbol{\alpha}_1,\boldsymbol{\alpha}_3,\boldsymbol{\alpha}_4$ 必线性相关，选C。

(3) 设 $\boldsymbol{\alpha}_1,\boldsymbol{\alpha}_2,\boldsymbol{\alpha}_3$ 均为三维向量，则对任意常数 k,l，向量组 $\boldsymbol{\alpha}_1+k\boldsymbol{\alpha}_3,\boldsymbol{\alpha}_2+l\boldsymbol{\alpha}_3$ 线性无关是向量组 $\boldsymbol{\alpha}_1,\boldsymbol{\alpha}_2,\boldsymbol{\alpha}_3$ 线性无关的(　　)(2014年)

A. 必要非充分条件　　B. 充分非必要条件

C. 充分必要条件　　D. 既非充分也非必要条件

提示：$\boldsymbol{\beta}_1=\boldsymbol{\alpha}_1+k\boldsymbol{\alpha}_3,\boldsymbol{\beta}_2=\boldsymbol{\alpha}_2+l\boldsymbol{\alpha}_3$ 的矩阵形式为 $(\boldsymbol{\beta}_1,\boldsymbol{\beta}_2)=(\boldsymbol{\alpha}_1,\boldsymbol{\alpha}_2,\boldsymbol{\alpha}_3)\begin{pmatrix}1&0\\0&1\\k&l\end{pmatrix}$。若 $\boldsymbol{\alpha}_1,\boldsymbol{\alpha}_2,\boldsymbol{\alpha}_3$ 线性无关，则矩阵 $\boldsymbol{A}=(\boldsymbol{\alpha}_1,\boldsymbol{\alpha}_2,\boldsymbol{\alpha}_3)$ 可逆，故 $\mathrm{R}(\boldsymbol{\beta}_1,\boldsymbol{\beta}_2)=\mathrm{R}\begin{pmatrix}1&0\\0&1\\k&l\end{pmatrix}=2$，即向量组 $\boldsymbol{\alpha}_1+k\boldsymbol{\alpha}_3,\boldsymbol{\alpha}_2+l\boldsymbol{\alpha}_3$ 线性无关。反之，设 $\boldsymbol{\alpha}_1,\boldsymbol{\alpha}_2$ 线性无关，$\boldsymbol{\alpha}_3=\mathbf{0}$，则对任意常数 k,l，必有 $\boldsymbol{\alpha}_1+k\boldsymbol{\alpha}_3,\boldsymbol{\alpha}_2+l\boldsymbol{\alpha}_3$ 线性无关，但 $\boldsymbol{\alpha}_1,\boldsymbol{\alpha}_2,\boldsymbol{\alpha}_3$ 线性相关。所以 $\boldsymbol{\alpha}_1+k\boldsymbol{\alpha}_3,\boldsymbol{\alpha}_2+l\boldsymbol{\alpha}_3$ 线性无关不能推出向量组 $\boldsymbol{\alpha}_1,\boldsymbol{\alpha}_2,\boldsymbol{\alpha}_3$ 线性无关，即必要非充分条件，选A。

(4) 设向量组Ⅰ：$\boldsymbol{\alpha}_1,\boldsymbol{\alpha}_2,\cdots,\boldsymbol{\alpha}_r$ 可由向量组Ⅱ：$\boldsymbol{\beta}_1,\boldsymbol{\beta}_2,\cdots,\boldsymbol{\beta}_s$ 线性表示，则(　　)。(2003年)

A. 当 $r<s$ 时，向量组Ⅱ必线性相关　　B. 当 $r>s$ 时，向量组Ⅱ必线性相关

C. 当 $r<s$ 时，向量组Ⅰ必线性相关　　D. 当 $r>s$ 时，向量组Ⅰ必线性相关

提示：根据定理4.6及其推论判断，选D。

(5) 设 $\boldsymbol{A}$ 和 $\boldsymbol{B}$ 为 $\boldsymbol{AB}=\mathbf{0}$ 的两个任意非零矩阵，则必有(　　)。(2004年)

A. $\boldsymbol{A}$ 的列向量组线性相关，$\boldsymbol{B}$ 的行向量组线性相关

B. $\boldsymbol{A}$ 的列向量组线性相关，$\boldsymbol{B}$ 的行向量组线性相关

C. $\boldsymbol{A}$ 的行向量组线性相关，$\boldsymbol{B}$ 的行向量组线性相关

D. $\boldsymbol{A}$ 的行向量组线性相关，$\boldsymbol{B}$ 的列向量组线性相关

提示：设 $\boldsymbol{A}$ 是 $m\times n$，$\boldsymbol{B}$ 是 $n\times s$ 矩阵，且 $\boldsymbol{AB}=\mathbf{0}$，则有 $\mathrm{R}(\boldsymbol{A})+\mathrm{R}(\boldsymbol{B})\leqslant n$。根据定理4.5，$\boldsymbol{A}$ 的列向量组线性相关；类似地，$\boldsymbol{B}$ 的行向量组线性相关。选A。

(6) 设有4维向量组 $\boldsymbol{\alpha}_1=(1+a,1,1,1)^{\mathrm{T}}$，$\boldsymbol{\alpha}_2=(2,a+2,2,2)^{\mathrm{T}}$，$\boldsymbol{\alpha}_3=(3,3,3+a,3)^{\mathrm{T}}$，$\boldsymbol{\alpha}_4=(4,4,4,4+a)^{\mathrm{T}}$。问 a 为何值时，$\boldsymbol{\alpha}_1,\boldsymbol{\alpha}_2,\boldsymbol{\alpha}_3,\boldsymbol{\alpha}_4$ 线性相关？当 $\boldsymbol{\alpha}_1,\boldsymbol{\alpha}_2,\boldsymbol{\alpha}_3,\boldsymbol{\alpha}_4$ 线性相关时，求其一个极大线性无关组，并将其余向量用该极大线性无关组线性表出。(2006年)

提示：参见习题4.3A4的解题方法。若 $a=0$，秩 $\mathrm{R}(\boldsymbol{\alpha}_1,\boldsymbol{\alpha}_2,\boldsymbol{\alpha}_3,\boldsymbol{\alpha}_4)=1$，$\boldsymbol{\alpha}_1,\boldsymbol{\alpha}_2,\boldsymbol{\alpha}_3,\boldsymbol{\alpha}_4$ 线性相关，极大线性无关组为 $\boldsymbol{\alpha}_1$，且 $\boldsymbol{\alpha}_1,\boldsymbol{\alpha}_2=2\boldsymbol{\alpha}_1,\boldsymbol{\alpha}_3=3\boldsymbol{\alpha}_1,\boldsymbol{\alpha}_4=4\boldsymbol{\alpha}_1$；当 $a=-10$ 时，$\boldsymbol{\alpha}_1,\boldsymbol{\alpha}_2,\boldsymbol{\alpha}_3,\boldsymbol{\alpha}_4$ 线性相关，极大线性无关组 $\boldsymbol{\alpha}_2,\boldsymbol{\alpha}_3,\boldsymbol{\alpha}_4$，且 $\boldsymbol{\alpha}_1=-\boldsymbol{\alpha}_2-\boldsymbol{\alpha}_3-\boldsymbol{\alpha}_4$。

(7) 设 $\boldsymbol{\alpha},\boldsymbol{\beta}$ 为三维列向量，矩阵 $\boldsymbol{A}=\boldsymbol{\alpha\alpha}^{\mathrm{T}}+\boldsymbol{\beta\beta}^{\mathrm{T}}$，其中 $\boldsymbol{\alpha}^{\mathrm{T}},\boldsymbol{\beta}^{\mathrm{T}}$ 分别是 $\boldsymbol{\alpha},\boldsymbol{\beta}$ 的转置。证明：(i) 秩 $\mathrm{R}(\boldsymbol{A})\leqslant 2$；(ii) 若 $\boldsymbol{\alpha},\boldsymbol{\beta}$ 线性相关，则秩 $\mathrm{R}(\boldsymbol{A})<2$。(2000年)

提示：(i) 因为 $\boldsymbol{\alpha},\boldsymbol{\beta}$ 为三维列向量，那么 $\boldsymbol{\alpha}\boldsymbol{\alpha}^{\mathrm{T}}$ 和 $\boldsymbol{\beta}\boldsymbol{\beta}^{\mathrm{T}}$ 都是三阶矩阵，且 $\mathrm{R}(\boldsymbol{\alpha}\boldsymbol{\alpha}^{\mathrm{T}})\leqslant 1,\mathrm{R}(\boldsymbol{\beta}\boldsymbol{\beta}^{\mathrm{T}})\leqslant 1$，于是，$\mathrm{R}(\boldsymbol{A})=\mathrm{R}(\boldsymbol{\alpha}\boldsymbol{\alpha}^{\mathrm{T}}+\boldsymbol{\beta}\boldsymbol{\beta}^{\mathrm{T}})\leqslant\mathrm{R}(\boldsymbol{\alpha}\boldsymbol{\alpha}^{\mathrm{T}})+\mathrm{R}(\boldsymbol{\beta}\boldsymbol{\beta}^{\mathrm{T}})\leqslant 2$。(ii) 由于 $\boldsymbol{\alpha},\boldsymbol{\beta}$ 线性相关，不妨设 $\boldsymbol{\alpha}=k\boldsymbol{\beta}$，于是 $\mathrm{R}(\boldsymbol{A})=\mathrm{R}(\boldsymbol{\alpha}\boldsymbol{\alpha}^{\mathrm{T}}+\boldsymbol{\beta}\boldsymbol{\beta}^{\mathrm{T}})=\mathrm{R}((1+k^2)\boldsymbol{\beta}\boldsymbol{\beta}^{\mathrm{T}})\leqslant 1<2$。

3. 向量空间

(1) 设 $\boldsymbol{\alpha}_1,\boldsymbol{\alpha}_2,\boldsymbol{\alpha}_3$ 是 $\mathbb{R}^3$ 的一组基，$\boldsymbol{\beta}_1=2\boldsymbol{\alpha}_1+2k\boldsymbol{\alpha}_3,\boldsymbol{\beta}_2=2\boldsymbol{\alpha}_2,\boldsymbol{\beta}_3=\boldsymbol{\alpha}_1+(k+1)\boldsymbol{\alpha}_3$。(i)证明向量组 $\boldsymbol{\beta}_1,\boldsymbol{\beta}_2,\boldsymbol{\beta}_3$ 为 $\mathbb{R}^3$ 的一个基；(ii) 当 k 为何值时，存在非零向量 $\boldsymbol{\xi}$ 在基 $\boldsymbol{\alpha}_1,\boldsymbol{\alpha}_2,\boldsymbol{\alpha}_3$ 与基 $\boldsymbol{\beta}_1,\boldsymbol{\beta}_2,\boldsymbol{\beta}_3$ 下的坐标相同，并求所有的 $\boldsymbol{\xi}$。(2015 年)

提示：(i) 由已知可得 $(\boldsymbol{\beta}_1,\boldsymbol{\beta}_2,\boldsymbol{\beta}_3)=(\boldsymbol{\alpha}_1,\boldsymbol{\alpha}_2,\boldsymbol{\alpha}_3)\begin{pmatrix}2&0&1\\0&2&0\\2k&0&k+1\end{pmatrix}$。由于 $\begin{vmatrix}2&0&1\\0&2&0\\2k&0&k+1\end{vmatrix}=2\begin{vmatrix}2&1\\2k&k+1\end{vmatrix}=4\neq 0$，所以 $\mathrm{R}(\boldsymbol{\beta}_1,\boldsymbol{\beta}_2,\boldsymbol{\beta}_3)=\mathrm{R}(\boldsymbol{\alpha}_1,\boldsymbol{\alpha}_2,\boldsymbol{\alpha}_3)=3$，即 $\boldsymbol{\beta}_1,\boldsymbol{\beta}_2,\boldsymbol{\beta}_3$ 是 $\mathbb{R}^3$ 的一组基。(ii) 易见，$\boldsymbol{\xi}=(\boldsymbol{\alpha}_1,\boldsymbol{\alpha}_2,\boldsymbol{\alpha}_3)\begin{pmatrix}x_1\\x_2\\x_3\end{pmatrix}=(\boldsymbol{\beta}_1,\boldsymbol{\beta}_2,\boldsymbol{\beta}_3)\begin{pmatrix}x_1\\x_2\\x_3\end{pmatrix}=(\boldsymbol{\alpha}_1,\boldsymbol{\alpha}_2,\boldsymbol{\alpha}_3)\begin{pmatrix}2&0&1\\0&2&0\\2k&0&k+1\end{pmatrix}\begin{pmatrix}x_1\\x_2\\x_3\end{pmatrix}$。因 $\boldsymbol{\alpha}_1,\boldsymbol{\alpha}_2,\boldsymbol{\alpha}_3$ 是 $\mathbb{R}^3$ 的基，于是 $\begin{pmatrix}x_1\\x_2\\x_3\end{pmatrix}=\begin{pmatrix}2&0&1\\0&2&0\\2k&0&k+1\end{pmatrix}\begin{pmatrix}x_1\\x_2\\x_3\end{pmatrix}$，即 $\begin{cases}x_1+x_3=0,\\x_2=0,\\2kx_1+kx_3=0。\end{cases}$

由 $\boldsymbol{\xi}\neq\boldsymbol{0}$ 知，x_1,x_2,x_3 不全为零，故 $\begin{vmatrix}1&0&1\\0&1&0\\2k&0&k\end{vmatrix}=0$，所以 $k=0$，解出 $x_1=t,x_2=0,x_3=-t$。故 $\boldsymbol{\xi}=t\boldsymbol{\alpha}_1-t\boldsymbol{\alpha}_3$ 在这两组基下有相同的坐标。

(2) 设 $\boldsymbol{\alpha}_1=(1,2,-1,0)^{\mathrm{T}},\boldsymbol{\alpha}_2=(1,1,0,2)^{\mathrm{T}},\boldsymbol{\alpha}_3=(2,1,1,a)^{\mathrm{T}}$，由 $\boldsymbol{\alpha}_1,\boldsymbol{\alpha}_2,\boldsymbol{\alpha}_3$ 生成的向量空间的维数为 2，则 $a=$(　　)。(2010 年)

提示：因为 $\boldsymbol{\alpha}_1,\boldsymbol{\alpha}_2,\boldsymbol{\alpha}_3$ 所生成的向量空间是 2 维，亦即向量组的秩 $\mathrm{R}(\boldsymbol{\alpha}_1,\boldsymbol{\alpha}_2,\boldsymbol{\alpha}_3)=2$。由于 $(\boldsymbol{\alpha}_1,\boldsymbol{\alpha}_2,\boldsymbol{\alpha}_3)=\begin{pmatrix}1&1&2\\2&1&1\\-1&0&1\\0&2&a\end{pmatrix}\to\begin{pmatrix}1&1&2\\0&1&3\\0&0&a-6\\0&0&0\end{pmatrix}$，推出 $a=6$。

(3) 设 $\boldsymbol{\alpha}_1,\boldsymbol{\alpha}_2,\boldsymbol{\alpha}_3$ 是向量空间 $\mathbb{R}^3$ 的一组基，则由基 $\boldsymbol{\alpha}_1,\frac{1}{2}\boldsymbol{\alpha}_2,\frac{1}{3}\boldsymbol{\alpha}_3$ 到基 $\boldsymbol{\alpha}_1+\boldsymbol{\alpha}_2,\boldsymbol{\alpha}_2+\boldsymbol{\alpha}_3,\boldsymbol{\alpha}_3+\boldsymbol{\alpha}_1$ 的过渡矩阵为(　　)。(2009 年)

A. $\begin{pmatrix}1&0&1\\2&2&0\\0&3&3\end{pmatrix}$　　B. $\begin{pmatrix}1&2&0\\0&2&3\\1&0&3\end{pmatrix}$

C. $\begin{pmatrix}\frac{1}{2}&\frac{1}{4}&-\frac{1}{6}\\-\frac{1}{2}&\frac{1}{4}&\frac{1}{6}\\\frac{1}{2}&-\frac{1}{4}&\frac{1}{6}\end{pmatrix}$　　D. $\begin{pmatrix}\frac{1}{2}&-\frac{1}{2}&\frac{1}{2}\\\frac{1}{4}&\frac{1}{4}&-\frac{1}{4}\\-\frac{1}{6}&\frac{1}{6}&\frac{1}{6}\end{pmatrix}$

提示：易见，$(\boldsymbol{\alpha}_1+\boldsymbol{\alpha}_2,\boldsymbol{\alpha}_2+\boldsymbol{\alpha}_3,\boldsymbol{\alpha}_3+\boldsymbol{\alpha}_1)=(\boldsymbol{\alpha}_1,\frac{1}{2}\boldsymbol{\alpha}_2,\frac{1}{3}\boldsymbol{\alpha}_3)\begin{pmatrix}1&0&1\\2&2&0\\0&3&3\end{pmatrix}$，选 A。

4. 线性方程组

(1) 设向量组 $\boldsymbol{\alpha}_1,\boldsymbol{\alpha}_2,\cdots,\boldsymbol{\alpha}_s$ 为线性方程组 $\boldsymbol{Ax}=\boldsymbol{0}$ 的一个基础解系，$\boldsymbol{\beta}_1=t_1\boldsymbol{\alpha}_1+t_2\boldsymbol{\alpha}_2,\boldsymbol{\beta}_2=t_1\boldsymbol{\alpha}_2+t_2\boldsymbol{\alpha}_3,\cdots,\boldsymbol{\beta}_s=t_1\boldsymbol{\alpha}_s+t_2\boldsymbol{\alpha}_1$，其中 t_1,t_2 为实常数。当 t_1,t_2 满足什么关系时，$\boldsymbol{\beta}_1,\boldsymbol{\beta}_2,\cdots,\boldsymbol{\beta}_s$ 也为 $\boldsymbol{Ax}=\boldsymbol{0}$ 的一个基础解系？(2001 年)

提示：不难发现，$(\boldsymbol{\beta}_1,\boldsymbol{\beta}_2,\cdots,\boldsymbol{\beta}_s)=(\boldsymbol{\alpha}_1,\boldsymbol{\alpha}_2,\cdots,\boldsymbol{\alpha}_s)\begin{pmatrix} t_1 & 0 & 0 & \cdots & 0 & t_2 \\ t_2 & t_1 & 0 & \cdots & 0 & 0 \\ 0 & t_2 & t_1 & \cdots & 0 & 0 \\ \vdots & \vdots & \vdots & & \vdots & \vdots \\ 0 & 0 & 0 & \cdots & t_2 & t_1 \end{pmatrix}$。注意到，$\begin{vmatrix} t_1 & 0 & 0 & \cdots & 0 & t_2 \\ t_2 & t_1 & 0 & \cdots & 0 & 0 \\ 0 & t_2 & t_1 & \cdots & 0 & 0 \\ \vdots & \vdots & \vdots & & \vdots & \vdots \\ 0 & 0 & 0 & \cdots & t_2 & t_1 \end{vmatrix}=t_1^s+(-1)^{s+1}t_2^s$，当 $t_1^s+(-1)^{s+1}t_2^s\neq 0$ 时，系数矩阵可逆，向量组 $\boldsymbol{\alpha}_1,\boldsymbol{\alpha}_2,\cdots,\boldsymbol{\alpha}_s$ 可由 $\boldsymbol{\beta}_1,\boldsymbol{\beta}_2,\cdots,\boldsymbol{\beta}_s$ 线性表示，即向量组 $\boldsymbol{\alpha}_1,\boldsymbol{\alpha}_2,\cdots,\boldsymbol{\alpha}_s$ 和 $\boldsymbol{\beta}_1,\boldsymbol{\beta}_2,\cdots,\boldsymbol{\beta}_s$ 等价。由已知可得，$\boldsymbol{\beta}_1,\boldsymbol{\beta}_2,\cdots,\boldsymbol{\beta}_s$ 线性无关。因此，当 $t_1^s+(-1)^{s+1}t_2^s\neq 0$ 时，$\boldsymbol{\beta}_1,\boldsymbol{\beta}_2,\cdots,\boldsymbol{\beta}_s$ 也为 $\boldsymbol{Ax}=\boldsymbol{0}$ 的一个基础解系。

(2) 设 $\boldsymbol{A}=(\boldsymbol{\alpha}_1,\boldsymbol{\alpha}_2,\boldsymbol{\alpha}_3,\boldsymbol{\alpha}_4)$ 是 4 阶矩阵，$\boldsymbol{A}^*$ 为 $\boldsymbol{A}$ 的伴随矩阵。若 $(1,0,1,0)^{\mathrm{T}}$ 是线性方程组 $\boldsymbol{Ax}=\boldsymbol{0}$ 的一个基础解系，则 $\boldsymbol{A}^*\boldsymbol{x}=\boldsymbol{0}$ 的基础解系可为(　　)。(2011 年)

A. $\boldsymbol{\alpha}_1,\boldsymbol{\alpha}_3$　　B. $\boldsymbol{\alpha}_1,\boldsymbol{\alpha}_2$　　C. $\boldsymbol{\alpha}_1,\boldsymbol{\alpha}_2,\boldsymbol{\alpha}_3$　　D. $\boldsymbol{\alpha}_2,\boldsymbol{\alpha}_3,\boldsymbol{\alpha}_4$

提示：依题意，$n-\mathrm{R}(\boldsymbol{A})=1$，从而 $\mathrm{R}(\boldsymbol{A})=3$。由矩阵与其伴随矩阵的秩的关系知，$\mathrm{R}(\boldsymbol{A}^*)=1$，于是 $n-\mathrm{R}(\boldsymbol{A}^*)=4-1=3$，即 $\boldsymbol{A}^*\boldsymbol{x}=\boldsymbol{0}$ 的基础解系中有 3 个线性无关的解，可以排除选项 A 和 B。由 $\boldsymbol{AA}^*=|\boldsymbol{A}|\boldsymbol{E}$ 及 $|\boldsymbol{A}|=0$ 知，有 $\boldsymbol{A}^*\boldsymbol{A}=\boldsymbol{0}$，知 $\boldsymbol{A}$ 的列向量全是 $\boldsymbol{A}^*\boldsymbol{x}=\boldsymbol{0}$ 的解，由于 $\mathrm{R}(\boldsymbol{A})=3$，故 $\boldsymbol{A}$ 的列向量中必有 3 个线性无关。最后，按 $\boldsymbol{A}\begin{pmatrix}1\\0\\1\\0\end{pmatrix}=\boldsymbol{0}$，即 $\boldsymbol{\alpha}_1+\boldsymbol{\alpha}_3=\boldsymbol{0}$，所以 $\boldsymbol{\alpha}_1,\boldsymbol{\alpha}_3$ 相关，进一步地，$\boldsymbol{\alpha}_1,\boldsymbol{\alpha}_2,\boldsymbol{\alpha}_3$ 相关。根据排除法，选 D。

(3) 设 $\boldsymbol{\alpha}_i=(a_{i1},a_{i2},\cdots,a_{in})^{\mathrm{T}}(i=1,2,\cdots r;r<n)$ 是 n 维实向量，且 $\boldsymbol{\alpha}_1,\boldsymbol{\alpha}_2,\cdots,\boldsymbol{\alpha}_r$ 线性无关。已知 $\boldsymbol{\beta}=(b_1,b_2,\cdots,b_n)^{\mathrm{T}}$ 是线性方程组 $\boldsymbol{A}_{r\times n}\boldsymbol{x}=\boldsymbol{0}$，即

$$\begin{cases} a_{11}x_1+a_{11}x_2+\cdots+a_{11}x_n=0, \\ a_{21}x_1+a_{22}x_2+\cdots+a_{2n}x_n=0, \\ \qquad\vdots \\ a_{r1}x_1+a_{r2}x_2+\cdots+a_{rn}x_n=0 \end{cases}$$

的非零解向量。试判断向量组 $\boldsymbol{\alpha}_1,\boldsymbol{\alpha}_2,\cdots,\boldsymbol{\alpha}_r,\boldsymbol{\beta}$ 的线性相关性。(2001 年)

提示：设存在数 $k_1,k_2,\cdots,k_r,l$ 使得 $k_1\boldsymbol{\alpha}_1+k_2\boldsymbol{\alpha}_2+\cdots+k_r\boldsymbol{\alpha}_r+l\boldsymbol{\beta}=\boldsymbol{0}$。因为 $\boldsymbol{\beta}$ 为线性方程组的非零解，即 $\boldsymbol{\beta}\neq 0,\boldsymbol{\beta}^{\mathrm{T}}\boldsymbol{\alpha}_1=0,\cdots,\boldsymbol{\beta}^{\mathrm{T}}\boldsymbol{\alpha}_r=0$。用 $\boldsymbol{\beta}^{\mathrm{T}}$ 左乘 $\boldsymbol{A}_{r\times n}\boldsymbol{x}=\boldsymbol{0}$，并把 $\boldsymbol{\beta}^{\mathrm{T}}\boldsymbol{\alpha}_i=0$ 代入，得 $l\boldsymbol{\beta}^{\mathrm{T}}\boldsymbol{\beta}=0$。因为 $\boldsymbol{\beta}\neq\boldsymbol{0}$，故必有 $l=0$。由于 $\boldsymbol{\alpha}_1,\boldsymbol{\alpha}_2,\cdots,\boldsymbol{\alpha}_r$ 线性无关，所以有 $k_1=k_2=\cdots=k_r=0$。因此向量组 $\boldsymbol{\alpha}_1,\boldsymbol{\alpha}_2,\cdots,\boldsymbol{\alpha}_r,\boldsymbol{\beta}$ 线性无关。

(4) 已知三阶矩阵 $\boldsymbol{A}$ 的第 1 行是 (a,b,c) 不全为零，矩阵 $\boldsymbol{B}=\begin{pmatrix}1&2&3\\2&4&6\\3&6&k\end{pmatrix}$($k$ 为常数)，且 $\boldsymbol{AB}=\boldsymbol{0}$，求线性方程组 $\boldsymbol{Ax}=\boldsymbol{0}$ 的通解。(2005 年)

提示：由 $\boldsymbol{AB}=\boldsymbol{0}$ 知，$\mathrm{R}(\boldsymbol{A})+\mathrm{R}(\boldsymbol{B})\leqslant 3$，因为 $\boldsymbol{A}$ 和 $\boldsymbol{B}$ 都是非零矩阵，故 $1\leqslant\mathrm{R}(\boldsymbol{A}),\mathrm{R}(\boldsymbol{B})\leqslant 2$。如果 $k\neq 9$，必有 $\mathrm{R}(\boldsymbol{B})=2$，此时 $\mathrm{R}(\boldsymbol{A})=1$。故 $\boldsymbol{Ax}=\boldsymbol{0}$ 的通解为 $k_1(1,2,3)^{\mathrm{T}}+k_2(3,6,k)^{\mathrm{T}}$，$k_1,k_2$ 为任意常数。如果

$k=9$，则 $R(\boldsymbol{B})=1$，此时 $R(\boldsymbol{A})=1$ 或 2。若 $R(\boldsymbol{A})=2$，则 $\boldsymbol{Ax}=\boldsymbol{0}$ 的通解为 $k(1,2,3)^{\mathrm{T}}$，k 为任意常数；若 $R(\boldsymbol{A})=1$，则 $\boldsymbol{Ax}=\boldsymbol{0}$ 与 $ax+by+cz=0$ 同解。不妨设 $a\neq0$，那么 $\boldsymbol{Ax}=\boldsymbol{0}$ 的通解为 $k_1(-b,a,0)+k_2(-c,0,a)$，k_1,k_2 为任意常数。

(5) 已知非齐次线性方程组 $\begin{cases}x_1+x_2+x_3+x_4=-1,\\4x_1+3x_2+5x_3-x_4=-1,\\ax_1+x_2+3x_3+bx_4=1,\end{cases}$ 有 3 个线性无关的解。(i)证明此线性方程组系数矩阵 $\boldsymbol{A}$ 的秩 $R(\boldsymbol{A})=2$；(ii)求 a,b 的值及线性方程组的通解。(2006 年)

提示：(i) 设 $\boldsymbol{\alpha}_1,\boldsymbol{\alpha}_2,\boldsymbol{\alpha}_3$ 是非齐次方程组的 3 个线性无关的解，则 $\boldsymbol{\alpha}_1-\boldsymbol{\alpha}_2,\boldsymbol{\alpha}_1-\boldsymbol{\alpha}_3$ 是导出组 $\boldsymbol{Ax}=\boldsymbol{0}$ 的线性无关解，所以 $R(\boldsymbol{A})\leqslant2$；显然矩阵 $\boldsymbol{A}$ 中有二阶子式不为 0，故有 $R(\boldsymbol{A})\geqslant2$，从而 $R(\boldsymbol{A})=2$。(ii)对增广矩阵作初等行变换，有 $\overline{\boldsymbol{A}}\to\begin{pmatrix}1&1&1&1&-1\\0&1&-1&5&-3\\0&0&4-2a&b+4a-5&4-2a\end{pmatrix}$。依题意，$R(\boldsymbol{A})=R(\overline{\boldsymbol{A}})=2$，故有 $4-2a=0$，$b+4a-5=0$，解出 $a=2,b=-3$。不难求得，$\boldsymbol{\eta}^*=(2,-3,0,0)^{\mathrm{T}}$ 是 $\boldsymbol{Ax}=\boldsymbol{b}$ 的解，且 $\boldsymbol{\eta}_1=(-2,1,1,0)^{\mathrm{T}}$，$\boldsymbol{\eta}_2=(4,-5,0,1)^{\mathrm{T}}$ 是 $\boldsymbol{Ax}=\boldsymbol{0}$ 的基础解系，所以线性方程组的通解是 $\boldsymbol{\eta}^*+k_1\boldsymbol{\eta}_1+k_2\boldsymbol{\eta}_2$（$k_1,k_2$ 为任意常数）。

(6) 设 $\boldsymbol{A}=\begin{pmatrix}1&-1&-1\\-1&1&1\\0&-4&-2\end{pmatrix}$，$\boldsymbol{\xi}_1=\begin{pmatrix}-1\\1\\-2\end{pmatrix}$。(i)求满足 $\boldsymbol{A\xi}_2=\boldsymbol{\xi}_1$，$\boldsymbol{A}^2\boldsymbol{\xi}_3=\boldsymbol{\xi}_1$ 的所有向量 $\boldsymbol{\xi}_2,\boldsymbol{\xi}_3$；(ii) 求(i)中的任意向量 $\boldsymbol{\xi}_2,\boldsymbol{\xi}_3$，证明 $\boldsymbol{\xi}_1,\boldsymbol{\xi}_2,\boldsymbol{\xi}_3$ 线性无关。(2009 年)

提示：线性方程组 $\boldsymbol{Ax}=\boldsymbol{\xi}_1$ 的通解为 $(0,0,1)^{\mathrm{T}}+k_1(-1,1,-2)^{\mathrm{T}}$，从而 $\boldsymbol{\xi}_2=(-k_1,k_1,1-2k_1)^{\mathrm{T}}$，其中 k_1 是任意常数；线性方程组 $\boldsymbol{A}^2\boldsymbol{x}=\boldsymbol{\xi}_1$ 的通解为 $x_1=-\frac{1}{2}-k_2$，$x_2=k_2$，$x_3=k_3$，即 $\boldsymbol{\xi}_3=\left(-\frac{1}{2}-k_2,k_2,k_3\right)$，其中 k_2,k_3 为任意常数。

(ii) 因为 $|(\boldsymbol{\xi}_1,\boldsymbol{\xi}_2,\boldsymbol{\xi}_3)|=\begin{vmatrix}-1&-k_1&-\frac{1}{2}-k_2\\1&k_1&k_2\\-2&1-2k_1&k_3\end{vmatrix}=\begin{vmatrix}0&0&-\frac{1}{2}\\1&k_1&k_2\\-2&1-2k_1&k_3\end{vmatrix}=-\frac{1}{2}\neq0$，所以对任意的 k_1,k_2,k_3，恒有 $|(\boldsymbol{\xi}_1,\boldsymbol{\xi}_2,\boldsymbol{\xi}_3)|\neq0$，即对任意的 $\boldsymbol{\xi}_2,\boldsymbol{\xi}_3$，恒有 $\boldsymbol{\xi}_1,\boldsymbol{\xi}_2,\boldsymbol{\xi}_3$ 线性无关。

(7) 设 $\boldsymbol{A}=\begin{pmatrix}\lambda&1&1\\0&\lambda-1&0\\1&1&\lambda\end{pmatrix}$，$\boldsymbol{b}=\begin{pmatrix}a\\1\\1\end{pmatrix}$。已知线性方程组 $\boldsymbol{Ax}=\boldsymbol{b}$ 存在两个不同的解，(i)求 λ,a；(ii)求线性方程组 $\boldsymbol{Ax}=\boldsymbol{b}$ 的通解。(2010 年)

提示：(i) 因为线性方程组 $\boldsymbol{Ax}=\boldsymbol{b}$ 有两个不同的解，所以 $R(\boldsymbol{A})=R(\overline{\boldsymbol{A}})<3$，故 $|\boldsymbol{A}|=(\lambda+1)(\lambda-1)^2=0$，即 $\lambda=1$ 或 $\lambda=-1$。当 $\lambda=1$ 时，此时线性方程组无解，所以 $\lambda=1$ 舍去；当 $\lambda=-1$ 时，$a=-2$。

(ii) 当 $\lambda=-1,a=-2$ 时，线性方程组的通解为 $\boldsymbol{x}=\frac{1}{2}\begin{pmatrix}3\\-1\\0\end{pmatrix}+k\begin{pmatrix}1\\0\\1\end{pmatrix}$，其中 k 为任意常数。

(8) 设 $\boldsymbol{A}=\begin{pmatrix}1&a&0&0\\0&1&a&0\\0&0&1&a\\a&0&0&1\end{pmatrix}$，$\boldsymbol{\beta}=\begin{pmatrix}1\\-1\\0\\0\end{pmatrix}$。解答下列问题：

(i) 计算行列式 $|\boldsymbol{A}|$；(ii) 当实数 a 为何值时，线性方程组 $\boldsymbol{Ax}=\boldsymbol{\beta}$ 有无穷多解，并求其通解。(2012 年)

提示：(i) $|\boldsymbol{A}|=1-a^4$。(ii) 当 $|\boldsymbol{A}|=0$ 时，线性方程组 $\boldsymbol{Ax}=\boldsymbol{\beta}$ 有可能有无穷多解，由(i)知，$a=1$ 或 $a=-1$。当 $a=1$ 时，$R(\boldsymbol{A})=3$，$R(\overline{\boldsymbol{A}})=4$，线性方程组无解，舍去；当 $a=-1$ 时，$R(\boldsymbol{A})=R(\overline{\boldsymbol{A}})=3$。线性方程组

有无穷多解，取 x_4 为自由变量，得线性方程组通解为

$$(0,-1,0,0)^{\mathrm{T}}+k(1,1,1,1)^{\mathrm{T}}, \qquad k\text{ 为任意常数。}$$

(9) 设 $\boldsymbol{A}=\begin{pmatrix}1 & a\\ 1 & 0\end{pmatrix}$，$\boldsymbol{B}=\begin{pmatrix}0 & 1\\ 1 & b\end{pmatrix}$，当 a,b 为何值时，存在矩阵 $\boldsymbol{C}$ 使得 $\boldsymbol{AC}-\boldsymbol{CA}=\boldsymbol{B}$，并求所有矩阵 $\boldsymbol{C}$。(2013 年)

提示：设 $\boldsymbol{C}=\begin{pmatrix}x_1 & x_2\\ x_3 & x_4\end{pmatrix}$，将其代入 $\boldsymbol{AC}-\boldsymbol{CA}=\boldsymbol{B}$，整理可得 $\begin{cases}-x_2+ax_3=0,\\ -ax_1+x_2+ax_4=0,\\ x_1-x_3-x_4=1,\\ x_2-ax_3=b。\end{cases}$

不难求得，当 $a\neq-1$ 或 $b\neq0$ 时，此线性方程组无解；当 $a=-1$，且 $b=0$ 时，此线性方程组有解，通解为

$$\begin{pmatrix}x_1\\x_2\\x_3\\x_4\end{pmatrix}=\begin{pmatrix}1\\0\\0\\0\end{pmatrix}+k_1\begin{pmatrix}1\\-1\\1\\0\end{pmatrix}+k_2\begin{pmatrix}1\\0\\0\\1\end{pmatrix}, \qquad k_1,k_2\text{ 为任意实数。}$$

故当且仅当 $a=-1,b=0$ 时，存在矩阵 $\boldsymbol{C}=\begin{pmatrix}1+k_1+k_2 & -k_1\\ k_1 & k_2\end{pmatrix}$，满足 $\boldsymbol{AC}-\boldsymbol{CA}=\boldsymbol{B}$。

(10) 设 $\boldsymbol{A}=\begin{pmatrix}1 & -2 & 3 & -4\\ 0 & 1 & -1 & 1\\ 1 & 2 & 0 & -3\end{pmatrix}$，$\boldsymbol{E}$ 为三阶单位矩阵。解答下列问题：

(i) 求线性方程组 $\boldsymbol{Ax}=\boldsymbol{0}$ 的一个基础解系；(ii) 求满足 $\boldsymbol{AB}=\boldsymbol{E}$ 的所有矩阵 $\boldsymbol{B}$。(2014 年)

提示：(i) 基础解系为 $\boldsymbol{\eta}=(-1,2,3,1)^{\mathrm{T}}$。(ii) 解线性方程组 $\boldsymbol{Ax}=\begin{pmatrix}1\\0\\0\end{pmatrix}$，$\boldsymbol{Ax}=\begin{pmatrix}0\\1\\0\end{pmatrix}$，$\boldsymbol{Ax}=\begin{pmatrix}0\\0\\1\end{pmatrix}$。

3 个线性方程组的通解分别为 $(2,-1,-1,0)^{\mathrm{T}}+k_1\boldsymbol{\eta}$，$(6,-3,-4,0)^{\mathrm{T}}+k_2\boldsymbol{\eta}$，$(-1,1,1,0)^{\mathrm{T}}+k_3\boldsymbol{\eta}$，故所求矩阵为 $\boldsymbol{B}=\begin{pmatrix}2-k_1 & 6-k_2 & -1-k_3\\ -1+2k_1 & -3+2k_2 & 1+2k_3\\ -1+3k_1 & -4+3k_2 & 1+3k_3\\ k_1 & k_2 & k_3\end{pmatrix}$（$k_1,k_2,k_3$ 为任意常数）。

(11) 设矩阵 $\boldsymbol{A}=\begin{pmatrix}1 & 1 & 1\\ 1 & 2 & a\\ 1 & 4 & a^2\end{pmatrix}$，$\boldsymbol{b}=\begin{pmatrix}1\\ d\\ d^2\end{pmatrix}$。若集合 $\Omega=\{1,2\}$，则线性方程组 $\boldsymbol{Ax}=\boldsymbol{b}$ 有无穷多解的充分必要条件为(　　)。(2015 年)

A. $a\notin\Omega,d\notin\Omega$　　B. $a\notin\Omega,d\in\Omega$　　C. $a\in\Omega,d\notin\Omega$　　D. $a\in\Omega,d\in\Omega$

提示：不难求得，$\bar{\boldsymbol{A}}=(\boldsymbol{A},\boldsymbol{b})=\begin{pmatrix}1 & 1 & 1 & 1\\ 1 & 2 & a & d\\ 1 & 4 & a^2 & d^2\end{pmatrix}\rightarrow\begin{pmatrix}1 & 1 & 1 & 1\\ 0 & 1 & a-1 & d-1\\ 0 & 0 & a^2-3a+2 & d^2-3d+2\end{pmatrix}$。

依题意，$\boldsymbol{Ax}=\boldsymbol{b}$ 有无穷多解的充分必要条件是 $a^2-3a+2=0$，且 $d^2-3d+2=0$。不难看出，$a\in\Omega$，$d\in\Omega$，选 D。

(12) 设线性方程组 $\begin{cases}x_1+x_2+x_3=0,\\ x_1+2x_2+ax_3=0,\\ x_1+4x_2+a^2x_3=0\end{cases}$ 与方程 $x_1+2x_2+x_3=a-1$ 有公共解，求 a 的值及所有公共解。(2007 年)

提示：依题意，联立线性方程组$\begin{cases} x_1+x_2+x_3=0, \\ x_1+2x_2+ax_3=0, \\ x_1+4x_2+a^2x_3=0, \\ x_1+2x_2+x_3=a-1。\end{cases}$此线性方程组有解的充分必要条件是系数矩阵的秩等于增广矩阵的秩，解得 $a=1$ 或 $a=2$。当 $a=1$ 时，公共解为 $\boldsymbol{x}=k\begin{pmatrix}-1\\0\\1\end{pmatrix}$（$k$ 为任意常数）；当 $a=2$ 时，唯一的公共解为 $\boldsymbol{x}=\begin{pmatrix}0\\1\\-1\end{pmatrix}$。

第 5 章

方阵的特征值、相似与对角化

一、基本要求

1. 理解矩阵的特征值与特征向量的概念及性质;会求矩阵的特征值和特征向量。

2. 理解相似矩阵的概念及性质。

3. 理解矩阵可对角化的充要条件和对角化方法。

4. 了解内积的概念,掌握线性无关的向量组标准正交化的格拉姆-施密特正交化方法。

5. 了解正交矩阵的概念及性质。

6. 会求实对称矩阵的相似对角形矩阵。

二、知识网络图

- 方阵的特征值、相似与对角化
  - 特征值与特征向量
    - 特征值与特征向量(定义 5.1)
    - 特征多项式、特征方程(定义 5.2)
    - 与齐次线性方程组的关系(定理 5.1)
    - 与方阵的行列式及其对角元素的关系(定理 5.2 及推论)
    - 基本性质
      - 1. 转置矩阵的特征值
      - 2. 数乘矩阵的特征值
      - 3. 逆矩阵的特征值
      - 4. 矩阵方幂的特征值
      - 5. 矩阵多项式的特征值
      - 6. 伴随矩阵的特征值
    - 特征向量的线性无关性(定理 5.3、定理 5.4)
    - 计算方法
      - 1. 根据 $|\lambda \boldsymbol{E}-\boldsymbol{A}|=0$ 求出特征值 λ_i
      - 2. 根据 $(\lambda_i \boldsymbol{E}-\boldsymbol{A})\boldsymbol{x}=\boldsymbol{0}$ 求出对应于 λ_i 的特征向量

- 方阵的特征值、相似与对角化
  - 相似矩阵及对角化
    - 相似矩阵(定义 5.3)
    - 基本性质
      - 1. 相似矩阵的行列式
      - 2. 相似矩阵的特征值
      - 3. 相似矩阵的迹
      - 4. 相似矩阵与对角矩阵
    - 与对角矩阵相似的充分必要条件(定理 5.5 及推论、定理 5.6)
    - 矩阵 $\boldsymbol{A}$ 的对角化方法
      - 1. 求矩阵 $\boldsymbol{A}$ 的所有特征值
      - 2. 求特征值对应的特征向量
      - 3. 所有特征向量按顺序构成矩阵 $\boldsymbol{P}$，对角矩阵 $\boldsymbol{\Lambda}$ 的对角线上元素为 $\boldsymbol{A}$ 的特征值，于是 $\boldsymbol{P}^{-1}\boldsymbol{AP}=\boldsymbol{\Lambda}$
  - 向量的内积
    - 向量的内积(定义 5.4)
    - 向量的长度、单位向量(定义 5.5)
    - 基本性质
      - 非负性
      - 正齐次性
      - 三角不等式
      - 柯西-施瓦茨不等式
    - 向量的夹角、正交(定义 5.6)
    - 正交向量组(定义 5.7)
    - 正交向量组的线性无关性(定理 5.7)
    - 格拉姆-施密特正交化方法
    - 正交矩阵(定义 5.8)
  - 实对称矩阵的对角化
    - 共轭矩阵(定义 5.9)
    - 实对称矩阵的特征值与特征向量的特性(定理 5.8、定理 5.9)
    - 与对角矩阵的关系(定理 5.10)
    - 对角化方法
      - 1. 求矩阵 $\boldsymbol{A}$ 的所有特征值
      - 2. 求特征值对应的特征向量，并对其进行标准正交化
      - 3. 标准正交化后的特征向量按顺序构成正交矩阵 $\boldsymbol{P}$，对角矩阵 $\boldsymbol{\Lambda}$ 的对角线上元素为 $\boldsymbol{A}$ 的特征值，于是 $\boldsymbol{P}^{-1}\boldsymbol{AP}=\boldsymbol{\Lambda}$

5.1 方阵的特征值与特征向量

一、知识要点

1. 特征值与特征向量的定义及计算方法

定义 5.1 设 $\boldsymbol{A}$ 是数域 P 上的 n 阶方阵。如果在 P 中存在数 λ 和非零列向量 $\boldsymbol{\alpha}$，使得 $\boldsymbol{A\alpha}=\lambda\boldsymbol{\alpha}$ 成立，则称 λ 为 $\boldsymbol{A}$ 的**特征值**，$\boldsymbol{\alpha}$ 称为 $\boldsymbol{A}$ 的属于 λ 的**特征向量**。

注意到，定义中提及的数域 P，需要满足两个条件，即：(i) P 是必须包含 0 和 1 的数集；(ii) P 中的数与数之间在进行和、差、积、商(0 不作除数)的运算后，得到的结果仍在 P 内。例如，复数集、实数集、有理数集都是数域。如不特别说明，本章所指的数域是实数域。

定义 5.2 设 $\boldsymbol{A}$ 是数域 P 上的 n 阶方阵，λ 是一个变量。矩阵 $\lambda\boldsymbol{E}-\boldsymbol{A}$ 的行列式是 λ 的一个 n 次多项式，即

$$|\lambda\boldsymbol{E}-\boldsymbol{A}|=\begin{vmatrix}\lambda-a_{11} & -a_{12} & \cdots & -a_{1n}\\ -a_{21} & \lambda-a_{22} & \cdots & -a_{2n}\\ \vdots & \vdots & & \vdots\\ -a_{n1} & -a_{n2} & \cdots & \lambda-a_{nn}\end{vmatrix},$$

称为 $\boldsymbol{A}$ 的**特征多项式**，记作 $f(\lambda)=|\lambda\boldsymbol{E}-\boldsymbol{A}|$，以 λ 为未知数的 n 次方程

$$f(\lambda)=|\lambda\boldsymbol{E}-\boldsymbol{A}|=0$$

称为 $\boldsymbol{A}$ 的**特征方程**。

定理 5.1 设 $\boldsymbol{A}$ 是数域 P 上的 n 阶矩阵。数 λ 是 $\boldsymbol{A}$ 的特征值，向量 $\boldsymbol{\alpha}$ 是 $\boldsymbol{A}$ 的属于 λ 的特征向量的充要条件是：λ 是特征方程 $|\lambda\boldsymbol{E}-\boldsymbol{A}|=0$ 在 P 中的根，且 $\boldsymbol{\alpha}$ 是齐次线性方程组

$$(\lambda\boldsymbol{E}-\boldsymbol{A})\boldsymbol{x}=\boldsymbol{0}$$

的非零解。

注意到，方程 $|\lambda\boldsymbol{E}-\boldsymbol{A}|=0$ 与 $|\boldsymbol{A}-\lambda\boldsymbol{E}|=0$ 有相同的根，而且 $(\lambda\boldsymbol{E}-\boldsymbol{A})\boldsymbol{x}=\boldsymbol{0}$ 与 $(\boldsymbol{A}-\lambda\boldsymbol{E})\boldsymbol{x}=\boldsymbol{0}$ 有相同的解，所以有时候也用方程 $|\boldsymbol{A}-\lambda\boldsymbol{E}|=0$ 求 $\boldsymbol{A}$ 的特征值，然后通过 $(\boldsymbol{A}-\lambda\boldsymbol{E})\boldsymbol{x}=\boldsymbol{0}$ 求对应的特征向量。

定理 5.1 给出了计算 n 阶矩阵 $\boldsymbol{A}$ 的特征值、特征向量的具体步骤：

第一步 计算特征多项式 $|\lambda\boldsymbol{E}-\boldsymbol{A}|$。

第二步 求出特征方程 $|\lambda\boldsymbol{E}-\boldsymbol{A}|=0$ 的全部根，这些根就是 $\boldsymbol{A}$ 的全部特征值。

第三步 对于 $\boldsymbol{A}$ 的每一个特征值 λ_i，若 $R(\lambda_i\boldsymbol{E}-\boldsymbol{A})=r$，求线性方程组 $(\lambda_i\boldsymbol{E}-\boldsymbol{A})\boldsymbol{x}=\boldsymbol{0}$ 的一个基础解系 $\boldsymbol{\alpha}_{i_1},\boldsymbol{\alpha}_{i_2},\cdots,\boldsymbol{\alpha}_{i_{n-r}}$，则对应于 λ_i 的全部特征向量为

$$k_1\boldsymbol{\alpha}_{i_1}+k_2\boldsymbol{\alpha}_{i_2}+\cdots+k_{n-r}\boldsymbol{\alpha}_{i_{n-r}},$$

其中 $k_1,k_2,\cdots,k_{n-r}$ 为不全为零的数。

2. 特征值与特征向量的基本性质

根据实系数多项式的因式分解定理(每个次数大于 1 的实系数多项式在实数范围内总能唯一地分解为一次因式和二次因式的乘积)，若方阵 $\boldsymbol{A}$ 恰有 n 个实特征值 $\lambda_1,\lambda_2,\cdots,\lambda_n$，则特征多项式一定可以分解为如下形式：

$$|\lambda\boldsymbol{E}-\boldsymbol{A}|=\begin{vmatrix}\lambda-a_{11} & -a_{12} & \cdots & -a_{1n}\\ -a_{21} & \lambda-a_{22} & \cdots & -a_{2n}\\ \vdots & \vdots & & \vdots\\ -a_{n1} & -a_{n2} & \cdots & \lambda-a_{nn}\end{vmatrix}=(\lambda-\lambda_1)(\lambda-\lambda_2)\cdots(\lambda-\lambda_n)。$$

定理 5.2 设 $\boldsymbol{A}$ 为 n 阶方阵，数 $\lambda_1,\lambda_2,\cdots,\lambda_n$ 是 $\boldsymbol{A}$ 的 n 个特征值，则有

(1) $\lambda_1+\lambda_2+\cdots+\lambda_n=a_{11}+a_{22}+\cdots+a_{nn}=\mathrm{tr}(\boldsymbol{A})$；

(2) $\lambda_1\lambda_2\cdots\lambda_n=|\boldsymbol{A}|$。

推论 1 $\boldsymbol{A}$ 可逆 $\Leftrightarrow\lambda_1\lambda_2\cdots\lambda_n=|\boldsymbol{A}|\neq 0\Leftrightarrow$特征值 $\lambda_1,\lambda_2,\cdots,\lambda_n$都不为零。

性质 1 方阵 $\boldsymbol{A}$ 与它的转置矩阵 $\boldsymbol{A}^{\mathrm{T}}$ 有相同的特征值。

性质 2 若数 λ 是方阵 $\boldsymbol{A}$ 的一个特征值，则数 $k\lambda$ 是 $k\boldsymbol{A}$ 的特征值。

性质 3 令数 λ 是方阵 $\boldsymbol{A}$ 的一个特征值。当 $\boldsymbol{A}$ 可逆时，$\dfrac{1}{\lambda}$ 是 $\boldsymbol{A}^{-1}$的特征值。

性质 4 若数 λ 是方阵 $\boldsymbol{A}$ 的特征值，则对任意的正整数 k，λ^k 是 $\boldsymbol{A}^k$ 的特征值。

性质 5 设有 m 次多项式 $P_m(x)=a_0+a_1x+\cdots+a_mx^m$。若数 λ 是方阵 $\boldsymbol{A}$ 的特征值，则 $P_m(\lambda)$ 是 $P_m(\boldsymbol{A})$的特征值。

性质 6 若数 λ 是可逆方阵 $\boldsymbol{A}$ 的特征值，则$\dfrac{|\boldsymbol{A}|}{\lambda}$是 $\boldsymbol{A}$ 的伴随矩阵 $\boldsymbol{A}^*$ 的特征值。

定理 5.3 设 $\boldsymbol{A}$ 为 n 阶方阵。若 $\boldsymbol{\alpha}_1,\boldsymbol{\alpha}_2,\cdots,\boldsymbol{\alpha}_m$是 $\boldsymbol{A}$ 的属于互不相同特征值$\lambda_1,\lambda_2,\cdots,\lambda_m$的特征向量，则 $\boldsymbol{\alpha}_1,\boldsymbol{\alpha}_2,\cdots,\boldsymbol{\alpha}_m$ 必线性无关。

定理 5.4 令 $\boldsymbol{A}$ 是 n 阶方阵。若 $\lambda_1,\lambda_2,\cdots,\lambda_m$是 $\boldsymbol{A}$ 的不同的特征值，且$\boldsymbol{\alpha}_{i1},\boldsymbol{\alpha}_{i2},\cdots,\boldsymbol{\alpha}_{is_i}$ 是 $\boldsymbol{A}$ 的属于 λ_i的线性无关的特征向量，则分别对应于 $\lambda_1,\lambda_2,\cdots,\lambda_m$的特征向量组

$$\boldsymbol{\alpha}_{11},\boldsymbol{\alpha}_{12},\cdots,\boldsymbol{\alpha}_{1s_1},\ \boldsymbol{\alpha}_{21},\boldsymbol{\alpha}_{22},\cdots,\boldsymbol{\alpha}_{2s_2},\ \cdots,\ \boldsymbol{\alpha}_{m1},\boldsymbol{\alpha}_{m2},\cdots,\boldsymbol{\alpha}_{ms_m}$$

也是线性无关的。

注意到，对于一般的向量组，即使各个部分组都线性无关，则合并起来不一定线性无关，定理 5.4 反映的是特征向量所独有的性质。

二、疑难解析

1. 如何解读定义 5.1 中提供的关于矩阵 A 的特征值与特征向量的信息？

答 （1）在等式 $\boldsymbol{A\alpha}=\lambda\boldsymbol{\alpha}$ 中，特征向量必须是非零的列向量，并且不是独立出现的，它总是相对于某一特征值 λ 而言的。

（2）一个特征向量$\boldsymbol{\alpha}$ 不能属于不同的特征值。这是因为，若矩阵 $\boldsymbol{A}$ 还有其他的特征值 $\mu(\mu\neq\lambda)$对应于特征向量$\boldsymbol{\alpha}$，则应有 $\boldsymbol{A\alpha}=\mu\boldsymbol{\alpha}$。由定义 5.1 知，$\boldsymbol{A\alpha}=\lambda\boldsymbol{\alpha}$。所以，$\lambda\boldsymbol{\alpha}=\mu\boldsymbol{\alpha}$，即 $(\lambda-\mu)\boldsymbol{\alpha}=\boldsymbol{0}$。由$\boldsymbol{\alpha}\neq\boldsymbol{0}$ 可得，$\lambda=\mu$，与假设矛盾。因此，一个特征向量不能属于不同的特征值。

（3）一个特征值对应的特征向量不是唯一的。这是因为，若$\boldsymbol{\alpha}$ 是矩阵 $\boldsymbol{A}$ 的属于特征值 λ 的特征向量，则对任意非零数 k，有 $\boldsymbol{A}(k\boldsymbol{\alpha})=k\boldsymbol{A\alpha}=k(\lambda\boldsymbol{\alpha})=\lambda(k\boldsymbol{\alpha})$，即 $k\boldsymbol{\alpha}$ 也是 $\boldsymbol{A}$ 的属于 λ 的特征向量。

（4）对于属于同一特征值的特征向量，它们的任意非零线性组合仍是属于这个特征值的特征向量。这是因为，若 $\boldsymbol{A\alpha}=\lambda\boldsymbol{\alpha}$，$\boldsymbol{A\beta}=\lambda\boldsymbol{\beta}$，则有

$$\boldsymbol{A}(k\boldsymbol{\alpha}+l\boldsymbol{\beta})=k\boldsymbol{A\alpha}+l\boldsymbol{A\beta}=\lambda(k\boldsymbol{\alpha}+l\boldsymbol{\beta})。$$

2. 若用初等变换将矩阵 $\boldsymbol{A}$ 约化为 $\boldsymbol{B}$，则矩阵 $\boldsymbol{A}$ 和 $\boldsymbol{B}$ 的特征值是否相同？

答 无法确定。例如，$\boldsymbol{A}=\begin{pmatrix}1&0\\0&-1\end{pmatrix}$，$\boldsymbol{B}=\begin{pmatrix}0&-1\\1&0\end{pmatrix}$。易见，矩阵 $\boldsymbol{B}$ 是将矩阵 $\boldsymbol{A}$ 交换两行得到的，显然两个矩阵的特征值是不同的。再例如，$\boldsymbol{A}=\begin{pmatrix}1&1\\0&0\end{pmatrix}$，$\boldsymbol{B}=\begin{pmatrix}0&0\\1&1\end{pmatrix}$，两个矩阵的特征值是相同的。

3. 若数 λ,μ 分别为矩阵 $\boldsymbol{A}$ 和 $\boldsymbol{B}$ 的特征值，数 $\lambda+\mu$ 是否为矩阵 $\boldsymbol{A}+\boldsymbol{B}$ 的特征值？

答 无法确定。依题意，虽然有 $|\lambda\boldsymbol{E}-\boldsymbol{A}|=0$，$|\mu\boldsymbol{E}-\boldsymbol{B}|=0$，但是无法推出等式 $|(\lambda+\mu)\boldsymbol{E}-(\boldsymbol{A}+\boldsymbol{B})|=0$ 一定成立，因此无法确定数 $\lambda+\mu$ 是否为矩阵 $\boldsymbol{A}+\boldsymbol{B}$ 的特征值。特别地，若矩阵 $\boldsymbol{A}$ 和 $\boldsymbol{B}$ 是一些特殊矩阵，如 $\boldsymbol{A}$ 和 $\boldsymbol{B}$ 同为对角矩阵，或同为上(下)三角矩阵时，结论成立；但是对于一般形式的矩阵，结论未必成立。

三、经典题型详解

题型1 求矩阵的特征值与特征向量

例5.1 求下列矩阵的特征值与特征向量：

(1) $\begin{pmatrix}1&2&3\\2&1&3\\3&3&6\end{pmatrix}$； (2) $\begin{pmatrix}3&-2&-4\\-2&6&-2\\-4&-2&3\end{pmatrix}$； (3) $\begin{pmatrix}-1&1&0\\-4&3&0\\1&0&2\end{pmatrix}$。

分析 按照计算矩阵的特征值与特征向量的步骤计算。

解 (1) 矩阵 $\boldsymbol{A}$ 的特征方程为

$$|\lambda\boldsymbol{E}-\boldsymbol{A}|=\begin{vmatrix}\lambda-1&-2&-3\\-2&\lambda-1&-3\\-3&-3&\lambda-6\end{vmatrix}=\lambda(\lambda+1)(\lambda-9)=0,$$

所以矩阵 $\boldsymbol{A}$ 的特征值为 $\lambda_1=0,\lambda_2=-1,\lambda_3=9$。

将 $\lambda_1=0$ 代入线性方程组 $(\lambda\boldsymbol{E}-\boldsymbol{A})\boldsymbol{x}=\boldsymbol{0}$，由于

$$-\boldsymbol{A}=\begin{pmatrix}-1&-2&-3\\-2&-1&-3\\-3&-3&-6\end{pmatrix}\to\begin{pmatrix}1&0&1\\0&1&1\\0&0&0\end{pmatrix},$$

此线性方程组的基础解系为 $\boldsymbol{\alpha}_1=\begin{pmatrix}-1\\-1\\1\end{pmatrix}$，所以矩阵 $\boldsymbol{A}$ 的属于 $\lambda_1=0$ 的特征向量为

$$k_1\boldsymbol{\alpha}_1,\quad k_1 \text{ 为任意的非零数。}$$

将 $\lambda_2=-1$ 代入线性方程组 $(\lambda\boldsymbol{E}-\boldsymbol{A})\boldsymbol{x}=\boldsymbol{0}$，由于

$$-\boldsymbol{E}-\boldsymbol{A}=\begin{pmatrix}-2&-2&-3\\-2&-2&-3\\-3&-3&-7\end{pmatrix}\to\begin{pmatrix}1&1&0\\0&0&1\\0&0&0\end{pmatrix},$$

此线性方程组的基础解系为 $\boldsymbol{\alpha}_2=\begin{pmatrix}-1\\1\\0\end{pmatrix}$，所以矩阵 $\boldsymbol{A}$ 的属于 $\lambda_2=-1$ 的特征向量为

$$k_2\boldsymbol{\alpha}_2,\quad k_2 \text{ 为任意的非零数}$$

将 $\lambda_3=9$ 代入线性方程组 $(\lambda\boldsymbol{E}-\boldsymbol{A})\boldsymbol{x}=\boldsymbol{0}$，由于

$$9\boldsymbol{E}-\boldsymbol{A}=\begin{pmatrix}8&-2&-3\\-2&8&-3\\-3&-3&3\end{pmatrix}\to\begin{pmatrix}1&0&-1/2\\0&1&-1/2\\0&0&0\end{pmatrix},$$

此线性方程组的基础解系为 $\boldsymbol{\alpha}_3=\begin{pmatrix}1\\1\\2\end{pmatrix}$，所以矩阵 $\boldsymbol{A}$ 的属于 $\lambda_3=9$ 的特征向量为

$$k_3\boldsymbol{\alpha}_3,\qquad k_3\text{为任意的非零数。}$$

(2) 矩阵 $\boldsymbol{A}$ 的特征方程为

$$|\lambda\boldsymbol{E}-\boldsymbol{A}|=\begin{vmatrix}\lambda-3 & 2 & 4\\ 2 & \lambda-6 & 2\\ 4 & 2 & \lambda-3\end{vmatrix}=(\lambda+2)(\lambda-7)^2=0,$$

所以矩阵 $\boldsymbol{A}$ 的特征值为 $\lambda_1=-2,\lambda_2=\lambda_3=7$。

将 $\lambda_1=-2$ 代入线性方程组 $(\lambda\boldsymbol{E}-\boldsymbol{A})\boldsymbol{x}=\boldsymbol{0}$,由于

$$-2\boldsymbol{E}-\boldsymbol{A}=\begin{pmatrix}-5 & 2 & 4\\ 2 & -8 & 2\\ 4 & 2 & -5\end{pmatrix}\to\begin{pmatrix}1 & 0 & -1\\ 0 & 1 & -1/2\\ 0 & 0 & 0\end{pmatrix},$$

此线性方程组的基础解系为$\boldsymbol{\alpha}_1=\begin{pmatrix}2\\1\\2\end{pmatrix}$,所以矩阵 $\boldsymbol{A}$ 的属于 $\lambda_1=-2$ 的特征向量为

$$k_1\boldsymbol{\alpha}_1,\qquad k_1\text{为任意的非零数。}$$

将 $\lambda_2=\lambda_3=7$ 代入线性方程组$(\lambda\boldsymbol{E}-\boldsymbol{A})\boldsymbol{x}=\boldsymbol{0}$,由于

$$7\boldsymbol{E}-\boldsymbol{A}=\begin{pmatrix}4 & 2 & 4\\ 2 & 1 & 2\\ 4 & 2 & 4\end{pmatrix}\to\begin{pmatrix}1 & 1/2 & 1\\ 0 & 0 & 0\\ 0 & 0 & 0\end{pmatrix},$$

此线性方程组的基础解系为$\boldsymbol{\alpha}_2=\begin{pmatrix}-1\\2\\0\end{pmatrix}$,$\boldsymbol{\alpha}_3=\begin{pmatrix}-1\\0\\1\end{pmatrix}$,所以矩阵 $\boldsymbol{A}$ 的属于 $\lambda_2=\lambda_3=7$ 的特征向量为

$$k_2\boldsymbol{\alpha}_2+k_3\boldsymbol{\alpha}_3,\qquad k_2,k_3\text{不全为零。}$$

(3) 矩阵 $\boldsymbol{A}$ 的特征方程为

$$|\lambda\boldsymbol{E}-\boldsymbol{A}|=\begin{vmatrix}\lambda+1 & -1 & 0\\ 4 & \lambda-3 & 0\\ -1 & 0 & \lambda-2\end{vmatrix}=(\lambda-1)^2(\lambda-2)=0,$$

所以矩阵 $\boldsymbol{A}$ 的特征值为 $\lambda_1=\lambda_2=1,\lambda_3=2$。

将 $\lambda_1=\lambda_2=1$ 代入线性方程组 $(\lambda\boldsymbol{E}-\boldsymbol{A})\boldsymbol{x}=\boldsymbol{0}$,由于

$$\boldsymbol{E}-\boldsymbol{A}=\begin{pmatrix}2 & -1 & 0\\ 4 & -2 & 0\\ -1 & 0 & -1\end{pmatrix}\to\begin{pmatrix}1 & 0 & 1\\ 0 & 1 & 2\\ 0 & 0 & 0\end{pmatrix},$$

此线性方程组的基础解系为$\boldsymbol{\alpha}_1=\begin{pmatrix}-1\\-2\\1\end{pmatrix}$,所以矩阵 $\boldsymbol{A}$ 的属于 $\lambda_1=\lambda_2=1$ 的特征向量为

$$k_1\boldsymbol{\alpha}_1,\qquad k_1\text{ 为任意的非零数。}$$

将 $\lambda_3=2$ 代入线性方程组$(\lambda\boldsymbol{E}-\boldsymbol{A})\boldsymbol{x}=\boldsymbol{0}$,由于

$$2\boldsymbol{E}-\boldsymbol{A}=\begin{pmatrix}3 & -1 & 0\\ 4 & -1 & 0\\ -1 & 0 & 0\end{pmatrix}\to\begin{pmatrix}1 & 0 & 0\\ 0 & 1 & 0\\ 0 & 0 & 0\end{pmatrix},$$

此线性方程组的基础解系为$\boldsymbol{\alpha}_3=\begin{pmatrix}0\\0\\1\end{pmatrix}$，所以矩阵 $\boldsymbol{A}$ 的属于 $\lambda_3=2$ 的特征向量为

$$k_3\boldsymbol{\alpha}_3,\qquad k_3\text{为任意的非零数。}$$

评注 (1) 由例 5.1(1)可见，当方阵的特征值是单实根时，每个特征值只对应一个线性无关的特征向量。

(2) 由例 5.1(2)和例 5.1(3)可见，当方阵的特征值是二重实根时，特征值所对应的线性无关的特征向量有所不同。在(2)中，$\lambda_2=\lambda_3=7$ 有两个线性无关的特征向量；在(3)中，$\lambda_2=\lambda_3=1$ 有一个线性无关的特征向量。具体原因可参见定理 5.6。

(3) 不是所有的实矩阵都有实特征值。例如，矩阵 $\begin{pmatrix}0&1\\-1&0\end{pmatrix}$ 在实数域内没有特征值，在复数域内的特征值为 $\lambda_1=\mathrm{i},\lambda_2=-\mathrm{i}$。本书中只在实数域内讨论方阵有特征值的情形。

类似地，求下列矩阵的特征值与特征向量：

(1) $\begin{pmatrix}3&1\\5&-1\end{pmatrix}$； (2) $\begin{pmatrix}3&0&0\\-3&2&0\\2&0&-3\end{pmatrix}$； (3) $\begin{pmatrix}2&-1&2\\5&-3&3\\-1&0&-2\end{pmatrix}$。

题型 2 利用特征值与特征向量的性质及定理计算或证明

例 5.2 设矩阵 $\boldsymbol{A}=\begin{pmatrix}0&0&1\\a&1&b\\1&0&0\end{pmatrix}$ 有 3 个线性无关的特征向量，求 a 与 b 应满足的条件。

分析 易见，矩阵的特征值与 a 与 b 无关。依题意，根据定理 5.1 求解。

解 不难求得 $|\lambda\boldsymbol{E}-\boldsymbol{A}|=(\lambda-1)^2(\lambda+1)$，所以 $\boldsymbol{A}$ 的特征值为 $\lambda_1=\lambda_2=1,\lambda_3=-1$。

由于不同的特征值对应的向量线性无关，所以若 $\boldsymbol{A}$ 有 3 个线性无关的特征向量，则对应 $\lambda_1=\lambda_2=1$ 应有两个线性无关的特征向量，从而 $\mathrm{R}(\boldsymbol{E}-\boldsymbol{A})=1$。由

$$\boldsymbol{E}-\boldsymbol{A}=\begin{pmatrix}1&0&-1\\-a&0&-b\\-1&0&1\end{pmatrix}\to\begin{pmatrix}1&0&-1\\0&0&a+b\\0&0&0\end{pmatrix}$$

知，当 $a+b=0$ 时，$\mathrm{R}(\boldsymbol{E}-\boldsymbol{A})=1$。因此，当 $a+b=0$ 时，$\boldsymbol{A}$ 有 3 个线性无关的特征向量。

类似地，求解下列问题：

(1) 已知矩阵 $\boldsymbol{A}=\begin{pmatrix}2&0&3\\3&3&a\\0&0&3\end{pmatrix}$ 只有两个线性无关的特征向量，求 a 的值。

(2) 设矩阵 $\boldsymbol{A}=\begin{pmatrix}1&-3&3\\3&a&3\\6&-6&b\end{pmatrix}$ 有特征值 $\lambda_1=-2,\lambda_2=4$，试求参数 a,b 的值。

例 5.3 设 n 阶方阵 $\boldsymbol{A}$ 满足 $\boldsymbol{A}^2-3\boldsymbol{A}+2\boldsymbol{E}=\boldsymbol{0}$，求矩阵 $\boldsymbol{A}$ 和 $2\boldsymbol{A}^{-1}+3\boldsymbol{E}$ 的特征值。

分析 将等式因式分解，然后利用定义 5.2 讨论；也可以利用矩阵的特征值的性质 5 求解。

解　法一　由 $\boldsymbol{A}^2-3\boldsymbol{A}+2\boldsymbol{E}=\boldsymbol{0}$ 可知，$(\boldsymbol{E}-\boldsymbol{A})(2\boldsymbol{E}-\boldsymbol{A})=\boldsymbol{0}$，在等式两边取行列式，于是有，$|\boldsymbol{E}-\boldsymbol{A}||2\boldsymbol{E}-\boldsymbol{A}|=0$，即 $|\boldsymbol{E}-\boldsymbol{A}|=0$ 或 $|2\boldsymbol{E}-\boldsymbol{A}|=0$。由定义 5.2 知，矩阵 $\boldsymbol{A}$ 的特征值为 1 或 2。由矩阵的特征值的性质 3 和性质 5 可知，矩阵 $2\boldsymbol{A}^{-1}+3\boldsymbol{E}$ 的特征值为 $\dfrac{2}{\lambda}+3$，即 5 或 4。

法二　设 λ 是矩阵 $\boldsymbol{A}$ 的特征值，对应的特征向量为 $\boldsymbol{\alpha}$。由矩阵的特征值的性质 3 和性质 5 可知

$$(\boldsymbol{A}^2-3\boldsymbol{A}+2\boldsymbol{E})\boldsymbol{\alpha}=\boldsymbol{A}^2\boldsymbol{\alpha}-3\boldsymbol{A}\boldsymbol{\alpha}+2\boldsymbol{E}\boldsymbol{\alpha}=(\lambda^2-3\lambda+2)\boldsymbol{\alpha}=\boldsymbol{0},$$

$$(2\boldsymbol{A}^{-1}+3\boldsymbol{E})\boldsymbol{\alpha}=\left(\frac{2}{\lambda}+3\right)\boldsymbol{\alpha}=\boldsymbol{0}。$$

由方程 $\lambda^2-3\lambda+2=0$ 可以求得，矩阵 $\boldsymbol{A}$ 的特征值为 $\lambda=1$ 或 $\lambda=2$；由第 2 个方程可知，矩阵 $2\boldsymbol{A}^{-1}+3\boldsymbol{E}$ 的特征值为 $\dfrac{2}{\lambda}+3$，即 5 或 4。

类似地，可以解答下列问题：

(1) 设矩阵 $\boldsymbol{A}$ 满足 $\boldsymbol{A}^2=\boldsymbol{E}$，证明：$3\boldsymbol{E}-\boldsymbol{A}$ 可逆。

(2) 设 $\boldsymbol{A}$ 为 n 阶方阵。若 $\boldsymbol{A}$ 满足条件 $\boldsymbol{A}^2=\boldsymbol{A}$，证明：(i) $\boldsymbol{A}$ 的特征值只可能是 0 或 1；(ii) $\boldsymbol{A}-3\boldsymbol{E}$ 可逆。

例 5.4　已知 $\boldsymbol{A}=\begin{pmatrix}3&2&2\\2&3&2\\2&2&3\end{pmatrix}$，求 $\boldsymbol{A}$ 的伴随矩阵 $\boldsymbol{A}^*$ 的特征值。

分析　若通过求出 $\boldsymbol{A}^*$ 的各个元素，再求 $\boldsymbol{A}^*$ 的特征值，计算量较大。可以利用矩阵的特征值的性质 6 计算。

解　容易求得

$$|\lambda\boldsymbol{E}-\boldsymbol{A}|=\begin{vmatrix}\lambda-3&-2&-2\\-2&\lambda-3&-2\\-2&-2&\lambda-3\end{vmatrix}=(\lambda-1)^2(\lambda-7)=0,$$

所以矩阵 $\boldsymbol{A}$ 的特征值为 1，1，7，且 $|\boldsymbol{A}|=7$。根据矩阵的特征值的性质 6，即若数 λ 是可逆方阵 $\boldsymbol{A}$ 的特征值，则 $\dfrac{|\boldsymbol{A}|}{\lambda}$ 是 $\boldsymbol{A}$ 的伴随矩阵 $\boldsymbol{A}^*$ 的特征值，于是 $\boldsymbol{A}^*$ 的特征值为 $\dfrac{7}{1}$，$\dfrac{7}{1}$，$\dfrac{7}{7}$，即 7，7，1。

类似地，求解下列问题：

(1) 已知 $\boldsymbol{A}=\begin{pmatrix}1&2&1\\2&3&1\\1&1&2\end{pmatrix}$，求 $\boldsymbol{A}$ 的伴随矩阵 $\boldsymbol{A}^*$ 的特征值。

(2) 设 $\boldsymbol{A}$ 为 n 阶实方阵，$\boldsymbol{A}\boldsymbol{A}^{\mathrm{T}}=\boldsymbol{E}$，$|\boldsymbol{A}|<0$。求 $(\boldsymbol{A}^{-1})^*$ 的一个特征值。

例 5.5　设三阶奇异矩阵 $\boldsymbol{A}$ 的特征值分别为 1 和 2，$\boldsymbol{B}=\boldsymbol{A}^2-2\boldsymbol{A}+3\boldsymbol{E}$。求 $|\boldsymbol{B}|$。

分析　由定理 5.2 知，奇异矩阵一定含有零特征值；利用矩阵的特征值的性质 5 求 $\boldsymbol{B}$ 的特征值，再利用定理 5.2 计算 $|\boldsymbol{B}|$。

解　由定理 5.2 知，奇异矩阵一定含有零特征值。又因为 $\boldsymbol{A}$ 是三阶矩阵，于是 $\boldsymbol{A}$ 的特征值分别为 0，1 和 2。由矩阵的特征值的性质 5，即矩阵与矩阵的多项式的特征值之间的关系

可知，$\boldsymbol{B}$ 的特征值分别为

$$0^2-2\times0+3=3,\quad 1^2-2\times1+3=2,\quad 2^2-2\times2+3=3。$$

由定理 5.2 知，$|\boldsymbol{B}|=3\times2\times3=18$。

类似地，求解下列问题：

(1) 设 $\boldsymbol{A}$ 为三阶方阵，其特征值为 $1,-2,-2$。求 $|\boldsymbol{A}^3-3\boldsymbol{A}^2+2\boldsymbol{A}|$。

(2) 设 $\boldsymbol{A}$ 为三阶方阵，其特征值为 $2,-2,3$。求 $|\boldsymbol{A}^*-2\boldsymbol{A}+2\boldsymbol{E}|$。

例 5.6 设 $\boldsymbol{A}$ 为 n 阶方阵。若存在正整数 m，使得 $\boldsymbol{A}^m=\boldsymbol{0}$，则称 $\boldsymbol{A}$ 为幂零矩阵。证明：幂零矩阵的特征值全为零。

分析 利用矩阵的特征值的性质 4 证明。

证 设 λ 是 $\boldsymbol{A}$ 的任一特征值，$\boldsymbol{\alpha}$ 是 $\boldsymbol{A}$ 的属于 λ 的一个特征向量，则 $\boldsymbol{\alpha}\neq\boldsymbol{0}$，且 $\boldsymbol{A\alpha}=\lambda\boldsymbol{\alpha}$。由 $\boldsymbol{A}^m=\boldsymbol{0}$ 可得，$\boldsymbol{A}^m\boldsymbol{\alpha}=\lambda^m\boldsymbol{\alpha}=\boldsymbol{0}$。因为 $\boldsymbol{\alpha}\neq\boldsymbol{0}$，所以 $\lambda=0$。 证毕

类似地，解答下列问题：

(1) 设 $\boldsymbol{A}$ 为 n 阶方阵，且 $(\boldsymbol{A}+\boldsymbol{E})^m=\boldsymbol{0}$，其中 m 为正整数，证明：$\boldsymbol{A}$ 可逆。

(2) 设数 λ_1,λ_2 是 $\boldsymbol{A}$ 的两个不同的特征值，对应的特征向量分别为 $\boldsymbol{\alpha}_1,\boldsymbol{\alpha}_2$。用反证法证明：$\boldsymbol{\alpha}_1+\boldsymbol{\alpha}_2$ 不是 $\boldsymbol{A}$ 的特征向量。

例 5.7 设 $\boldsymbol{A}$ 和 $\boldsymbol{B}$ 是两个 n 阶方阵，$\boldsymbol{B}$ 的特征多项式为 $f(\lambda)$。证明：$f(\boldsymbol{A})$ 可逆的充要条件是 $\boldsymbol{B}$ 的任一特征值都不是 $\boldsymbol{A}$ 的特征值。

分析 利用矩阵的特征值的性质 5 证明。

证 设矩阵 $\boldsymbol{B}$ 的特征值分别为 $\mu_1,\mu_2,\cdots,\mu_n$，则有

$$f(\lambda)=(\lambda-\mu_1)(\lambda-\mu_2)\cdots(\lambda-\mu_n)。$$

所以

$$f(\boldsymbol{A})=(\boldsymbol{A}-\mu_1\boldsymbol{E})(\boldsymbol{A}-\mu_2\boldsymbol{E})\cdots(\boldsymbol{A}-\mu_n\boldsymbol{E})。$$

于是

$$\begin{aligned} f(\boldsymbol{A})\text{ 可逆}&\Leftrightarrow |f(\boldsymbol{A})|\neq0\\ &\Leftrightarrow |\boldsymbol{A}-\mu_1\boldsymbol{E}|\,|\boldsymbol{A}-\mu_2\boldsymbol{E}|\cdots|\boldsymbol{A}-\mu_n\boldsymbol{E}|\neq0\\ &\Leftrightarrow |\boldsymbol{A}-\mu_i\boldsymbol{E}|\neq0,\quad i=1,2,\cdots,n\\ &\Leftrightarrow \mu_1,\mu_2,\cdots,\mu_n\text{ 均不是 }\boldsymbol{A}\text{ 的特征值。} \end{aligned}$$

证毕

类似地，可以证明：一非零向量 $\boldsymbol{x}$ 不可能是矩阵 $\boldsymbol{A}$ 的属于不同特征值的特征向量。

* **例 5.8** 设 $\boldsymbol{A}$ 为 n 阶实方阵，$\boldsymbol{AA}^{\mathrm{T}}=\boldsymbol{E}$，$|\boldsymbol{A}|<0$。求 $(\boldsymbol{A}^{-1})^*$ 的一个特征值。

分析 由于 $(\boldsymbol{A}^{-1})^*=(\boldsymbol{A}^*)^{-1}$，故可先根据等式 $\boldsymbol{AA}^{\mathrm{T}}=\boldsymbol{E}$ 计算 $\boldsymbol{A}$ 的特征值，再利用性质 6 计算 $\boldsymbol{A}^*$ 的特征值，最后根据性质 3 计算 $(\boldsymbol{A}^*)^{-1}$ 的特征值。

解 因为 $\boldsymbol{AA}^{\mathrm{T}}=\boldsymbol{E}$，有 $|\boldsymbol{A}|^2=1$，即 $|\boldsymbol{A}|=\pm1$。由条件 $|\boldsymbol{A}|<0$，可得 $|\boldsymbol{A}|=-1$。进而

$$|\boldsymbol{A}+\boldsymbol{E}|=|\boldsymbol{A}+\boldsymbol{AA}^{\mathrm{T}}|=|\boldsymbol{A}(\boldsymbol{E}+\boldsymbol{A}^{\mathrm{T}})|=|\boldsymbol{A}|\,|(\boldsymbol{A}+\boldsymbol{E})^{\mathrm{T}}|=-|\boldsymbol{A}+\boldsymbol{E}|。$$

故 $|\boldsymbol{A}+\boldsymbol{E}|=0$，即 $\lambda=-1$ 是 $\boldsymbol{A}$ 的一个特征值。因此，由性质 6 知，$\dfrac{|\boldsymbol{A}|}{\lambda}=\dfrac{-1}{-1}=1$ 是 $\boldsymbol{A}^*$ 的一个特征值。从而，1 是 $(\boldsymbol{A}^{-1})^*=(\boldsymbol{A}^*)^{-1}$ 的一个特征值。

四、课后习题选解

A类题

1. 求下列矩阵的特征值和特征向量：

(1) $\begin{pmatrix} 4 & 6 & 0 \\ -3 & -5 & 0 \\ -3 & -6 & 1 \end{pmatrix}$；　(2) $\begin{pmatrix} 0 & 0 & 0 & 1 \\ 0 & 0 & 1 & 0 \\ 0 & 1 & 0 & 0 \\ 1 & 0 & 0 & 0 \end{pmatrix}$。

分析　参见经典题型详解中例5.1。

解　(1) 矩阵 $\boldsymbol{A}$ 的特征方程为

$$|\lambda\boldsymbol{E}-\boldsymbol{A}|=\begin{vmatrix} \lambda-4 & -6 & 0 \\ 3 & \lambda+5 & 0 \\ 3 & 6 & \lambda-1 \end{vmatrix}=(\lambda-1)^2(\lambda+2)=0,$$

所以矩阵 $\boldsymbol{A}$ 的特征值为 $\lambda_1=\lambda_2=1,\lambda_3=-2$。

将 $\lambda_1=\lambda_2=1$ 代入线性方程组 $(\lambda\boldsymbol{E}-\boldsymbol{A})\boldsymbol{x}=\boldsymbol{0}$，由于

$$\boldsymbol{E}-\boldsymbol{A}=\begin{pmatrix} -3 & -6 & 0 \\ 3 & 6 & 0 \\ 3 & 6 & 0 \end{pmatrix}\to\begin{pmatrix} 1 & 2 & 0 \\ 0 & 0 & 0 \\ 0 & 0 & 0 \end{pmatrix},$$

此线性方程组的基础解系为 $\boldsymbol{\alpha}_1=\begin{pmatrix} -2 \\ 1 \\ 0 \end{pmatrix},\boldsymbol{\alpha}_2=\begin{pmatrix} 0 \\ 0 \\ 1 \end{pmatrix}$，所以矩阵 $\boldsymbol{A}$ 的属于 $\lambda_1=\lambda_2=1$ 的特征向量为

$$k_1\boldsymbol{\alpha}_1+k_2\boldsymbol{\alpha}_2,\quad k_1,k_2\text{为不全为零的数。}$$

将 $\lambda_3=-2$ 代入线性方程组 $(\lambda\boldsymbol{E}-\boldsymbol{A})\boldsymbol{x}=\boldsymbol{0}$，由于

$$-2\boldsymbol{E}-\boldsymbol{A}=\begin{pmatrix} -6 & -6 & 0 \\ 3 & 3 & 0 \\ 3 & 6 & -3 \end{pmatrix}\to\begin{pmatrix} 1 & 0 & 1 \\ 0 & 1 & -1 \\ 0 & 0 & 0 \end{pmatrix},$$

此线性方程组的基础解系为 $\boldsymbol{\alpha}_3=\begin{pmatrix} -1 \\ 1 \\ 1 \end{pmatrix}$，所以矩阵 $\boldsymbol{A}$ 的属于 $\lambda_3=-2$ 的特征向量为

$$k_3\boldsymbol{\alpha}_3,\quad k_3\text{为任意的非零数。}$$

(2) 矩阵 $\boldsymbol{A}$ 的特征方程为

$$|\lambda\boldsymbol{E}-\boldsymbol{A}|=\begin{vmatrix} \lambda & 0 & 0 & -1 \\ 0 & \lambda & -1 & 0 \\ 0 & -1 & \lambda & 0 \\ -1 & 0 & 0 & \lambda \end{vmatrix}=(\lambda-1)^2(\lambda+1)^2=0,$$

所以 $\boldsymbol{A}$ 的特征值为 $\lambda_1=\lambda_2=1,\lambda_3=\lambda_4=-1$。

将 $\lambda_1=\lambda_2=1$ 代入线性方程组 $(\lambda\boldsymbol{E}-\boldsymbol{A})\boldsymbol{x}=\boldsymbol{0}$，由于

$$\boldsymbol{E}-\boldsymbol{A}=\begin{pmatrix} 1 & 0 & 0 & -1 \\ 0 & 1 & -1 & 0 \\ 0 & -1 & 1 & 0 \\ -1 & 0 & 0 & 1 \end{pmatrix}\to\begin{pmatrix} 1 & 0 & 0 & -1 \\ 0 & 1 & -1 & 0 \\ 0 & 0 & 0 & 0 \\ 0 & 0 & 0 & 0 \end{pmatrix},$$

此线性方程组的基础解系为$\boldsymbol{\alpha}_1=\begin{pmatrix}0\\1\\1\\0\end{pmatrix}$，$\boldsymbol{\alpha}_2=\begin{pmatrix}1\\0\\0\\1\end{pmatrix}$，所以矩阵$\boldsymbol{A}$的属于$\lambda_1=\lambda_2=1$的特征向量为

$$k_1\boldsymbol{\alpha}_1+k_2\boldsymbol{\alpha}_2,\quad \text{其中 } k_1,k_2 \text{ 为不全为零的数。}$$

将$\lambda_3=\lambda_4=-1$代入线性方程组$(\lambda\boldsymbol{E}-\boldsymbol{A})\boldsymbol{x}=\boldsymbol{0}$，由于

$$-\boldsymbol{E}-\boldsymbol{A}=\begin{pmatrix}-1&0&0&-1\\0&-1&-1&0\\0&-1&-1&0\\-1&0&0&-1\end{pmatrix}\to\begin{pmatrix}1&0&0&1\\0&1&1&0\\0&0&0&0\\0&0&0&0\end{pmatrix},$$

此线性方程组的基础解系为$\boldsymbol{\alpha}_3=\begin{pmatrix}0\\-1\\1\\0\end{pmatrix}$，$\boldsymbol{\alpha}_4=\begin{pmatrix}-1\\0\\0\\1\end{pmatrix}$，所以矩阵$\boldsymbol{A}$的属于$\lambda_3=\lambda_4=-1$的特征向量为

$$k_3\boldsymbol{\alpha}_3+k_4\boldsymbol{\alpha}_4,\quad \text{其中 } k_3,k_4 \text{ 为不全为零的数。}$$

2. 已知1是矩阵$\boldsymbol{A}$的一个特征值，其中$\boldsymbol{A}=\begin{pmatrix}1&1&1\\1&3&a\\1&a&1\end{pmatrix}$，求$a$的值。

分析 利用矩阵的特征值和特征向量的定义建立方程，进而求解。

解 法一 设$\boldsymbol{A}$的属于1的特征向量为$\boldsymbol{x}=\begin{pmatrix}x_1\\x_2\\x_3\end{pmatrix}$，则$\boldsymbol{Ax}=\boldsymbol{x}$，即

$$\begin{cases}x_1+x_2+x_3=x_1,\\x_1+3x_2+ax_3=x_2,\\x_1+ax_2+x_3=x_3.\end{cases}$$

解得$a=1$。

法二 因为1是$\boldsymbol{A}$的特征值，由定义知，$|\boldsymbol{E}-\boldsymbol{A}|=0$，解得$a=1$。

3. 若数λ是方阵$\boldsymbol{A}$的一个特征值，证明：数$k\lambda$是$k\boldsymbol{A}$的特征值。

分析 利用矩阵的特征值的定义和矩阵乘法的运算法则验证。

证 设$\boldsymbol{x}$是$\boldsymbol{A}$的属于λ的特征向量，则$\boldsymbol{x}\neq\boldsymbol{0}$且$\boldsymbol{Ax}=\lambda\boldsymbol{x}$。于是

$$(k\boldsymbol{A})\boldsymbol{x}=k(\boldsymbol{Ax})=k(\lambda\boldsymbol{x})=(k\lambda)\boldsymbol{x},$$

所以$k\lambda$是$k\boldsymbol{A}$的特征值。 证毕

4. 证明：上三角矩阵的特征值是其对角线上的元素；下三角矩阵的特征值是其对角线上的元素。

分析 利用定义5.2验证。

证 记上三角矩阵形式为

$$\boldsymbol{A}=\begin{pmatrix}a_{11}&a_{12}&\cdots&a_{1n}\\0&a_{22}&\cdots&a_{2n}\\\vdots&\vdots&\ddots&\vdots\\0&0&\cdots&a_{nn}\end{pmatrix},$$

则有

$$|\lambda\boldsymbol{E}-\boldsymbol{A}|=(\lambda-a_{11})(\lambda-a_{22})\cdots(\lambda-a_{nn}),$$

所以$a_{11},a_{22},\cdots,a_{nn}$是$\boldsymbol{A}$的特征值，即上三角矩阵的特征值是其对角线上的元素。

同理可证，下三角矩阵的特征值是其对角线上的元素。 证毕

5. 已知三阶方阵$\boldsymbol{A}=\begin{pmatrix} a & 1 & b \\ 1 & 2 & 4 \\ -1 & 1 & -1 \end{pmatrix}$的迹为3，行列式的值为$-24$，求$a,b$的值。

分析 根据方阵的迹和行列式建立线性方程组，然后求解。

解 由题意得

$$\begin{cases} \operatorname{tr}(\boldsymbol{A})=a+2+(-1)=3, \\ |\boldsymbol{A}|=-(6a-3b+3)=-24, \end{cases}$$

解得$a=2,b=-3$。

6. 设$\boldsymbol{A}$为n阶方阵，且$|\boldsymbol{A}-\boldsymbol{A}^2|=0$，证明：0与1至少有一个是$\boldsymbol{A}$的特征值。

分析 利用方阵行列式的性质3将等式$|\boldsymbol{A}-\boldsymbol{A}^2|=0$变形，然后利用定义5.2证明。

证 因为$0=|\boldsymbol{A}-\boldsymbol{A}^2|=|\boldsymbol{A}||\boldsymbol{E}-\boldsymbol{A}|$，所以$|\boldsymbol{A}|=|0\boldsymbol{E}-\boldsymbol{A}|=0$或$|\boldsymbol{E}-\boldsymbol{A}|=0$，即0与1至少有一个是$\boldsymbol{A}$的特征值。 证毕

7. 设$\boldsymbol{A}$和$\boldsymbol{B}$都是n阶方阵，$2n$阶分块对角阵$\boldsymbol{C}=\begin{pmatrix} \boldsymbol{A} & \boldsymbol{0} \\ \boldsymbol{0} & \boldsymbol{B} \end{pmatrix}$的特征值与$\boldsymbol{A}$和$\boldsymbol{B}$的特征值有什么关系？

分析 利用定义5.1求解。

解 设$\boldsymbol{A}$的特征值为$\lambda_1,\lambda_2,\cdots,\lambda_n$，对应的特征向量分别为$\boldsymbol{x}_1,\boldsymbol{x}_2,\cdots,\boldsymbol{x}_n$，$\boldsymbol{B}$的特征值为$\mu_1,\mu_2,\cdots,\mu_n$，对应的特征向量分别为$\boldsymbol{y}_1,\boldsymbol{y}_2,\cdots,\boldsymbol{y}_n$。验证可得，对$i=1,2,\cdots,n$，有

$$\begin{pmatrix} \boldsymbol{A} & \boldsymbol{0} \\ \boldsymbol{0} & \boldsymbol{B} \end{pmatrix}\begin{pmatrix} \boldsymbol{x}_i \\ \boldsymbol{0} \end{pmatrix}=\begin{pmatrix} \boldsymbol{A}\boldsymbol{x}_i \\ \boldsymbol{0} \end{pmatrix}=\begin{pmatrix} \lambda_i\boldsymbol{x}_i \\ \boldsymbol{0} \end{pmatrix}=\lambda_i\begin{pmatrix} \boldsymbol{x}_i \\ \boldsymbol{0} \end{pmatrix},$$

$$\begin{pmatrix} \boldsymbol{A} & \boldsymbol{0} \\ \boldsymbol{0} & \boldsymbol{B} \end{pmatrix}\begin{pmatrix} \boldsymbol{0} \\ \boldsymbol{y}_i \end{pmatrix}=\begin{pmatrix} \boldsymbol{0} \\ \boldsymbol{B}\boldsymbol{y}_i \end{pmatrix}=\begin{pmatrix} \boldsymbol{0} \\ \mu_i\boldsymbol{y}_i \end{pmatrix}=\mu_i\begin{pmatrix} \boldsymbol{0} \\ \boldsymbol{y}_j \end{pmatrix},$$

所以$\boldsymbol{C}=\begin{pmatrix} \boldsymbol{A} & \boldsymbol{0} \\ \boldsymbol{0} & \boldsymbol{B} \end{pmatrix}$的特征值为$\lambda_1,\lambda_2,\cdots,\lambda_n,\mu_1,\mu_2,\cdots,\mu_n$。

B类题

1. 令$\boldsymbol{A}$为n阶方阵。若$\boldsymbol{A}$的任一行中n个元素之和皆为a，证明：a是$\boldsymbol{A}$的特征值，并且n维向量$\boldsymbol{\alpha}=(1,1,\cdots,1)^{\mathrm{T}}$是$\boldsymbol{A}$的属于特征值$a$的特征向量。

分析 利用矩阵的特征值和特征向量的定义证明。

证 依题意，设

$$\boldsymbol{A}=\begin{pmatrix} a_{11} & a_{12} & \cdots & a_{1n} \\ a_{21} & a_{22} & \cdots & a_{2n} \\ \vdots & \vdots & & \vdots \\ a_{n1} & a_{n2} & \cdots & a_{nn} \end{pmatrix},$$

有$a_{i1}+a_{i2}+\cdots+a_{in}=a(i=1,2,\cdots,n)$。根据矩阵的乘法法则，不难验证

$$\begin{pmatrix} a_{11} & a_{12} & \cdots & a_{1n} \\ a_{21} & a_{22} & \cdots & a_{2n} \\ \vdots & \vdots & & \vdots \\ a_{n1} & a_{n2} & \cdots & a_{nn} \end{pmatrix}\begin{pmatrix} 1 \\ 1 \\ \vdots \\ 1 \end{pmatrix}=\begin{pmatrix} a_{11}+a_{12}+\cdots+a_{1n} \\ a_{21}+a_{22}+\cdots+a_{2n} \\ \vdots \\ a_{n1}+a_{n2}+\cdots+a_{nn} \end{pmatrix}=a\begin{pmatrix} 1 \\ 1 \\ \vdots \\ 1 \end{pmatrix}。$$

根据矩阵的特征值和特征向量的定义，a是$\boldsymbol{A}$的特征值，并且n维向量$\boldsymbol{\alpha}=(1,1,\cdots,1)^{\mathrm{T}}$是$\boldsymbol{A}$的属于特征值$a$的特征向量。 证毕

2. 设$\boldsymbol{A}$为n阶方阵。证明：存在正数T，当$t>T$时，$\boldsymbol{A}+t\boldsymbol{E}$可逆。

分析 利用矩阵的特征值的性质5给出$\boldsymbol{A}+t\boldsymbol{E}$的特征值，再根据定理5.2进行讨论。

证 设 $\boldsymbol{A}$ 的特征值为 $\lambda_1,\lambda_2,\cdots,\lambda_n$，则 $\boldsymbol{A}+t\boldsymbol{E}$ 的特征值为 $\lambda_1+t,\lambda_2+t,\cdots,\lambda_n+t$。若取 $T=\max\limits_{1\leqslant i\leqslant n}|\lambda_i|$，则 $t>T$ 时，$\boldsymbol{A}+t\boldsymbol{E}$ 的特征值全大于零。由定理5.2知，矩阵 $\boldsymbol{A}+t\boldsymbol{E}$ 可逆。

5.2 方阵的相似矩阵及对角化

一、知识要点

定义 5.3 设 $\boldsymbol{A}$ 与 $\boldsymbol{B}$ 是 n 阶方阵。如果存在可逆矩阵 $\boldsymbol{P}$，使 $\boldsymbol{B}=\boldsymbol{P}^{-1}\boldsymbol{A}\boldsymbol{P}$，则称 $\boldsymbol{A}$ 与 $\boldsymbol{B}$ 相似。

两个常用运算表达式：

(1) $\boldsymbol{P}^{-1}\boldsymbol{A}\boldsymbol{B}\boldsymbol{P}=(\boldsymbol{P}^{-1}\boldsymbol{A}\boldsymbol{P})(\boldsymbol{P}^{-1}\boldsymbol{B}\boldsymbol{P})$；

(2) $\boldsymbol{P}^{-1}(k\boldsymbol{A}+l\boldsymbol{B})\boldsymbol{P}=k\boldsymbol{P}^{-1}\boldsymbol{A}\boldsymbol{P}+l\boldsymbol{P}^{-1}\boldsymbol{B}\boldsymbol{P}$，其中 k,l 为任意实数。

事实上，方阵的相似关系是同阶矩阵之间的一种**等价关系**，即方阵的相似关系具有**反身性**、**对称性**和**传递性**。此外，相似矩阵还有下列简单性质。

性质 1 若 $\boldsymbol{A}$ 与 $\boldsymbol{B}$ 相似，则 $\boldsymbol{A}$ 与 $\boldsymbol{B}$ 的行列式相等，即 $|\boldsymbol{A}|=|\boldsymbol{B}|$。

性质 2 若 $\boldsymbol{A}$ 与 $\boldsymbol{B}$ 相似，则 $\boldsymbol{A}$ 与 $\boldsymbol{B}$ 有相同的特征多项式，从而 $\boldsymbol{A}$ 与 $\boldsymbol{B}$ 有相同的特征值。

性质 3 若 $\boldsymbol{A}$ 与 $\boldsymbol{B}$ 相似，则 $\boldsymbol{A}$ 与 $\boldsymbol{B}$ 有相同的迹，即 $\mathrm{tr}(\boldsymbol{A})=\mathrm{tr}(\boldsymbol{B})$。

性质 4 若 $\boldsymbol{A}$ 与对角矩阵相似，则对角矩阵的对角线上的元素是 $\boldsymbol{A}$ 的特征值，也就是说，若 $\boldsymbol{A}$ 与 $\mathrm{diag}(\lambda_1,\lambda_2,\cdots,\lambda_n)$ 相似，则 $\lambda_1,\lambda_2,\cdots,\lambda_n$ 是 $\boldsymbol{A}$ 的特征值。

需要特别注意的是，有相同特征多项式的两个矩阵不一定相似。例如

$$\boldsymbol{A}=\begin{pmatrix}1&0\\0&1\end{pmatrix}\quad 和\quad \boldsymbol{B}=\begin{pmatrix}1&0\\1&1\end{pmatrix}。$$

现在的问题是，给定的方阵 $\boldsymbol{A}$ 在什么条件下与一个对角矩阵相似？若 $\boldsymbol{A}$ 相似于对角矩阵，则称 $\boldsymbol{A}$ 为可对角化矩阵。

定理 5.5 令 $\boldsymbol{A}$ 为 n 阶方阵。$\boldsymbol{A}$ 与对角矩阵 $\boldsymbol{D}=\mathrm{diag}(\lambda_1,\lambda_2,\cdots,\lambda_n)$ 相似的充分必要条件是：$\boldsymbol{A}$ 有 n 个线性无关的特征向量。

推论 令 $\boldsymbol{A}$ 为 n 阶方阵。若 $\boldsymbol{A}$ 有 n 个不同的特征值，则它一定相似于对角矩阵。

定理 5.6 令 $\boldsymbol{A}$ 为 n 阶方阵。矩阵 $\boldsymbol{A}$ 与对角矩阵相似的充分必要条件是：对每一个 n_i 重特征值 $\lambda_i\in P$，都有 $\mathrm{R}(\lambda_i\boldsymbol{E}-\boldsymbol{A})=n-n_i$，即线性方程组 $(\lambda_i\boldsymbol{E}-\boldsymbol{A})\boldsymbol{x}=\boldsymbol{0}$ 的基础解系所含向量的个数等于特征值 λ_i 的重数。

特别地，如果 λ_i 是矩阵 $\boldsymbol{A}$ 的 n_i 重特征值，则称 n_i 是特征值 λ_i 的**代数重数**；对应于 λ_i 的线性方程组 $(\lambda_i\boldsymbol{E}-\boldsymbol{A})\boldsymbol{x}=\boldsymbol{0}$ 的基础解系所含向量的个数称为 λ_i 的**几何重数**。因此定理5.6也可以叙述为：方阵 $\boldsymbol{A}$ 可对角化的充分必要条件是：$\boldsymbol{A}$ 的每个特征值的代数重数等于对应的几何重数。

下面介绍如何将方阵 $\boldsymbol{A}$ 对角化的方法，即：

第一步 求出 $\boldsymbol{A}$ 的所有的特征值 $\lambda_1,\lambda_2,\cdots,\lambda_s(s\leqslant n)$；

第二步 求出特征值 $\lambda_i(i=1,2,\cdots,s)$ 对应的线性方程组 $(\lambda_i\boldsymbol{E}-\boldsymbol{A})\boldsymbol{x}=\boldsymbol{0}$ 的基础解系，即特征值 $\lambda_1,\lambda_2,\cdots,\lambda_s$ 所对应的线性无关的特征向量。设它们依次为

$$\boldsymbol{\alpha}_1,\boldsymbol{\alpha}_2,\cdots,\boldsymbol{\alpha}_{t_1},\quad \boldsymbol{\beta}_1,\boldsymbol{\beta}_2,\cdots,\boldsymbol{\beta}_{t_2},\quad \cdots,\quad \boldsymbol{\gamma}_1,\boldsymbol{\gamma}_2,\cdots,\boldsymbol{\gamma}_{t_s}$$

其中 $t_1+t_2+\cdots+t_s\leqslant n$。若 $t_1+t_2+\cdots+t_s=n$，由定理 5.6 知，矩阵 $\boldsymbol{A}$ 可对角化；若 $t_1+t_2+\cdots+t_s<n$，则 $\boldsymbol{A}$ 不能对角化。

第三步 若矩阵 $\boldsymbol{A}$ 可对角化，令

$$\boldsymbol{P}=(\boldsymbol{\alpha}_1,\boldsymbol{\alpha}_2,\cdots,\boldsymbol{\alpha}_{t_1},\boldsymbol{\beta}_1,\boldsymbol{\beta}_2,\cdots,\boldsymbol{\beta}_{t_2},\cdots,\boldsymbol{\gamma}_1,\boldsymbol{\gamma}_2,\cdots,\boldsymbol{\gamma}_{t_s}),$$

则

$$\boldsymbol{P}^{-1}\boldsymbol{A}\boldsymbol{P}=\boldsymbol{\Lambda},$$

其中$\boldsymbol{\Lambda}$ 是对角矩阵，且$\boldsymbol{\Lambda}$ 的对角线上的元素为 $\boldsymbol{A}$ 的特征值，它们依次对应于线性无关的特征向量$\boldsymbol{\alpha}_1,\boldsymbol{\alpha}_2,\cdots,\boldsymbol{\alpha}_{t_1},\boldsymbol{\beta}_1,\boldsymbol{\beta}_2,\cdots,\boldsymbol{\beta}_{t_2},\cdots,\boldsymbol{\gamma}_1,\boldsymbol{\gamma}_2,\cdots,\boldsymbol{\gamma}_{t_s}$。

二、疑难解析

1. 设 $\boldsymbol{A}$ 为 n 阶方阵。如果存在可逆阵 $\boldsymbol{P}$，使得 $\boldsymbol{P}^{-1}\boldsymbol{A}\boldsymbol{P}=\mathrm{diag}(\lambda_1,\lambda_2,\cdots,\lambda_n)$，那么矩阵 $\boldsymbol{P}$ 是唯一的。这种说法是否正确，并说明理由。

答 错误。矩阵 $\boldsymbol{P}$ 不是唯一的。注意到，矩阵 $\boldsymbol{P}$ 的列是由 $\boldsymbol{A}$ 的特征值 $\lambda_1,\lambda_2,\cdots,\lambda_n$ 所对应的线性无关的特征向量组成，然而特征值对应的特征向量不是唯一的，因此 $\boldsymbol{P}$ 不是唯一的。

2. 举例说明特征值完全相同的两个矩阵不一定相似。

答 例如，矩阵 $\boldsymbol{A}=\begin{pmatrix}1&0&0\\0&1&0\\0&0&2\end{pmatrix}$ 和 $\boldsymbol{B}=\begin{pmatrix}1&0&0\\1&1&0\\0&0&2\end{pmatrix}$ 的特征值都是 1,1,2。容易验证，它们不相似。

3. 方阵 $\boldsymbol{A}$ 的秩等于其非零特征值的个数，这个说法是否正确？若不正确，需要加上什么条件？

答 不正确。例如 0 是矩阵 $\boldsymbol{A}=\begin{pmatrix}0&0&0\\1&0&0\\0&1&0\end{pmatrix}$ 的 3 重特征值，显然 $\mathrm{R}(\boldsymbol{A})=2$。如果方阵 $\boldsymbol{A}$ 是可对角化矩阵，则它的秩等于其非零特征值的个数。

三、经典题型详解

题型 1 判断矩阵能否对角化，若可以，求出可逆矩阵 P

例 5.9 已知 $\boldsymbol{A}=\begin{pmatrix}3&1&1\\1&2&0\\1&0&2\end{pmatrix}$，解答下列问题：

(1) 求 $\boldsymbol{A}$ 的特征值与特征向量；

(2) 判断 $\boldsymbol{A}$ 能否对角化。若能对角化，则求出可逆矩阵 $\boldsymbol{P}$，将 $\boldsymbol{A}$ 对角化。

分析 先求出矩阵 $\boldsymbol{A}$ 的全部特征值和特征向量，然后根据定理 5.5 或定理 5.6 判定。若 $\boldsymbol{A}$ 可以对角化，则矩阵 $\boldsymbol{P}$ 的列由对应的线性无关的特征向量组成。

解 (1) 矩阵 $\boldsymbol{A}$ 的特征方程为

$$|\lambda \boldsymbol{E}-\boldsymbol{A}| = \begin{vmatrix} \lambda-3 & -1 & -1 \\ -1 & \lambda-2 & 0 \\ -1 & 0 & \lambda-2 \end{vmatrix} = (\lambda-1)(\lambda-2)(\lambda-4)=0,$$

特征值为$\lambda_1=1,\lambda_2=2,\lambda_3=4$。

将$\lambda_1=1$代入$(\lambda \boldsymbol{E}-\boldsymbol{A})\boldsymbol{x}=\boldsymbol{0}$,由于

$$\boldsymbol{E}-\boldsymbol{A}=\begin{pmatrix} -2 & -1 & -1 \\ -1 & -1 & 0 \\ -1 & 0 & -1 \end{pmatrix} \to \begin{pmatrix} 1 & 0 & 1 \\ 0 & 1 & -1 \\ 0 & 0 & 0 \end{pmatrix},$$

得基础解系为$\boldsymbol{\alpha}_1=\begin{pmatrix} -1 \\ 1 \\ 1 \end{pmatrix}$,所以$\boldsymbol{A}$的属于$\lambda_1=1$的特征向量为$k_1\boldsymbol{\alpha}_1$,$k_1$为任意非零数。

将$\lambda_2=2$代入$(\lambda \boldsymbol{E}-\boldsymbol{A})\boldsymbol{x}=\boldsymbol{0}$,由于

$$2\boldsymbol{E}-\boldsymbol{A}=\begin{pmatrix} -1 & -1 & -1 \\ -1 & 0 & 0 \\ -1 & 0 & 0 \end{pmatrix} \to \begin{pmatrix} 1 & 0 & 0 \\ 0 & 1 & 1 \\ 0 & 0 & 0 \end{pmatrix},$$

基础解系为$\boldsymbol{\alpha}_2=\begin{pmatrix} 0 \\ -1 \\ 1 \end{pmatrix}$,所以$\boldsymbol{A}$的属于$\lambda_2=2$的特征向量为$k_2\boldsymbol{\alpha}_2$,$k_2$为任意非零数。

将$\lambda_3=4$代入$(\lambda \boldsymbol{E}-\boldsymbol{A})\boldsymbol{x}=\boldsymbol{0}$,由于

$$4\boldsymbol{E}-\boldsymbol{A}=\begin{pmatrix} 1 & -1 & -1 \\ -1 & 2 & 0 \\ -1 & 0 & 2 \end{pmatrix} \to \begin{pmatrix} 1 & 0 & -2 \\ 0 & 1 & -1 \\ 0 & 0 & 0 \end{pmatrix},$$

基础解系为$\boldsymbol{\alpha}_3=\begin{pmatrix} 2 \\ 1 \\ 1 \end{pmatrix}$,所以$\boldsymbol{A}$的属于$\lambda_3=4$的特征向量为$k_3\boldsymbol{\alpha}_3$,$k_3$为任意非零数。

(2) 由定理5.5的推论知,矩阵$\boldsymbol{A}$有3个不同的特征值,故可以对角化;或由定理5.6知,因为三阶矩阵$\boldsymbol{A}$有3个线性无关的特征向量$\boldsymbol{\alpha}_1,\boldsymbol{\alpha}_2,\boldsymbol{\alpha}_3$,故可以对角化。令

$$\boldsymbol{P}=(\boldsymbol{\alpha}_1,\boldsymbol{\alpha}_2,\boldsymbol{\alpha}_3)=\begin{pmatrix} -1 & 0 & 2 \\ 1 & -1 & 1 \\ 1 & 1 & 1 \end{pmatrix}$$

则

$$\boldsymbol{P}^{-1}\boldsymbol{AP}=\begin{pmatrix} 1 & 0 & 0 \\ 0 & 2 & 0 \\ 0 & 0 & 4 \end{pmatrix}。$$

类似地,对于如下给定的矩阵:

$$(1)\ \boldsymbol{A}=\begin{pmatrix} 1 & -1 & 2 \\ -1 & 2 & 3 \\ 2 & 3 & 1 \end{pmatrix};\qquad (2)\ \boldsymbol{A}=\begin{pmatrix} 2 & -1 & 2 \\ 5 & -3 & 3 \\ -1 & 0 & -2 \end{pmatrix}\qquad (3)\ \boldsymbol{A}=\begin{pmatrix} 1 & 2 & 3 \\ 2 & 1 & 3 \\ 3 & 3 & 6 \end{pmatrix},$$

判断矩阵$\boldsymbol{A}$是否可对角化?若可对角化,试求出可逆矩阵$\boldsymbol{P}$,使得$\boldsymbol{P}^{-1}\boldsymbol{AP}$为对角矩阵。

题型 2 利用相似矩阵的性质计算

例 5.10 已知 $\boldsymbol{A}=\begin{pmatrix}2&1&1\\1&2&1\\1&1&2\end{pmatrix}$，求 $\boldsymbol{A}^{100}$。

分析 先利用定理 5.6，将矩阵 $\boldsymbol{A}$ 转化为对角矩阵 $\boldsymbol{\Lambda}$，然后再利用 $\boldsymbol{A}^{100}=(\boldsymbol{P}\boldsymbol{\Lambda}\boldsymbol{P}^{-1})^{100}=\boldsymbol{P}\boldsymbol{\Lambda}^{100}\boldsymbol{P}^{-1}$ 计算。

解 矩阵 $\boldsymbol{A}$ 的特征方程为

$$|\lambda\boldsymbol{E}-\boldsymbol{A}|=\begin{vmatrix}\lambda-2&-1&-1\\-1&\lambda-2&-1\\-1&-1&\lambda-2\end{vmatrix}=(\lambda-1)^2(\lambda-4)=0,$$

特征值为 $\lambda_1=\lambda_2=1,\lambda_3=4$。

将 $\lambda_1=\lambda_2=1$ 代入 $(\lambda\boldsymbol{E}-\boldsymbol{A})\boldsymbol{x}=\boldsymbol{0}$，由于

$$\boldsymbol{E}-\boldsymbol{A}=\begin{pmatrix}-1&-1&-1\\-1&-1&-1\\-1&-1&-1\end{pmatrix}\rightarrow\begin{pmatrix}1&1&1\\0&0&0\\0&0&0\end{pmatrix},$$

此线性方程组的基础解系为 $\boldsymbol{\alpha}_1=\begin{pmatrix}1\\-1\\0\end{pmatrix},\boldsymbol{\alpha}_2=\begin{pmatrix}1\\0\\-1\end{pmatrix}$。

将 $\lambda_3=4$ 代入 $(\lambda\boldsymbol{E}-\boldsymbol{A})\boldsymbol{x}=\boldsymbol{0}$，由于

$$4\boldsymbol{E}-\boldsymbol{A}=\begin{pmatrix}2&-1&-1\\-1&2&-1\\-1&-1&2\end{pmatrix}\rightarrow\begin{pmatrix}1&0&-1\\0&1&-1\\0&0&0\end{pmatrix},$$

此线性方程组的基础解系为 $\boldsymbol{\alpha}_3=\begin{pmatrix}1\\1\\1\end{pmatrix}$。

令 $\boldsymbol{P}=(\boldsymbol{\alpha}_1,\boldsymbol{\alpha}_2,\boldsymbol{\alpha}_3)=\begin{pmatrix}1&1&1\\-1&0&1\\0&-1&1\end{pmatrix}$，则

$$\boldsymbol{P}^{-1}\boldsymbol{A}\boldsymbol{P}=\begin{pmatrix}1&&\\&1&\\&&4\end{pmatrix},\quad 即\quad \boldsymbol{A}=\boldsymbol{P}\begin{pmatrix}1&&\\&1&\\&&4\end{pmatrix}\boldsymbol{P}^{-1}。$$

于是

$$\boldsymbol{A}^{100}=\left(\boldsymbol{P}\begin{pmatrix}1&&\\&1&\\&&4\end{pmatrix}\boldsymbol{P}^{-1}\right)^{100}=\boldsymbol{P}\begin{pmatrix}1&&\\&1&\\&&4^{100}\end{pmatrix}\boldsymbol{P}^{-1}=\frac{1}{3}\begin{pmatrix}4^{100}+2&4^{100}-1&4^{100}-1\\4^{100}-1&4^{100}+2&4^{100}-1\\4^{100}-1&4^{100}-1&4^{100}+2\end{pmatrix}。$$

类似地，已知 $\boldsymbol{A}=\begin{pmatrix}3&-1&0\\-1&3&0\\1&0&3\end{pmatrix}$，求 $\boldsymbol{A}^{50}$。

例 5.11 令 $\boldsymbol{A}$ 为三阶方阵。已知 $\boldsymbol{A}$ 的特征值分别为 $1,-1,2$，且 $\boldsymbol{B}=\boldsymbol{A}^3-5\boldsymbol{A}^2$。解答下列问题：

(1) 求 $\boldsymbol{B}$ 的特征值及与其相似的对角阵；(2)求行列式 $|\boldsymbol{B}|$ 和 $|\boldsymbol{A}-5\boldsymbol{E}|$。

分析 利用矩阵的特征值的性质 5 计算 $\boldsymbol{B}$ 的特征值，利用定理 5.5 给出 $\boldsymbol{B}$ 的相似对角矩阵；然后利用定理 5.2 计算 $|\boldsymbol{B}|$，利用矩阵的特征值的性质 5 计算 $\boldsymbol{A}-5\boldsymbol{E}$ 的特征值，再计算 $|\boldsymbol{A}-5\boldsymbol{E}|$，也可以利用方阵行列式的性质 3 和定理 5.2 计算 $|\boldsymbol{A}-5\boldsymbol{E}|$。

解 (1) 记 $f(\lambda)=\lambda^3-5\lambda^2$，则有 $\boldsymbol{B}=f(\boldsymbol{A})$。由矩阵的特征值的性质 5，即矩阵与矩阵的多项式的特征值之间的关系可知，$\boldsymbol{B}$ 的特征值为

$$\lambda_1=f(1)=-4,\quad \lambda_2=f(-1)=-6,\quad \lambda_3=f(2)=-12。$$

由定理 5.5 知，与 $\boldsymbol{B}$ 相似的对角矩阵为

$$\begin{pmatrix}-4 & & \\ & -6 & \\ & & -12\end{pmatrix}。$$

(2) 由定理 5.2 知，$|\boldsymbol{B}|=\lambda_1\lambda_2\lambda_3=-288$。利用矩阵的特征值的性质 5，可以求得矩阵 $\boldsymbol{A}-5\boldsymbol{E}$ 的特征值为

$$\mu_1=1-5=-4,\quad \mu_2=-1-5=-6,\quad \mu_3=2-5=-3。$$

所以 $|\boldsymbol{A}-5\boldsymbol{E}|=\mu_1\mu_2\mu_3=-72$。

还可以利用方阵行列式的性质 3 和定理 5.2 计算 $|\boldsymbol{A}-5\boldsymbol{E}|$。注意到

$$\boldsymbol{B}=\boldsymbol{A}^3-5\boldsymbol{A}^2=\boldsymbol{A}^2(\boldsymbol{A}-5\boldsymbol{E})。$$

上式两边取行列式，有 $|\boldsymbol{B}|=|\boldsymbol{A}|^2\ |\boldsymbol{A}-5\boldsymbol{E}|$。由于 $|\boldsymbol{A}|=1\times(-1)\times2=-2$，$|\boldsymbol{B}|=-288$，所以

$$|\boldsymbol{A}-5\boldsymbol{E}|=-72。$$

类似地，令 $\boldsymbol{A}$ 为三阶方阵。已知 $\boldsymbol{A}$ 的特征值分别为 $2,-1,3$，且 $\boldsymbol{B}=\boldsymbol{A}^2-2\boldsymbol{A}+3\boldsymbol{E}$。解答下列问题：

(1) 求 $\boldsymbol{B}$ 的特征值及与其相似的对角阵；(2)求行列式 $|\boldsymbol{B}|$ 和 $|\boldsymbol{A}^2-5\boldsymbol{A}+3\boldsymbol{E}|$。

例 5.12 设三阶方阵 $\boldsymbol{A}$ 与三维列向量 $\boldsymbol{\alpha}$ 满足 $\boldsymbol{\alpha},\boldsymbol{A\alpha},\boldsymbol{A}^2\boldsymbol{\alpha}$ 线性无关，且 $\boldsymbol{A}^3\boldsymbol{\alpha}=3\boldsymbol{A\alpha}-2\boldsymbol{A}^2\boldsymbol{\alpha}$，求三阶可逆矩阵 $\boldsymbol{P}$ 及对角矩阵 $\boldsymbol{\Lambda}$，使得 $\boldsymbol{P}^{-1}\boldsymbol{AP}=\boldsymbol{\Lambda}$。

分析 利用相似矩阵的定义和矩阵的乘法法则求解。

解 由题意可得

$$\begin{aligned}\boldsymbol{A}(\boldsymbol{\alpha},\boldsymbol{A\alpha},\boldsymbol{A}^2\boldsymbol{\alpha})&=(\boldsymbol{A\alpha},\boldsymbol{A}^2\boldsymbol{\alpha},\boldsymbol{A}^3\boldsymbol{\alpha})=(\boldsymbol{A\alpha},\boldsymbol{A}^2\boldsymbol{\alpha},3\boldsymbol{A\alpha}-2\boldsymbol{A}^2\boldsymbol{\alpha})\\&=(\boldsymbol{\alpha},\boldsymbol{A\alpha},\boldsymbol{A}^2\boldsymbol{\alpha})\begin{pmatrix}0&0&0\\1&0&3\\0&1&-2\end{pmatrix}\\&=(\boldsymbol{\alpha},\boldsymbol{A\alpha},\boldsymbol{A}^2\boldsymbol{\alpha})\boldsymbol{B}。\end{aligned}$$

令 $\boldsymbol{P}_1=(\boldsymbol{\alpha},\boldsymbol{A\alpha},\boldsymbol{A}^2\boldsymbol{\alpha})$。因为 $\boldsymbol{\alpha},\boldsymbol{A\alpha},\boldsymbol{A}^2\boldsymbol{\alpha}$ 线性无关，所以 $\boldsymbol{P}_1$ 可逆，且 $\boldsymbol{AP}_1=\boldsymbol{P}_1\boldsymbol{B}$，即 $\boldsymbol{P}_1^{-1}\boldsymbol{AP}_1=\boldsymbol{B}$。

容易求得，矩阵 $\boldsymbol{B}$ 的特征值为 $0,1,-3$，对应的特征向量分别为

$$\begin{pmatrix}-3\\2\\1\end{pmatrix},\quad \begin{pmatrix}0\\3\\1\end{pmatrix},\quad \begin{pmatrix}0\\-1\\1\end{pmatrix}。$$

令 $\boldsymbol{P}_2=\begin{pmatrix}-3&0&0\\2&3&-1\\1&1&1\end{pmatrix}$，则有

$$\boldsymbol{P}_2^{-1}\boldsymbol{B}\boldsymbol{P}_2=\begin{pmatrix}0&&\\&1&\\&&-3\end{pmatrix}。$$

令 $\boldsymbol{P}=\boldsymbol{P}_1\boldsymbol{P}_2,\boldsymbol{\Lambda}=\begin{pmatrix}0&&\\&1&\\&&-3\end{pmatrix}$，验证可知 $\boldsymbol{P}^{-1}\boldsymbol{A}\boldsymbol{P}=\boldsymbol{\Lambda}$。

题型 3　利用相似矩阵的定理及推论确定参数

例 5.13　设$\boldsymbol{\alpha}$是 $\boldsymbol{A}$ 的一个特征向量，其中

$$\boldsymbol{\alpha}=\begin{pmatrix}1\\1\\-1\end{pmatrix},\quad \boldsymbol{A}=\begin{pmatrix}2&-1&2\\5&a&3\\-1&b&-2\end{pmatrix}。$$

(1) 求 a,b 的值，并求 $\boldsymbol{A}$ 的一个特征值，使其与特征向量$\boldsymbol{\alpha}$ 相对应；

(2) $\boldsymbol{A}$ 与对角阵是否相似？

分析　通过 $(\lambda\boldsymbol{E}-\boldsymbol{A})\boldsymbol{\alpha}=\boldsymbol{0}$ 可求出 a,b 及 $\boldsymbol{A}$ 的与特征向量$\boldsymbol{\alpha}$ 对应的特征值；通过定理 5.6 判断 $\boldsymbol{A}$ 是否可对角化。

解　(1) 设 λ 为 $\boldsymbol{A}$ 的特征值，对应的特征向量为$\boldsymbol{\alpha}$。于是线性方程组$(\lambda\boldsymbol{E}-\boldsymbol{A})\boldsymbol{\alpha}=\boldsymbol{0}$ 为

$$\begin{pmatrix}\lambda-2&1&-2\\-5&\lambda-a&-3\\1&-b&\lambda+2\end{pmatrix}\begin{pmatrix}1\\1\\-1\end{pmatrix}=\begin{pmatrix}0\\0\\0\end{pmatrix}。$$

根据矩阵的乘法，得到如下的线性方程组

$$\begin{cases}\lambda+1=0,\\\lambda-a-2=0,\\\lambda+b+1=0。\end{cases}\quad 解得\quad \begin{cases}\lambda=-1,\\a=-3,\\b=0。\end{cases}$$

(2) 将 $a=-3,b=0$ 代入矩阵 $\boldsymbol{A}$，不难求得

$$|\lambda\boldsymbol{E}-\boldsymbol{A}|=\begin{vmatrix}\lambda-2&1&-2\\-5&\lambda+3&-3\\1&0&\lambda+2\end{vmatrix}=(\lambda+1)^3=0。$$

易见，$\lambda_1=\lambda_2=\lambda_3=-1$，即矩阵 $\boldsymbol{A}$ 有 3 重特征值。由于

$$-(\boldsymbol{E}+\boldsymbol{A})=-\begin{pmatrix}3&-1&2\\5&-2&3\\-1&0&-1\end{pmatrix}\to\begin{pmatrix}1&0&1\\0&1&1\\0&0&0\end{pmatrix},$$

不难求得，$\mathrm{R}(\boldsymbol{A}+\boldsymbol{E})=2$，$n-\mathrm{R}(\boldsymbol{A}+\boldsymbol{E})=3-2=1$。故 $\boldsymbol{A}$ 的特征值$\lambda=-1$ 对应的线性无关的特征向量仅有 1 个。由定理 5.6 知，矩阵 $\boldsymbol{A}$ 不能对角化。

类似地，已知 $\boldsymbol{A}$ 与 $\boldsymbol{B}$ 相似，且

$$A=\begin{pmatrix}3&0&0\\0&x&1\\0&1&2\end{pmatrix},\quad B=\begin{pmatrix}3&0&0\\0&1&0\\0&0&y\end{pmatrix}。$$

求 x,y 的值及矩阵 $\boldsymbol{P}$，使得 $\boldsymbol{P}^{-1}\boldsymbol{AP}=\boldsymbol{B}$。

题型4 利用相似矩阵的定义和性质证明

例5.14 若存在可逆矩阵 $\boldsymbol{P}$ 使得 $\boldsymbol{P}^{-1}\boldsymbol{AP}=\boldsymbol{C},\boldsymbol{P}^{-1}\boldsymbol{BP}=\boldsymbol{D}$，证明：

(1) 矩阵 $\boldsymbol{A}+\boldsymbol{B}$ 与 $\boldsymbol{C}+\boldsymbol{D}$ 相似；(2) 矩阵 $\boldsymbol{AB}$ 与 $\boldsymbol{CD}$ 相似。

分析 利用相似矩阵的定义及矩阵的乘法法则证明。

证 (1) 不难验证

$$\boldsymbol{P}^{-1}(\boldsymbol{A}+\boldsymbol{B})\boldsymbol{P}=\boldsymbol{P}^{-1}\boldsymbol{AP}+\boldsymbol{P}^{-1}\boldsymbol{BP}=\boldsymbol{C}+\boldsymbol{D},$$

所以 $\boldsymbol{A}+\boldsymbol{B}$ 与 $\boldsymbol{C}+\boldsymbol{D}$ 相似。

(2) 不难验证

$$\boldsymbol{P}^{-1}\boldsymbol{ABP}=\boldsymbol{P}^{-1}\boldsymbol{APP}^{-1}\boldsymbol{BP}=\boldsymbol{CD},$$

所以 $\boldsymbol{AB}$ 与 $\boldsymbol{CD}$ 相似。 证毕

类似地，可以证明下列问题：

(1) 证明：若方阵 $\boldsymbol{A}$ 与 $\boldsymbol{B}$ 相似，则 $\boldsymbol{A}^{\mathrm{T}}$ 与 $\boldsymbol{B}^{\mathrm{T}}$ 相似。

(2) 设 $\boldsymbol{A}$ 与 $\boldsymbol{B}$ 均为 n 阶矩阵，且 $\boldsymbol{A}$ 可逆。证明：$\boldsymbol{AB}$ 与 $\boldsymbol{BA}$ 相似。

四、课后习题选解

A类题

1. 判断下面矩阵是否可对角化：

$$\begin{pmatrix}3&-2&-4\\-2&6&-2\\-4&-2&3\end{pmatrix}。$$

分析 参见经典题型详解中例5.9。

解 矩阵 $\boldsymbol{A}$ 的特征方程为

$$|\lambda\boldsymbol{E}-\boldsymbol{A}|=\begin{vmatrix}\lambda-3&2&4\\2&\lambda-6&2\\4&2&\lambda-3\end{vmatrix}=(\lambda-7)^2(\lambda+2)=0,$$

特征值为 $\lambda_1=\lambda_2=7,\lambda_3=-2$。

将 $\lambda_1=\lambda_2=7$ 代入 $(\lambda\boldsymbol{E}-\boldsymbol{A})\boldsymbol{x}=\boldsymbol{0}$，由于

$$7\boldsymbol{E}-\boldsymbol{A}=\begin{pmatrix}4&2&4\\2&1&2\\4&2&4\end{pmatrix}\to\begin{pmatrix}1&1/2&1\\0&0&0\\0&0&0\end{pmatrix},$$

此线性方程组的基础解系为 $\boldsymbol{\alpha}_1=\begin{pmatrix}-1\\2\\0\end{pmatrix},\boldsymbol{\alpha}_2=\begin{pmatrix}-1\\0\\1\end{pmatrix}$。

将 $\lambda_3=-2$ 代入 $(\lambda\boldsymbol{E}-\boldsymbol{A})\boldsymbol{x}=\boldsymbol{0}$，由于

$$-2E-A=\begin{pmatrix}-5 & 2 & 4\\ 2 & -8 & 2\\ 4 & 2 & -5\end{pmatrix}\to\begin{pmatrix}1 & 0 & -1\\ 0 & 1 & -1/2\\ 0 & 0 & 0\end{pmatrix},$$

此线性方程组的基础解系为$\boldsymbol{\alpha}_3=\begin{pmatrix}2\\1\\2\end{pmatrix}$。

因此，三阶矩阵$\boldsymbol{A}$有3个线性无关的特征向量$\boldsymbol{\alpha}_1,\boldsymbol{\alpha}_2,\boldsymbol{\alpha}_3$，故矩阵$\boldsymbol{A}$可对角化。

2. 已知

$$\boldsymbol{A}=\begin{pmatrix}-2 & 0 & 0\\ 2 & a & 2\\ 3 & 1 & 1\end{pmatrix},\quad \boldsymbol{B}=\begin{pmatrix}-1 & 0 & 0\\ 0 & 2 & 0\\ 0 & 0 & b\end{pmatrix}。$$

若$\boldsymbol{A}$与$\boldsymbol{B}$相似，求a,b的值及矩阵$\boldsymbol{P}$，使得$\boldsymbol{P}^{-1}\boldsymbol{AP}=\boldsymbol{B}$。

分析 根据定理5.5确定a,b的值。特别地，由相似矩阵有相同的迹和行列式，可得到关于a,b的两个方程，从而求出a,b的值；因为$\boldsymbol{B}$为对角矩阵，所以$\boldsymbol{P}$由$\boldsymbol{A}$的特征向量构成。

解 容易验证，-2是$\boldsymbol{A}$的一个特征值，$\boldsymbol{B}$的特征值为$-1,2,b$。因为$\boldsymbol{A}$与$\boldsymbol{B}$相似，所以它们有相同的特征值，故$b=-2$。又因为相似的矩阵有相同的迹，所以

$$\mathrm{tr}(\boldsymbol{A})=-2+a+1=\mathrm{tr}(\boldsymbol{B})=-1+2+b=-1,$$

可得$a=0$。

易见，$\boldsymbol{A}$的三个特征值为$\lambda_1=-1,\lambda_2=2,\lambda_3=-2$，解得对应的特征向量分别为

$$\boldsymbol{\alpha}_1=\begin{pmatrix}0\\-2\\1\end{pmatrix},\quad \boldsymbol{\alpha}_2=\begin{pmatrix}0\\1\\1\end{pmatrix},\quad \boldsymbol{\alpha}_3=\begin{pmatrix}-1\\0\\1\end{pmatrix}。$$

令

$$\boldsymbol{P}=(\boldsymbol{\alpha}_1,\boldsymbol{\alpha}_2,\boldsymbol{\alpha}_3)=\begin{pmatrix}0 & 0 & -1\\ -2 & 1 & 0\\ 1 & 1 & 1\end{pmatrix},$$

则

$$\boldsymbol{P}^{-1}\boldsymbol{AP}=\begin{pmatrix}-1 & 0 & 0\\ 0 & 2 & 0\\ 0 & 0 & -2\end{pmatrix}。$$

3. 已知$\boldsymbol{A}=\begin{pmatrix}1 & 1 & -1\\ 0 & 0 & 1\\ 0 & -2 & 3\end{pmatrix}$，求$\boldsymbol{A}^{100}$。

分析 参见经典题型详解中例5.10。

解 (1) 矩阵$\boldsymbol{A}$的特征方程为

$$|\lambda\boldsymbol{E}-\boldsymbol{A}|=\begin{vmatrix}\lambda-1 & -1 & 1\\ 0 & \lambda & -1\\ 0 & 2 & \lambda-3\end{vmatrix}=(\lambda-1)^2(\lambda-2)=0,$$

特征值为$\lambda_1=\lambda_2=1,\lambda_3=2$。

将$\lambda_1=\lambda_2=1$代入$(\lambda\boldsymbol{E}-\boldsymbol{A})\boldsymbol{x}=\boldsymbol{0}$，由于

$$\boldsymbol{E}-\boldsymbol{A}=\begin{pmatrix}0 & -1 & 1\\ 0 & 1 & -1\\ 0 & 2 & -2\end{pmatrix}\to\begin{pmatrix}0 & 1 & -1\\ 0 & 0 & 0\\ 0 & 0 & 0\end{pmatrix},$$

此线性方程组的基础解系为

$$\boldsymbol{\alpha}_1=\begin{pmatrix}1\\0\\0\end{pmatrix},\quad \boldsymbol{\alpha}_2=\begin{pmatrix}0\\1\\1\end{pmatrix}。$$

将 $\lambda_3=2$ 代入 $(\lambda\boldsymbol{E}-\boldsymbol{A})\boldsymbol{x}=\boldsymbol{0}$，由于

$$2\boldsymbol{E}-\boldsymbol{A}=\begin{pmatrix}1&-1&1\\0&2&-1\\0&2&-1\end{pmatrix}\to\begin{pmatrix}1&0&1/2\\0&1&-1/2\\0&0&0\end{pmatrix},$$

此线性方程组的基础解系为

$$\boldsymbol{\alpha}_3=\begin{pmatrix}-1\\1\\2\end{pmatrix}。$$

令

$$\boldsymbol{P}=(\boldsymbol{\alpha}_1,\boldsymbol{\alpha}_2,\boldsymbol{\alpha}_3)=\begin{pmatrix}1&0&-1\\0&1&1\\0&1&2\end{pmatrix},$$

则

$$\boldsymbol{P}^{-1}\boldsymbol{A}\boldsymbol{P}=\begin{pmatrix}1&&\\&1&\\&&2\end{pmatrix},\quad 即\quad \boldsymbol{A}=\boldsymbol{P}\begin{pmatrix}1&&\\&1&\\&&2\end{pmatrix}\boldsymbol{P}^{-1}。$$

于是

$$\boldsymbol{A}^{100}=\left(\boldsymbol{P}\begin{pmatrix}1&&\\&1&\\&&2\end{pmatrix}\boldsymbol{P}^{-1}\right)^{100}=\boldsymbol{P}\begin{pmatrix}1&&\\&1&\\&&2^{100}\end{pmatrix}\boldsymbol{P}^{-1}=\begin{pmatrix}1&2^{100}-1&1-2^{100}\\0&2-2^{100}&2^{100}-1\\0&2-2^{101}&2^{101}-1\end{pmatrix}。$$

4. 设三阶方阵 $\boldsymbol{A}$ 的特征值分别为 2,2,−1，对应的特征向量依次为

$$\boldsymbol{\alpha}_1=\begin{pmatrix}1\\4\\0\end{pmatrix},\quad \boldsymbol{\alpha}_2=\begin{pmatrix}0\\-1\\1\end{pmatrix},\quad \boldsymbol{\alpha}_3=\begin{pmatrix}1\\0\\1\end{pmatrix}。$$

求 $\boldsymbol{A}$。

分析 利用定理 5.6 的结论计算，即 $\boldsymbol{A}=\boldsymbol{P}\boldsymbol{\Lambda}\boldsymbol{P}^{-1}$。

解 由于矩阵 $\boldsymbol{A}$ 的特征值互不相同，根据定理 5.5 的推论，矩阵 $\boldsymbol{A}$ 的属于不同特征值的特征向量 $\boldsymbol{\alpha}_1$，$\boldsymbol{\alpha}_2$，$\boldsymbol{\alpha}_3$ 线性无关。令 $\boldsymbol{P}=(\boldsymbol{\alpha}_1,\boldsymbol{\alpha}_2,\boldsymbol{\alpha}_3)$，则 $\boldsymbol{P}$ 可逆，且有

$$\boldsymbol{P}^{-1}=\frac{1}{3}\begin{pmatrix}-1&1&1\\-4&1&4\\4&-1&-1\end{pmatrix},$$

所以

$$\boldsymbol{A}=\boldsymbol{P}\begin{pmatrix}2&&\\&2&\\&&-1\end{pmatrix}\boldsymbol{P}^{-1}=\begin{pmatrix}-2&1&1\\0&2&0\\-4&1&3\end{pmatrix}。$$

5. 设 n 阶方阵 $\boldsymbol{A}$，$\boldsymbol{B}$ 满足 $\boldsymbol{A}^2=\boldsymbol{E}$，且 $\boldsymbol{A}$ 与 $\boldsymbol{B}$ 相似。证明：$\boldsymbol{B}^2=\boldsymbol{E}$。

分析 参见经典题型详解中例 5.14。

证 因为 $\boldsymbol{A}$ 与 $\boldsymbol{B}$ 相似，根据相似矩阵的定义，存在可逆矩阵 $\boldsymbol{P}$，使得 $\boldsymbol{B}=\boldsymbol{P}^{-1}\boldsymbol{A}\boldsymbol{P}$。由于 $\boldsymbol{A}^2=\boldsymbol{E}$，不难验证

$$B^2 = P^{-1}APP^{-1}AP = P^{-1}A^2P = P^{-1}EP = E。$$

证毕

B类题

1. 设矩阵 $\boldsymbol{A}$ 有 3 个线性无关的特征向量，且 $\lambda=2$ 是 $\boldsymbol{A}$ 的 2 重特征值，其中

$$\boldsymbol{A}=\begin{pmatrix}1 & -1 & 1\\ x & 4 & y\\ -3 & -3 & 5\end{pmatrix}。$$

求可逆矩阵 $\boldsymbol{P}$，使 $\boldsymbol{P}^{-1}\boldsymbol{AP}$ 成为对角矩阵。

分析 根据已知条件，先利用矩阵的特征值和特征向量的定义确定 x,y 的值，然后利用定理 5.6 求可逆矩阵 $\boldsymbol{P}$。

解 因为矩阵 $\boldsymbol{A}$ 有 3 个线性无关的特征向量，$\lambda=2$ 是 $\boldsymbol{A}$ 的 2 重特征值，所以 $\boldsymbol{A}$ 的对应于 $\lambda=2$ 的线性无关的特征向量有 2 个，故 $\mathrm{R}(2\boldsymbol{E}-\boldsymbol{A})=1$。对 $2\boldsymbol{E}-\boldsymbol{A}$ 实施初等行变换，有

$$2\boldsymbol{E}-\boldsymbol{A}=\begin{pmatrix}1 & 1 & -1\\ -x & -2 & -y\\ 3 & 3 & -3\end{pmatrix}\to\begin{pmatrix}1 & 1 & -1\\ 0 & 2-x & x+y\\ 0 & 0 & 0\end{pmatrix}$$

由此得 $x=2,y=-x=-2$。将结果代入 $\boldsymbol{A}$ 中，可求得矩阵 $\boldsymbol{A}$ 的特征方程为

$$|\lambda\boldsymbol{E}-\boldsymbol{A}|=\begin{vmatrix}\lambda-1 & 1 & -1\\ -2 & \lambda-4 & 2\\ 3 & 3 & \lambda-5\end{vmatrix}=(\lambda-2)^2(\lambda-6)=0。$$

由此可得矩阵的特征值为 $\lambda_1=\lambda_2=2,\lambda_3=6$。

对于 $\lambda_1=\lambda_2=2$，解线性方程组 $(2\boldsymbol{E}-\boldsymbol{A})\boldsymbol{x}=\boldsymbol{0}$，由于

$$2\boldsymbol{E}-\boldsymbol{A}=\begin{pmatrix}1 & 1 & -1\\ -2 & -2 & 2\\ 3 & 3 & -3\end{pmatrix}\to\begin{pmatrix}1 & 1 & -1\\ 0 & 0 & 0\\ 0 & 0 & 0\end{pmatrix},$$

对应的 2 个线性无关的特征向量为

$$\boldsymbol{\alpha}_1=\begin{pmatrix}-1\\ 1\\ 0\end{pmatrix},\quad \boldsymbol{\alpha}_2=\begin{pmatrix}1\\ 0\\ 1\end{pmatrix}。$$

对于 $\lambda_3=6$，解线性方程组 $(6\boldsymbol{E}-\boldsymbol{A})\boldsymbol{x}=\boldsymbol{0}$，由于

$$6\boldsymbol{E}-\boldsymbol{A}=\begin{pmatrix}5 & 1 & -1\\ -2 & 2 & 2\\ 3 & 3 & 1\end{pmatrix}\to\begin{pmatrix}1 & 0 & -1/3\\ 0 & 1 & 2/3\\ 0 & 0 & 0\end{pmatrix},$$

对应的特征向量为

$$\boldsymbol{\alpha}_3=\begin{pmatrix}1\\ -2\\ 3\end{pmatrix}。$$

令

$$\boldsymbol{P}=(\boldsymbol{\alpha}_1,\boldsymbol{\alpha}_2,\boldsymbol{\alpha}_3)=\begin{pmatrix}-1 & 1 & 1\\ 1 & 0 & -2\\ 0 & 1 & 3\end{pmatrix},$$

则

$$P^{-1}AP=\begin{pmatrix}2&0&0\\0&2&0\\0&0&6\end{pmatrix}。$$

2. 若 A_1 与 B_1 相似，A_2 与 B_2 相似，证明：分块对角矩阵 $\begin{pmatrix}A_1&0\\0&A_2\end{pmatrix}$ 与 $\begin{pmatrix}B_1&0\\0&B_2\end{pmatrix}$ 相似。

分析 参见经典题型详解中例5.14。

证 根据相似矩阵的定义，由于 A_1 与 B_1 相似，A_2 与 B_2 相似，所以存在可逆矩阵 P_1 和 P_2，使得 $P_1^{-1}A_1P_1=B_1$，$P_2^{-1}AP_2=B_2$。令 $P=\begin{pmatrix}P_1&0\\0&P_2\end{pmatrix}$，容易验证 P 可逆，且

$$P^{-1}\begin{pmatrix}A_1&0\\0&A_2\end{pmatrix}P=\begin{pmatrix}P_1^{-1}A_1P_1&0\\0&P_2^{-1}A_2P_2\end{pmatrix}=\begin{pmatrix}B_1&0\\0&B_2\end{pmatrix}。$$

因此，分块对角矩阵 $\begin{pmatrix}A_1&0\\0&A_2\end{pmatrix}$ 与 $\begin{pmatrix}B_1&0\\0&B_2\end{pmatrix}$ 相似。 证毕

5.3 向量的内积

一、知识要点

定义 5.4 给定两个 n 维实向量 $x=\begin{pmatrix}x_1\\x_2\\\vdots\\x_n\end{pmatrix}$，$y=\begin{pmatrix}y_1\\y_2\\\vdots\\y_n\end{pmatrix}$，表示式

$$\langle x,y\rangle=x_1y_1+x_2y_2+\cdots+x_ny_n$$

称为 x 与 y 的内积。

内积是向量的一种运算，也可以表示为 $\langle x,y\rangle=x^{\mathrm T}y$。

令 x,y,z 为 n 维实向量，λ 为实数，从内积的定义可立刻推得如下等式成立：

(1) $\langle x,y\rangle=\langle y,x\rangle$；(2) $\langle \lambda x,y\rangle=\lambda\langle x,y\rangle$；(3) $\langle x,y+z\rangle=\langle x,y\rangle+\langle x,z\rangle$。

定义 5.5 数

$$\|x\|=\sqrt{\langle x,x\rangle}=\sqrt{x_1^2+x_2^2+\cdots+x_n^2}$$

称为向量 x 的长度(或范数)。特别地，当 $\|x\|=1$ 时，称 x 为**单位向量**。

从定义5.5可推得以下基本性质。

性质1 非负性 当 $x\neq 0$ 时，$\|x\|>0$。当且仅当 $x=0$ 时，$\|x\|=0$。

性质2 正齐次性 $\|\lambda x\|=|\lambda|\,\|x\|$，其中 λ 为实数。

性质3 三角不等式 $\|x+y\|\leqslant\|x\|+\|y\|$。

性质4 柯西-施瓦茨不等式 $\langle x,y\rangle\leqslant\|x\|\cdot\|y\|$。特别地，由柯西-施瓦茨不等式可得

$$\left|\frac{\langle x,y\rangle}{\|x\|\cdot\|y\|}\right|\leqslant 1\quad(\|x\|\cdot\|y\|\neq 0)。$$

定义 5.6 若 $\|x\|\neq 0$，$\|y\|\neq 0$，表示式

$$\theta=\arccos\frac{\langle \boldsymbol{x},\boldsymbol{y}\rangle}{\|\boldsymbol{x}\|\cdot\|\boldsymbol{y}\|}$$

称为向量 $\boldsymbol{x}$ 与 $\boldsymbol{y}$ 的**夹角**。若 $\langle \boldsymbol{x},\boldsymbol{y}\rangle=0$,则称 $\boldsymbol{x}$ 与 $\boldsymbol{y}$ **正交**。

显然,n 维零向量与任意 n 维向量正交。

定义 5.7 对于给定的非零向量组$\boldsymbol{\alpha}_1,\boldsymbol{\alpha}_2,\cdots,\boldsymbol{\alpha}_r$,若向量组中任意两个向量都正交,则称该向量组为**正交向量组**。

定理 5.7 若 n 维非零向量组$\boldsymbol{\alpha}_1,\boldsymbol{\alpha}_2,\cdots,\boldsymbol{\alpha}_r$为正交向量组,则它一定是线性无关向量组。

格拉姆-施密特正交化方法,设向量组$\boldsymbol{\alpha}_1,\boldsymbol{\alpha}_2,\cdots,\boldsymbol{\alpha}_r$线性无关,将其转换为正交向量组的具体步骤如下。

令

$$\boldsymbol{\beta}_1=\boldsymbol{\alpha}_1,$$

$$\boldsymbol{\beta}_2=\boldsymbol{\alpha}_2-\frac{\langle\boldsymbol{\beta}_1,\boldsymbol{\alpha}_2\rangle}{\langle\boldsymbol{\beta}_1,\boldsymbol{\beta}_1\rangle}\boldsymbol{\beta}_1,$$

$$\vdots$$

$$\boldsymbol{\beta}_r=\boldsymbol{\alpha}_r-\frac{\langle\boldsymbol{\beta}_1,\boldsymbol{\alpha}_r\rangle}{\langle\boldsymbol{\beta}_1,\boldsymbol{\beta}_1\rangle}\boldsymbol{\beta}_1-\frac{\langle\boldsymbol{\beta}_2,\boldsymbol{\alpha}_r\rangle}{\langle\boldsymbol{\beta}_2,\boldsymbol{\beta}_2\rangle}\boldsymbol{\beta}_2-\cdots-\frac{\langle\boldsymbol{\beta}_{r-1},\boldsymbol{\alpha}_r\rangle}{\langle\boldsymbol{\beta}_{r-1},\boldsymbol{\beta}_{r-1}\rangle}\boldsymbol{\beta}_{r-1}。$$

容易验证,向量组$\boldsymbol{\beta}_1,\boldsymbol{\beta}_2,\cdots,\boldsymbol{\beta}_r$ 中的向量两两正交。

进一步地,还可以将向量组$\boldsymbol{\beta}_1,\boldsymbol{\beta}_2,\cdots,\boldsymbol{\beta}_r$ 单位化,即

$$\boldsymbol{\eta}_1=\frac{\boldsymbol{\beta}_1}{\|\boldsymbol{\beta}_1\|},\quad \boldsymbol{\eta}_2=\frac{\boldsymbol{\beta}_2}{\|\boldsymbol{\beta}_2\|},\cdots,\boldsymbol{\eta}_r=\frac{\boldsymbol{\beta}_r}{\|\boldsymbol{\beta}_r\|}。$$

称向量组$\boldsymbol{\eta}_1,\boldsymbol{\eta}_2,\cdots,\boldsymbol{\eta}_r$为**标准正交向量组**。

定义 5.8 如果方阵 $\boldsymbol{A}$ 满足 $\boldsymbol{A}^{\mathrm{T}}\boldsymbol{A}=\boldsymbol{E}$ (即 $\boldsymbol{A}^{-1}=\boldsymbol{A}^{\mathrm{T}}$),则称 $\boldsymbol{A}$ 为**正交矩阵**。

由于 $\boldsymbol{A}^{\mathrm{T}}\boldsymbol{A}=\boldsymbol{E}$,两边取行列式得到 $|\boldsymbol{A}^{\mathrm{T}}||\boldsymbol{A}|=|\boldsymbol{E}|$,即 $|\boldsymbol{A}|^2=1$。这表明,若 $\boldsymbol{A}$ 为正交矩阵,则 $|\boldsymbol{A}|=\pm1$。

二、疑难解析

1. 若方阵 $\boldsymbol{A}$ 的行向量组是标准正交的向量组,则 $\boldsymbol{A}$ 是否为可逆矩阵?是否为正交矩阵?

答 依题意,若 $\boldsymbol{A}$ 的行向量组是正交的单位向量组,将矩阵 $\boldsymbol{A}$ 用行向量组$\boldsymbol{\alpha}_1,\boldsymbol{\alpha}_2,\cdots,\boldsymbol{\alpha}_n$表示,即$\boldsymbol{A}=\begin{pmatrix}\boldsymbol{\alpha}_1\\\boldsymbol{\alpha}_2\\\vdots\\\boldsymbol{\alpha}_n\end{pmatrix}$,且$(\boldsymbol{\alpha}_i\boldsymbol{\alpha}_j^{\mathrm{T}})=(\delta_{ij})$,其中 $\delta_{ij}=\begin{cases}1, & i=j,\\0, & i\neq j\end{cases}$ $(i,j=1,2,\cdots,n)$。因为

$\begin{pmatrix}\boldsymbol{\alpha}_1\\\boldsymbol{\alpha}_2\\\vdots\\\boldsymbol{\alpha}_n\end{pmatrix}(\boldsymbol{\alpha}_1^{\mathrm{T}},\boldsymbol{\alpha}_2^{\mathrm{T}},\cdots,\boldsymbol{\alpha}_n^{\mathrm{T}})=\boldsymbol{E}$,即 $\boldsymbol{A}\boldsymbol{A}^{\mathrm{T}}=\boldsymbol{E}$,所以矩阵 $\boldsymbol{A}$ 是可逆矩阵,同时又是正交矩阵。特别地,这个结论说明了正交矩阵对列向量组成立的结论对行向量组也成立,即 $\boldsymbol{A}^{\mathrm{T}}\boldsymbol{A}=\boldsymbol{A}\boldsymbol{A}^{\mathrm{T}}=\boldsymbol{E}$。

2. 若 $\boldsymbol{A},\boldsymbol{B}$ 分别为 m 阶和 n 阶正交矩阵，则 $\begin{pmatrix}\boldsymbol{A} & \boldsymbol{0}\\ \boldsymbol{0} & \boldsymbol{B}\end{pmatrix}$ 是否为正交矩阵？

答 $\begin{pmatrix}\boldsymbol{A} & \boldsymbol{0}\\ \boldsymbol{0} & \boldsymbol{B}\end{pmatrix}$ 是正交矩阵。根据正交矩阵的定义，若 $\boldsymbol{A},\boldsymbol{B}$ 分别为 m 阶和 n 阶正交矩阵，则有 $\boldsymbol{AA}^{\mathrm{T}}=\boldsymbol{E}_m$ 和 $\boldsymbol{BB}^{\mathrm{T}}=\boldsymbol{E}_n$。根据分块矩阵的转置和乘法，有

$$\begin{pmatrix}\boldsymbol{A} & \boldsymbol{0}\\ \boldsymbol{0} & \boldsymbol{B}\end{pmatrix}\begin{pmatrix}\boldsymbol{A} & \boldsymbol{0}\\ \boldsymbol{0} & \boldsymbol{B}\end{pmatrix}^{\mathrm{T}}=\begin{pmatrix}\boldsymbol{A} & \boldsymbol{0}\\ \boldsymbol{0} & \boldsymbol{B}\end{pmatrix}\begin{bmatrix}\boldsymbol{A}^{\mathrm{T}} & \boldsymbol{0}\\ \boldsymbol{0} & \boldsymbol{B}^{\mathrm{T}}\end{bmatrix}=\begin{bmatrix}\boldsymbol{AA}^{\mathrm{T}} & \boldsymbol{0}\\ \boldsymbol{0} & \boldsymbol{BB}^{\mathrm{T}}\end{bmatrix}=\begin{bmatrix}\boldsymbol{E}_m & \boldsymbol{0}\\ \boldsymbol{0} & \boldsymbol{E}_n\end{bmatrix},$$

所以 $\begin{pmatrix}\boldsymbol{A} & \boldsymbol{0}\\ \boldsymbol{0} & \boldsymbol{B}\end{pmatrix}$ 是正交矩阵。

三、经典题型详解

题型1 利用正交向量组的信息计算

例5.15 已知 $\boldsymbol{\alpha}_1=\begin{bmatrix}1\\1\\1\end{bmatrix}$，$\boldsymbol{\alpha}_2=\begin{bmatrix}-1\\1\\0\end{bmatrix}$ 正交，求一个非零向量 $\boldsymbol{\alpha}_3$，使 $\boldsymbol{\alpha}_1,\boldsymbol{\alpha}_2,\boldsymbol{\alpha}_3$ 两两正交。

分析 由向量的正交关系建立齐次线性方程组，然后求解此线性方程组即可。

解 令 $\boldsymbol{\alpha}_3=\begin{bmatrix}x_1\\x_2\\x_3\end{bmatrix}$。依题意，由 $\boldsymbol{\alpha}_1^{\mathrm{T}}\boldsymbol{\alpha}_3=0$，$\boldsymbol{\alpha}_2^{\mathrm{T}}\boldsymbol{\alpha}_3=0$ 可得如下的齐次线性方程组

$$\begin{pmatrix}1 & 1 & 1\\ -1 & 1 & 0\end{pmatrix}\begin{bmatrix}x_1\\x_2\\x_3\end{bmatrix}=\begin{pmatrix}0\\0\end{pmatrix}。$$

不难求得基础解系为 $\begin{bmatrix}-1\\-1\\2\end{bmatrix}$。取 $\boldsymbol{\alpha}_3=\begin{bmatrix}-1\\-1\\2\end{bmatrix}$，则 $\boldsymbol{\alpha}_3$ 即为所求。

类似地，解答下列问题：

(1) 设 $\boldsymbol{\alpha}_1=\begin{bmatrix}1\\1\\1\end{bmatrix}$，求两个非零向量 $\boldsymbol{\alpha}_2,\boldsymbol{\alpha}_3$，使得 $\boldsymbol{\alpha}_1,\boldsymbol{\alpha}_2,\boldsymbol{\alpha}_3$ 为正交向量组。

(2) 已知 $\boldsymbol{\alpha}_1=\begin{bmatrix}1\\0\\-1\\1\end{bmatrix}$，$\boldsymbol{\alpha}_2=\begin{bmatrix}1\\-1\\0\\1\end{bmatrix}$，$\boldsymbol{\alpha}_3=\begin{bmatrix}-1\\1\\1\\0\end{bmatrix}$，向量 $\boldsymbol{\beta}$ 与 $\boldsymbol{\alpha}_1,\boldsymbol{\alpha}_2,\boldsymbol{\alpha}_3$ 均正交。求向量 $\boldsymbol{\beta}$。

题型2 利用格拉姆-施密特正交化方法将向量组标准正交化

例5.16 将向量组 $\boldsymbol{\alpha}_1=\begin{bmatrix}1\\0\\-1\\1\end{bmatrix}$，$\boldsymbol{\alpha}_2=\begin{bmatrix}1\\-1\\0\\1\end{bmatrix}$，$\boldsymbol{\alpha}_3=\begin{bmatrix}-1\\1\\1\\0\end{bmatrix}$ 标准正交化。

解 根据格拉姆-施密特正交化公式，有

$$\boldsymbol{\beta}_1=\boldsymbol{\alpha}_1=\begin{pmatrix}1\\0\\-1\\1\end{pmatrix},\quad \boldsymbol{\beta}_2=\boldsymbol{\alpha}_2-\frac{\langle\boldsymbol{\beta}_1,\boldsymbol{\alpha}_2\rangle}{\langle\boldsymbol{\beta}_1,\boldsymbol{\beta}_1\rangle}\boldsymbol{\beta}_1=\begin{pmatrix}1\\-1\\0\\1\end{pmatrix}-\frac{2}{3}\begin{pmatrix}1\\0\\-1\\1\end{pmatrix}=\frac{1}{3}\begin{pmatrix}1\\-3\\2\\1\end{pmatrix},$$

$$\boldsymbol{\beta}_3=\boldsymbol{\alpha}_3-\frac{\langle\boldsymbol{\beta}_1,\boldsymbol{\alpha}_3\rangle}{\langle\boldsymbol{\beta}_1,\boldsymbol{\beta}_1\rangle}\boldsymbol{\beta}_1-\frac{\langle\boldsymbol{\beta}_2,\boldsymbol{\alpha}_3\rangle}{\langle\boldsymbol{\beta}_2,\boldsymbol{\beta}_2\rangle}\boldsymbol{\beta}_2=\frac{1}{5}\begin{pmatrix}-1\\3\\3\\4\end{pmatrix}。$$

再将向量组$\boldsymbol{\beta}_1,\boldsymbol{\beta}_2,\boldsymbol{\beta}_3$单位化，可得

$$\boldsymbol{\eta}_1=\frac{\boldsymbol{\beta}_1}{\|\boldsymbol{\beta}_1\|}=\frac{\sqrt{3}}{3}\begin{pmatrix}1\\0\\-1\\1\end{pmatrix},\quad \boldsymbol{\eta}_2=\frac{\boldsymbol{\beta}_2}{\|\boldsymbol{\beta}_2\|}=\frac{\sqrt{15}}{15}\begin{pmatrix}1\\-3\\2\\1\end{pmatrix},\quad \boldsymbol{\eta}_3=\frac{\boldsymbol{\beta}_3}{\|\boldsymbol{\beta}_3\|}=\frac{\sqrt{35}}{35}\begin{pmatrix}-1\\3\\3\\4\end{pmatrix}。$$

类似地，将向量组$\boldsymbol{\alpha}_1=\begin{pmatrix}1\\1\\2\\1\end{pmatrix},\boldsymbol{\alpha}_2=\begin{pmatrix}-1\\0\\0\\1\end{pmatrix},\boldsymbol{\alpha}_3=\begin{pmatrix}1\\1\\1\\0\end{pmatrix},\boldsymbol{\alpha}_4=\begin{pmatrix}1\\0\\-1\\0\end{pmatrix}$标准正交化。

题型 3 利用正交矩阵的定义计算或证明

例 5.17 求 a,b,c 的值，使得矩阵 $\begin{pmatrix}0&1&0\\a&0&c\\b&0&\frac{1}{2}\end{pmatrix}$ 为正交矩阵。

分析 利用正交矩阵的定义求解。

解 (1) 由 $\boldsymbol{A}^{\mathrm{T}}\boldsymbol{A}=\boldsymbol{E}$ 可得

$$\begin{cases}a^2+b^2=1,\\ ac+\dfrac{b}{2}=0,\\ c^2+\dfrac{1}{4}=1。\end{cases}$$

解得 $a=\pm\frac{1}{2},b=-\frac{\sqrt{3}}{2},c=\pm\frac{\sqrt{3}}{2}$ 或 $a=\pm\frac{1}{2},b=\frac{\sqrt{3}}{2},c=\mp\frac{\sqrt{3}}{2}$，即

$$\begin{pmatrix}0&1&0\\\frac{1}{2}&0&\frac{\sqrt{3}}{2}\\-\frac{\sqrt{3}}{2}&0&\frac{1}{2}\end{pmatrix},\quad \begin{pmatrix}0&1&0\\-\frac{1}{2}&0&-\frac{\sqrt{3}}{2}\\-\frac{\sqrt{3}}{2}&0&\frac{1}{2}\end{pmatrix},\quad \begin{pmatrix}0&1&0\\\frac{1}{2}&0&-\frac{\sqrt{3}}{2}\\\frac{\sqrt{3}}{2}&0&\frac{1}{2}\end{pmatrix}\quad 或\quad \begin{pmatrix}0&1&0\\-\frac{1}{2}&0&\frac{\sqrt{3}}{2}\\\frac{\sqrt{3}}{2}&0&\frac{1}{2}\end{pmatrix}。$$

类似地，求 a,b,c 的值，使得矩阵$\begin{pmatrix}a&b\\c&2b\end{pmatrix}$为正交矩阵。

例 5.18 设 $\boldsymbol{A}$ 为正交矩阵。证明：矩阵 $-\boldsymbol{A},\boldsymbol{A}^{\mathrm{T}},\boldsymbol{A}^2,\boldsymbol{A}^{-1},\boldsymbol{A}^*$ 均为正交矩阵。

分析 利用正交矩阵的定义 $\boldsymbol{A}^{\mathrm{T}}\boldsymbol{A}=\boldsymbol{E}$ 证明。

证 因为 $\boldsymbol{A}$ 为正交矩阵，所以 $\boldsymbol{A}^{\mathrm{T}}\boldsymbol{A}=\boldsymbol{A}\boldsymbol{A}^{\mathrm{T}}=\boldsymbol{E}$。于是

$$(-\boldsymbol{A}^{\mathrm{T}})(-\boldsymbol{A})=\boldsymbol{A}\boldsymbol{A}^{\mathrm{T}}=\boldsymbol{E},$$
$$(\boldsymbol{A}^{\mathrm{T}})^{\mathrm{T}}\boldsymbol{A}^{\mathrm{T}}=\boldsymbol{A}\boldsymbol{A}^{\mathrm{T}}=\boldsymbol{E},$$
$$(\boldsymbol{A}^2)^{\mathrm{T}}\boldsymbol{A}^2=\boldsymbol{A}^{\mathrm{T}}\boldsymbol{A}^{\mathrm{T}}\boldsymbol{A}\boldsymbol{A}=\boldsymbol{A}^{\mathrm{T}}(\boldsymbol{A}^{\mathrm{T}}\boldsymbol{A})\boldsymbol{A}=\boldsymbol{A}^{\mathrm{T}}\boldsymbol{A}=\boldsymbol{E},$$
$$(\boldsymbol{A}^{-1})^{\mathrm{T}}\boldsymbol{A}^{-1}=(\boldsymbol{A}^{\mathrm{T}})^{-1}\boldsymbol{A}^{-1}=(\boldsymbol{A}\boldsymbol{A}^{\mathrm{T}})^{-1}=\boldsymbol{E}^{-1}=\boldsymbol{E},$$
$$(\boldsymbol{A}^*)^{\mathrm{T}}\boldsymbol{A}^*=(|\boldsymbol{A}|\boldsymbol{A}^{-1})^{\mathrm{T}}(|\boldsymbol{A}|\boldsymbol{A}^{-1})=|\boldsymbol{A}|^2\boldsymbol{E}=\boldsymbol{E}。$$

故矩阵 $-\boldsymbol{A},\boldsymbol{A}^{\mathrm{T}},\boldsymbol{A}^2,\boldsymbol{A}^{-1},\boldsymbol{A}^*$ 均为正交矩阵。 证毕

类似地，证明下列问题：

(1) 设 $\boldsymbol{A}_1,\boldsymbol{A}_2,\cdots,\boldsymbol{A}_m$ 都是 n 阶正交矩阵。证明：矩阵 $\boldsymbol{A}_1\boldsymbol{A}_2\cdots\boldsymbol{A}_m$ 也是正交矩阵。

(2) 设 $\boldsymbol{A}$ 是实对称矩阵，$\boldsymbol{P}$ 是正交矩阵。证明：矩阵 $\boldsymbol{B}=\boldsymbol{P}^{-1}\boldsymbol{A}\boldsymbol{P}$ 也是实对称矩阵。

例 5.19 设 $\boldsymbol{A}$ 为正交矩阵，且 $|\boldsymbol{A}|=-1$。证明：-1 是矩阵 $\boldsymbol{A}$ 的一个特征值。

分析 利用矩阵的特征值、正交矩阵的定义及方阵行列式的性质 3 证明。

证 不难求得

$$|\boldsymbol{E}+\boldsymbol{A}|=|\boldsymbol{A}^{\mathrm{T}}\boldsymbol{A}+\boldsymbol{A}|=|(\boldsymbol{A}^{\mathrm{T}}+\boldsymbol{E})\boldsymbol{A}|=|\boldsymbol{A}^{\mathrm{T}}+\boldsymbol{E}||\boldsymbol{A}|=|\boldsymbol{A}+\boldsymbol{E}||\boldsymbol{A}|=-|\boldsymbol{E}+\boldsymbol{A}|,$$

所以 $2|\boldsymbol{E}+\boldsymbol{A}|=0$，即 $|\boldsymbol{E}+\boldsymbol{A}|=0$。根据矩阵的特征值的定义 5.2，$-1$ 是 $\boldsymbol{A}$ 的一个特征值。

证毕

例 5.20 设列向量 $\boldsymbol{\alpha}$ 满足 $\boldsymbol{\alpha}^{\mathrm{T}}\boldsymbol{\alpha}=1$。令 $\boldsymbol{H}=\boldsymbol{E}-2\boldsymbol{\alpha}\boldsymbol{\alpha}^{\mathrm{T}}$，证明：

(1) $\boldsymbol{H}^{\mathrm{T}}=\boldsymbol{H}$； (2) $\boldsymbol{H}$ 为正交矩阵； (3) $|\boldsymbol{H}|=-1$。

分析 根据对称矩阵、正交矩阵的定义及矩阵的一些运算法则证明。

证 (1)根据对称矩阵的定义，有

$$\boldsymbol{H}^{\mathrm{T}}=(\boldsymbol{E}-2\boldsymbol{\alpha}\boldsymbol{\alpha}^{\mathrm{T}})^{\mathrm{T}}=\boldsymbol{E}-2(\boldsymbol{\alpha}\boldsymbol{\alpha}^{\mathrm{T}})^{\mathrm{T}}=\boldsymbol{E}-2\boldsymbol{\alpha}\boldsymbol{\alpha}^{\mathrm{T}}=\boldsymbol{H}。$$

(2) 根据正交矩阵的定义，有

$$\begin{aligned}\boldsymbol{H}^{\mathrm{T}}\boldsymbol{H}&=(\boldsymbol{E}-2\boldsymbol{\alpha}\boldsymbol{\alpha}^{\mathrm{T}})^{\mathrm{T}}(\boldsymbol{E}-2\boldsymbol{\alpha}\boldsymbol{\alpha}^{\mathrm{T}})=\boldsymbol{E}-2\boldsymbol{\alpha}\boldsymbol{\alpha}^{\mathrm{T}}-2\boldsymbol{\alpha}\boldsymbol{\alpha}^{\mathrm{T}}+4\boldsymbol{\alpha}\boldsymbol{\alpha}^{\mathrm{T}}\boldsymbol{\alpha}\boldsymbol{\alpha}^{\mathrm{T}}\\&=\boldsymbol{E}-2\boldsymbol{\alpha}\boldsymbol{\alpha}^{\mathrm{T}}-2\boldsymbol{\alpha}\boldsymbol{\alpha}^{\mathrm{T}}+4\boldsymbol{\alpha}(\boldsymbol{\alpha}^{\mathrm{T}}\boldsymbol{\alpha})\boldsymbol{\alpha}^{\mathrm{T}}=\boldsymbol{E}-2\boldsymbol{\alpha}\boldsymbol{\alpha}^{\mathrm{T}}-2\boldsymbol{\alpha}\boldsymbol{\alpha}^{\mathrm{T}}+4\boldsymbol{\alpha}\boldsymbol{\alpha}^{\mathrm{T}}=\boldsymbol{E}。\end{aligned}$$

(3) **法一** 由 $\boldsymbol{\alpha}^{\mathrm{T}}\boldsymbol{\alpha}=1$ 可知，$(\boldsymbol{\alpha}\boldsymbol{\alpha}^{\mathrm{T}})\boldsymbol{\alpha}=\boldsymbol{\alpha}(\boldsymbol{\alpha}\boldsymbol{\alpha}^{\mathrm{T}})=1\cdot\boldsymbol{\alpha}$，所以 1 是矩阵 $\boldsymbol{\alpha}\boldsymbol{\alpha}^{\mathrm{T}}$ 的特征值；另一方面，由于 $\boldsymbol{\alpha}\boldsymbol{\alpha}^{\mathrm{T}}$ 是对称矩阵，且 $\mathrm{R}(\boldsymbol{\alpha}\boldsymbol{\alpha}^{\mathrm{T}})=1$，所以矩阵 $\boldsymbol{\alpha}\boldsymbol{\alpha}^{\mathrm{T}}$ 只有一个非零特征值 1，其余特征值均为零。根据矩阵的特征值的性质 5，矩阵 $\boldsymbol{H}=\boldsymbol{E}-2\boldsymbol{\alpha}\boldsymbol{\alpha}^{\mathrm{T}}$ 的特征值为 $-1,1,\cdots,1$，根据定理 5.2 有，

$$|\boldsymbol{H}|=(-1)\times1\times\cdots\times1=-1。$$

法二 由于

$$\begin{pmatrix}\boldsymbol{E}&\boldsymbol{0}\\-\boldsymbol{\beta}^{\mathrm{T}}&1\end{pmatrix}\begin{pmatrix}\boldsymbol{E}&\boldsymbol{\alpha}\\\boldsymbol{\beta}^{\mathrm{T}}&1\end{pmatrix}=\begin{pmatrix}\boldsymbol{E}&\boldsymbol{\alpha}\\\boldsymbol{0}&1-\boldsymbol{\beta}^{\mathrm{T}}\boldsymbol{\alpha}\end{pmatrix},$$
$$\begin{pmatrix}\boldsymbol{E}&\boldsymbol{\alpha}\\\boldsymbol{\beta}^{\mathrm{T}}&1\end{pmatrix}\begin{pmatrix}\boldsymbol{E}&\boldsymbol{0}\\-\boldsymbol{\beta}^{\mathrm{T}}&1\end{pmatrix}=\begin{pmatrix}\boldsymbol{E}-\boldsymbol{\alpha}\boldsymbol{\beta}^{\mathrm{T}}&\boldsymbol{\alpha}\\0&1\end{pmatrix},$$

等式两端分别求行列式，可得 $|\boldsymbol{E}-\boldsymbol{\alpha}\boldsymbol{\beta}^{\mathrm{T}}|=1-\boldsymbol{\beta}^{\mathrm{T}}\boldsymbol{\alpha}$。令 $\boldsymbol{\beta}=2\boldsymbol{\alpha}$ 即可得到 $|\boldsymbol{H}|=-1$。 证毕

四、课后习题选解

A类题

1. 已知

$$\boldsymbol{\alpha}=\begin{pmatrix}1\\0\\2\\1\end{pmatrix},\qquad \boldsymbol{\beta}=\begin{pmatrix}2\\1\\2\\3\end{pmatrix}。$$

解答下列问题：

(1) 求 $\langle\boldsymbol{\alpha},\boldsymbol{\beta}\rangle$；(2) 求 $\|\boldsymbol{\alpha}\|,\|\boldsymbol{\beta}\|$；(3) 求$\boldsymbol{\alpha}$与$\boldsymbol{\beta}$的夹角；(4) 求 $\langle\boldsymbol{\alpha}+\boldsymbol{\beta},\boldsymbol{\alpha}-2\boldsymbol{\beta}\rangle$。

解 (1) $\langle\boldsymbol{\alpha},\boldsymbol{\beta}\rangle=1\times2+0\times1+2\times2+1\times3=9$；

(2) $\|\boldsymbol{\alpha}\|=\sqrt{\langle\boldsymbol{\alpha},\boldsymbol{\alpha}\rangle}=\sqrt{1^2+0^2+2^2+1^2}=\sqrt{6}$，$\|\boldsymbol{\beta}\|=\sqrt{\langle\boldsymbol{\beta},\boldsymbol{\beta}\rangle}=\sqrt{2^2+1^2+2^2+3^2}=3\sqrt{2}$；

(3) $\cos\theta=\dfrac{\langle\boldsymbol{\alpha},\boldsymbol{\beta}\rangle}{\|\boldsymbol{\alpha}\|\|\boldsymbol{\beta}\|}=\dfrac{9}{\sqrt{6}\times3\sqrt{2}}=\dfrac{\sqrt{3}}{2}$，故 $\theta=\dfrac{\pi}{6}$；

(4) $\langle\boldsymbol{\alpha}+\boldsymbol{\beta},\boldsymbol{\alpha}-2\boldsymbol{\beta}\rangle=\langle\boldsymbol{\alpha},\boldsymbol{\alpha}\rangle-\langle\boldsymbol{\alpha},\boldsymbol{\beta}\rangle-2\langle\boldsymbol{\beta},\boldsymbol{\beta}\rangle=6-9-2\times18=-39$。

2. 已知向量$\boldsymbol{\alpha}_1=\begin{pmatrix}1\\1\\1\end{pmatrix}$，$\boldsymbol{\alpha}_2=\begin{pmatrix}1\\-2\\1\end{pmatrix}$，求一个非零向量$\boldsymbol{\alpha}_3$，使$\boldsymbol{\alpha}_1,\boldsymbol{\alpha}_2,\boldsymbol{\alpha}_3$两两正交。

分析 参见经典题型详解中例5.15。

解 设$\boldsymbol{\alpha}_3=\begin{pmatrix}x_1\\x_2\\x_3\end{pmatrix}$。要使$\boldsymbol{\alpha}_1,\boldsymbol{\alpha}_2,\boldsymbol{\alpha}_3$两两正交，则

$$\begin{cases}\langle\boldsymbol{\alpha}_1,\boldsymbol{\alpha}_3\rangle=x_1+x_2+x_3=0,\\ \langle\boldsymbol{\alpha}_2,\boldsymbol{\alpha}_3\rangle=x_1-2x_2+x_3=0。\end{cases}$$

不难求得，此线性方程组的基础解系为$\begin{pmatrix}-1\\0\\1\end{pmatrix}$。于是，取$\boldsymbol{\alpha}_3=\begin{pmatrix}-1\\0\\1\end{pmatrix}$即可。

3. 将下列向量组化为标准正交向量组：

(1) $\boldsymbol{\alpha}_1=\begin{pmatrix}-1\\1\\1\end{pmatrix}$，$\boldsymbol{\alpha}_2=\begin{pmatrix}1\\-1\\1\end{pmatrix}$，$\boldsymbol{\alpha}_3=\begin{pmatrix}1\\1\\-1\end{pmatrix}$；(2) $\boldsymbol{\alpha}_1=\begin{pmatrix}1\\-1\\0\end{pmatrix}$，$\boldsymbol{\alpha}_2=\begin{pmatrix}1\\0\\1\end{pmatrix}$，$\boldsymbol{\alpha}_3=\begin{pmatrix}1\\-1\\1\end{pmatrix}$。

分析 参见经典题型详解中例5.16。

解 (1) $\boldsymbol{\beta}_1=\boldsymbol{\alpha}_1=\begin{pmatrix}-1\\1\\1\end{pmatrix}$，$\boldsymbol{\beta}_2=\boldsymbol{\alpha}_2-\dfrac{\langle\boldsymbol{\beta}_1,\boldsymbol{\alpha}_2\rangle}{\langle\boldsymbol{\beta}_1,\boldsymbol{\beta}_1\rangle}\boldsymbol{\beta}_1=\begin{pmatrix}1\\-1\\1\end{pmatrix}+\dfrac{1}{3}\begin{pmatrix}-1\\1\\1\end{pmatrix}=\dfrac{1}{3}\begin{pmatrix}2\\-2\\4\end{pmatrix}$，

$$\boldsymbol{\beta}_3=\boldsymbol{\alpha}_3-\frac{\langle\boldsymbol{\beta}_1,\boldsymbol{\alpha}_3\rangle}{\langle\boldsymbol{\beta}_1,\boldsymbol{\beta}_1\rangle}\boldsymbol{\beta}_1-\frac{\langle\boldsymbol{\beta}_2,\boldsymbol{\alpha}_3\rangle}{\langle\boldsymbol{\beta}_2,\boldsymbol{\beta}_2\rangle}\boldsymbol{\beta}_2=\begin{pmatrix}1\\1\\0\end{pmatrix}。$$

再将向量组$\boldsymbol{\beta}_1,\boldsymbol{\beta}_2,\boldsymbol{\beta}_3$单位化，可得

$$\boldsymbol{\eta}_1=\frac{\boldsymbol{\beta}_1}{\|\boldsymbol{\beta}_1\|}=\frac{\sqrt{3}}{3}\begin{pmatrix}-1\\1\\1\end{pmatrix},\quad \boldsymbol{\eta}_2=\frac{\boldsymbol{\beta}_2}{\|\boldsymbol{\beta}_2\|}=\frac{\sqrt{6}}{6}\begin{pmatrix}1\\-1\\2\end{pmatrix},\quad \boldsymbol{\eta}_3=\frac{\boldsymbol{\beta}_3}{\|\boldsymbol{\beta}_3\|}=\frac{\sqrt{2}}{2}\begin{pmatrix}1\\1\\0\end{pmatrix}。$$

(2) $\boldsymbol{\beta}_1=\boldsymbol{\alpha}_1=\begin{pmatrix}1\\-1\\0\end{pmatrix}$，$\boldsymbol{\beta}_2=\boldsymbol{\alpha}_2-\dfrac{\langle\boldsymbol{\beta}_1,\boldsymbol{\alpha}_2\rangle}{\langle\boldsymbol{\beta}_1,\boldsymbol{\beta}_1\rangle}\boldsymbol{\beta}_1=\begin{pmatrix}1\\0\\1\end{pmatrix}-\dfrac{1}{2}\begin{pmatrix}1\\-1\\0\end{pmatrix}=\dfrac{1}{2}\begin{pmatrix}1\\1\\2\end{pmatrix}$，

$$\boldsymbol{\beta}_3=\boldsymbol{\alpha}_3-\frac{\langle\boldsymbol{\beta}_1,\boldsymbol{\alpha}_3\rangle}{\langle\boldsymbol{\beta}_1,\boldsymbol{\beta}_1\rangle}\boldsymbol{\beta}_1-\frac{\langle\boldsymbol{\beta}_2,\boldsymbol{\alpha}_3\rangle}{\langle\boldsymbol{\beta}_2,\boldsymbol{\beta}_2\rangle}\boldsymbol{\beta}_2=\frac{1}{3}\begin{pmatrix}-1\\-1\\1\end{pmatrix}。$$

再将向量组$\boldsymbol{\beta}_1,\boldsymbol{\beta}_2,\boldsymbol{\beta}_3$单位化，可得

$$\boldsymbol{\eta}_1=\frac{\boldsymbol{\beta}_1}{\|\boldsymbol{\beta}_1\|}=\frac{\sqrt{2}}{2}\begin{pmatrix}1\\-1\\0\end{pmatrix},\quad \boldsymbol{\eta}_2=\frac{\boldsymbol{\beta}_2}{\|\boldsymbol{\beta}_2\|}=\frac{\sqrt{6}}{6}\begin{pmatrix}1\\1\\2\end{pmatrix},\quad \boldsymbol{\eta}_3=\frac{\boldsymbol{\beta}_3}{\|\boldsymbol{\beta}_3\|}=\frac{\sqrt{3}}{3}\begin{pmatrix}-1\\-1\\1\end{pmatrix}。$$

4. 判别下列矩阵是否为正交矩阵：

(1) $\begin{pmatrix}1&-1/2&1/3\\-1/2&1&1/2\\1/3&1/2&-1\end{pmatrix}$；　　(2) $\begin{pmatrix}1/9&-8/9&-4/9\\-8/9&1/9&-4/9\\-4/9&-4/9&7/9\end{pmatrix}$。

分析 利用正交矩阵的定义$\boldsymbol{A}^{\mathrm{T}}\boldsymbol{A}=\boldsymbol{E}$及性质判别。

解 (1) 易见，矩阵$\boldsymbol{A}$的第一列不是单位向量，因此$\boldsymbol{A}$不是正交矩阵。

(2) 由于

$$\boldsymbol{A}^{\mathrm{T}}\boldsymbol{A}=\begin{pmatrix}1/9&-8/9&-4/9\\-8/9&1/9&-4/9\\-4/9&-4/9&7/9\end{pmatrix}\begin{pmatrix}1/9&-8/9&-4/9\\-8/9&1/9&-4/9\\-4/9&-4/9&7/9\end{pmatrix}=\begin{pmatrix}1&0&0\\0&1&0\\0&0&1\end{pmatrix}=\boldsymbol{E},$$

所以矩阵$\boldsymbol{A}$是正交矩阵。

B类题

1. 设$\boldsymbol{A}$为实对称矩阵，且满足$\boldsymbol{A}^2+4\boldsymbol{A}+3\boldsymbol{E}=\boldsymbol{0}$。证明：矩阵$\boldsymbol{A}+2\boldsymbol{E}$为正交矩阵。

分析 根据目标矩阵$\boldsymbol{A}+2\boldsymbol{E}$，将等式$\boldsymbol{A}^2+4\boldsymbol{A}+3\boldsymbol{E}=\boldsymbol{0}$变形进行证明。

证 由$\boldsymbol{A}$是对称矩阵可知，易证$\boldsymbol{A}+2\boldsymbol{E}$也是对称矩阵。根据等式$\boldsymbol{A}^2+4\boldsymbol{A}+3\boldsymbol{E}=\boldsymbol{0}$，不难得到

$$(\boldsymbol{A}+2\boldsymbol{E})^{\mathrm{T}}(\boldsymbol{A}+2\boldsymbol{E})=(\boldsymbol{A}+2\boldsymbol{E})(\boldsymbol{A}+2\boldsymbol{E})=\boldsymbol{A}^2+4\boldsymbol{A}+4\boldsymbol{E}=\boldsymbol{A}^2+4\boldsymbol{A}+3\boldsymbol{E}+\boldsymbol{E}=\boldsymbol{E},$$

所以$\boldsymbol{A}+2\boldsymbol{E}$为正交矩阵。　　证毕

2. 设$\boldsymbol{A}$为n阶方阵，且有n个两两标准正交的特征向量。证明：矩阵$\boldsymbol{A}$为对称矩阵。

分析 根据对称矩阵、正交矩阵的定义及矩阵的一些运算法则证明。

证 设$\boldsymbol{\alpha}_1,\boldsymbol{\alpha}_2,\cdots,\boldsymbol{\alpha}_n$为$\boldsymbol{A}$的两两标准正交的特征向量组，$\lambda_1,\lambda_2,\cdots,\lambda_n$是对应的特征值。令$\boldsymbol{Q}=(\boldsymbol{\alpha}_1,\boldsymbol{\alpha}_2,\cdots,\boldsymbol{\alpha}_n)$，则$\boldsymbol{Q}$为正交矩阵，且不难验证

$$\boldsymbol{Q}^{\mathrm{T}}\boldsymbol{A}\boldsymbol{Q}=\mathrm{diag}(\lambda_1,\lambda_2,\cdots,\lambda_n)=\boldsymbol{\Lambda}。$$

于是$\boldsymbol{A}=\boldsymbol{Q}\boldsymbol{\Lambda}\boldsymbol{Q}^{\mathrm{T}}$。进一步有$\boldsymbol{A}^{\mathrm{T}}=(\boldsymbol{Q}\boldsymbol{\Lambda}\boldsymbol{Q}^{\mathrm{T}})^{\mathrm{T}}=\boldsymbol{Q}\boldsymbol{\Lambda}^{\mathrm{T}}\boldsymbol{Q}^{\mathrm{T}}=\boldsymbol{Q}\boldsymbol{\Lambda}\boldsymbol{Q}^{\mathrm{T}}=\boldsymbol{A}$，即$\boldsymbol{A}$为对称矩阵。　　证毕

5.4 实对称矩阵的对角化

一、知识要点

定义 5.9 设$\boldsymbol{A}=(a_{ij})_{m\times n}$为复矩阵，$\overline{\boldsymbol{A}}=(\overline{a}_{ij})_{m\times n}$称为$\boldsymbol{A}$的**共轭矩阵**。

显然，若$\boldsymbol{A}$是实矩阵，则有$\overline{\boldsymbol{A}}=\boldsymbol{A}$。

定理 5.8 设 $\boldsymbol{A}$ 是 n 阶实对称矩阵，则 $\boldsymbol{A}$ 的特征值是实数。

定理 5.9 实对称矩阵 $\boldsymbol{A}$ 的属于不同特征值的特征向量彼此正交。

定理 5.10 设 $\boldsymbol{A}$ 为实对称矩阵。必存在正交矩阵 $\boldsymbol{P}$，使得

$$\boldsymbol{P}^{-1}\boldsymbol{AP}=\boldsymbol{P}^{\mathrm{T}}\boldsymbol{AP}=\boldsymbol{\Lambda}=\begin{pmatrix}\lambda_1 & & & \\ & \lambda_2 & & \\ & & \ddots & \\ & & & \lambda_n\end{pmatrix},$$

其中 $\lambda_1,\lambda_2,\cdots,\lambda_n$ 是 $\boldsymbol{A}$ 的特征值。

由于 $\boldsymbol{P}$ 是正交矩阵，所以 $\boldsymbol{P}$ 的列向量组是标准正交向量组。如前所述，$\boldsymbol{P}$ 的列向量组是由 $\boldsymbol{A}$ 的 n 个线性无关的特征向量组成，因此对 $\boldsymbol{P}$ 的列向量组有 3 条要求，即：

(1) 每个列向量必须是某个特征值对应的特征向量。

(2) 任意两个列向量正交。

(3) 每个列向量是单位向量。

求正交矩阵 $\boldsymbol{P}$ 使得 $\boldsymbol{P}^{-1}\boldsymbol{AP}$ 为对角矩阵的具体步骤如下：

第一步 求出矩阵 $\boldsymbol{A}$ 的所有的特征值 $\lambda_1,\lambda_2,\cdots,\lambda_n$(可能有重根)。

第二步 求出矩阵 $\boldsymbol{A}$ 的每个特征值 λ_i 对应的一组线性无关的特征向量，即求出 $(\lambda_i\boldsymbol{E}-\boldsymbol{A})\boldsymbol{x}=\boldsymbol{0}$ 的一个**基础解系**，并将此基础解系标准正交化。注意，将此基础解系标准正交化以后得到的向量组，它们还是特征值 λ_i 的一组线性无关的特征向量。

第三步 将所有特征值 $\lambda_1,\lambda_2,\cdots,\lambda_n$ 对应的 n 个标准正交的特征向量作为列向量所得的 n 阶方阵，即为所求的正交矩阵 $\boldsymbol{P}$。以相应的特征值作为主对角线元素得到对角矩阵$\boldsymbol{\Lambda}$，于是矩阵 $\boldsymbol{A}$，$\boldsymbol{P}$ 和$\boldsymbol{\Lambda}$ 的关系为

$$\boldsymbol{P}^{-1}\boldsymbol{AP}=\boldsymbol{P}^{\mathrm{T}}\boldsymbol{AP}=\boldsymbol{\Lambda}=\begin{pmatrix}\lambda_1 & & & \\ & \lambda_2 & & \\ & & \ddots & \\ & & & \lambda_n\end{pmatrix}。$$

二、经典题型详解

题型 1 求可逆(或正交)矩阵将实对称矩阵化为对角矩阵。

例 5.21 给定矩阵 $\boldsymbol{A}=\begin{pmatrix}2 & 2 & -2\\ 2 & 5 & -4\\ -2 & -4 & 5\end{pmatrix}$，求正交矩阵 $\boldsymbol{P}$，使 $\boldsymbol{P}^{-1}\boldsymbol{AP}$ 为对角矩阵。

解 第一步 求矩阵的特征值。

矩阵 $\boldsymbol{A}$ 的特征方程为

$$|\lambda\boldsymbol{E}-\boldsymbol{A}|=\begin{vmatrix}\lambda-2 & -2 & 2\\ -2 & \lambda-5 & 4\\ 2 & 4 & \lambda-5\end{vmatrix}=(\lambda-1)^2(\lambda-10)=0,$$

所以 $\boldsymbol{A}$ 的特征值分别为 $\lambda_1=\lambda_2=1,\lambda_3=10$。

第二步 求对应的特征向量。

将 $\lambda_1=\lambda_2=1$ 代入 $(\lambda\boldsymbol{E}-\boldsymbol{A})\boldsymbol{x}=\boldsymbol{0}$，由于

$$E-A=\begin{pmatrix}-1&-2&2\\-2&-4&4\\2&4&-4\end{pmatrix}\to\begin{pmatrix}1&2&-2\\0&0&0\\0&0&0\end{pmatrix},$$

不难求得对应的特征向量为$\boldsymbol{\alpha}_1=\begin{pmatrix}-2\\1\\0\end{pmatrix}$，$\boldsymbol{\alpha}_2=\begin{pmatrix}2\\0\\1\end{pmatrix}$。

将 $\lambda_3=10$ 代入$(\lambda \boldsymbol{E}-\boldsymbol{A})\boldsymbol{x}=\boldsymbol{0}$，由于

$$10E-A=\begin{pmatrix}8&-2&2\\-2&5&4\\2&4&5\end{pmatrix}\to\begin{pmatrix}1&0&1/2\\0&1&1\\0&0&0\end{pmatrix},$$

不难求得对应的特征向量为$\boldsymbol{\alpha}_3=\begin{pmatrix}-1\\-2\\2\end{pmatrix}$。

第三步 将特征向量标准正交化。

由于$\boldsymbol{\alpha}_1$，$\boldsymbol{\alpha}_2$ 不是正交的，需要先将它们正交化。根据格拉姆-施密特正交化方法，有

$$\boldsymbol{\beta}_1=\boldsymbol{\alpha}_1=\begin{pmatrix}-2\\1\\0\end{pmatrix},\quad \boldsymbol{\beta}_2=\boldsymbol{\alpha}_2-\frac{\langle\boldsymbol{\alpha}_2,\boldsymbol{\beta}_1\rangle}{\langle\boldsymbol{\beta}_1,\boldsymbol{\beta}_1\rangle}\boldsymbol{\beta}_1=\begin{pmatrix}2\\0\\1\end{pmatrix}+\frac{4}{5}\begin{pmatrix}-2\\1\\0\end{pmatrix}=\frac{1}{5}\begin{pmatrix}2\\4\\5\end{pmatrix}。$$

再将$\boldsymbol{\beta}_1$，$\boldsymbol{\beta}_2$，$\boldsymbol{\alpha}_3$ 单位化，可得

$$\boldsymbol{\eta}_1=\frac{\boldsymbol{\beta}_1}{\|\boldsymbol{\beta}_1\|}=\frac{1}{\sqrt{5}}\begin{pmatrix}-2\\1\\0\end{pmatrix},\quad \boldsymbol{\eta}_2=\frac{\boldsymbol{\beta}_2}{\|\boldsymbol{\beta}_2\|}=\frac{1}{3\sqrt{5}}\begin{pmatrix}2\\4\\5\end{pmatrix},\quad \boldsymbol{\eta}_3=\frac{\boldsymbol{\alpha}_3}{\|\boldsymbol{\alpha}_3\|}=\frac{1}{3}\begin{pmatrix}-1\\-2\\2\end{pmatrix}。$$

令 $\boldsymbol{P}=(\boldsymbol{\eta}_1,\boldsymbol{\eta}_2,\boldsymbol{\eta}_3)=\begin{pmatrix}-\frac{2}{\sqrt{5}}&\frac{2}{3\sqrt{5}}&-\frac{1}{3}\\\frac{1}{\sqrt{5}}&\frac{4}{3\sqrt{5}}&-\frac{2}{3}\\0&\frac{5}{3\sqrt{5}}&\frac{2}{3}\end{pmatrix}$，则有

$$P^{-1}AP=\begin{pmatrix}1&&\\&1&\\&&10\end{pmatrix}。$$

类似地，对于给定下列矩阵，求正交矩阵 $\boldsymbol{P}$，使得 $\boldsymbol{P}^{-1}\boldsymbol{AP}$ 为对角矩阵：

(1) $\boldsymbol{A}=\begin{pmatrix}3&-2&0\\-2&2&-2\\0&-2&1\end{pmatrix}$；(2) $\boldsymbol{A}=\begin{pmatrix}2&-1&-1\\-1&2&-1\\-1&-1&2\end{pmatrix}$；(3) $\boldsymbol{A}=\begin{pmatrix}4&1&0&-1\\1&4&-1&0\\0&-1&4&1\\-1&0&1&4\end{pmatrix}$。

题型 2 综合应用题

例 5.22 设 $\boldsymbol{A}$ 为三阶实对称矩阵，$\boldsymbol{A}$ 的秩为 2，且

$$A\begin{pmatrix}1&1\\0&0\\-1&1\end{pmatrix}=\begin{pmatrix}-1&1\\0&0\\1&1\end{pmatrix}。$$

解答下列问题：

(1) 求 A 的所有特征值与特征向量；(2)求矩阵 A。

分析 利用定理 5.8～定理 5.10 求解。

解 (1) 将已知等式分解为

$$A\begin{pmatrix}1\\0\\-1\end{pmatrix}=-\begin{pmatrix}1\\0\\-1\end{pmatrix},\quad A\begin{pmatrix}1\\0\\1\end{pmatrix}=\begin{pmatrix}1\\0\\1\end{pmatrix}。$$

根据定义 5.1，$\lambda_1=-1,\lambda_2=1$ 都是矩阵 A 的特征值，且对应的特征向量分别为

$$\boldsymbol{\alpha}_1=\begin{pmatrix}1\\0\\-1\end{pmatrix},\qquad \boldsymbol{\alpha}_2=\begin{pmatrix}1\\0\\1\end{pmatrix}。$$

因为三阶矩阵 A 的秩为 2，所以 $\lambda_3=0$ 是 A 的特征值。设属于 $\lambda_3=0$ 的特征向量为 $\boldsymbol{\alpha}_3=\begin{pmatrix}x_1\\x_2\\x_3\end{pmatrix}$，由定理 5.9 知

$$\begin{cases}\boldsymbol{\alpha}_1^{\mathrm{T}}\boldsymbol{\alpha}_3=-x_1+x_3=0,\\ \boldsymbol{\alpha}_2^{\mathrm{T}}\boldsymbol{\alpha}_3=x_1+x_3=0。\end{cases}$$

此线性方程组基础解系为 $\begin{pmatrix}0\\1\\0\end{pmatrix}$，故特征向量取为 $\boldsymbol{\alpha}_3=\begin{pmatrix}0\\1\\0\end{pmatrix}$。

于是，矩阵 A 的特征值为 $\lambda_1=-1,\lambda_2=1\ \lambda_3=0$，且对应的特征向量分别为

$$\boldsymbol{\alpha}_1=\begin{pmatrix}1\\0\\-1\end{pmatrix},\quad \boldsymbol{\alpha}_2=\begin{pmatrix}1\\0\\1\end{pmatrix},\quad \boldsymbol{\alpha}_3=\begin{pmatrix}0\\1\\0\end{pmatrix}。$$

(2) 令 $P=\begin{pmatrix}1&1&0\\0&0&1\\-1&1&0\end{pmatrix}$，则有

$$A=P\begin{pmatrix}-1&0&0\\0&1&0\\0&0&0\end{pmatrix}P^{-1}=\begin{pmatrix}0&0&1\\0&0&0\\1&0&0\end{pmatrix}。$$

类似地，已知 1 为矩阵 $A=\begin{pmatrix}3&0&0\\0&a&1\\0&1&a\end{pmatrix}(a>0)$ 的一个特征值，求正交矩阵 P，使得 $P^{-1}AP$ 为对角矩阵。

例 5.23 设 A 为 4 阶实对称矩阵，且满足 $A^2+A=\mathbf{0}$。若 A 的秩为 3，求与 A 相似的对角矩阵。

分析 依题意，由定理5.10知，只需求 $\boldsymbol{A}$ 的特征值即可。由于 $\boldsymbol{A}$ 的秩为3，所以 $\boldsymbol{A}$ 必有一个零特征值，由等式 $\boldsymbol{A}^2+\boldsymbol{A}=\boldsymbol{0}$ 可以推得另一个3重特征值-1。

解 因为 $\boldsymbol{A}$ 为4阶实对称矩阵，由定理5.10知，$\boldsymbol{A}$ 可以对角化，即存在可逆矩阵 $\boldsymbol{P}$，使得

$$\boldsymbol{P}^{-1}\boldsymbol{A}\boldsymbol{P}=\operatorname{diag}(\lambda_1,\lambda_2,\lambda_3,\lambda_4),$$

其中 $\lambda_1,\lambda_2,\lambda_3,\lambda_4$ 是 $\boldsymbol{A}$ 的特征值。

由 $\boldsymbol{A}^2+\boldsymbol{A}=\boldsymbol{0}$ 可得，$|\boldsymbol{A}||\boldsymbol{E}+\boldsymbol{A}|=0$，因此 $|\boldsymbol{A}|=0$ 或 $|\boldsymbol{E}+\boldsymbol{A}|=0$，从而 $\boldsymbol{A}$ 的特征值只能取0或-1。

由 $\boldsymbol{A}$ 的秩为3可得，0为 $\boldsymbol{A}$ 的单特征值，-1为 $\boldsymbol{A}$ 的3重特征值。因此，与 $\boldsymbol{A}$ 相似的对角矩阵为 $\operatorname{diag}(-1,-1,-1,0)$。

三、课后习题选解

A类题

1. 求可逆矩阵 $\boldsymbol{P}$，分别将下列实对称矩阵化为对角矩阵：

(1) $\begin{pmatrix}2&0&0\\0&3&2\\0&2&3\end{pmatrix}$；　(2) $\begin{pmatrix}1&1&1\\1&1&-1\\1&-1&1\end{pmatrix}$；　(3) $\begin{pmatrix}0&-2&2\\-2&-3&4\\2&4&-3\end{pmatrix}$。

分析 由定理5.10知，实对称矩阵一定可以对角化。因此，先求出矩阵的全部特征值和特征向量，然后将特征值对应的特征向量组成可逆矩阵 $\boldsymbol{P}$ 的列。需要特别注意的是，对角矩阵中的特征值和 $\boldsymbol{P}$ 的列(对应的特征向量)的位置要保持对应关系。

解 (1) 矩阵 $\boldsymbol{A}$ 的特征方程为

$$|\lambda\boldsymbol{E}-\boldsymbol{A}|=\begin{vmatrix}\lambda-2&0&0\\0&\lambda-3&-2\\0&-2&\lambda-3\end{vmatrix}=(\lambda-1)(\lambda-2)(\lambda-5)=0,$$

所以 $\boldsymbol{A}$ 的特征值分别为 $\lambda_1=1,\lambda_2=2,\lambda_3=5$。

将 $\lambda_1=1$ 代入 $(\lambda\boldsymbol{E}-\boldsymbol{A})\boldsymbol{x}=\boldsymbol{0}$，由于

$$\boldsymbol{E}-\boldsymbol{A}=\begin{pmatrix}-1&0&0\\0&-2&-2\\0&-2&-2\end{pmatrix}\to\begin{pmatrix}1&0&0\\0&1&1\\0&0&0\end{pmatrix},$$

求得对应的特征向量为 $\boldsymbol{\alpha}_1=\begin{pmatrix}0\\-1\\1\end{pmatrix}$。

将 $\lambda_2=2$ 代入 $(\lambda\boldsymbol{E}-\boldsymbol{A})\boldsymbol{x}=\boldsymbol{0}$，由于

$$2\boldsymbol{E}-\boldsymbol{A}=\begin{pmatrix}0&0&0\\0&-1&-2\\0&-2&-1\end{pmatrix}\to\begin{pmatrix}0&1&0\\0&0&1\\0&0&0\end{pmatrix},$$

求得对应的特征向量为 $\boldsymbol{\alpha}_2=\begin{pmatrix}1\\0\\0\end{pmatrix}$。

将 $\lambda_3=5$ 代入 $(\lambda\boldsymbol{E}-\boldsymbol{A})\boldsymbol{x}=\boldsymbol{0}$，由于

$$5\boldsymbol{E}-\boldsymbol{A}=\begin{pmatrix}3&0&0\\0&2&-2\\0&-2&2\end{pmatrix}\to\begin{pmatrix}1&0&0\\0&1&-1\\0&0&0\end{pmatrix},$$

求得对应的特征向量为$\boldsymbol{\alpha}_3=\begin{pmatrix}0\\1\\1\end{pmatrix}$。

令 $\boldsymbol{P}=(\boldsymbol{\alpha}_1,\boldsymbol{\alpha}_2,\boldsymbol{\alpha}_3)=\begin{pmatrix}0&1&0\\-1&0&1\\1&0&1\end{pmatrix}$,则有

$$\boldsymbol{P}^{-1}\boldsymbol{AP}=\begin{pmatrix}1&&\\&2&\\&&5\end{pmatrix}。$$

(2) 矩阵 $\boldsymbol{A}$ 的特征方程为

$$|\lambda\boldsymbol{E}-\boldsymbol{A}|=\begin{vmatrix}\lambda-1&-1&-1\\-1&\lambda-1&1\\-1&1&\lambda-1\end{vmatrix}=(\lambda+1)(\lambda-2)^2=0,$$

所以 $\boldsymbol{A}$ 的特征值分别为 $\lambda_1=-1,\lambda_2=\lambda_3=2$。

将 $\lambda_1=-1$ 代入 $(\lambda\boldsymbol{E}-\boldsymbol{A})\boldsymbol{x}=\boldsymbol{0}$,由于

$$-\boldsymbol{E}-\boldsymbol{A}=\begin{pmatrix}-2&-1&-1\\-1&-2&1\\-1&1&-2\end{pmatrix}\to\begin{pmatrix}1&0&1\\0&1&-1\\0&0&0\end{pmatrix},$$

求得对应的特征向量为 $\boldsymbol{\alpha}_1=\begin{pmatrix}-1\\1\\1\end{pmatrix}$。

将 $\lambda_2=\lambda_3=2$ 代入$(\lambda\boldsymbol{E}-\boldsymbol{A})\boldsymbol{x}=\boldsymbol{0}$,由于

$$2\boldsymbol{E}-\boldsymbol{A}=\begin{pmatrix}1&-1&-1\\-1&1&1\\-1&1&1\end{pmatrix}\to\begin{pmatrix}1&-1&-1\\0&0&0\\0&0&0\end{pmatrix},$$

求得对应的特征向量为$\boldsymbol{\alpha}_2=\begin{pmatrix}1\\1\\0\end{pmatrix},\boldsymbol{\alpha}_3=\begin{pmatrix}1\\0\\1\end{pmatrix}$。

令 $\boldsymbol{P}=(\boldsymbol{\alpha}_1,\boldsymbol{\alpha}_2,\boldsymbol{\alpha}_3)=\begin{pmatrix}-1&1&1\\1&1&0\\1&0&1\end{pmatrix}$,则有

$$\boldsymbol{P}^{-1}\boldsymbol{AP}=\begin{pmatrix}-1&&\\&2&\\&&2\end{pmatrix}。$$

(3) 矩阵 $\boldsymbol{A}$ 的特征方程为

$$|\lambda\boldsymbol{E}-\boldsymbol{A}|=\begin{vmatrix}\lambda&2&-2\\2&\lambda+3&-4\\-2&-4&\lambda+3\end{vmatrix}=(\lambda+8)(\lambda-1)^2=0,$$

所以 $\boldsymbol{A}$ 的特征值分别为 $\lambda_1=-8,\lambda_2=\lambda_3=1$。

将 $\lambda_1=-8$ 代入 $(\lambda\boldsymbol{E}-\boldsymbol{A})\boldsymbol{x}=\boldsymbol{0}$,由于

$$-8\boldsymbol{E}-\boldsymbol{A}=\begin{pmatrix}-8&2&-2\\2&-5&-4\\-2&-4&-5\end{pmatrix}\to\begin{pmatrix}1&0&1/2\\0&1&1\\0&0&0\end{pmatrix},$$

求得对应的特征向量为 $\boldsymbol{\alpha}_1=\begin{pmatrix}-1\\-2\\2\end{pmatrix}$。

将 $\lambda_2=\lambda_3=1$ 代入 $(\lambda\boldsymbol{E}-\boldsymbol{A})\boldsymbol{x}=\boldsymbol{0}$，由于

$$\boldsymbol{E}-\boldsymbol{A}=\begin{pmatrix}1&2&-2\\2&4&-4\\-2&-4&4\end{pmatrix}\to\begin{pmatrix}1&2&-2\\0&0&0\\0&0&0\end{pmatrix},$$

求得对应的特征向量为$\boldsymbol{\alpha}_2=\begin{pmatrix}-2\\1\\0\end{pmatrix}$，$\boldsymbol{\alpha}_3=\begin{pmatrix}2\\0\\1\end{pmatrix}$。

令 $\boldsymbol{P}=(\boldsymbol{\alpha}_1,\boldsymbol{\alpha}_2,\boldsymbol{\alpha}_3)=\begin{pmatrix}-1&-2&2\\-2&1&0\\2&0&1\end{pmatrix}$，则有

$$\boldsymbol{P}^{-1}\boldsymbol{AP}=\begin{pmatrix}-8&&\\&1&\\&&1\end{pmatrix}。$$

2. 已知三阶实对称矩阵 $\boldsymbol{A}$ 的3个特征值分别为 $\lambda_1=\lambda_2=1$，$\lambda_3=2$，且属于 λ_1，λ_2 的特征向量分别为

$$\boldsymbol{\alpha}_1=\begin{pmatrix}1\\1\\-1\end{pmatrix},\quad \boldsymbol{\alpha}_2=\begin{pmatrix}2\\3\\-3\end{pmatrix}。$$

解答下列问题：

(1) 求矩阵 $\boldsymbol{A}$ 的属于 λ_3 的特征向量；(2)求矩阵 $\boldsymbol{A}$。

分析 参见经典题型详解中例5.22。

解 (1) 设 $\boldsymbol{A}$ 的属于 λ_3 的特征向量为$\boldsymbol{\alpha}_3=\begin{pmatrix}x_1\\x_2\\x_3\end{pmatrix}$。因为对称矩阵的不同特征值对应的特征向量正交，所以

$$\begin{cases}\boldsymbol{\alpha}_3^{\mathrm{T}}\boldsymbol{\alpha}_1=x_1+x_2-x_3=0,\\ \boldsymbol{\alpha}_3^{\mathrm{T}}\boldsymbol{\alpha}_2=2x_1+3x_2-3x_3=0。\end{cases}$$

不难求得该线性方程组的基础解系为 $\begin{pmatrix}0\\1\\1\end{pmatrix}$。因此，$\boldsymbol{A}$ 的属于 λ_3 的特征向量为 $k\begin{pmatrix}0\\1\\1\end{pmatrix}$，其中 k 为任意非零数。

(2) 由(1)可知，$\boldsymbol{\alpha}_3=\begin{pmatrix}0\\1\\1\end{pmatrix}$ 是 $\boldsymbol{A}$ 的属于 λ_3 的特征向量，令

$$\boldsymbol{P}=\begin{pmatrix}1&2&0\\1&3&1\\-1&-3&1\end{pmatrix},\quad 则有\quad \boldsymbol{P}^{-1}\boldsymbol{AP}=\begin{pmatrix}1&&\\&1&\\&&2\end{pmatrix}。$$

因此

$$A=P\begin{pmatrix}1&&\\&1&\\&&2\end{pmatrix}P^{-1}=\begin{pmatrix}1&0&0\\0&3/2&1/2\\0&1/2&3/2\end{pmatrix}。$$

3. 已知三阶矩阵 $\boldsymbol{A}$ 的 3 个特征值分别为 $\lambda_1=1,\lambda_2=0,\lambda_3=-1$，对应的特征向量分别为

$$\boldsymbol{\alpha}_1=\begin{pmatrix}1\\2\\2\end{pmatrix},\quad \boldsymbol{\alpha}_2=\begin{pmatrix}2\\-2\\1\end{pmatrix},\quad \boldsymbol{\alpha}_3=\begin{pmatrix}-2\\-1\\2\end{pmatrix}。$$

解答下列问题：

(1) $\boldsymbol{\alpha}_1,\boldsymbol{\alpha}_2,\boldsymbol{\alpha}_3$ 是否为正交向量组？(2) $\boldsymbol{A}$ 是否可对角化？(3)求矩阵 $\boldsymbol{A}$。

分析 参见经典题型详解中例 5.22。

解 (1) 不难求得

$$\boldsymbol{\alpha}_1^{\mathrm T}\boldsymbol{\alpha}_2=1\times2+2\times(-2)+2\times1=0,\quad \boldsymbol{\alpha}_1^{\mathrm T}\boldsymbol{\alpha}_3=1\times(-2)+2\times(-1)+2\times2=0,$$

$$\boldsymbol{\alpha}_2^{\mathrm T}\boldsymbol{\alpha}_3=2\times(-2)+(-2)\times(-1)+1\times2=0,$$

所以$\boldsymbol{\alpha}_1,\boldsymbol{\alpha}_2,\boldsymbol{\alpha}_3$为正交向量组。

(2) 易见，三阶矩阵 $\boldsymbol{A}$ 有 3 个不同的特征值，由定理 5.5 的推论知，矩阵 $\boldsymbol{A}$ 可对角化。或根据矩阵 $\boldsymbol{A}$ 有 3 个线性无关的特征向量判断出 $\boldsymbol{A}$ 可对角化。

(3) 根据方阵对角化方法的一般步骤，令 $\boldsymbol{P}=\begin{pmatrix}1&2&-2\\2&-2&-1\\2&1&2\end{pmatrix}$，则有

$$\boldsymbol{A}=\begin{pmatrix}1&2&-2\\2&-2&-1\\2&1&2\end{pmatrix}\begin{pmatrix}1&&\\&0&\\&&-1\end{pmatrix}\begin{pmatrix}1&2&-2\\2&-2&-1\\2&1&2\end{pmatrix}^{-1}=\begin{pmatrix}-1/3&0&2/3\\0&1/3&2/3\\2/3&2/3&0\end{pmatrix}。$$

4. 已知三阶实对称矩阵 $\boldsymbol{A}$ 的 3 个特征值分别为 $\lambda_1=1,\lambda_2=-1,\lambda_3=0$，且属于 λ_1,λ_2 的特征向量分别为

$$\boldsymbol{\alpha}_1=\begin{pmatrix}1\\2\\1\end{pmatrix},\quad \boldsymbol{\alpha}_2=\begin{pmatrix}a\\a+1\\1\end{pmatrix}。$$

解答下列问题：

(1) 求参数 a 的值；(2) 求属于零特征值的特征向量；(3) 求矩阵 $\boldsymbol{A}$。

分析 根据定理 5.9 确定参数 a 的值和属于零特征值的特征向量；利用方阵对角化方法的一般步骤找到可逆矩阵 $\boldsymbol{P}$，然后求矩阵 $\boldsymbol{A}$。

解 (1) 由定理 5.9 知，实对称矩阵的不同特征值对应的特征向量正交，所以

$$\boldsymbol{\alpha}_1^{\mathrm T}\boldsymbol{\alpha}_2=a+2(a+1)+1=0,$$

于是 $a=-1$。

(2) 设属于零特征值的特征向量为$\boldsymbol{\alpha}_3=\begin{pmatrix}x_1\\x_2\\x_3\end{pmatrix}$。由不同特征值对应的特征向量的正交关系可得

$$\begin{cases}\boldsymbol{\alpha}_1^{\mathrm T}\boldsymbol{\alpha}_3=x_1+2x_2+x_3=0,\\ \boldsymbol{\alpha}_2^{\mathrm T}\boldsymbol{\alpha}_3=-x_1+x_3=0。\end{cases}$$

其基础解系为 $\begin{pmatrix}1\\-1\\1\end{pmatrix}$。因此，属于零特征值的特征向量为 $k\begin{pmatrix}1\\-1\\1\end{pmatrix}$，其中 k 为任意非零数。

(3) 根据方阵对角化方法的一般步骤，令 $\boldsymbol{P}=\begin{pmatrix}1&-1&1\\2&0&-1\\1&1&1\end{pmatrix}$，则有

$$\boldsymbol{A}=\begin{pmatrix}1&-1&1\\2&0&-1\\1&1&1\end{pmatrix}\begin{pmatrix}1&&\\&-1&\\&&0\end{pmatrix}\begin{pmatrix}1&-1&1\\2&0&-1\\1&1&1\end{pmatrix}^{-1}=\frac{1}{3}\begin{pmatrix}-1&1&2\\1&2&1\\2&1&-1\end{pmatrix}。$$

5. 已知三阶实对称矩阵 $\boldsymbol{A}$ 的 3 个特征值分别为 $\lambda_1=\lambda_2=-1,\lambda_3=8$，且属于 8 的一个特征向量为 $\begin{pmatrix}1\\-2\\0\end{pmatrix}$，求矩阵 $\boldsymbol{A}$。

分析 参见经典题型详解中例 5.22。

解 设向量 $\begin{pmatrix}x_1\\x_2\\x_3\end{pmatrix}$ 是 $\boldsymbol{A}$ 的属于特征值 -1 的任一特征向量。由定理 5.9 知，实对称矩阵的不同特征值对应的特征向量的正交关系可得

$$x_1-2x_2+0x_3=0。$$

易见，基础解系为 $\begin{pmatrix}0\\0\\1\end{pmatrix},\begin{pmatrix}2\\1\\0\end{pmatrix}$，即 $\begin{pmatrix}0\\0\\1\end{pmatrix},\begin{pmatrix}2\\1\\0\end{pmatrix}$ 是 $\boldsymbol{A}$ 的属于特征值 -1 的线性无关的特征向量。

令 $\boldsymbol{P}=\begin{pmatrix}0&2&1\\0&1&-2\\1&0&0\end{pmatrix}$，则有

$$\boldsymbol{A}=\begin{pmatrix}0&2&1\\0&1&-2\\1&0&0\end{pmatrix}\begin{pmatrix}-1&&\\&-1&\\&&8\end{pmatrix}\begin{pmatrix}0&2&1\\0&1&-2\\1&0&0\end{pmatrix}^{-1}=\begin{pmatrix}4/5&-18/5&0\\-18/5&31/5&0\\0&0&-1\end{pmatrix}。$$

6. 求正交矩阵 $\boldsymbol{P}$，分别将下列实对称矩阵化为对角矩阵：

(1) $\begin{pmatrix}1&2&2\\2&1&2\\2&2&1\end{pmatrix}$；　　(2) $\begin{pmatrix}2&1&0&0\\1&2&0&0\\0&0&3&1\\0&0&1&3\end{pmatrix}$。

分析 参见经典题型详解中例 5.21。

解 (1) 矩阵 $\boldsymbol{A}$ 的特征方程为

$$|\lambda\boldsymbol{E}-\boldsymbol{A}|=\begin{vmatrix}\lambda-1&-2&-2\\-2&\lambda-1&-2\\-2&-2&\lambda-1\end{vmatrix}=(\lambda+1)^2(\lambda-5)=0,$$

所以 $\boldsymbol{A}$ 的特征值分别为 $\lambda_1=\lambda_2=-1,\lambda_3=5$。

将 $\lambda_1=\lambda_2=-1$ 代入 $(\lambda\boldsymbol{E}-\boldsymbol{A})\boldsymbol{x}=\boldsymbol{0}$，由于

$$-\boldsymbol{E}-\boldsymbol{A}=\begin{pmatrix}-2&-2&-2\\-2&-2&-2\\-2&-2&-2\end{pmatrix}\rightarrow\begin{pmatrix}1&1&1\\0&0&0\\0&0&0\end{pmatrix},$$

求得对应的特征向量为 $\boldsymbol{\alpha}_1=\begin{pmatrix}-1\\1\\0\end{pmatrix},\boldsymbol{\alpha}_2=\begin{pmatrix}-1\\0\\1\end{pmatrix}$。利用施密特正交化方法，将它们正交化然后再单位化，

得到

$$\boldsymbol{\eta}_1=\frac{1}{\sqrt{2}}\begin{pmatrix}-1\\1\\0\end{pmatrix},\quad \boldsymbol{\eta}_2=\frac{1}{\sqrt{6}}\begin{pmatrix}-1\\-1\\2\end{pmatrix}。$$

将 $\lambda_3=5$ 代入 $(\lambda\boldsymbol{E}-\boldsymbol{A})\boldsymbol{x}=\boldsymbol{0}$，由于

$$5\boldsymbol{E}-\boldsymbol{A}=\begin{pmatrix}4&-2&-2\\-2&4&-2\\-2&-2&4\end{pmatrix}\rightarrow\begin{pmatrix}1&0&-1\\0&1&-1\\0&0&0\end{pmatrix},$$

求得对应的特征向量为 $\boldsymbol{\alpha}_3=\begin{pmatrix}1\\1\\1\end{pmatrix}$。将它单位化得到

$$\boldsymbol{\eta}_3=\frac{1}{\sqrt{3}}\begin{pmatrix}1\\1\\1\end{pmatrix}。$$

令 $\boldsymbol{P}=(\boldsymbol{\eta}_1,\boldsymbol{\eta}_2,\boldsymbol{\eta}_3)=\begin{pmatrix}-1/\sqrt{2}&-1/\sqrt{6}&1/\sqrt{3}\\1/\sqrt{2}&-1/\sqrt{6}&1/\sqrt{3}\\0&2/\sqrt{6}&1/\sqrt{3}\end{pmatrix}$，则 $\boldsymbol{P}$ 为所求正交矩阵，且

$$\boldsymbol{P}^{-1}\boldsymbol{AP}=\boldsymbol{P}^{\mathrm{T}}\boldsymbol{AP}=\begin{pmatrix}-1&&\\&-1&\\&&5\end{pmatrix}。$$

(2) 矩阵 $\boldsymbol{A}$ 的特征方程为

$$|\lambda\boldsymbol{E}-\boldsymbol{A}|=\begin{vmatrix}\lambda-2&-1&0&0\\-1&\lambda-2&0&0\\0&0&\lambda-3&-1\\0&0&-1&\lambda-3\end{vmatrix}=(\lambda-1)(\lambda-2)(\lambda-3)(\lambda-4)=0,$$

所以 $\boldsymbol{A}$ 的特征值分别为 $\lambda_1=1,\lambda_2=2,\lambda_3=3,\lambda_4=4$。

将 $\lambda_1=1$ 代入 $(\lambda\boldsymbol{E}-\boldsymbol{A})\boldsymbol{x}=\boldsymbol{0}$，由于

$$\boldsymbol{E}-\boldsymbol{A}=\begin{pmatrix}-1&-1&0&0\\-1&-1&0&0\\0&0&-2&-1\\0&0&-1&-2\end{pmatrix}\rightarrow\begin{pmatrix}1&1&0&0\\0&0&1&0\\0&0&0&1\\0&0&0&0\end{pmatrix},$$

求得对应的特征向量为 $\boldsymbol{\alpha}_1=\begin{pmatrix}-1\\1\\0\\0\end{pmatrix}$，将其单位化，得到 $\boldsymbol{\eta}_1=\frac{1}{\sqrt{2}}\begin{pmatrix}-1\\1\\0\\0\end{pmatrix}$。

将 $\lambda_2=2$ 代入 $(\lambda\boldsymbol{E}-\boldsymbol{A})\boldsymbol{x}=\boldsymbol{0}$，由于

$$2\boldsymbol{E}-\boldsymbol{A}=\begin{pmatrix}0&-1&0&0\\-1&0&0&0\\0&0&-1&-1\\0&0&-1&-1\end{pmatrix}\rightarrow\begin{pmatrix}1&0&0&0\\0&1&0&0\\0&0&1&1\\0&0&0&0\end{pmatrix},$$

求得对应的特征向量为 $\boldsymbol{\alpha}_2=\begin{pmatrix}0\\0\\-1\\1\end{pmatrix}$，将它单位化得到 $\boldsymbol{\eta}_2=\frac{1}{\sqrt{2}}\begin{pmatrix}0\\0\\-1\\1\end{pmatrix}$。

将 $\lambda_3=3$ 代入 $(\lambda\boldsymbol{E}-\boldsymbol{A})\boldsymbol{x}=\boldsymbol{0}$，由于

$$3\boldsymbol{E}-\boldsymbol{A}=\begin{pmatrix}1&-1&0&0\\-1&1&0&0\\0&0&0&-1\\0&0&-1&0\end{pmatrix}\to\begin{pmatrix}1&-1&0&0\\0&0&1&0\\0&0&0&1\\0&0&0&0\end{pmatrix},$$

求得对应的特征向量为 $\boldsymbol{\alpha}_3=\begin{pmatrix}1\\1\\0\\0\end{pmatrix}$，将其单位化，得到 $\boldsymbol{\eta}_3=\frac{1}{\sqrt{2}}\begin{pmatrix}1\\1\\0\\0\end{pmatrix}$。

将 $\lambda_4=4$ 代入 $(\lambda\boldsymbol{E}-\boldsymbol{A})\boldsymbol{x}=\boldsymbol{0}$，由于

$$4\boldsymbol{E}-\boldsymbol{A}=\begin{pmatrix}2&-1&0&0\\-1&2&0&0\\0&0&1&-1\\0&0&-1&1\end{pmatrix}\to\begin{pmatrix}1&0&0&0\\0&1&0&0\\0&0&1&-1\\0&0&0&0\end{pmatrix},$$

求得对应的特征向量为 $\boldsymbol{\alpha}_4=\begin{pmatrix}0\\0\\1\\1\end{pmatrix}$，将它单位化得到 $\boldsymbol{\eta}_4=\frac{1}{\sqrt{2}}\begin{pmatrix}0\\0\\1\\1\end{pmatrix}$。

令 $\boldsymbol{P}=(\boldsymbol{\eta}_1,\boldsymbol{\eta}_2,\boldsymbol{\eta}_3,\boldsymbol{\eta}_4)=\frac{1}{\sqrt{2}}\begin{pmatrix}-1&0&1&0\\1&0&1&0\\0&-1&0&1\\0&1&0&1\end{pmatrix}$，则 $\boldsymbol{P}$ 为所求正交矩阵，且

$$\boldsymbol{P}^{-1}\boldsymbol{A}\boldsymbol{P}=\boldsymbol{P}^{\mathrm{T}}\boldsymbol{A}\boldsymbol{P}=\begin{pmatrix}1&&&\\&2&&\\&&3&\\&&&4\end{pmatrix}。$$

7. 设 $\boldsymbol{A}$ 与 $\boldsymbol{B}$ 均为 n 阶实对称矩阵。证明：$\boldsymbol{A}$ 与 $\boldsymbol{B}$ 相似的充分必要条件是：$\boldsymbol{A}$ 与 $\boldsymbol{B}$ 有相同的特征多项式。

分析 利用相似矩阵的定义及实对称矩阵与对角矩阵的关系证明。

证 **必要性** 因为矩阵 $\boldsymbol{A}$ 与 $\boldsymbol{B}$ 相似，所以存在可逆矩阵 $\boldsymbol{P}$，使得 $\boldsymbol{P}^{-1}\boldsymbol{A}\boldsymbol{P}=\boldsymbol{B}$。从而

$$|\lambda\boldsymbol{E}-\boldsymbol{A}|=|\boldsymbol{P}^{-1}||\lambda\boldsymbol{E}-\boldsymbol{A}||\boldsymbol{P}|=|\boldsymbol{P}^{-1}(\lambda\boldsymbol{E}-\boldsymbol{A})\boldsymbol{P}|=|\lambda\boldsymbol{E}-\boldsymbol{B}|。$$

充分性 因为矩阵 $\boldsymbol{A}$ 与 $\boldsymbol{B}$ 有相同的特征多项式，所以它们有相同的特征值。又因为 $\boldsymbol{A}$ 与 $\boldsymbol{B}$ 都是对称矩阵，所以它们都可对角化。因此 $\boldsymbol{A}$ 与 $\boldsymbol{B}$ 都相似于同一个对角矩阵(对角元素同为 $\boldsymbol{A}$ 与 $\boldsymbol{B}$ 的特征值)，所以 $\boldsymbol{A}$ 与 $\boldsymbol{B}$ 相似。

B类题

1. 求正交矩阵，将矩阵 $\boldsymbol{A}=\begin{pmatrix}0&1&1&-1\\1&0&-1&1\\1&-1&0&1\\-1&1&1&0\end{pmatrix}$ 化为对角矩阵。

分析 参见经典题型详解中例5.21。

解 (1) 矩阵 $\boldsymbol{A}$ 的特征方程为

$$|\lambda\boldsymbol{E}-\boldsymbol{A}|=\begin{vmatrix}\lambda & -1 & -1 & 1\\ -1 & \lambda & 1 & -1\\ -1 & 1 & \lambda & -1\\ 1 & -1 & -1 & \lambda\end{vmatrix}=(\lambda-1)^3(\lambda+3)=0,$$

所以 $\boldsymbol{A}$ 的特征值分别为 $\lambda_1=\lambda_2=\lambda_3=1,\lambda_4=-3$。

将 $\lambda_1=\lambda_2=\lambda_3=1$ 代入 $(\lambda\boldsymbol{E}-\boldsymbol{A})\boldsymbol{x}=\boldsymbol{0}$,由于

$$\boldsymbol{E}-\boldsymbol{A}=\begin{pmatrix}1 & -1 & -1 & 1\\ -1 & 1 & 1 & -1\\ -1 & 1 & 1 & -1\\ 1 & -1 & -1 & 1\end{pmatrix}\to\begin{pmatrix}1 & -1 & -1 & 1\\ 0 & 0 & 0 & 0\\ 0 & 0 & 0 & 0\\ 0 & 0 & 0 & 0\end{pmatrix},$$

求得对应的特征向量为 $\boldsymbol{\alpha}_1=\begin{pmatrix}1\\1\\0\\0\end{pmatrix},\boldsymbol{\alpha}_2=\begin{pmatrix}0\\0\\1\\1\end{pmatrix},\boldsymbol{\alpha}_3=\begin{pmatrix}1\\-1\\1\\-1\end{pmatrix}$。容易验证,$\boldsymbol{\alpha}_1,\boldsymbol{\alpha}_2,\boldsymbol{\alpha}_3$ 是正交向量组,将它们单位化,得到

$$\boldsymbol{\eta}_1=\frac{1}{\sqrt{2}}\begin{pmatrix}1\\1\\0\\0\end{pmatrix},\quad \boldsymbol{\eta}_2=\frac{1}{\sqrt{2}}\begin{pmatrix}0\\0\\1\\1\end{pmatrix},\quad \boldsymbol{\eta}_3=\frac{1}{2}\begin{pmatrix}1\\-1\\1\\-1\end{pmatrix}。$$

将 $\lambda_4=-3$ 代入 $(\lambda\boldsymbol{E}-\boldsymbol{A})\boldsymbol{x}=\boldsymbol{0}$,由于

$$-3\boldsymbol{E}-\boldsymbol{A}=\begin{pmatrix}-3 & -1 & -1 & 1\\ -1 & -3 & 1 & -1\\ -1 & 1 & -3 & -1\\ 1 & -1 & -1 & -3\end{pmatrix}\to\begin{pmatrix}1 & 0 & 0 & -1\\ 0 & 1 & 0 & 1\\ 0 & 0 & 1 & 1\\ 0 & 0 & 0 & 0\end{pmatrix},$$

求得对应的特征向量为 $\boldsymbol{\alpha}_4=\begin{pmatrix}1\\-1\\-1\\1\end{pmatrix}$,将它单位化得到

$$\boldsymbol{\eta}_4=\frac{1}{2}\begin{pmatrix}1\\-1\\-1\\1\end{pmatrix}。$$

令 $\boldsymbol{P}=(\boldsymbol{\eta}_1,\boldsymbol{\eta}_2,\boldsymbol{\eta}_3,\boldsymbol{\eta}_4)=\frac{1}{2}\begin{pmatrix}\sqrt{2} & 0 & 1 & 1\\ \sqrt{2} & 0 & -1 & -1\\ 0 & \sqrt{2} & 1 & -1\\ 0 & \sqrt{2} & -1 & 1\end{pmatrix}$,则 $\boldsymbol{P}$ 为所求正交矩阵,且

$$\boldsymbol{P}^{-1}\boldsymbol{A}\boldsymbol{P}=\boldsymbol{P}^{\mathrm{T}}\boldsymbol{A}\boldsymbol{P}=\begin{pmatrix}1 & & & \\ & 1 & & \\ & & 1 & \\ & & & -3\end{pmatrix}。$$

2. 仿照定理 5.1,证明:

(1) 实对称矩阵的特征值的虚部为零;

(2) 实反对称矩阵的特征值的实部为零。

证 (1) 设 λ 是实对称矩阵 $\boldsymbol{A}$ 的任意特征值，$\boldsymbol{\alpha}$ 是 $\boldsymbol{A}$ 属于 λ 的任一特征向量，则有

$$\boldsymbol{A}^{\mathrm{T}}=\boldsymbol{A},\quad \boldsymbol{A\alpha}=\lambda\boldsymbol{\alpha},\quad \boldsymbol{\alpha}\neq\boldsymbol{0}。$$

于是

$$\lambda\overline{\boldsymbol{\alpha}}^{\mathrm{T}}\boldsymbol{\alpha}=\overline{\boldsymbol{\alpha}}^{\mathrm{T}}(\lambda\boldsymbol{\alpha})=\overline{\boldsymbol{\alpha}}^{\mathrm{T}}\boldsymbol{A\alpha}=\overline{\boldsymbol{\alpha}}^{\mathrm{T}}\overline{\boldsymbol{A}}^{\mathrm{T}}\boldsymbol{\alpha}=(\overline{\boldsymbol{A\alpha}})^{\mathrm{T}}\boldsymbol{\alpha}=\bar{\lambda}\overline{\boldsymbol{\alpha}}^{\mathrm{T}}\boldsymbol{\alpha}。$$

因此，$(\lambda-\bar{\lambda})\overline{\boldsymbol{\alpha}}^{\mathrm{T}}\boldsymbol{\alpha}=0$。因为 $\overline{\boldsymbol{\alpha}}^{\mathrm{T}}\boldsymbol{\alpha}>0$，所以 $\lambda-\bar{\lambda}=0$，由此可得 λ 的虚部为零。

(2) 设 λ 是实反对称矩阵 $\boldsymbol{A}$ 的任意特征值，$\boldsymbol{\alpha}$ 是 $\boldsymbol{A}$ 属于 λ 的任一特征向量，则有

$$\boldsymbol{A}^{\mathrm{T}}=-\boldsymbol{A},\quad \boldsymbol{A\alpha}=\lambda\boldsymbol{\alpha},\quad \boldsymbol{\alpha}\neq\boldsymbol{0}。$$

于是

$$\lambda\overline{\boldsymbol{\alpha}}^{\mathrm{T}}\boldsymbol{\alpha}=\overline{\boldsymbol{\alpha}}^{\mathrm{T}}(\lambda\boldsymbol{\alpha})=\overline{\boldsymbol{\alpha}}^{\mathrm{T}}\boldsymbol{A\alpha}=-\overline{\boldsymbol{\alpha}}^{\mathrm{T}}\overline{\boldsymbol{A}}^{\mathrm{T}}\boldsymbol{\alpha}=-(\overline{\boldsymbol{A\alpha}})^{\mathrm{T}}\boldsymbol{\alpha}=-\bar{\lambda}\overline{\boldsymbol{\alpha}}^{\mathrm{T}}\boldsymbol{\alpha}。$$

因此，$(\lambda+\bar{\lambda})\overline{\boldsymbol{\alpha}}^{\mathrm{T}}\boldsymbol{\alpha}=0$。因为 $\overline{\boldsymbol{\alpha}}^{\mathrm{T}}\boldsymbol{\alpha}>0$，所以 $\lambda+\bar{\lambda}=0$，由此可得 λ 的实部为零。

复习题5解答

1. 填空题

(1) 设二阶方阵 $\boldsymbol{A}$ 的迹为 3，且 $|\boldsymbol{A}|=2$，则 $\boldsymbol{A}$ 的两个特征值为 $\lambda_1=$________，$\lambda_2=$________。

(2) 设 $\boldsymbol{A}$ 为三阶方阵，且各行元素之和均为 3，则 $\boldsymbol{A}$ 必有一特征值为________。

(3) 已知 $\boldsymbol{\alpha}=(-1,0,2)^{\mathrm{T}}$，$\boldsymbol{\beta}=(2,-1,0)^{\mathrm{T}}$，则 $\langle 2\boldsymbol{\alpha}+3\boldsymbol{\beta},\boldsymbol{\alpha}-2\boldsymbol{\beta}\rangle=$________。

(4) 设三阶方阵 $\boldsymbol{A}$ 的特征值分别为 1,2,3，则逆矩阵 $\boldsymbol{A}^{-1}$ 的特征值分别为________，伴随矩阵 $\boldsymbol{A}^*$ 的特征值分别为________，矩阵多项式 $\boldsymbol{A}^2+\boldsymbol{A}$ 的特征值分别为________。

(5) 设三阶方阵 $\boldsymbol{A}$ 的特征值分别为 1,2,2，且 $\boldsymbol{A}$ 不可对角化，则 $\mathrm{R}(2\boldsymbol{E}-\boldsymbol{A})=$________。

解 (1) 由题意可知，$\lambda_1+\lambda_2=3$，$\lambda_1\lambda_2=2$，从而求得 $\boldsymbol{A}$ 的特征值为 1 和 2。

(2) 取 $\boldsymbol{\alpha}=(1,1,1)^{\mathrm{T}}$，验证可知，$\boldsymbol{A\alpha}=3\boldsymbol{\alpha}$，从而 3 是 $\boldsymbol{A}$ 的一个特征值。

(3) $\langle\boldsymbol{\alpha},\boldsymbol{\alpha}\rangle=(-1)^2+0^2+2^2=5$；$\langle\boldsymbol{\alpha},\boldsymbol{\beta}\rangle=(-1)\times2+0\times(-1)+2\times0=-2$；

$\langle\boldsymbol{\beta},\boldsymbol{\beta}\rangle=2^2+(-1)^2+0^2=5$；

$\langle 2\boldsymbol{\alpha}+3\boldsymbol{\beta},\boldsymbol{\alpha}-2\boldsymbol{\beta}\rangle=2\langle\boldsymbol{\alpha},\boldsymbol{\alpha}\rangle-\langle\boldsymbol{\alpha},\boldsymbol{\beta}\rangle-6\langle\boldsymbol{\beta},\boldsymbol{\beta}\rangle=2\times5-(-2)-6\times5=-18$。

(4) 注意到，$|\boldsymbol{A}|=1\times2\times3=6$。根据矩阵的特征值的性质 3，若 λ 是 $\boldsymbol{A}$ 的特征值，则 λ^{-1} 是 $\boldsymbol{A}^{-1}$ 的一个特征值，所以 $1,\frac{1}{2},\frac{1}{3}$ 是 $\boldsymbol{A}^{-1}$ 的特征值；根据性质 6，若 λ 是 $\boldsymbol{A}$ 的特征值，则 $\frac{|\boldsymbol{A}|}{\lambda}$ 是 $\boldsymbol{A}^*$ 的一个特征值，即 6,3,2 是 $\boldsymbol{A}^*$ 的特征值；根据性质 5，若 λ 是 $\boldsymbol{A}$ 的特征值，则 $\lambda^2+\lambda$ 是 $\boldsymbol{A}^2+\boldsymbol{A}$ 的一个特征值，即 2,6,12 是 $\boldsymbol{A}^2+\boldsymbol{A}$ 的特征值。

(5) 易见，2 是矩阵 $\boldsymbol{A}$ 的 2 重特征值。由于 $\boldsymbol{A}$ 不可对角化，所以 $\boldsymbol{A}$ 的属于特征值 2 的线性无关的特征向量只有 1 个，即 $(2\boldsymbol{E}-\boldsymbol{A})\boldsymbol{x}=\boldsymbol{0}$ 的基础解系只含一个向量，因此 $\mathrm{R}(2\boldsymbol{E}-\boldsymbol{A})=2$。

2. 选择题

(1) 设 $\boldsymbol{\alpha}_1,\boldsymbol{\alpha}_2$ 是矩阵 $\boldsymbol{A}$ 的属于特征值 λ 的特征向量，则下列结论一定成立的是(　　)。

A. $\boldsymbol{\alpha}_1+\boldsymbol{\alpha}_2$ 是 $\boldsymbol{A}$ 的属于特征值 λ 的特征向量

B. $2\boldsymbol{\alpha}_1$ 是 $\boldsymbol{A}$ 的属于特征值 λ 的特征向量

C. 对任意数 k_1,k_2，$k_1\boldsymbol{\alpha}_1+k_2\boldsymbol{\alpha}_2$ 是 $\boldsymbol{A}$ 的属于特征值 λ 的特征向量

D. $\boldsymbol{\alpha}_1,\boldsymbol{\alpha}_2$ 一定线性无关

(2) 设 $\boldsymbol{A}$ 为 n 阶方阵，下列结论一定成立的是(　　)。

A. $\boldsymbol{A}$ 的特征值一定都是实数

B. $\boldsymbol{A}$ 最多有 n 个线性无关的特征向量

C. $\boldsymbol{A}$ 可能有 $n+1$ 个线性无关的特征向量

D. $\boldsymbol{A}$ 一定有 n 个互不相同的特征值

(3) 若矩阵 $\boldsymbol{A}$ 与 $\boldsymbol{B}$ 相似，下列结论一定成立的是(　　)。

A. $\lambda\boldsymbol{E}-\boldsymbol{A}=\lambda\boldsymbol{E}-\boldsymbol{B}$　　　B. $|\lambda\boldsymbol{E}-\boldsymbol{A}|=|\lambda\boldsymbol{E}-\boldsymbol{B}|$

C. $\boldsymbol{A},\boldsymbol{B}$ 有相同的特征向量　　　D. $\boldsymbol{A},\boldsymbol{B}$ 相似于同一个对角矩阵

(4) 设三阶矩阵 $\boldsymbol{A}$ 的特征值分别为 $-1,1,2$，所对应的特征向量分别为 $\boldsymbol{\alpha}_1,\boldsymbol{\alpha}_2,\boldsymbol{\alpha}_3$，记 $\boldsymbol{P}=(\boldsymbol{\alpha}_1,\boldsymbol{\alpha}_2,\boldsymbol{\alpha}_3)$，则 $\boldsymbol{P}^{-1}\boldsymbol{AP}=$ (　　)。

A. $\begin{pmatrix}-1&&\\&1&\\&&2\end{pmatrix}$　　B. $\begin{pmatrix}-1&&\\&2&\\&&1\end{pmatrix}$　　C. $\begin{pmatrix}2&&\\&-1&\\&&1\end{pmatrix}$　　D. $\begin{pmatrix}1&&\\&-1&\\&&2\end{pmatrix}$

(5) 下列矩阵中，可对角化的矩阵为(　　)。

A. $\begin{pmatrix}1&1&0\\0&2&1\\0&0&1\end{pmatrix}$　　B. $\begin{pmatrix}1&1&0\\0&1&0\\0&0&2\end{pmatrix}$　　C. $\begin{pmatrix}1&0&1\\0&1&0\\0&0&2\end{pmatrix}$　　D. $\begin{pmatrix}1&0&1\\0&2&1\\0&0&1\end{pmatrix}$

解　(1)若 $\boldsymbol{\alpha}_1=-\boldsymbol{\alpha}_2$，可得选项A和选项D不对；由 $k_1\boldsymbol{\alpha}_1+k_2\boldsymbol{\alpha}_2$ 可能为零向量可知，选项C不对。根据定义5.1不难验证，$2\boldsymbol{\alpha}_1$ 是 $\boldsymbol{A}$ 的属于特征值 λ 的特征向量，故选B。

(2) 选项A的反例为 $\boldsymbol{A}=\begin{pmatrix}0&1\\-1&0\end{pmatrix}$；选项C显然不对，因为 $n+1$ 个 n 维向量一定线性相关；选项D的反例为 $\boldsymbol{A}=\begin{pmatrix}1&0\\0&1\end{pmatrix}$。由矩阵 $\boldsymbol{A}$ 的特征方程组 $(\lambda\boldsymbol{E}-\boldsymbol{A})\boldsymbol{x}=\boldsymbol{0}$ 知，$\boldsymbol{A}$ 最多有 n 个线性无关的特征向量，故选B。

(3) 由矩阵 $\boldsymbol{A}$ 与矩阵 $\boldsymbol{B}$ 相似可得，$\boldsymbol{A}$ 与 $\boldsymbol{B}$ 有相同的特征值，因此 $\lambda\boldsymbol{E}-\boldsymbol{A}$ 与 $\lambda\boldsymbol{E}-\boldsymbol{B}$ 有相同的特征值，根据定理5.2(2)，从而两者的行列式相同，故选B。

(4) 在对矩阵进行相似对角化时，$\boldsymbol{P}$ 的列与对角矩阵的对角线元素保持一致，故选A。

(5) 选项中的矩阵的特征值均为1,1,2。若矩阵可对角化，则 $R(\boldsymbol{E}-\boldsymbol{A})=1$，验证可知，只能选C。

3. 判断下列说法是否正确，并说明理由：

(1) n 阶方阵 $\boldsymbol{A}$ 可对角化的充分必要条件是 $\boldsymbol{A}$ 有 n 个互不相同的特征值。

(2) 同阶矩阵 $\boldsymbol{A},\boldsymbol{B}$ 相似的充分必要条件是 $\boldsymbol{A},\boldsymbol{B}$ 有相同的特征多项式。

(3) 矩阵 $\boldsymbol{A}$ 的属于同一特征值的特征向量的任意线性组合仍然是属于该特征值的特征向量。

(4) 可对角化的实矩阵一定是对称矩阵。

(5) 若 $|\boldsymbol{A}|=0$，则 $\boldsymbol{A}$ 必有一个特征值为零。

解　(1) 错。如 $\boldsymbol{A}=\begin{pmatrix}1&0\\0&1\end{pmatrix}$ 可对角化，但 $\boldsymbol{A}$ 的两个特征值相同。事实上，n 阶方阵 $\boldsymbol{A}$ 可对角化的充分必要条件是 $\boldsymbol{A}$ 有 n 个线性无关的特征向量，即定理5.5。

(2) 错。如 $\boldsymbol{A}=\begin{pmatrix}1&0\\0&1\end{pmatrix}$，$\boldsymbol{B}=\begin{pmatrix}1&1\\0&1\end{pmatrix}$ 的特征多项式相同，但 $\boldsymbol{A}$ 可对角化，$\boldsymbol{B}$ 不可对角化，$\boldsymbol{A},\boldsymbol{B}$ 不相似。事实上，$\boldsymbol{A},\boldsymbol{B}$ 有相同的特征多项式只是 $\boldsymbol{A},\boldsymbol{B}$ 相似的必要条件，不是充分条件。

(3) 错。因为特征向量的线性组合不能保证是非零向量。

(4) 错。如 $\boldsymbol{A}=\begin{pmatrix}1&1\\0&2\end{pmatrix}$ 有两个互不相同的特征向量，所以可对角化，但它不是对称矩阵。

(5) 正确。因为 $\boldsymbol{A}$ 的行列式等于其特征值的乘积，所以 $|\boldsymbol{A}|=0$ 时，它必有一个特征值为零。

4. 设向量组为 $\boldsymbol{\alpha}_1=(1,1,1,1)^{\mathrm{T}}$，$\boldsymbol{\alpha}_2=(1,-1,-1,1)^{\mathrm{T}}$，$\boldsymbol{\alpha}_3=(1,1,-1,-1)^{\mathrm{T}}$，向量 $\boldsymbol{\beta}$ 与 $\boldsymbol{\alpha}_1,\boldsymbol{\alpha}_2,\boldsymbol{\alpha}_3$ 均正交。

求向量$\boldsymbol{\beta}$。

分析 利用两向量正交的定义建立线性方程组，再求解。

解 设$\boldsymbol{\beta}=(x_1,x_2,x_3,x_4)^{\mathrm{T}}$，由向量间的正交关系可得

$$\begin{cases}\boldsymbol{\beta}^{\mathrm{T}}\boldsymbol{\alpha}_1=x_1+x_2+x_3+x_4=0,\\ \boldsymbol{\beta}^{\mathrm{T}}\boldsymbol{\alpha}_2=x_1-x_2-x_3+x_4=0,\\ \boldsymbol{\beta}^{\mathrm{T}}\boldsymbol{\alpha}_3=x_1+x_2-x_3-x_4=0。\end{cases}$$

不难求得，该线性方程组的基础解系为$(-1,1,-1,1)^{\mathrm{T}}$。取$\boldsymbol{\beta}=(-1,1,-1,1)^{\mathrm{T}}$，即为所求向量。

5. 求矩阵$\boldsymbol{A}=\begin{pmatrix}-3&1&-1\\-7&5&-1\\-6&6&-2\end{pmatrix}$的特征值与特征向量。

分析 利用矩阵的特征值与特征向量的定义求解。

解 矩阵$\boldsymbol{A}$的特征方程为

$$|\lambda\boldsymbol{E}-\boldsymbol{A}|=\begin{vmatrix}\lambda+3&-1&1\\7&\lambda-5&1\\6&-6&\lambda+2\end{vmatrix}=(\lambda+2)^2(\lambda-4)=0,$$

所以$\boldsymbol{A}$的特征值为$\lambda_1=\lambda_2=-2,\lambda_3=4$。

将$\lambda_1=\lambda_2=-2$代入$(\lambda\boldsymbol{E}-\boldsymbol{A})\boldsymbol{x}=\boldsymbol{0}$，由于

$$-2\boldsymbol{E}-\boldsymbol{A}=\begin{pmatrix}1&-1&1\\7&-7&1\\6&-6&0\end{pmatrix}\to\begin{pmatrix}1&-1&0\\0&0&1\\0&0&0\end{pmatrix},$$

得基础解系为$\boldsymbol{\alpha}_1=(1,1,0)^{\mathrm{T}}$，所以$\boldsymbol{A}$的属于$\lambda_1=\lambda_2=-2$的特征向量为$k_1\boldsymbol{\alpha}_1$，其中$k_1$为任意非零的数。

将$\lambda_3=4$代入$(\lambda\boldsymbol{E}-\boldsymbol{A})\boldsymbol{x}=\boldsymbol{0}$，由于

$$4\boldsymbol{E}-\boldsymbol{A}=\begin{pmatrix}7&-1&1\\7&-1&1\\6&-6&6\end{pmatrix}\to\begin{pmatrix}1&0&0\\0&1&-1\\0&0&0\end{pmatrix},$$

得基础解系为$\boldsymbol{\alpha}_3=(0,1,1)^{\mathrm{T}}$，所以$\boldsymbol{A}$的属于$\lambda_3=4$的特征向量为$k_3\boldsymbol{\alpha}_3$，其中$k_3$为任意非零的数。

6. 设$\boldsymbol{A}=\begin{pmatrix}1&-4&1\\-4&-2&-4\\1&-4&1\end{pmatrix}$，求可逆矩阵$\boldsymbol{P}$，使得$\boldsymbol{P}^{-1}\boldsymbol{AP}$为对角矩阵。

分析 易见，$\boldsymbol{A}$是实对称矩阵。求出矩阵$\boldsymbol{A}$的全部特征值和特征向量，可逆矩阵$\boldsymbol{P}$的列由对应的线性无关的特征向量组成。

解 矩阵$\boldsymbol{A}$的特征方程为

$$|\lambda\boldsymbol{E}-\boldsymbol{A}|=\begin{vmatrix}\lambda-1&4&-1\\4&\lambda+2&4\\-1&4&\lambda-1\end{vmatrix}=\lambda(\lambda+6)(\lambda-6)=0,$$

所以$\boldsymbol{A}$的特征值为$\lambda_1=0,\lambda_2=-6,\lambda_3=6$。

将$\lambda_1=0$代入$(\lambda\boldsymbol{E}-\boldsymbol{A})\boldsymbol{x}=\boldsymbol{0}$，由于

$$-\boldsymbol{A}=\begin{pmatrix}-1&4&-1\\4&2&4\\-1&4&-1\end{pmatrix}\to\begin{pmatrix}1&0&1\\0&1&0\\0&0&0\end{pmatrix},$$

得基础解系为$\boldsymbol{\alpha}_1=(-1,0,1)^{\mathrm{T}}$。

将$\lambda_2=-6$代入$(\lambda\boldsymbol{E}-\boldsymbol{A})\boldsymbol{x}=\boldsymbol{0}$，由于

$$-6\boldsymbol{E}-\boldsymbol{A}=\begin{pmatrix}-7&4&-1\\4&-4&4\\-1&4&-7\end{pmatrix}\rightarrow\begin{pmatrix}1&0&-1\\0&1&-2\\0&0&0\end{pmatrix},$$

得基础解系为$\boldsymbol{\alpha}_2=(1,2,1)^{\mathrm{T}}$。

将$\lambda_3=6$代入$(\lambda\boldsymbol{E}-\boldsymbol{A})\boldsymbol{x}=\boldsymbol{0}$,由于

$$\boldsymbol{E}-\boldsymbol{A}=\begin{pmatrix}5&4&-1\\4&8&4\\-1&4&5\end{pmatrix}\rightarrow\begin{pmatrix}1&0&-1\\0&1&1\\0&0&0\end{pmatrix},$$

得基础解系为$\boldsymbol{\alpha}_3=(1,-1,1)^{\mathrm{T}}$。

令$\boldsymbol{P}=\begin{pmatrix}-1&1&1\\0&2&-1\\1&1&1\end{pmatrix}$,则有

$$\boldsymbol{P}^{-1}\boldsymbol{A}\boldsymbol{P}=\begin{pmatrix}0&&\\&-6&\\&&6\end{pmatrix}。$$

7. 已知$\boldsymbol{A}=\begin{pmatrix}2&a&2\\5&b&3\\-1&1&-1\end{pmatrix}$,且$\boldsymbol{A}$有两个特征值分别为1和$-1$,解答下列问题:

(1) 求a,b的值; (2) 求$\boldsymbol{A}$的特征向量; (3) $\boldsymbol{A}$是否可对角化?

分析 利用定义5.2求出a,b的值;然后可以求出另一个特征值,再求对应的特征向量;最后根据定理5.5判断$\boldsymbol{A}$是否可对角化。

解 (1) 因为$\lambda_1=1,\lambda_2=-1$都是$\boldsymbol{A}$特征值,根据定义5.2,有

$$\begin{cases}|\boldsymbol{E}-\boldsymbol{A}|=-7(a+1)=0,\\|-\boldsymbol{E}-\boldsymbol{A}|=3a-2b-3=0,\end{cases}$$

解得$a=-1,b=-3$。于是

$$\boldsymbol{A}=\begin{pmatrix}2&-1&2\\5&-3&3\\-1&1&-1\end{pmatrix}。$$

(2) 根据定理5.2,有

$$\mathrm{tr}(\boldsymbol{A})=2+(-3)+(-1)=1+(-1)+\lambda_3,$$

所以$\lambda_3=-2$。

将$\lambda_1=1$代入$(\lambda\boldsymbol{E}-\boldsymbol{A})\boldsymbol{x}=\boldsymbol{0}$,由于

$$\boldsymbol{E}-\boldsymbol{A}=\begin{pmatrix}-1&1&-2\\-5&4&-3\\1&-1&2\end{pmatrix}\rightarrow\begin{pmatrix}1&0&-5\\0&1&-7\\0&0&0\end{pmatrix},$$

得基础解系为$\boldsymbol{\alpha}_1=(5,7,1)^{\mathrm{T}}$,所以$\boldsymbol{A}$的属于$\lambda_1=1$的特征向量为$k_1\boldsymbol{\alpha}_1$,其中$k_1$为任意非零的数。

将$\lambda_2=-1$代入$(\lambda\boldsymbol{E}-\boldsymbol{A})\boldsymbol{x}=\boldsymbol{0}$,由于

$$-\boldsymbol{E}-\boldsymbol{A}=\begin{pmatrix}-3&1&-2\\-5&2&-3\\1&-1&0\end{pmatrix}\rightarrow\begin{pmatrix}1&0&1\\0&1&1\\0&0&0\end{pmatrix},$$

得基础解系为$\boldsymbol{\alpha}_2=(-1,-1,1)^{\mathrm{T}}$,所以$\boldsymbol{A}$的属于$\lambda_2=-1$的特征向量为$k_2\boldsymbol{\alpha}_2$,其中$k_2$为任意非零的数。

将$\lambda_3=-2$代入$(\lambda\boldsymbol{E}-\boldsymbol{A})\boldsymbol{x}=\boldsymbol{0}$,由于

$$-2E-A=\begin{pmatrix}-4&1&-2\\-5&1&-3\\1&-1&-1\end{pmatrix}\to\begin{pmatrix}1&0&1\\0&1&2\\0&0&0\end{pmatrix},$$

得基础解系为$\alpha_3=(-1,-2,1)^T$，所以 A 的属于 $\lambda_3=-2$ 的特征向量为 $k_3\alpha_3$，其中 k_3 为任意非零的数。

(3) 因为三阶矩阵有3个线性无关的特征向量，故 A 可对角化。

8. 设 A 为三阶方阵，且满足 $A^3+2A^2-3A=0$。证明：矩阵 A 可对角化。

分析 利用方阵行列式的性质3及定义5.2，由已知等式 $A^3+2A^2-3A=0$ 求出 A 的特征值，然后根据定理5.5的推论证明 A 可对角化。

证 在等式 $A^3+2A^2-3A=0$ 两边取行列式，则有

$$|A||A-E||A+3E|=0。$$

由定义5.2知，三阶矩阵 A 有三个不同的特征值，即 $\lambda=0,1,-3$。根据定理5.5的推论，矩阵 A 可以对角化。

证毕

9. 设 A 为 n 阶方阵，E 为 n 阶单位矩阵，$A,E-A$ 均为可逆矩阵。证明：矩阵 $E-A^{-1}$ 可逆。

分析 证明矩阵 $E-A^{-1}$ 没有零特征值即可。

证 设λ是A 的任一特征值。因为 A 可逆，所以 $\lambda\neq0$。容易验证，$1-\lambda$ 是 $E-A$ 的特征值，$1-\lambda^{-1}$ 是 $E-A^{-1}$ 的特征值。因为 $E-A$ 可逆，所以 $1-\lambda\neq0$，即 $\lambda\neq1$，从而 $1-\lambda^{-1}\neq0$，故 $E-A^{-1}$ 无零特征值，即可逆。

证毕

10. 设 A 为 n 阶实方阵，且特征值不等于 -1。证明：

(1) $A+E$ 和 A^T+E 均可逆；

(2) A 为正交矩阵的充分必要条件是 $(A+E)^{-1}+(A^T+E)^{-1}=E$。

分析 (1) 根据已知条件，验证矩阵 $A+E$ 和 A^T+E 没有零特征值；(2) 对等式两边分别左乘 $A+E$、右乘 A^T+E，然后进行化简。

证 (1) 因为 A 的特征值不等于 -1，所以 $A+E$ 和 A^T+E 的特征值均不为零，故 $A+E$ 和 A^T+E 可逆。

(2) 在等式$(A+E)^{-1}+(A^T+E)^{-1}=E$ 两边分别左乘 $A+E$、右乘 A^T+E，于是

$$\begin{aligned}(A+E)^{-1}+(A^T+E)^{-1}=E&\Leftrightarrow(A^T+E)+(A+E)=(A+E)(A^T+E)\\&\Leftrightarrow A^T+A+2E=AA^T+A^T+A+E\\&\Leftrightarrow AA^T=E。\end{aligned}$$

证毕

考研试题选编5

1. 特征值、特征向量的概念与计算

(1) 设矩阵 $A=\begin{pmatrix}3&2&2\\2&3&2\\2&2&3\end{pmatrix}$，$P=\begin{pmatrix}0&1&0\\1&0&1\\0&0&1\end{pmatrix}$，$B=P^{-1}A^*P$，求矩阵 $B+2E$ 的特征值与特征向量，其中 A^* 为 A 的伴随矩阵，E 为三阶单位矩阵。(2003年)

提示：先求出 A 的伴随矩阵 A^*，然后根据 $B=P^{-1}A^*P$ 求出 B，再求 $B+2E$，最后求矩阵 $B+2E$ 的特征值与特征向量。结果为 $B+2E$ 的特征值为 $\lambda_1=\lambda_2=9,\lambda_3=3$。属于 $\lambda_1=\lambda_2=9$ 的特征向量为 $k_1(1,-1,0)^T+k_2(-1,-1,1)^T$，其中 k_1,k_2 是不全为零的任意常数；属于 $\lambda_3=3$ 的特征向量为 $k_3(0,1,1)^T$，其中 k_3为非零的任意常数。

本题也可以用相似矩阵的方法求解。

(2) 设α为三维单位列向量，E 为三阶单位矩阵，则 $R(E-\alpha\alpha^T)=$(　　)。(2012年)

提示：设$\boldsymbol{\alpha}=\begin{pmatrix}a_1\\a_2\\a_3\end{pmatrix}$，则$\boldsymbol{\alpha}^{\mathrm{T}}\boldsymbol{\alpha}=a_1^2+a_2^2+a_3^2=1$。令$\boldsymbol{A}=\boldsymbol{\alpha}\boldsymbol{\alpha}^{\mathrm{T}}=\begin{pmatrix}a_1^2 & a_1a_2 & a_1a_3\\a_2a_1 & a_2^2 & a_2a_3\\a_3a_1 & a_3a_2 & a_3^2\end{pmatrix}$。

由于秩$\mathrm{R}(\boldsymbol{A})=1$，不难求得$|\lambda\boldsymbol{E}-\boldsymbol{A}|=\lambda^3-(a_1^2+a_2^2+a_3^2)\lambda^2=\lambda^3-\lambda^2$，所以，矩阵$\boldsymbol{A}$的特征值为1,0,0，从而$\boldsymbol{E}-\boldsymbol{A}$的特征值为0,1,1。因为$\boldsymbol{E}-\boldsymbol{A}$为对称矩阵，所以它可以对角化，于是$\mathrm{R}(\boldsymbol{E}-\boldsymbol{\alpha}\boldsymbol{\alpha}^{\mathrm{T}})=2$。

(3) 设λ_1,λ_2是矩阵$\boldsymbol{A}$的两个不同的特征值，对应的特征向量分别为$\boldsymbol{\alpha}_1,\boldsymbol{\alpha}_2$，则$\boldsymbol{\alpha}_1,\boldsymbol{A}(\boldsymbol{\alpha}_1+\boldsymbol{\alpha}_2)$线性无关的充分必要条件是(　　)。(2005年)

A. $\lambda_1\neq 0$　　B. $\lambda_2\neq 0$　　C. $\lambda_1=0$　　D. $\lambda_2=0$

提示：依题意，$\boldsymbol{A}(\boldsymbol{\alpha}_1+\boldsymbol{\alpha}_2)=\lambda_1\boldsymbol{\alpha}_1+\lambda_2\boldsymbol{\alpha}_2$。由于$(\boldsymbol{\alpha}_1,\boldsymbol{A}(\boldsymbol{\alpha}_1+\boldsymbol{\alpha}_2))=(\boldsymbol{\alpha}_1,\boldsymbol{\alpha}_2)\begin{pmatrix}1 & \lambda_1\\0 & \lambda_2\end{pmatrix}$，所以$\boldsymbol{\alpha}_1,\boldsymbol{A}(\boldsymbol{\alpha}_1+\boldsymbol{\alpha}_2)$线性无关$\Leftrightarrow \mathrm{R}(\boldsymbol{\alpha}_1,\lambda_1\boldsymbol{\alpha}_1+\lambda_2\boldsymbol{\alpha}_2)=2\Leftrightarrow\begin{vmatrix}1 & \lambda_1\\0 & \lambda_2\end{vmatrix}\neq 0\Leftrightarrow\lambda_2\neq 0$，选B。

(4) 设$\boldsymbol{A}$为三阶矩阵，$\boldsymbol{\alpha}_1,\boldsymbol{\alpha}_2$为$\boldsymbol{A}$的分别属于特征值$-1,1$的特征向量，向量$\boldsymbol{\alpha}_3$满足$\boldsymbol{A}\boldsymbol{\alpha}_3=\boldsymbol{\alpha}_2+\boldsymbol{\alpha}_3$。(i)证明$\boldsymbol{\alpha}_1,\boldsymbol{\alpha}_2,\boldsymbol{\alpha}_3$线性无关；(ii)令$\boldsymbol{P}=(\boldsymbol{\alpha}_1,\boldsymbol{\alpha}_2,\boldsymbol{\alpha}_3)$，求$\boldsymbol{P}^{-1}\boldsymbol{A}\boldsymbol{P}$。(2008年)

提示：(i)利用线性无关的定义证明。(ii)由于$\boldsymbol{A}\boldsymbol{\alpha}_1=-\boldsymbol{\alpha}_1,\boldsymbol{A}\boldsymbol{\alpha}_2=\boldsymbol{\alpha}_2,\boldsymbol{A}\boldsymbol{\alpha}_3=\boldsymbol{\alpha}_2+\boldsymbol{\alpha}_3$，有$\boldsymbol{A}(\boldsymbol{\alpha}_1,\boldsymbol{\alpha}_2,\boldsymbol{\alpha}_3)=(-\boldsymbol{\alpha}_1,\boldsymbol{\alpha}_2,\boldsymbol{\alpha}_2+\boldsymbol{\alpha}_3)=(\boldsymbol{\alpha}_1,\boldsymbol{\alpha}_2,\boldsymbol{\alpha}_3)\begin{pmatrix}-1 & 0 & 0\\0 & 1 & 1\\0 & 0 & 1\end{pmatrix}$，令$\boldsymbol{P}=(\boldsymbol{\alpha}_1,\boldsymbol{\alpha}_2,\boldsymbol{\alpha}_3)$，由(i)知，$\boldsymbol{P}^{-1}\boldsymbol{A}\boldsymbol{P}=\begin{pmatrix}-1 & 0 & 0\\0 & 1 & 1\\0 & 0 & 1\end{pmatrix}$。

2. 相似与对角化

(1) 设$\boldsymbol{A}$为二阶矩阵，$\boldsymbol{\alpha}_1,\boldsymbol{\alpha}_2$为线性无关的二维列向量，$\boldsymbol{A}\boldsymbol{\alpha}_1=\boldsymbol{0},\boldsymbol{A}\boldsymbol{\alpha}_2=2\boldsymbol{\alpha}_1+\boldsymbol{\alpha}_2$，则$\boldsymbol{A}$的非零特征值为(　　)。(2008年)

提示：不难发现，$\boldsymbol{A}(\boldsymbol{\alpha}_1,\boldsymbol{\alpha}_2)=(\boldsymbol{0},2\boldsymbol{\alpha}_1+\boldsymbol{\alpha}_2)=(\boldsymbol{\alpha}_1,\boldsymbol{\alpha}_2)\begin{pmatrix}0 & 2\\0 & 1\end{pmatrix}$。由于向量$\boldsymbol{\alpha}_1,\boldsymbol{\alpha}_2$为线性无关，所以矩阵$\boldsymbol{A}$与$\begin{pmatrix}0 & 2\\0 & 1\end{pmatrix}$相似，所以$\boldsymbol{A}$的特征值为1和0，依题意，$\boldsymbol{A}$的非零特征值为1。

(2) 设$\boldsymbol{\alpha}=(1,1,1)^{\mathrm{T}},\boldsymbol{\beta}=(1,0,k)^{\mathrm{T}}$，若矩阵$\boldsymbol{\alpha}\boldsymbol{\beta}^{\mathrm{T}}$相似于$\begin{pmatrix}3 & 0 & 0\\0 & 0 & 0\\0 & 0 & 0\end{pmatrix}$，则$k=$________。(2009年)

提示：易见，$\boldsymbol{\alpha}\boldsymbol{\beta}^{\mathrm{T}}=\begin{pmatrix}1\\1\\1\end{pmatrix}(1,0,k)=\begin{pmatrix}1 & 0 & k\\1 & 0 & k\\1 & 0 & k\end{pmatrix}$。由于$\boldsymbol{\alpha}\boldsymbol{\beta}^{\mathrm{T}}$与$\begin{pmatrix}3 & & \\ & 0 & \\ & & 0\end{pmatrix}$相似，它们有相同迹，即$1+0+k=3+0+0$，所以$k=2$。

(3) 设矩阵$\boldsymbol{A}=\begin{pmatrix}1 & 2 & -3\\-1 & 4 & -3\\1 & a & 5\end{pmatrix}$的特征方程有一个2重根，求$a$的值，并讨论$\boldsymbol{A}$是否可相似对角化。(2004年)

提示：不难求得$\boldsymbol{A}$的特征多项式为$|\lambda\boldsymbol{E}-\boldsymbol{A}|=(\lambda-2)(\lambda^2-8\lambda+18+3a)$。然后依题意讨论$a$的值。当$a=-2$时，$\boldsymbol{A}$的特征值为2,2,6，且$\boldsymbol{A}$可相似对角化；当$a=-\dfrac{2}{3}$时，$\boldsymbol{A}$的特征值为2,4,4，但$\boldsymbol{A}$不可相似对角化。

(4) 设矩阵$\boldsymbol{A}=\begin{pmatrix}0 & 2 & -3\\-1 & 3 & -3\\1 & -2 & a\end{pmatrix}$相似于矩阵$\boldsymbol{B}=\begin{pmatrix}1 & -2 & 0\\0 & b & 0\\0 & 3 & 1\end{pmatrix}$，解答下列问题：

(i) 求 a,b 的值;(ii)求可逆矩阵 $\boldsymbol{P}$,使 $\boldsymbol{P}^{-1}\boldsymbol{AP}$ 为对角矩阵。(2015 年)

提示:(i)由已知可得,$\boldsymbol{A}$ 与 $\boldsymbol{B}$ 有相同的迹和行列式,即 $\begin{cases}0+3+a=1+b+1,\\2a-3=b。\end{cases}$ 解得 $a=4,b=5$。(ii)容易求得 $\boldsymbol{B}$ 的特征值:1,1,5,所以 $\boldsymbol{A}$ 的特征值也为 1,1,5。求出 $\boldsymbol{A}$ 的特征值对应的特征向量,这些特征向量按顺序构成可逆矩阵 $\boldsymbol{P}$,即 $\boldsymbol{P}=\begin{pmatrix}2&-3&-1\\1&0&-1\\0&1&1\end{pmatrix}$。

(5) 矩阵 $\begin{pmatrix}1&a&1\\a&b&a\\1&a&1\end{pmatrix}$ 与 $\begin{pmatrix}2&0&0\\0&b&0\\1&0&0\end{pmatrix}$ 相似的充分必要条件为(　　)(2013 年)。

A. $a=0,b=2$　　　　B. $a=0,b$ 为任意常数

C. $a=2,b=0$　　　　D. $a=2,b$ 为任意常数

提示:由于第二个矩阵不是对称矩阵,所以这两个矩阵相似的充分必要条件是它们相似于同一个对角矩阵,即它们有相同的特征值,并且都可以对角化。不难求得两个矩阵的特征方程分别为 $\lambda[\lambda^2-(b+2)\lambda+2b-2a^2]=0$ 和 $\lambda(\lambda-b)(\lambda-2)=0$。由 $\lambda=2$ 必是 $\boldsymbol{A}$ 的特征值,必有 $a=0$;由 $\lambda=b$ 必是 $\boldsymbol{A}$ 的特征值,b 可为任意常数。所以选 B。

(6) 证明:n 阶矩阵 $\begin{pmatrix}1&1&\cdots&1\\1&1&\cdots&1\\\vdots&\vdots&&\vdots\\1&1&\cdots&1\end{pmatrix}$ 与 $\begin{pmatrix}0&\cdots&0&1\\0&\cdots&0&2\\\vdots&&\vdots&\vdots\\0&\cdots&0&n\end{pmatrix}$ 相似。(2014 年)

提示:先验证两个矩阵有相同的特征值,然后验证它们都可以对角化。

(7) 设 $\boldsymbol{A}$ 为三阶矩阵,$\boldsymbol{\alpha}_1,\boldsymbol{\alpha}_2,\boldsymbol{\alpha}_3$ 是线性无关的三维列向量,且满足

$$\boldsymbol{A\alpha}_1=\boldsymbol{\alpha}_1+\boldsymbol{\alpha}_2+\boldsymbol{\alpha}_3,\quad \boldsymbol{A\alpha}_2=2\boldsymbol{\alpha}_2+\boldsymbol{\alpha}_3,\quad \boldsymbol{A\alpha}_3=2\boldsymbol{\alpha}_2+3\boldsymbol{\alpha}_3。$$

(i) 求矩阵 $\boldsymbol{B}$,使得 $\boldsymbol{A}(\boldsymbol{\alpha}_1,\boldsymbol{\alpha}_2,\boldsymbol{\alpha}_3)=(\boldsymbol{\alpha}_1,\boldsymbol{\alpha}_2,\boldsymbol{\alpha}_3)\boldsymbol{B}$;(ii)求矩阵 $\boldsymbol{A}$ 的特征值;(iii)求可逆矩阵 $\boldsymbol{P}$,使得 $\boldsymbol{P}^{-1}\boldsymbol{AP}$ 为对角矩阵。(2005 年)

提示:(i)由已知可得 $\boldsymbol{A}(\boldsymbol{\alpha}_1,\boldsymbol{\alpha}_2,\boldsymbol{\alpha}_3)=(\boldsymbol{\alpha}_1,\boldsymbol{\alpha}_2,\boldsymbol{\alpha}_3)\begin{pmatrix}1&0&0\\1&2&2\\1&1&3\end{pmatrix}$,所以 $\boldsymbol{B}=\begin{pmatrix}1&0&0\\1&2&2\\1&1&3\end{pmatrix}$。

(ii) 因为 $\boldsymbol{\alpha}_1,\boldsymbol{\alpha}_2,\boldsymbol{\alpha}_3$ 线性无关,令 $\boldsymbol{P}_1=(\boldsymbol{\alpha}_1,\boldsymbol{\alpha}_2,\boldsymbol{\alpha}_3)$ 可逆,所以 $\boldsymbol{P}_1^{-1}\boldsymbol{AP}_1=\boldsymbol{B}$,即 $\boldsymbol{A}$ 与 $\boldsymbol{B}$ 相似。不难求得,矩阵 $\boldsymbol{B}$ 的特征值是 1,1,4,故矩阵 $\boldsymbol{A}$ 的特征值是 1,1,4。

(iii) 先求出 $\boldsymbol{B}$ 的特征向量 $\boldsymbol{\eta}_1,\boldsymbol{\eta}_2,\boldsymbol{\eta}_3$,令 $\boldsymbol{P}_2=(\boldsymbol{\eta}_1,\boldsymbol{\eta}_2,\boldsymbol{\eta}_3)$,有 $\boldsymbol{P}_2^{-1}\boldsymbol{BP}_3=\begin{pmatrix}1&&\\&1&\\&&4\end{pmatrix}$,于是 $\boldsymbol{P}_2^{-1}\boldsymbol{P}_1^{-1}\boldsymbol{AP}_1\boldsymbol{P}_2=\begin{pmatrix}1&&\\&1&\\&&4\end{pmatrix}$,故当 $\boldsymbol{P}=\boldsymbol{P}_2\boldsymbol{P}_1=(\boldsymbol{\alpha}_1,\boldsymbol{\alpha}_2,\boldsymbol{\alpha}_3)\begin{pmatrix}-1&-2&0\\1&0&1\\0&1&1\end{pmatrix}=(-\boldsymbol{\alpha}_1+\boldsymbol{\alpha}_2,-2\boldsymbol{\alpha}_1+\boldsymbol{\alpha}_3,\boldsymbol{\alpha}_2+\boldsymbol{\alpha}_3)$ 时,$\boldsymbol{P}^{-1}\boldsymbol{AP}$ 为对角矩阵。

3. 实对称矩阵的对角化

(1) 设 $\boldsymbol{A}$ 为 4 阶实对称矩阵,且 $\boldsymbol{A}^2+\boldsymbol{A}=\boldsymbol{0}$。若 $\boldsymbol{A}$ 的秩为 3,则 $\boldsymbol{A}$ 相似于(　　)。(2010 年)

A. $\begin{pmatrix}1&&&\\&1&&\\&&1&\\&&&0\end{pmatrix}$　　　　B. $\begin{pmatrix}1&&&\\&1&&\\&&-1&\\&&&0\end{pmatrix}$

C. $\begin{pmatrix}1&&&\\&-1&&\\&&-1&\\&&&0\end{pmatrix}$　　　　D. $\begin{pmatrix}-1&&&\\&-1&&\\&&-1&\\&&&0\end{pmatrix}$

提示：若 λ 是矩阵 $\boldsymbol{A}$ 的特征值，即 $\boldsymbol{A\alpha}=\lambda\boldsymbol{\alpha}$，$\boldsymbol{\alpha}\neq\boldsymbol{0}$，由矩阵的特征值的性质 4 和性质 5 知，$\boldsymbol{A}^2+\boldsymbol{A}=\boldsymbol{0}\Rightarrow(\lambda^2+\lambda)\boldsymbol{\alpha}=\boldsymbol{0}\Rightarrow\lambda^2+\lambda=0$，所以 $\boldsymbol{A}$ 的特征值只能是 0 或 -1。再由 $\boldsymbol{A}$ 是实对称知，必有 $\boldsymbol{A}\simeq\boldsymbol{\Lambda}$，而 $\boldsymbol{\Lambda}$ 的对角线上的元素即是 $\boldsymbol{A}$ 的特征值，根据 $R(\boldsymbol{A})=3$，选 D。

(2) 设三阶实对称矩阵 $\boldsymbol{A}$ 的特征值 $\lambda_1=1,\lambda_2=2,\lambda_3=-2$，且 $\boldsymbol{\alpha}_1=(1,-1,1)^{\mathrm{T}}$ 是 $\boldsymbol{A}$ 的属于 λ_1 的一个特征向量，记 $\boldsymbol{B}=\boldsymbol{A}^5-4\boldsymbol{A}^3+\boldsymbol{E}$，其中 $\boldsymbol{E}$ 为三阶单位矩阵。解答下列问题：

(i) 验证 $\boldsymbol{\alpha}_1$ 是矩阵 $\boldsymbol{B}$ 的特征向量，并求 $\boldsymbol{B}$ 的全部特征值与特征向量；(ii) 求矩阵 $\boldsymbol{B}$。(2002 年)

提示：(i) 若 λ 是矩阵 $\boldsymbol{A}$ 的特征值，即 $\boldsymbol{A\alpha}=\lambda\boldsymbol{\alpha}$，$\boldsymbol{\alpha}\neq\boldsymbol{0}$，由矩阵的特征值的性质 4 和性质 5 知，$\boldsymbol{B\alpha}_1=(\boldsymbol{A}^5-4\boldsymbol{A}^3+\boldsymbol{E})\boldsymbol{\alpha}_1=\boldsymbol{A}^5\boldsymbol{\alpha}_1-4\boldsymbol{A}^3\boldsymbol{\alpha}_1+\boldsymbol{\alpha}_1=(\lambda_1^5-4\lambda_1^3+1)\boldsymbol{\alpha}_1=-2\boldsymbol{\alpha}_1$，所以 $\boldsymbol{\alpha}_1$ 是矩阵 $\boldsymbol{B}$ 属于特征值 $\mu_1=-2$ 的特征向量。类似地，设 $\boldsymbol{\alpha}_2$ 和 $\boldsymbol{\alpha}_3$ 分别是对应于 $\lambda_2=2,\lambda_3=-2$ 的特征向量，即 $\boldsymbol{A\alpha}_2=\lambda_2\boldsymbol{\alpha}_2,\boldsymbol{A\alpha}_3=\lambda_3\boldsymbol{\alpha}_3$，于是有

$$\boldsymbol{B\alpha}_2=(\lambda_2^5-4\lambda_2^3+1)\boldsymbol{\alpha}_2=\boldsymbol{\alpha}_2,\quad \boldsymbol{B\alpha}_3=(\lambda_3^5-4\lambda_3^3+1)\boldsymbol{\alpha}_3=\boldsymbol{\alpha}_3。$$

因此，矩阵 $\boldsymbol{B}$ 的全部特征值为 $\mu_1=-2,\mu_2=\mu_3=1$。

易知，矩阵 $\boldsymbol{B}$ 也是对称矩阵。设矩阵 $\boldsymbol{B}$ 属于特征值 $\mu=1$ 的特征向量是 $\boldsymbol{\beta}=(x_1,x_2,x_3)^{\mathrm{T}}$，则有 $\boldsymbol{\alpha}_1^{\mathrm{T}}\boldsymbol{\beta}=x_1-x_2+x_3=0$，所以矩阵 $\boldsymbol{B}$ 属于特征值 $\mu=1$ 的线性无关的特征向量是 $\boldsymbol{\beta}_2=(1,1,0)^{\mathrm{T}},\boldsymbol{\beta}_3=(-1,0,1)^{\mathrm{T}}$。因此，矩阵 $\boldsymbol{B}$ 属于特征值 $\mu_1=-2$ 的特征向量是 $\boldsymbol{\alpha}_1=k_1(1,-1,1)^{\mathrm{T}}$，其中 k_1 是不为 0 的任意常数；属于特征值 $\mu=1$ 的特征向量是 $k_2(1,1,0)^{\mathrm{T}}+k_3(-1,0,1)^{\mathrm{T}}$，其中 k_2,k_3 是不全为 0 的任意常数。

(ii) 由于 $\boldsymbol{B\alpha}_1=-2\boldsymbol{\alpha}_1,\boldsymbol{B\beta}_2=\boldsymbol{\beta}_2,\boldsymbol{B\beta}_3=\boldsymbol{\beta}_3$，有 $\boldsymbol{B}(\boldsymbol{\alpha}_1,\boldsymbol{\beta}_2,\boldsymbol{\beta}_3)=(-2\boldsymbol{\alpha}_1,\boldsymbol{\beta}_2,\boldsymbol{\beta}_3)$，从而

$$\boldsymbol{B}=(-2\boldsymbol{\alpha}_1,\boldsymbol{\beta}_2,\boldsymbol{\beta}_3)(\boldsymbol{\alpha}_1,\boldsymbol{\alpha}_2,\boldsymbol{\alpha}_3)^{-1}=\begin{pmatrix}0&1&-1\\1&0&1\\-1&1&0\end{pmatrix}。$$

(3) 设实对称矩阵 $\boldsymbol{A}=\begin{pmatrix}a&1&1\\1&a&-1\\1&-1&a\end{pmatrix}$，求可逆矩阵 $\boldsymbol{P}$，使 $\boldsymbol{P}^{-1}\boldsymbol{AP}$ 为对角形矩阵，并计算行列式 $|\boldsymbol{A}-\boldsymbol{E}|$ 的值。(2002 年)

提示：矩阵 $\boldsymbol{A}$ 的特征值为 $\lambda_1=\lambda_2=a+1,\lambda_3=a-2$。特征值 $\lambda=a+1$ 对应的两个线性无关的特征向量为 $\boldsymbol{\alpha}_1=(1,1,0)^{\mathrm{T}},\boldsymbol{\alpha}_2=(1,0,1)^{\mathrm{T}}$；特征值 $\lambda=a-2$ 对应的特征向量为 $\boldsymbol{\alpha}_3=(-1,1,1)^{\mathrm{T}}$。令 $\boldsymbol{P}=(\boldsymbol{\alpha}_1,\boldsymbol{\alpha}_2,\boldsymbol{\alpha}_3)=\begin{pmatrix}1&1&-1\\1&0&1\\0&1&1\end{pmatrix}$，有 $\boldsymbol{P}^{-1}\boldsymbol{AP}=\begin{pmatrix}a+1&&\\&a+1&\\&&a-2\end{pmatrix}$。

因为 $\boldsymbol{A}$ 的特征值是 $a+1,a+1,a-2$，故 $\boldsymbol{A}-\boldsymbol{E}$ 的特征值是 $a,a,a-3$。根据定理 5.2，$|\boldsymbol{A}-\boldsymbol{E}|=a^2(a-3)$。

(4) 设矩阵 $\boldsymbol{A}=\begin{pmatrix}1&1&a\\1&a&1\\a&1&1\end{pmatrix}$，$\boldsymbol{\beta}=\begin{pmatrix}1\\1\\-2\end{pmatrix}$，已知线性方程组 $\boldsymbol{Ax}=\boldsymbol{\beta}$ 有解但不唯一，解答下列问题：(i) 求 a 的值；(ii) 求正交矩阵 $\boldsymbol{Q}$，使 $\boldsymbol{Q}^{\mathrm{T}}\boldsymbol{AQ}$ 为对角矩阵。(2001 年)

提示：对线性方程组 $\boldsymbol{Ax}=\boldsymbol{\beta}$ 的增广矩阵作初等行变换，有

$$\bar{\boldsymbol{A}}=\begin{pmatrix}1&1&a&1\\1&a&1&1\\a&1&1&-2\end{pmatrix}\rightarrow\begin{pmatrix}1&1&a&1\\0&a-1&1-a&0\\0&0&(a-1)(a+2)&a+2\end{pmatrix}。$$

因为线性方程组有无穷多解，所以 $R(\boldsymbol{A})=R(\overline{\boldsymbol{A}})=2$，求得 $a=-2$。矩阵 $\boldsymbol{A}$ 的特征值为 $\lambda_1=3,\lambda_2=0,\lambda_3=-3$；正交矩阵为

$$\boldsymbol{Q}=\begin{pmatrix} \frac{1}{\sqrt{2}} & \frac{1}{\sqrt{3}} & \frac{1}{\sqrt{6}} \\ 0 & \frac{1}{\sqrt{3}} & -\frac{2}{\sqrt{6}} \\ -\frac{1}{\sqrt{2}} & \frac{1}{\sqrt{3}} & \frac{1}{\sqrt{6}} \end{pmatrix}。$$

第 6 章

二次型

一、基本要求

1. 掌握二次型及其矩阵表示，了解二次型的秩的概念。
2. 了解合同变换和合同矩阵的概念。
3. 了解实二次型的标准形及其求法。
4. 了解惯性定理(对定理的证明不作要求)和实二次型的规范形。
5. 了解正定二次型、正定矩阵的概念及它们的判别法。

二、知识网络图

- 二次型
  - 二次型及矩阵表示
    - n 元二次型(定义 6.1)
    - 二次型的矩阵表示、二次型的秩
    - 线性替换(非退化替换、正交替换)(定义 6.2)
    - 矩阵的合同(定义 6.3)
  - 二次型的标准形
    - 标准形(定义 6.4)
    - 规范形(定义 6.5)
    - 用正交替换化二次型为标准形(定理 6.1)
    - 计算方法
    - 惯性定理(定理 6.2)
    - 正惯性指数、负惯性指数、符号差
  - 正定二次型
    - 正定二次型、正定矩阵(定义 6.6)
    - 负定、半正(负)定、不定二次型(定义 6.7)
    - 正定二次型的判断方法(定理 6.3～定理 6.6)
    - 顺序主子式(定义 6.8)

6.1 二次型及其矩阵表示

一、知识要点

定义 6.1 令 P 是一个实数域，a_{ij} $(i=1,2,\cdots,n,j=i,i+1,\cdots,n)$ 为数域 P 中的数。含有 n 个变量 $x_1,x_2,\cdots,x_n$的二次齐次多项式

$$f(x_1,x_2,\cdots,x_n)=a_{11}x_1^2+2a_{12}x_1x_2+\cdots+2a_{1n}x_1x_n+a_{22}x_2^2+\cdots+2a_{2n}x_2x_n+\cdots+a_{nn}x_n^2$$

称为数域 P 上的一个 **n 元二次型**。

系数全为实数的二次型称为实二次型。简称**二次型**。本章只讨论实二次型。

一般地，在上式中令 $a_{ij}=a_{ji}(i<j)$，则有

$$\begin{aligned}f(x_1,x_2,\cdots,x_n)=&a_{11}x_1^2+a_{12}x_1x_2+\cdots+a_{1n}x_1x_n+\\&a_{21}x_2x_1+a_{22}x_2^2+\cdots+a_{2n}x_2x_n+\\&\cdots+\\&a_{n1}x_nx_1+a_{n2}x_nx_2+\cdots+a_{nn}x_n^2。\end{aligned}$$

令

$$\boldsymbol{A}=\begin{pmatrix}a_{11}&a_{12}&\cdots&a_{1n}\\a_{21}&a_{22}&\cdots&a_{2n}\\\vdots&\vdots&&\vdots\\a_{n1}&a_{n2}&\cdots&a_{nn}\end{pmatrix},\quad \boldsymbol{x}=\begin{pmatrix}x_1\\x_2\\\vdots\\x_n\end{pmatrix},$$

则有

$$f=\boldsymbol{x}^{\mathrm{T}}\boldsymbol{A}\boldsymbol{x}=(x_1,x_2,\cdots,x_n)\begin{pmatrix}a_{11}&a_{12}&\cdots&a_{1n}\\a_{21}&a_{22}&\cdots&a_{2n}\\\vdots&\vdots&&\vdots\\a_{n1}&a_{n2}&\cdots&a_{nn}\end{pmatrix}\begin{pmatrix}x_1\\x_2\\\vdots\\x_n\end{pmatrix}。$$

称 $\boldsymbol{x}^{\mathrm{T}}\boldsymbol{A}\boldsymbol{x}$ 为二次型的**矩阵表示**。显然 $\boldsymbol{A}=\boldsymbol{A}^{\mathrm{T}}$。

注意，二次型与对称矩阵之间存在着一一对应关系，也就是说，任给一个二次型就唯一确定一个对称矩阵；反之，任给一个对称矩阵也唯一确定一个二次型。因此，将对称矩阵 $\boldsymbol{A}$ 称为二次型 $f=\boldsymbol{x}^{\mathrm{T}}\boldsymbol{A}\boldsymbol{x}$ 的矩阵；$\boldsymbol{A}$ 的秩称为 $f=\boldsymbol{x}^{\mathrm{T}}\boldsymbol{A}\boldsymbol{x}$ 的秩；$f=\boldsymbol{x}^{\mathrm{T}}\boldsymbol{A}\boldsymbol{x}$ 称为对称矩阵 $\boldsymbol{A}$ 的二次型。

与二次型对应的对称矩阵 $\boldsymbol{A}$ 的对角元素 a_{ii} 为二次型中 x_i^2 的系数，非对角元素 a_{ij} $(i\neq j)$ 为二次型中 x_ix_j 的系数的 $\frac{1}{2}$。

定义 6.2　设 $x_1,x_2,\cdots,x_n$ 和 $y_1,y_2,\cdots,y_n$ 是两组变量。如下关系式

$$\begin{cases}x_1=c_{11}y_1+c_{12}y_2+\cdots+c_{1n}y_n,\\x_2=c_{21}y_1+c_{22}y_2+\cdots+c_{2n}y_n,\\\quad\vdots\\x_n=c_{n1}y_1+c_{n2}y_2+\cdots+c_{nn}y_n,\end{cases}$$

称为从变量 $x_1,x_2,\cdots,x_n$ 到变量 $y_1,y_2,\cdots,y_n$ 的一个**线性替换**，矩阵 $\boldsymbol{C}=(c_{ij})$ 称为该线性替换的**系数矩阵**。如果系数矩阵的行列式不为零，即 $|\boldsymbol{C}|\neq 0$，那么线性替换称为**非退化的**；否则，称为**退化的**。如果矩阵 $\boldsymbol{C}=(c_{ij})$ 是正交矩阵，则线性替换称为**正交替换**。

令

$$\boldsymbol{C}=(c_{ij})_{n\times n},\quad \boldsymbol{x}=\begin{pmatrix}x_1\\x_2\\\vdots\\x_n\end{pmatrix},\quad \boldsymbol{y}=\begin{pmatrix}y_1\\y_2\\\vdots\\y_n\end{pmatrix},$$

则线性替换可写为

$$\boldsymbol{x} = \boldsymbol{C}\boldsymbol{y}。$$

设二次型为 $f(x_1,x_2,\cdots,x_n)=\boldsymbol{x}^{\mathrm{T}}\boldsymbol{A}\boldsymbol{x}$,其中 $\boldsymbol{A}=\boldsymbol{A}^{\mathrm{T}}$。经非退化线性替换 $\boldsymbol{x}=\boldsymbol{C}\boldsymbol{y}$,可得

$$f(x_1,x_2,\cdots,x_n) = (\boldsymbol{C}\boldsymbol{y})^{\mathrm{T}}\boldsymbol{A}(\boldsymbol{C}\boldsymbol{y}) = \boldsymbol{y}^{\mathrm{T}}(\boldsymbol{C}^{\mathrm{T}}\boldsymbol{A}\boldsymbol{C})\boldsymbol{y} = \boldsymbol{y}^{\mathrm{T}}\boldsymbol{B}\boldsymbol{y}。$$

它是关于变量 $y_1,y_2,\cdots,y_n$ 的新二次型,$\boldsymbol{B}$ 为新二次型的矩阵。

定义 6.3 对于给定的同阶矩阵 $\boldsymbol{A}$ 与 $\boldsymbol{B}$,若存在可逆矩阵 $\boldsymbol{C}$,使得 $\boldsymbol{C}^{\mathrm{T}}\boldsymbol{A}\boldsymbol{C}=\boldsymbol{B}$,则称矩阵 $\boldsymbol{A}$ 与 $\boldsymbol{B}$ 合同,记作 $\boldsymbol{A}\cong\boldsymbol{B}$。

矩阵的合同关系是一种等价关系,即:

(1) **反身性** $\boldsymbol{A}\cong\boldsymbol{A}$;事实上,$\boldsymbol{A}=\boldsymbol{E}^{\mathrm{T}}\boldsymbol{A}\boldsymbol{E}$。

(2) **对称性** 若 $\boldsymbol{A}\cong\boldsymbol{B}$,则 $\boldsymbol{B}\cong\boldsymbol{A}$。事实上,由 $\boldsymbol{B}=\boldsymbol{C}^{\mathrm{T}}\boldsymbol{A}\boldsymbol{C}$,得 $\boldsymbol{A}=(\boldsymbol{C}^{-1})^{\mathrm{T}}\boldsymbol{B}\boldsymbol{C}^{-1}$。

(3) **传递性** 若 $\boldsymbol{A}\cong\boldsymbol{B},\boldsymbol{B}\cong\boldsymbol{C}$,则 $\boldsymbol{A}\cong\boldsymbol{C}$。事实上,由 $\boldsymbol{B}=\boldsymbol{C}_1^{\mathrm{T}}\boldsymbol{A}\boldsymbol{C}_1,\boldsymbol{C}=\boldsymbol{C}_2^{\mathrm{T}}\boldsymbol{B}\boldsymbol{C}_2$,即得 $\boldsymbol{C}=(\boldsymbol{C}_1\boldsymbol{C}_2)^{\mathrm{T}}\boldsymbol{A}(\boldsymbol{C}_1\boldsymbol{C}_2)$。

二、经典题型详解

题型 1 二次型与矩阵的对应关系

例 6.1 写出二次型 $f(x_1,x_2,x_3)=(a_1x_1+a_2x_2+a_3x_3)^2$ 的矩阵。

分析 先将表达式展开,再写出对应的矩阵。

解 因为

$$\begin{aligned} f(x_1,x_2,x_3) &= (a_1x_1+a_2x_2+a_3x_3)^2 \\ &= a_1^2x_1^2+2a_1a_2x_1x_2+2a_1a_3x_1x_3+a_2^2x_2^2+2a_2a_3x_2x_3+a_3^2x_3^2, \end{aligned}$$

所以该二次型的矩阵为

$$\boldsymbol{A} = \begin{pmatrix} a_1^2 & a_1a_2 & a_1a_3 \\ a_1a_2 & a_2^2 & a_2a_3 \\ a_1a_3 & a_2a_3 & a_3^2 \end{pmatrix}。$$

类似地,可以写出下列二次型对应的矩阵:

(1) $f=x_1^2+4x_1x_2+2x_2^2+4x_2x_3+3x_3^2$;(2) $f=x_1^2+2x_1x_2+3x_2^2+4x_1x_3+2x_2x_3+2x_3^2$。

题型 2 证明题

例 6.2 设 $\boldsymbol{x}$ 为 n 维列向量,$\boldsymbol{A}$ 为 n 阶反对称矩阵,证明:$\boldsymbol{x}^{\mathrm{T}}\boldsymbol{A}\boldsymbol{x}=0$。

分析 利用矩阵的乘法运算和反对称矩阵的定义验证,即 $\boldsymbol{A}^{\mathrm{T}}=-\boldsymbol{A}$。

证 对于任意的 n 维列向量 $\boldsymbol{x}$,由于 $\boldsymbol{x}^{\mathrm{T}}\boldsymbol{A}\boldsymbol{x}$ 是一个数值,且 $\boldsymbol{A}^{\mathrm{T}}=-\boldsymbol{A}$,所以有

$$\boldsymbol{x}^{\mathrm{T}}\boldsymbol{A}\boldsymbol{x} = (\boldsymbol{x}^{\mathrm{T}}\boldsymbol{A}\boldsymbol{x})^{\mathrm{T}} = \boldsymbol{x}^{\mathrm{T}}\boldsymbol{A}^{\mathrm{T}}(\boldsymbol{x}^{\mathrm{T}})^{\mathrm{T}} = -\boldsymbol{x}^{\mathrm{T}}\boldsymbol{A}\boldsymbol{x}。$$

进而有 $\boldsymbol{x}^{\mathrm{T}}\boldsymbol{A}\boldsymbol{x}=0$。 证毕

例 6.3 证明:矩阵 $\begin{pmatrix} a & 0 & 0 \\ 0 & b & 0 \\ 0 & 0 & c \end{pmatrix}$ 与 $\begin{pmatrix} b & 0 & 0 \\ 0 & c & 0 \\ 0 & 0 & a \end{pmatrix}$ 合同。

分析 根据矩阵合同的定义证明。注意到,两个矩阵的对角线元素的位置进行了互换,可以用第一种初等矩阵实现。

证 不难验证

$$\begin{pmatrix}0&1&0\\1&0&0\\0&0&1\end{pmatrix}\begin{pmatrix}a&0&0\\0&b&0\\0&0&c\end{pmatrix}\begin{pmatrix}0&1&0\\1&0&0\\0&0&1\end{pmatrix}=\begin{pmatrix}b&0&0\\0&a&0\\0&0&c\end{pmatrix},$$

$$\begin{pmatrix}1&0&0\\0&0&1\\0&1&0\end{pmatrix}\begin{pmatrix}b&0&0\\0&a&0\\0&0&c\end{pmatrix}\begin{pmatrix}1&0&0\\0&0&1\\0&1&0\end{pmatrix}=\begin{pmatrix}b&0&0\\0&c&0\\0&0&a\end{pmatrix}。$$

合写为

$$\begin{pmatrix}1&0&0\\0&0&1\\0&1&0\end{pmatrix}\begin{pmatrix}0&1&0\\1&0&0\\0&0&1\end{pmatrix}\begin{pmatrix}a&0&0\\0&b&0\\0&0&c\end{pmatrix}\begin{pmatrix}0&1&0\\1&0&0\\0&0&1\end{pmatrix}\begin{pmatrix}1&0&0\\0&0&1\\0&1&0\end{pmatrix}=\begin{pmatrix}b&0&0\\0&c&0\\0&0&a\end{pmatrix}。$$

令

$$\boldsymbol{C}=\begin{pmatrix}0&1&0\\1&0&0\\0&0&1\end{pmatrix}\begin{pmatrix}1&0&0\\0&0&1\\0&1&0\end{pmatrix},$$

由矩阵合同的定义6.3可知,矩阵 $\begin{pmatrix}a&0&0\\0&b&0\\0&0&c\end{pmatrix}$ 与矩阵 $\begin{pmatrix}b&0&0\\0&c&0\\0&0&a\end{pmatrix}$ 合同。 证毕

例6.4 设矩阵 $\boldsymbol{A}$ 与 $\boldsymbol{B}$ 合同,矩阵 $\boldsymbol{C}$ 与 $\boldsymbol{D}$ 合同,证明:矩阵 $\begin{pmatrix}\boldsymbol{A}&\boldsymbol{0}\\\boldsymbol{0}&\boldsymbol{C}\end{pmatrix}$ 与 $\begin{pmatrix}\boldsymbol{B}&\boldsymbol{0}\\\boldsymbol{0}&\boldsymbol{D}\end{pmatrix}$ 合同。

分析 利用矩阵合同的定义及分块矩阵的乘法证明。

证 因为矩阵 $\boldsymbol{A}$ 与 $\boldsymbol{B}$ 合同,所以存在可逆矩阵 $\boldsymbol{P}_1$,使得 $\boldsymbol{B}=\boldsymbol{P}_1^{\mathrm{T}}\boldsymbol{A}\boldsymbol{P}_1$;又因为矩阵 $\boldsymbol{C}$ 与 $\boldsymbol{D}$ 合同,所以存在可逆矩阵 $\boldsymbol{P}_2$,使得 $\boldsymbol{D}=\boldsymbol{P}_2^{\mathrm{T}}\boldsymbol{C}\boldsymbol{P}_2$。

不难验证,$\begin{pmatrix}\boldsymbol{P}_1&\boldsymbol{0}\\\boldsymbol{0}&\boldsymbol{P}_2\end{pmatrix}$ 可逆,且

$$\begin{pmatrix}\boldsymbol{B}&\boldsymbol{0}\\\boldsymbol{0}&\boldsymbol{D}\end{pmatrix}=\begin{pmatrix}\boldsymbol{P}_1&\boldsymbol{0}\\\boldsymbol{0}&\boldsymbol{P}_2\end{pmatrix}^{\mathrm{T}}\begin{pmatrix}\boldsymbol{A}&\boldsymbol{0}\\\boldsymbol{0}&\boldsymbol{B}\end{pmatrix}\begin{pmatrix}\boldsymbol{P}_1&\boldsymbol{0}\\\boldsymbol{0}&\boldsymbol{P}_2\end{pmatrix},$$

所以矩阵 $\begin{pmatrix}\boldsymbol{A}&\boldsymbol{0}\\\boldsymbol{0}&\boldsymbol{C}\end{pmatrix}$ 与 $\begin{pmatrix}\boldsymbol{B}&\boldsymbol{0}\\\boldsymbol{0}&\boldsymbol{D}\end{pmatrix}$ 合同。 证毕

类似地,可以证明:若矩阵 $\boldsymbol{A}$ 和 $\boldsymbol{B}$ 为可逆矩阵,且 $\boldsymbol{A}$ 与 $\boldsymbol{B}$ 合同,则 $\boldsymbol{A}^{-1}$ 与 $\boldsymbol{B}^{-1}$ 合同。

三、课后习题选解

A类题

1. 判断下列各式是否为二次型,若是,写出对应的矩阵:

(1) $f=x_1^2+2x_2^2+x_3^2+4x_1x_2+x_1$;　(2) $f=x_1^2+4x_2^2-x_3^2+x_1x_3-x_2x_3+1$;

(3) $f=x_1^2+3x_2^2+4x_1x_2$;　(4) $f=x_1^2+\sqrt{x_1x_2}+4x_2^2$。

分析 根据定义6.1判定,若是二次型,根据二次型与对称矩阵的关系写出对应的矩阵。

解 (1) 因为表达式中含有一次项 x_1,所以 f 不是二次型;

(2) 因为表达式中含有常数项1,所以 f 不是二次型;

(3) 是二次型,对应的矩阵为 $\boldsymbol{A}=\begin{pmatrix}1&2\\2&3\end{pmatrix}$;

(4) 因为表达式中含有无理项 $\sqrt{x_1x_2}$，所以 f 不是二次型。

2. 写出下列二次型对应的矩阵并求出其秩：

(1) $f=x_1x_2-x_1x_3+2x_2x_3+x_4^2$；　　(2) $f=2x_1x_2+4x_2x_3+6x_3x_4$。

分析　根据二次型与对称矩阵的关系写出对应的矩阵，然后求出矩阵的秩，即为二次型的秩。

解　(1) 易见，对应的矩阵为 $\boldsymbol{A}=\begin{pmatrix}0&1/2&-1/2&0\\1/2&0&1&0\\-1/2&1&0&0\\0&0&0&1\end{pmatrix}$。不难求得该矩阵的秩为 4，即二次型的秩为 4。

(2) $\boldsymbol{A}=\begin{pmatrix}0&1&0&0\\1&0&2&0\\0&2&0&3\\0&0&3&0\end{pmatrix}$。不难求得该矩阵的秩为 4，即二次型的秩为 4。

3. 写出下列矩阵对应的二次型：

(1) $\boldsymbol{A}=\begin{pmatrix}1&-1&-3&1\\-1&1&-2&1\\-3&-2&2&-3\\1&1&-3&0\end{pmatrix}$；　(2) $\boldsymbol{A}=\begin{pmatrix}1&2&0&0\\2&3&0&0\\0&0&4&5\\0&0&5&6\end{pmatrix}$。

分析　根据二次型与矩阵的关系 $f=\boldsymbol{x}^{\mathrm{T}}\boldsymbol{A}\boldsymbol{x}$，将其展开即得二次型表达式。

解　根据矩阵的乘法，不难求得：

(1) $f=x_1^2-2x_1x_2-6x_1x_3+2x_1x_4+x_2^2-4x_2x_3+2x_2x_4+2x_3^2-6x_3x_4$；

(2) $f=x_1^2+4x_1x_2+3x_2^2+4x_3^2+10x_3x_4+6x_4^2$。

4. 当 t 为何值时，二次型 $f(x_1,x_2,x_3)=x_1^2+6x_1x_2+4x_1x_3+2x_2^2+2x_2x_3+tx_3^2$ 的秩为 2。

分析　根据二次型与矩阵的对应关系，写出对应的矩阵；然后利用初等行变换将矩阵约化为行阶梯形矩阵，进而根据已知条件确定 t 的值。

解　二次型的矩阵为

$$\boldsymbol{A}=\begin{pmatrix}1&3&2\\3&2&1\\2&1&t\end{pmatrix}\rightarrow\begin{pmatrix}1&3&2\\0&2&1+t\\0&0&7t-3\end{pmatrix}。$$

因为二次型的秩为 2，所以 $\mathrm{R}(A)=2$，故 $t=3/7$。

6.2 二次型的标准形

一、知识要点

定义 6.4　如果 n 元二次型 $\boldsymbol{y}^{\mathrm{T}}(\boldsymbol{C}^{\mathrm{T}}\boldsymbol{A}\boldsymbol{C})\boldsymbol{y}$ 具有如下的形式

$$d_1y_1^2+d_2y_2^2+\cdots+d_ry_r^2,$$

其中 $d_i\neq0(i=1,2,\cdots,r,r\leqslant n)$，称这个形式为二次型的一个**标准形**。矩阵

$$\boldsymbol{D}=\begin{pmatrix}d_1&&&&&\\&d_2&&&&\\&&\ddots&&&\\&&&d_r&&\\&&&&0&\\&&&&&\ddots&\\&&&&&&0\end{pmatrix}$$

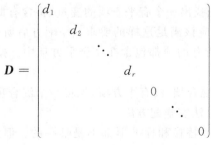

称为对称矩阵 $\boldsymbol{A}$ 的合同标准形矩阵，简称为 $\boldsymbol{A}$ 的**标准形**。

定理 6.1 任给二次型 $f=\boldsymbol{x}^{\mathrm{T}}\boldsymbol{A}\boldsymbol{x}$，总存在正交替换 $\boldsymbol{x}=\boldsymbol{P}\boldsymbol{y}$，将 f 化成标准形，即

$$f=\lambda_1 y_1^2+\lambda_2 y_2^2+\cdots+\lambda_n y_n^2,$$

其中 $\lambda_1,\lambda_2,\cdots,\lambda_n$ 是 $\boldsymbol{A}$ 的特征值。

用正交替换将二次型化为标准形，其特点是保持几何图形不变。因此，它在理论和实际应用中都有非常重要的意义。根据 5.4 节中的方法，可利用正交替换将二次型 $f=\boldsymbol{x}^{\mathrm{T}}\boldsymbol{A}\boldsymbol{x}$ 化为标准形，具体步骤为：

第一步 写出二次型的矩阵 $\boldsymbol{A}$；

第二步 求出 $\boldsymbol{A}$ 的特征值 $\lambda_1,\lambda_2,\cdots,\lambda_n$；

第三步 求出对应的标准正交的特征向量组 $\boldsymbol{\eta}_1,\boldsymbol{\eta}_2,\cdots,\boldsymbol{\eta}_n$；

第四步 以 $\boldsymbol{\eta}_1,\boldsymbol{\eta}_2,\cdots,\boldsymbol{\eta}_n$ 为列向量构造正交矩阵 $\boldsymbol{P}$；

第五步 作正交替换 $\boldsymbol{x}=\boldsymbol{P}\boldsymbol{y}$，即可将二次型 $f=\boldsymbol{x}^{\mathrm{T}}\boldsymbol{A}\boldsymbol{x}$ 化为标准形

$$f=\lambda_1 y_1^2+\lambda_2 y_2^2+\cdots+\lambda_n y_n^2。$$

定义 6.5 如果二次型 $\boldsymbol{y}^{\mathrm{T}}(\boldsymbol{C}^{\mathrm{T}}\boldsymbol{A}\boldsymbol{C})\boldsymbol{y}$ 具有下面的形式

$$y_1^2+y_2^2+\cdots+y_p^2-y_{p+1}^2-y_{p+2}^2-\cdots-y_{p+q}^2,$$

称这个形式为二次型 $\boldsymbol{x}^{\mathrm{T}}\boldsymbol{A}\boldsymbol{x}$ 的规范标准形，简称为**规范形**。

定理 6.2（惯性定理） 任一二次型都可以化为规范形。一个二次型的规范形是唯一的。

推论 任一实对称矩阵都合同于如下形式的对角矩阵

$$\begin{pmatrix} \boldsymbol{E}_p & \boldsymbol{0} & \boldsymbol{0} \\ \boldsymbol{0} & -\boldsymbol{E}_q & \boldsymbol{0} \\ \boldsymbol{0} & \boldsymbol{0} & \boldsymbol{0} \end{pmatrix},$$

其中 $\boldsymbol{E}_p,\boldsymbol{E}_q$ 分别为 p 阶和 q 阶单位矩阵，且 $p+q=\mathrm{R}(\boldsymbol{A})$。

在二次型的规范形中，系数为正的平方项的个数 p 称为二次型的**正惯性指数**，系数为负的平方项的个数 q 称为二次型的**负惯性指数**，正负惯性指数的差 $p-q$ 称为二次型的符号差。对二次型的矩阵，也有同样的定义。

计算二次型的惯性指数有两种方法：

(1) 求出二次型的矩阵的所有特征值，正的特征值的个数即为正惯性指数，负的特征值的个数即为负惯性指数。

(2) 利用配方法将二次型化为标准形，系数为正的平方项的个数即为正惯性指数，系数为负的平方项的个数即为负惯性指数。

二、疑难解析

1. 如何正确理解和使用配方法？

(1) 使用配方法时，应先找出一个有平方项的变量，将含有此变量的所有的项集中在一起配完全平方。正确的配方应该满足这样的要求：经配方后所余各项中不再出现该变量。照此办法继续配方，直至将所有的项都包含在完全平方项中。按此程序所得的线性变换必定非退化。

(2) 如果二次型中只有混合项，没有平方项，先将一个混合项经过线性变换变成两个新变量的平方差，然后按前述办法实施配方法。

(3) 按配方法得到的线性替换和标准形都不是唯一的。但无论怎样，不管用什么方法

所得二次型标准形中所含平方项个数是唯一确定的。如在实数域中讨论实二次型，其标准形中所含正负平方项个数也都是唯一确定的。

2. 通过正交替换法或配方法将二次型化为标准形时，得到的标准形是否唯一，说明理由。

答　不唯一。理由如下：

(1) 对同一个二次型，使用的方法不同，得到的标准形可能会不同。看一个简单的例子。考虑二次型 $f=x_1^2-4x_2^2+9x_3^2$，它本身就是标准形的形式。如果作下面的非退化线性替换

$$\begin{cases} x_1=y_1, \\ x_2=\dfrac{1}{2}y_2, \\ x_3=\dfrac{1}{3}y_3, \end{cases}$$

则原二次型就化为新的二次型 $f=y_1^2-y_2^2+y_3^2$。显然，这个新的二次型也是原二次型的标准形。这表明，同一个二次型对应的标准形并不唯一。

(2) 若利用正交替换化二次型为标准形，各平方项的系数恰好为二次型的矩阵的特征值。但利用配方法化二次型为标准形时，由于所使用的非退化替换的矩阵不一定是正交矩阵，所得二次型的平方项的系数不能保证是二次型的矩阵的特征值。这也表明二次型的标准形并不唯一。

(3) 经过观察还可以发现，虽然上述二次型的标准形的形式不同，但系数为正的平方项的个数与系数为负的平方项的个数是不变的。这并不是偶然的，系数为正的平方项的个数为该二次型的正惯性指数，系数为负的平方项的个数为该二次型的负惯性指数。

三、经典题型详解

题型1　利用正交替换法求二次型的标准形

例6.5　求正交替换 $\boldsymbol{x}=\boldsymbol{P}\boldsymbol{y}$，将下列二次型化为标准形，并指出其正负惯性指数：

(1) $f=5x_1^2-2x_1x_2+6x_1x_3+5x_2^2-6x_2x_3+3x_3^2$；

(2) $f=3x_1^2+8x_1x_2-4x_1x_3+3x_2^2+4x_2x_3+6x_3^2$。

分析　按照正交替换法的五步骤求解。然后根据惯性指数的计算方法(正负特征值的个数)给出二次型的正负惯性指数。

解　(1) **第一步**　写出二次型对应的矩阵。

易见，二次型对应的矩阵为

$$\boldsymbol{A}=\begin{pmatrix} 5 & -1 & 3 \\ -1 & 5 & -3 \\ 3 & -3 & 3 \end{pmatrix}。$$

第二步　求出矩阵 $\boldsymbol{A}$ 特征值。

矩阵 $\boldsymbol{A}$ 的特征多项式为

$$|\lambda\boldsymbol{E}-\boldsymbol{A}|=\begin{vmatrix} \lambda-5 & 1 & -3 \\ 1 & \lambda-5 & 3 \\ -3 & 3 & \lambda-3 \end{vmatrix}=\lambda(\lambda-4)(\lambda-9)=0,$$

所以 $\boldsymbol{A}$ 的特征值为 $\lambda_1=0,\lambda_2=4,\lambda_3=9$。

第三步 求出对应的标准正交的特征向量组。

将 $\lambda_1=0$ 代入 $(\lambda\boldsymbol{E}-\boldsymbol{A})\boldsymbol{x}=\boldsymbol{0}$，由于

$$-\boldsymbol{A}=\begin{pmatrix}-5&1&-3\\1&-5&3\\-3&3&-3\end{pmatrix}\to\begin{pmatrix}1&0&1/2\\0&1&-1/2\\0&0&0\end{pmatrix},$$

求得对应的线性无关的特征向量为 $\boldsymbol{\alpha}_1=\begin{pmatrix}-1\\1\\2\end{pmatrix}$，将其单位化，得到 $\boldsymbol{\eta}_1=\frac{1}{\sqrt{6}}\begin{pmatrix}-1\\1\\2\end{pmatrix}$。

将 $\lambda_2=4$ 代入 $(\lambda\boldsymbol{E}-\boldsymbol{A})\boldsymbol{x}=\boldsymbol{0}$，由于

$$4\boldsymbol{E}-\boldsymbol{A}=\begin{pmatrix}-1&1&-3\\1&-1&3\\-3&3&1\end{pmatrix}\to\begin{pmatrix}1&-1&0\\0&0&1\\0&0&0\end{pmatrix},$$

求得对应的线性无关的特征向量为 $\boldsymbol{\alpha}_2=\begin{pmatrix}1\\1\\0\end{pmatrix}$，将其单位化，得到 $\boldsymbol{\eta}_2=\frac{1}{\sqrt{2}}\begin{pmatrix}1\\1\\0\end{pmatrix}$。

将 $\lambda_3=9$ 代入 $(\lambda\boldsymbol{E}-\boldsymbol{A})\boldsymbol{x}=\boldsymbol{0}$，由于

$$9\boldsymbol{E}-\boldsymbol{A}=\begin{pmatrix}4&1&-3\\1&4&3\\-3&3&6\end{pmatrix}\to\begin{pmatrix}1&0&-1\\0&1&1\\0&0&0\end{pmatrix},$$

求得对应的线性无关的特征向量为 $\boldsymbol{\alpha}_3=\begin{pmatrix}1\\-1\\1\end{pmatrix}$，将其单位化，得到 $\boldsymbol{\eta}_3=\frac{1}{\sqrt{3}}\begin{pmatrix}1\\-1\\1\end{pmatrix}$。

第四步 构造正交矩阵。

令

$$\boldsymbol{P}=\begin{pmatrix}-\frac{1}{\sqrt{6}}&\frac{1}{\sqrt{2}}&\frac{1}{\sqrt{3}}\\\frac{1}{\sqrt{6}}&\frac{1}{\sqrt{2}}&-\frac{1}{\sqrt{3}}\\\frac{2}{\sqrt{6}}&0&\frac{1}{\sqrt{3}}\end{pmatrix},$$

则 $\boldsymbol{P}$ 为待求的正交替换矩阵。

第五步 作正交变换，给出二次型的标准形。

令 $\boldsymbol{x}=\boldsymbol{P}\boldsymbol{y}$，得到标准形为 $f=4y_2^2+9y_3^2$。

根据二次型的惯性定理，二次型的正惯性指数为 2，负惯性指数为 0。

(2) 易见，二次型对应的矩阵为

$$\boldsymbol{A}=\begin{pmatrix}3&4&-2\\4&3&2\\-2&2&6\end{pmatrix}。$$

矩阵 $\boldsymbol{A}$ 的特征多项式为

$$|\lambda \boldsymbol{E}-\boldsymbol{A}|=\begin{vmatrix}\lambda-3 & -4 & 2\\ -4 & \lambda-3 & -2\\ 2 & -2 & \lambda-6\end{vmatrix}=(\lambda-7)^2(\lambda+2)=0,$$

所以 $\boldsymbol{A}$ 的特征值为 $\lambda_1=\lambda_2=7,\lambda_3=-2$。

将 $\lambda_1=\lambda_2=7$ 代入 $(\lambda \boldsymbol{E}-\boldsymbol{A})\boldsymbol{x}=\boldsymbol{0}$，由于

$$7\boldsymbol{E}-\boldsymbol{A}=\begin{pmatrix}4 & -4 & 2\\ -4 & 4 & -2\\ 2 & -2 & 1\end{pmatrix}\to\begin{pmatrix}1 & -1 & 1/2\\ 0 & 0 & 0\\ 0 & 0 & 0\end{pmatrix},$$

求得对应的线性无关的特征向量为 $\boldsymbol{\alpha}_1=\begin{pmatrix}1\\1\\0\end{pmatrix},\boldsymbol{\alpha}_2=\begin{pmatrix}-1\\0\\2\end{pmatrix}$。利用施密特正交化方法，将其正交化，得到

$$\boldsymbol{\beta}_1=\boldsymbol{\alpha}_1=\begin{pmatrix}1\\1\\0\end{pmatrix},\quad \boldsymbol{\beta}_2=\boldsymbol{\alpha}_2-\frac{\langle\boldsymbol{\beta}_1,\boldsymbol{\alpha}_2\rangle}{\langle\boldsymbol{\beta}_1,\boldsymbol{\beta}_1\rangle}\boldsymbol{\beta}_1=\begin{pmatrix}-1\\0\\2\end{pmatrix}+\frac{1}{2}\begin{pmatrix}1\\1\\0\end{pmatrix}=\frac{1}{2}\begin{pmatrix}-1\\1\\4\end{pmatrix}。$$

再进行单位化，得到 $\boldsymbol{\eta}_1=\frac{1}{\sqrt{2}}\begin{pmatrix}1\\1\\0\end{pmatrix},\boldsymbol{\eta}_2=\frac{1}{3\sqrt{2}}\begin{pmatrix}-1\\1\\4\end{pmatrix}$。

将 $\lambda_3=-2$ 代入 $(\lambda \boldsymbol{E}-\boldsymbol{A})\boldsymbol{x}=\boldsymbol{0}$，由于

$$-2\boldsymbol{E}-\boldsymbol{A}=\begin{pmatrix}-5 & -4 & 2\\ -4 & -5 & -2\\ 2 & -2 & -8\end{pmatrix}\to\begin{pmatrix}1 & 0 & -2\\ 0 & 1 & 2\\ 0 & 0 & 0\end{pmatrix},$$

求得对应的线性无关的特征向量为 $\boldsymbol{\alpha}_3=\begin{pmatrix}2\\-2\\1\end{pmatrix}$，将其单位化，得到 $\boldsymbol{\eta}_3=\frac{1}{3}\begin{pmatrix}2\\-2\\1\end{pmatrix}$。

令

$$\boldsymbol{P}=\begin{pmatrix}\frac{1}{\sqrt{2}} & -\frac{1}{3\sqrt{2}} & \frac{2}{3}\\ \frac{1}{\sqrt{2}} & \frac{1}{3\sqrt{2}} & -\frac{2}{3}\\ 0 & \frac{4}{3\sqrt{2}} & \frac{1}{3}\end{pmatrix},$$

则 $\boldsymbol{P}$ 为待求的正交替换矩阵。令 $\boldsymbol{x}=\boldsymbol{P}\boldsymbol{y}$，得到标准形为 $f=7y_1^2+7y_2^2-2y_3^2$。相应的正惯性指数为 2，负惯性指数为 1。

评注 (1) 由定理 5.9 知，实对称矩阵的属于不同特征值的特征向量是正交的，所以本例中属于 $\lambda_3=9$ 的特征向量 $\boldsymbol{\alpha}_3$ 与 $\lambda_1=\lambda_2=0$ 对应的特征向量正交，只需将其单位化即可。

(2) 特征向量(即齐次线性方程组的基础解系)的取法不是唯一的，所以正交矩阵 $\boldsymbol{P}$ 也不是唯一的。

(3) 在构成正交矩阵 $\boldsymbol{P}$ 时，标准正交向量 $\boldsymbol{\eta}_1,\boldsymbol{\eta}_2,\boldsymbol{\eta}_3$ 的顺序是可变的，但得到的对角阵中 $\lambda_1,\lambda_2,\lambda_3$ 的位置也要做相应的变化。

类似地，求正交替换 $\boldsymbol{x}=\boldsymbol{P}\boldsymbol{y}$，将下列二次型化为标准形，并指出其正负惯性指数：

(1) $f=x_1^2+4x_1x_2+4x_1x_3+x_2^2+4x_2x_3+x_3^2$；

(2) $f=x_1^2-4x_1x_2-8x_1x_3+4x_2^2-4x_2x_3+x_3^2$。

例 6.6 已知二次型 $f=x_1^2+2ax_1x_2+2x_1x_3+x_2^2+2bx_2x_3+x_3^2$ 经过正交替换化为标准形 $f=y_2^2+2y_3^2$，求参数 a,b 的值及所用的正交替换矩阵。

分析 根据已知条件写出对应矩阵和对角矩阵；然后利用矩阵与其对角矩阵之间的关系建立方程组，求得参数 a,b 的值；最后利用正交替换法求出所用的正交替换矩阵。

解 替换前后二次型对应的矩阵分别为

$$\boldsymbol{A}=\begin{pmatrix}1&a&1\\a&1&b\\1&b&1\end{pmatrix},\quad \boldsymbol{\Lambda}=\begin{pmatrix}0&0&0\\0&1&0\\0&0&2\end{pmatrix}。$$

设所求正交替换矩阵为 $\boldsymbol{P}$，则 $\boldsymbol{P}^{\mathrm{T}}\boldsymbol{A}\boldsymbol{P}=\boldsymbol{\Lambda}$。两边取行列式，并注意到 $|\boldsymbol{P}|=\pm1$，可得

$$|\boldsymbol{A}|=-(a-b)^2=|\boldsymbol{\Lambda}|=0。$$

从而得到 $a=b$。

又因为 $\boldsymbol{P}^{\mathrm{T}}\boldsymbol{A}\boldsymbol{P}=\boldsymbol{P}^{-1}\boldsymbol{A}\boldsymbol{P}=\boldsymbol{\Lambda}$，即 $\boldsymbol{A}$ 与 $\boldsymbol{\Lambda}$ 相似，从而它们有相同的特征多项式，代入 $a=b$ 后可得

$$|\lambda\boldsymbol{E}-\boldsymbol{A}|=\lambda^3-3\lambda^2+(2-2a^2)\lambda=|\lambda\boldsymbol{E}-\boldsymbol{\Lambda}|=(\lambda-0)(\lambda-1)(\lambda-2)=\lambda^3-3\lambda^2+2\lambda。$$

比较系数可知，$2-2a^2=2$，即 $a=0$。因此，参数 a,b 的取值为 $a=b=0$。

易见，矩阵 $\boldsymbol{A}$ 的特征值为 $\lambda_1=0,\lambda_2=1,\lambda_3=2$。

将 $\lambda_1=0$ 代入 $(\lambda\boldsymbol{E}-\boldsymbol{A})\boldsymbol{x}=\boldsymbol{0}$，由于

$$-\boldsymbol{A}=\begin{pmatrix}-1&0&-1\\0&-1&0\\-1&0&-1\end{pmatrix}\to\begin{pmatrix}1&0&1\\0&1&0\\0&0&0\end{pmatrix},$$

求得对应的特征向量为 $\boldsymbol{\alpha}_1=\begin{pmatrix}-1\\0\\1\end{pmatrix}$，将其单位化得到 $\boldsymbol{\eta}_1=\dfrac{1}{\sqrt{2}}\begin{pmatrix}-1\\0\\1\end{pmatrix}$。

将 $\lambda_2=1$ 代入 $(\lambda\boldsymbol{E}-\boldsymbol{A})\boldsymbol{x}=\boldsymbol{0}$，由于

$$\boldsymbol{E}-\boldsymbol{A}=\begin{pmatrix}0&0&-1\\0&0&0\\-1&0&0\end{pmatrix}\to\begin{pmatrix}1&0&0\\0&0&1\\0&0&0\end{pmatrix},$$

求得对应的特征向量为 $\boldsymbol{\alpha}_2=\begin{pmatrix}0\\1\\0\end{pmatrix}$，将其单位化得到 $\boldsymbol{\eta}_2=\begin{pmatrix}0\\1\\0\end{pmatrix}$。

将 $\lambda_3=2$ 代入 $(\lambda\boldsymbol{E}-\boldsymbol{A})\boldsymbol{x}=\boldsymbol{0}$，由于

$$2\boldsymbol{E}-\boldsymbol{A}=\begin{pmatrix}1&0&-1\\0&1&0\\-1&0&1\end{pmatrix}\to\begin{pmatrix}1&0&-1\\0&1&0\\0&0&0\end{pmatrix},$$

求得对应的特征向量为 $\boldsymbol{\alpha}_3=\begin{pmatrix}1\\0\\1\end{pmatrix}$，将其单位化得到 $\boldsymbol{\eta}_3=\dfrac{1}{\sqrt{2}}\begin{pmatrix}1\\0\\1\end{pmatrix}$。

于是，所求正交替换矩阵为

$$P=\frac{1}{\sqrt{2}}\begin{pmatrix}-1 & 0 & 1\\ 0 & \sqrt{2} & 0\\ 1 & 0 & 1\end{pmatrix}。$$

评注 此题也可以通过 $|0E-A|=|E-A|=|2E-A|=0$ 确定参数的值。

类似地，设二次型 $f=x_1^2+3x_2^2+2ax_2x_3+3x_3^2(a>0)$ 可以通过正交替换可化为标准形 $f=y_1^2+y_2^2+5y_3^2$。求参数 a 的值及所用的正交替换。

题型 2 利用配方法化二次型为标准形

例 6.7 用配方法化下列二次型为标准形，并求对应的替换矩阵：

(1) $f=x_1^2+4x_1x_2+4x_1x_3+x_2^2+4x_2x_3+x_3^2$；

(2) $f=x_1^2-4x_1x_2-8x_1x_3+4x_2^2-4x_2x_3+x_3^2$。

解 (1) 对二次型进行配方，可得

$$\begin{aligned}f&=x_1^2+4x_1x_2+4x_1x_3+x_2^2+4x_2x_3+x_3^2=[x_1^2+4x_1(x_2+x_3)]+x_2^2+4x_2x_3+x_3^2\\&=(x_1+2(x_2+x_3))^2-4(x_2+x_3)^2+x_2^2+4x_2x_3+x_3^2\\&=(x_1+2x_2+2x_3)^2-3x_2^2-4x_2x_3-3x_3^2\\&=(x_1+2x_2+2x_3)^2-3\left(x_2+\frac{2}{3}x_3\right)^2-\frac{5}{3}x_3^2。\end{aligned}$$

令

$$\begin{cases}y_1=x_1+2x_2+2x_3,\\ y_2=x_2+\dfrac{2}{3}x_3,\\ y_3=x_3\end{cases}$$

即

$$\begin{cases}x_1=y_1-2y_2-\dfrac{2}{3}y_3,\\ x_2=y_2-\dfrac{2}{3}y_3,\\ x_3=y_3,\end{cases}$$

将其代入 f，得到对应的标准形为 $f=y_1^2-3y_2^2-\frac{5}{3}y_3^2$，所用的非退化线性替换矩阵为

$$C=\begin{pmatrix}1 & -2 & -2/3\\ 0 & 1 & -2/3\\ 0 & 0 & 1\end{pmatrix}。$$

(2) 对二次型进行配方，可得

$$\begin{aligned}f&=x_1^2-4x_1x_2-8x_1x_3+4x_2^2-4x_2x_3+x_3^2=[x_1^2-4x_1(x_2+2x_3)]+4x_2^2-4x_2x_3+x_3^2\\&=[x_1-2(x_2+2x_3)]^2-4(x_2+2x_3)^2+4x_2^2-4x_2x_3+x_3^2\\&=(x_1-2x_2-4x_3)^2-15\left(\frac{4}{3}x_2x_3+x_3^2\right)\\&=(x_1-2x_2-4x_3)^2+\frac{20}{3}x_2^2-15\left(\frac{2}{3}x_2+x_3\right)^2。\end{aligned}$$

令

$$\begin{cases} y_1 = x_1 - 2x_2 - 4x_3, \\ y_2 = x_2, \\ y_3 = \dfrac{2}{3}x_2 + x_3, \end{cases} \quad \text{即} \quad \begin{cases} x_1 = y_1 - \dfrac{2}{3}y_2 + 4y_3, \\ x_2 = y_2, \\ x_3 = -\dfrac{2}{3}y_2 + y_3, \end{cases}$$

将其代入 f,得到对应的标准形为 $f=y_1^2+\dfrac{20}{3}y_2^2-15y_3^2$,所用的非退化线性替换矩阵为

$$\boldsymbol{C}=\begin{pmatrix} 1 & -\dfrac{2}{3} & 4 \\ 0 & 1 & 0 \\ 0 & -\dfrac{2}{3} & 1 \end{pmatrix}。$$

类似地,用配方法化下列二次型为标准形,并求对应的替换矩阵:

(1) $f=5x_1^2-2x_1x_2+6x_1x_3+5x_2^2-6x_2x_3+3x_3^2$;

(2) $f=3x_1^2+8x_1x_2-4x_1x_3+3x_2^2+4x_2x_3+6x_3^2$。

四、课后习题选解

A类题

1. 分别用正交替换法、配方法将下列二次型化为标准形,并给出相应的非退化线性替换矩阵以及惯性指数:

(1) $f=-2x_1x_2+2x_1x_3+2x_2x_3$;　　(2) $f=2x_1^2-4x_1x_2+x_2^2-4x_2x_3$。

分析 使用正交替换法时,根据化二次型为标准形的基本步骤进行;在使用配方法时,需要根据二次型的具体形式进行约化。惯性指数可以根据二次型的标准形确定。

解 (1) **正交替换法** 易见,二次型对应的矩阵为

$$\boldsymbol{A}=\begin{pmatrix} 0 & -1 & 1 \\ -1 & 0 & 1 \\ 1 & 1 & 0 \end{pmatrix}。$$

矩阵 $\boldsymbol{A}$ 的特征多项式为

$$|\lambda\boldsymbol{E}-\boldsymbol{A}|=\begin{vmatrix} \lambda & 1 & -1 \\ 1 & \lambda & -1 \\ -1 & -1 & \lambda \end{vmatrix}=(\lambda-1)^2(\lambda+2)=0,$$

所以 $\boldsymbol{A}$ 的特征值为 $\lambda_1=\lambda_2=1,\lambda_3=-2$。

将 $\lambda_1=\lambda_2=1$ 代入 $(\lambda\boldsymbol{E}-\boldsymbol{A})\boldsymbol{x}=\boldsymbol{0}$,由于

$$\boldsymbol{E}-\boldsymbol{A}=\begin{pmatrix} 1 & 1 & -1 \\ 1 & 1 & -1 \\ -1 & -1 & 1 \end{pmatrix}\rightarrow\begin{pmatrix} 1 & 1 & -1 \\ 0 & 0 & 0 \\ 0 & 0 & 0 \end{pmatrix},$$

求得对应的线性无关的特征向量为 $\boldsymbol{\alpha}_1=\begin{pmatrix} -1 \\ 1 \\ 0 \end{pmatrix},\boldsymbol{\alpha}_2=\begin{pmatrix} 1 \\ 0 \\ 1 \end{pmatrix}$。利用施密特正交化方法,将它们正交化,得到

$$\boldsymbol{\beta}_1=\boldsymbol{\alpha}_1=\begin{pmatrix}-1\\1\\0\end{pmatrix},\quad \boldsymbol{\beta}_2=\boldsymbol{\alpha}_2-\frac{\langle\boldsymbol{\beta}_1,\boldsymbol{\alpha}_2\rangle}{\langle\boldsymbol{\beta}_1,\boldsymbol{\beta}_1\rangle}\boldsymbol{\beta}_1=\begin{pmatrix}1\\0\\1\end{pmatrix}+\frac{1}{2}\begin{pmatrix}-1\\1\\0\end{pmatrix}=\frac{1}{2}\begin{pmatrix}1\\1\\2\end{pmatrix},$$

再进行单位化，得到

$$\boldsymbol{\eta}_1=\frac{1}{\sqrt{2}}\begin{pmatrix}-1\\1\\0\end{pmatrix},\quad \boldsymbol{\eta}_2=\frac{1}{\sqrt{6}}\begin{pmatrix}1\\1\\2\end{pmatrix}。$$

将 $\lambda_3=-2$ 代入 $(\lambda\boldsymbol{E}-\boldsymbol{A})\boldsymbol{x}=\boldsymbol{0}$，由于

$$-2\boldsymbol{E}-\boldsymbol{A}=\begin{pmatrix}-2&1&-1\\1&-2&-1\\-1&-1&-2\end{pmatrix}\to\begin{pmatrix}1&0&1\\0&1&1\\0&0&0\end{pmatrix},$$

求得对应的特征向量为 $\boldsymbol{\alpha}_3=\begin{pmatrix}-1\\-1\\1\end{pmatrix}$，将它单位化，得到 $\boldsymbol{\eta}_3=\frac{1}{\sqrt{3}}\begin{pmatrix}-1\\-1\\1\end{pmatrix}$。

令

$$\boldsymbol{P}=\begin{pmatrix}-\frac{1}{\sqrt{2}}&\frac{1}{\sqrt{6}}&-\frac{1}{\sqrt{3}}\\\frac{1}{\sqrt{2}}&\frac{1}{\sqrt{6}}&-\frac{1}{\sqrt{3}}\\0&\frac{2}{\sqrt{6}}&\frac{1}{\sqrt{3}}\end{pmatrix},$$

则 $\boldsymbol{P}$ 为待求的正交替换矩阵。令 $\boldsymbol{x}=\boldsymbol{P}\boldsymbol{y}$，得到标准形为 $f=y_1^2+y_2^2-2y_3^2$。相应的正惯性指数为2，负惯性指数为1。

配方法 做非退化线性替换 $\begin{cases}x_1=y_1+y_2\\x_2=y_1-y_2\\x_3=y_3\end{cases}$，即 $\begin{pmatrix}x_1\\x_2\\x_3\end{pmatrix}=\begin{pmatrix}1&1&0\\1&-1&0\\0&0&1\end{pmatrix}\begin{pmatrix}y_1\\y_2\\y_3\end{pmatrix}$，代入 f 可得

$$f=-2y_1^2+2y_2^2+4y_1y_3,$$

再配方，得

$$f=-2(y_1-y_3)^2+2y_2^2+2y_3^2。$$

令 $\begin{cases}z_1=y_1-y_3,\\z_2=y_2,\\z_3=y_3,\end{cases}$ 即 $\begin{pmatrix}z_1\\z_2\\z_3\end{pmatrix}=\begin{pmatrix}1&0&-1\\0&1&0\\0&0&1\end{pmatrix}\begin{pmatrix}y_1\\y_2\\y_3\end{pmatrix}$，代入 f 可得标准形为

$$f=-2z_1^2+2z_2^2+2z_3^2。$$

对应的非退化线性替换矩阵为

$$\boldsymbol{C}=\begin{pmatrix}1&1&0\\1&-1&0\\0&0&1\end{pmatrix}\begin{pmatrix}1&0&-1\\0&1&0\\0&0&1\end{pmatrix}^{-1}=\begin{pmatrix}1&1&0\\1&-1&0\\0&0&1\end{pmatrix}\begin{pmatrix}1&0&1\\0&1&0\\0&0&1\end{pmatrix}=\begin{pmatrix}1&1&1\\1&-1&1\\0&0&1\end{pmatrix}。$$

显然，该二次型的正惯性指数为2，负惯性指数为1。

(2) **正交替换法** 易见，二次型对应的矩阵为

$$\boldsymbol{A}=\begin{pmatrix}2&-2&0\\-2&1&-2\\0&-2&0\end{pmatrix}。$$

矩阵 $\boldsymbol{A}$ 的特征多项式为

$$|\lambda\boldsymbol{E}-\boldsymbol{A}|=\begin{vmatrix}\lambda-2&2&0\\2&\lambda-1&2\\0&2&\lambda\end{vmatrix}=(\lambda+2)(\lambda-1)(\lambda-4)=0。$$

求得 $\boldsymbol{A}$ 的特征值为 $\lambda_1=-2,\lambda_2=1,\lambda_3=4$。

将 $\lambda_1=-2$ 代入 $(\lambda\boldsymbol{E}-\boldsymbol{A})\boldsymbol{x}=\boldsymbol{0}$，由于

$$-2\boldsymbol{E}-\boldsymbol{A}=\begin{pmatrix}-4&2&0\\2&-3&2\\0&2&-2\end{pmatrix}\to\begin{pmatrix}1&0&-1/2\\0&1&-1\\0&0&0\end{pmatrix},$$

求得对应的线性无关的特征向量为 $\boldsymbol{\alpha}_1=\begin{pmatrix}1\\2\\2\end{pmatrix}$。将其单位化，得到

$$\boldsymbol{\eta}_1=\frac{1}{3}\begin{pmatrix}1\\2\\2\end{pmatrix}。$$

将 $\lambda_2=1$ 代入 $(\lambda\boldsymbol{E}-\boldsymbol{A})\boldsymbol{x}=\boldsymbol{0}$，由于

$$\boldsymbol{E}-\boldsymbol{A}=\begin{pmatrix}-1&2&0\\2&0&2\\0&2&1\end{pmatrix}\to\begin{pmatrix}1&0&1\\0&1&1/2\\0&0&0\end{pmatrix},$$

求得对应的线性无关的特征向量为 $\boldsymbol{\alpha}_2=\begin{pmatrix}-2\\-1\\2\end{pmatrix}$。将其单位化，得到

$$\boldsymbol{\eta}_2=\frac{1}{3}\begin{pmatrix}-2\\-1\\2\end{pmatrix}。$$

将 $\lambda_3=4$ 代入 $(\lambda\boldsymbol{E}-\boldsymbol{A})\boldsymbol{x}=\boldsymbol{0}$，由于

$$4\boldsymbol{E}-\boldsymbol{A}=\begin{pmatrix}2&2&0\\2&3&2\\0&2&4\end{pmatrix}\to\begin{pmatrix}1&0&-2\\0&1&2\\0&0&0\end{pmatrix},$$

求得对应的线性无关的特征向量为 $\boldsymbol{\alpha}_3=\begin{pmatrix}2\\-2\\1\end{pmatrix}$。将其单位化，得到

$$\boldsymbol{\eta}_3=\frac{1}{3}\begin{pmatrix}2\\-2\\1\end{pmatrix}。$$

令

$$\boldsymbol{P}=\frac{1}{3}\begin{pmatrix}1&-2&2\\2&-1&-2\\2&2&1\end{pmatrix},$$

则 $\boldsymbol{P}$ 为待求的正交替换矩阵。令 $\boldsymbol{x}=\boldsymbol{P}\boldsymbol{y}$，得到标准形为 $f=-2y_1^2+y_2^2+4y_3^2$。相应的正惯性指数为 2，负惯性指数为 1。

配方法 对二次型进行配方，可得

$$\begin{aligned}f&=2(x_1^2-2x_1x_2)+x_2^2-4x_2x_3=2(x_1-x_2)^2-x_2^2-4x_2x_3\\&=2(x_1-x_2)^2-(x_2+2x_3)^2+4x_3^2。\end{aligned}$$

令 $\begin{cases}y_1=x_1-x_2,\\y_2=x_2+2x_3,\\y_3=x_3,\end{cases}$ 即 $\begin{cases}x_1=y_1+y_2-2y_3,\\x_2=y_2-2y_3,\\x_3=y_3,\end{cases}$ 将其代入 f，得到对应的标准形为

$$f=2y_1^2-y_2^2+4y_3^2,$$

所用的非退化线性替换矩阵为

$$\boldsymbol{C}=\begin{pmatrix}1&1&-2\\0&1&-2\\0&0&1\end{pmatrix}。$$

显然,该二次型的正惯性指数为2,负惯性指数为1。

2. 已知二次型 $f=ax_1^2+(4-2a)x_1x_2+ax_2^2+2x_3^2$ 的秩为2,求参数 a 的值,并利用正交替换将该二次型化为标准形。

分析 参见经典题型详解中例6.2。

解 易见,二次型对应的矩阵及其行阶梯形矩阵为

$$\boldsymbol{A}=\begin{pmatrix}a&2-a&0\\2-a&a&0\\0&0&2\end{pmatrix}\to\begin{pmatrix}1&1&0\\0&a-1&0\\0&0&1\end{pmatrix}。$$

由题意知,二次型的秩为2,所以 $\boldsymbol{A}$ 的秩为2,从而 $a-1=0$,即 $a=1$。此时

$$\boldsymbol{A}=\begin{pmatrix}1&1&0\\1&1&0\\0&0&2\end{pmatrix}。$$

矩阵 $\boldsymbol{A}$ 的特征方程为

$$|\lambda\boldsymbol{E}-\boldsymbol{A}|=\begin{vmatrix}\lambda-1&-1&0\\-1&\lambda-1&0\\0&0&\lambda-2\end{vmatrix}=\lambda(\lambda-2)^2,$$

所以 $\boldsymbol{A}$ 的特征值为 $\lambda_1=0,\lambda_2=\lambda_3=2$。

将 $\lambda_1=0$ 代入 $(\lambda\boldsymbol{E}-\boldsymbol{A})\boldsymbol{x}=\boldsymbol{0}$,由于

$$0\boldsymbol{E}-\boldsymbol{A}=\begin{pmatrix}-1&-1&0\\-1&-1&0\\0&0&2\end{pmatrix}\to\begin{pmatrix}1&1&0\\0&0&1\\0&0&0\end{pmatrix},$$

求得对应的特征向量为 $\boldsymbol{\alpha}_1=\begin{pmatrix}-1\\1\\0\end{pmatrix}$,将其单位化,得到 $\boldsymbol{\eta}_1=\frac{1}{\sqrt{2}}\begin{pmatrix}-1\\1\\0\end{pmatrix}$。

将 $\lambda_2=\lambda_3=2$ 代入 $(\lambda\boldsymbol{E}-\boldsymbol{A})\boldsymbol{x}=\boldsymbol{0}$,由于

$$2\boldsymbol{E}-\boldsymbol{A}=\begin{pmatrix}1&-1&0\\-1&1&0\\0&0&0\end{pmatrix}\to\begin{pmatrix}1&-1&0\\0&0&0\\0&0&0\end{pmatrix},$$

求得对应的特征向量为 $\boldsymbol{\alpha}_2=\begin{pmatrix}1\\1\\0\end{pmatrix},\boldsymbol{\alpha}_3=\begin{pmatrix}0\\0\\1\end{pmatrix}$。容易验证它们是正交的,将它们单位化,得到 $\boldsymbol{\eta}_2=\frac{1}{\sqrt{2}}\begin{pmatrix}1\\1\\0\end{pmatrix}$,

$\boldsymbol{\eta}_3=\begin{pmatrix}0\\0\\1\end{pmatrix}$。

令

$$P=\frac{1}{\sqrt{2}}\begin{pmatrix}-1&1&0\\1&1&0\\0&0&\sqrt{2}\end{pmatrix},$$

则 $x=Py$ 即为所求的正交替换,且对应的标准形为 $f=2x_2^2+2x_3^2$。

3. 设二次型 $f=x_1^2-4x_1x_2-4x_1x_3+x_2^2+2ax_2x_3+x_3^2$ 在正交替换 $x=Qy$ 下的标准形为 $3y_1^2+3y_2^2+by_3^2$,求参数 a,b 的值及所用的正交替换。

分析 参见经典题型详解中例6.2。

解 替换前后二次型的矩阵分别为

$$A=\begin{pmatrix}1&-2&-2\\-2&1&a\\-2&a&1\end{pmatrix},\quad \Lambda=\begin{pmatrix}3&0&0\\0&3&0\\0&0&b\end{pmatrix}。$$

因为所做的是正交替换,所以 A 与 Λ 的迹、行列式、特征值和特征多项式都相同。

由 A 与 Λ 的迹相同可得,$1+1+1=3+3+b$,从而 $b=-3$。

由 A 与 Λ 的特征值相同可得,A 的特征值为 $\lambda_1=\lambda_2=3,\lambda_3=-3$。由于

$$|3E-A|=|-3E-A|=0,$$

解得 $a=-2$。

将 $\lambda_1=\lambda_2=3$ 代入 $(\lambda E-A)x=0$,由于

$$3E-A=\begin{pmatrix}2&2&2\\2&2&2\\2&2&2\end{pmatrix}\rightarrow\begin{pmatrix}1&1&1\\0&0&0\\0&0&0\end{pmatrix},$$

求得对应的特征向量为 $\alpha_1=\begin{pmatrix}-1\\1\\0\end{pmatrix}$,$\alpha_2=\begin{pmatrix}-1\\0\\1\end{pmatrix}$,将它们正交化,得到

$$\beta_1=\alpha_1=\begin{pmatrix}-1\\1\\0\end{pmatrix},\quad \beta_2=\alpha_2-\frac{\langle\beta_1,\alpha_2\rangle}{\langle\beta_1,\beta_1\rangle}\beta_1=\begin{pmatrix}-1\\0\\1\end{pmatrix}-\frac{1}{2}\begin{pmatrix}-1\\1\\0\end{pmatrix}=\frac{1}{2}\begin{pmatrix}-1\\-1\\2\end{pmatrix}。$$

再进行单位化,得到

$$\eta_1=\frac{1}{\sqrt{2}}\begin{pmatrix}-1\\1\\0\end{pmatrix},\quad \eta_2=\frac{1}{\sqrt{6}}\begin{pmatrix}-1\\-1\\2\end{pmatrix}。$$

将 $\lambda_3=-3$ 代入 $(\lambda E-A)x=0$,由于

$$-3E-A=\begin{pmatrix}-4&2&2\\2&-4&2\\2&2&-4\end{pmatrix}\rightarrow\begin{pmatrix}1&0&-1\\0&1&-1\\0&0&0\end{pmatrix},$$

求得对应的特征向量为 $\alpha_3=\begin{pmatrix}1\\1\\1\end{pmatrix}$,将其单位化,得到 $\eta_3=\frac{1}{\sqrt{3}}\begin{pmatrix}1\\1\\1\end{pmatrix}$。

于是,所求正交替换矩阵为

$$P=\begin{pmatrix}-\frac{1}{\sqrt{2}}&-\frac{1}{\sqrt{6}}&\frac{1}{\sqrt{3}}\\\frac{1}{\sqrt{2}}&-\frac{1}{\sqrt{6}}&\frac{1}{\sqrt{3}}\\0&\frac{2}{\sqrt{6}}&\frac{1}{\sqrt{3}}\end{pmatrix}。$$

6.3 正定二次型

一、知识要点

定义 6.6 如果对于任意的 n 维非零实向量 $\boldsymbol{x}=(c_1,c_2,\cdots,c_n)^{\mathrm{T}}$，都有不等式 $f(c_1,c_2,\cdots,c_n)>0$ 成立，则称实二次型 $f(x_1,x_2,\cdots,x_n)=\boldsymbol{x}^{\mathrm{T}}\boldsymbol{A}\boldsymbol{x}$ 为**正定二次型**，对应的矩阵 $\boldsymbol{A}$ 称为**正定矩阵**。

定义 6.7 设 $f(x_1,x_2,\cdots,x_n)$ 是一个实二次型。如果对任意的 n 维非零实向量 $\boldsymbol{x}=(c_1,c_2,\cdots,c_n)^{\mathrm{T}}$，都有不等式 $f(c_1,c_2,\cdots,c_n)<0$ 成立，那么 $f(x_1,x_2,\cdots,x_n)$ 称为**负定的**；如果都有 $f(c_1,c_2,\cdots,c_n)\geqslant 0$，那么 $f(x_1,x_2,\cdots,x_n)$ 称为**半正定的**；如果都有 $f(c_1,c_2,\cdots,c_n)\leqslant 0$，那么 $f(x_1,x_2,\cdots,x_n)$ 称为**半负定的**；如果它既不是半正定的，又不是半负定的，那么 $f(x_1,x_2,\cdots,x_n)$ 就称为**不定的**。

设二次型 $f(x_1,x_2,\cdots,x_n)=\boldsymbol{x}^{\mathrm{T}}\boldsymbol{A}\boldsymbol{x}$ 是正定的。令 $\boldsymbol{x}=\boldsymbol{C}\boldsymbol{y}$，$\boldsymbol{C}$ 可逆，则有

$$f(x_1,x_2,\cdots,x_n)=\boldsymbol{x}^{\mathrm{T}}\boldsymbol{A}\boldsymbol{x}=\boldsymbol{y}^{\mathrm{T}}(\boldsymbol{C}^{\mathrm{T}}\boldsymbol{A}\boldsymbol{C})\boldsymbol{y},$$

即二次型 $\boldsymbol{y}^{\mathrm{T}}(\boldsymbol{C}^{\mathrm{T}}\boldsymbol{A}\boldsymbol{C})\boldsymbol{y}$ 也正定。

定理 6.3 实二次型 $f(x_1,x_2,\cdots,x_n)=\boldsymbol{x}^{\mathrm{T}}\boldsymbol{A}\boldsymbol{x}$ 正定的充分必要条件是：它的标准形中的系数都大于零，即 $d_i>0(i=1,2,\cdots,n)$。换句话说，若 $f(x_1,x_2,\cdots,x_n)$ 正定，当且仅当 $\boldsymbol{A}$ 合同于

$$\boldsymbol{D}=\begin{pmatrix} d_1 & & & \\ & d_2 & & \\ & & \ddots & \\ & & & d_n \end{pmatrix},$$

其中 $d_i>0(i=1,2,\cdots,n)$。

定理 6.4 实二次型 $f(x_1,x_2,\cdots,x_n)=\boldsymbol{x}^{\mathrm{T}}\boldsymbol{A}\boldsymbol{x}$ 正定的充分必要条件是：它的矩阵 $\boldsymbol{A}$ 与单位矩阵 $\boldsymbol{E}$ 合同。

推论 1 如果矩阵 $\boldsymbol{A}$ 是正定的，则 $|\boldsymbol{A}|>0$。

推论 2 设 $\boldsymbol{A}$ 为 n 阶对称矩阵。二次型 $\boldsymbol{x}^{\mathrm{T}}\boldsymbol{A}\boldsymbol{x}$(或矩阵 $\boldsymbol{A}$)正定的充分必要条件是：二次型的正惯性指数等于 n。

定理 6.5 实二次型 $f(x_1,x_2,\cdots,x_n)=\boldsymbol{x}^{\mathrm{T}}\boldsymbol{A}\boldsymbol{x}$(或实对称矩阵 $\boldsymbol{A}$)正定的充分必要条件是：$\boldsymbol{A}$ 的特征值均大于零。

定义 6.8 子式

$$\Delta_i=\begin{vmatrix} a_{11} & a_{12} & \cdots & a_{1i} \\ a_{21} & a_{22} & \cdots & a_{2i} \\ \vdots & \vdots & & \vdots \\ a_{i1} & a_{i2} & \cdots & a_{ii} \end{vmatrix},\quad i=1,2,\cdots,n$$

称为矩阵 $\boldsymbol{A}=(a_{ij})_{n\times n}$ 的**顺序主子式**。

定理 6.6 实对称矩阵 $\boldsymbol{A}$(或实二次型 $f(x_1,x_2,\cdots x_n)=\boldsymbol{x}^{\mathrm{T}}\boldsymbol{A}\boldsymbol{x}$)是正定的，当且仅当 $\boldsymbol{A}$ 的

各阶顺序主子式全为正，即

$$\Delta_r = \begin{vmatrix} a_{11} & a_{12} & \cdots & a_{1r} \\ a_{21} & a_{22} & \cdots & a_{2r} \\ \vdots & \vdots & & \vdots \\ a_{r1} & a_{r2} & \cdots & a_{rr} \end{vmatrix} > 0, \quad r = 1,2,\cdots,n。$$

类似地，矩阵 $\boldsymbol{A}$ 是负定的，当且仅当 $\boldsymbol{A}$ 的奇数阶顺序主子式为负，偶数阶顺序主子式为正，即

$$(-1)^r \begin{vmatrix} a_{11} & a_{12} & \cdots & a_{1r} \\ a_{21} & a_{22} & \cdots & a_{2r} \\ \vdots & \vdots & & \vdots \\ a_{r1} & a_{r2} & \cdots & a_{rr} \end{vmatrix} > 0, \quad r = 1,2,\cdots,n。$$

该定理称为**胡尔维茨定理**。

二、经典题型详解

题型1 判断二次型的正定性

例6.8 判断下列二次型的正定性：

(1) $f=x_1^2+2x_1x_2+2x_2^2+x_3^2$；

(2) $f=-2x_1^2+2x_1x_2-6x_2^2+2x_2x_3-4x_3^2$。

分析 写出各二次型对应的矩阵，然后利用各阶顺序主子式的符号来判断。

解 (1) 易见，二次型的矩阵为

$$\boldsymbol{A} = \begin{pmatrix} 1 & 1 & 0 \\ 1 & 2 & 0 \\ 0 & 0 & 1 \end{pmatrix}。$$

不难求得其各阶顺序主子式分别为

$$\Delta_1 = 1 > 0, \quad \Delta_2 = \begin{vmatrix} 1 & 1 \\ 1 & 2 \end{vmatrix} = 1 > 0, \quad \Delta_3 = \begin{vmatrix} 1 & 1 & 0 \\ 1 & 2 & 0 \\ 0 & 0 & 1 \end{vmatrix} = 1 > 0。$$

由定理6.6知，该二次型为正定二次型。

(2) 易见，二次型的矩阵为

$$\boldsymbol{A} = \begin{pmatrix} -2 & 1 & 0 \\ 1 & -6 & 1 \\ 0 & 1 & -4 \end{pmatrix}。$$

不难求得其各阶顺序主子式分别为

$$\Delta_1 = -2 < 0, \quad \Delta_2 = \begin{vmatrix} -2 & 1 \\ 1 & -6 \end{vmatrix} = 11 > 0, \quad \Delta_3 = \begin{vmatrix} -2 & 1 & 0 \\ 1 & -6 & 1 \\ 0 & 1 & -4 \end{vmatrix} = -42 < 0。$$

由定理6.6知，该二次型为负定二次型。

类似地，可以判断下列二次型的正定性：

(1) $f=-x_1^2+4x_1x_2-2x_1x_3+5x_2^2+2x_2x_3-3x_3^2$；

(2) $f=3x_1^2+4x_1x_2+4x_2^2-4x_2x_3+5x_3^2$。

特别地，利用定理 6.6，可以求 a 的值，使下列二次型正定：

(1) $f=5x_1^2+4x_1x_2-2x_1x_3+x_2^2-2x_2x_3+ax_3^2$；

(2) $f=ax_1^2-4x_1x_2-2ax_1x_3+x_2^2+4x_2x_3+5x_3^2$。

题型 2 证明题

例 6.9 若 $\boldsymbol{A}$ 是 n 阶正定矩阵，证明：$\boldsymbol{A}^{-1}$ 和 $\boldsymbol{A}^*$ 也是正定矩阵。

分析 利用定理 6.5，即正定矩阵的特征值全大于零。

证 容易验证，若矩阵 $\boldsymbol{A}$ 对称的，则 $\boldsymbol{A}^{-1}$ 对称。因为 $\boldsymbol{A}$ 是正定矩阵，由定理 6.5 知，$\boldsymbol{A}$ 的特征值全大于零。由矩阵的特征值的性质 3 可知，$\boldsymbol{A}^{-1}$ 的特征值为 $\boldsymbol{A}$ 的特征值的倒数，所以 $\boldsymbol{A}^{-1}$ 的特征值全大于零。因此，$\boldsymbol{A}^{-1}$ 是正定矩阵。

因为 $\boldsymbol{A}$ 为正定矩阵，所以 $|\boldsymbol{A}|>0$，由上可知，$\boldsymbol{A}^{-1}$ 是正定矩阵，所以 $\boldsymbol{A}^*=|\boldsymbol{A}|\boldsymbol{A}^{-1}$ 也是正定矩阵。 证毕

评注 验证某个矩阵是正定矩阵需要满足两条：一是验证该矩阵是对称矩阵；二是验证该矩阵或者满足定义 6.6，或满足定理 6.3～定理 6.6 及其推论中的某一个结论。

例 6.10 设 $\boldsymbol{A}$ 是一个实对称矩阵。证明：对充分大的 t，$t\boldsymbol{E}+\boldsymbol{A}$ 是对称正定矩阵。

分析 利用定理 6.5 和矩阵的特征值的性质 5 证明。

证 设 $\lambda_1,\lambda_2,\cdots,\lambda_n$ 为矩阵 $\boldsymbol{A}$ 的特征值，由矩阵的特征值的性质 5 知，$\lambda_1+t,\lambda_2+t,\cdots,\lambda_n+t$ 为矩阵 $t\boldsymbol{E}+\boldsymbol{A}$ 的特征值。当 $t>\max\limits_{1\leqslant i\leqslant n}|\lambda_i|$ 时，$t\boldsymbol{E}+\boldsymbol{A}$ 的特征值全大于零，又因为 $t\boldsymbol{E}+\boldsymbol{A}$ 是对称矩阵，所以 $t\boldsymbol{E}+\boldsymbol{A}$ 是正定矩阵。 证毕

三、课后习题选解

A类题

1. 判断下列二次型的正定性：

(1) $f=2x_1^2+4x_1x_2-4x_1x_3+5x_2^2-8x_2x_3+5x_3^2$；

(2) $f=x_1^2+4x_1x_2+2x_2^2+2x_2x_3-3x_3^2$。

分析 参见经典题型详解中例 6.8。

解 (1) 易见，二次型的矩阵为

$$\boldsymbol{A}=\begin{pmatrix}2&2&-2\\2&5&-4\\-2&-4&5\end{pmatrix}。$$

不难求得其各阶顺序主子式分别为

$$\Delta_1=2>0,\quad \Delta_2=\begin{vmatrix}2&2\\2&5\end{vmatrix}=6>0,\quad \Delta_3=\begin{vmatrix}2&2&-2\\2&5&-4\\-2&-4&5\end{vmatrix}=10>0。$$

由定理 6.6 知，该二次型为正定二次型。

(2) 易见，二次型的矩阵为

$$\boldsymbol{A}=\begin{pmatrix}1&2&0\\2&2&1\\0&1&-3\end{pmatrix}。$$

不难求得其各阶顺序主子式分别为

$$\Delta_1=1>0,\quad \Delta_2=\begin{vmatrix}1&2\\2&2\end{vmatrix}=-2<0,\quad \Delta_3=\begin{vmatrix}1&2&0\\2&2&1\\0&1&-3\end{vmatrix}=5>0。$$

由定理6.6知，该二次型为不定二次型。

2. 求 a 的值，使下列二次型正定：

(1) $f=ax_1^2-4x_1x_2-2ax_1x_3+x_2^2+4x_2x_3+5x_3^2$;

(2) $f=x_1^2+2x_1x_2+2x_1x_3+x_2^2+4x_2x_3+5x_3^2$。

分析 参见经典题型详解中例6.8。

解 (1) 易见，二次型的矩阵为

$$\boldsymbol{A}=\begin{pmatrix}a&-2&-a\\-2&1&2\\-a&2&5\end{pmatrix}。$$

不难求得其各阶顺序主子式分别为

$$\Delta_1=a>0,\quad \Delta_2=\begin{vmatrix}a&-2\\-2&1\end{vmatrix}=a-4>0,\quad \Delta_3=\begin{vmatrix}a&-2&-a\\-2&1&2\\-a&2&5\end{vmatrix}=-(a-4)(a-5)>0,$$

解得 $4<a<5$。

(2) 易见，二次型的矩阵为

$$\boldsymbol{A}=\begin{pmatrix}1&1&1\\1&2&1\\1&1&a\end{pmatrix}。$$

不难求得其各阶顺序主子式分别为

$$\Delta_1=1>0,\quad \Delta_2=\begin{vmatrix}1&1\\1&2\end{vmatrix}=1>0,\quad \Delta_3=\begin{vmatrix}1&1&1\\1&2&1\\1&1&a\end{vmatrix}=a-1>0,$$

解得 $a>1$。

3. 设 $\boldsymbol{A}$ 与 $\boldsymbol{B}$ 是 n 阶正定矩阵。证明：$\boldsymbol{A}+\boldsymbol{B}$ 为正定矩阵。

分析 利用定义6.6证明。

证 由于 $\boldsymbol{A}$ 与 $\boldsymbol{B}$ 是对称矩阵，所以 $\boldsymbol{A}+\boldsymbol{B}$ 是对称矩阵。因为 $\boldsymbol{A}$ 与 $\boldsymbol{B}$ 是 n 阶正定矩阵，所以对任意 n 维非零实向量 $\boldsymbol{x}$，有 $\boldsymbol{x}^{\mathrm T}\boldsymbol{A}\boldsymbol{x}>0$，$\boldsymbol{x}^{\mathrm T}\boldsymbol{B}\boldsymbol{x}>0$，于是 $\boldsymbol{x}^{\mathrm T}(\boldsymbol{A}+\boldsymbol{B})\boldsymbol{x}>0$。由定义6.6可知，$\boldsymbol{A}+\boldsymbol{B}$ 是正定矩阵。 证毕

4. 设对称矩阵 $\boldsymbol{A}$ 为正定矩阵。证明：存在可逆矩阵 $\boldsymbol{U}$，使 $\boldsymbol{A}=\boldsymbol{U}^{\mathrm T}\boldsymbol{U}$。

分析 利用定理6.4证明。

证 因为 $\boldsymbol{A}$ 为正定矩阵，由定理6.4知，存在可逆矩阵 $\boldsymbol{C}$，使得 $\boldsymbol{C}^{\mathrm T}\boldsymbol{A}\boldsymbol{C}=\boldsymbol{E}$，于是

$$\boldsymbol{A}=(\boldsymbol{C}^{\mathrm T})^{-1}\boldsymbol{C}^{-1}=(\boldsymbol{C}^{-1})^{\mathrm T}\boldsymbol{C}^{-1},$$

取 $\boldsymbol{U}=\boldsymbol{C}^{-1}$，即可证明结论。 证毕

5. 设 $\boldsymbol{A}$ 为 m 阶正定矩阵，$\boldsymbol{B}$ 为 $m\times n$ 实矩阵。证明：$\boldsymbol{B}^{\mathrm T}\boldsymbol{A}\boldsymbol{B}$ 为正定矩阵的充分必要条件是 $\mathrm{R}(\boldsymbol{B})=n$。

分析 利用正定矩阵的定义。

证 **必要性** 用反证法。假设 $\mathrm{R}(\boldsymbol{B})<n$，则存在非零 n 维实列向量 $\boldsymbol{x}$，使得 $\boldsymbol{B}\boldsymbol{x}=\boldsymbol{0}$。于是有，$\boldsymbol{x}^{\mathrm T}\boldsymbol{B}^{\mathrm T}\boldsymbol{A}\boldsymbol{B}\boldsymbol{x}=\boldsymbol{0}$，显然与 $\boldsymbol{B}^{\mathrm T}\boldsymbol{A}\boldsymbol{B}$ 为正定矩阵矛盾，因此，$\mathrm{R}(\boldsymbol{B})=n$。

充分性 因为 $\mathrm{R}(\boldsymbol{B})=n$，所以对任意非零 n 维实列向量 $\boldsymbol{x}$，$\boldsymbol{y}=\boldsymbol{B}\boldsymbol{x}\neq\boldsymbol{0}$。由于 $\boldsymbol{A}$ 是正定矩阵，所以有 $\boldsymbol{x}^{\mathrm T}\boldsymbol{B}^{\mathrm T}\boldsymbol{A}\boldsymbol{B}\boldsymbol{x}=\boldsymbol{y}^{\mathrm T}\boldsymbol{A}\boldsymbol{y}>0$，即 $\boldsymbol{B}^{\mathrm T}\boldsymbol{A}\boldsymbol{B}$ 为正定矩阵。 证毕

B类题

1. 若 $\boldsymbol{A}$ 与 $\boldsymbol{B}$ 是两个 n 阶实对称矩阵,并且 $\boldsymbol{A}$ 是正定的。证明:存在一个实可逆矩阵 $\boldsymbol{U}$,使得 $\boldsymbol{U}^{\mathrm{T}}\boldsymbol{A}\boldsymbol{U}$ 和 $\boldsymbol{U}^{\mathrm{T}}\boldsymbol{B}\boldsymbol{U}$ 都是对角矩阵。

分析 注意到,单位矩阵也是对角矩阵。利用定理 5.10 和定理 6.4 证明。

证 因为 $\boldsymbol{A}$ 为正定矩阵,由定理 6.4 知,存在可逆矩阵 $\boldsymbol{P}$,使得 $\boldsymbol{P}^{\mathrm{T}}\boldsymbol{A}\boldsymbol{P}=\boldsymbol{E}$。容易验证 $\boldsymbol{P}^{\mathrm{T}}\boldsymbol{B}\boldsymbol{P}$ 对称,由定理 5.10 知,存在正交矩阵 $\boldsymbol{Q}$,使得 $\boldsymbol{Q}^{\mathrm{T}}\boldsymbol{P}^{\mathrm{T}}\boldsymbol{B}\boldsymbol{P}\boldsymbol{Q}$ 为对角矩阵。特别地,有 $\boldsymbol{Q}^{\mathrm{T}}\boldsymbol{P}^{\mathrm{T}}\boldsymbol{A}\boldsymbol{P}\boldsymbol{Q}=\boldsymbol{E}$。因此,令 $\boldsymbol{U}=\boldsymbol{P}\boldsymbol{Q}$,则 $\boldsymbol{U}^{\mathrm{T}}\boldsymbol{A}\boldsymbol{U}$ 和 $\boldsymbol{U}^{\mathrm{T}}\boldsymbol{B}\boldsymbol{U}$ 都是对角矩阵。 证毕

2. 若 $\boldsymbol{A}$ 与 $\boldsymbol{A}-\boldsymbol{E}$ 是正定矩阵,证明:$\boldsymbol{E}-\boldsymbol{A}^{-1}$ 也是正定矩阵。

分析 利用定理 6.5 和矩阵的特征值的性质 5 证明。

证 由已知可得,$\boldsymbol{A}$ 与 $\boldsymbol{A}-\boldsymbol{E}$ 是对称矩阵,容易验证,$\boldsymbol{E}-\boldsymbol{A}^{-1}$ 也是对称矩阵。另一方面,设 λ 是 $\boldsymbol{A}$ 的任一特征值。因为 $\boldsymbol{A}$ 与 $\boldsymbol{A}-\boldsymbol{E}$ 是正定矩阵,由定理 6.5 和矩阵的特征值的性质 5 知,$\lambda>1$。不难验证,$\boldsymbol{E}-\boldsymbol{A}^{-1}$ 的特征值为 $1-\lambda^{-1}$,且 $1-\lambda^{-1}>0$,所以 $\boldsymbol{E}-\boldsymbol{A}^{-1}$ 是正定矩阵。 证毕

复习题6解答

1. 填空题

(1) 若二次型 $f(x_1,x_2,x_3)=x_1^2+2x_1x_2+tx_2^2+3x_3^2$ 的秩为 2,则 $t=$ ________。

(2) 若实对称矩阵 $\boldsymbol{A}=\begin{pmatrix}1&\lambda&0\\\lambda&3&1\\0&1&2\end{pmatrix}$ 是正定矩阵,则 λ 的取值范围是__________。

(3) 二次型 $f(x_1,x_2,x_3)=x_1^2-x_2^2+2x_1x_2+2x_2x_3$ 规范形是__________。

(4) 若二次型 $f(\boldsymbol{x})=\boldsymbol{x}^{\mathrm{T}}\boldsymbol{A}\boldsymbol{x}$ 的矩阵 $\boldsymbol{A}$ 的特征值都是正的,则 $f(\boldsymbol{x})=\boldsymbol{x}^{\mathrm{T}}\boldsymbol{A}\boldsymbol{x}$ 是________二次型。

(5) 二次型 $f(x_1,x_2,x_3)=x_1^2-4x_1x_2+2x_1x_3-2x_2^2-2x_2x_3+x_3^2$ 的正惯性指数是________。

解 (1) 易见,二次型对应的矩阵及其行阶梯形矩阵为

$$\boldsymbol{A}=\begin{pmatrix}1&1&0\\1&t&0\\0&0&3\end{pmatrix}\to\begin{pmatrix}1&1&0\\0&t-1&0\\0&0&3\end{pmatrix}。$$

由题意知 $\mathrm{R}(\boldsymbol{A})=2$,所以 $t=1$。

(2) 因为 $\boldsymbol{A}$ 正定,由定理 6.6 知

$$\Delta_1=1>0,\quad \Delta_2=\begin{vmatrix}1&\lambda\\\lambda&3\end{vmatrix}=3-\lambda^2>0,\quad \Delta_3=\begin{vmatrix}1&\lambda&0\\\lambda&3&1\\0&1&2\end{vmatrix}=5-2\lambda^2>0,$$

解得 $-\sqrt{\dfrac{5}{2}}<\lambda<\sqrt{\dfrac{5}{2}}$。

(3) 对二次型进行配方,可得

$$\begin{aligned}f(x_1,x_2,x_3)&=x_1^2-x_2^2+2x_1x_2+2x_2x_3\\&=(x_1+x_2)^2-2x_2^2+2x_2x_3\\&=(x_1+x_2)^2-2\left(x_2-\frac{1}{2}x_3\right)^2+\frac{1}{2}x_3^2。\end{aligned}$$

二次型的正惯性指数为 2,负惯性指数为 1,故其规范形为 $y_1^2+y_2^2-y_3^2$。

注意到,此题若用正交替换法求解较为麻烦。

(4) 由定理 6.5 可知,二次型正定的充分必要条件是:对应的矩阵的特征值均大于零。

(5) 对二次型进行配方,可得

$$f(x_1,x_2,x_3)=x_1^2-4x_1x_2+2x_1x_3-2x_2^2-2x_2x_3+x_3^2$$
$$=(x_1-2x_2+x_3)^2-6\left(x_2-\frac{1}{6}x_3\right)^2+\frac{1}{6}x_3^2。$$

易见,该二次型的正惯性指数为2。

2. 选择题

(1) 二次型 $f(x_1,x_2,x_3)=x_1^2+x_2^2-2x_1x_2$ 对应的矩阵是(　　)。

A. $\begin{pmatrix}1&-2\\0&1\end{pmatrix}$　　B. $\begin{pmatrix}1&-1\\-1&1\end{pmatrix}$　　C. $\begin{pmatrix}1&-2&0\\0&1&0\\0&0&0\end{pmatrix}$　　D. $\begin{pmatrix}1&-1&0\\-1&1&0\\0&0&0\end{pmatrix}$

(2) 设 $\boldsymbol{A}$ 是三阶正定矩阵,则 $|\boldsymbol{A}+\boldsymbol{E}|$(　　)。

A. $=1$　　B. >1　　C. <1　　D. 不能确定

(3) 设矩阵 $\boldsymbol{A}$ 和 $\boldsymbol{B}$ 都是实对称矩阵,则 $\boldsymbol{A}$ 与 $\boldsymbol{B}$ 合同的充分必要条件是(　　)。

A. $\boldsymbol{A}$ 与 $\boldsymbol{B}$ 都与对角矩阵合同　　B. $\boldsymbol{A}$ 与 $\boldsymbol{B}$ 的秩相同

C. $\boldsymbol{A}$ 与 $\boldsymbol{B}$ 的特征值相同　　D. $\boldsymbol{A}$ 与 $\boldsymbol{B}$ 的正负惯性指数相同

(4) 二次型 $f(x_1,x_2,x_3)=-2x_1^2-x_2^2-x_3^2-4x_1x_2-6x_1x_3$ 是(　　)。

A. 正定的　　B. 负定的　　C. 既不正定也不负定　　D. 无法确定

(5) 如果 $\boldsymbol{A}$ 是正定矩阵,则(　　)。($\boldsymbol{A}^*$ 是 $\boldsymbol{A}$ 的伴随矩阵)

A. $\boldsymbol{A}^{\mathrm{T}}$ 和 $\boldsymbol{A}^{-1}$ 也正定,但 $\boldsymbol{A}^*$ 不一定　　B. $\boldsymbol{A}^{-1}$ 和 $\boldsymbol{A}^*$ 也正定,但 $\boldsymbol{A}^{\mathrm{T}}$ 不一定

C. $\boldsymbol{A}^{\mathrm{T}}, \boldsymbol{A}^{-1}, \boldsymbol{A}^*$ 也都是正定矩阵　　D. 无法确定

解　(1)利用二次型与二次型的矩阵的对应关系可知,选D。要注意的是,因为题中给出的是三元二次型,所以二次型的矩阵为三阶矩阵,故选项B是错误的。

(2) 因 $\boldsymbol{A}$ 是正定矩阵,所以 $\boldsymbol{A}$ 的所有特征值 λ_i 都大于零,由矩阵的特征值的性质5知,$\boldsymbol{A}+\boldsymbol{E}$ 的特征值 λ_i+1 均大于1,再由 $|\boldsymbol{A}+\boldsymbol{E}|=\prod_{i=1}^{3}(\lambda_i+1)$ 知,$|\boldsymbol{A}+\boldsymbol{E}|>1$,选B。

(3) $\boldsymbol{A}$ 与 $\boldsymbol{B}$ 合同 $\Leftrightarrow$ $\boldsymbol{A}$ 与 $\boldsymbol{B}$ 的规范形相同 $\Leftrightarrow$ $\boldsymbol{A}$ 与 $\boldsymbol{B}$ 的正负惯性指数相同,故选D。

(4) 易见,二次型对应的矩阵为

$$\boldsymbol{A}=\begin{pmatrix}-2&-2&-3\\-2&-1&0\\-3&0&-1\end{pmatrix}。$$

不难求得矩阵的各阶顺序主子式为

$$\Delta_1=-2<0,\quad \Delta_2=\begin{vmatrix}-2&-2\\-2&-1\end{vmatrix}=-2<0,\quad \Delta_3=\begin{vmatrix}-2&-2&-3\\-2&-1&0\\-3&0&-1\end{vmatrix}=11>0。$$

因此,该二次型既不正定也不负定,故选C。

(5) 利用定理6.5不难验证,$\boldsymbol{A}^{\mathrm{T}}, \boldsymbol{A}^{-1}, \boldsymbol{A}^*$ 也都是正定矩阵,故选C。

3. 设二次型 $f(x_1,x_2,x_3)=2x_1^2+2x_2^2+3x_3^2+2x_1x_2$,解答下列问题:

(1) 写出其矩阵表达式;

(2) 用正交替换将其化为标准形,并写出所用的正交替换。

解　(1) 二次型的矩阵表达式为

$$f=\boldsymbol{x}^{\mathrm{T}}\boldsymbol{A}\boldsymbol{x}=\boldsymbol{x}^{\mathrm{T}}\begin{pmatrix}2&1&0\\1&2&0\\0&0&3\end{pmatrix}\boldsymbol{x};$$

(2) 易见，二次型对应的矩阵为

$$A=\begin{pmatrix}2&1&0\\1&2&0\\0&0&3\end{pmatrix}。$$

不难求得，矩阵 A 的特征值分别为 1,3,3。对应的标准正交的特征向量分别为

$$\frac{1}{\sqrt{2}}\begin{pmatrix}-1\\1\\0\end{pmatrix},\quad \frac{1}{\sqrt{2}}\begin{pmatrix}1\\1\\0\end{pmatrix},\quad \begin{pmatrix}0\\0\\1\end{pmatrix}。$$

所用的正交替换为 $x=Qy$，其中

$$Q=\frac{1}{\sqrt{2}}\begin{pmatrix}-1&1&0\\1&1&0\\0&0&\sqrt{2}\end{pmatrix}。$$

二次型的标准形为

$$f=y_1^2+3y_2^2+3y_3^2。$$

4. 用配方法将下列二次型化为标准形，并写出所做的实可逆线性替换：

(1) $f(x_1,x_2,x_3,x_4)=x_1x_2+x_2x_3+x_3x_4+x_4x_1$；

(2) $f(x_1,x_2,x_3)=x_1^2+4x_1x_2-8x_2x_3$。

解 (1) 由于二次型中不含有平方项，需要通过线性替换，使其含有平方项。令

$$\begin{cases}x_1=y_1+y_2,\\x_2=y_1-y_2,\\x_3=y_3,\\x_4=y_4,\end{cases}$$

则

$$\begin{aligned}f&=(y_1+y_2)(y_1-y_2)+(y_1-y_2)y_3+y_3y_4+y_4(y_1+y_2)\\&=y_1^2+y_1(y_3+y_4)-y_2^2-y_2(y_3-y_4)+y_3y_4\\&=\left(y_1+\frac{y_3+y_4}{2}\right)^2-\left(y_2+\frac{y_3-y_4}{2}\right)^2。\end{aligned}$$

令

$$\begin{cases}z_1=y_1+\dfrac{1}{2}(y_3+y_4),\\z_2=y_2+\dfrac{1}{2}(y_3-y_4),\\z_3=y_3,\\z_4=y_4,\end{cases}$$

则二次型的标准形为 $f=z_1^2-z_2^2$，所用线性替换为

$$\begin{pmatrix}z_1\\z_2\\z_3\\z_4\end{pmatrix}=\begin{pmatrix}1&0&1/2&1/2\\0&1&1/2&-1/2\\0&0&1&0\\0&0&0&1\end{pmatrix}\begin{pmatrix}y_1\\y_2\\y_3\\y_4\end{pmatrix}=\begin{pmatrix}1&0&1/2&1/2\\0&1&1/2&-1/2\\0&0&1&0\\0&0&0&1\end{pmatrix}\begin{pmatrix}1&1&0&0\\1&-1&0&0\\0&0&1&0\\0&0&0&1\end{pmatrix}^{-1}\begin{pmatrix}x_1\\x_2\\x_3\\x_4\end{pmatrix},$$

即

$$\begin{pmatrix}x_1\\x_2\\x_3\\x_4\end{pmatrix}=\begin{pmatrix}1&1&-1&0\\1&-1&0&-1\\0&0&1&0\\0&0&0&1\end{pmatrix}\begin{pmatrix}z_1\\z_2\\z_3\\z_4\end{pmatrix}。$$

(2) 对二次型进行配方,可得

$$f = x_1^2 + 4x_1x_2 - 8x_2x_3 = (x_1 + 2x_2)^2 - 4x_2^2 - 8x_2x_3$$
$$= (x_1 + 2x_2)^2 - 4(x_2 + x_3)^2 - 4x_3^2。$$

于是,二次型的标准形为 $f = y_1^2 - 4y_2^2 - 4y_3^2$,所用线性替换为

$$\begin{pmatrix} y_1 \\ y_2 \\ y_3 \end{pmatrix} = \begin{pmatrix} 1 & 2 & 0 \\ 0 & 1 & 1 \\ 0 & 0 & 1 \end{pmatrix} \begin{pmatrix} x_1 \\ x_2 \\ x_3 \end{pmatrix}, \quad 即 \quad \begin{pmatrix} x_1 \\ x_2 \\ x_3 \end{pmatrix} = \begin{pmatrix} 1 & -2 & 2 \\ 0 & 1 & -1 \\ 0 & 0 & 1 \end{pmatrix} \begin{pmatrix} y_1 \\ y_2 \\ y_3 \end{pmatrix}。$$

5. 判断下列二次型的正定性:

(1) $f = -2x_1^2 - 6x_2^2 - 4x_3^2 + 2x_1x_2 + 2x_1x_3$;

(2) $f = x_1^2 + 3x_2^2 + 9x_3^2 + 19x_4^2 - 2x_1x_2 + 4x_1x_3 + 2x_1x_4 - 6x_2x_4 - 12x_3x_4$。

解 (1) 易见,二次型对应的矩阵为

$$\boldsymbol{A} = \begin{pmatrix} -2 & 1 & 1 \\ 1 & -6 & 0 \\ 1 & 0 & -4 \end{pmatrix}。$$

各顺序主子式为

$$\Delta_1 = -2 < 0, \quad \Delta_2 = 11 > 0, \quad \Delta_3 = -38 < 0,$$

所以该二次型为负定二次型。

(2) 易见,二次型对应的矩阵为

$$\boldsymbol{A} = \begin{pmatrix} 1 & -1 & 2 & 1 \\ -1 & 3 & 0 & -3 \\ 2 & 0 & 9 & -6 \\ 1 & -3 & -6 & 19 \end{pmatrix}。$$

各顺序主子式为

$$\Delta_1 = 1 > 0, \quad \Delta_2 = 2 > 0, \quad \Delta_3 = 6 > 0, \quad \Delta_4 = 24 > 0,$$

所以该二次型为正定二次型。

6. 试问当 t 取何值时,下列二次型为正定二次型?

(1) $f(x_1, x_2, x_3) = 2x_1^2 + x_2^2 + x_3^2 + 2x_1x_2 + 2tx_2x_3$;

(2) $f(x_1, x_2, x_3) = x_1^2 + 5x_2^2 + x_3^2 - 4x_1x_2 - 2tx_2x_3$。

解 (1) 易见,二次型对应的矩阵为

$$\boldsymbol{A} = \begin{pmatrix} 2 & 1 & 0 \\ 1 & 1 & t \\ 0 & t & 1 \end{pmatrix},$$

各阶顺序主子式为

$$\Delta_1 = 2 > 0, \quad \Delta_2 = 1 > 0, \quad \Delta_3 = 1 - 2t^2 > 0。$$

依题意,解得 $-\frac{1}{\sqrt{2}} < t < \frac{1}{\sqrt{2}}$。

(2) 二次型对应的矩阵为

$$\boldsymbol{A} = \begin{pmatrix} 1 & -2 & 0 \\ -2 & 5 & -t \\ 0 & -t & 1 \end{pmatrix},$$

各阶顺序主子式为

$$\Delta_1 = 1 > 0, \quad \Delta_2 = 1 > 0, \quad \Delta_3 = 1 - t^2 > 0,$$

依题意,解得 $-1 < t < 1$。

7. 求一个正交替换 $\boldsymbol{x}=\boldsymbol{Q}\boldsymbol{y}$，将二次型

$$f(x_1,x_2,x_3)=x_1^2+x_2^2+x_3^2+4x_1x_2+4x_1x_3+4x_2x_3$$

化为标准形，并判断是否为正定二次型。

解 易见，二次型的矩阵为

$$\boldsymbol{A}=\begin{pmatrix}1&2&2\\2&1&2\\2&2&1\end{pmatrix}。$$

矩阵 $\boldsymbol{A}$ 的特征值分别为 $-1,-1,5$。不难求得，对应的标准正交的特征向量分别为

$$\frac{1}{\sqrt{2}}\begin{pmatrix}-1\\1\\0\end{pmatrix},\quad \frac{1}{\sqrt{6}}\begin{pmatrix}1\\1\\-2\end{pmatrix},\quad \frac{1}{\sqrt{3}}\begin{pmatrix}1\\1\\1\end{pmatrix}。$$

所以待求正交矩阵为

$$\boldsymbol{Q}=\begin{pmatrix}-\frac{1}{\sqrt{2}}&\frac{1}{\sqrt{6}}&\frac{1}{\sqrt{3}}\\0&\frac{1}{\sqrt{6}}&\frac{1}{\sqrt{3}}\\\frac{1}{\sqrt{2}}&-\frac{2}{\sqrt{6}}&\frac{1}{\sqrt{3}}\end{pmatrix}。$$

二次型的标准形为 $f=-x_1^2-x_2^2+5x_3^2$。因为 $\boldsymbol{A}$ 有负的特征值，所以该二次型不是正定二次型。

8. 若二次型

$$f(x_1,x_2,x_3)=11x_1^2+2x_2^2+5x_3^2+4x_1x_2+16x_1x_3-20x_2x_3-t(x_1^2+x_2^2+x_3^2)$$

可以通过正交替换 $\boldsymbol{x}=\boldsymbol{Q}\boldsymbol{y}$ 化为标准形 $-5y_1^2+13y_2^2+22y_3^2$，解答下列问题：

(1) 求 t 的值；

(2) 求所用的正交替换 $\boldsymbol{x}=\boldsymbol{Q}\boldsymbol{y}$；

(3) 若上述的二次型 $f(x_1,x_2,x_3)$ 为正定二次型，问 t 应如何取值。

解 (1) 易见，二次型的矩阵为

$$\boldsymbol{A}=\begin{pmatrix}11-t&2&8\\2&2-t&-10\\8&-10&5-t\end{pmatrix}。$$

因为二次型通过正交替换得到的标准形为 $-5y_1^2+13y_2^2+22y_3^2$，所以 $\boldsymbol{A}$ 的特征值分别为 $-5,13,22$，可得

$$\mathrm{tr}(\boldsymbol{A})=-5+13+22=(11-t)+(2-t)+(5-t),$$

解得 $t=-4$。

(2) $\boldsymbol{A}$ 的特征值分别为 $-5,13,22$，对应的特征向量分别为 $\begin{pmatrix}-1\\2\\2\end{pmatrix},\begin{pmatrix}-2\\-2\\1\end{pmatrix},\begin{pmatrix}2\\-1\\2\end{pmatrix}$。

因为实对称矩阵的不同特征值对应的特征向量相互正交，所以将3个特征向量单位化后作为列即可得到正交矩阵 $\boldsymbol{Q}$，即

$$\boldsymbol{Q}=\frac{1}{3}\begin{pmatrix}-1&-2&2\\2&-2&-1\\2&1&2\end{pmatrix}。$$

(3) 令

$$A=\begin{pmatrix}11&2&8\\2&2&-10\\8&-10&5\end{pmatrix}-t\begin{pmatrix}1&0&0\\0&1&0\\0&0&1\end{pmatrix}=B-tE。$$

由(1)知,当 $t=-4$ 时,A 的特征值分别为 $-5,13,22$,所以 B 的特征值分别为 $-9,9,18$,进而 A 的特征值分别为 $-9-t,9-t,18-t$。若上述二次型为正定二次型,则 A 为正定矩阵,因此其特征值均大于零,即

$$-9-t>0,\quad 9-t>0,\quad 18-t>0,$$

解得 $t<-9$。

评注 问题(3)也可以用各阶顺序主子式全大于零来求解,但要麻烦一些。

9. 证明:若 A 为正定矩阵,则存在正定矩阵 S,使得 $A=S^2$。

证 因为 A 为正定矩阵,所以 A 的所有特征值都大于零,且存在正交矩阵 Q,使得

$$Q^TAQ=\begin{pmatrix}\lambda_1&&&\\&\lambda_2&&\\&&\ddots&\\&&&\lambda_n\end{pmatrix},\quad \lambda_i>0(i=1,2,\cdots,n)。$$

进一步地,有

$$A=Q\begin{pmatrix}\sqrt{\lambda_1}&&&\\&\sqrt{\lambda_2}&&\\&&\ddots&\\&&&\sqrt{\lambda_n}\end{pmatrix}Q^TQ\begin{pmatrix}\sqrt{\lambda_1}&&&\\&\sqrt{\lambda_2}&&\\&&\ddots&\\&&&\sqrt{\lambda_n}\end{pmatrix}Q^T。$$

令

$$S=Q\begin{pmatrix}\sqrt{\lambda_1}&&&\\&\sqrt{\lambda_2}&&\\&&\ddots&\\&&&\sqrt{\lambda_n}\end{pmatrix}Q^T,$$

则 S 为正定矩阵,且 $A=S^2$。 证毕

10. 设 A 为 n 阶实对称阵,且 $A^3-3A^2+3A-E=0$,证明:A 是正定矩阵。

证 因为 $A^3-3A^2+3A-E=0$,即 $(A-E)^3=0$,根据矩阵的特征值的性质5,A 的特征值全为1。又因为 A 为实对称阵,所以 A 是正定矩阵。 证毕

11. 设 A 为 $m\times n$ 实矩阵,E 为 n 阶单位矩阵。证明:对任意正数 λ,$\lambda E+A^TA$ 为正定矩阵。

证 容易验证,对任意非零 n 维实列向量 x,有 $x^Tx>0$,$x^TA^TAx\geqslant 0$,所以对任意正数 λ,有

$$x^T(\lambda E+A^TA)x=\lambda x^Tx+x^TA^TAx>0。$$

又因为 $\lambda E+A^TA$ 是实对称矩阵,所以 $\lambda E+A^TA$ 为正定矩阵。 证毕

12. 已知 A 为 n 阶实矩阵,x 为 n 维实列向量。证明:线性方程组 $Ax=0$ 只有零解的充分必要条件是 A^TA 正定。

证 必要性 因为线性方程组 $Ax=0$ 只有零解,所以对任意非零 n 维实列向量 x,$y=Ax\neq 0$。因此,$x^TA^TAx=y^Ty>0$,即 A^TA 正定。

充分性 假设线性方程组 $Ax=0$ 有非零解,即存在非零 n 维实列向量 z,使得 $Az=0$,则 $z^TA^TAz=0$,与 A^TA 正定矛盾,所以线性方程组 $Ax=0$ 只有零解。 证毕

考研试题选编 6

1. 二次型及其标准形

(1) 设二次型 $f(x_1,x_2,x_3)=x_1^2-x_2^2+2ax_1x_3+4x_2x_3$ 的负惯性指数为 1，则 a 的取值范围是 ________。(2014 年)

提示：由于 $f(x_1,x_2,x_3)=(x_1+ax_3)^2-(x_2-2x_3)^2+(4-a^2)x_3^2$，因为负惯性指数是 1，故 $4-a^2\geqslant 0$，解出 $a\in[-2,2]$。

(2) 设矩阵 $\boldsymbol{A}=\begin{pmatrix}2&-1&-1\\-1&2&-1\\-1&-1&2\end{pmatrix}$，$\boldsymbol{B}=\begin{pmatrix}1&0&0\\0&1&0\\0&0&0\end{pmatrix}$，则 $\boldsymbol{A}$ 与 $\boldsymbol{B}$(　　)。(2007 年)

A. 合同，且相似　　　　B. 合同，但不相似

C. 不合同，但相似　　　　D. 既不合同，也不相似

提示：根据相似的必要条件 $\sum a_{ii}=\sum b_{ii}$，易见 $\boldsymbol{A}$ 和 $\boldsymbol{B}$ 肯定不相似，由此可排除 A 与 C。矩阵 $\boldsymbol{A}$ 和 $\boldsymbol{B}$ 合同的充分必要条件是它们有相同的正惯性指数、负惯性指数。为此可以用特征值加以判断。不难求得，矩阵 $\boldsymbol{A}$ 的特征值为 3,3,0。故对应的二次型 $\boldsymbol{x}^{\mathrm{T}}\boldsymbol{A}\boldsymbol{x}$ 的正惯性指数 $p=2$，负惯性指数 $q=0$；二次型 $\boldsymbol{x}^{\mathrm{T}}\boldsymbol{B}\boldsymbol{x}$ 的正惯性指数亦为 $p=2$，负惯性指数 $q=0$。因此 $\boldsymbol{A}$ 与 $\boldsymbol{B}$ 合同，选 B。

(3) 设二次型 $f(x_1,x_2,x_3)=ax_1^2+ax_2^2+(a-1)x_3^2+2x_1x_3-2x_2x_3$。(i)求二次型 f 的矩阵的所有特征值；(ii)若二次型 f 的规范形为 $y_1^2+y_2^2$，求 a 的值。(2009 年)

提示：对应矩阵的特征值为 $\lambda_1=a,\lambda_2=a+1,\lambda_3=a-2$。(ii) 因为二次型 f 的规范形为 $y_1^2+y_2^2$，说明正惯性指数 $p=2$，负惯性指数 $q=0$，于是二次型矩阵 $\boldsymbol{A}$ 的特征值的符号为 +，+，0，即 $a-2<a<a+1$，所以必有 $a=2$。

(4) 设二次型 $f(x_1,x_2,x_3)$ 在正交变换 $\boldsymbol{x}=\boldsymbol{P}\boldsymbol{y}$ 下的标准形为 $2y_1^2+y_2^2-y_3^2$，其中 $\boldsymbol{P}=(\boldsymbol{e}_1,\boldsymbol{e}_2,\boldsymbol{e}_3)$，若 $\boldsymbol{Q}=(\boldsymbol{e}_1,-\boldsymbol{e}_3,\boldsymbol{e}_2)$，则 $f(x_1,x_2,x_3)$ 在正交变换 $\boldsymbol{x}=\boldsymbol{Q}\boldsymbol{y}$ 下的标准形为(　　)。(2015 年)

A. $2y_1^2-y_2^2+y_3^2$　　B. $2y_1^2+y_2^2-y_3^2$　　C. $2y_1^2-y_2^2-y_3^2$　　D. $2y_1^2+y_2^2+y_3^2$

提示：由于 f 在正交变换 $\boldsymbol{x}=\boldsymbol{P}\boldsymbol{y}$ 下标准形 $2y_1^2+y_2^2-y_3^2$，矩阵 $\boldsymbol{A}$ 的特征值为 2,1,−1。由 $\boldsymbol{P}=(\boldsymbol{e}_1,\boldsymbol{e}_2,\boldsymbol{e}_3)$ 推知，特征值 2,1,−1 对应的特征向量依次为 $\boldsymbol{e}_1,\boldsymbol{e}_2,\boldsymbol{e}_3$。若取 $\boldsymbol{Q}=(\boldsymbol{e}_1,-\boldsymbol{e}_3,\boldsymbol{e}_2)$ 时，二次型标准形式为 $2y_1^2-y_2^2+y_3^2$，选 A。

(5) 设二次型 $f(x_1,x_2,x_3)=2(a_1x_1+a_2x_2+a_3x_3)^2+(b_1x_1+b_2x_2+b_3x_3)^2$，记 $\boldsymbol{\alpha}=\begin{pmatrix}a_1\\a_2\\a_3\end{pmatrix}$，$\boldsymbol{\beta}=\begin{pmatrix}b_1\\b_2\\b_3\end{pmatrix}$。(i)证明二次型 f 对应的矩阵为 $2\boldsymbol{\alpha}\boldsymbol{\alpha}^{\mathrm{T}}+2\boldsymbol{\beta}\boldsymbol{\beta}^{\mathrm{T}}$；(ii)若 $\boldsymbol{\alpha}$，$\boldsymbol{\beta}$ 正交且均为单位向量，证明 f 在正交变换下的标准形为 $2y_1^2+y_2^2$。(2013 年)

提示：(i)容易验证，$2\boldsymbol{\alpha}\boldsymbol{\alpha}^{\mathrm{T}}+\boldsymbol{\beta}\boldsymbol{\beta}^{\mathrm{T}}$ 是对称矩阵。记 $\boldsymbol{x}=(x_1,x_2,x_3)^{\mathrm{T}}$，故 $f(x_1,x_2,x_3)=2(\boldsymbol{x}^{\mathrm{T}}\boldsymbol{\alpha})(\boldsymbol{\alpha}^{\mathrm{T}}\boldsymbol{x})+(\boldsymbol{x}^{\mathrm{T}}\boldsymbol{\beta})(\boldsymbol{\beta}^{\mathrm{T}}\boldsymbol{x})=\boldsymbol{x}^{\mathrm{T}}(2\boldsymbol{\alpha}\boldsymbol{\alpha}^{\mathrm{T}}+\boldsymbol{\beta}\boldsymbol{\beta}^{\mathrm{T}})\boldsymbol{x}$，所以二次型 f 对应的矩阵为 $2\boldsymbol{\alpha}\boldsymbol{\alpha}^{\mathrm{T}}+\boldsymbol{\beta}\boldsymbol{\beta}^{\mathrm{T}}$。(ii)因 $\boldsymbol{\alpha}$，$\boldsymbol{\beta}$ 均是单位向量且相互正交，有 $\boldsymbol{A}\boldsymbol{\alpha}=(2\boldsymbol{\alpha}\boldsymbol{\alpha}^{\mathrm{T}}+\boldsymbol{\beta}\boldsymbol{\beta}^{\mathrm{T}})\boldsymbol{\alpha}=2\boldsymbol{\alpha}$，$\boldsymbol{A}\boldsymbol{\beta}=(2\boldsymbol{\alpha}\boldsymbol{\alpha}^{\mathrm{T}}+\boldsymbol{\beta}\boldsymbol{\beta}^{\mathrm{T}})\boldsymbol{\beta}=\boldsymbol{\beta}$，即 $\lambda_1=2,\lambda_2=1$ 是 $\boldsymbol{A}$ 的特征值。又因为 $\boldsymbol{\alpha}\boldsymbol{\alpha}^{\mathrm{T}}$ 和 $\boldsymbol{\beta}\boldsymbol{\beta}^{\mathrm{T}}$ 都是秩为 1 的矩阵，所以 $\mathrm{R}(\boldsymbol{A})=\mathrm{R}(2\boldsymbol{\alpha}\boldsymbol{\alpha}^{\mathrm{T}}+\boldsymbol{\beta}\boldsymbol{\beta}^{\mathrm{T}})\leqslant\mathrm{R}(2\boldsymbol{\alpha}\boldsymbol{\alpha}^{\mathrm{T}})+\mathrm{R}(\boldsymbol{\beta}\boldsymbol{\beta}^{\mathrm{T}})=2<3$，因此经正交变换二次型 f 的标准形为 $2y_1^2+y_2^2$。

(6) 设二次型 $f(x_1,x_2,x_3)=\boldsymbol{x}^{\mathrm{T}}\boldsymbol{A}\boldsymbol{x}=ax_1^2+2x_2^2-2x_3^2+2bx_1x_3\ (b>0)$，其中二次型的矩阵 $\boldsymbol{A}$ 的特征值

之和为1,特征值之积为 -12。(i)求 a,b 的值;(ii)利用正交变换将二次型 f 化为标准形,并写出所用的正交变换和对应的正交矩阵。(2003年)

提示:(i)二次型 f 的矩阵为 $\boldsymbol{A}=\begin{pmatrix}a&0&b\\0&2&0\\b&0&-2\end{pmatrix}$,由题设建立方程组,解得 $a=1,b=2(b>0)$。(ii)矩阵 $\boldsymbol{A}$ 的特征值 $\lambda_1=\lambda_2=2,\lambda_3=-3$。二次型的标准形为 $f=2y_1^2+2y_2^2-3y_3^2$,正交矩阵为 $\boldsymbol{P}=\begin{pmatrix}0&\frac{2}{\sqrt5}&\frac{1}{\sqrt5}\\1&0&-\frac{1}{\sqrt2}\\0&\frac{1}{\sqrt5}&-\frac{2}{\sqrt5}\end{pmatrix}$,正交变换为 $\boldsymbol{x}=\boldsymbol{P}\boldsymbol{y}$。

(7) 已知二次型 $f(x_1,x_2,x_3)=(1-a)x_1^2+(1-a)x_2^2+2x_3^2+2(1+a)x_1x_2$ 的秩为2。(i)求 a 的值;(ii)求正交变换 $\boldsymbol{x}=\boldsymbol{Q}\boldsymbol{y}$,把 $f(x_1,x_2,x_3)$ 化成标准形;(iii)求方程 $f(x_1,x_2,x_3)=0$ 的解。(2005年)

提示:二次型矩阵 $\boldsymbol{A}=\begin{pmatrix}1-a&1+a&0\\1+a&1-a&0\\0&0&2\end{pmatrix}$,由于二次型 f 的秩为2,即 $\mathrm{R}(\boldsymbol{A})=2$,所以有 $|\boldsymbol{A}|=2\begin{vmatrix}1-a&1+a\\1+a&1-a\end{vmatrix}=-8a=0$,得 $a=0$。(ii)当 $a=0$ 时,矩阵 $\boldsymbol{A}$ 的特征值为 2,2,0。正交矩阵为 $\boldsymbol{Q}=\frac{1}{\sqrt2}\begin{pmatrix}1&0&1\\1&0&-1\\0&\sqrt2&0\end{pmatrix}$,经正交变换 $\boldsymbol{x}=\boldsymbol{Q}\boldsymbol{y}$,有 $f(x_1,x_2,x_3)=2y_1^2+2y_2^2$。

(iii)由于 $f(x_1,x_2,x_3)=x_1^2+x_2^2+2x_3^2+2x_1x_2=(x_1+x_2)^2+2x_3^2=0$,所以 $\begin{cases}x_1+x_2=0,\\x_3=0,\end{cases}$ 其通解为 $\boldsymbol{x}=k(-1,1,0)^{\mathrm{T}}$,其中 k 为任意常数。

(8) 设 $\boldsymbol{A}$ 为三阶实对称矩阵,如果二次曲面方程 $(x,y,z)\boldsymbol{A}\begin{pmatrix}x\\y\\z\end{pmatrix}=1$,在正交变换下的标准方程的图形如图6.1所示,则 $\boldsymbol{A}$ 的正特征值的个数为( )。(2006年)

A. 0　　B. 1　　C. 2　　D. 3

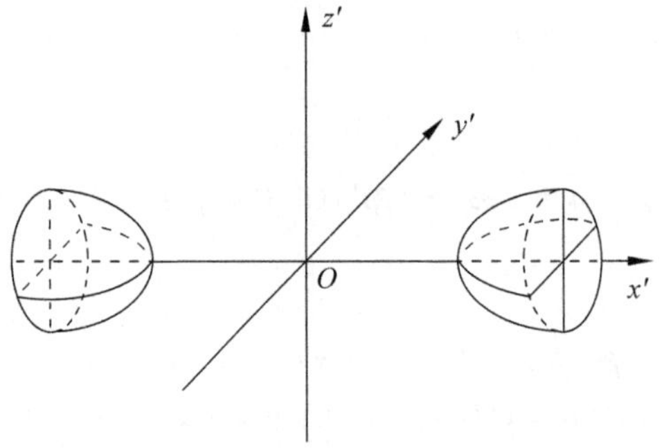

图 6.1

提示:一方面,双叶双曲面的标准方程为 $\frac{x'^2}{a^2}-\frac{y'^2}{b^2}-\frac{z'^2}{c^2}=1$;另一方面,二次型经正交变换化为标准形时，其平方项的系数就是 $\boldsymbol{A}$ 的特征值，所以应选 B。

2. 正定二次型

(1) 已知二次型 $f(x)=\boldsymbol{x}^{\mathrm{T}}\boldsymbol{A}\boldsymbol{x}$ 在正交变换 $\boldsymbol{x}=\boldsymbol{Q}\boldsymbol{y}$ 下的标准形为 $y_1^2+y_2^2$，且 $\boldsymbol{Q}$ 的第 3 列是 $\left(\frac{\sqrt{2}}{2},0,\frac{\sqrt{2}}{2}\right)^{\mathrm{T}}$。(i)求矩阵 $\boldsymbol{A}$；(ii)证明 $\boldsymbol{A}+\boldsymbol{E}$ 为正定矩阵，其中 $\boldsymbol{E}$ 为三阶单位矩阵。(2010 年)

提示：(i)由二次型 $\boldsymbol{x}^{\mathrm{T}}\boldsymbol{A}\boldsymbol{x}$ 在正交变换 $\boldsymbol{x}=\boldsymbol{Q}\boldsymbol{y}$ 下的标准形为 $y_1^2+y_2^2$，说明二次型矩阵 $\boldsymbol{A}$ 的特征值是 1，1，0。又因 $\boldsymbol{Q}$ 的第 3 列是 $\left(\frac{\sqrt{2}}{2},0,\frac{\sqrt{2}}{2}\right)^{\mathrm{T}}$，说明 $\boldsymbol{\alpha}_3=(1,0,1)^{\mathrm{T}}$ 是矩阵 $\boldsymbol{A}$ 关于特征值 $\lambda=0$ 的特征向量。因为 $\boldsymbol{A}$ 是实对称矩阵，特征值不同特征向量相互正交，不难求得 $\boldsymbol{A}$ 关于 $\lambda_1=\lambda_2=1$ 的特征向量为 $\boldsymbol{\alpha}_1=(0,1,0)^{\mathrm{T}}$，$\boldsymbol{\alpha}_2=(-1,0,1)^{\mathrm{T}}$。令 $\boldsymbol{P}=(\boldsymbol{\alpha}_1,\boldsymbol{\alpha}_2,\boldsymbol{\alpha}_3)$，则

$$\boldsymbol{A}=\boldsymbol{P}\begin{pmatrix}1&0&0\\0&1&0\\0&0&0\end{pmatrix}\boldsymbol{P}^{-1}=\begin{pmatrix}\frac{1}{2}&0&-\frac{1}{2}\\0&1&0\\-\frac{1}{2}&0&\frac{1}{2}\end{pmatrix}。$$

(ii) 由于矩阵 $\boldsymbol{A}$ 的特征值是 1，1，0，所以 $\boldsymbol{A}+\boldsymbol{E}$ 的特征值是 2，2，1。因为 $\boldsymbol{A}+\boldsymbol{E}$ 的特征值全大于 0，所以 $\boldsymbol{A}+\boldsymbol{E}$ 正定。

(2) 设有 n 元实二次型

$$f(x_1,x_2,\cdots,x_n)=(x_1+a_1x_2)^2+(x_2+a_2x_3)^2+\cdots+(x_{n-1}+a_{n-1}x_n)^2+(x_n+a_nx_1)^2,$$

其中 $a_i(i=1,2,\cdots,n)$ 为实数。试问：当 $a_1,a_2,\cdots,a_n$ 满足何种条件时，二次型 $f(x_1,x_2,\cdots,x_n)$ 为正定的二次型。(2000 年)

提示：由已知条件知，对任意的 $x_1,x_2,\cdots,x_n$ 恒有 $f(x_1,x_2,\ldots,x_n)\geqslant 0$，其中等号成立的充分必要条件是 $x_1+a_1x_2=0,x_2+a_2x_3=0,\cdots,x_n+a_nx_1=0$。若使 $\boldsymbol{x}^{\mathrm{T}}\boldsymbol{A}\boldsymbol{x}$ 是正定二次型，只要线性方程组 $x_1+a_1x_2=0$，$x_2+a_2x_3=0,\cdots,x_n+a_nx_1=0$ 只有零解，亦即系数行列式

$$\begin{vmatrix}1&a_1&0&\cdots&0&0\\0&1&a_2&\cdots&0&0\\0&0&1&\cdots&0&0\\\vdots&\vdots&\vdots&&\vdots&\vdots\\0&0&0&\cdots&1&a_{n-1}\\a_n&0&0&\cdots&0&1\end{vmatrix}=1+(-1)^{n+1}a_1a_2\cdots a_n\neq 0。$$

因此，当 $a_1a_2\cdots a_n\neq(-1)^n$ 时，二次型 $f(x_1,x_2,\cdots,x_n)$ 为正定二次型。

(3) 设 $\boldsymbol{D}=\begin{pmatrix}\boldsymbol{A}&\boldsymbol{C}\\\boldsymbol{C}^{\mathrm{T}}&\boldsymbol{B}\end{pmatrix}$ 为正定矩阵，其中 $\boldsymbol{A},\boldsymbol{B}$ 分别为 m 阶，n 阶对称矩阵，$\boldsymbol{C}$ 为 $m\times n$ 矩阵。(i)计算 $\boldsymbol{P}^{\mathrm{T}}\boldsymbol{D}\boldsymbol{P}$，其中 $\boldsymbol{P}=\begin{pmatrix}\boldsymbol{E}_m&-\boldsymbol{A}^{-1}\boldsymbol{C}\\\boldsymbol{0}&\boldsymbol{E}_n\end{pmatrix}$；(ii)利用(i)的结果判断矩阵 $\boldsymbol{B}-\boldsymbol{C}^{\mathrm{T}}\boldsymbol{A}^{-1}\boldsymbol{C}$ 是否为正定矩阵，并证明你的结论。(2005 年)

提示：(i)$\boldsymbol{P}^{\mathrm{T}}\boldsymbol{D}\boldsymbol{P}=\begin{pmatrix}\boldsymbol{A}&\boldsymbol{0}\\\boldsymbol{0}&\boldsymbol{B}-\boldsymbol{C}^{\mathrm{T}}\boldsymbol{A}^{-1}\boldsymbol{C}\end{pmatrix}$。(ii)因为 $\boldsymbol{D}$ 是对称矩阵，所以 $\boldsymbol{P}^{\mathrm{T}}\boldsymbol{D}\boldsymbol{P}$ 是对称矩阵，进而 $\boldsymbol{B}-\boldsymbol{C}^{\mathrm{T}}\boldsymbol{A}^{-1}\boldsymbol{C}$ 也是对称矩阵。因为矩阵 $\boldsymbol{D}$ 与 $\begin{pmatrix}\boldsymbol{A}&\boldsymbol{0}\\\boldsymbol{0}&\boldsymbol{B}-\boldsymbol{C}^{\mathrm{T}}\boldsymbol{A}^{-1}\boldsymbol{C}\end{pmatrix}$ 合同，且 $\boldsymbol{D}$ 正定，所以矩阵 $\begin{pmatrix}\boldsymbol{A}&\boldsymbol{0}\\\boldsymbol{0}&\boldsymbol{B}-\boldsymbol{C}^{\mathrm{T}}\boldsymbol{A}^{-1}\boldsymbol{C}\end{pmatrix}$ 正定。于是对任意的 $\boldsymbol{X}=\begin{pmatrix}\boldsymbol{0}\\\boldsymbol{Y}\end{pmatrix}\neq\boldsymbol{0}$，恒有

$$(\boldsymbol{0},\boldsymbol{Y}^{\mathrm{T}})\begin{pmatrix}\boldsymbol{A}&\boldsymbol{0}\\\boldsymbol{0}&\boldsymbol{B}-\boldsymbol{C}^{\mathrm{T}}\boldsymbol{A}^{-1}\boldsymbol{C}\end{pmatrix}\begin{pmatrix}\boldsymbol{0}\\\boldsymbol{Y}\end{pmatrix}=\boldsymbol{Y}^{\mathrm{T}}(\boldsymbol{B}-\boldsymbol{C}^{\mathrm{T}}\boldsymbol{A}^{-1}\boldsymbol{C})\boldsymbol{Y}>0,$$

所以矩阵 $\boldsymbol{B}-\boldsymbol{C}^{\mathrm{T}}\boldsymbol{A}^{-1}\boldsymbol{C}$ 正定。